国际电气工程先进技术译丛

机电系统与设备

〔美〕 谢尔盖·雷舍夫斯基（Sergey E. Lyshevski） 著

李旭光 高 强 凌志斌 胡嘉磊 钟蕊霜 译

机械工业出版社

机电系统和设备是工业生产制造过程中机械能和电能转换的关键环节，随着精确控制电机运行，缩短制造周期，降低成本，人们对机电系统的分析和最优控制愈加关注。本书介绍了机电系统和设备的机电能量转换原理与控制策略，并用 MATLAB 进行了仿真验证；介绍了如何用 MAT-LAB 构建先进的系统控制流程，快速搭建仿真原型，产生 C 代码以及图形化结果显示；着重分析了用作驱动或者伺服的高性能机电系统；通过大量的实例和算例，详细说明了分析、解决机电能量转换系统和设备问题的相关思路和方法。

　　今天的工程师必须掌握现代机电系统和设备的整体分析、设计和控制技术，才可能成为未来机电系统技术的领跑者。

　　本书适合电气工程师、机械工程师以及高等院校相关专业本科生、研究生、教师阅读。

译 者 序

机电系统和设备是一门综合性学科，基于电力电子、电机学、自动控制等多门学科解决机电设备及其运动控制等问题。第二次工业革命以来，电气技术的发展深刻地改变着人类社会，机电系统也走进了人类生产和生活中，如今的机电系统正不断地朝着智能化、信息化、自动化方向发展。

本书详细地介绍了机电系统基础知识适合相关专业研究人员、教师、研究生和博士生阅读。本书采用大量 MATLAB 代码和 Simulink 模型构建机电设备及其控制系统的数学模型，一方面便于直观展示机电设备和系统的运行及控制，另一方面也为读者进一步学习和研究提供理论分析和仿真基础。

本书由李旭光、高强和凌志斌合作翻译，博士生胡嘉磊、钟蕊霜参与了文字图表修订和校核工作。在本书翻译过程中，得到机械工业出版社林春泉编辑持之以恒的支持和帮助，方使本书翻译工作得以完成，在此表示感谢。

最后，由于译者水平所限，书中难免存在错误和疏漏，恳请读者和专家批评指正。

译者
2018 年 5 月

原 书 前 言

机电系统在日常生活中随处可见。近年来，机电系统及其在致动、驱动、传感、控制、装配等技术领域显示出巨大影响。本书的总体目标是介绍机电系统及其构成，将详细地分析运动装置（执行器、电机、转换器、传感器及其他装置），电力电子和控制器等。本书的重点是高性能机电系统，包括其分析、设计和实现等内容。不同的机电系统广泛地应用于电力传动及伺服系统中，涵盖各种各样的机电系统及设备。目前，机电系统整体分析、设计与控制成为重点。机电系统的范围也在扩大，集成了执行器、传感器、电力电子、集成电路、微处理器、数字信号处理器等。虽然基本理论有所发展，但一些亟待解决的问题并没有得到充分的重视。本书旨在整体描述机电系统和设备，拓展并涵盖现代硬件－软件的最新进展，探寻可行的系统集成解决方案。

本书涵盖了涉及高性能运动部件的机电系统的设计知识，我们将传统工程问题与最新科技成果相结合，期望对读者理解最新机电系统的设计方法有所帮助。本书主要目的是使读者对作为工程技术支柱的系统集成方法有深入理解。此外，本书还对现代的机电系统、能量转换、电机和机电运动装置进行了介绍。

当前，对于机电系统与设备教科书的要求已经远远超过了早期学术界、工业界和工程协会所期望的水平。尽管在电机、电力电子、IC、微控制器、DSP等领域都有极好的教材出版，并且也有控制方面的优秀书籍可以参考，但目前全面地涵盖并分析高性能机电系统的书籍仍十分匮乏，不能满足读者对机电系统进行综合学习的需求。本书专注于机电工程的基础理论、新兴科技、先进的软件和核心硬件等内容。本书作者十分困惑于当前越来越多的学生，拥有良好的编程能力与扎实的理论基础，却完全没有能力解决最简单的机电系统工程问题的现象。本书展示了如何应用最重要的基本原理分析、设计机电系统，包括最新的软件和硬件，帮助读者培养良好的解决机电系统问题的能力。本书提供了大量有助于读者深入理解机电系统集成的实例，并展示了如何灵活运用其结果，使读者易于理解和接受，提高了本书的可读性。为了避免读者在阅读本书可能遇到的困难，书中资料尽可能详细。特别是对那些专业知识可能在某些领域不足的读者还介绍了基本分析和设计方法的应用实例（为充分理解、领悟并运用所需要知识）。

分析和优化对于先进系统的设计极为重要。竞争致使成本降低和生产环节数目减少。为了加快分析与设计，保证生产及创新，整合先进的控制算法，实现快速的原型设计，生成 C 语言程序，并将结果可视化，本书使用 MATLAB®（包含嵌入的 Simulink®、Real－Time Workshop®、Control、Optimization、Signal Processing、Symbolic Math 及其他特殊应用的环境及工具箱）。本书介绍了 MATLAB 的功能，并帮助读者掌握其友好的环境，学习重要的实例，帮助设计人员提高工作效率。读者可以很容易地对学到的特殊应用问题进行修改，并调整 MATLAB 文件以适合特殊应用。本书介绍的范例包含了很多领域的实际系统及装置。使用者可以很容易地应用这些结果，修改结果和形成新的 MATLAB 文件与 Simulink 框图。对于各类企业的实际问题，本书提供了解决问题的有效分析和设计方法。实例和仿真文档结果提供了各种用于机电系统及设备的仿真、分析、控制和优化任务的解决方法。

　　本书兼顾理念统一与内容灵活，适用于将本书全部或特定章节作为授课内容的课程。本书可以作为下述课程多模块化教学的基础：

- 能量转换
- 电机
- 机电一体化
- 机电系统
- 机械电子

上述课程可作为电气或机械工程学院本科生或研究生的课程。本书内容编排满足课程内容选择灵活性需求，适用于一或两个学期的课程。

　　为了确保本书最佳的质量和精确性，欢迎读者提出任何意见和建议。最后，我非常高兴能编写本书，并希望读者能够欣赏和喜欢本书。

Sergey Edward Lyshevski

E – mail：Sergey. lyshevski@ mail. rit. edu

网址：**www. rit/ ~ seleee**

致　　谢

　　许多人对本书做出了贡献。我想向很多提出宝贵意见的同事与同行表示我最诚挚的感谢。感谢选修我课程的同学，他们的反馈对我非常有帮助。本书介绍的许多例子，一定程度上反映了美国联邦政府、实验室、高科技公司和其他机构的大量赠款和合同项目的大量研究成果。非常感谢在本书写作过程中给予我帮助的人们。感谢优秀的 CRC Press 团队，特别是 Nora Konopka（电气工程专业组稿编辑），Jessica Vakili（项目协调员）和 Gail Renard（项目编辑）给予我的巨大帮助。

　　真诚感谢 MathWorks 公司提供 MATLAB® 环境（MathWorks, Inc, 24 Prime Park Way, MA 01760 - 15000 http://www.mathworks.com），感谢所有人。

作者简介

Sergey Edward Lyshevski 生于乌克兰基辅。他在基辅理工学院获得电气工程的硕士学位（1980 年）和博士学位（1987 年）。1980～1993 年，Lyshevski 博士在基辅理工学院电气工程学院和乌克兰科学学会任职。1989～1993 年，他担任乌克兰科学学会微电子与机电系统部门主任。1993～2002 年，他在普杜工学院任电气工程与计算机副教授。2002 年，Lyshevski 博士以电气工程教授的身份加入罗切斯特技术学院。Lyshevski 博士以教授身份任职于美国空军研究实验室和美国海军战争中心。

Lyshevski 博士共出版 14 本书。他独著或参与著作的期刊文章、手册章节、或会议论文超过 300 篇。目前，他的研究和教学活动涉及机电和电子系统、微纳工程、智能大规模系统、分子处理、信息系统和生物仿生学等领域。Lyshevski 博士对多种先进宇航、机电、军舰系统领域的发明、设计、应用、验证和实施都做出了巨大贡献。他应邀作了 30 多场国内外演说。

目　　录

第1章　机电系统简介

每天，我们都会使用并且在很大程度上依靠数以千计的机电系统。超过99.9%的电能是通过电动机械（发电机）将一种能量形式（核能、水能、太阳能、热能、风能或其他能量）转换为电能而产生的。发电机的效率每提高1%，每天便会减少百万桶的石油与煤炭的消耗。本书介绍了用来在电力系统中产生电能的同步发电机。传统的同步发电机用于发电厂中，而永磁同步发电机被广泛地应用于辅助动力单元，中低功率备用能量场合等。本书重点集中于电力驱动和伺服系统中的高性能机电系统和运动装置。例如，"高端"应用如计算机和相机硬盘驱动器中，使用了两种机电系统（驱动和伺服），如图1-1所示。没有这些机电系统和执行机构，便不能读写硬盘。在车辆中，有数以百计的机电系统，从发动机/发电机到各种电磁阀、风扇、送话器，甚至混合动力汽车的牵引电力驱动装置。

图1-1　两种机电系统（驱动和伺服）

机电系统的显著发展源于以下几个方面：

1）不断增长的工业、社会需求和市场需求。

2）较其他（液压、气压或其他）驱动和伺服装置，机电系统的价格变得可接受，且整体性能占优。

3）执行器、传感器、电力电子、集成电路（IC）、微处理器和数字信号处理器（DSP）硬件上的快速发展。

4）成熟的、具有良好的成本效益的制造技术。

两个硬盘驱动器。左边的硬盘驱动中，为取代指针，步进电机（左上角）的旋转运动通过用齿轮机械运动转换为平移运动。直接驱动型有限角度轴向拓扑驱动器如右边硬盘驱动器所示。永磁同步电动机（位于硬盘驱动器中心处）通过电力电子控制转动磁盘。如图 1-1 所示，相绕组在固定的定子部件上，而径向分块永磁铁在转子上。

执行器、电机、传感器和电力电子的理论与应用的发展，显著地影响机电系统的进步。同时仍在进一步发展：

1）制定、提高与完善先进执行器和传感器的标准；

2）提高或开拓机电运动器件相关物理学，以保证其性能与功能的适用性；

3）改进硬件与开发新型软件；

4）开发并运用先进的制造技术；

5）应用适用性广的能量转换原理。

联合设计向终端使用者提供所需的、连贯完整的高性能机电系统及其子系统。为了满足机电系统性能上的严格要求，设计者需要将新的理论应用在分析、设计和优化过程中。本章将讨论机电系统及其组成部分，说明概念和原理。

通常，机电系统可以分为传统机电系统和小型/微型机电系统。

传统和小/微型机电系统的工作原理与基本理论是相同的或近似的。整体设备的物理特性和分析是基于电磁学和经典力学。然而，设备的物理特性（应用的电磁现象和效应，如电磁场与静电相互作用），系统结构和生产技术（包括生产过程及材料使用）可能会有很大的差异。如图 1-2 所示说明了这种差异。

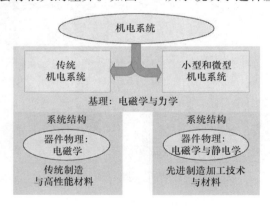

图 1-2　机电系统

由于硬件的更新与严格的性能指标要求，机电系统的结构与组成的复杂性大幅度提高。面对不断提高的系统复杂性及其性能的要求，新的解决方法和设计理念不断被提出并得以应用。除了系统组成（子系统、模块、设备等）方面的选择外，鉴于在本质上的设计、分析、优化、检测、封装等各方面都在不断变化，因此有各种问题必须解决。性能最佳的系统只能通过使用先进的软硬件来实现。综合交叉学科的特性越来越凸显。如图 1-3 所示，当前机电系统中，工程（电力、机械、计算机），科学与技术的整合正在发生。

在机电系统设计中，最具有挑战性的问题之一是先进的硬件元器件（驱动器、传感器、电力电子、集成电路（IC）、微控制器、数字信号处理器（DSP）等），设备/系统级优化和软件改进（环境、工具和进行CAD、控制、传感、数据采集、仿真、可视化、虚拟样机技术和评估）的发展与整合。通过分析关键设备、系统与技术的复杂模式和范例，可以保证设计的完备性和高性能。例如，近年来，工程领域日益强调集成设计和对先进系统的分析。它起始于给定的一系列要求和指标。先进功能设计

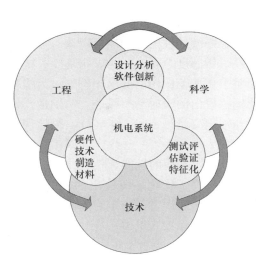

图 1-3　工程、科学与技术的整合

可以最先执行，以便导出器件层次的指标。可以使用先进的元件进行初始设计，并参照设计要求研究系统的性能。如果要求与系统性能不匹配，设计人员可对系统结构进行回顾与完善，优化设计结果并评估其他可选方案。每个级别的设计层次对应于一个特定的抽象层次，并拥有一套特定的活动和设计工具来支持这个级别的设计。由于不同的器件其物理性质、操作原则、行为、物理特性和性能要求不同，这就会使得在设计驱动器和 IC 时应用不同的概念。层次结构的水平必须被定义，且没有必要研究所有集成电路中每一个晶体管的行为，因为机电系统可能会整合成百的集成电路器件。因为集成电路已被优化，我们仅需评估它们的端口到端口的特性即可。设计流程如图1-4 所示。在设计过程中存在基础的、技术性的限制和约束。只有通过优良的结

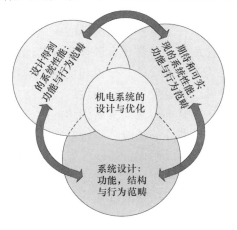

图 1-4　交互式设计流程

构与功能上的设计，才能完成性能的优化。对机电系统性能的要求不能超过其最佳（可实现的）性能，这是基础的、技术上的限制所导致的。不同的性能评估、指标和方法，将针对特定硬件解决方案所提出的效率、可靠性、冗余度、功率/扭矩密度、精度和其他要求进行整合。所谓的系统设计需要谨慎使用。为了应用高抽象级别方法，设计人员需要具备大量的硬件、可行解决方法、性能分析、功能评估等方面的专业知识。盲目地使用系统设计而忽视基础理论的应用，通常会导致灾难性的

失败。

　　机电系统的性能和功能可以通过多种方面来衡量，例如功能、效率、稳定性、可靠性、敏感度、暂态行为、精确度、抗干扰性、抗噪声能力、热性能等。特性取决于整个工作范围内的要求。例如，为检验系统的动态性能，设计人员可以分析和优化输入输出的瞬时动态性能。特别地，设参考与输出变量为 $r(t)$ 和 $y(t)$，跟随误差最小为 $e(t) = r(t) - y(t)$，同时 $y(t)$ 和 $e(t)$ 可以依照不同的性能评估方式来进行优化。例如，为了优化系统输出的动态性能，我们可以将跟随误差与稳定时间最小化，来保证系统的可靠性。机电系统的参考值 $r(t)$

图 1-5　具有参考量 $r(t)$ 和
输出量 $y(t)$ 的机电系统

和输出值 $y(t)$ 如图 1-5 所示。通过使用包括时间与跟随误差的性能函数，利用控制规律设计闭环系统，我们就能对机电系统的暂态响应进行优化。例如，最小化函数可以为

$$J = \min_e \int_0^\infty |e|\,\mathrm{d}t \quad J = \min_e \int_0^\infty e^2\,\mathrm{d}t \quad J = \min_{t,e} \int_0^\infty t\,|e|\,\mathrm{d}t$$

　　状态与控制变量（x 和 u），对系统的性能（稳定性、效率、敏感性等）有重要的影响，如例 7.1，需要纳入系统的综合设计之中。

　　在所有最重要的评价标准中，我们可以更加关注在全部工作区间的效率、精确度和稳定性。通常还有各种各样其他的要求。机电系统是非线性多变量系统。我们通过解决系统设计、分析和优化中的具有挑战性的问题来设计高性能的系统。自动整合可以通过应用可靠的设计流程与分类标准来实现。机电系统的设计是一个起始于规格和要求，逐渐发展到功能性设计和以一系列步骤不断修改的优化。上述规格中，以对系统的功能、运行范围、体积、成本等方面做出的性能要求为典型。设备到系统与系统到设备的硬件整合，还有硬件 – 软件整合，应将研究层级、整合度、规范性、模块化、操作性、匹配性和完整性结合起来。机电系统组合应当保证功能的、行为的和结构的（组织的）要求可以得到最终的匹配。系统的离散性与完整性，必须通过定性与定量的分析来保证。先进的硬件（驱动器、传感器、电力电子、集成电路、微处理器及其他器件）与软件须同时加以分析。

　　工程人员需努力实现精密工程、电子控制、良好的分析范式、可行的优化原理和先进的硬件，在功能、结构和性能的设计上协同组合。对于机电系统（机器人、电驱动、伺服机械、定位系统等），准确地驱动、传感和控制是具有挑战性的难题。驱动器和传感器必须与相应的功率电子一起设计（或选择）和整合。在系统中，元器件匹配的原则是普遍的设计原则，即要求系统应妥善整合所有元器件。匹配条件必须明确，并且必须满足驱动器、传感器、集成电路、功率电子设备之间的兼容性。机电系统必须使用控制器控制。对于闭环系统，各种模拟和数字控制算法

可以被组合、检验、测试和验证，以获得保证最佳性能的最佳控制器。控制旨在实现控制过程，优化系统的性能等。为实现数字控制器，可以使用微处理器和集成数字信号处理器（输入输出设备、A－D 和 D－A 转换器、光耦合器、晶体管驱动器等）。模拟控制器也常被使用。以框图表示的飞机闭环控制机电系统如图 1-6 所示。在飞机和其他海、空运输工具中，各种控制舵面必将被此类机电系统替代。采用模拟或数字控制器，其系统结构也不相同。例如，模拟控制器可以通过使用运放来实现，而数字控制器需要使用微控制器、微处理器和 DSP 来实现。

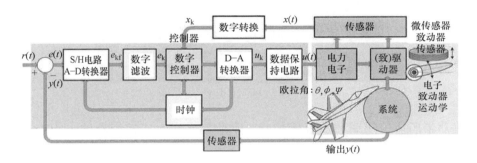

图 1-6　含数字控制器的机电系统（飞行驱动器取代控制舵面）框图

如图 1-6 所示，每一个驱动器（机电运动元器件）通过状态变量 $x(t)$ 和所需要的参考值 $r(t)$ 与输出值 $y(t)$ 之间的差值来控制。跟随误差使用 $e(t) = r(t) - y(t)$ 来表示。对于机器人、飞行器、潜水艇和其他系统，欧拉角 θ、ϕ 和 Ψ 通常作为输出。即输出向量为

$$y(t) = \begin{cases} \theta(t) \\ \phi(t) \\ \Psi(t) \end{cases}$$。飞行器的参考输入信号，如图 1-6 所示，欧拉角为 r_θ、r_ϕ 和

r_Ψ，于是得到参考向量 $y(t) = \begin{cases} r_\theta(t) \\ r_\phi(t) \\ r_\Psi(t) \end{cases}$

为控制飞行器，可以使用翼面伺服系统来调整各个控制翼面。特别地，通过施加电压，可以改变圆周的或线性的驱动器位移，从而完成飞行器的控制。对每一个旋转或平移的驱动器，期望的（参考）转角 $r(t)$ 与实际角位移 $y(t)$ 相减得到 $e(t)$。对一台驱动器，我们使用变量 $r(t)$、$y(t)$ 和 $e(t)$，而对整个系统，则使用向量 $r(t)$、$y(t)$ 和 $e(t)$。先进的战斗机是通过改变上百个旋转或平移的驱动器的输出 y_i 和发动机推力来进行控制的。

如图 1-7 所示描述了潜水器的船体，其使用了 4 个驱动器（驱动桨片）和电力电子器件。通过使用 4 个驱动器来控制桨叶就可以控制潜水器的航线。

图 1-7

　　潜水器船体使用驱动器偏转桨叶。驱动器含嵌入式控制器的电力电子器件控制。

　　微处理器和 DSP 被广泛地应用于机电系统控制。具体而言，DSP 是用来发出基于控制算法的控制信号、执行数据采集，实现滤波、决策等。对于单输入/单输出系统，假设连续的参考量与输出量是通过传感器测量的，那么连续时间误差信号 $e(t) = r(t) - y(t)$ 被转换为数字形式来进行数字滤波和控制。如图 1-6 所示，采样和保持电路（S/H 电路）接收连续时间（模拟）信号并将其在与采样周期相关的时间段内保持于定值。模数转换（A-D 转换）器将这个分段或连续时间信号转换为数字（二进制）形式。连续时间信号到离散时间的转换被称为采样或离散化。滤波器的输入信号是连续时间误差信号 $e(t)$ 的采样结果。数字控制器（微控制器或 DSP）的输入是数字滤波器的输出信号。模拟滤波器也被广泛使用。在每个采样过程中，二进制误差信号离散值 e_k 被数字控制器使用，以产生控制信号，该信号必须转换为模拟形式送给功率转换器件的驱动电路。数模转换（解码）的实现是通过数模转换器（D-A 转换器）和数字保持电路。编码和解码用时钟来同步。以上简单的描述包括有许多的信号转换形式，如多路重发，多路分解电路，采样和保持，模数（量化和编码）转换，数模（解码）转换等。机电系统通过使用先进的集成电路、微处理器、DSP、电力电子、驱动器和传感器实现。先进的硬件通常被使用于机电系统中。

　　单输入/单输出机电系统如图 1-8 所示。特别地，我们考虑一个机电系统，由瞄准系统、带齿轮箱电机、PWM 放大器、集成电路和 DSP 组成。用参考量 r 和实际 θ 角位移（由编码器测量），DSP（含嵌入式控制器）产生 PWM 信号来驱动高频 IGBT 或 MOSFET。所需要的 PWM 输出的数量取决于转换器输出级拓扑。如图 1-8 所示给出了一台三相永磁电机。通常，6 个 PWM 输出驱动 6 个晶体管产生不

同的相电压 u_{as}，u_{bs} 和 u_{cs}。PWM 放大器的输出电压幅值通过改变 PWM 的占空比来控制，同时霍尔效应传感器测量转子角位移 θ_r，以产生平衡的三相电压 u_{as}、u_{bs} 和 u_{cs}。完全整合的机电系统硬件如图 1-8 所示。

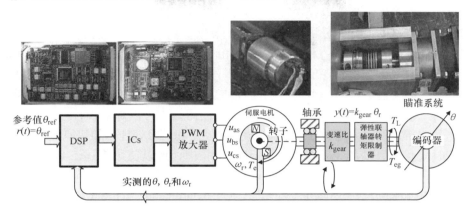

图 1-8　一个数字机电系统的原理图和硬件

图 1-9 说明了包含不同元器件的机电系统（除电源外）的功能框图。

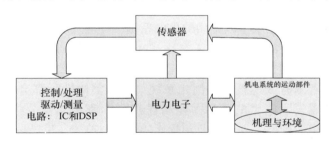

图 1-9　机电系统功能框图

我们对一个机电系统的定义：机电系统包括机电运动器件、传感器、电力电子、控制或处理和驱动或测量电路（集成电路和 DSP），同时：

1）进行能量转换、驱动和测量；

2）将物理激励或事件转换为电气的或机械量，或其逆过程；

3）包含控制、诊断、数据获取及其他功能。

高性能机电系统的功能与结构设计常反映元器件（模块、器件等）的发展。被用作驱动器、发电机和传感器的电机（机电运动设备）是机电系统主要的组成部分之一。就机电系统而言，通常强调以下几个问题：

1）电机（驱动器、发电机和传感器）依照其应用与整体系统要求的设计与优化；

2）专用高性能驱动器、发电机和传感器设计；

3) 驱动器、发电机与含传感器、电力电子、集成电路的集成（重点在集成度、规范性、模块化、适用性、匹配性和完整性）；

4) 驱动器、发电机、传感器的控制。

我们主要关注高性能电机，包括物理原理、功能和运行机理。优化、合成、建模和仿真是良好的设计与分析中相辅相成的环节。仿真开始于建模，而合成开始于性能规格和系统性能分析。根据状态、输出、性能、控制、时间、干扰和其他变量，设计者研究、分析和评价系统的行为，建模、仿真、分析和原型设计是开发先进机电系统的关键。作为一个灵活的高性能仿真环境，MATLAB®已经变成标准的软件工具。MATLAB 和 Simulink®正被广泛的使用，它可以加快设计和分析，提高生产率和创新，使用先进微处理器/DSP 集成控制和信号处理，加快原型设计特性，产生实时 C 代码，使结果形象化。在 MATLAB 中，可以使用下述工具箱：Real - Time Workshop，Control System，Nonlinear Control Design，Optimization，Robust Control，Signal Processing，Symbolic Math，System Identification，Partial Differential Equations，Neural Networks，和其他专用工具。我们将展示 MATLAB 的功能，通过解决实际来提高使用者的能力。MATLAB 环境提供了丰富的功能来高效地解决各种复杂的分析、控制和优化问题。书中的例子覆盖范围力求广泛，为读者提供练习和实践的机会。

无论是传统的、还是小型或微型的机电系统，都应从统一的观点来研究。运行特性、基本规律和主要的输出都基于电磁学和经典力学。机电系统整合各种元器件。无论一个独立元器件（驱动器、执行机构、传感器、功率放大器或 DSP）性能多好，若设计者未有效地整合和优化系统，系统整体性能都会降低。尽管驱动器、发电机、传感器、电力电子和微控制器或 DSP 都应当被分析、设计和优化，关注点也应当集中于硬件、软件以及硬软件的整合与兼容。设计者有时无法掌握和了解系统全局。尽管基于元件的"分割 - 解决"过程或系统设计在设计初级阶段是可行的，但是在已知合理的功能、目标、指标、要求和限制的条件下，我们就能对集成的机电系统进行分析和优化设计，记住这点非常重要。在设计过程中，必须使用硬件（元件、模块和系统），先进的技术，高性能的软件和软硬件联合设计工具。在本书之前，已有优秀的电机学[1~8]、电力电子[9~11]，微电子和集成电路[12]和传感器[13、14]方面的教科书出版。线性机电系统的分析和设计方面指导性的例子在控制类书籍[15~21]中可找到。在本书中，我们专注于包含广泛基本问题的高性能机电系统。本书的目的之一就在于进一步加强机电系统的基本理论和实践，并力求对机电系统的最新发展都有覆盖，报导最显著的成果。

习 题

1. 举例说明机电系统和机电运动设备。

2. 机电系统和机电运动设备的区别是什么？

3. 选择某种机电系统和设备（推进系统、电力牵引驱动、操纵面传动装置、扬声器和送话器等），说明系统需要研究和解决的问题，说明你对该系统感兴趣的部分及相应性能的需求。描绘该机电系统的高级功能结构图，描述结构特点及性能设计相关任务。

4. 解释为什么必须研究系统和设备的功能、结构和特性？

参 考 文 献

1. S.J. Chapman, *Electric Machinery Fundamentals*, McGraw-Hill, New York, 1999.
2. A.E. Fitzgerald, C. Kingsley, and S.D. Umans, *Electric Machinery*, McGraw-Hill, New York, 1990.
3. P.C. Krause and O. Wasynczuk, *Electromechanical Motion Devices*, McGraw-Hill, New York, 1989.
4. P.C. Krause, O. Wasynczuk, and S.D. Sudhoff, *Analysis of Electric Machinery*, IEEE Press, New York, 1995.
5. W. Leonhard, *Control of Electrical Drives*, Springer, Berlin, 1996.
6. S.E. Lyshevski, *Electromechanical Systems, Electric Machines, and Applied Mechatronics*, CRC Press, Boca Raton, FL, 1999.
7. D.W. Novotny and T.A. Lipo, *Vector Control and Dynamics of AC Drives*, Clarendon Press, Oxford, 1996.
8. G.R. Slemon, *Electric Machines and Drives*, Addison-Wesley Publishing Company, Reading, MA, 1992.
9. D.W. Hart, *Introduction to Power Electronics*, Prentice Hall, Upper Saddle River, NJ, 1997.
10. J.G. Kassakian, M.F. Schlecht, and G.C. Verghese, *Principles of Power Electronics*, Addison-Wesley Publishing Company, Reading, MA, 1991.
11. N.T. Mohan, M. Undeland, and W.P. Robbins, *Power Electronics: Converters, Applications, and Design*, John Wiley and Sons, New York, 1995.
12. A.S. Sedra and K.C. Smith, *Microelectronic Circuits*, Oxford University Press, New York, 1997.
13. J. Fraden, *Handbook of Modern Sensors: Physics, Design, and Applications*, AIP Press, Woodbury, NY, 1997.
14. G.T.A. Kovacs, *Micromachined Transducers Sourcebook*, McGraw-Hill, New York, 1998.
15. R.C. Dorf and R.H. Bishop, *Modern Control Systems*, Addison-Wesley Publishing Company, Reading, MA, 1995.
16. J.F. Franklin, J.D. Powell, and A. Emami-Naeini, *Feedback Control of Dynamic Systems*, Addison-Wesley Publishing Company, Reading, MA, 1994.
17. B.C. Kuo, *Automatic Control Systems*, Prentice Hall, Englewood Cliffs, NJ, 1995.
18. S.E. Lyshevski, *Control Systems Theory with Engineering Applications*, Birkhäuser, Boston, MA, 2001.
19. K. Ogata, *Discrete-Time Control Systems*, Prentice-Hall, Upper Saddle River, NJ, 1995.
20. K. Ogata, *Modern Control Engineering*, Prentice-Hall, Upper Saddle River, NJ, 1997.
21. C.L. Phillips and R.D. Harbor, *Feedback Control Systems*, Prentice Hall, Englewood Cliffs, NJ, 1996.

第2章 机电系统和设备的分析

2.1 分析和建模简介

分析机电系统时，必须测试和评估它们的最终目标，优化它们的性能，从而获得在物理（电磁、机械、温度等）、技术和其他限制条件下可实现的功能。设计任务应该多样化，例如建模、仿真和优化等。机电系统和设备的设计与分析是一项很具有挑战性的课题，因为需要研究和描述复杂的电磁、机械、热力学、振动、噪声以及其他的现象和效应，可以应用高逼真度和集总参数的数学模型以及物理规律。对于现代复杂机电系统，有经验的设计师通常利用他们的经验、专业技能和实践来完成近似最优的设计。利用物理规律，即使不用高逼真的建模和仿真，也可以进行一些性能评估（效率、力/转矩和功率密度、处理时间等）。然而，即使是一个有经验的设计者，如果没有连贯的分析，很多关键的性能（效率、稳定性、鲁棒性、灵敏性、动态和稳态精度、加速度、动态响应、采样周期等）也可能无法精确确定，这种连贯的分析就是在考虑到设备的物理和运行限制之后，对多样的物理现象的描述和建模。如果要进行合理的定量和定性分析与设计，就必须应用物理定律和数学模型（系统和设备的微分或本构方程），并且一定要做到最简化，假设条件要最少。这些模型要能连贯地描述基本的现象（各种时变场、能量转换、力和力矩、感应电压等）、效果和进程，精确地描述系统的行为和设备的运转。设备级物理和系统构架都要被考察。

本章将应用电磁学和经典力学，应用物理定律来得出描述系统行为的运动方程。应用通用的方法、无模型的概念、语言模型、描述手段以及其他系统设计（系统工程）工具来完成连贯的设计分析是不切实际的。因此，上述概念的应用性、实践性和合理性都很受限制。利用众所周知的物理定律，可以直接对机电系统和运动设备进行精确、连贯的描述。当获得模型后，就可以进行分析和控制的任务了。例如，可以设计控制流程并且考察闭环系统的性能。第1章描述了机电系统组成的概念。设备和系统水平的分析和设计方法在不断演化，包括如下：

- 设备物理分析；
- 元件连接、规范和完整性；
- 系统架构和系统能力的评估；
- 数据密集型高保真电磁和机械分析优化，评估预估可获得的性能，避免用费钱、费时的硬件测试来完成这些初步的评估任务；

- 多功能的快速设计来帮助用户连贯评估系统性能；
- 软件和硬件相协同；
- 通过可能的重新设计来进行硬件和软件的测试、描述和评估。

构成机电系统所有器件的设备都是非常重要的。例如，如果传感器的分辨率（解码器或光电编码器每个周期的脉冲数）不够高的话，就不能获得精确的角位移精度（见图 1-7、图 1-8）。然而，传感器的精确度也是有限的。当机电系统架构确定后，就可以进行多样化的分析和设计了。对于所有的器件（驱动器、传感器、集成电路等），必须保证匹配。整个系统的性能在很大程度上取决于所选择的驱动器、传感器、功率管和集成电路。设计和应用涉及多种多样的驱动器，例如电磁与静电、永磁体与变阻抗 – 或集电感等。我们测试了大量的基于电磁的驱动器（电动机）、发电机和传感器。介绍和应用了麦克斯韦方程组、经典力学、能量转换定理以及其他的概念。重点放在电磁设备上，因为相比于静电设备，它们的力/力矩和功率密度、效率、可靠性、经济上更加优越。

存储的电和磁的量，能量密度 ρ_{We} 和 ρ_{Wm} 为

- $\rho_{\mathrm{We}} = \dfrac{1}{2}\varepsilon E^2$　对于电子（静电）变换器；

- $\rho_{\mathrm{Wm}} = \dfrac{1}{2}\dfrac{B^2}{\mu} = \dfrac{1}{2}\mu H^2$　对于电磁变换器。

式中 ε 是介电常数，$\varepsilon = \varepsilon_{\mathrm{r}}\varepsilon_0$；$\varepsilon_0$ 和 ε_{r} 分别是真空中介电常数和相对介电常数。$\varepsilon_0 = 8.85 \times 10^{-12}\mathrm{F/m}$；$E$ 是电场强度；μ 是磁导率，$\mu = \mu_{\mathrm{r}}\mu_0$；$\mu_0$ 和 μ_{r} 分别为自由空间的磁导率和相对磁导率，$\mu_0 = 4\pi \times 10^{-7}\mathrm{T-m/A}$；$B$ 和 H 分别为磁通量密度和磁场强度。

静电执行器被广泛地应用于微机电系统（MEMS），互补金属氧化物半导体（CMOS）技术使 MEMS 的表面和体集成技术得以实现。静电执行器的最大能量密度受限于其所能耐受的不被击穿的最大场强（电压）。在小微结构中，最大电场强度是有限的，因此导致最大能量密度 ρ_{Wemax} 也是有限的。举例而言，在大小从 $100 \times 100\mu\mathrm{m}$ 到毫米尺寸存在 $\mu\mathrm{m}$ 气隙结构中，$E < 3 \times 10^6\mathrm{V/m}$，因此，可以推断 ρ_{Wemax} 大约为 ~40 J/m³。作为对比，电磁执行器的最大能量密度 ρ_{Wemax} 受限于饱和磁通密度 B_{sat}（B_{sat} 大约在 ~2.5T）和材料的磁导率（相对磁导率 μ_{r} 一般在 100 到 1,000,000 之间），因此导致最大磁能密度可以达到 ~100,000 J/m³。据此我们可以推断 $\rho_{\mathrm{We}} \ll \rho_{\mathrm{Wm}}$ 且电磁转换器可以储存的能量密度至少为静电执行器的 1000 倍，即便对应用磁饱和密度 B_{sat} 较低软磁材料（Fe、Ni 和 NiFe）也可以保证 $\rho_{\mathrm{Wm}}/\rho_{\mathrm{We}} > 100$，应用硬磁材料可以保证 $\rho_{\mathrm{Wm}}/\rho_{\mathrm{We}} > 1000$。

评述：

为保证执行器和机构的正常动作，必须进行紧凑的机械设计和技术评估。举例而言，采用静电执行器可以保证有利的运动特性、集成、执行器 – ICs 一体化和封

包解决方案，这会导致对力或者力矩的需求明显降低。在某些 MEMS 中，静电执行器可以成为满足性能需求的有利选择。例 2-15 和例 2-16 探讨了位移和旋转静电执行器。例如，~1,000,000 个微镜（每个 $10 \times 10 \mu m$），由 DSP 控制，被用于高分辨度显示中的数字光处理（DLP）模块，设置时间约为 ~0.0001s。为了驱动该机构输出的力或者转矩必须大于负载的力或者转矩。同时，也必须考虑执行器集成、封包、外壳和其他各方面因素。因此，虽然在电磁系统中一般优选电磁执行器，但在 MEMS 中，静电、热和压电执行器也是可行的选择。

各种不同的材料被用于构建机电设备，设备特性受到材料常数和特性的影响，可以选择各种具备不同特性的材料。几种常见软磁材料的饱和磁通密度 B_{sat}、最大相对磁导率 μ_r、电阻率和居里点温度（T_C）见表 2-1。2.2 节给出了另外一些有用的材料数据。

表 2-1 一些软磁材料的特性

材料	B_{sat} [T]	μ_r	$\rho_e \times 10^{-6}$ [ohm − m]	T_C [℃]
硅钢	2	5000	$0.25 \sim 0.55$	800
铁 27	2.1	5500	0.1	760
钼铍莫 4 – 79	2.3	2800	0.58	925
导磁合金	0.8	400000	0.55	454
亚铁盐	$0.2 \sim 0.5$	$150 \sim 10000$	$0.1 \times 10^6 \sim 5 \times 10^6$	$140 \sim 480$

研究机电系统，其重点一般集中在以下几个方面：
- 通过应用高级组件、模块和设备发明设计（或发现创造）高性能系统，例如执行器、电力电子、传感器、控制器、驱动/感知电路和 ICs 等。
- 分析优化位移和旋转设备（执行器、电机、传感器和转换器等）。
- 开发高性能信号处理和控制集成 ICs 模块。
- 设计和实施最优控制。
- 开发高性能软件和硬件以获取高协同性、高集成性、高效和高性能。

为正确评估系统特性和监测系统性能，应测试各种系统特性。为可靠分析和设计机电运动设备，需要对系统动态特性建模（描述），进行最优化设计，设计闭环控制系统。本书着重高性能系统和设备的建模、仿真及优化。多学科集成特性可以较快的实现，由于硬件和软件的发展，以及各种特殊的需求，机电系统和设备的复杂程度提高，为了满足不断增加的系统复杂性及各种特殊需求，必须完善相应基本理论。

2.2 机电运动设备中的能量转换和力的产生原理

机电设备中的能量转换将电能转换成机械能，或者将机械能转换成电能[1~8]。

设备物理规律决定能量转换和力/力矩的产生。对电磁和静电设备所储存能量的性能评估已在 2.1 节阐述。通过各种手段确保总体性能最佳，从而可以对能量转换和力的产生过程进行优化。对高性能机电系统进行设计和分析，需要对电磁学、力学和能量转换进行系统的研究。借助解析和数值研究可以进行定性和定量分析。为了对稳态和动态系统行为进行分析和优化，要将物理规律，能量转换，力的产生和控制综合起来。本节对能量转换的基本原理进行分析，为本书奠定理论基础。

基本原理如下：对于一个无损耗的机电运动设备（在这个封闭系统中没有由于摩擦、发热或者其他不可逆的能量转换造成的能量损失），系统总的瞬态动能和势能保持恒定。对有损耗的机电运动设备，能量转换如图 2-1 所示。

描述能量转换的一般方程为

$$E_E \quad - \quad L_E \quad - \quad L_M \quad = \quad E_M \quad + \quad L_E \quad + \quad L_S$$
输入电能　　铜耗　　磁场损耗　　机械能　　摩擦损耗　　储存的能量

对于封闭系统的能量转换（无损耗），可以写成：

$$\Delta W_E \quad = \quad \Delta W_M \quad + \quad \Delta W_m$$
输入电能的变化量　机械能的变化量　电磁能的变化量

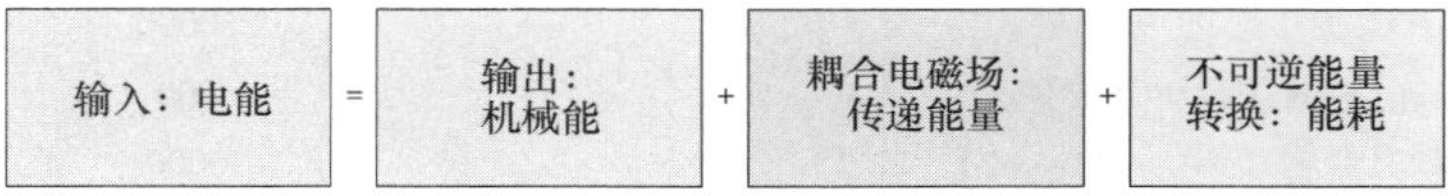

| 输入：电能 | = | 输出：机械能 | + | 耦合电磁场：传递能量 | + | 不可逆能量转换：能耗 |

图 2-1　电磁设备中的能量转换和传递

利用这些公式就可以对能量转换进行分析，电能、机械能和损失的能量必须要明确地定义和分析。如 2.1 节所阐述的，电磁运动设备可以有更优越的性能。通过使用永磁驱动器或（执行器）和电机可以使机电系统获得更高的能量密度和力矩密度。磁场中储存的总能量为

$$W_m = \frac{1}{2} \int_v B \cdot H \mathrm{d}v$$

由于外部磁场 H 的存在，材料被磁化，此处需用到磁化系数 χ_m 或相对磁导率 μ_r，有

$$B = \mu H = \mu_0 (1 + \chi_m) H = \mu_0 \mu_r H$$

利用磁化系数 χ_m，磁化强度可以描述为 $M = \chi_m H$。基于 χ_m 的大小，材料可以被分为以下几类：

- 不可磁化，$\chi_m = 0$，$\mu_r = 1$；
- 抗磁性，$\chi_m \approx -1 \times 10^{-5}$（铜的 $\chi_m = -9.5 \times 10^{-5}$，金的 $\chi_m = -3.2 \times 10^{-5}$，银的 $\chi_m = -2.6 \times 10^{-5}$）；
- 顺磁性，$\chi_m \approx 1 \times 10^{-4}$（$Fe_2O_3$ 的 $\chi_m = 1.4 \times 10^{-3}$，$Cr_2O_3$ 的 $\chi_m = -1.7 \times 10^{-3}$）；

● 铁磁材料，$|\chi_m| \gg 1$（铁、镍、钴、铁铷硼、钕钴和其他永磁体）。铁磁材料容易磁化，并且分为硬磁材料（铝镍钴合金、稀土材料、铜镍合金和其他合金）和软磁材料（铁、镍、钴和其他合金）。

一些材料的相对磁导率 μ_r 见表2-2。磁导率很大程度上取决于材料的制造工艺。因此，不能认为超级波莫合金能一定达到 $\mu_r \sim 1,000,000$。

表2-2　一些抗磁性、顺磁性、铁磁与亚铁磁材料的相对磁导率

材料	相对磁导率 $[\mu_r]$
抗磁性	
银	0.9999736
铜	0.9999905
顺磁性	
铝	1.000021
钨	1.00008
铂	1.0003
锰	1.001
铁磁性	
纯铁（含99.96%铁）	280000
电工钢（含99.6%铁）	5000
坡莫合金（$Ni_{28.5\%} Fe_{21.5\%}$）	70000
超级坡莫合金（$Ni_{79\%} Fe_{15\%} Mo_{5\%} Mn_{0.5\%}$）	1000000
亚铁磁性	
镍锌铁氧体	600 ~ 1000
锰锌铁氧体	700 ~ 1500

铁磁材料的磁化过程可以由磁化曲线来描述，H 是外加磁场，B 是材料中总磁场密度。硬的和软的铁磁材料的典型 $B - H$ 曲线如图2-2所示。

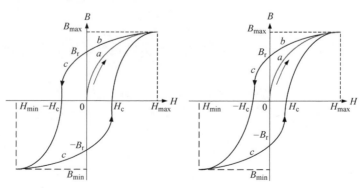

图2-2　硬的和软的铁磁材料的典型 $B - H$ 曲线

假设初始 $B_0 = 0$，$H_0 = 0$。让 H 从 H_0 增大到 H_{max}，那么，B 就会从 $B_0 = 0$ 开始

增大，直到最大值 B_{max}。如果 H 再降到 H_{min}，B 将沿着如图 2-2 所示中的另一条曲线通过 B_r（剩余磁感应强度）降到 B_{min}。对不同的 H，$H \in [H_{min}, H_{max}]$，B 在磁滞回线内变化，$B \in [B_{min}, B_{max}]$。如图 2-2 所示是铁磁材料的典型曲线，反映了磁感应强度 B 随着磁场强度 H 下的变化。当施加 H 的时候，由于同向的磁畴数量增加，B 随曲线 a 开始增大，直到达到饱和。当 H 开始下降后，B 随曲线 b 下降，但当 $H = 0$ 时 B 并未降到 0。为了使材料退磁，必须施加反向磁场 $-H_c$。这里 H_c 被称为矫顽力。随着 H 进一步降低，然后再增加，完成一个循环（曲线 c），形成磁滞回线。

曲线内的面积表示每个周期单位体积材料能量损失。利用 $B-H$ 曲线可以进行能量分析。在单位体积内，磁场能为 $W_F = \oint_B H dB$，而储存的能量为 $W_c = \oint_H B dH$。磁能和储存的能量可以用磁滞回线中相应的曲线包围的面积表示。

在体积 v 内，磁能和储能为

$$W_F = v \oint_B H dB, \quad W_c = v \oint_H B dH$$

在铁磁材料中，损耗包括磁滞损耗（由磁滞回线导致的）和涡流损耗，涡流损耗和电流频率平方成正比，与叠片厚度成反比。磁滞回线所包围的面积和磁滞损耗有关，软磁材料的磁滞回线较窄，比较容易磁化和退磁。因此，和硬磁材料相比，它的磁滞损耗较小。不同的软磁和硬磁材料有不同的应用场合。以下几种磁性材料被广泛应用于机电运动设备中：钕铁硼（$Nd_2Fe_{14}B$）、钐钴（通常是 Sm_1Co_5 和 Sm_2Co_{17}）、陶瓷（铁氧体）和铝镍钴合金（AlNiCo）。软磁是那些有较高的磁饱和和较低的矫顽力（$B-H$ 曲线窄）的材料。这些磁性材料的另一个特性是低的磁滞伸缩。软磁微型磁体被广泛应用于磁性记录设备的磁头上。硬磁材料的 $B-H$ 曲线较宽（矫顽力大），有较高的储能能力。这些磁性材料被广泛应用于电机中来获得较高的力、转矩和功率密度。如前所述，能量密度由 $B-H$ 曲线所包围的面积决定，磁体的体积能量密度为

$$w_m = \frac{1}{2}\vec{B} \cdot \vec{H} \ \text{或} \ w_m = \frac{1}{2}B \cdot H \ (\text{J/m}^3)$$

大多数磁体都是冶金过程合成的。如烧结（用粉末制成一个有许多细孔的固体材料）、压合、注射成型、铸造和挤制。

当永磁体用在电机和机电驱动器中时，需要研究退磁曲线（$B-H$ 曲线的第二象限部分）。永磁体储存、交换并且转换能量。特别地，永磁体不需要外部的能量源就能产生静磁场。永磁体的工作点是由永磁体的几何形状和特性决定的，并且会有局部磁滞回线产生。图 2-3 给出了 $B-H$ 曲线的第二象限部分的特点（永磁体的工作点在磁滞回线的退磁曲线上）。图 2-3 还给出了永磁体的能量积曲线。退磁曲线和能量积曲线是一一对应的。

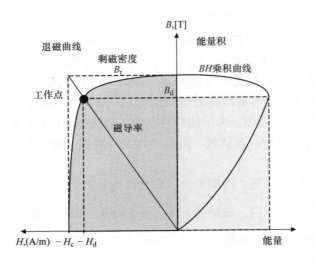

图 2-3 $B-H$ 退磁曲线和能量产生曲线

工作点由 H_d 和 B_d 表示。由安培环路定律，给定电机或驱动器中磁力线所在的气隙，有

$$H_d l_m = H_{ag} l_{ag}$$

式中，l_m 是磁体的长度；l_{ag} 是平行于磁力线的气隙长度；H_{ag} 是气隙中的磁场强度。

气隙中产生的特定磁密所需的永磁体的面积为

$$A_m = \frac{B_{ag} A_{ag}}{B_d}$$

式中 A_{ag} 是气隙面积；B_{ag} 是气隙磁密。

气隙中永磁体产生的磁链为 $\psi = N\phi = NB_{ag}A_{ag}$，磁共能为

$$W = \int_\psi i \cdot \mathrm{d}\psi = \int_i \psi \cdot \mathrm{d}i$$

在无损耗系统中，气隙中的能量方程为

$$Vol_{ag}B_{ag}H_{ag} = A_{ag}l_{ag}\frac{A_m l_m B_d H_d}{A_{ag} l_{ag}} = A_m l_m B_d H_d = \psi i$$

我们可以算出位于 r 处的磁密。在一维情况下，对于具有近似线性的退磁曲线的柱形磁体（长度为 l_m，半径为 r_m），在距离为 x 处的磁密为

$$B = \frac{B_r}{2}\left\{ \frac{l_m}{\sqrt{r_m^2 + (l_m + x)^2}} - \frac{x}{\sqrt{r_m^2 + x^2}} \right\}$$

我们通常仅对常用的磁性和铁磁材料以及合成材料的特性感兴趣。高磁导率的金属和合金的初始磁导率 μ_i、最大相对磁导率 μ_{rmax}、矫顽力 H_c、饱和极化强度 J_s、每个周期的磁滞损耗 W_h、居里温度 T_C 见表 2-3。设计者必须要注意，在特定的运

动设备中，所列举的参数可能有很大的不同。

表 2-3　高磁导率软磁金属和合金的磁特性

材料	成分（%）	μ_i	μ_{rmax}	H_c [A/m]	J_s [T]	W_h [J/m³]	T_C [K]
铁	$Fe_{99\%}$	200	6000	70	2.16	500	1043
铁	$Fe_{99.9\%}$	25000	350000	0.8	2.16	60	1043
硅－铁	$Fe_{96\%} Si_{4\%}$	500	7000	40	1.95	50~150	1008
硅－铁（110）[001]	$Fe_{97\%} Si_{3\%}$	9000	40000	12	2.01	35~140	1015
硅－铁 |100| <100>	$Fe_{97\%} Si_{3\%}$		100000	6	2.01		1015
钢	$Fe_{99.4\%} C_{0.1\%} Si_{0.1\%} Mn_{0.4\%}$	800	1100	200			
镍铁合金	$Fe_{50\%} Ni_{50\%}$	4000	70000	4	1.60	22	753
镍铁薄板 |100| <100>	$Fe_{50\%} Ni_{50\%}$	500	200000	16	1.55		773
恒磁导率坡莫合金 |100| <100>	$Fe_{50\%} Ni_{50\%}$	90	100	480	1.60		
78 坡莫合金	$Ni_{78\%} Fe_{22\%}$	4000	100000	4	1.05	50	651
超级坡莫合金	$Ni_{79\%} Fe_{16\%} Mo_{5\%}$	100000	1000000	0.15	0.79	2	673
高导磁合金	$Ni_{77\%} Fe_{16\%} Cu_{5\%} Cr_{2\%}$	20000	100000	4	0.75	20	673
超级钴	$Fe_{64\%} Co_{35\%} Cr_{0.5\%}$	650	10000	80	2.42	300	1243
坡曼德合金	$Fe_{50\%} Co_{50\%}$	500	6000	160	2.46	1200	1253
2V 坡曼德合金	$Fe_{49\%} Co_{49\%} V_{2\%}$	800	4000	160	2.45	600	1253
铁钴钒合金	$Fe_{49\%} Co_{49\%} V_{2\%}$		60000	16	2.40	1150	1253
25 镍钴合金	$Ni_{45\%} Fe_{30\%} Co_{25\%}$	400	2000	100	1.55		
7 镍钴合金	$Ni_{70\%} Fe_{23\%} Co_{7\%}$	850	4000	50	1.25		
镍钴合金（磁化退火）	$Ni_{43\%} Fe_{34\%} Co_{23\%}$		400000	2.4	1.50		
铝铁合金（阿尔帕姆铝合金）	$Fe_{84\%} Al_{16\%}$	3000	55000	3.2	0.8		723
铁素体合金	$Fe_{87\%} Al_{13\%}$	700	3700	53	1.20		673
铝铁合金	$Fe_{96.5\%} Al_{3.5\%}$	500	19000	24	1.90		
铁硅铝合金	$Fe_{85\%} Si_{10\%} Al_{5\%}$	36000	120000	1.6	0.89		753

硬磁永磁体的剩余磁密 B_r、矫顽力 H_{Fc}、内禀矫顽力 H_{Ic}、最大磁能积 BH_{max}、居里温度、最大工作温度 T_{max} 见表 2-4。这些特性受尺寸、温度、制造工

艺等的影响非常大。

表2-4　高磁导率硬磁金属和合金的磁特性

合金及其成分	B_r [T]	H_{Fc} [A/m]	H_{Ic} [A/m]	BH_{max} [kJ/m³]	T_C [℃]	T_{max} [℃]
铝镍钴1：20Ni，12Al，5Co	0.72		35	25		
铝镍钴2：17Ni，10Al，12.5Co，6Cu	0.72		40 – 50	13 – 14		
铝镍钴3：24 – 30Ni，12 – 14Al，0 – 3Cu	0.5 – 0.6		40 – 54	10		
铝镍钴4：21 – 28Ni，11 – 13Al，3 – 5Co，2 – 4Cu	0.55 – 0.75		36 – 56	11 – 12		
铝镍钴5：14Ni，8Al，24Co，3Cu	1.25	53	54	40	850	520
铝镍钴6：16Ni，8Al，24Co，3Cu，2Ti	1.05		75	52		
铝镍钴8：15Ni，7Al，35Co，4Cu，5Ti	0.83	1.6	160	45		
铝镍钴9：5Ni，7Al，35Co，4Cu，5Ti	1.10	1.45	1.45	75	850	520
铝镍钴12：3.5Ni，8Al，24.5Co，2Nb	1.20		64	76.8		
钡铁氧体：$BaFe_{12}O_{19}$	0.4	1.6	192	29	450	400
$SrFe_{12}O_{19}$	0.4	2.95	3.3	30	450	400
$LaCo_5$	0.91			164	567	
$CeCo_5$	0.77			117	380	
$PrCo_5$	1.20			286	620	
$NdCo_5$	1.22			295	637	
$SmCo_5$	1.00	7.9	696	196	700	250
Sm（$Co_{0.76}Fe_{0.10}Cu_{0.14}$）$_{6.8}$	1.04	4.8	5	212	800	300
Sm（$Co_{0.65}Fe_{0.28}Cu_{0.05}Zr_{0.02}$）$_{7.7}$	1.2	10	16	264	800	300
$Nd_2Fe_{14}B$（sintered）	1.22	8.4	1120	280	300	100
维长合金Ⅱ：Fe，52Co，14V	1.0	42		28	700	500
Fe，24Cr，15Co，3Mo（各向异性）	1.54	67		76	630	500
铁铬钴合金Ⅱ：Fe，28Cr，10.5Co	0.98	32		16	630	500
Fe，23Cr，15Co，3V，2Ti	1.35	4		44	630	500
Fe，36Co	1.04		18	8		
Co（rare – earth）	0.87		638	144		
铜镍铁合金：Cu，20Ni，20Fe	0.55	4		12	410	350
铜镍钴合金：Cu，21Ni，29Fe	0.34	0.5		8		
Pt，23Co	0.64	4		76	480	350
Mn，29.5Al，0.5C（各向异性）	0.61	2.16	2.4	56	300	120

对于机电运动设备，磁链和电流一起画，因为 i 和 ψ 都被用作状态变量，这和

磁场强度和磁密不同。在执行器和电机中几乎所有的能量都是储存在气隙中。考虑到空气是保守性的介质，可以推断出耦合场是无损耗的。如图 2-4 所示展现了非线性磁化特性（标准磁化曲线）。磁场中储存的能量为

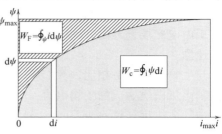

$$W_{\mathrm{F}} = \oint_{\psi} i\mathrm{d}\psi$$

而磁共能为

$$W_{\mathrm{c}} = \oint_{i} \psi\mathrm{d}i$$

图 2-4　磁化曲线和能量

总能量为

$$W_{\mathrm{F}} + W_{\mathrm{c}} = \oint_{\psi} i\mathrm{d}\psi + \oint_{i} \psi\mathrm{d}i = \psi i$$

磁链是电流 i 和位置 x（对直线运动）或者角位移 θ（对旋转运动）的函数。即 $\psi = f(i, x)$ 或 $\psi = f(i, \theta)$。电流可以看作磁链和位置（或角位移）的非线性函数。因此

$$\mathrm{d}\psi = \frac{\partial \psi(i,x)}{\partial i}\mathrm{d}i + \frac{\partial \psi(i,x)}{\partial x}\mathrm{d}x \ \text{或} \ \mathrm{d}\psi = \frac{\partial \psi(i,\theta)}{\partial i}\mathrm{d}i + \frac{\partial \psi(i,\theta)}{\partial \theta}\mathrm{d}\theta$$

$$\mathrm{d}i = \frac{\partial i(\psi,x)}{\partial \psi}\mathrm{d}\psi + \frac{\partial i(\psi,x)}{\partial x}\mathrm{d}x \ \text{或} \ \mathrm{d}i = \frac{\partial i(\psi,\theta)}{\partial \psi}\mathrm{d}\psi + \frac{\partial i(\psi,\theta)}{\partial \theta}\mathrm{d}\theta$$

因此，有

$$W_{\mathrm{F}} = \oint_{\psi} i\mathrm{d}\psi = \oint_{i} i\frac{\partial \psi(i,x)}{\partial i}\mathrm{d}i + \oint_{x} i\frac{\partial \psi(i,x)}{\partial x}\mathrm{d}x$$

$$W_{\mathrm{F}} = \oint_{\psi} i\mathrm{d}\psi = \oint_{i} i\frac{\partial \psi(i,\theta)}{\partial i}\mathrm{d}i + \oint_{\theta} i\frac{\partial \psi(i,\theta)}{\partial \theta}\mathrm{d}\theta$$

以及

$$W_{\mathrm{c}} = \oint_{i} \psi\mathrm{d}i = \oint_{\psi} \psi\frac{\partial i(\psi,x)}{\partial \psi}\mathrm{d}\psi + \oint_{x} \psi\frac{\partial i(\psi,x)}{\partial x}\mathrm{d}x$$

$$W_{\mathrm{c}} = \oint_{i} \psi\mathrm{d}i = \oint_{\psi} \psi\frac{\partial i(\psi,\theta)}{\partial \psi}\mathrm{d}\psi + \oint_{\theta} \psi\frac{\partial i(\psi,\theta)}{\partial \theta}\mathrm{d}\theta$$

假设耦合场是无损耗的，机械能微分（用微分位移 $\mathrm{d}l$ 求得 $\mathrm{d}W_{\mathrm{mec}} = \boldsymbol{F}_{\mathrm{m}} \cdot \mathrm{d}\boldsymbol{l}$）与磁共能的微分有关。在恒定电流下对于位移 $\mathrm{d}x$，可以得到 $\mathrm{d}W_{\mathrm{mec}} = \mathrm{d}W_{\mathrm{c}}$。因此，在一维情况下，电磁力为

$$F_{\mathrm{e}}(i,x) = \frac{\partial W_{\mathrm{c}}(i,x)}{\partial x}$$

对于旋转运动，电磁转矩为

$$T_{\mathrm{e}}(i,\theta) = \frac{\partial W_{\mathrm{c}}(i,\theta)}{\partial \theta}$$

电磁力和电磁转矩的方程是非常重要的，因为最终的目标是要控制机电运动设备和系统。要控制速率和位移，应该改变电磁场，使 E、D、H 或 B 变化。电磁力和转矩由电磁场量导出，像 2.4 节阐述的那样。

注意

与生物运动设备相比，我们研究的机电运动设备有很大的不同。比如，大肠杆菌控制由蛋白质生成的生物电机。电动机使鞭毛旋转，使它的几何形状变化以产生推进力。电机直径是 $40 \sim 50nm$，这些电动机可能不利用磁体。可以认为生物系统一般不用磁体。但在 1962 年，Heinz A. Lowenstam 教授在石鳖（爬行类的软体动物）的牙齿里发现了磁性物（Fe_3O_4），这说明活的生物组织可以沉淀出矿物的磁性物。另一个是 1975 年 Richard Blakemore 发现了趋磁细菌。30 亿年进化而来的趋磁细菌含有磁（磁性矿物颗粒），被蛋白质膜包围着。在大多数情况下磁都是束缚在细胞里。在很多趋磁细菌中，磁性矿物颗粒是 $30 \sim 100nm$ 的磁性物（Fe_3O_4），或者在海生的环境里是 Fe_3S_4。这些永磁体感受到磁场，细菌沿着磁力线的方向游动。不管磁性矿物颗粒是磁铁还是胶黄铁，磁性矿物质都构成了镶嵌在细菌内的永磁体两极。因此，趋磁细菌有两个磁极，取决于细胞内的两个磁极的定向。磁极可以通过一个磁性脉冲重新磁化，磁性脉冲应比矿物质的矫顽力更大。磁性矿物质被一致磁化形成永磁的场域。所有的颗粒都沿着链的轴线排列从而使磁场的轴线对齐。磁颗粒至少有三种不同的透明形式。最简单的形式是立方八面体；第二种形式是在球状菌株里发现的，是一种拉长的六棱柱，有一个和 111 水晶方向平行的拉长轴；第三种形式是在一些细胞中发现的，是一种拉长的形式产生圆柱状、子弹状、泪滴状

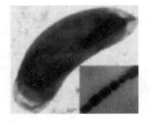

图 2-5   趋磁细菌和一串直径 $60 \sim 100nm$ 的圆柱磁小体无机磁性颗粒（长方体、八面体、棱柱体或其他 $30 \sim 100nm$ 大小的磁小体颗粒也存在）

和箭头状的颗粒（见图 2-5）。这些形式的颗粒生长机制并不知晓，但颗粒的形成可能和离子流穿过磁膜或者通过膜结构包围的机构。然而，立方八面体形式在无机的磁铁矿里是常见的，拉长的六棱柱形式的普遍似乎是生物进化的一个独一无二的特征。

2.3   电磁学简介

为了研究各种机电运动设备，我们需应用电磁场理论和经典力学理论。Charles Coulomb（查尔斯·库伦）研究了静电反应。对两个电荷 q_1、q_2，在真空上距离为 x，静电力的大小为

$$F = \frac{|q_1 q_2|}{4\pi\varepsilon_0 x^2}$$

其中真空中的介电常数 $\varepsilon_0 = 8.85 \times 10^{-12}$ F/m 或 $C^2/N \cdot m^2$，有 $1/4\pi\varepsilon_0 = 9 \times 10^9 N \cdot m^2/C$。力的单位为牛顿 [N]，电荷单位为库伦 [C]。

力是矢量。因此，一般有

$$\boldsymbol{F} = \frac{q_1 q_2}{4\pi\varepsilon_0 x^2}\boldsymbol{a}_x$$

式中，$\boldsymbol{a}_x$ 是沿着这两个电荷连线方向上的单位矢量。

电磁基本定律的一致性使我们可以研究场量。$\boldsymbol{D}$ [F/m] 表示电密矢量，$\boldsymbol{E}$ [V/m 或 N/C] 表示电场强度。根据高斯定律，穿过一个封闭面的总的电力线 Φ [C] 等于这个封闭面所包围的总电荷量。即

$$\Phi = \oint_s \boldsymbol{D} \cdot \mathrm{d}\boldsymbol{s} = Q_s, \boldsymbol{D} = \varepsilon\boldsymbol{E}$$

其中 $\mathrm{d}\boldsymbol{s}$ 是区域表面矢量，$\mathrm{d}\boldsymbol{s} = \mathrm{d}s\, \boldsymbol{a}_n$；$\boldsymbol{a}_n$ 是垂直于表面的单位矢量；Q_s 是表面所包围的总电荷量。

电路中的欧姆定律是 $V = ir$。然而，对于一种介质，欧姆定律通过电导率 σ 将体积电荷密度 $\boldsymbol{J}$ 和电场强度 $\boldsymbol{E}$ 关联起来。即

$$\boldsymbol{J} = \sigma\boldsymbol{E}$$

其中 σ 是电导率 [A/V · m]，铜的电导率 $\sigma = 5.8 \times 10^7$，铝的电导率 $\sigma = 3.5 \times 10^7$。

将欧姆定律应用到安培 - 麦克斯韦方程式有

$$\nabla \times \boldsymbol{B} = \mu\boldsymbol{J} + \mu\varepsilon\frac{\partial\boldsymbol{E}}{\partial t}$$

导出以下波动方程：

$$\nabla^2\boldsymbol{B} = \mu\varepsilon\frac{\partial^2\boldsymbol{B}}{\partial t^2} + \mu\sigma\frac{\partial\boldsymbol{B}}{\partial t}$$

这个方程可以求解。例如，一维方程为

$$\frac{\partial^2 B_x}{\partial x^2} = \mu\varepsilon\frac{\partial^2 B_x}{\partial t^2} + \mu\sigma\frac{\partial B_x}{\partial t}$$

它的解为

$$B_x(t, x) = B_{x0}\mathrm{e}^{i(kx - \omega t)}$$

进一步导出为

$$\frac{\partial^2 B_x}{\partial x^2} = -k^2 B_{x0}, \quad \frac{\partial^2 B_x}{\partial t} = -i\omega B_{x0} \quad 和 \quad \frac{\partial^2 B_x}{\partial t^2} = -\omega^2 B_{x0}$$

可以得到 $k^2 = \mu\varepsilon\omega^2 + \mu\sigma i\omega$。

可以证明派生的偏微分方程是可以解的。有许多不同的解析方法解偏微分方

程。例如，三维波动方程（如果 $\sigma \approx 0$）为

$$\nabla^2 B(t,x,y,z) = \mu\varepsilon \frac{\partial^2 B(t,x,y,z)}{\partial t^2}$$

边界条件为在 $x=0$，$x=a$，$y=0$，$y=b$，$z=0$，$z=d$ 处 $B=0$，有以下解：

$$B(t,x,y,z) = \sin(n\pi\frac{x}{a})\sin(m\pi\frac{y}{b})\sin(l\pi\frac{z}{d})e^{i\omega t}$$

式中整数 n、m、l 称为模数，最低频的模数是（1，1，1）。

派生出方程为

$$\nabla^2 B = -\left[\left(n\pi\frac{x}{a}\right)^2 + \left(m\pi\frac{y}{b}\right)^2 + \left(l\pi\frac{z}{d}\right)^2\right]B$$

以及

$$\frac{\partial^2 B}{\partial t^2} = -\omega^2 B$$

得到振荡频率为

$$\omega = \pi\sqrt{\frac{1}{\mu\varepsilon}}\sqrt{\left(\frac{n}{a}\right)^2 + \left(\frac{m}{b}\right)^2 + \left(\frac{l}{d}\right)^2}$$

导电介质中电场的方程为

$$\nabla^2 \boldsymbol{E} = \mu\varepsilon\frac{\partial^2 \boldsymbol{E}}{\partial t^2} + \mu\sigma\frac{\partial \boldsymbol{E}}{\partial t}$$

其一维情况下的解为

$$E_x(t,x) = E_{x0}e^{i(kx-\omega t)}$$

注意到：

$$k^2 = \mu\varepsilon\omega^2 + \mu\sigma i\omega$$

有

$$Re(k) = \omega\sqrt{\frac{1}{2}\mu\varepsilon}\sqrt{\sqrt{1+\left(\frac{\sigma}{\omega\varepsilon}\right)^2}+1}$$

$$I_m(k) = \omega\sqrt{\frac{1}{2}\mu\varepsilon}\sqrt{\sqrt{1+\left(\frac{\sigma}{\omega\varepsilon}\right)^2}-1}$$

真空中 $\sigma=0$，因此 $Re(k) = \omega\sqrt{\mu_0\varepsilon_0}$，$I_m(k)=0$。在理想的导体中，电荷和电流都分布在表面。在实际导体中，表面电流向里渗入到一定的距离，称为趋肤深度，并且

$$d_{skin} = \frac{1}{I_m(k)} = \left(\omega\sqrt{\frac{1}{2}\mu\varepsilon}\sqrt{\sqrt{1+\left(\frac{\sigma}{\omega\varepsilon}\right)^2}-1}\right)^{-1}$$

随着频率的增大，趋肤深度减小。在高频下（微波），这种衰减变得明显。因此，电阻随着频率增大。当分析高电导率介质时，可以测出电导率实部和虚部。比率 $\sigma/\varepsilon\omega$ 定义了电导率是大还是小。

考虑电流密度方程：

$$\nabla \cdot \boldsymbol{J} = -\frac{\partial \rho}{\partial t}$$

利用欧姆定律，我们有

$$\nabla \cdot (\sigma \boldsymbol{E}) = -\frac{\partial \rho}{\partial t}$$

由高斯定律，可得

$$\nabla \cdot \boldsymbol{E} = \frac{\rho}{\varepsilon}$$

假定电导率是恒定的，有

$$\frac{\partial \rho}{\partial t} = -\frac{\sigma}{\varepsilon}\rho$$

其解为

$$\rho(t,x,y,z) = \rho_0(x,y,z)\mathrm{e}^{-\frac{\sigma}{\varepsilon}t}$$

相应的，定义衰减率为 σ/ε。

导体的电阻率 ρ 是电场 $\boldsymbol{E}$ 和电流密度 $\boldsymbol{J}$ 之间的比率，因此，$\rho = \boldsymbol{E}/\boldsymbol{J}$。

导体的电阻 r 与电阻率或电导率有关，有以下公式：

$$r = \frac{\rho l}{A}, \quad r = \frac{l}{\sigma A}$$

式中，l 是长度，A 是截面积。

电阻率和其他参数都是变化的。例如，电阻率取决于温度 T，有

$$\rho(T) = \rho_0 = \left[1 + \alpha_{\rho 1}(T - T_0) + \alpha_{\rho 2}(T - T_0)^2 + \cdots \right]$$

其中 $\alpha_{\rho 1}$ 和 $\alpha_{\rho 2}$ 是系数。在较小的温度范围内（最高为 160℃）铜在 $T_0 = 20℃$，有 $\rho(T) = 1.7 \times 10^{-3}\left[1 + 0.0039(T - 20) \right]$。

2.4　电磁学基础

电磁理论和经典力学是检验（与发现）设备物理性质、研究可利用的内在现象、推导描述动态过程的运动方程的基础。利用电场强度 $\boldsymbol{E}$、电密 $\boldsymbol{D}$、磁场强度 $\boldsymbol{H}$、磁密 $\boldsymbol{B}$ 可以得到线性介质中的静电和静磁方程式。此外，还要用到基本方程 $\boldsymbol{D} = \varepsilon\boldsymbol{E}$ 和 $\boldsymbol{B} = \mu\boldsymbol{H}$。在直角坐标系中的基本方程见表2-5。

表 2-5　介质中静电场和静磁场基本方程

	静电场方程	静磁场方程
主导方程	$\nabla \times \boldsymbol{E}(x, y, z, t) = 0$ $\nabla \cdot \boldsymbol{E}(x, y, z, t) = \dfrac{\rho_v(x, y, z, t)}{\varepsilon}$	$\nabla \times \boldsymbol{H}(x,y,z,t) = 0$ $\nabla \cdot \boldsymbol{H}(x,y,z,t) = 0$
结构方程	$\boldsymbol{D} = \varepsilon\boldsymbol{E}$	$\boldsymbol{B} = \mu\boldsymbol{H}$

在静态场（时间不变）中，电场和磁场矢量是分离、独立的。即 E 和 D 与 H 和 B 无关，反之亦然。时变场中，电场和磁场都是时变的，磁场的变化影响电场，反之亦然。利用麦克斯韦方程组可以得到偏微分方程。

瞬态场中麦克斯韦方程组的偏微分方程形式为

$$\nabla \times E(x,y,z,t) = -\mu \frac{\partial H(x,y,z,t)}{\partial t} \quad (\text{法拉第定律})$$

$$\nabla \times H(x,y,z,t) = \sigma E(x,y,z,t) + J(x,y,z,t) = \sigma E(x,y,z,t) + \varepsilon \frac{\partial E(x,y,z,t)}{\partial t}$$

$$\nabla \times E(x,y,z,t) = \frac{\rho_v(x,y,z,t)}{\varepsilon} \quad (\text{高斯定律})$$

$$\nabla \times H(x,y,z,t) = 0$$

其中 E 是电场强度，介电常数 ε，电密 $D = \varepsilon E$；H 是磁场强度，磁导率 μ，磁密 $B = \mu H$；J 是电流密度，电导率为 σ，$J = \sigma E$；ρ_v 是电荷密度，穿过封闭面的总电力线为 $\Phi = \oint_s D \times \mathrm{d}s = \oint_v \rho_v \mathrm{d}v = Q$（高斯定理），同时穿过表面的磁通为 $\Phi = \oint_s B \cdot \mathrm{d}s$。

第二个方程：

$$\nabla \times H(x,y,z,t) = \sigma E(x,y,z,t) + J(x,y,z,t) = \sigma E(x,y,z,t) + \varepsilon \frac{\partial E(x,y,z,t)}{\partial t}$$

是麦克斯韦把方程

$$J(x,y,z,t) = \varepsilon \frac{\partial E(x,y,z,t)}{\partial t}$$

加到安培定律中导出的。

基本方程是用介电常数、磁导率、电导率 ε、μ、σ 给出的。特别地，有

$$D = \varepsilon E \quad \text{或} \quad D = \varepsilon E + P$$
$$B = \mu H \quad \text{或} \quad B = \mu(H + M)$$
$$J = \sigma E \quad \text{或} \quad J = \rho_v v$$

利用场矢量上的边界条件可以解麦克斯韦方程组。在两区域介质中，有 $a_N \times (E_2 - E_1) = 0$，$a_N \times (H_2 - H_1) = J_s$，$a_N \times (D_2 - D_1) = \rho_s$，$a_N \times (B_2 - B_1) = 0$，其中 J_s 表面电流密度矢量；a_N 是在表面边界处由区域 2 指向区域 1 的单位矢量；ρ_s 是表面电荷密度。

描述介质的基本关系可以和麦克斯韦方程组结合，从而形成两个偏微分方程。用电场强度和磁场强度 E 和 H，电磁场可以描述为

$$\nabla \times (\nabla \times E) = \nabla(\nabla \cdot E) - \nabla^2 E = -\mu \frac{\partial J}{\partial t} - \mu \frac{\partial^2 D}{\partial t^2} = -\mu\sigma \frac{\partial E}{\partial t} - \mu\varepsilon \frac{\partial^2 E}{\partial t^2}$$

$$\nabla \times (\nabla \times H) = \nabla(\nabla \cdot H) - \nabla^2 H = -\mu\sigma \frac{\partial H}{\partial t} - \mu\varepsilon \frac{\partial^2 H}{\partial t^2}$$

下面两组齐次的和非齐次波动方程和 4 个麦克斯韦方程组是等效的。

$$\nabla^2 \boldsymbol{E} - \mu\sigma \frac{\partial \boldsymbol{E}}{\partial t} - \mu\varepsilon \frac{\partial^2 \boldsymbol{E}}{\partial t^2} = \nabla\left(\frac{\rho_v}{\varepsilon}\right)$$

$$\nabla^2 \boldsymbol{H} - \mu\sigma \frac{\partial \boldsymbol{H}}{\partial t} - \mu\varepsilon \frac{\partial^2 \boldsymbol{H}}{\partial t^2} = 0$$

在一些情况下，这两个方程可以独立求解。并不总是只用 $\boldsymbol{E}$ 和 $\boldsymbol{H}$ 作为边界条件。因此，问题不能总是简化成两个电磁场矢量。分析求解要用到电标位和磁矢位。标记磁矢位和电标位为 $\boldsymbol{A}$ 和 V，有

$$\nabla \times \boldsymbol{A} = \boldsymbol{B} = \mu\boldsymbol{H} \text{ 和 } \boldsymbol{E} = -\frac{\partial \boldsymbol{A}}{\partial t} - \nabla V$$

采用洛伦兹规范：

$$\nabla \cdot \boldsymbol{A} = -\frac{\partial V}{\partial t}$$

可以将非齐次矢量波动方程解写为

$$-\nabla^2 \boldsymbol{A} + \mu\sigma \frac{\partial \boldsymbol{A}}{\partial t} + \mu\varepsilon \frac{\partial^2 \boldsymbol{A}}{\partial t^2} = -\mu\sigma \nabla V$$

用方程 $\boldsymbol{B} = \nabla \times \boldsymbol{A}$，就得到如下非齐次矢量波动方程：

$$\nabla^2 \times \boldsymbol{A} - \mu\varepsilon \frac{\partial^2 \boldsymbol{A}}{\partial t^2} = -\mu\boldsymbol{J}$$

这个方程的解表明波动以速率 $1/\sqrt{\mu\varepsilon}$ 移动。

研究执行器和其他机电运动设备时，我们也要关注力、转矩、电动势和磁动势等的计算方法。用电荷体密度 ρ_v，电磁和机械变量相关的洛伦磁力可以描述为

$$\boldsymbol{F} = \rho_v(\boldsymbol{E} + \boldsymbol{v} \times \boldsymbol{B}) = \rho_v\boldsymbol{E} + \boldsymbol{J} \times \boldsymbol{B}$$

特别地，洛伦磁力定律为

$$\boldsymbol{F} = \frac{\mathrm{d}\boldsymbol{p}}{\mathrm{d}t} = q(\boldsymbol{E} + \boldsymbol{v} \times \boldsymbol{B}) = q\left[-\nabla V - \frac{\partial \boldsymbol{A}}{\partial t} + \boldsymbol{v} \times (\nabla \times \boldsymbol{A})\right]$$

其中对于动量 $\boldsymbol{p}$ 有

$$\frac{\mathrm{d}\boldsymbol{p}}{\mathrm{d}t} = -\nabla\Pi$$

麦克斯韦方程组阐述了电荷如何产生电磁场，洛伦兹力定律描述了电磁场是如何影响电荷的。单位时间、单位面积电磁场传递的能量称为坡印亭矢量：

$$\boldsymbol{S} = \frac{1}{\mu}(\boldsymbol{E} \times \boldsymbol{B})$$

电磁力也可以通过麦克斯韦应力张量计算。这个概念采用卷积积分来获得储存的能量，在边界表面，所有点的压力都能被确定。所有点的压力总和就是电磁力。特别地，电磁力为

$$\boldsymbol{F} = \int_v \rho_v(\boldsymbol{E} + \boldsymbol{v} \times \boldsymbol{B})\mathrm{d}v = \int_v (\rho_v\boldsymbol{E} + \boldsymbol{J} \times \boldsymbol{B})\mathrm{d}v = \frac{1}{\mu}\oint_s \boldsymbol{T}\mathrm{d}s - \varepsilon\mu \frac{\mathrm{d}}{\mathrm{d}t}\int_v \boldsymbol{S}\mathrm{d}v$$

单位力为

$$\boldsymbol{F}_n = \rho_v \boldsymbol{E} + \boldsymbol{J} \times \boldsymbol{B} = \nabla \cdot \boldsymbol{T} - \varepsilon\mu \frac{\partial \boldsymbol{S}}{\partial t}$$

电磁应力张量 $\boldsymbol{T}$（第二个麦克斯韦应力张量）为

$$(\boldsymbol{a} \cdot \boldsymbol{T})_j = \sum_{i=x,y,z} a_i T_{ij}$$

有

$$(\nabla \cdot \boldsymbol{T})_j = \varepsilon\Big[(\nabla \cdot \boldsymbol{E})E_j + (\boldsymbol{E} \cdot \nabla)E_j - \frac{1}{2}\nabla_j E^2 \Big] + \frac{1}{\mu}\Big[(\nabla \cdot \boldsymbol{B})B_j + (\boldsymbol{B} \cdot \nabla)B_j - \frac{1}{2}\nabla_j B^2 \Big]$$

或

$$T_{ij} = \varepsilon\Big(E_i E_j - \frac{1}{2}\delta_{ij}E^2 \Big) + \frac{1}{\mu}\Big(B_i B_j - \frac{1}{2}\delta_{ij}B^2 \Big)$$

其中 i 和 j 是指坐标 x，y，z 的指标（T 有 9 个元素 T_{xx}，T_{xy}，$T_{xz}\cdots$，T_{zy}，T_{zz}）；δ_{ij} 是 KroneckerΔ 函数，它在指标相同时为 1 不同时为 0。

$$\delta_{ij} = \begin{cases} 1, 如果 i=j \\ 0, 如果 i \neq j \end{cases} \qquad \delta_{xx} = \delta_{yy} = \delta_{zz} = 1 \qquad \delta_{xy} = \delta_{xz} = \delta_{yz} = 0。$$

执行器产生的电磁转矩利用电磁场可以确定，电磁应力张量为

$$T_S = T_S^E + T_S^M = \begin{pmatrix} E_1 D_1 - \frac{1}{2}E_j D_j & E_1 D_2 & E_1 D_3 \\ E_2 D_1 & E_2 D_2 - \frac{1}{2}E_j D_j & E_2 D_3 \\ E_3 D_1 & E_3 D_2 & E_3 D_3 - \frac{1}{2}E_j D_j \end{pmatrix} + $$

$$\begin{pmatrix} B_1 H_1 - \frac{1}{2}B_j H_j & B_1 H_2 & B_1 H_3 \\ B_2 H_1 & B_2 H_2 - \frac{1}{2}B_j H_j & B_2 H_3 \\ B_3 H_1 & B_3 H_2 & B_3 H_3 - \frac{1}{2}B_j H_j \end{pmatrix}$$

对于直角坐标系、柱坐标系和极坐标系，有

$$E_x = E_1, \ E_y = E_2, \ E_z = E_3, \ D_x = D_1, \ D_y = D_2, \ D_z = D_3,$$
$$H_x = H_1, \ H_y = H_2, \ H_z = H_3, \ B_x = B_1, \ B_y = B_2, \ B_z = B_3;$$
$$E_r = E_1, \ E_\theta = E_2, \ E_z = E_3, \ D_r = D_1, \ D_\theta = D_2, \ D_z = D_3,$$
$$H_r = H_1, \ H_\theta = H_2, \ H_z = H_3, \ B_r = B_1, \ B_\theta = B_2, \ B_z = B_3;$$
$$E_\rho = E_1, \ E_\theta = E_2, \ E_\phi = E_3, \ D_\rho = D_1, \ D_\theta = D_2, \ D_\phi = D_3,$$
$$H_\rho = H_1, \ H_\theta = H_2, \ H_\phi = H_3, \ B_\rho = B_1, \ B_\theta = B_2, \ B_\phi = B_3.$$

利用能量分析可以得到解：

$$\sum \boldsymbol{F}(\boldsymbol{r}) = - \nabla \prod (\boldsymbol{r}), \quad \prod (\boldsymbol{r}) = \frac{\varepsilon_0 \varepsilon_r}{2} \int_v \boldsymbol{E} \cdot \boldsymbol{E} \mathrm{d}v + \frac{1}{2\mu_0 \mu_r} \int_v \boldsymbol{H} \cdot \boldsymbol{H} \mathrm{d}v$$

在力的分析中可以降低张量的微积分的复杂度。我们还应推导出储存在静电场和磁场中的能量的表达式。储存在静电场中总的电势能可以通过电势差 V 得到，即

$$W_e = \frac{1}{2} \int_v \rho_v V \mathrm{d}v$$

其中电荷密度为 $\rho_v = \nabla \cdot \boldsymbol{D}$。

用高斯形式，使用 $\rho_v = \nabla \cdot \boldsymbol{D}$ 和 $\boldsymbol{E} = - \nabla \cdot V$，可以得到储存在静电场中的能量表达式如下：

$$W_e = \frac{1}{2} \int_v \boldsymbol{D} \cdot \boldsymbol{E} \mathrm{d}v$$

静电能量密度为 $\frac{1}{2} \boldsymbol{D} \cdot \boldsymbol{E}$。对于线性介质，可以发现

$$W_e = \frac{1}{2} \int_v \varepsilon \mid \boldsymbol{E} \mid^2 \mathrm{d}v = \frac{1}{2} \int_v \frac{1}{\varepsilon} \mid \boldsymbol{D} \mid^2 \mathrm{d}v$$

用标量静电电势函数 $V(x, y, z)$ 可以得到电场 $\boldsymbol{E}(x, y, z)$：

$$\boldsymbol{E}(x, y, z) = - \nabla V(x, y, z)$$

在柱坐标系和极坐标系下，有

$$\boldsymbol{E}(r, \phi, z) = - \nabla V(r, \phi, z) \text{ 和 } \boldsymbol{E}(r, \theta, \phi) = - \nabla V(r, \theta, \phi)$$

用公式：

$$W_e = \frac{1}{2} \int_v \rho_v V \mathrm{d}v$$

储存在两个面之间（比如电容）的电场中的电势能为

$$W_e = \frac{1}{2} QV = \frac{1}{2} CV^2$$

利用虚功的原理，对于无损耗封闭系统，静电能量的微小变化 $\mathrm{d}W_e$ 等于机械能的微小变化 $\mathrm{d}W_{mec}$，即

$$\mathrm{d}W_e = \mathrm{d}W_{mec}$$

对于直线运动，有 $\mathrm{d}W_{mec} = \boldsymbol{F}_e \cdot \mathrm{d}\boldsymbol{l}$，$\mathrm{d}\boldsymbol{l}$ 是位移变化量。

通过 $\mathrm{d}W_e = \nabla W_e \cdot \mathrm{d}\boldsymbol{l}$，可以推断出力是储存的静电能的梯度，并且 $\boldsymbol{F}_e = \nabla W_e$。

在直角坐标系中，有

$$F_{ex} = \frac{\partial W_e}{\partial x}, \ F_{ey} = \frac{\partial W_e}{\partial y}, \ F_{ez} = \frac{\partial W_e}{\partial z}$$

为了找到静磁场中储存得到能量，用以下方程式：

$$W_m = \frac{1}{2} \int_v \boldsymbol{B} \cdot \boldsymbol{H} \mathrm{d}v, \ \text{或} \ W_m = \frac{1}{2} \int_v \mu \mid \boldsymbol{H} \mid^2 \mathrm{d}v = \frac{1}{2} \int_v \frac{\mid \boldsymbol{B} \mid^2}{\mu} \mathrm{d}v$$

为了说明所研究的能量概念是如何应用到机电设备中的，我们先研究电感的储能。为解决这个问题，我们用 $\nabla \times A$ 代替 B。用下面的矢量恒等式：

$$H \cdot \nabla \times A = \nabla \cdot (A \times H) + A \cdot \nabla \times H$$

从而得到

$$W_m = \frac{1}{2}\int_v B \cdot H dv = \frac{1}{2}\int_v \nabla \cdot (A \times H) dv + \frac{1}{2}\int_v A \cdot \nabla \times H dv$$

$$= \frac{1}{2}\int_s (A \times H) \cdot ds + \frac{1}{2}\int_v A \cdot J dv = \frac{1}{2}\int_v A \cdot J dv$$

使用矢量磁位 A（r）［Wb/m］ 如下一般表达式为

$$A(r) = \frac{\mu_0}{4\pi}\int_{v_A} \frac{J(r_A)}{x} dv_J, \quad \nabla \cdot A = 0$$

我们得到

$$W_m = \frac{\mu}{8\pi}\int_v\int_{v_j} \frac{J(r_A) \cdot J(r)}{x} dv_J dv$$

式中，v_J 是 J 所在处介质的体积。

线圈 i 和 j 的自感 $i=j$ 和互感 $i \neq j$ 的一般方程为

$$L_{ij} = \frac{N_i \Phi_{ij}}{i_j} = \frac{\psi_{ij}}{i_j}$$

式中，ψ_{ij} 是由于第 j 个线圈中的电流而导致的穿过第 i 个线圈中的磁链；i_j 是第 j 个线圈中的电流。

应用 Neumann 方程式：

$$L_{ij} = L_{ji} = \frac{\mu}{4\pi}\oint_{l_i}\oint_{l_j} \frac{d l_j \cdot d l_i}{x_{ij}}, \ i \neq j$$

可以得到互感，用方程式

$$W_m = \frac{\mu}{8\pi}\int_v\int_{v_j} \frac{J(r_A) \cdot J(r)}{x} dv_J dv,$$

可以得到：

$$W_m = \frac{\mu}{8\pi}\int_{l_i}\int_{l_j} \frac{i_j d l_j \cdot i_i d l_i}{x_{ij}}.$$

因此，磁场中储存的能量为

$$W_m = \frac{1}{2} i_i L_{ij} i_j$$

用电流矢量 $i = [i_1, i_2, \ldots, i_{n-1}, i_n]$ 和电感矩阵 $L \in \mathbb{R}^{n \times n}$，得到

$$W_m = \frac{1}{2} i^T L i$$

式中 T 是转置的标志。

以单匝线圈的电感为例，储存在其中的磁场能为

$$W_{\mathrm{m}} = \frac{1}{2} L i^2$$

储存的磁场能的微分可以得到。用

$$\frac{\mathrm{d}W_{\mathrm{m}}}{\mathrm{d}t} = \frac{1}{2}\left(L_{\mathrm{ij}} i_{\mathrm{j}} \frac{\mathrm{d}i}{\mathrm{d}t} + L_{\mathrm{ij}} i_{\mathrm{i}} \frac{\mathrm{d}i_{\mathrm{j}}}{\mathrm{d}t} + i_{\mathrm{i}} i_{\mathrm{j}} \frac{\mathrm{d}L_{\mathrm{ij}}}{\mathrm{d}t} \right)$$

得到

$$\mathrm{d}W_{\mathrm{m}} = \frac{1}{2}\left(L_{\mathrm{ij}} i_{\mathrm{j}} \mathrm{d}i_{\mathrm{i}} + L_{\mathrm{ij}} i_{\mathrm{i}} \mathrm{d}i_{\mathrm{j}} + i_{\mathrm{i}} i_{\mathrm{j}} \mathrm{d}L_{\mathrm{ij}} \right)$$

对于直线运动，机械能的微分表达式为 $\mathrm{d}W_{\mathrm{mec}} = \boldsymbol{F}_{\mathrm{m}} \cdot \mathrm{d}\boldsymbol{l}$。假定系统是封闭的（对于无损耗系统 $\mathrm{d}W_{\mathrm{mec}} = \mathrm{d}W_{\mathrm{m}}$），在直角坐标系中我们得到以下等式：

$$\mathrm{d}W_{\mathrm{m}} = \frac{\partial W_{\mathrm{m}}}{\partial x}\mathrm{d}x + \frac{\partial W_{\mathrm{m}}}{\partial y}\mathrm{d}y + \frac{\partial W_{\mathrm{m}}}{\partial z}\mathrm{d}z = \nabla W_{\mathrm{m}} \cdot \mathrm{d}\boldsymbol{l}$$

因此，力是储存的磁场能的梯度，并且

$$\boldsymbol{F}_{\mathrm{m}} = \nabla W_{\mathrm{m}}$$

对于直线运动，在 XYZ 坐标系中，有

$$F_{\mathrm{mx}} = \frac{\partial W_{\mathrm{m}}}{\partial x}, \quad F_{\mathrm{my}} = \frac{\partial W_{\mathrm{m}}}{\partial y}, \quad F_{\mathrm{mz}} = \frac{\partial W_{\mathrm{m}}}{\partial z}$$

对于旋转运动，应该用转矩。把机械能的微分当作角位移 θ 的函数，如果旋转部分被限制在绕着 z 轴转动，就得到以下方程式：

$$\mathrm{d}W_{\mathrm{mec}} = T_{\mathrm{e}} \mathrm{d}\theta$$

式中 T_{e} 是电磁转矩中 z 轴分量。

假定系统是无损耗的，就得到如下的电磁转矩表达式：

$$T_{\mathrm{e}} = \frac{\partial W_{\mathrm{m}}}{\partial \theta}$$

电动势和磁动势（*emf* 和 *mmf*）为

$$emf = \oint_l \boldsymbol{E} \cdot \mathrm{d}\boldsymbol{l} = \oint_l (\boldsymbol{v} \times \boldsymbol{B}) \cdot \mathrm{d}\boldsymbol{l} - \oint_s \frac{\partial \boldsymbol{B}}{\partial t} \mathrm{d}\boldsymbol{s}$$

运动感应　　　变压器感应

$$mmf = \oint_l \boldsymbol{H} \cdot \mathrm{d}\boldsymbol{l} = \oint_s \boldsymbol{J} \cdot \mathrm{d}\boldsymbol{s} + \oint_s \frac{\partial \boldsymbol{D}}{\partial t} \mathrm{d}\boldsymbol{s}$$

运动的 *emf* 是速率和磁场密度的函数，同时在一个静止的闭合回路中感应出的 *emf*，等于回路中磁场的负变化率（变压器电势）。感应的 *mmf* 是感应电流和穿过电路所包围表面的磁力线变化率的总和。为了说明这一点，我们用斯托克斯定理来导出安培定律的积分形式（第二个麦克斯韦方程），如下：

$$\oint_l \boldsymbol{H}(t) \cdot \mathrm{d}\boldsymbol{l} = \oint_s \boldsymbol{J}(t) \cdot \mathrm{d}\boldsymbol{s} + \oint_s \frac{\mathrm{d}\boldsymbol{D}(t)}{\mathrm{d}t} \mathrm{d}\boldsymbol{s}$$

其中 $\boldsymbol{J}(t)$ 是时变的电流密度矢量。

这一节涵盖了电磁学的基础，这些理论适用于机电运动设备。所得到的结论略显复杂。电磁学为研究设备物理性能、对机电运动设备进行连贯的结构化设计、进行合理的分析、研究性能等奠定了坚实基础。对于许多分析和设计问题，前面得到的结论可以通过简化加以使用。电磁学在工程上的应用和实例将在2.6节阐述。

2.5 经典力学及应用

应用经典力学可以研究机电系统和运动设备，如牛顿力学、拉格朗日、汉密尔顿方法。这些概念为我们推导机电系统主导方程提供了有益的方法，从而使我们完成定性分析和定量分析。应用拉格朗日和汉密尔顿方法可以使我们对电磁学、力学以及电路进行一体的分析。

2.5.1 牛顿力学

1. 牛顿力学、能量分析、广义坐标和拉格朗日方程：直线运动

我们通过分析产生运动的力来研究系统的行为。使用牛顿第二运动定律可以得到机械系统的运动方程。特别地，使用位置（位移）矢量 r，牛顿方程的矢量形式为

$$\sum F(t,r) = ma \tag{2-1}$$

式中 $\sum F(t,r)$ 是施加在物体上所有力的矢量总和；a 是考虑到惯性后物体的加速度矢量；m 是物体的质量。

在式（2-1）中，ma 表示作用在物体上的所有力的合力的大小和方向。因此，ma 并不是实际存在的力。如果 $\sum F = 0$，物体是处于平衡状态（物体保持静止或者匀速运动）；换句话说，如果 $\sum F = 0$ 的话，就没有加速度。用式（2-1），在直角坐标系中，在 xyz 坐标下我们得到运动方程：

$$\sum F(t,r) = ma = m\frac{\mathrm{d}r^2}{\mathrm{d}t^2} = m\begin{bmatrix} \dfrac{\mathrm{d}x^2}{\mathrm{d}t^2} \\[2mm] \dfrac{\mathrm{d}y^2}{\mathrm{d}t^2} \\[2mm] \dfrac{\mathrm{d}z^2}{\mathrm{d}t^2} \end{bmatrix}, \quad \begin{bmatrix} a_x \\ a_y \\ a_z \end{bmatrix} = \begin{bmatrix} \dfrac{\mathrm{d}x^2}{\mathrm{d}t^2} \\[2mm] \dfrac{\mathrm{d}y^2}{\mathrm{d}t^2} \\[2mm] \dfrac{\mathrm{d}z^2}{\mathrm{d}t^2} \end{bmatrix}$$

因此，得到了描述刚体运动力的方程，是二阶微分方程。执行器应该产生控制运动的力。力可以是电流（电磁执行器）、电压（静电执行器）、压力（液压执行器）的函数。本书仅考虑机电执行器，方程（2-1）必须通过电磁动态方程加以补充，从而使我们获得机电系统完整和连贯的运行特性。

在直角坐标系下，牛顿第二定律描述为

$$\sum \boldsymbol{F}_x = m\,\boldsymbol{a}_x, \quad \sum \boldsymbol{F}_y = m\,\boldsymbol{a}_y, \quad \sum \boldsymbol{F}_z = m\,\boldsymbol{a}_z$$

关于线性动量的牛顿第二定律，即 $\boldsymbol{p} = m\boldsymbol{v}$，描述为

$$\sum \boldsymbol{F} = \frac{\mathrm{d}\boldsymbol{p}}{\mathrm{d}t} = \frac{\mathrm{d}(m\boldsymbol{v})}{\mathrm{d}t}$$

其中 $\boldsymbol{v}$ 是物体的速度矢量。

因此，力等于动量的变化率。如果 $\dfrac{\mathrm{d}\boldsymbol{p}}{\mathrm{d}t} = 0$ 则物体是匀速运动的，也就是 $\boldsymbol{p} =$ 常量。

根据能量 $\prod(\boldsymbol{r})$ 的表达式，对于封闭机械系统，有

$$\sum \boldsymbol{F}(\boldsymbol{r}) = -\nabla \prod(\boldsymbol{r})$$

因此，单位时间内做的功为

$$\frac{\mathrm{d}W}{\mathrm{d}t} = \sum \boldsymbol{F}(\boldsymbol{r})\,\frac{\mathrm{d}\boldsymbol{r}}{\mathrm{d}t} = -\nabla \prod(\boldsymbol{r})\,\frac{\mathrm{d}\boldsymbol{r}}{\mathrm{d}t} = -\frac{\mathrm{d}\prod(\boldsymbol{r})}{\mathrm{d}t}$$

通过牛顿第二定律得到：

$$m\boldsymbol{a} - \sum \boldsymbol{F}(\boldsymbol{r}) = 0 \ \text{或者} \ m\frac{\mathrm{d}^2\boldsymbol{r}}{\mathrm{d}t^2} - \sum \boldsymbol{F}(\boldsymbol{r}) = 0$$

因此，对封闭系统有如下方程：

$$m\frac{\mathrm{d}^2\boldsymbol{r}}{\mathrm{d}t^2} + \nabla\prod(\boldsymbol{r}) = 0$$

上面我们已经对牛顿力学和动能、势能的应用进行了详细说明，下面我们将介绍一种基于拉格朗日力学的动态系统建模方法，该方法是力学在动态系统建模中最一般的概念。这种方法不用位移、速度或者加速度，而是用广义坐标。通过用广义坐标 $(q_1, \cdots, q_n)$ 和广义速度：

$$\left(\frac{\mathrm{d}q_1}{\mathrm{d}t}, \cdots, \frac{\mathrm{d}q_n}{\mathrm{d}t}\right)$$

可以得到总的动能 $\Gamma\left(q_1, \cdots, q_n, \dfrac{\mathrm{d}q_1}{\mathrm{d}t}, \cdots, \dfrac{\mathrm{d}q_n}{\mathrm{d}t}\right)$ 和势能 $\prod(q_1, \cdots, q_n)$。使用总的动能和势能的表达式，牛顿第二运动定律可以写成如下形式：

$$\frac{\mathrm{d}}{\mathrm{d}t}\left(\frac{\partial \Gamma}{\partial q_1}\right) + \frac{\partial \prod}{\partial q_i} = 0$$

例 2-1

考虑一个由电动机驱动的定位系统。让我们求出把一个20g的负载（$m = 20\text{g}$）从 $v_0 = 0\text{m/s}$ 加速到 $v_f = 1\text{m/s}$ 需要做多少功？

所需的功计算如下：

$$W = \frac{1}{2}(mv_f^2 - mv_0^2) = \frac{1}{2}20 \times 10^{-3} \times 1^2 = 0.01\text{J}$$

例 2-2

考虑 XY 坐标系下的一个质量为 m 的物体。在 x 方向上施加力 $\boldsymbol{F}_a$。忽略库仑和静摩擦力，求运动方程。我们假定滑动摩擦力为

$$F_{\mathrm{fr}} = B_{\mathrm{v}} \frac{\mathrm{d}x}{\mathrm{d}t}$$

式中，B_{v} 是滑动摩擦系数。

物体受力图如图 2-6 所示。

Y 方向上总的作用力为

$$\sum \boldsymbol{F}_{\mathrm{Y}} = \boldsymbol{F}_{\mathrm{N}} - \boldsymbol{F}_{\mathrm{g}}$$

式中，$\boldsymbol{F}_{\mathrm{g}} = mg$ 是作用在质量 m 上的重力；$\boldsymbol{F}_{\mathrm{N}}$ 是支持力，与重力大小相等方向相反。

从式（2-1），Y 方向上的运动方程为

$$\boldsymbol{F}_{\mathrm{N}} - \boldsymbol{F}_{\mathrm{g}} = ma_{\mathrm{y}} = m \frac{\mathrm{d}^2 y}{\mathrm{d}t^2}$$

其中 a_{y} 是 Y 方向上的加速度，

$$a_{\mathrm{y}} = \frac{\mathrm{d}^2 y}{\mathrm{d}t^2}$$

由 $\boldsymbol{F}_{\mathrm{N}} = \boldsymbol{F}_{\mathrm{g}}$，得到如下结果：

$$\frac{\mathrm{d}^2 y}{\mathrm{d}t^2} = 0$$

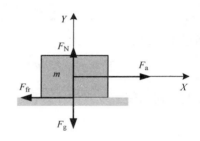

图 2-6 物体受力图

由施加的力 $\boldsymbol{F}_a$ 和摩擦力 $\boldsymbol{F}_{\mathrm{fr}}$，可以得到作用在 x 方向上的总的力。即

$$\sum \boldsymbol{F}_{\mathrm{X}} = \boldsymbol{F}_a - \boldsymbol{F}_{\mathrm{fr}}$$

施加的力可以是不随时间变化的，$\boldsymbol{F}_a =$ 常数；或者非线性时变的，即 $\boldsymbol{F}_a(t) = f(t, x, y, z)$。令

$$\boldsymbol{F}_a(t,x) = x\sin(6t-4)\mathrm{e}^{-0.5t} + \frac{\mathrm{d}x}{\mathrm{d}t}t^2 + x^3\cos\left(\frac{\mathrm{d}x}{\mathrm{d}t}t - x^2 t^4\right)$$

用式（2-1），X 方向上的运动方程为

$$\boldsymbol{F}_a - \boldsymbol{F}_{\mathrm{fr}} = ma_{\mathrm{x}} = m \frac{\mathrm{d}^2 x}{\mathrm{d}t^2}$$

其中 a_{x} 是 X 方向上的加速度，

$$a_{\mathrm{x}} = \frac{\mathrm{d}^2 x}{\mathrm{d}t^2}$$

X 方向上的速度为

$$v = \frac{\mathrm{d}x}{\mathrm{d}t}$$

假定库仑和静摩擦力可以被忽略。摩擦力作为滑动摩擦系数 B_{v} 和速度 v 的函数，表达式为

$$F_{\mathrm{fr}} = B_{\mathrm{v}} \frac{\mathrm{d}x}{\mathrm{d}t} = B_{\mathrm{v}} v$$

因此，得到在 X 方向上的描述刚体动态的二阶非线性微分方程：

$$\frac{\mathrm{d}^2 x}{\mathrm{d}t^2} = \frac{1}{m} \left(F_{\mathrm{a}} - B_{\mathrm{v}} \frac{\mathrm{d}x}{\mathrm{d}t} \right)$$

$$= \frac{1}{m} \left[x \sin(6t-4) \mathrm{e}^{-0.5t} + \frac{\mathrm{d}x}{\mathrm{d}t} t^2 + x^3 \cos\left(\frac{\mathrm{d}x}{\mathrm{d}t} t - x^2 t^4 \right) - B_{\mathrm{v}} \frac{\mathrm{d}x}{\mathrm{d}t} \right]$$

从导出的运动方程，得到两个一阶线性微分方程。分别为

$$\frac{\mathrm{d}x}{\mathrm{d}t} = v,$$

$$\frac{\mathrm{d}v}{\mathrm{d}t} = \frac{1}{m} \left[x \sin(6t-4) \mathrm{e}^{-0.5t} + vt^2 + x^3 \cos(vt - x^2 t^4) - B_{\mathrm{v}} v \right], t \geqslant 0$$

2. 牛顿力学：旋转运动

对于旋转运动的设备，不是用直线位移和加速度，而是用角位移和角加速度。考虑合成转矩。旋转刚体的牛顿第二定律为

$$\sum \boldsymbol{T}(t, \boldsymbol{\theta}) = J\boldsymbol{\alpha} \tag{2-2}$$

式中，$\sum \boldsymbol{T}$ 是合成转矩；J 是惯量（转动惯量）；$\boldsymbol{\alpha}$ 是角加速度矢量，

$$\boldsymbol{\alpha} = \frac{\mathrm{d}}{\mathrm{d}t} \frac{\mathrm{d}\boldsymbol{\theta}}{\mathrm{d}t} = \frac{\mathrm{d}^2 \boldsymbol{\theta}}{\mathrm{d}t^2} = \frac{\mathrm{d}\boldsymbol{\omega}}{\mathrm{d}t};$$

$\boldsymbol{\theta}$ 是角位移；$\boldsymbol{\omega}$ 是角速度。

系统的角动量 $\boldsymbol{L}_{\mathrm{M}} = \boldsymbol{R} \times \boldsymbol{p} = \boldsymbol{R} \times m\boldsymbol{v}$ 并且

$$\sum \boldsymbol{T} = \frac{\mathrm{d}\boldsymbol{L}_{\mathrm{M}}}{\mathrm{d}t} = \boldsymbol{R} \times \boldsymbol{F}$$

式中，$\boldsymbol{R}$ 是相对于原点的位置矢量。

对于刚体，绕着几何中心轴旋转，有

$$\boldsymbol{L}_{\mathrm{M}} = J\boldsymbol{\omega}$$

对于一维旋转系统，牛顿第二运动定律描述为

$$M = J\alpha$$

式中，M 是关于物体质量中心所有转矩的总和，单位为 N·m；J 是关于质量中心的转动惯量，单位为 kg·m²；α 是物体的角加速度，单位为 rad/s²。

例 2-3

一台电动机的等效转动惯量为 $J = 0.5 \mathrm{kg \cdot m^2}$。当电动机加速时，转子角速度为 $\omega_{\mathrm{r}} = 10t^3$，$t \geqslant 0$。角动量和产生的电磁转矩是时间的函数。假设负载和摩擦转矩为 0，角动量为 $L_{\mathrm{M}} = J\omega_{\mathrm{r}} = 5t^3$。电磁转矩为

$$T_{\mathrm{e}} = \frac{\mathrm{d}L_{\mathrm{M}}}{\mathrm{d}t} = 15t^2 (\mathrm{N \cdot m})$$

由牛顿力学，可以推断在物体上施加的力或者转矩对描述旋转和控制动态的定

性和定量至关重要。用能量或动量可以进行运动分析，这两个量都是守恒的。能量守恒定律为：能量只能由一种形式转化为另一种形式。

动能和运动有关，势能与位置有关。动能（Γ）、势能 Π 和损耗 D 的能量总和叫做系统的总能量（$\sum_T$），它是守恒的，即总能量保持不变；例如，$\sum_T = \Gamma + \Pi + D =$ 常数。

例 2-4

考虑一个物体的直线运动，它连在一个理想的弹簧上，弹力遵循虎克定律。忽略摩擦，总能量的表达式为

$$\sum\nolimits_T = \Gamma + \Pi = \frac{1}{2}(mv^2 + k_sx^2) = 常数$$

直线运动的动能为

$$\Gamma = \frac{1}{2}mv^2$$

而弹簧的弹性势能为

$$\Pi = \frac{1}{2}k_sx^2$$

式中，k_s 是弹簧的弹力常数。

对于进行旋转运动的弹簧，有

$$\sum\nolimits_T = \Gamma + \Pi = \frac{1}{2}(J\omega^2 + k_s\theta^2) = 常数$$

其中旋转动能和弹性势能为

$$\Gamma = \frac{1}{2}J\omega^2 \quad 和 \quad \Pi = \frac{1}{2}k_s\theta^2$$

既有直线运动又有旋转运动的刚体的动能为

$$\Gamma = \frac{1}{2}(mv^2 + J\omega^2)$$

也就是说，刚体的运动是以质量中心直线运动和以质量中心为轴的旋转运动的叠加。转动惯量 J 取决于质量相对于转轴的分布，转轴不同，转动惯量就不同。如果物体的密度是均匀分布的，且形状规则，J 就可以根据物体尺寸计算出来。例如，一个质量为 m 的柱形刚体（质量是均匀分布的），半径为 R，长度为 l，其水平和垂直方向上的转动惯量为

$$J_{水平} = \frac{1}{2}mR^2 \quad 和 \quad J_{垂直} = \frac{1}{4}mR^2 + \frac{1}{12}ml^2$$

对于形状不规则的物体，可以先求出旋转半径，从而可以进一步求得转动惯量。

在电磁运动设备中，力和力矩有相似性。假设物体是刚性的，转动惯量是常量，有

$$T\mathrm{d}\boldsymbol{\theta} = J\boldsymbol{\alpha}\mathrm{d}\boldsymbol{\theta} = J\frac{\mathrm{d}\boldsymbol{\omega}}{\mathrm{d}t}\mathrm{d}\boldsymbol{\theta} = J\frac{\mathrm{d}\boldsymbol{\theta}}{\mathrm{d}t}\mathrm{d}\boldsymbol{\omega} = J\boldsymbol{\omega}\ \mathrm{d}\boldsymbol{\omega}$$

总作功为

$$W = \int_{\theta_0}^{\theta_\mathrm{f}}T\mathrm{d}\boldsymbol{\theta} = \int_{\omega_0}^{\omega_\mathrm{f}}J\boldsymbol{\omega}\ \mathrm{d}\boldsymbol{\omega} = \frac{1}{2}(J\omega_\mathrm{f}^2 - J\omega_0^2)$$

代表动能的变化。进一步有

$$\frac{\mathrm{d}W}{\mathrm{d}t} = T\frac{\mathrm{d}\boldsymbol{\theta}}{\mathrm{d}t} = T \times \boldsymbol{\omega}$$

即功率为

$$P = T \times \boldsymbol{\omega}$$

这个公式是和直线运动中 $P = F \times v$ 类似的。

例 2-5

假设一台电动机的额定功率为 1W，额定速度为 1000rad/s。则额定电磁转矩为

$$T_\mathrm{e} = \frac{P}{\omega_\mathrm{r}} = \frac{1}{1000} = 1 \times 10^{-3}(\mathrm{N} \cdot \mathrm{m})$$

例 2-6

一个质量为 m 的质点拴在一个质量可以忽略长度为 l 的绳子上（如图 2-7 所示），对这个简单的钟摆可以导出其运动方程。

回复力为 $-mg\sin\theta$，是重力的正切分量。因此，关于中心点 O 的总的力矩为

$$\sum M = -mgl\sin\theta + T_\mathrm{a}$$

式中，T_a 是施加的力矩，l 是从旋转点测量的钟摆的长度。

由式（2-2），得到运动方程：

$$J\alpha = J\frac{\mathrm{d}^2\theta}{\mathrm{d}t^2} = -mgl\sin\theta + T_\mathrm{a}$$

式中，J 是关于点 O 的转动惯量。

因此，二阶微分方程为

$$\frac{\mathrm{d}^2\theta}{\mathrm{d}t^2} = \frac{1}{J}(-mgl\sin\theta + T_\mathrm{a})$$

对角位移有微分方程：

$$\frac{\mathrm{d}\theta}{\mathrm{d}t} = \omega$$

得到两个一阶微分方程：

$$\frac{\mathrm{d}\omega}{\mathrm{d}t} = \frac{1}{J}(-mgl\sin\theta + T_\mathrm{a}),\frac{\mathrm{d}\theta}{\mathrm{d}t} = \omega$$

转动惯量是 $J = ml^2$。因此，对这个简单的钟摆，有下面的微分方程来描述它的动态：

$$\frac{\mathrm{d}\omega}{\mathrm{d}t} = -\frac{g}{l}\sin\theta + \frac{1}{ml^2}T_\mathrm{a}$$

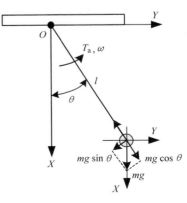

图 2-7 一个简单的钟摆

$$\frac{\mathrm{d}\theta}{\mathrm{d}t} = \omega$$

例 2-7　运动设备中的摩擦

仔细考虑摩擦是很有必要的。摩擦是一种非常复杂的非线性现象，难以精确描述。经典的库仑摩擦是一种阻滞性的力（对直线运动）或者转矩（对旋转运动），它随着运动方向的改变而改变，但力或者转矩的幅值是常量。对于直线运动和旋转运动，库仑摩擦力和转矩为

$$F_{\text{Couloumb}} = k_{\text{Fc}} \text{sgn}(v) = k_{\text{Fc}} \text{sgn}\left(\frac{\mathrm{d}x}{\mathrm{d}t}\right) \text{和} \ T_{\text{Couloumb}} = k_{\text{Tc}} \text{sgn}(\omega) = k_{\text{Tc}} \text{sgn}\left(\frac{\mathrm{d}\theta}{\mathrm{d}t}\right)$$

式中，k_{Fc} 和 k_{Tc} 是库仑摩擦系数。

图 2-8a 对库仑摩擦进行说明。

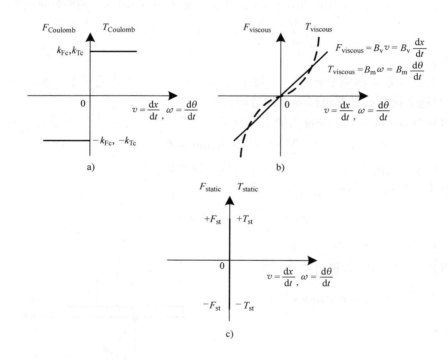

图　2-8

a）库仑摩擦　b）粘性摩擦　c）静摩擦

粘性摩擦是一种阻滞性的力或者转矩，它是线速度或者角速度的线性（或非线性）函数。粘性摩擦力和转矩相对于线速度和角速度的关系如图 2-8b 所示。下面的表达式是通常用来描述粘性摩擦的：

$$F_{\text{viscous}} = B_{\text{v}} v = B_{\text{v}} \frac{\mathrm{d}x}{\mathrm{d}t} \text{ 或 } F_{\text{viscous}} = \sum_{n=1}^{\infty} B_{\text{vn}} v^{2n-1} \quad \text{对直线运动}$$

$$T_{\text{viscous}} = B_{\text{m}}\omega = B_{\text{m}}\frac{\mathrm{d}\theta}{\mathrm{d}t} \text{ 或 } T_{\text{viscous}} = \sum_{n=1}^{\infty} B_{\text{nm}}\omega^{2n-1} \quad \text{对旋转运动}$$

式中，B_{v} 和 B_{m} 是粘性摩擦系数。

　　静摩擦力仅仅在物体静止时存在，在物体开始运动时就消失了。设静摩擦力为 F_{static}，静摩擦转矩为 T_{static}。可以应用如下表达式：

$$F_{\text{static}} = \pm F_{\text{st}}\big|_{v=\frac{\mathrm{d}x}{\mathrm{d}t}=0} \text{ 和 } T_{\text{static}} = \pm T_{\text{st}}\big|_{\omega=\frac{\mathrm{d}\theta}{\mathrm{d}t}=0}$$

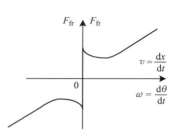

　　我们得出结论：静摩擦力是一种阻滞性的力或力矩，它在初始时刻试图阻止直线运动或旋转运动（见图 2-8c）。

　　摩擦力和力矩是非线性函数。常用来描述 F_{fr} 和 T_{fr} 的经验公式为

$$F_{\text{fr}} = (k_{\text{fr1}} - k_{\text{fr2}}e^{-k|v|} + k_{\text{fr3}}|v|)\,\mathrm{sgn}(v) \text{ 和}$$

$$T_{\text{fr}} = (k_{\text{fr1}} - k_{\text{fr2}}e^{-k|\omega|} + k_{\text{fr3}}|\omega|)\,\mathrm{sgn}(\omega)$$

F_{fr} 和 T_{fr} 如图 2-9 所示。

图 2-9　摩擦力和转矩是线速度和角速度的函数

2.5.2　拉格朗日运动方程

　　机电系统是机械、电磁、电路和电子元件的综合体。因此，我们需要研究机械、电磁和电路的暂态。设计者可能应用牛顿力学来导出刚体力学，然后利用能量概念导出电磁（或静电）力或转矩的表达式，它是电流、电压或电磁场量的函数。因此，能量转换、力/力矩产生、电磁动力学、电磁学定律的应用必须作为一个整体。在 2.6 节和 4、5、6 章将给出应用这种方法的例子。

　　考虑，拉格朗日和汉密尔顿方法是基于整个系统的能量分析，利用拉格朗日方程，我们可以整合刚体动力学和电路 – 电磁运动方程式。因此，拉格朗日和汉密尔顿方法更通用的。使用系统变量，我们可以得出总的动能 Γ、损耗 D、势能 Π，分别表示如下：

- 总动能

$$\Gamma\left(t, q_1, \cdots, q_{\text{n}}, \frac{\mathrm{d}q_1}{\mathrm{d}t}, \cdots, \frac{\mathrm{d}q_{\text{n}}}{\mathrm{d}t}\right)$$

- 总损耗

$$D\left(t, q_1, \cdots, q_{\text{n}}, \frac{\mathrm{d}q_1}{\mathrm{d}t}, \cdots, \frac{\mathrm{d}q_{\text{n}}}{\mathrm{d}t}\right)$$

- 总势能

$$\Pi(t, q_1, \cdots, q_{\text{n}})$$

则拉格朗日运动方程为

$$\frac{\mathrm{d}}{\mathrm{d}t}\left(\frac{\partial\Gamma}{\partial\dot{q_{\text{i}}}}\right) - \frac{\partial\Gamma}{\partial q_{\text{i}}} + \frac{\partial D}{\partial\dot{q_{\text{i}}}} + \frac{\partial\Pi}{\partial q_{\text{i}}} = Q_{\text{i}} \tag{2-3}$$

这里 q_i 和 Q_i 是广义坐标变量和广义的力（施加的力和阻力）。通过广义坐标变量 q_i，可以导出能量的表达式

$$\Gamma\left(t, q_1, \cdots, q_n, \frac{dq_1}{dt}, \cdots, \frac{dq_n}{dt}\right), \; D\left(t, q_1, \cdots, q_n, \frac{dq_1}{dt}, \cdots, \frac{dq_n}{dt}\right), \; \Pi(t, q_1, \cdots, q_n)_\circ$$

广义坐标变量可以清晰连贯地描述系统。以下变量可以选为广义坐标变量

- 线位移或角位移（对直线运动设备和旋转运动设备）；
- 电荷（电荷通常用 q 表示）。

对无损耗系统 $D = 0$，有以下拉格朗日运动方程：

$$\frac{d}{dt}\left(\frac{\partial\Gamma}{\partial\dot{q}_i}\right) - \frac{\partial\Gamma}{\partial q_i} + \frac{\partial\Pi}{\partial q_i} = Q_i$$

为了阐明拉格朗日运动方程的应用，我们考虑一个熟悉的例子。

例 2-8 单摆

我们的目的是导出如图 2-7 中描述的简单钟摆的运动方程。这里我们将应用拉格朗日运动方程。在例 2-6 中已经用牛顿力学导出了这个简单钟摆的运动方程。对于所研究的能量守恒（无损耗）系统有 $D = 0$。拉格朗日运动方程为

$$\frac{d}{dt}\left(\frac{\partial\Gamma}{\partial\dot{q}_i}\right) - \frac{\partial\Gamma}{\partial q_i} + \frac{\partial\Pi}{\partial q_i} = Q_i$$

钟锤的动能为

$$\Gamma = \frac{1}{2}m\,(l\dot{\theta})^2$$

势能为 $\Pi = mgl(1 - \cos\theta)$。

角位移是广义坐标变量。而且这里我们只有一个广义坐标变量 $q_i = q_1 = \theta$。

广义的力是施加的转矩，即 $Q_i = T_a$。

于是动能和势能的表达式为

$$\Gamma = \frac{1}{2}m\,(l\dot{q})^2 \text{ 和 } \Pi = mgl(1 - \cos q)$$

于是可得如下表达式：

$$\frac{\partial\Gamma}{\partial\dot{q}_i} = \frac{\partial\Gamma}{\partial\dot{\theta}} = ml^2\dot{\theta}, \frac{\partial\Gamma}{\partial q_i} = \frac{\partial\Gamma}{\partial\theta} = 0 \text{ 和} \frac{\partial\Pi}{\partial q_i} = \frac{\partial\Pi}{\partial\theta} = mgl\sin\theta$$

拉格朗日方程式的第一项为

$$\frac{d}{dt}\left(\frac{\partial\Gamma}{\partial\dot{\theta}}\right) = ml^2\frac{d^2\theta}{dt^2} + 2ml\frac{dl}{dt}\frac{d\theta}{dt}$$

假设绳子是不可伸缩的，则有

$$\frac{dl}{dt} = 0$$

如果这个假设不成立，则应该将绳长表达作为广义坐标变量 q 的一个函数。对

$$\frac{dl}{dt} = 0$$

我们得到：

$$ml^2 \frac{\mathrm{d}^2\theta}{\mathrm{d}t^2} + mgl\sin\theta = T_\mathrm{a}$$

因此，有

$$\frac{\mathrm{d}^2\theta}{\mathrm{d}t^2} = \frac{1}{ml^2}(-mgl\sin\theta + T_\mathrm{a})$$

对比由牛顿力学导出的运动方程，即

$$\frac{\mathrm{d}^2\theta}{\mathrm{d}t^2} = \frac{1}{J}(-mgl\sin\theta + T_\mathrm{a})，其中 J = ml^2$$

可以看出结果是相同的，等式为

$$\frac{\mathrm{d}\omega}{\mathrm{d}t} = -\frac{g}{l}\sin\theta + \frac{1}{ml^2}T_\mathrm{a}，\frac{\mathrm{d}\theta}{\mathrm{d}t} = \omega$$

拉格朗日运动方程提供了更一般化的结果。我们将阐明可以使用拉格朗日运动方程建模。牛顿定律只可以用来对刚体动力学建模，除非应用机电类比方法。而且，上例也表明了与广义坐标变量相关的系统参数也能被计入模型中，从而保证了模型的连贯和准确。例如，l 可以作为 θ 的函数。

例 2-9 双摆

考虑一个有二自由度的双摆，没有外力施加到系统（见图 2-10）。用拉格朗日运动方程，我们可以导出微分方程。

角位移 θ_1、θ_2 是独立的广义坐标变量 q_1、q_2。在 XY 平面，采用（x_1，y_1）和（x_2，y_2）作为 m_1、m_2 的直角坐标函数变量我们可以得到：

$$x_1 = l_1\cos\theta_1，x_2 = l_1\cos\theta_1 + l_2\cos\theta_2$$
$$y_1 = l_1\sin\theta_1，y_2 = l_1\sin\theta_1 + l_2\sin\theta_2$$

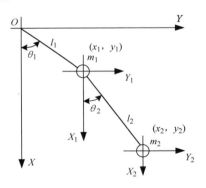

图 2-10 双摆

总动能 Γ 是位移的非线性函数，且

$$\Gamma = \frac{1}{2}m_1(\dot{x}_1^2 + \dot{y}_1^2) + \frac{1}{2}m_2(\dot{x}_1^2 + \dot{y}_1^2)$$
$$= \frac{1}{2}(m_1 + m_2)l_1^2\dot{\theta}_1^2 + m_2l_1l_2\dot{\theta}_1\dot{\theta}_2\cos(\theta_2 - \theta_1) + \frac{1}{2}m_2l_2^2\dot{\theta}_2^2$$

有

$$\frac{\partial\Gamma}{\partial\theta_1} = m_2l_1l_2\sin(\theta_2 - \theta_1)\dot{\theta}_1\dot{\theta}_2，\quad \frac{\partial\Gamma}{\partial\dot{\theta}_1} = (m_1 + m_2)l_1^2\dot{\theta}_1^2 + m_2l_1l_2\cos(\theta_2 - \theta_1)\dot{\theta}_2$$

$$\frac{\partial\Gamma}{\partial\theta_2} = -m_2l_1l_2\sin(\theta_1 - \theta_2)\dot{\theta}_1\dot{\theta}_2，\frac{\partial\Gamma}{\partial\dot{\theta}_2} = m_2l_1l_2\cos(\theta_2 - \theta_1)\dot{\theta}_1 + m_2l_1^2\dot{\theta}_2$$

总势能为

$$\Pi = m_1 g x_1 + m_2 g x_2 = (m_1 + m_2) g l_1 \cos\theta_1 + m_2 g l_2 \cos\theta_2$$

因此，

$$\frac{\partial \Pi}{\partial \theta_1} = -(m_1 + m_2) g l_1 \sin\theta_1 \ \text{和} \frac{\partial \Pi}{\partial \theta_2} = -m_2 g l_2 \sin\theta_2$$

拉格朗日运动方程为

$$\frac{\mathrm{d}}{\mathrm{d}t}\left(\frac{\partial \Gamma}{\partial \dot{\theta}_1}\right) - \frac{\partial \Gamma}{\partial \theta_1} + \frac{\partial \Pi}{\partial \theta_1} = 0, \quad \frac{\mathrm{d}}{\mathrm{d}t}\left(\frac{\partial \Gamma}{\partial \dot{\theta}_2}\right) - \frac{\partial \Gamma}{\partial \theta_2} + \frac{\partial \Pi}{\partial \theta_2} = 0$$

因此，描述运动的微分方程为

$$l_1\big[\,(m_1 + m_2)\,l_1\,\ddot{\theta}_1 + m_2 l_2 \cos(\theta_2 - \ddot{\theta}_1)\,\theta_2 - m_2 l_2 \sin(\theta_2 - \theta_1)\,\dot{\theta}_2^2$$
$$- m_2 l_2 \sin(\theta_2 - \theta_1)\,\dot{\theta}_1 \dot{\theta}_2 - (m_1 + m_2) g \sin\theta_1\,\big] = 0$$

$$m_2 l_2\big[\,l_2 \ddot{\theta}_2 + l_1 \cos(\theta_2 - \theta_1)\,\ddot{\theta}_1 + l_1 \sin(\theta_2 - \theta_1)\,\dot{\theta}_1^2 + l_1 \sin(\theta_2 - \theta_1)\,\dot{\theta}_1 \dot{\theta}_2 - g \sin\theta_2\,\big] = 0$$

如果转矩 T_1 和 T_2 被施加在第一和第二个节点（两阶自由度），可以得出如下运动方程：

$$l_1\big[\,(m_1 + m_2)\,l_1 \ddot{\theta}_1 + m_2 l_2 \cos(\theta_2 - \theta_1)\,\ddot{\theta}_2 - m_2 l_2 \sin(\theta_2 - \theta_1)\,\dot{\theta}_2^2$$
$$- m_2 l_2 \sin(\theta_2 - \theta_1)\,\dot{\theta}_1 \dot{\theta}_2 - (m_1 + m_2) g \sin\theta_1\,\big] = T_1$$

$$m_2 l_2\big[\,l_2 \ddot{\theta}_2 + l_1 \cos(\theta_2 - \theta_1)\,\ddot{\theta}_1 + l_1 \sin(\theta_2 - \theta_1)\,\dot{\theta}_1^2 + l_1 \sin(\theta_2 - \theta_1)\,\dot{\theta}_1 \dot{\theta}_2 - g \sin\theta_2\,\big] = T_2$$

这些转矩 T_1 和 T_2 可以是致动机控制的时变函数。此外，像所阐述的那样，负载转矩可以被添加到导出的方程中。

上例中我们演示拉格朗日方程在机械系统中的应用。下面，我们将举例说明拉格朗日力学在电路中的应用。

例 2-10 电路网络

考虑一个有两个网孔的电路，如图 2-11 所示。我们的目标是导出描述电路的动态方程。

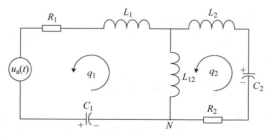

图 2-11 电路

我们用电荷作为广义坐标变量。即 q_1 和 q_2 是独立的广义坐标（变量），如图 2-11 所示。这里，q_1 是第一个回路中的电荷，q_2 是第二个回路中的电荷。施加到系统的广义的力（施加的电压 u_n），标记为 Q_1。即 $u_n(t) = Q_1$。广义坐标变量和电流有关。具体地说，电流 i_1 和 i_2 与电荷的关系为 $i_1 = \dot{q}_1$ 和 $i_2 = \dot{q}_2$。于是有

$$q_1 = \frac{i_1}{s} \quad \text{和} \quad q_2 = \frac{i_2}{s}$$

总的磁能（动能）表达式为

$$\Gamma = \frac{1}{2} L_1 \dot{q}_1^2 + \frac{1}{2} L_{12} (\dot{q}_1 - \dot{q}_2)^2 + \frac{1}{2} L_2 \dot{q}_2^2$$

通过这个方程式，我们得到

$$\frac{\partial \Gamma}{\partial q_1} = 0, \quad \frac{\partial \Gamma}{\partial \dot{q}_1} = (L_1 + L_{12}) \dot{q}_1 - L_{12} \dot{q}_2$$

$$\frac{\partial \Gamma}{\partial q_2} = 0, \quad \frac{\partial \Gamma}{\partial \dot{q}_2} = -L_{12} \dot{q}_1 + (L_2 + L_{12}) \dot{q}_2$$

用总电能（势能）的方程式：

$$\Pi = \frac{1}{2} \frac{q_1^2}{C_1} + \frac{1}{2} \frac{q_2^2}{C_2}$$

得到

$$\frac{\partial \Pi}{\partial q_1} = \frac{q_1}{C_1} \text{和} \frac{\partial \Pi}{\partial q_2} = \frac{q_2}{C_2}$$

损失的总热能为

$$D = \frac{1}{2} R_1 \dot{q}_1^2 + \frac{1}{2} R_2 \dot{q}_2^2$$

因此

$$\frac{\partial D}{\partial \dot{q}_1} = R_1 \dot{q}_1 \text{和} \frac{\partial D}{\partial \dot{q}_2} = R_2 \dot{q}_2$$

使用独立坐标就得到了拉格朗日运动方程。即

$$\frac{\mathrm{d}}{\mathrm{d}t} \left(\frac{\partial \Gamma}{\partial \dot{q}_1} \right) - \frac{\partial \Gamma}{\partial q_1} + \frac{\partial D}{\partial \dot{q}_1} + \frac{\partial \Pi}{\partial q_1} = Q_1, \quad \frac{\mathrm{d}}{\mathrm{d}t} \left(\frac{\partial \Gamma}{\partial \dot{q}_2} \right) - \frac{\partial \Gamma}{\partial q_2} + \frac{\partial D}{\partial \dot{q}_2} + \frac{\partial \Pi}{\partial q_2} = 0$$

因此，电路的微分方程为

$$(L_1 + L_{12}) \ddot{q}_1 - L_{12} \ddot{q}_2 + R_1 \dot{q}_1 + \frac{q_1}{C_1} = u_n$$

$$-L_{12} \ddot{q}_1 + (L_1 + L_{12}) \ddot{q}_2 + R_2 \dot{q}_2 + \frac{q_2}{C_2} = 0$$

为评估电路的瞬态过程，我们可以用解析或数值方法解出上述方程。为了进行数值仿真，在本章中我们将应用 MATLAB 工具。来仿真描述电路动力的二阶非线性微分方程组。根据上面导出的微分方程组：

$$\ddot{q}_1 = \frac{1}{(L_1 + L_{12})} \left(-\frac{q_1}{C_1} - R_1 \dot{q}_1 + L_{12} \ddot{q}_2 + u_n \right)$$

$$\ddot{q}_2 = \frac{1}{(L_2 + L_{12})} \left(L_{12} \ddot{q}_1 - \frac{q_2}{C_2} - R_2 \dot{q}_2 \right)$$

我们可以在 Simulink 中搭建仿真图，如图 2-12a 所示。

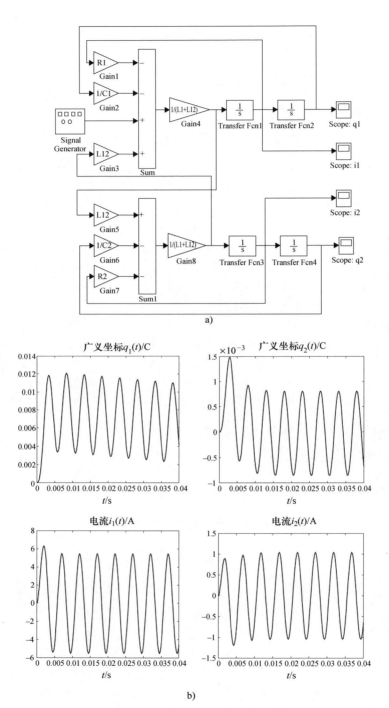

图 2-12　广义坐标和电流变化

a）仿真框图　b）电路动态

进行仿真时的电路参数如下：$L_1 = 0.01\text{H}$，$L_2 = 0.005\text{H}$，$L_{12} = 0.0025\text{H}$，$C_1 = 0.02\text{F}$，$C_2 = 0.1\text{F}$，$R_1 = 10\Omega$，$R_2 = 5\Omega$，$u_n = 100\sin(200t)\text{V}$。这些参数在命令窗口中输入。仿真结果展示了在时间域中变量的变化，如图 2-12b 所示。电流 i_1 和 i_2 与电荷的关系为 $i_1 = \dot{q}_1$ 和 $i_2 = \dot{q}_2$。

例 2-11　电路

使用拉格朗日运动方程，我们可以导出如图 2-13 所示中电路的微分方程。使用拉格朗日方法导出的动态方程应该和用基尔霍夫定律导出的方程相同。

我们使用 q_1 和 q_2 作为独立的广义坐标变量（第一和第二个回路中的电荷）。这里，$i_n = \dot{q}_1$，$i_L = \dot{q}_2$。施加到系统的广义的力是 Q_1，并且有 $u_n(t) = Q_1$。

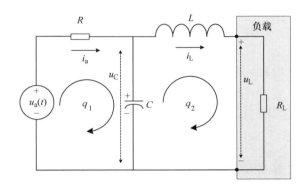

图 2-13　电路

总动能为

$$\Gamma = \frac{1}{2}L\dot{q}_2^2$$

因此有

$$\frac{\partial \Gamma}{\partial q_1} = 0, \quad \frac{\partial \Gamma}{\partial \dot{q}_1} = 0 \quad \text{和} \quad \frac{\text{d}}{\text{d}t}\left(\frac{\partial \Gamma}{\partial \dot{q}_1}\right) = 0$$

$$\frac{\partial \Gamma}{\partial q_2} = 0, \quad \frac{\partial \Gamma}{\partial \dot{q}_2} = L\dot{q}_2 \quad \text{和} \quad \frac{\text{d}}{\text{d}t}\left(\frac{\partial \Gamma}{\partial \dot{q}_2}\right) = L\ddot{q}_2$$

总势能表达式为

$$\Pi = \frac{1}{2}\frac{(q_1 - q_2)^2}{C}$$

于是

$$\frac{\partial \Pi}{\partial q_1} = \frac{q_1 - q_2}{C}, \frac{\partial \Pi}{\partial q_2} = \frac{-q_1 + q_2}{C}$$

损（能）耗为

$$D = \frac{1}{2}R\dot{q}_1^2 + \frac{1}{2}R_L\dot{q}_2^2$$

因此

$$\frac{\partial D}{\partial \dot{q}_1} = R\dot{q}_1 \quad \text{和} \quad \frac{\partial D}{\partial \dot{q}_2} = R_L\dot{q}_2$$

使用拉格朗日运动方程式:

$$\frac{\mathrm{d}}{\mathrm{d}t}\left(\frac{\partial \Gamma}{\partial \dot{q}_1}\right) - \frac{\partial \Gamma}{\partial q_1} + \frac{\partial D}{\partial \dot{q}_1} + \frac{\partial \Pi}{\partial q_1} = Q_1, \quad \frac{\mathrm{d}}{\mathrm{d}t}\left(\frac{\partial \Gamma}{\partial \dot{q}_2}\right) - \frac{\partial \Gamma}{\partial q_2} + \frac{\partial D}{\partial \dot{q}_2} + \frac{\partial \Pi}{\partial q_2} = 0$$

得到两个微分方程:

$$R\dot{q}_1 + \frac{q_1 - q_2}{C} = u_n$$

$$L\ddot{q}_2 + R_L\dot{q}_2 + \frac{-q_1 + q_2}{C} = 0$$

得到一个一阶微分方程和一个二阶微分方程:

$$\dot{q}_1 = \frac{1}{R}\left(\frac{-q_1 + q_2}{C} + u_n\right)$$

$$\ddot{q}_2 = \frac{1}{L}\left(-R_L\dot{q}_2 + \frac{q_1 - q_2}{C}\right)$$

使用基尔霍夫定律,得到以下两个微分方程:

$$\frac{\mathrm{d}u_C}{\mathrm{d}t} = \frac{1}{C}\left(-\frac{u_C}{R} - i_L + \frac{u_n(t)}{R}\right)$$

$$\frac{\mathrm{d}i_L}{\mathrm{d}t} = \frac{1}{L}(u_C - R_L i_L)$$

通过 $i_n = \dot{q}_1$ 和 $i_L = \dot{q}_2$,用公式

$$C\frac{\mathrm{d}u_C}{\mathrm{d}t} = i_n - i_L$$

得到

$$u_C = \frac{q_1 - q_2}{C}$$

上例证明了用拉格朗日运动方程和用基尔霍夫定律导出的电路微分方程是一样的。

应用拉格朗日运动方程,可以直接对参考文献 [5] 和 [9~12] 中的电路拓扑进行建模和研究。

例2-12 机电致动机

考虑一个驱动负载自动装备(机械手臂、指示器等)的电磁运动设备。致动机有两个独立的定子和转子绕组,如图2-14所示。在这个例子中,我们需要导出描述系统动态的微分方程。

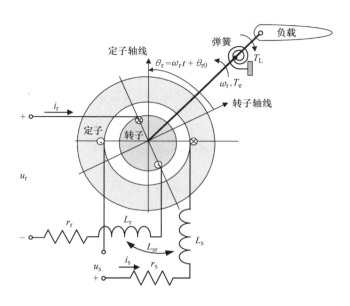

图 2-14　带定子绕组和转子绕组的致动机

以下是关于致动机变量和参数的一些说明：i_s 和 i_r 分别是定子绕组和转子绕组电流；u_s 和 u_r 是施加到定子绕组和转子绕组上的电压；ω_r 和 θ_r 是转子角速度和角位移；T_e 和 T_L 是电磁转矩和负载转矩；r_s 和 r_r 分别是定子绕组电阻和转子绕组电阻；L_s 和 L_r 分别是定子绕组自感和转子绕组自感；L_{sr} 是定子绕组和转子绕组之间的互感；$\mathscr{R}_m$ 是磁路上的磁阻；N_s 和 N_r 是定子绕组和转子绕组匝数；J 是转子的转动惯量；B_m 是滑动摩擦系数；k_s 是弹性常数。

致动机中穿过气隙的磁力线产生电磁转矩。产生的电磁转矩 T_e 受到扭力的反作用，并使负载逆时针旋转。负载转矩为 T_L。

使用拉格朗日方法，独立的广义坐标变量为 q_1、q_2、q_3，其中 q_1、q_2 分别是定子绕组和转子绕组中的电荷量，q_3 是转子角位移。

我们表示施加到系统的广义力为 Q_1、Q_2、Q_3，其中 Q_1、Q_2 分别是施加到定子和转子绕组上的电压，Q_3 是负载转矩。

广义坐标的一阶导数 $\dot{q}_1$、$\dot{q}_2$ 分别代表定子电流 i_s 和转子电流 i_r，$\dot{q}_3$ 是转子角速度 ω_r 则有

$$q_1 = \frac{i_s}{s}, \quad q_2 = \frac{i_r}{s}, \quad q_3 = \theta_r, \quad \dot{q}_1 = i_s, \quad \dot{q}_2 = i_r, \quad \dot{q}_3 = \omega_r$$

$$Q_1 = u_s, \quad Q_2 = u_r, \quad Q_3 = -T_L$$

利用各个独立坐标变量，拉格朗日方程的表达式为

$$\frac{\mathrm{d}}{\mathrm{d}t}\left(\frac{\partial \Gamma}{\partial \dot{q}_1}\right) - \frac{\partial \Gamma}{\partial q_1} + \frac{\partial D}{\partial \dot{q}_1} + \frac{\partial \Pi}{\partial q_1} = Q_1$$

$$\frac{\mathrm{d}}{\mathrm{d}t}\left(\frac{\partial \Gamma}{\partial \dot{q}_2}\right) - \frac{\partial \Gamma}{\partial q_2} + \frac{\partial D}{\partial \dot{q}_2} + \frac{\partial \Pi}{\partial q_2} = Q_2$$

$$\frac{\mathrm{d}}{\mathrm{d}t}\left(\frac{\partial \Gamma}{\partial \dot{q}_3}\right) - \frac{\partial \Gamma}{\partial q_3} + \frac{\partial D}{\partial \dot{q}_3} + \frac{\partial \Pi}{\partial q_3} = Q_3$$

电气和机械系统的总动能等于磁能（电能）Γ_E 和机械能 Γ_M 的总和。定子电路和转子电路的总动能为

$$\Gamma_E = \frac{1}{2}L_s\dot{q}_1^2 + L_{sr}\dot{q}_1\dot{q}_2 + \frac{1}{2}L_r\dot{q}_2^2$$

机械系统的总动能为

$$\Gamma_M = \frac{1}{2}J\dot{q}_3^2$$

因此，有

$$\Gamma = \Gamma_E + \Gamma_M = \frac{1}{2}L_s\dot{q}_1^2 + L_{sr}\dot{q}_1\dot{q}_2 + \frac{1}{2}L_r\dot{q}_2^2 + \frac{1}{2}J\dot{q}_3^2$$

互感取决于转子绕组相对于定子绕组的位移。很明显 $L_{sr}(\theta_r)$ 是转子角位移的周期函数，并且 $L_{srmin} \leq L_{sr}(\theta_r) \leq L_{srmax}$。定子绕组和转子绕组之间的互感幅值记为 $L_M = L_{srmax}$。如果这两个绕组不耦合，则 $L_{sr} = 0$。互感 L_{sr} 可以近似估计为

$$L_{sr}(\theta_r) = L_M\cos\theta_r = L_M\cos q_3$$

因此，可以得到总动能的显式表达式：

$$\Gamma = \frac{1}{2}L_s\dot{q}_1^2 + L_M\dot{q}_1\dot{q}_2\cos q_3 + \frac{1}{2}L_r\dot{q}_2^2 + \frac{1}{2}J\dot{q}_3^2$$

从而得到下面的偏微分方程：

$$\frac{\partial \Gamma}{\partial q_1} = 0, \quad \frac{\partial \Gamma}{\partial \dot{q}_1} = L_s\dot{q}_1 + L_M\dot{q}_2\cos q_3,$$

$$\frac{\partial \Gamma}{\partial q_2} = 0, \quad \frac{\partial \Gamma}{\partial \dot{q}_2} = L_M\dot{q}_1\cos q_3 + L_r\dot{q}_2,$$

$$\frac{\partial \Gamma}{\partial q_3} = -L_M\dot{q}_1\dot{q}_2\sin q_3, \quad \frac{\partial \Gamma}{\partial \dot{q}_3} = J\dot{q}_3$$

弹性势能为

$$\Pi = \frac{1}{2}k_s q_3^2$$

因此有

$$\frac{\partial \Pi}{\partial q_1} = 0, \frac{\partial \Pi}{\partial q_2} = 0, \frac{\partial \Pi}{\partial q_3} = k_s q_3$$

损失的总热能为

$$D = D_E + D_M$$

式中 D_E 是定子绕组和转子绕组中损失的热能，

$$D_E = \frac{1}{2} r_s \dot{q}_1^2 + \frac{1}{2} r_r \dot{q}_2^2$$

D_M 是机械系统中损失的热能，

$$D_M = \frac{1}{2} B_m \dot{q}_3^2$$

于是

$$D = \frac{1}{2} r_s \dot{q}_1^2 + \frac{1}{2} r_r \dot{q}_2^2 + \frac{1}{2} B_m \dot{q}_3^2$$

于是有

$$\frac{\partial D}{\partial \dot{q}_1} = r_s \dot{q}_1, \ \frac{\partial D}{\partial \dot{q}_2} = r_r \dot{q}_2, \ \frac{\partial D}{\partial \dot{q}_3} = B_m \dot{q}_3$$

利用下面的广义坐标变量和状态变量的关系，即

$$q_1 = \frac{i_s}{s}, q_2 = \frac{i_r}{s}, q_3 = \theta_r, \dot{q}_1 = i_s, \dot{q}_2 = i_r, \dot{q}_3 = \omega_r, Q_1 = u_s, Q_2 = u_r, Q_3 = -T_L$$

可以得到所研究的致动机的 3 个微分方程：

$$L_s \frac{di_s}{dt} + L_M \cos\theta_r \frac{di_r}{dt} - L_M i_r \sin\theta_r \frac{d\theta_r}{dt} + r_s i_s = u_s$$

$$L_r \frac{di_r}{dt} + L_M \cos\theta_r \frac{di_s}{dt} - L_M i_s \sin\theta_r \frac{d\theta_r}{dt} + r_r i_r = u_r$$

$$J \frac{d^2\theta_r}{dt^2} + L_M i_s i_r \sin\theta_r + B_m \frac{d\theta_r}{dt} + k_s \theta_r = -T_L$$

第三个方程可以根据下式重写：

$$\frac{d\theta_r}{dt} = \omega_r$$

利用定子和转子电流、角速度和角位移作为状态变量，柯西形式的非线性微分方程为

$$\frac{di_s}{dt} = \frac{-r_s L_r i_s - \frac{1}{2} L_M^2 i_s \omega_r \sin 2\theta_r + r_r L_M i_r \cos\theta_r + L_r L_M i_r \omega_r \sin\theta_r + L_r u_s - L_M \cos\theta_r u_r}{L_s L_r - L_M^2 \cos^2\theta_r}$$

$$\frac{di_r}{dt} = \frac{r_s L_M i_s \cos\theta_r + L_s L_M i_s \omega_r \sin\theta_r - r_r L_s i_r - \frac{1}{2} L_M^2 i_r \omega_r \sin 2\theta_r - L_M \cos\theta_r u_s + L_s u_r}{L_s L_r - L_M^2 \cos^2\theta_r}$$

$$\frac{d\omega_r}{dt} = \frac{1}{J} (-L_M i_s i_r \sin\theta_r - B_m \omega_r - k_s \theta_r - T_L)$$

$$\frac{d\theta_r}{dt} = \omega_r$$

得到的非线性微分方程不能被线性化。必须要利用一组完整的运动方程才能对致动机进行分析，对系统性能进行研究。

例 2-13 横梁的运动方程

考虑一个长度为 l 横截面积为 A 的弹性横梁，密度均匀且为 ρ。我们标记相对于静态时横梁的端点位置的垂直位移为 q，如图 2-15 所示。

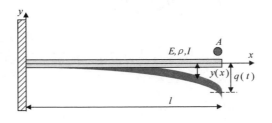

图 2-15 xy 平面的横梁

此例中我们要求得动能和势能。为了说明拉格朗日运动方程的应用，我们还需要作些假设令三次挠度多项式为

$$y(x) = \frac{1}{2}\left(3\,\frac{x^2}{l^2} - \frac{x^3}{l^3}\right)q$$

使用 $q(t)$，得到

$$y(t,x) = \frac{1}{2}\left(3\,\frac{x^2}{l^2} - \frac{x^3}{l^3}\right)q(t)$$

动能为

$$\varGamma(\dot{q}) = \frac{1}{2}\int_0^l \dot{y}^2\,\mathrm{d}m = \frac{1}{2}A\rho\int_0^l \frac{1}{4}\left(3\,\frac{x^2}{l^2} - \frac{x^3}{l^3}\right)^2\dot{q}^2\,\mathrm{d}x = \frac{33}{280}A\rho l\,\dot{q}^2$$

弹性势能为

$$\varPi(q) = \frac{1}{2}\int_0^l EI\left(\frac{\partial^2 y}{\partial x^2}\right)^2\mathrm{d}x = \frac{1}{2}EI\int_0^l \frac{3}{2l^3}\left(1 - \frac{x}{l}\right)^2\mathrm{d}\left(\frac{x}{l}\right) = \frac{3}{2}\frac{EI}{l^3}q^2$$

式中，E 是弹力的杨氏模量；I 是截面相对于其中心轴的转动惯量。

由拉格朗日方程为

$$\frac{\mathrm{d}}{\mathrm{d}t}\left(\frac{\partial \varGamma}{\partial \dot{q}}\right) - \frac{\partial \varGamma}{\partial q} + \frac{\partial \varPi}{\partial q} = Q$$

得到横梁的运动方程为

$$\frac{\mathrm{d}^2 q}{\mathrm{d}t^2} = -12.7\,\frac{EI}{A\rho l^4}q + F_{\mathrm{q}}(t,x)$$

应用前述的简化假设，可以得到二阶微分方程，它描述了横梁的动态。一般而言，弹性横梁的势能为

$$\varPi = \frac{1}{2}\int_r \sigma_{\mathrm{ij}}\varepsilon_{\mathrm{ij}}\mathrm{d}r + \int_r T(r)\omega(r)\mathrm{d}r + \int_r F(r)\omega(r)\mathrm{d}r$$

式中，$T(r)$ 和 $F(r)$ 是横梁表面牵引力。

$\frac{1}{2}\sigma_{ij}\varepsilon_{ij}$ 是储存的张力能。对于负载 $T(x)$，横梁弯曲度的方程为

$$a_b \frac{\mathrm{d}^4\omega}{\mathrm{d}x^4} = T(x)，a_b = EI$$

该方程与常用的具有如下初始位移和初始速度的横梁运动方程相关。

$$y(0,x) = f_{0d}(x) \text{并且} \left.\frac{\partial y}{\partial t}\right|_{0,x} = f_{0v}(x)$$

具体地，任何一点的位移都可以用下面的微分方程描述：

$$a^2 \frac{\partial^4 y(t,x)}{\partial x^4} = -\frac{\partial^2 y(t,x)}{\partial t^2}，a = \sqrt{\frac{EIg}{A\rho}}$$

定义偏差 $y(t, x)$ 的边界条件为

$$y(t,0) = 0，\left.\frac{\partial y}{\partial x}\right|_{t,0} = 0，\left.\frac{\partial^2 y}{\partial x^2}\right|_{t,l} = 0，\left.\frac{\partial^3 y}{\partial x^3}\right|_{t,l} = 0$$

即位移、倾斜、弯曲度 $EI\frac{\partial^2 y}{\partial x^2}$ 和切变 $\frac{\partial}{\partial x}\left(EI\frac{\partial^2 y}{\partial x^2}\right)$ 在相应的横梁端部是 0。

使用上述边界条件，微分方程的解为

$$y(t,x) = \sum_{n=1}^{\infty} X_n(x)(A_n\cos\lambda_n t + B_n\sin\lambda_n t),$$

$$X_n(x) = (\sinh z_n + \sin z_n)\left(\cos\frac{z_n x}{l} - \cosh\frac{z_n x}{l}\right) - (\cosh z_n + \cos z_n)\left(\sin\frac{z_n x}{l} - \sinh\frac{z_n x}{l}\right),$$

$$A_n = \frac{\int_0^l f_{0d}(x)X_n(x)\mathrm{d}x}{\int_0^l X_n^2(x)\mathrm{d}x}，B_n = \frac{\int_0^l f_{0v}(x)X_n(x)\mathrm{d}x}{\lambda_n\int_0^l X_n^2(x)\mathrm{d}x}，\lambda_n = \frac{a}{l^2}\sum_{n=1}^{\infty} z_n^2$$

为确定初始位移和初始速度，有

$$y(0,x) = f_{0d}\sum_{n=1}^{\infty} A_n X_n(x)，\left.\frac{\partial y}{\partial t}\right|_{0,x} = f_{0v}(x) = \sum_{n=1}^{\infty}\lambda_n B_n X_n(x)$$

因此，使用横梁的运动方程可以得到解析解。另一个常用的方程是：

$$\xi EI(x)\frac{\partial^5 y(t,x)}{\partial x^4 \partial t} + EI(x)\frac{\partial^4 y(t,x)}{\partial x^4} + m_0(x)\frac{\partial^2 y(t,x)}{\partial t^2} + m(x)\frac{\mathrm{d}^2\varphi}{\mathrm{d}t^2} = F(t,x)$$

式中，$F(t, x)$ 是施加给横梁的力。

2.5.3　汉密尔顿运动方程

利用汉密尔顿方法也可以描述系统动态过程。使用广义动量 p_i 可以得出微分方程：

$$p_i = \frac{\partial L}{\partial \dot{q}_i}$$

在拉格朗日运动方程中使用了广义坐标。守恒系统的拉格朗日函数：

$$L\left(t,q_1,\cdots,q_\mathrm{n},\frac{\mathrm{d}q_1}{\mathrm{d}t},\cdots,\frac{\mathrm{d}q_\mathrm{n}}{\mathrm{d}t}\right)$$

是总动能和势能之差，因此我们有

$$L\left(t,q_1,\cdots,q_\mathrm{n},\frac{\mathrm{d}q_1}{\mathrm{d}t},\cdots,\frac{\mathrm{d}q_\mathrm{n}}{\mathrm{d}t}\right)=\Gamma\left(t,q_1,\cdots,q_\mathrm{n},\frac{\mathrm{d}q_1}{\mathrm{d}t},\cdots,\frac{\mathrm{d}q_\mathrm{n}}{\mathrm{d}t}\right)-\Pi(t,q_1,\cdots,q_\mathrm{n})$$

函数

$$L\left(t,q_1,\cdots,q_\mathrm{n},\frac{\mathrm{d}q_1}{\mathrm{d}t},\cdots,\frac{\mathrm{d}q_\mathrm{n}}{\mathrm{d}t}\right)$$

是具有 $2n$ 个独立变量的函数，并且

$$\mathrm{d}L=\sum_{i=1}^n\left(\frac{\partial L}{\partial q_\mathrm{i}}\mathrm{d}q_\mathrm{i}+\frac{\partial L}{\partial\dot{q}_\mathrm{i}}\mathrm{d}\dot{q}_\mathrm{i}\right)=\sum_{i=1}^n(p_\mathrm{i}\mathrm{d}q_\mathrm{i}+p_\mathrm{i}\mathrm{d}\dot{q}_\mathrm{i})+\frac{\partial L}{\partial t}\mathrm{d}t$$

因此，我们定义汉密尔顿函数为

$$H(t,q_1,\cdots,q_\mathrm{n},p_1,\cdots,p_\mathrm{n})=-L\left(t,q_1,\cdots,q_\mathrm{n},\frac{\mathrm{d}q_1}{\mathrm{d}t},\cdots,\frac{\mathrm{d}q_\mathrm{n}}{\mathrm{d}t}\right)+\sum_{i=1}^n p_\mathrm{i}\dot{q}_\mathrm{i},$$

$$\mathrm{d}H=\sum_{i=1}^n(-\dot{p}_\mathrm{i}\mathrm{d}q_\mathrm{i}+\dot{q}_\mathrm{i}\mathrm{d}p_\mathrm{i})-\frac{\partial L}{\partial t}\mathrm{d}t$$

式中

$$\sum_{i=1}^n p_\mathrm{i}\dot{q}_\mathrm{i}=\sum_{i=1}^n\frac{\partial L}{\partial\dot{q}_\mathrm{i}}\dot{q}_\mathrm{i}=2\Gamma$$

因此有

$$H\left(t,q_1,\cdots,q_\mathrm{n},\frac{\mathrm{d}q_1}{\mathrm{d}t},\cdots,\frac{\mathrm{d}q_\mathrm{n}}{\mathrm{d}t}\right)=\Gamma\left(t,q_1,\cdots,q_\mathrm{n},\frac{\mathrm{d}q_1}{\mathrm{d}t},\cdots,\frac{\mathrm{d}q_\mathrm{n}}{\mathrm{d}t}\right)+\Pi(t,q_1,\cdots,q_\mathrm{n})$$

或 $$H(t,q_1,\cdots,q_\mathrm{n},p_1,\cdots,p_\mathrm{n})=\Gamma(t,q_1,\cdots,q_\mathrm{n},p_1,\cdots,p_\mathrm{n})+\Pi(t,q_1,\cdots,q_\mathrm{n})$$

汉密尔顿函数代表总能量，它是广义坐标和广义动量的函数。运动方程通过以下方程描述：

$$\dot{p}_\mathrm{i}=-\frac{\partial H}{\partial q_\mathrm{i}},\ \dot{q}_\mathrm{i}=\frac{\partial H}{\partial p_\mathrm{i}} \tag{2-4}$$

这些方程式称为汉密尔顿运动方程。利用汉密尔顿力学，可以得到 $2n$ 个一阶微分方程来描述系统动态。而利用拉格朗日运动方程，可以得到 n 个一阶微分方程。然而，用两种方法得到的微分方程是等效的。

例 2-14

考虑一个谐波振荡器，它由一个质量为 m 的滑块连在一个弹簧上，假设没有摩擦。总能量是动能和势能的总和，即

$$\sum_\mathrm{T}=\Gamma+\Pi=\frac{1}{2}(mv^2+k_\mathrm{s}x^2)$$

拉格朗日和汉密尔顿方法都可以得到运动方程。

已知 $q = x$。拉格朗日函数为

$$L\left(x, \frac{\mathrm{d}x}{\mathrm{d}t}\right) = \Gamma - \Pi = \frac{1}{2}(mv^2 - k_{\mathrm{s}}x^2) = \frac{1}{2}(m\dot{x}^2 - k_{\mathrm{s}}x^2)$$

拉格朗日运动方程为

$$\frac{\mathrm{d}}{\mathrm{d}t}\left(\frac{\partial L}{\partial \dot{x}}\right) - \frac{\partial L}{\partial x} = 0$$

其中 $q = x$，得到以下二阶微分方程为

$$m\frac{\mathrm{d}^2 x}{\mathrm{d}t^2} + k_{\mathrm{s}}x = 0$$

由牛顿第二定律，二阶微分运动方程为

$$m\frac{\mathrm{d}^2 x}{\mathrm{d}t^2} + k_{\mathrm{s}}x = 0$$

汉密尔顿函数表达式为

$$H(x, p) = \Gamma + \Pi = \frac{1}{2}(mv^2 + k_{\mathrm{s}}x^2) = \frac{1}{2}\left(\frac{1}{m}p^2 + k_{\mathrm{s}}x^2\right)$$

通过式（2-4）所给的汉密尔顿运动方程：

$$\dot{p}_{\mathrm{i}} = -\frac{\partial H}{\partial q_{\mathrm{i}}}, \ \dot{q}_{\mathrm{i}} = \frac{\partial H}{\partial p_{\mathrm{i}}}$$

得到：

$$\dot{p} = -\frac{\partial H}{\partial x} = -k_{\mathrm{s}}x, \ \dot{x} = \dot{q} = \frac{\partial H}{\partial p} = \frac{p}{m}$$

很明显，两种方法得出的方程是一致的。

2.6　电磁学和经典力学在机电系统中的应用

电磁学和力学基本定律用来检验设备物理性质并描述系统的物理现象、物理效应和动态过程。在 2.2 ~ 2.5 节，我们导出了描述系统（设备）行为的微分方程。微分方程和相应的描述系统动态的基本方程，称作数学模型。"建模"就是指推导出这些方程。通过建模、仿真和结果评估就可以进行定性和定量分析。应用三维麦克斯韦方程组和微积分进行高可信度建模，需要进行大量的数据分析。然而，这种方法显得太复杂。运用合理的工程方法，这种复杂性可以被降低，该过程不失一般性，并可确保模型的准确性和连贯性。当函数化和结构化设计得到保证后，设计者就可以集中于模型的定性和定量分析。在进行建模的过程中，设计者可以整合和研究不同的器件，例如功率管和致动机，ICs 和运动设备等。函数化、结构化、行为化的设计与分析与建模问题联系在一起，一般按以下进行分类。第一步是完成各种各样的设计和分析任务。具体包括：

- 利用分层的概念检测和分析机电系统：找出多变量输入 - 输出对（设备和器件），例如，运动设备和非运动设备（致动机 [1 - 8]，传感器 [13, 14]，变换器）- 电子器件 - ICs - 控制器 - 输入/输出设备。
- 评估系统架构和功能的完整性。
- 搜集并评估数据和信息。
- 寻找输入 - 输出变量对，确定独立和非独立控制、干扰、输出、参考量（命令）、状态和性能变量（在参考书 15 - 21 中有例子）。
- 作正确的假设并简化问题，以使之容易处理。任何描述性模型都是将物理系统、现象、效应、过程等理想化的结果。数学模型从来不是绝对精确的，但模型一定要使设计者能够进行连贯的分析和设计。

第二步是导出与变量和事件相关的方程。具体包括：

- 定义和明确要用到的基本定律（基尔霍夫、麦克斯韦、牛顿、拉格朗日等），用这些定律求取运动方程。检测电磁、电子和力学元件，用以描述电磁、机械和电路，并用定义的变量导出数学模型。
- 导出微分方程或基本方程形式的数学模型。

第三步是仿真和验证：

- 确定要用到的数值和解析方法。
- 用解析方法或数值方法求解描述系统行为的方程（例如，描述基本关系的微分方程）。
- 定义评估一致性和精确性的标准。利用信息变量（检测到的或观测到的）和事件，计算分析拟合函数和失配函数。
- 通过对比求得的解（模型的输入 - 状态 - 输出 - 事件集合）和实验数据（实验的输入 - 状态 - 输出 - 事件集合）核实结果。通过行为建模（m）和实验（e）数据集合（r_m, x_m, y_m, u_m, d_m, e_m）和（r_e, x_e, y_e, u_e, d_e, e_e），描述系统的稳态和动态行为。

其中

$$r \in \mathbb{R}^b, x \in \mathbb{R}^n, y \in \mathbb{R}^k, u \in \mathbb{R}^m, d \in \mathbb{R}^l, e \in \mathbb{R}^s$$

分别是参考量（输入）、状态、输出、控制、干扰和事件矢量。下面分析如下系统：

$$R_{m,e} \times X_{m,e} \times Y_{m,e} \times U_{m,e} \times D_{m,e} \times E_{m,e}$$

若检测的数据集合表达为

$$M_m = \{(r_m, x_m, y_m, u_m, d_m, e_m) \in R_m \times X_m \times Y_m \times U_m \times D_m \times E_m, \forall t \in T\}$$

且 $M_e = \{(r_e, x_e, y_e, u_e, d_e, e_e) \in R_e \times X_e \times Y_e \times U_e \times D_e \times E_e, \forall t \in T\}$

如果 $M_m = M_e$ 则表明模型与实际系统匹配度高，而若 $M_m \subseteq M_e$，则表明两者的匹配度低。

- 计算拟合函数与失配函数。

- 分析解析解和数值解数据，与新的实验数据对比。
- 评估模型与实验数据的匹配性和精确性，改善方法和模型，以期提高模型的精度和连贯性。

直到指定的精确度和连贯性得到保证，设计者才可以再回到设计周期中的具体步骤。

我们的目标是结合导出的运动方程并且利用实例来阐明基础的理论。前面已经阐明利用麦克斯韦方程组和力学运动方程可以描述机电设备。利用麦克斯韦压力张量和能量可以得到力和转矩。通过系统建模，我们得到了非线性的微分方程组。在建模、仿真和控制中，可以利用集总参数模型。下面考虑一个在均匀磁场中的电动机的转子，如图 2-16 所示。

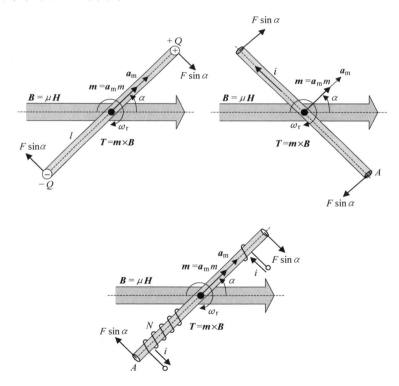

图 2-16　磁棒的旋转、电流回路、电磁阀

转矩趋向于使磁矩 m 和磁密度 B 同向，且有 $T = m \times B$。

对于一个长度为 l 的磁棒，磁极强度是 Q。磁矩是 $m = Ql$，而磁场力是 $F = QB$。电磁转矩为

$$T = 2F \frac{1}{2} l \sin\alpha = QlB\sin\alpha = mB\sin\alpha$$

使用矢量形式，得到

$$T = m \times B = a_{\mathrm{m}} m \times B = Ql\, a_{\mathrm{m}} \times B$$

式中，a_{m} 是磁场方向上的单位矢量。

对于截面积为 A 的电流回路，转矩为

$$T = m \times B = a_{\mathrm{m}} m \times B = iA\, a_{\mathrm{m}} \times B$$

对一个 N 匝的线圈，得到

$$T = m \times B = a_{\mathrm{m}} m \times B = iAN\, a_{\mathrm{m}} \times B$$

产生的电磁转矩的表达式应该与牛顿 第二定律在旋转运动中的表达式相结合，即

$$J\frac{\mathrm{d}\omega_{\mathrm{r}}}{\mathrm{d}t} = \sum T_{\Sigma}$$

T_{Σ} 是合成转矩，ω_{r} 是角速度，J 是等效转动惯量。角位移 θ_{r} 的瞬态过程描述为

$$\frac{\mathrm{d}\theta_{\mathrm{r}}}{\mathrm{d}t} = \omega_{\mathrm{r}}$$

结合电磁转矩（可由电磁场量 m 和 B 或者电流 i 和 B 得到）和机械动态（状态变量为角速度 ω_{r} 和角位移 θ_{r}）的方程式，可得到数学模型。

对直线运动，牛顿第二定律表明作用在物体上的力和加速度的关系为 $\sum F = ma$。在 XYZ 坐标系下，得到

$$\sum F_{\mathrm{x}} = ma_{\mathrm{x}} \quad \sum F_{\mathrm{y}} = ma_{\mathrm{y}} \quad \sum F_{\mathrm{z}} = ma_{\mathrm{z}}$$

力是储存的磁场能 W_{m} 的梯度。即 $F_{\mathrm{m}} = \nabla W_{\mathrm{m}}$。因此，在 xyz 方向上，有

$$F_{\mathrm{mx}} = \frac{\partial W_{\mathrm{m}}}{\partial x}, \ F_{\mathrm{my}} = \frac{\partial W_{\mathrm{m}}}{\partial y}, \ F_{\mathrm{mz}} = \frac{\partial W_{\mathrm{m}}}{\partial z}$$

穿过表面的总磁通为 $\varPhi = \int B \mathrm{d}s$。安培环路定理为

$$\oint_{l} B \cdot \mathrm{d}l = \mu_0 \int_{s} J \cdot \mathrm{d}s$$

对于环路电流，安培定理把磁通和所包围电流的代数和 i_{n} 联系了起来，且有 $\oint_{l} B \cdot \mathrm{d}l = \mu_0 i_{\mathrm{n}}$。

时变磁场产生电动势（*emf*），标记为 $\wp$，它感应出闭合回路中的电流。法拉第定律把 *emf*（由导体在磁场中的运动感应出电压）和穿过回路的磁通变化率联系起来。楞次定律用来确定 *emf* 和感应电流的方向。具体地说，*emf* 的方向是它产生的电流的磁通如果加到原始磁通上，将会使 *emf* 的值减小。根据法拉第定律，回路中感应的 *emf* 和磁通的变化率有关。关于感应的 *emf*（感应电压）有如下表达式：

$$\wp = \oint_{l} E(t) \cdot \mathrm{d}l = -\frac{\mathrm{d}}{\mathrm{d}t} \int_{s} B(t) \cdot \mathrm{d}s = -N\frac{\mathrm{d}\varPhi}{\mathrm{d}t} = -\frac{\mathrm{d}\psi}{\mathrm{d}t},$$

式中，N 是匝数；ψ 是磁链。

方程

$$\mathscr{E} = -\frac{\mathrm{d}\psi}{\mathrm{d}t} = -N\frac{\mathrm{d}\varPhi}{\mathrm{d}t}$$

就是法拉第感应定律。电流沿着与磁链相反的方向流动。emf 的单位是伏特。emf 表示承载电流的电路中的电势差 V 的幅值，且有

$$V = -ir + \mathscr{E} = -ir - \frac{\mathrm{d}\psi}{\mathrm{d}t}$$

基尔霍夫电压定律指出，围绕着一个电路的闭合路径，emf 的代数和等于电阻上电压降的代数和。这个公式将被用于分析各种电磁致动机。另一个公式是围绕着任何一个回路的电压代数和等于 0. 基尔霍夫电流定律指出，在电路的任何一个节点处电流的代数和为 0.

磁动势（mmf）是时变磁场强度 $\boldsymbol{H}(t)$ 的线积分。即 $mmf = \oint_{l}\boldsymbol{H}(t)\cdot\mathrm{d}l$ 。mmf 的单位是安培或者安匝。利用下面两个关于电场和磁场强度矢量的方程可以看到 emf 和 mmf 的对偶性为

$$\mathscr{E} = \oint_{l}\boldsymbol{E}(t)\cdot\mathrm{d}l,\ mmf = \oint_{l}\boldsymbol{H}(t)\cdot\mathrm{d}l$$

电感是总磁链相对于电流的比率，即

$$L = \frac{N\varPhi}{i}$$

磁阻是 mmf 相对于总磁通的比率，即 $\mathbb{R} = mmf/\phi$。因此，emf 和 mmf 用来求电感和磁阻。由等式 $L = \psi/i$ 可得

$$\mathscr{E} = -\frac{\mathrm{d}\psi}{\mathrm{d}t} = -\frac{\mathrm{d}(Li)}{\mathrm{d}t} = -L\frac{\mathrm{d}i}{\mathrm{d}t} - i\frac{\mathrm{d}L}{\mathrm{d}t}$$

如果 $L = $ 常量，得

$$\mathscr{E} = -L\frac{\mathrm{d}i}{\mathrm{d}t}$$

即自感等于单位电流变化率时感应出的 emf 的大小。

我们将在下面例子中回顾一下电磁场理论的基本原理。本书中我们分析多种电磁和静电致动机。力和力矩 - 能量之间的关系是我们关注的重点。电容器中储存的能量为

$$\frac{1}{2}CV^{2}$$

而电感中储存的能量为

$$\frac{1}{2}Li^{2}$$

电容器中的能量储存在两板之间的电场中，电感中的能量储存在线圈中的磁场中。实际上，用公式

$$W_{\mathrm{e}} = \frac{1}{2}\int_{v}\rho_{\mathrm{v}}V\mathrm{d}v\ ,$$

储存在两个面（例如电容器）之间的电场中的电能为

$$W_e = \frac{1}{2}QV = \frac{1}{2}CV^2.$$

例 2-15

考虑一个电容器（板面积为 A，两板间距为 x），其充电电压为 V。电介质的介电常数为 ε。求储存的静电能和 x 方向上的力 F_{ex}。

忽略边缘处的边缘效应，可推断出电场是均匀的，且有 $E = V/x$。因此

$$W_e = \frac{1}{2}\int_v \varepsilon \mid E \mid^2 \mathrm{d}v = \frac{1}{2}\int_v \varepsilon \left(\frac{V}{x}\right)^2 \mathrm{d}v = \frac{1}{2}\varepsilon \frac{V^2}{x^2}Ax = \frac{1}{2}\varepsilon\frac{A}{x}V^2 = \frac{1}{2}C(x)V^2$$

其中

$$C(x) = \varepsilon \frac{A}{x}$$

力为

$$F_{ex} = \frac{\partial W_e}{\partial x} = \frac{\partial \left(\frac{1}{2}C(x)V^2\right)}{\partial x} = \frac{1}{2}V^2 \frac{\partial C(x)}{\partial x}$$

通过 $C(x)$，可得

$$F_{ex} = \frac{1}{2}V^2 \frac{\partial C(x)}{\partial x} = -\frac{1}{2}\varepsilon A \frac{1}{x^2}V^2$$

例 2-16

旋转静电电动机用作微机电运动设备已被广泛地研究。静电电动机的截面图如图 2-17 所示。

当电压 V 施加到转子和定子平板上时，产生的电荷是 $Q = CV$，其中 C 是电容，且有

$$C = \varepsilon \frac{A}{g} = \varepsilon \frac{WL}{g}$$

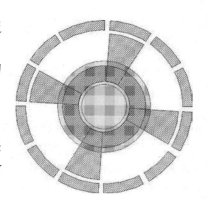

A 是平板的重叠区域，$A = WL$；W 和 L 分别是平板的相对宽度和长度；ε 是平板之间的介质的介电常数，$\varepsilon = \varepsilon_0 \varepsilon_r$，$\varepsilon_0 = 8.85 \times 10^{-12} \mathrm{C}^2/\mathrm{N} \cdot \mathrm{m}^2 = 8.85 \times 10^{-12}\mathrm{F/m}$，$\varepsilon_r = 1$；$g$ 是平板间的气隙长度。

图 2-17   静电电动机

与电势相关的能量为

$$W_e = \frac{1}{2}CV^2$$

在每段重叠的定转子平板上的静电力为

$$F_{el} = \frac{\partial W_e}{\partial g} = -\frac{1}{2}\frac{\varepsilon WL}{g^2}V^2$$

此静电力与反方向段的静电力平衡（我们假设所有段的 W、L、g 是相同的）。

由于定转子平板错位产生的切向力为

$$F_{\mathrm{t}} = \frac{\partial W_{\mathrm{e}}}{\partial x} = \frac{1}{2}\,\frac{\varepsilon}{g}\,\frac{\partial(WL)}{\partial x}V^2$$

其中 x 是可能发生的错位的方向。如果错位发生在宽度方向上，

$$F_{\mathrm{t,w}} = \frac{\partial W_{\mathrm{e}}}{\partial x} = \frac{1}{2}\,\frac{\varepsilon L}{g}\,\frac{\partial W(x)}{\partial x}V^2$$

为了求得驱动转子的静电转矩，我们要求得柱形电容器的电容。对电场进行积分可以得到柱面之间的电压。距离柱面距离为 r 处的电场只有径向分量，记为 E_{r}，有

$$E_{\mathrm{r}} = \frac{\rho}{2\pi\varepsilon r}$$

式中 ρ 是线电荷密度，并且 $Q = \rho L$。因此，电势差为

$$\Delta V = V_{\mathrm{a}} - V_{\mathrm{b}} = \int_a^b \boldsymbol{E}\cdot\mathrm{d}\boldsymbol{l} = \int_a^b E_{\mathrm{r}}\cdot\mathrm{d}r = \frac{\rho}{2\pi\varepsilon}\int_{r_1}^{r_2}\frac{1}{r}\mathrm{d}r = \frac{\rho}{2\pi\varepsilon}\ln\frac{r_2}{r_1}$$

因此

$$C = \frac{Q}{\Delta V} = \frac{2\pi\varepsilon L}{\ln(r_2/r_1)}$$

单位长度的电容为

$$\frac{C}{L} = \frac{\rho}{\Delta V} = \frac{2\pi\varepsilon}{\ln(r_2/r_1)}$$

利用定转子板的重叠，对于旋转静电电动机，电容可以表示为角位移的函数：

$$C(\theta_{\mathrm{r}}) = N\frac{2\pi\varepsilon}{\ln(r_2/r_1)}\theta_{\mathrm{r}}$$

式中 N 是重叠的定转子板的数目；r_1、r_2 是定转子平板的半径。
由

$$C(\theta_{\mathrm{r}}) = N\frac{2\pi\varepsilon}{\ln(r_2/r_1)}\theta_{\mathrm{r}}$$

可见产生的静电转矩为

$$T_{\mathrm{e}} = \frac{1}{2}\frac{\partial C(\theta_{\mathrm{r}})}{\partial\theta_{\mathrm{r}}}V^2 = N\frac{\pi\varepsilon}{\ln(r_2/r_1)}V^2$$

可见，电容 $C(\theta_{\mathrm{r}})$ 的表达式不同，则 T_{e} 的表达式也不同。
旋转机械运动方程为

$$\frac{\mathrm{d}\omega_{\mathrm{r}}}{\mathrm{d}t} = \frac{1}{J}(T_{\mathrm{e}} - B_{\mathrm{m}}\omega - T_{\mathrm{L}}) = \frac{1}{J}\left(N\frac{\pi\varepsilon}{\ln(r_2/r_1)}V^2 - B_{\mathrm{m}}\omega - T_{\mathrm{L}}\right)$$

$$\frac{\mathrm{d}\theta_{\mathrm{r}}}{\mathrm{d}t} = \omega_{\mathrm{r}}$$

这些微分方程描述了所研究的静电电动机的动态。接下来，让我们做一些性能

评估并介绍一下设计步骤。

要使电动机旋转，必须要保证 $T_e > T_L + T_{friction}$。也就是说，电动机产生的静电转矩

$$T_e = N \frac{\pi \varepsilon}{\ln(r_2/r_1)} V^2$$

必须要大于负载转矩的最大值。负载转矩预估为 T_{Lmax}，并假定加速度力为

$$\frac{\Delta \omega_r}{\Delta t} = \frac{1}{J}(T_e - B_m \omega - T_L)$$

根据估计的 J，就能得到预期的 T_e。然后，我们估计下面的电动机参数：N，r_1，r_2，J。根据这些参数，我们可以估计电动机的尺寸，并评估其制造工艺（过程和材料）。施加的电压 V 需如 2.1 节所讨论的那样进行限定，设计者根据需要再改善设计，制造工艺和过程明显地影响电动机的尺寸和参数。例如，我们可试图减小气隙来获得最小的（$r_2 - r_1$）值，使表达式 $\ln(r_2/r_1)$ 最小，从而使 T_e 最大。通过使用空腔和塑料材料的转子可以减小转子质量，从而减小转动惯量。然而，V 和 E 的最大值有物理上的限制，这在 2.1 节强调过。技术上的限制导致了特定的 r_2/r_1 比值。另一个重要的问题是需要与旋转的转子形成机械上的联系（电刷），从而向转子上的板施加电压。这些特征使静电执行器的整体性能降低。更重要的是，静电执行器的转矩密度比电磁执行器要低得多。上面这些因素限制了静电旋转电机在一般场合的应用。

我们已经在例 2-15 和例 2-16 中介绍了直线和旋转静电设备，接着我们可分析直线电磁设备。这些设备涉及继电器和螺线管，而它们都是磁阻会变化的电磁设备。变化的磁阻导致了电磁转矩的产生。相反，高性能的电磁式运动设备则借助载流线圈与永磁体或电励磁产生的静磁场之间的耦合作用（磁相互作用）。在他励直流和感应电动机中，在绕组间由于互感产生了磁耦合。电磁设备物理原理、能量转换、转矩产生、emf 感应以及其他问题将在第 4、5、6 章讨论。为导出电磁力和转矩，应用 $\boldsymbol{T} = \boldsymbol{m} \times \boldsymbol{B}$，或者用磁共能 $W_c[i, L(x)]$（直线运动）或 $W_c[i, L(\theta)]$（旋转运动）。产生的电磁力和转矩为

$$F_e(i,x) = \frac{\partial W_c[i, L(x)]}{\partial x}, \quad T_e(i,x) = \frac{\partial W_c[i, L(\theta)]}{\partial \theta} \text{或} T_e = m \times B$$

例 2-17 螺线管

螺线管通常由可移动的（活塞）和静止的（固定的）零件组成，这些零件都是由高磁导率的铁磁材料制成。绕组缠绕成螺旋状。这些电磁阀作为机电设备，将电能转换成机械能。电磁阀和继电器之所以工作是因为变化的磁阻，力的产生也是由磁阻的变化引起的。电磁阀的性能受磁路、材料、几何尺寸、相对磁导率、绕组电阻、摩擦等因素的影响会非常大。活塞（如图 2-18 所示）沿静止部件的中心运动。当绕组施加电压以后，就会产生电流，进而产生电磁转矩推动活塞运动。当施

加的电压变成 0 后，由于有弹簧，活塞回到初始位置（假设静摩擦和库仑摩擦可忽略不计）。

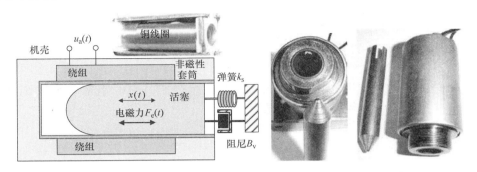

图 2-18 电磁阀的原理图和外观图

一些不期望的现象，比如剩磁和摩擦应尽可能的小。中心导（槽）筒和活塞套筒应该选择不同的材料，从而使摩擦和磨损最小。玻璃纤维尼龙、黄铜、银、铜、铝、钨、铂或者其他低摩擦的套筒都是可选的材料。不同材料润滑后（固体薄膜和油）和没润滑时的摩擦系数如下：钨与钨之间 0.04 ~ 0.1 和 0.3；铜与铜之间 0.04 ~ 0.08 和 1.2 ~ 1.5；铝与铝之间 0.04 ~ 0.12 和 1；铂与铂之间 0.04 ~ 0.25 和 1.2；钛在钛上 0.04 ~ 0.1 和 0.6。电磁阀的设计、分析、优化需要运用基本物理定律（电磁学、力学、热力学等），考虑不同的工艺选择。在很多情况下，有必要在电磁学、力学、热学、声学和其他物理性能之间进行平衡。

例 2-18

我们可以得到空心（$\mu_r = 1$）和实心（$\mu_r = 10000$）电磁阀的电感。这个电磁阀有 100 匝（$N = 100$），长度为 5cm（$l = 0.05 \text{m}$），均匀的圆形截面积是 $1 \times 10^{-4} \text{m}^2$（$A = 1 \times 10^{-4} \text{m}^2$）。

电磁阀内部的磁场为

$$B = \frac{\mu N i}{l}, \quad \mu = \mu_0 \mu_r$$

由

$$\mathscr{E} = -N \frac{\mathrm{d}\Phi}{\mathrm{d}t} - L \frac{\mathrm{d}i}{\mathrm{d}t}$$

通过下面的公式

$$\Phi = BA = \frac{\mu N i A}{l}$$

得到如下的电感表达式

$$L = \frac{\mu N^2 A}{l}$$

对于空心的电磁阀得到 $L = 2.5 \times 10^{-5} \text{H}$。

计算 L 的数值解的 MATLAB 语句为

mu0 = 4 * pi * 1e − 7；mur = 1；N = 100；A = 1e − 4；l = 5e − 2；L = mu0 * mur * N * N * A/1

命令窗口显示的结果为 $L = 2.5133e − 005$

如果电磁阀填充的是铁磁材料，我们得到 $L = 0.25\mathrm{H}$。

例 2-19

对于一个环形电磁阀可以推导出它的自感公式，它的矩形截面的面积为 $(2a \times b)$，半径为 r。穿过截面的磁通为

$$\Phi = \int_{r-a}^{r+a} Bb\mathrm{d}r = \int_{r-a}^{r+a} \frac{\mu Ni}{2\pi r}b\mathrm{d}r = \frac{\mu Nib}{2\pi} \int_{r-a}^{r+a} \frac{1}{r}\mathrm{d}r = \frac{\mu Nib}{2\pi}\ln\left(\frac{r+a}{r-a}\right)$$

得

$$L = \frac{N\Phi}{i} = \frac{\mu N^2 b}{2\pi}\ln\left(\frac{r+a}{r-a}\right)$$

例 2-20

可以计算出环形电磁阀储存的磁场能。假设自感是 $L = 0.2\mathrm{H}$，电流是 $i = 1 \times 10^{-3}\mathrm{A}$。

储存的磁场能为

$$W_{\mathrm{m}} = \frac{1}{2}Li^2$$

因此，$W_{\mathrm{m}} = 1 \times 10^{-6}\mathrm{J}$。

例 2-21

推导出继电器产生的电磁力的表达式，如图 2-19 所示。N 匝线圈中的电流 $i_a(t)$ 产生恒定磁通 $\boldsymbol{\Phi}$。

我们假设磁通是恒定的。位移（位移标记为 dy）仅仅改变储存在气隙中的磁场能。通过

$$W_{\mathrm{m}} = \frac{1}{2}\int_v \mu |\boldsymbol{H}|^2 \mathrm{d}v = \frac{1}{2}\int_v \frac{|\boldsymbol{B}|^2}{\mu}\mathrm{d}v$$

得到

$$\mathrm{d}W_{\mathrm{m}} = \mathrm{d}W_{\mathrm{mairgap}} = 2\frac{B^2}{2\mu_0}A\mathrm{d}y = \frac{\Phi^2}{\mu_0 A}\mathrm{d}y$$

式中 A 是截面积，$A = l_{\mathrm{w}}l_{\mathrm{d}}$。

如果 $\boldsymbol{\Phi} = $ 常量（电流恒定），则随着气隙 dy 的增加，储存的磁场能也增加。利用

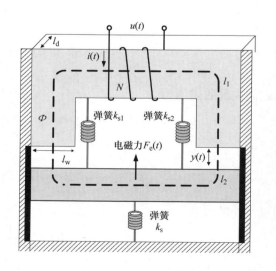

图 2-19 带弹簧的继电器

$$F_e = \frac{\partial W_m}{\partial y}$$

得到电磁力的表达式为

$$\boldsymbol{F}_e = -\boldsymbol{a}_y \frac{\boldsymbol{\Phi}^2}{\mu_0 A}$$

结果证明电磁力试图减小气隙长度（使磁阻最小）。运动部分（重力是 mg）连在弹簧上，产生了除电磁力之外的三个力。

气隙磁阻为

$$\mathscr{R}_g = \frac{2y}{\mu_0 A} = \frac{2y}{\mu_0 l_\omega l_d}$$

边缘效应可以被一起考虑。气隙磁阻可以写为

$$\mathscr{R}_g = \frac{2y}{\mu_0 (k_{g1} l_w l_d + k_{g2} y^2)}$$

式中，k_{g1} 和 k_{g2} 是铁磁材料的 l_d / l_w 比值、$B - H$ 曲线、负载等的线性函数。铁磁材料磁阻的不变分量和变化分量 $\mathscr{R}_1$、$\mathscr{R}_2$ 分别为

$$\mathscr{R}_1 = \frac{l_1}{\mu_0 \mu_1 A} = \frac{l_1}{\mu_0 \mu_1 l_w l_d}, \quad \mathscr{R}_2 = \frac{l_2}{\mu_0 \mu_2 A} = \frac{l_2}{\mu_0' \mu_2 l_w l_d}$$

电感为

$$L(y) = \frac{N^2}{\mathscr{R}_g(y) + \mathscr{R}_1 + \mathscr{R}_2}$$

电磁力为

$$F_e = \frac{1}{2} i^2 \frac{dL(y)}{dy} = \frac{1}{2} i^2 \frac{d[N^2/(\mathscr{R}_g(y) + \mathscr{R}_1 + \mathscr{R}_2)]}{dy}$$

使用气隙磁阻的两个表达式，我们可以推导出电磁力。相关的推导过程与结果见例 2-22。

例 2-22

考虑一个有 N 匝的执行器（电磁阀）（见图 2-20）。静止部分和运动部分的距离是 $x(t)$。静止部分和运动部分的平均长度分别为 l_1、l_2，截面积为 A。加在运动部分的力可以看作是绕组中电流 $i_a(t)$ 的函数。静止部分和运动部分的磁导率分别为 μ_1、μ_2。

电磁力为

$$F_e = \frac{\partial W_m}{\partial x}, \text{其中 } W_m = \frac{1}{2} L i_a^2(t)$$

电感为

$$L = \frac{N\Phi}{i_a(t)} = \frac{\psi}{i_a(t)}$$

磁通为

$$\Phi = \frac{N i_a(t)}{\mathscr{R}_1 + \mathscr{R}_x + \mathscr{R}_x + \mathscr{R}_2}$$

不变和可变的磁阻 $\mathcal{R}_1$、$\mathcal{R}_2$，以及气隙磁阻 $\mathcal{R}_x$ 为

$$\mathcal{R}_1 = \frac{l_1}{\mu_0\mu_1 A}, \ \mathcal{R}_2 = \frac{l_2}{\mu_0\mu_2 A}, \ \mathcal{R}_x = \frac{x(t)}{\mu_0 A}$$

包含各部分磁阻的等效磁路如图 2-21 所示。

用不变磁阻和可变磁阻以及气隙的磁阻表达式，得到以下关于磁链的表达式：

$$\psi = N\varPhi = \frac{N^2 i_a(t)}{\dfrac{l_1}{\mu_0\mu_1 A} + \dfrac{2x(t)}{\mu_0 A} + \dfrac{l_2}{\mu_0\mu_2 A}}$$

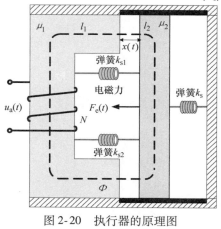

图 2-20　执行器的原理图　　　　　图 2-21　等效磁路

励磁电感是位移的非线性函数，有

$$L(x) = \frac{N^2}{\dfrac{l_1}{\mu_0\mu_1 A} + \dfrac{2x(t)}{\mu_0 A} + \dfrac{l_2}{\mu_0\mu_2 A}} = \frac{N^2\mu_0\mu_1\mu_2 A}{\mu_2 l_1 + 2\mu_1\mu_2 x(t) + \mu_1 l_2}$$

由公式

$$F_e = \frac{\partial W_m}{\partial x} = \frac{1}{2}\frac{\partial(L(x(t))i_a^2(t))}{\partial x}$$

得 x 方向的受力为

$$F_e = \frac{N^2\mu_0\mu_1^2\mu_2^2 A i_a^2}{(\mu_2 l_1 + 2\mu_1\mu_2 x + \mu_1 l_2)^2}$$

通过推导微分方程，我们可以模拟和分析执行器。应用牛顿力学第二定律，我们通过得到的下面两个非线性微分方程，以便分析系统静态和动态特性。

$$\frac{\mathrm{d}y}{\mathrm{d}x} = v$$

$$\frac{\mathrm{d}v}{\mathrm{d}t} = \frac{1}{m}\left(-\frac{N^2\mu_0\mu_1^2\mu_2^2 A i_a^2}{(\mu_2 l_1 + 2\mu_1\mu_2 x + \mu_1 l_2)^2} - k_s x + k_{s1} x + k_{s2} x\right)$$

以下的非线性微分方程组描述的是一个活塞的机械动态。电压 $u_a(t)$ 用于改

变电流 $i_{\mathrm{a}}(t)$。分析过程需要综合考虑电能转换、电势感应以及其他电磁现象。由基尔霍夫电压定律得到

$$u_{\mathrm{a}} = r i_{\mathrm{a}} + \frac{\mathrm{d}\psi}{\mathrm{d}t}$$

式中感应磁链 ψ 表达式为 $\psi = L(x) i_{\mathrm{a}}$。忽略自感和漏感，由公式

$$u_{\mathrm{n}} = r i_{\mathrm{a}} + L(x) \frac{\mathrm{d}i_{\mathrm{n}}}{\mathrm{d}t} + i_{\mathrm{a}} \frac{\mathrm{d}L(x)}{\mathrm{d}x} \frac{\mathrm{d}x}{\mathrm{d}t}$$

可以得到

$$\frac{\mathrm{d}i_{\mathrm{a}}}{\mathrm{d}t} = \frac{1}{L(x)} \left[-r i_{\mathrm{a}} + \frac{2N^2 \mu_0 \mu_1^2 \mu_2^2 A}{(\mu_2 l_1 + 2\mu_1 \mu_2 x + \mu_1 l_2)^2} i_{\mathrm{a}} v + u_{\mathrm{a}} \right]$$

我们还可以得到以下 3 个微分方程：

$$\frac{\mathrm{d}i_{\mathrm{a}}}{\mathrm{d}t} = \frac{\mu_2 l_1 + 2\mu_1 \mu_2 x + \mu_1 l_2}{N^2 \mu_0 \mu_1 \mu_2 A} \left[-r i_{\mathrm{a}} + \frac{2N^2 \mu_0 \mu_1^2 \mu_2^2 A}{(\mu_2 l_1 + 2\mu_1 \mu_2 x + \mu_1 l_2)^2} i_{\mathrm{a}} v + u_{\mathrm{a}} \right]$$

$$\frac{\mathrm{d}v}{\mathrm{d}t} = \frac{1}{m} \left[-\frac{N^2 \mu_0 \mu_1^2 \mu_2^2 A i_{\mathrm{a}}^2}{(\mu_2 l_1 + \mu_1 \mu_2 2x(t) + \mu_1 l_2)^2} - k_{\mathrm{s}} x + k_{\mathrm{s}1} x + k_{\mathrm{s}2} x \right]$$

$$\frac{\mathrm{d}x}{\mathrm{d}t} = v$$

例 2-23

两个线圈的互感为 0.00005H（$L_{12} = 0.00005\mathrm{H}$）。第一个线圈的电流为 $i_1 = \sqrt{\sin 4t}$。由此可以得到第二个线圈的感应电动势为

$$\xi_2 = L_{12} \frac{\mathrm{d}i_1}{\mathrm{d}t}$$

应用功率变换原则，通过第一个线圈随时间变化的电流，$i_1 = \sqrt{\sin 4t}$，可得到

$$\frac{\mathrm{d}i_1}{\mathrm{d}t} = \frac{2\cos 4t}{\sqrt{\sin 4t}}$$

因此有

$$\xi_2 = \frac{0.0001\cos 4t}{\sqrt{\sin 4t}}$$

例 2-24

如图 2-22 所示为一个拥有静止部件和可动活塞的电磁阀原理图。我们现在要找到微分方程来对其原理进行分析。

由牛顿第二运动定律，我们可以得到描述活塞直线运动的微分方程，即

$$m \frac{\mathrm{d}^2 x}{\mathrm{d}t^2} = F_{\mathrm{e}}(t) - B_{\mathrm{v}} \frac{\mathrm{d}x}{\mathrm{d}t} - (k_{\mathrm{s}} x - k_{\mathrm{s}1} x) - F_{\mathrm{L}}(t)$$

弹簧的回复力/拉力表达式为

$$F_{\mathrm{s}} = k_{\mathrm{s}} x - k_{\mathrm{s}1} x$$

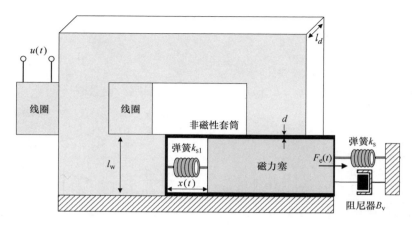

图 2-22 电磁原理图

假设电磁系统是线性的，磁共能的表达式为

$$W_c(i, x) = \frac{1}{2}L(x)i^2$$

由公式 $F_e(i, x) = \dfrac{\partial W_c(i, x)}{\partial x}$，可得到电磁力为

$$F_e(i,x) = \frac{1}{2}i^2\frac{dL(x)}{dx}$$

励磁电感可表达为

$$L(x) = \frac{N^2}{\mathscr{R}_f + \mathscr{R}_x} = \frac{N^2\mu_0\mu_r A_f A_x}{A_x l_f + A_f\mu_r(x + 2d)}$$

式中 $\mathscr{R}_f$、$\mathscr{R}_x$ 分别为铁磁材料和气隙磁阻；A_f、A_x 分别为相应的截面积；l_f 为铁磁材料的长度（尽管 l_f 大小随 x 变化，但由于高度 μ_r 的存在，使 l_f 的变化对结果没有大的影响，所以可以假定 l_f 为常数）；$(x + 2d)$ 为等效气隙；d 为非铁磁套筒层厚度。有

$$\frac{dL}{dx} = -\frac{N^2\mu_0\mu_r^2 A_f^2 A_x}{[A_x l_f + A_f u_r(x + 2d)]^2}$$

使用基尔霍夫定律：

$$U = ri + \frac{d\psi}{dt}, \psi = L(x)i$$

可以得到

$$U = ri + L(x)\frac{di}{dt} + i\frac{dL(x)}{dx}\frac{dx}{dt}$$

这样，可以得到

$$\frac{di}{dt} = \frac{1}{L(x)}\left[-ri + \frac{N^2\mu_0\mu_r^2 A_f^2 A_x}{[A_x l_f + A_f u_r(x + 2d)]^2}iv + \mu\right]$$

将上面方程与机械系统的二阶微分方程相结合，可以得到 3 个一阶非线性微分

方程：

$$\frac{\mathrm{d}i}{\mathrm{d}t} = -\frac{r\left[A_{\mathrm{x}}l_{\mathrm{f}} + A_{\mathrm{f}}u_{\mathrm{r}}(x+2d)\right]}{N^2\mu_0\mu_{\mathrm{r}}A_{\mathrm{f}}A_{\mathrm{x}}}i + \frac{\mu_{\mathrm{r}}A_{\mathrm{f}}}{A_{\mathrm{x}}l_{\mathrm{f}} + A_{\mathrm{f}}u_{\mathrm{r}}(x+2d)}iv + \frac{A_{\mathrm{x}}l_{\mathrm{f}} + A_{\mathrm{f}}u_{\mathrm{r}}(x+2d)}{N^2\mu_0\mu_{\mathrm{r}}A_{\mathrm{f}}A_{\mathrm{x}}}\mu$$

$$\frac{\mathrm{d}v}{\mathrm{d}t} = \frac{N^2\mu_0\mu_{\mathrm{r}}^2A_{\mathrm{f}}^2A_{\mathrm{x}}}{2m\left[A_{\mathrm{x}}l_{\mathrm{f}} + A_{\mathrm{f}}u_{\mathrm{r}}(x+2d)\right]^2}i^2 - \frac{1}{m}(k_{\mathrm{s}}x - k_{\mathrm{s1}}x) - \frac{B_{\mathrm{v}}}{m}v$$

$$\frac{\mathrm{d}x}{\mathrm{d}t} = v$$

根据应用、要求（精确度、效率、电能损耗等）、材料利用以及其他因素，模型必须改善以提高它的精确度和应用程度。比如，若使用例 2-7 中的摩擦模型。我们将得到

$$\frac{\mathrm{d}v}{\mathrm{d}t} = \frac{N^2\mu_0\mu_{\mathrm{r}}^2A_{\mathrm{f}}^2A_{\mathrm{x}}}{2m\left[A_{\mathrm{x}}l_{\mathrm{f}} + A_{\mathrm{f}}u_{\mathrm{r}}(x+2d)\right]^2}i^2 - \frac{1}{m}(k_{\mathrm{s}}x - k_{\mathrm{s1}}x)$$
$$- \frac{1}{m}\left(k_{\mathrm{fr1}} - k_{\mathrm{fr2}}\mathrm{e}^{-k\left|\frac{\mathrm{d}x}{\mathrm{d}t}\right|} + k_{\mathrm{fr3}}|v|\right)\mathrm{sgn}(v)$$

正如在例 2-21 中提到的，边缘效应也可以被考虑在内。

例 2-25

上面所述的概念可用到电机设计中。根据时变磁场的变化情况，应用法拉利或伦茨定律来获得感应电动势对初始设计已经足够准确。

即
$$emf = -\frac{\mathrm{d}\psi}{\mathrm{d}t} = -\frac{\partial\psi}{\partial t} - \frac{\partial\psi}{\partial\theta_{\mathrm{r}}}\frac{\partial\theta_{\mathrm{r}}}{\partial t} = -\frac{\partial\psi}{\partial t} - \frac{\partial\psi}{\partial\theta_{\mathrm{r}}}\omega_{\mathrm{r}}$$

式中，$\frac{\mathrm{d}\psi}{\mathrm{d}t}$ 是对变压器反电势。

很多电机的总磁链可以表达为 $\psi = \frac{1}{4}\pi N_{\mathrm{s}}\phi_{\mathrm{p}}$。

式中，N_{s} 为匝数，ϕ_{p} 为每极通量。

对于径向磁路拓扑的电机有　$\phi_{\mathrm{p}} = \frac{uiN_{\mathrm{s}}}{P^2 g_{\mathrm{e}}}R_{\mathrm{inst}}L$

式中，i 代表线圈绕组的相电流；R_{inst} 为定子内半径；L 为电感；P 为极对数；g_{e} 表示等效气隙，包括空气间隙和永磁铁的径向厚度。用 N_{s} 来表示每相串联匝数，则有

$$mmf = \frac{iN_{\mathrm{s}}}{P}\cos P\theta_{\mathrm{r}}。$$

带有永磁铁的径向磁路拓扑电机的电磁转矩可以简化表示为

$$T = \frac{1}{2}PB_{\mathrm{ag}}i_{\mathrm{s}}N_{\mathrm{s}}L_{\mathrm{r}}D_{\mathrm{r}},$$

$$B_{\mathrm{ag}} = \frac{\mu iN_{\mathrm{s}}}{2Pg_{\mathrm{e}}}\cos P\theta_{\mathrm{r}}$$

式中，B_{ag} 指气隙磁通密度；i_{s} 为总电流；L_{r} 为有效长度（转轴长度）；D_{r} 为转轴外径。

我们也可采用另一种估算方法 $T = k_{ax} B_{ag} i_s N_s D_a^2$，$k_{ax}$ 为等效导体和永磁铁长度的非线函数；D_n 表示等效直径，是了线圈函数和永磁拓扑的函数。

2.7 MATLAB 环境下的系统仿真

MATLAB（矩阵实验室）是进行高效率工程和科学数值计算的一种高性能互动软件环境。在这种环境下，我们可以对复杂机电系统进行高性能模拟仿真和数据分析。MATLAB 还可以使用户通过基于矩阵的方法来达到极高的互动能力，以便解决广泛的分析型问题和数值型问题（控制、最优化、识别、数据获取等）。除此之外，它还可在高级程序语言下实现可编译功能，还可支持灵活数字算法，并且具有强大的图形化的互动界面特点等等。最近几年，在高灵活性和功能多样性的发展趋势下，MATLAB 环境有了巨大的提高和发展。MATLAB 还附带了一系列面向特定应用的工具包，为特定问题的解决提供专门的 M 文件，保证了解决各类问题的广泛性和有效性。比如 Simulink® 就是一个可绘图互动化软件环境，用于增强 MATLAB。如今，我们可以找到大量的有关 MATLAB、Simulink 和其他不同的 MATLAB 工具包的书或使用手册。同时，MathWork 教学网站上的内容也可以作为学习的参考（http：//education. mathworks. com 和 http：//www. mathworks. com）。本节介绍了 MATLAB 环境，以帮助用户更有效地使用。本书中便使用 MATLAB 环境（7.3 版本），网址http：//www. mathworks. com/access/helpdesk/help/helpdesk. shtml 可以帮助用户熟练使用 MATLAB。读者也可在帮助工具栏的便携式文件中使用 MATLAB 文件和使用说明书（有几千页）。本书主要关注如何应用 MATLAB 来解决机电系统的问题，尤其是利用一步步的指令来解决实际问题。

双击图标启动 MATLAB，如图 2-23 所示屏幕上将出现伴随着指令记录的 MATLAB 指令窗口，窗口中有指令板和历史命令栏。单击 ver 或 demo，如图 2-23 所示，应用工具包便会被列出来。

指令 ≫ 是 MATLAB 命令提示符。

输入 ≫ $a = 1 + 2 + 3 * 4$ 单击输入（回车）键，我们便给 a 赋值。结果将接着被显示出来 $a = 15$。

要定义和计算一个函数，比如 $y = \sin(2x)$，如果 x 变量的定义域为 0 到 3π，步长是 0.025π。在指令窗口输入的 MATLAB 语句为

$$\gg x = 0:0.25 * pi:3 * pi; \quad y = \sin(2 * x); \quad plot(x, y);$$
$$title('y = \sin(2x)', 'FontSize', 14)$$

单击输入键，计算开始进行，图形便在如图 2-24 所示显示出来。为捕获这个图形，单击编辑图标，选择复制图形选项。如图 2-24 所示的第二张图形就是捕获的图形。如果绘制图形语句改为 $plot(x, y, '0')$，图形结果如图 2-24 最后一张所示。

要想进一步了解绘图指令，在指令窗口输入 ≫ *help plot*，键入回车键，就会得到更详细的指令说明。最后，单击*doc plot*，可以打开该命令说明的 Microsoft Word 文档。

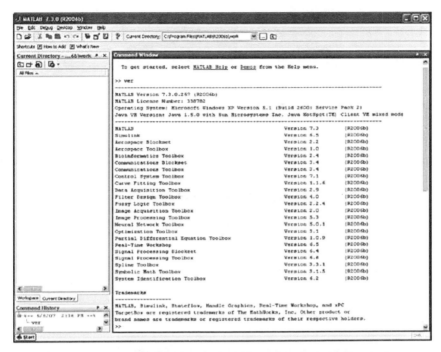

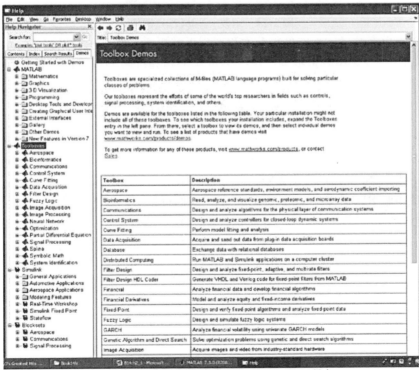

图 2-23　MATLAB 指令窗口和 MATLAB 工具包

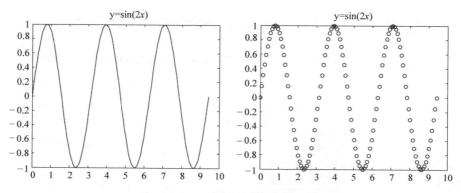

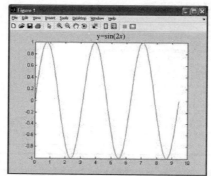

图 2-24   函数 $y = \sin(2x)$ 图像

描述机电系统动态性能的微分方程通常无解析解。然而，对于简单的方程，使用 MATLAB 可以导出解析解。考虑一个可作平移和旋转的一维刚体机械系统，如 2.5 节所述。根据牛顿第二运动定律，我们可得到二阶微分方程：

$$m\,\frac{\mathrm{d}^2 x}{\mathrm{d}t^2} + B_\mathrm{v}\,\frac{\mathrm{d}x}{\mathrm{d}t} + k_\mathrm{s}x = F_\mathrm{n}(t)$$

$$J\,\frac{\mathrm{d}^2\theta}{\mathrm{d}t^2}B_\mathrm{m}\,\frac{\mathrm{d}\theta}{\mathrm{d}t} + k_\mathrm{s}\theta = T_\mathrm{n}(t)$$

上式中 $F_\mathrm{n}(t)$ 和 $T_\mathrm{n}(t)$ 分别为随时间变化的作用力和转矩。

对并联和串联 RLC 电路，如图 2-25 所示，我们可以得到以下方程

$$C\,\frac{\mathrm{d}^2 u}{\mathrm{d}t^2} + \frac{1}{R}\,\frac{\mathrm{d}u}{\mathrm{d}t} + \frac{1}{L}u = \frac{\mathrm{d}i_\mathrm{n}}{\mathrm{d}t}$$

$$或 \quad \frac{\mathrm{d}^2 u}{\mathrm{d}t^2} + \frac{1}{RC}\,\frac{\mathrm{d}u}{\mathrm{d}t} + \frac{1}{LC}u = \frac{1}{C}\,\frac{\mathrm{d}i_\mathrm{n}}{\mathrm{d}t}$$

以及

$$L\,\frac{\mathrm{d}^2 i}{\mathrm{d}t^2} + R\,\frac{\mathrm{d}i}{\mathrm{d}t} + \frac{1}{C}i = \frac{\mathrm{d}u_\mathrm{n}}{\mathrm{d}t}$$

$$或 \quad \frac{\mathrm{d}^2 i}{\mathrm{d}t^2} + \frac{R}{L}\,\frac{\mathrm{d}i}{\mathrm{d}t} + \frac{1}{CL}i = \frac{1}{L}\,\frac{\mathrm{d}u_\mathrm{n}}{\mathrm{d}t}$$

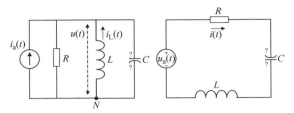

图 2-25　并联和串联电路

常系数下的线性微分方程的解析解可以很容易导出。解出特征方程的特征根（特征值）可以得到二阶线性微分方程的通解。RLC 电路（并联和串联）和平移运动的阻尼系数 ξ、共振频率 ω_0 为

$$\xi = \frac{1}{2RC}, \quad \omega_0 = \frac{1}{\sqrt{LC}}; \quad \xi = \frac{R}{2L}, \quad \omega_0 = \frac{1}{\sqrt{LC}}$$

和

$$\xi = \frac{B_v}{2\sqrt{k_s m}}, \quad \omega_0 = \sqrt{\frac{k_s}{m}}$$

对于一个二阶线性微分方程 $\dfrac{\mathrm{d}^2 x}{\mathrm{d}t^2} + 2\xi \dfrac{\mathrm{d}x}{\mathrm{d}t} + \omega_0 x = f(t)$，通过分析特征方程 $s^2 + 2\xi s + \omega_0^2 = (s - s_1)(s - s_2) = 0$ 可以得到三种可能的方案。特征方程是通过拉氏变换 $s = \dfrac{\mathrm{d}}{\mathrm{d}t}$ 得到的，以及 $s^2 = \dfrac{\mathrm{d}^2}{\mathrm{d}t^2}$。特征根（特征值）为 $s_{1,2} = -\xi \pm \sqrt{\xi^2 - \omega_0^2}$。

情况 1：如果 $\xi^2 > \omega_0^2$，特征根 s_1，s_2 则为两个不同的实根。通解为 $x(t) = a e^{s_1 t} + b e^{s_2 t} + c_f$，参数 a、b 可通过初始条件得到，c_f 可通过函数 f 的解得到，对于 RLC 电路，f 为 $i_n(t)$ 或 $u_n(t)$。

情况 2：如果 $\xi^2 = \omega_0^2$，特征根则为两个相同的实根，并且有 $s_1 = s_2 = -\xi$，二阶微分方程的解为 $x(t) = (a + b) e^{-\xi t} + c_f$。

情况 3：如果 $\xi^2 < \omega_0^2$，特征根则为两个不同的复数根，$s_{1,2} = -\xi \pm j\sqrt{w_0^2 - \xi^2}$，通解为

$$x(t) = e^{-\xi t} \left[a\cos\left(\sqrt{w_0^2 - \xi^2}\, t\right) + b\sin\left(\sqrt{w_0^2 - \xi^2}\, t\right) \right] + c_f$$

$$= e^{-\xi t} \sqrt{a^2 + b^2} \cos\left[\left(\sqrt{w_0^2 - \xi^2}\, t\right) + \tan^{-1}\left(\frac{-b}{a}\right) \right] + c_f$$

例 2-26

考虑如图 2-25 所示的 RLC 串联电路。我们可以通过初始条件来推导并描绘阶级输入的瞬时响应。各参数为 $R = 0.5\Omega$，$L = 1\mathrm{H}$，$C = 2\mathrm{F}$，$a = 1$，$b = -1$。

串联 RLC 电路可以通过微分方程来描述：

$$\frac{\mathrm{d}^2 i}{\mathrm{d}t^2} + \frac{R}{L}\frac{\mathrm{d}i}{\mathrm{d}t} + \frac{1}{LC}i = \frac{1}{L}\frac{\mathrm{d}u_n}{\mathrm{d}t}$$

上式可变化为下面的特征方程:

$$s^2 + \frac{R}{L}s + \frac{1}{LC} = 0$$

特征根为

$$s_1 = -\frac{R}{2L} - \sqrt{\left[\frac{R}{2L}\right]^2 - \frac{1}{LC}}$$

$$s_2 = -\frac{R}{2L} + \sqrt{\left[\frac{R}{2L}\right]^2 - \frac{1}{LC}}$$

如果$\left[\frac{R}{2L}\right]^2 > \frac{1}{LC}$,特征根则为两个不同的实根。如果$\left[\frac{R}{2L}\right]^2 = \frac{1}{LC}$,特征根则为两个相同的实根。如果$\left[\frac{R}{2L}\right]^2 < \frac{1}{LC}$,特征根则为两个复根。

对于给定的参数 R、L 和 C,可以确定该特征根为复根。又有 $\xi = \frac{R}{2L} = 0.25$,$\omega_0 = \frac{1}{\sqrt{LC}} = 0.71$,因为方程的解如下,系统动态为欠阻尼:

$$x(t) = e^{-\xi t}\left[a\cos\left(\sqrt{\omega_0^2 - \xi^2}\,t\right) + b\sin\left(\sqrt{\omega_0^2 - \xi^2}\,t\right)\right] + c_f$$

在 MATLAB 指令窗口,我们输入以下语句:

$R = 0.5; L = 1; C = 2; a = 1; b = -1; cf = 1; e = \frac{R}{2*L};$

$\omega0 = 1/sqrt(L*c)$; $t = 0:0.01:30$; $x = \exp(-e*t) *$

$(a*\cos(sqrt(\omega0^2 - e^2)*t) + b*\sin(sqrt(\omega0^2 - e^2)*t))$

$+ cf; plot(t,x); xlabel('Time(seconds)', 'Fontsize', 14);$

$title('Solution\ of\ Differentital\ Equation\ x(t)', 'FontSize', 14);$

得到的动态响应曲线如图 2-26 所示。

例2-27 运用 MATLAB 求解微分方程的解析解

让我们来求一个三阶微分方程$\frac{d^3 x}{dt^3} + 2\frac{dx}{dt} + 3x = 10f$的解析解。我们将使用符号函数。

使用 dsolve 命令(微分方程解析求解器),我们在命令窗口中输入:

$x = dsolve('D3x + 2*Dx + 3*x = 10*f')$,

结果显示:

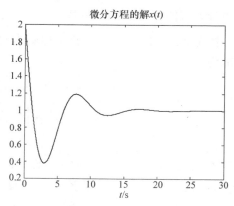

图 2-26   动态响应曲线

$$x = 10/3 * f + c1 * \exp(-t) + c2 * \exp(1/2 * t) * \sin(1/2 * 11^\wedge(1/2) * t)$$
$$+ c3 * \exp(1/2 * t) * \cos(1/2 * 11^\wedge(1/2) * t)$$

使用 pretty 命令，将得到：

$$\gg \mathrm{pretty}(x)$$

$$10/3 \ f + c1 \ \exp(-t) + c2\exp(1/2 \ t) \ \sin(1/2 \quad 11^{1/2} \quad t) 。$$
$$+ c3 \ \exp(1/2 \ t) \ \cos(1/2 \quad 11^{1/2} \quad t)$$

由此，可以得到：

$$x(t) = \frac{10}{3}f + c_1 \mathrm{e}^{-t} + c_2 \mathrm{e}^{0.5t}\sin\left(\frac{1}{2}\sqrt{11t}\right) + c_3 \mathrm{e}^{0.5t}\cos\left(\frac{1}{2}\sqrt{11t}\right)$$

根据初始条件，可以得到未知常数。对于本例，我们假定以下初始条件：

$$\left(\frac{\mathrm{d}^2x}{\mathrm{d}t^2}\right)_0 = 5 \quad , \quad \left(\frac{\mathrm{d}x}{\mathrm{d}t}\right)_0 = 15 \quad , \quad x_0 = -20$$

输入以下语句：

$$x = \mathrm{dsolve}('D3x + 2 * Dx + 3 * x = 10 * f\ ', 'D2x(0) = 5', 'Dx(0) = 15', 'x(0) = -20')$$
$$\mathrm{pretty}(x)$$

由求出的 c_1、c_2 和 c_3，可以得到

$$10/3f + (-2f - 14)\exp(-t) - 8/33 \quad 11^{1/2}(f - 3)\exp(1/2 \quad t)\sin(1/2\,11^{1/2}t)$$
$$+ (-4/3f - 6)\exp(1/2 \quad t)\cos(1/2\,11^{1/2}t)$$

即

$$x(t) = \frac{10}{3}f + (-2f - 14)\mathrm{e}^{-t} - \frac{8}{33}\sqrt{11}(f - 3)\mathrm{e}^{0.5t}\sin\left(\frac{1}{2}\sqrt{11t}\right)$$
$$+ \left(-\frac{4}{3}f - 6\right)\mathrm{e}^{0.5t}\cos\left(\frac{1}{2}\sqrt{11t}\right)$$

如果此强制函数是时变的，输入以下语句，则可以得到$\dfrac{\mathrm{d}^3x}{\mathrm{d}t^3} + 2\dfrac{\mathrm{d}x}{\mathrm{d}t} + 3x = 10f(t)$

的解析解：

$$x = \mathrm{dsolve}('D3x + 2 * Dx + 3 * x = 10 * f(t)'); \quad \mathrm{pretty}(x)$$

如果 $f(t)$ 是确定的，如取 $f(t) = 5\cos(10t)$，输入以下语句：

$$x = \mathrm{dsolve}('D3x + 2 * Dx + 3 * x = 10 * 5 * \cos(5 * t)', 'D2x(0) = 5', 'Dx(0) = 15', 'x(0) =$$
$$-20\,')\mathrm{pretty}(x)$$

可以得到 $x(t)$：

$$-\frac{2875}{6617}\sin(5t) + \frac{75}{6617}\cos(5t) - \frac{187}{13}\exp(-t) + \frac{5702}{5599}\exp(1/2 \quad t)$$

$$\sin(1/2 \quad 11^{1/2} \quad t)11^{1/2} - \frac{2864}{509}\exp(1/2 \quad t)\cos(1/2 \quad 11^{1/2} \quad t)$$

因此有

$$x(t) = -\frac{2875}{6617}\sin(5t) + \frac{75}{6617}\cos(5t) - \frac{187}{13}e^{-t} + \frac{5702}{5599}e^{0.5t}$$

$$\sin\left(\frac{1}{2}\sqrt{11t}\right)\sqrt{11} - \frac{2864}{509}e^{0.5t}\cos\left(\frac{1}{2}\sqrt{11t}\right)$$

例 2-28

考虑如图 2-25 所示的 *RLC* 串联电路。目的是应用 MATLAB 找到一个解析解。另一个目的是通过赋值给各电路参数指定初始状态绘制电路的动态响应。

设定电容两端电压和电感电流为状态变量，电源电压 $u_n(t)$ 为强制函数，我们可以得到以下的一阶微分方程：

$$C\frac{du_c}{dt} = i \quad L\frac{di}{dt} = -u_c - Ri + u_n(t)$$

又有

$$\frac{du_c}{dt} = \frac{i}{C} \quad \frac{di}{dt} = \frac{1}{L}(-u_c - Ri + u_n(t))$$

使用符号数学工具箱可以得到解析解。尤其对于时变 $u_n(t)$，通过一系列语句可以解微分方程：

$$[V,I] = dsolve('DV = I/C','DI = (-V - R*I + Va(t))/L')$$

我们可得到状态变量 $u_c(t)$ 和 $i(t)$ 的解析式。对于 $u_n(t) =$ 常数，由 $[v,i] = dsolve$ $('DV = I/C','DI = (-V - R*I + Va)/L')$ 可得到

V =

$-1/2*(C^2*Int(Va(t)*exp(1/2*t*(R*C-(C*(R^2*C-4*L))^(1/2))/C/L),t)*R*exp(1/2*t*(R*C+(C*(R^2*C-4*L))^(1/2))/C/L-t*R/L)*f - C*Int(Va(t)*exp(1/2*t*(R*C-(C*(R^2*C-4*L))^(1/2))/C/L),t)*exp(1/2*T*(R*C+(C*(R^2*C-4*L))^(1/2))/C/L-t*R/L*(C*(R^2*C-4*L))^(1/2)*f - c^2*Int(Va(t)*exp(1/2*t*(R*C+(C*(R^2*C-4*L))^(1/2))/C/L,t)*R*exp(1/2*t*(R*C-(C*(R^2*C-4*L))^(1/2))/C/L-t*R/L)*f - C*Int(Va(t)*exp(1/2*t*(R*C+(C*(R^2*C-4*L))^(1/2))/C/L),t)*exp(1/2*t*(R*C-(C*(R^2*C-4*L))^(1/2))/C/L-t*R/l)*f*(C*R^2*C-4*L))^(1/2) + exp(-1/2*t*(R*C-(C*(R^2*C-4*L))^(1/2))/C/L)*C2*R*C*f^2*(C*(R^2*C-4*L)^(1/2) - exp(-1/2*t*(R*C-(C*(R^2*C-4*L))^(1/2))/C/L)*C2*C(R^2*C-4*L)*f^2 + exp(-1/2*t*(R*C+(C*(R^2*C-4*L))^(1/2))/C/L)*C1*R*C*f^2*(C*(R^2*C-4*L))^(1/2) + exp(-1/2*t*(R*C+(C*(R^2*C-4*L))^(1/2))/C/L)*C1*C*(R^2*C-4*L)*f2)/L/f2/(C*(R^2*C-4*L))^(1/2)$

I =

$- (- \exp(- 1/2 * t * (R * C - (C * (R^2 * C - 4 * L))^{(1/2)})/C/L) * C2 * (C * (R^2 * C - 4 * L))^{(1/2)} * f^2 - \exp(- 1/2 * t * (R * C + (C * (R^2 * C - 4 * L))^{(1/2)})/C/L) * C1 * (C * (R^2 * C - 4 * L))^{(1/2)} * f^2 - C * Int(Va(t) * \exp(1/2 * t * (R * C - (C * (R^2 * C - 4 * L))^{(1/2)})/C/L), t) * \exp(1/2 * t * (R * C + (C * (R^2 * C - 4 * L))^{(1/2)})/C/L - t * R/L) * f + C * Int(Va(t) * \exp(1/2 * t * (R * C + (C * (R^2 * C - 4 * L))^{(1/2)})/C/L), t) * \exp(1/2 * t * (R * C - (C * (R^2 * C - 4 * L))^{(1/2)})/C/L - t * R/L) * f)/(C * (R^2 * C - 4 * L))^{(1/2)})/f^2$

对于 $u_n(t) =$ 常数，由 $[v, I] = \mathrm{dsolve}('DV = I/C', 'DI = (- V - R * I + Va)/L')$ 可得到：

V =

$$\left(-1 \left/ \begin{array}{l} 2 * (R * C - (R^2 * C^2 - 4 * C * L)^{(1/2)})/C/L \\ * \exp(- 1/2 * (R * C - (R^2 * C^2 - 4 * C * L)^{(1/2)})/C/L * t) * C2 \\ -1 \left/ \begin{array}{l} 2 * (R * C - (R^2 * C^2 - 4 * C * L)^{(1/2)})/C/L * \exp \\ (- 1/2 * (R * C - (R^2 * C^2 - 4 * C * L)^{(1/2)})/C/L * t) * C1 \end{array} \right. \end{array} \right. \right)$$

$* C$

I =

$\exp(- 1/2 * (R * C - (R^2 * C^2 - 4 * C * L)^{(1/2)})/C/L) * C2$
$+ \exp(- 1/2 * (R * C - (R^2 * C^2 - 4 * C * L)^{(1/2)})/C/L) * C1$
$+ Va$

设定 $R = 1\Omega$，$L = 0.1\mathrm{H}$，$C = 0.01\mathrm{F}$，$u_n(t) = 10\mathrm{V}$，语句为

$[v, I] = \mathrm{dsolve}('DV = I/C', 'DI = (- V - R * I + Va(a))/L')$

$R = 1, L = 0.1, C = 0.01, Va = 10,$

$[v, I] = \mathrm{dsolve}('DV = I/0.01', 'DI = (- V - 1 * I + 10)/0.1')$

状态变量的 $u_c(t)$，$i(t)$ 的解析式便可以表示，如下：

$R = 1 \quad L = 0.1000 \quad C = 0.0100 \quad Va = 10$

$V = 1/20 * \exp(- 5 * t) * (- \sin(5 * 39^{(1/2)} * t) * C2 + \cos(5 * 39^{(1/2)} * t) * 39^{(1/2)} * C2 - \cos(5 * 39^{(1/2)} * t) * C1 - \sin(5 * 39^{(1/2)} * t) * 39^{(1/2)} * C1)$

$I = 10 + \exp(- 5 * t) * (\sin(5 * 39^{(1/2)} * t) * C2 + \cos(5 * 39^{(1/2)} * t) * C1$

常数 C1 和 C2 首先要通过初始条件得出。假定初试条件为 $[20, -10]^T$，我们修改指令语句为

$[v, i] = \mathrm{dsolve}('DV = I/C', 'DI = (- V - R * I + Va(a))/L')$

$R = 1, L = 0.1, C = 0.01, Va = 10,$

$[v, i] = \mathrm{dsolve}$
$('DV = I/0.01', 'DI = (- V - 1 * I + 10)/0.1', 'V(0) = 20, I(0) = - 10')$

$u_c(t)$，$i(t)$ 的随时间变化的表达式为

V = 1/20 * exp(− 5 * t) *

(− 200/39 * sin(5 * 39^(1/2) * t) * 39^(1/2) − 200 * cos(5 * 39^(1/2) * t))

I = 10 + exp(− 5 * t) *

(− 190/39 * sin(5 * 39^(1/2) * t) * 39^(1/2) + 10 * cos(5 * 39^(1/2) * t))

得到的表达式可以通过 simplify 命令进行简化。因此，由 V_simplify = simplify(v)，I_simplify = simplify(i)，可以得到 $u_c(t)$，$i(t)$ 的表达式：

V_simplify = − 10/39 * exp(− 5 * t) *

(sin(5 * 39^(1/2) * t) * 39^(1/2) + 39 * cos(5 * 39^(1/2) * t))

I_simplify = 10 − 190/39 * exp(− 5 * t) *

(sin(5 * 39^(1/2) * t) * 39^(1/2) + 10 * exp(− 5 * t) * cos(5 * 39^(1/2) * t))

这样，可以得到：

$$u_c(t) = -\frac{10}{39}e^{-5t}\sin(5\sqrt{39t})\sqrt{39} + 39\cos(5\sqrt{39t}),$$

$$i(t) = 10 - \frac{190}{39}e^{-5t}\sin(5\sqrt{39t})\sqrt{39} + 10e^{-5t}\cos(5\sqrt{39t})$$

使用以下语句，可以得到如图 2-27 所示的 $u_c(t)$，$i(t)$ 的波形。

t = 0 :0. 001 :1 ;

V_simplify = − 10/39 * exp(− 5 * t) *

(sin(5 * 39^(1/2) * t) * 39^(1/2) + 39 * cos(5 * 39^(1/2) * t)) ;

I_simplify = 10 − 190/39 * exp(− 5 * t) *

(sin(5 * 39^(1/2) * t) * 39^(1/2) + 10 * exp(− 5 * t) * cos(5 * 39^(1/2) * t)) ;

plot(t,V_simplify,t,I_simplify) ; xlabel('Time(seconds)','fontsize',14) ;

title('Voltage and Current Dynamics in RLC circuit,u_c(t) and i(t)','fontsize',14)

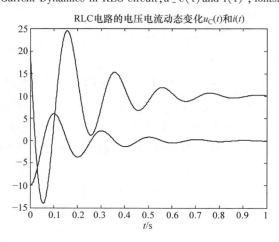

图 2-27 $u_c(t)$、$i(t)$ 的动态变化

对于那些描述机电系统动态特性的非线性微分方程，我们无法得到其解析解。因此，必须使用数值分析法。下面这个例子便介绍了应用 MATLAB 通过数值法来解决常微分方程。

例 2-29

使用 MATLAB 的 ode45 求解器（内建的 ode45 命令），求解高度非线性微分方程的数值解：

$$\frac{\mathrm{d}x_1(t)}{\mathrm{d}t} = -20x_1 + |x_2x_3| + 10x_1x_2x_3 , \quad x_1(t_0) = x_{10}$$

$$\frac{\mathrm{d}x_2(t)}{\mathrm{d}t} = -5x_1x_2 - 10\cos x_1 - \sqrt{|x_3|} , \quad x_2(t_0) = x_{20}$$

$$\frac{\mathrm{d}x_3(t)}{\mathrm{d}t} = -5x_1x_2 + 50x_2\cos x_1 - 25x_3 , \quad x_3(t_0) = x_{30}$$

初始条件为 $x_0 = \begin{bmatrix} x_{10} \\ x_{20} \\ x_{30} \end{bmatrix} = \begin{bmatrix} 2 \\ 1 \\ -2 \end{bmatrix}$

为了对这组非线性微分方程进行数字模拟，我们建立两个 m - 文件（ch2 - 1. m 和 ch2 - 2. m）。在解决微分方程的同时，我们还要画出状态变量 $x_1(t)$，$x_2(t)$ 和 $x_3(t)$ 的波形。要显示 $x_1(t)$，$x_2(t)$ 和 $x_3(t)$ 的瞬时响应，可以用 plot 命令。在%符号后面的注解并不会被 MATLAB 执行。这些注解用来解释每一步的过程。使用 ode45 求解器的 MATLAB 文件（ch2 - 1. m）、使用 plot 命令的二维绘图语句以及使用 plot3 命令的三维绘图语句显示如下：

```
echo on; clear all
t0 = 0; tfinal = 1; tspan = [t0 tfinal]; % initial and final time
y0 = [2 1 -2]; % initial conditions for state variables
[t,y] = ode45('ch2_2',tspan,y0);% ode45 MATLAB solver using ode45 solver
% Plot of the transient dynamics of the state variables solving differential equations
% These differential equations are assigned in file ch2_2. m
plot(t,y(:,1),'--',t,y(:,2),'-',t,y(:,3),':'); % plot the transient dynamics
xlabel('Time(seconds)','Fontsize',14);
ylabel('state variables','Fontsize',14);
title('Solution of Differential Equations:x_1(t),x_2(t)and x_3(t)','Fontsize',14);
pause
% 3 - D plot using x1,x2 and x3
plot3(y(:,1),y(:,2),y(:,3));
xlabel('x_1','Fontsize',14);
ylabel('x_2','Fontsize',14);
zlabel('x_3','Fontsize',14);
```

title('Three – Dimensional state Evolutions:x_1(t),x_2(t) and x_3(t)','Fontsize',14);

text(0, – 2. 5,2,'0 origin','Fontsize',14);

第二个 MATLAB 文件 （ch2_2. m），保存有待用数值法来解决的一组微分方程：

% Simulation of the third – order differential equations

function yprime = difer(t,y);

% Differential equations parameters

a11 = – 20; a12 = 1; a13 = 10; a21 = – 5; a22 = – 10; a31 = – 5; a32 = 50; a33 = – 25;

% Three differential equations:System of three first – order differential equations

yprime = [a11 * y(1,:) + a12 * abs(y(2,:) * y(3,:)) + a13 * y(1,:) * y(2,:) * y(3,:);···% first

    differential equation

a21 * y(1,:) * y(2,:) + a22 * cos(y(1,:)) + sqrt(abs(y(3,:)));···% second differential equation

a31 * y(1,:) * y(2,:) + a32 * cos(y(1,:)) * y(2,:) + a33 * y(3,:)]; % third differential equation

为了计算瞬时动态和描绘动态性能，在命令窗口中输入 ch2_1，并键入回车键。如图 2-28 所示画出了得到的暂态波形（二维图形），以及状态变量的三维图形。在命令窗口中，输入 who, x = [t,y]。所使用的变量和数组将会被显示出来。特别地，我们有

your variables are：

t t0 tfinal tspan y y0。

$x_1(t)$、$x_2(t)$ 和 $x_3(t)$ 的动态图形如图 2-28 所示。x 的结果数据在命令窗口中展示出来，如下所示。式中，我们有时间 t，以及 3 个状态变量 $x_1(t)$、$x_2(t)$ 和 $x_3(t)$ 共 4 列。这便是 $x = \begin{bmatrix} t & x_1 & x_2 & x_3 \end{bmatrix}$。

x =

0	2.0000	1.0000	– 2.0000	0.9721	0.8522	– 1.2536	– 1.4325
0.0013	1.9025	0.9914	– 1.9724	0.9902	0.8536	– 1.2542	– 1.4335
0.0026	1.8108	0.9876	– 1.9392	0.9927	0.8538	– 1.2542	– 1.4336
0.0039	1.7247	0.9807	– 1.9009	0.9951	0.8539	– 1.2543	– 1.4336
0.0052	1.6438	0.9734	– 1.8581	0.9976	0.8541	– 1.2543	– 1.4336
0.0106	1.3562	0.9377	– 1.6405	1.0000	0.8543	– 1.2543	– 1.4336

以这些数据为基础，可以绘图、数据挖掘、滤波和其他先进的数值计算功能。

Simulink，作为 MATLAB 环境的一部分，是一个用来对微分方程和动态系统进行模拟仿真的交互式计算包。它是一个图形鼠标驱动程序，可以允许用户通过使用和操纵块和图表来进行数值模拟和系统分析。它可应用于线性、非线性、连续时间、离散时间、多变量、多重速率的以及混合的系统中。Blocksets 是 Simulink 的内

置块，可以为不同的系统组件提供
完整的全面的模块数据库，并且通
过 Real – time Workshop 工具箱或
（实时工作空间）还可以由方块图产
生 C 代码。使用一个鼠标驱动的模
块图界面，可以建立 Simulink 图形
（模型）。这些模块图（mld 模型）
代表了由微分方程和本构方程所描
述的系统。同时，也可以被仿真和
研究混合的离散系统。Simulink 的一
个显著优势在于它可以提供一个图
形用户界面（GUI），通过使用"选
择 – 拖动 – 连接 – 单击"的基于鼠
标的操作来建立模型（方块图）。

　　一个包含接收器、信号源、线
性和非线性元件（模块）、连接器和
用户定制的模块（S – 函数）的综合
库可以提供极大的灵活性，高度的
互动性，高效率和优秀的原型特性。
比如，一个复杂系统可以使用高级
或低级模块来建立。这表明系统可

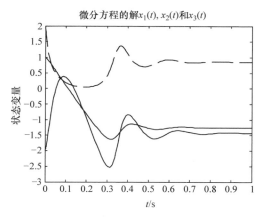

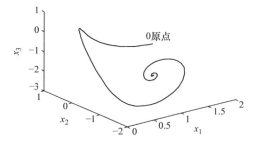

图 2-28　状态变量动态波形和演化（变化）

以通过运用多种 MATLAB 的 ode 求解器解微分方程，被数字模拟。Simulink 中嵌入
和利用了不同的方法和算法。尽管如此，充分利用 Simulink 菜单要比进入指令窗口
输入命令和函数要方便得多。使用简单的 Simulink 菜单对于交互式设计、仿真、分
析和可视化来说都非常方便。

　　为启动 Simulink，在指令窗口中输入 Simulink，按下输入键或者选中 Simulink
图标并单击。然后便会出现 Simulink 库浏览窗口，如图 2-29 所示。要运行多种
Simulink 示范程序，输入 demo Simulink。交互式的 Simulink 范例窗口如图 2-29
所示。

　　要对连续或离散时间动态系统进行仿真和检验，就要用到方块图。Simulink 大
幅度地扩展了 MATLAB 仿真环境的功能，并提供了丰富且实用的模块以建立系统
模型。用户可以使用 Simulink 和 MATLAB 范例来深入学习 Simulink 的使用。如今
有多种不同的 Simulink 和 MATLAB 版本，但版本虽有一些不同，大体内容还是一
致的。Simulink 使用手册与软件一起提供，且是 pdf 格式的。读者可以参看该使用
手册，本节的目的并不是将该使用手册重写一遍。通过实际的例子来一步一步地介
绍 Simulink，我们希望能涉及使用手册中未提到的内容，并引导读者解决实际问
题。如图 2-30 所示展示了一些可以方便使用的、具有不同复杂程度例子来演示
Simulink 的特点。比如，例 2-7 展示了摩擦力模型。用户可以使用索引和搜索图

标。正如图2-30所示，MATLAB提供了一个摩擦力模型。不仅如此，MATLAB还提供了从航空航天到汽车控制应用，从电子到机械系统，以及其他的应用实例。但是，对特定的问题，在充分考虑其目的的情况下，一定要对MATLAB（Simulink和其他工具包）及其他任何软件环境的适用度、准确度、可行性有很明了的认识。用户可能会发现MATLAB提供的文件、模块、图表以及其他工具并不是那么符合要求或需要重大改进。

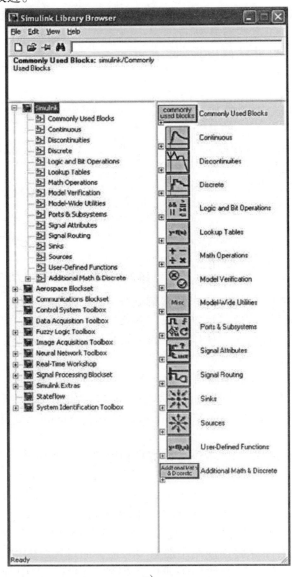

a)

图2-29   Simulink浏览库和演示窗口

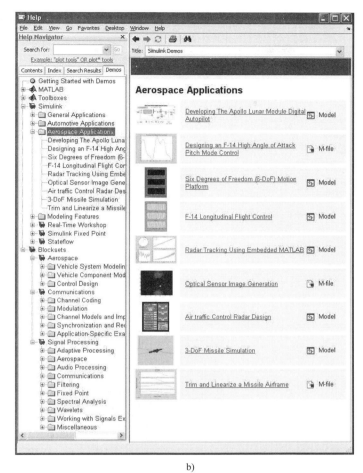

b)

图 2-29　Simulink 浏览库和演示窗口（续）

例 2-30　Van der Por 微分方程的 Simulink 仿真

Van der Por 振荡器可以用二阶非线性微分方程来描述：

$$\frac{d^2x}{dt^2} - k(1 - x^2)\frac{dx}{dt} + x = d(t)$$

式中 $d(t)$ 是强制函数。

令 $k = 2$，$d(t) = d_0 rect(\omega_0 t)$。初始条件为 $x_0 = \begin{bmatrix} x_{10} \\ x_{20} \end{bmatrix} = \begin{bmatrix} 1 \\ -1 \end{bmatrix}$

二阶的 Van der Por 微分方程可以表示为一个含有两个一阶微分方程的系统：

$$\frac{dx_1(t)}{dt} = x_2 \text{，} x_1(t_0) = x_{10}$$

$$\frac{dx_2(t)}{dt} = -x_1 + kx_2 - kx_1^2 x_2 + d(t) \text{，} x_2(t_0) = x_{20}$$

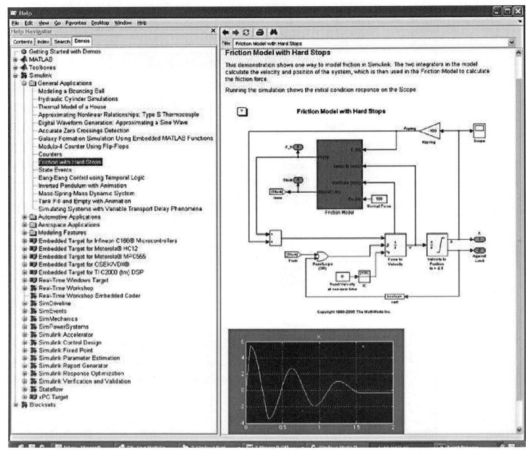

图 2-30　Simulink 演示内容

文献中，Van der Por 振荡器的微分方程还有另一种表示：

$$\frac{\mathrm{d}x_1(t)}{\mathrm{d}t} = x_2,\ \frac{\mathrm{d}x_2(t)}{\mathrm{d}t} = \mu\big[\,(1 - x_1^2)x_2 - x_1\,\big]$$

　　如图 2-31 所示，使用以下模块可以建立 Simulink 方块图：函数发生器、放大器、积分器、多路复用器、信号发生器、求和以及示波器。我们对 $d_0 = 0$，$d_0 \neq 0$，$\omega_0 \neq 0$ 几种情况下的瞬时动态进行了仿真。参数和初始条件必须要先设定。参数 k 可以通过双击放大器模块进入赋值栏设定数值，这里我们可以输入数值 2。我们也可以输入 k，在指令窗口中输入 $k = 2$。双击信号发生器模块，我们选择方波函数，并给定相应的幅值 d_0 和频率 ω_0。双击积分模块并输入 x_{10}，x_{20} 设定初始状态。然后，在指令窗口中输入 $x_{10} = 1$，$x_{20} = -1$。因此，在指令窗口中我们上传了下列数值：$k = 2$；$d_0 = 0$；$\omega_0 = 5$；$x_{10} = 1$；$x_{20} = -1$。

　　设定仿真时间为 20s（如图 2-31 仿真参数窗口中所示），单击 Run 图标来运行仿真模型。仿真结果如图 2-31 所示，通过三个图形展示了两个变量的状态变化。

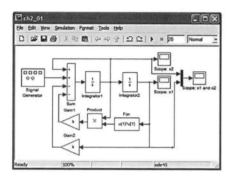

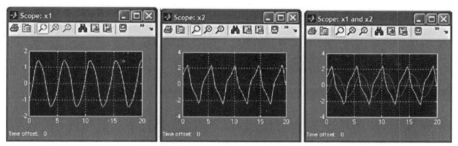

图 2-31　Simulink 模块图表（ch2 – 01. md1），仿真结构和瞬时动态图形

绘图语句可以被充分利用，在 Scopes 栏中，单击 General/Data History 图标，可以输入变量名。变量 $x1$，$x2$，$x12$ 分别依次写入。输入：

plot(x1(:,1),x1(:,2)); xlabel('Time(sec onds)','fontsize',14);

ylabel('State Variable x_1','fontsize',14);

title('Solution of van der pol Equation:x_1(t)','fontsize',14)

又有：

plot(x2(:,1),x2(:,2)); xlabel('Time(sec onds)','fontsize',14);

ylabel('State Variable x_2','fontsize',14);

title('Solution of van der pol Equation:x_2(t)','fontsize',14)

以及：

plot(x12(:,1),x12(:,2),x12(:,1),x12(:,3));

xlabel('Time(sec onds)','fontsize',14);

ylabel('State Variable x_1 and x_2','fontsize',14);

title('Solution of van der pol Equation:x_1 and x_2','fontsize',14)

仿真结果图形如图 2-32 所示。

在 MATLAB 和 Simulink 中，有很多有启发有价值的例子。其中就包括了 Van der Por 方程仿真。在 MATLAB 演示文件中，下面的微分等式也可被仿真：

$$\frac{dx_1(t)}{dt} = x_2, \quad \frac{dx_2(t)}{dt} = -x_1 + x_2 - x_1^2 x_2$$

所有的 Simulink 演示模型都可以进行改进，以解决特定的问题。在仿真菜单中

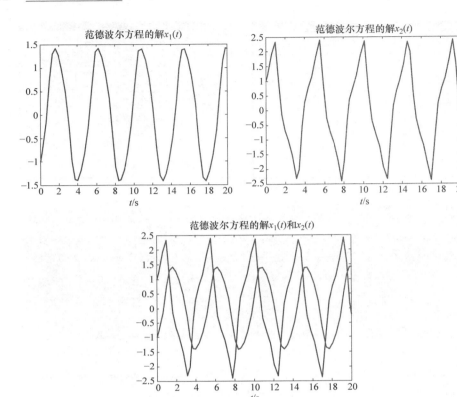

图 2-32　状态变量 $x_1(t)$，$x_2(t)$ 的动态变化

使用开始、结束、暂停按键（开始、结束、暂停键也可在工具控制命令中直接单击），可控制仿真的开始、结束、暂停。用户可以在 Simulink 演示栏中打开 Aerospace，Real Time Workshop，SimMechanics 和其他工具包等文件，如图 2-30 所示。在 Simulink 浏览器中也可使用一些具有特定应用的嵌入式模块。比如，在如图 2-31 所示中为了建立仿真图形，使用了 Commonly Used Blocks（常用模块），Continuous（连续），和 Source（信号源）库模块，如图 2-33 所示。设计者可以根据具体问题使用其他库。选中并拖动这些模块到 Simulink 图中，再连接这些模块以进行模拟仿真。

例 2-31

模拟一个含有两个非线性微分方程的系统：

$$\frac{\mathrm{d}x_1(t)}{\mathrm{d}t} = -k_1 x_1 - k_2 x_2 + k_3 x_2^3 + k_4 \sin(k_5 x_1 + \pi) + k_6 x_1 x_2 + u(t) = x_{10}$$

$$\frac{\mathrm{d}x_2(t)}{\mathrm{d}t} = k_7 x_1, x_2(t_0) = x_{20}$$

输入量 $u(t)$ 表示一个周期量，有 $u(t) = u_0 rect(\omega_0 t)$。假定振幅为 $u_0 = 0$ 或 $u_0 = 4$，

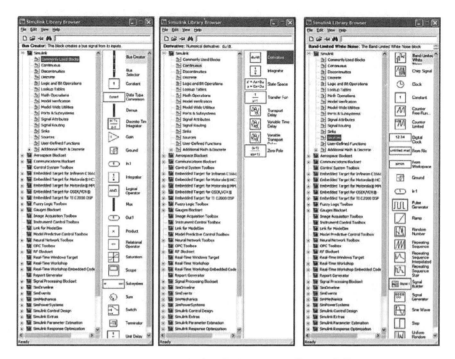

图 2-33　Simulink 的常用模块、连续和信号源库模块

频率为 $\omega_0 = 1\text{rad/s}$。各参数和初始条件为

$k_1 = 2$、$k_2 = 3$、$k_3 = -4$、$k_4 = -5$、$k_5 = 6$、$k_6 = -7$、$k_7 = 8$、$x_{10} = 2$、$x_{20} = -2$。

　　我们将使用函数发生器、放大器、积分器、信号发生器、求和器以及示波器模块。这些模块是从 Simulink 模块库中拖到应用 mdl 模型中，放置好并用线连接起来，如图 2-34 所示。之后，连接好各模块后，在函数发生器模块输入参数和非线性多项式 $k_3 x_2^3 + k_4 \sin(k_5 x_1 + \pi) + k_6 x_1 x_2$，如图 2-34 所示，为最终的 Simulink 模块图。

　　在指令窗口中输入微分方程的参数和初始条件：

$$k_1 = 2\text{、}k_2 = 3\text{、}k_3 = -4\text{、}k_4 = -5\text{、}k_5 = 6\text{、}k_6 = -7\text{、}k_7 = 8\text{、}$$
$$u_0 = 0\text{；}\omega_0 = 1\text{；}x_{10} = 2\text{、}x_{20} = -2$$

　　信号发生器、积分器和函数发生器模块便会被用来产生输入量 $u(t)$，设置初始条件，并运行非线性函数。这些模块如图 2-35 所示。

　　在 $u_0 = 0$、仿真时间设定在 2s 的情况下，变量 $x_1(t)$，$x_2(t)$ 的状态变化如图 2-36 中所示的 3 个波形。

状态变量 $x_1(t)$，$x_2(t)$ 的动态图，$u_0 = 0$，如图 2-37 所示。

　　我们也可用绘图语句。在示波器中，在 General/Data History 图标（左边第二个图标），我们定义变量名 $x1$、$x2$、$x12$。语句为

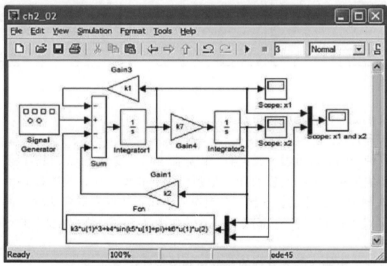

图 2-34　用来仿真二个微分方程组的 Simulink 模块图

plot(x1(: ,1) ,x1(: ,2)) ; xlabel('Time(sec onds)' ,'fontsize' ,14) ;

ylabel('State Variable x_1' ,'fontsize' ,14) ;

title('Solution of Differential Equation : x_1(t)' ,'fontsize' ,14)

又有

plot(x2(: ,1) ,x2(: ,2)) ; xlabel('Time(sec onds)' ,'fontsize' ,14) ;

ylabel('State Variable x_2' ,'fontsize' ,14) ;

title('Solution of Differential Equation : x_2(t)' ,'fontsize' ,14)

以及 :

plot(x12(: ,1) ,x12(: ,2) ,x12(: ,1) ,x12(: ,3)) ;

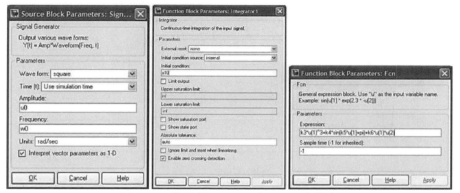

图 2-35　信号发生器、积分器、函数模块

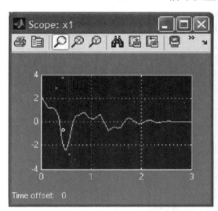

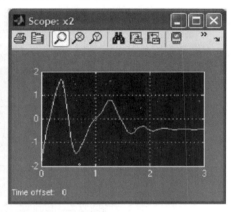

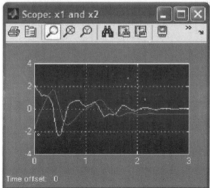

图 2-36　示波器所示的仿真结果

xlabel('Time(*seconds*)','fontsize',14);

ylabel('State Variable x_1 and x_2','fontsize',14);

title('Solution of Differential Equation:x_1(t)and x_2(t)','fontsize',14)

　　在 $u_0 = 4$ 的条件下，变量变化如图 2-38 所示。读者可以评估输入的变化对系统行为的影响。得到的动态波形可以从稳定性的角度来考察。

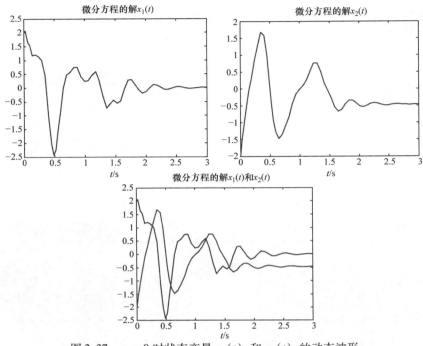

图 2-37 $u_0 = 0$ 时状态变量 $x_1(t)$ 和 $x_2(t)$ 的动态波形

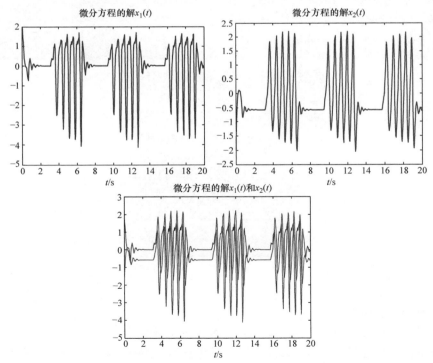

图 2-38 $u_0 = 4$ 时状态变量 $x_1(t)$，$x_2(t)$ 的动态图

习　题

1. 一个力 $F = 3i + 2j + 4k$ 作用于某个点，该点对应的位置矢量为 $r = 2i + j + 3k$，求出相对垂直轴方向的驱动转矩，即求出 $T = r \times F$。

2. 一个球形静电执行器，如图 2-39 所示。使用球形导电壳体制成，壳体件由弹性材料（如对二甲苯、聚四氟乙烯，聚乙烯等（相对介电常数，约为 3）分隔。内壳的总电量为 $+q_i$，半径为 r_i。外壳的电量 $-q_0(t)$ 为负，并可以随时间变化。外壳的半径记为 r_0。

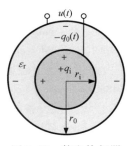

图 2-39　静电执行器

1）对于球形执行器，推导电容 $C(r)$ 的表达式。在 $r_i = 1\,\mathrm{cm}$，$r_0 = 1.5\,\mathrm{cm}$，$q_i = 1C$，$q_0(t) = [\sin(t) + 1]C$ 的条件下，计算出电容的值。

2）通过表达式 $W_c[u, C(r)] = C(r)u^2/2$ 来推导出静电力的表达式。力的表达式为 $F_e(u, r) = \dfrac{\partial W_c[u, C(r)]}{\partial r}$。施加电压 u 最大增加到 1000V 时，取几个不同的电压值，计算内壳和外壳之间产生的静电力。

3）对于弹性材料（如对二甲苯、聚四氟乙烯、聚乙烯），求出产生的位移。使用柔性介质恢复力的表达式，近似表达式为 $F_s = k_s r$，其中 $k_s = 1\mathrm{N/m}$。

4）推导出可以描述球形执行器动态的微分方程。检验执行器的性能。使用 MATLAB 仿真。

3. 一种发电装置如图 2-40 所示。假定磁场是均匀的，顶部和（或）低部磁铁和电流回路相对振动，如磁场相对电流回路的变化为 $B(t) = \sin(t) + \sin(2t) + \cos(5t) + \sin(t)\cos(t)^2$。即永久磁铁是固定的，而电流回路放置在相对运动的结构上。磁场的变化如图 2-40 所示。在磁场中导电电流回路的面积为 $1\mathrm{mm}^2$。电阻为 1Ω。

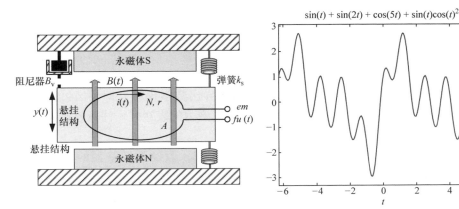

图 2-40　发电装置及假设的磁场波形

1）求出感应电动势（感应的电压）和电流。假定匝数 N 范围为 1 到 100，分别说明 N 为 1 时和为 100 时感应电动势是如何变化的。可以使用 MATLAB 偏微分方程工具箱，用于绘制结果，进行微分、计算和绘图等。特别地，MATLAB 语句为：

$t = sym('t','positive')$；
$B = sin(t) + sin(2*t) + cos(5*t) + sin(t)*cos(t)^2$；
$ezplot(B)$; $dBdt = diff(B)$

由此可以绘出磁场密度和磁场密度的微分。在命令窗口中我们可以得到：

$dBdt = cos(t) + 2*cos(2*t) - 5*sin(5*t) + cos(t)^3 - 2*sin(t)^2*cos(t)$

2）设置该设备的尺寸，以获得发电机系统的参数（带电流回路的悬浮结构的质量 m，弹簧系统 k_s 等）。

3）推导设备的微分方程。

4）模拟并评估发电机系统的性能。

4. 一维、二维、三维磁悬浮系统早已被用于水下控制和飞行器控制（所谓的移动质块概念）。如图 2-41 所示为带有小球的磁悬浮系统。

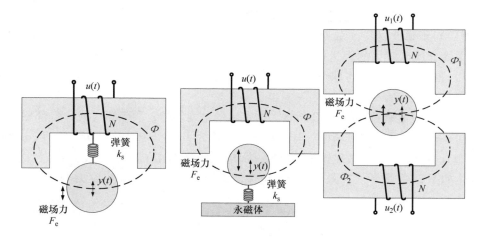

图 2-41　磁悬浮系统

1）对于本装置，应用牛顿和基尔霍夫定律导出数学模型。即导出可以描述系统动力学的微分方程。通过磁共能的概念找出电磁力的表达式。注意该磁系统的磁阻是变化。找出等效磁路。

2）设定磁悬浮系统的维度并导出参数。比如，假设磁场路径的总长度约为 0.1m。假定铜线的直径是 1mm，一层绕线共 10 匝，但也可有多层绕组。指定移动装置（球）的几何形状和直径以及介质密度便可以得到 m、A、μ 等。

3）在 MATLAB 中，编写文件并对磁悬浮系统做数值模拟仿真。并进行动态分析和性能评估。

4) 如图 2-42 所示，分析若悬浮质块环绕了 N 匝通有电流的线圈后会发生什么变化。假定电流环路电阻为 R 及面积为 A。

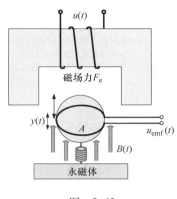

5. 假定有一个电磁阀，电感为 $L(x) = 4\sin(3x)$。推导出电磁力的表达式。在 $x = 0$，$i = 10\mathrm{A}$ 时计算出该力。

6. 考虑如图 2-18 所示及在例 2-17 所讨论的一个电磁阀。该电磁装置的可动部分（活塞）和固定部分是由高导磁率的铁磁材料构成的。绕组以螺旋模式缠绕。电磁阀的性能取决于电磁系统、机械几何形状、导磁率、线圈电阻率、电感和摩擦力等。

图　2-42

1) 假定电磁阀的尺寸（约 5cm 长，外围直径约 2cm），并估测出其他尺寸。选择可以获得高电磁阀性能的材料。

2) 推导出电感、线圈电阻，以及其他有用参数。估测出摩擦力系数，动子和静子的相对磁导率、电阻率、弹簧常数等。

3) 应用牛顿和基尔霍夫定律导出数学模型，并通过磁共能方法找出电磁力的表达式。

4) 在 MATLAB 中，编写文件并对电磁阀做数值模拟仿真。并进行静态、动态性能评估。

7. 如图 2-43 所示展示了一个在转子上有绕组的运动装置。静磁场（由定子上的永磁体产生）和 YZ 平面上的 20 匝的矩形线圈（绕组）相互作用会产生电磁转矩。

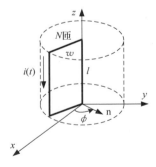

1) 确定磁矩并导出作用于线圈上的电磁转矩。假定线圈（l 为 15cm，$\omega = 5\mathrm{cm}$）上的电流是 10A，磁通密度为 $B = 2 \times 10^{-2}(a_x + 2a_y)\,\mathrm{T}$。

2) 求出在什么角度 ϕ 时　$T_e = 0$，什么角度 ϕ 时 T_e 最大？确定 $T_{e\max}$ 的值。从（a）物理（电磁场）角度；（b）数学（最值问题）角度出发来解决该问题。

图 2-43　转子绕组的磁场

参 考 文 献

1. S.J. Chapman, *Electric Machinery Fundamentals*, McGraw-Hill, New York, 1999.
2. A.E. Fitzgerald, C. Kingsley, and S.D. Umans, *Electric Machinery*, McGraw-Hill, New York, 1990.
3. P.C. Krause and O. Wasynczuk, *Electromechanical Motion Devices*, McGraw-Hill, New York, 1989.

4. P.C. Krause, O. Wasynczuk, and S.D. Sudhoff, *Analysis of Electric Machinery*, IEEE Press, New York, 1995.
5. W. Leonhard, *Control of Electrical Drives*, Springer, Berlin, 1996.
6. S.E. Lyshevski, *Electromechanical Systems, Electric Machines, and Applied Mechatronics*, CRC Press, Boca Raton, FL, 1999.
7. D.W. Novotny and T.A. Lipo, *Vector Control and Dynamics of AC Drives*, Clarendon Press, Oxford, 1996.
8. G.R. Slemon, *Electric Machines and Drives*, Addison-Wesley Publishing Company, Reading, MA, 1992.
9. D.W. Hart, *Introduction to Power Electronics*, Prentice Hall, Upper Saddle River, NJ, 1997.
10. J.G. Kassakian, M.F. Schlecht, and G.C. Verghese, *Principles of Power Electronics*, Addison-Wesley Publishing Company, Reading, MA, 1991.
11. N.T. Mohan, M. Undeland, and W.P. Robbins, *Power Electronics: Converters, Applications, and Design*, John Wiley and Sons, New York, 1995.
12. A.S. Sedra and K.C. Smith, *Microelectronic Circuits*, Oxford University Press, New York, 1997.
13. J. Fraden, *Handbook of Modern Sensors: Physics, Design, and Applications*, AIP Press, Woodbury, NY, 1997.
14. G.T.A. Kovacs, *Micromachined Transducers Sourcebook*, McGraw-Hill, New York, 1998.
15. R.C. Dorf and R.H. Bishop, *Modern Control Systems*, Addison-Wesley Publishing Company, Reading, MA, 1995.
16. J.F. Franklin, J.D. Powell, and A. Emami-Naeini, *Feedback Control of Dynamic Systems*, Addison-Wesley Publishing Company, Reading, MA, 1994.
17. B.C. Kuo, *Automatic Control Systems*, Prentice Hall, Englewood Cliffs, NJ, 1995.
18. S.E. Lyshevski, *Control Systems Theory with Engineering Applications*, Birkhäuser, Boston, MA, 2001.
19. K. Ogata, *Discrete-Time Control Systems*, Prentice-Hall, Upper Saddle River, NJ, 1995.
20. K. Ogata, *Modern Control Engineering*, Prentice-Hall, Upper Saddle River, NJ, 1997.
21. C.L. Phillips and R. D. Harbor, *Feedback Control Systems*, Prentice Hall, Englewood Cliffs, NJ, 1996.
22. S.E. Lyshevski, *Engineering and Scientific Computations Using MATLAB®*, Wiley, Hoboken, NJ, 2003.
23. *MATLAB R2006b,* CD-ROM, MathWorks, Inc., 2007.

第 3 章　电力电子技术

3.1　运算放大器

在机电系统中，信号处理、信号调理以及其他任务可都由集成电路（ICs）完成。数字控制器和滤波器由单片机或 DSP 控制执行。机电系统一般为连续系统，模拟控制器和滤波器通过利用运算放大器和特殊的集成电路控制执行[1]。这些控制器和滤波器嵌入到功率放大器中。这一节介绍如何使用特定的传函和运放来实现模拟控制器和滤波器。第 1 章论述了控制器的运用，需要对信号和变量进行各种操作。例如，传感器将时变的物理量（位移、速度、加速度、力、力矩、压力和温度等）转换为电信号（电压或电流）。传感器输出的信号必须被放大和滤波。单个运放是一个二端口网络，包含同相和反相输入端（3 和 2）以及一个输出端（6），如图 3-1 所示。它还需要两个（或一个）直流电压，端口 7 连接正向电压 u_+ 而负电压（或者地（电位））u_- 接入端口 4。MC33171、MC33172 和 MC33174 分别包含 1 个、两个和 4 个低功率运放，其引脚连接如图 3-1 所示。其中给出了以上几个芯片的 8 引脚和 14 引脚塑料封装。这些运放也有表贴封装形式的。运算放大器由许多晶体管组成，并使用互补金属氧化物半导体（CMOS）或者双极性互补金属氧化物半导体制造技术[1]。图 3-1 描绘了典型的原理图。

放大器的输出等于分别加载到同相和反相输入端的电压 $u_1(t)$ 和 $u_2(t)$ 之差乘以开环放大系数 k_{og}，即结果输出电压为

$$u_0(t) = k_{og} [u_2(t) - u_1(t)]$$

开环系数为正。k_{og} 的值非常大，变化范围是 $[1 \times 10^5 \quad 1 \times 10^7]$。通用运放输入电阻的范围是 $1 \times 10^5 \sim 1 \times 10^{12} \Omega$，输出电阻的范围是 $10 \sim 1000 \Omega$。

反相和同相输入端使用符号 "−" 和 "+" 来区分。反相输入端利用外接电阻 R_1 提供信号级别的输入电压 $u_1(t)$，同相输入端接地，如果使用负反馈，便可得到差分闭环放大系数 k_{cg}。输出端通过电阻 R_2 与反相输入端连接，如图 3-2 所示。

为了得到闭环放大系数 k_{cg}，必须获得输出电压 $u_0(t)$ 和输入电压 $u_1(t)$ 的比值。两输入端之间的电压是 $u_0(t)/k_{og}$，因为同相输入端接地，所以反相输入端的电压是 $u_0(t)/k_{og}$。因此，有

$$i_1(t) = \frac{u_1(t) + \dfrac{u_0(t)}{k_{og}}}{R_1}$$

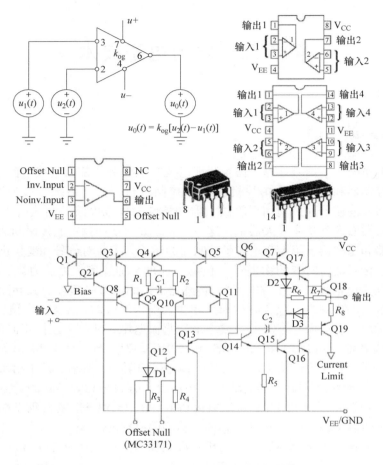

图 3-1   运算放大器，引脚连接，封装和代表性的原理图（Motorola 授权使用）[2]

输出电压为

$$u_0(t) = -\frac{u_0(t)}{k_{og}} - \frac{u_1(t) + \dfrac{u_0(t)}{k_{og}}}{R_1}R_2$$

所以，闭环放大系数为

$$k_{cg} = \frac{u_0(t)}{u_1(t)} = -\frac{\dfrac{R_2}{R_1}}{1 + \dfrac{1}{k_{og}} + \dfrac{R_2}{k_{og}R_1}}$$

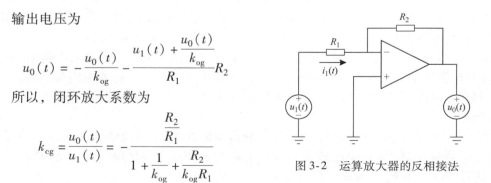

图 3-2   运算放大器的反相接法

这里研究的结构允许转换信号级别的输入信号。注意到开环系数 k_{og} 极大（10^5 级），则有

$$k_{cg} = \frac{u_0(t)}{u_1(t)} \approx -\frac{R_2}{R_1}$$

反相加法器（又称加权加法器）如图 3-3 所示。

假设有 m 路输入信号。特别地，相应的输入电压为 $u_{1,1}(t)$，$\cdots$，$u_{1,m}(t)$。电流为 $i_{1,1}(t)$，$\cdots$，$i_{1,m}(t)$ 且 $i_{1,1}(t) = u_{1,1}(t)/R_{1,1}$，$\cdots$，$i_{1,m}(t) = u_{1,m}(t)/R_{1,m}$。反馈路径的电流为 $i_2(t) = i_{1,1}(t) + \cdots + i_{1,m}(t)$。因此，运放的输出是

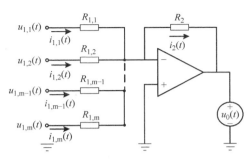

图 3-3　加法器

$$u_0(t) = -\left(\frac{R_2}{R_{1,1}}u_{1,1}(t) + \frac{R_2}{R_{1,2}}u_{1,2}(t) + \cdots + \frac{R_2}{R_{1,m-1}}u_{1,m-1}(t) + \frac{R_2}{R_{1,m}}u_{1,m}(t) \right)$$

为了使结果一般化以继续研究这种反相结构，我们引入输入阻抗 $Z_1(s)$ 和反馈路径阻抗 $Z_2(s)$，如图 3-4 所示。阻抗是在这两个端口上的电压相量与电流相量的比值。电阻、电容和电感的阻抗是

$$Z_R(s) = R \quad Z_R(j\omega) = R \quad Z_C(s) = \frac{1}{sC} \quad Z_C(j\omega) = \frac{1}{j\omega C} \quad Z_L(s) = sL \quad Z_L(j\omega) = j\omega L$$

包含阻抗 $Z_1(s)$ 和 $Z_2(s)$ 闭环放大电路的传递函数是

$$G(s) = \frac{U_0(s)}{U_1(s)} = -\frac{Z_2(s)}{Z_1(s)}$$

例如，对于如图 3-5 所示的运算放大器。使用阻抗表达式得到传递函数

$$Z_1(s) = R_1 \text{ 和 } Z_2(s) = \frac{R_2}{R_2 C_2 s + 1}$$

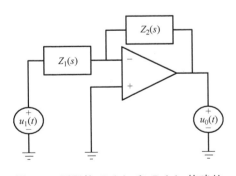

图 3-4　用阻抗 $Z_1(s)$ 和 $Z_2(s)$ 构建的反相运算放大电路

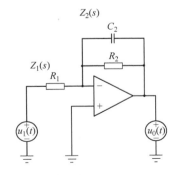

图 3-5　实际可能的反相运放电路

有

$$G(s) = \frac{U_0(s)}{U_1(s)} = -\frac{Z_2(s)}{Z_1(s)} = -\frac{R_2/R_1}{R_2 C_2 s + 1}$$

反相运放的闭环放大系数为

$$k_{\mathrm{cg}} = -\frac{R_2}{R_1}$$

而时间常数是 $R_2 C_2$。

在频域中，通过替代 $s = j\omega$，得到

$$G(j\omega) = \frac{U_0(j\omega)}{U_1(j\omega)} = -\frac{Z_2(j\omega)}{Z_1(j\omega)} = -\frac{R_2/R_1}{R_2 C_2 j\omega + 1}$$

这样容易得到并给出波特图。

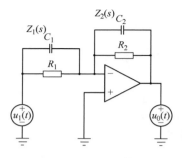

图 3-6　$Z_1(s) = \dfrac{R_1}{R_1 C_1 s + 1}$和

$Z_2(s) = \dfrac{R_2}{R_2 C_2 s + 1}$时的反相运放电路

使用具有特定传递函数的滤波器是为了消除噪声影响，以提高信号调理性能，利用这些信号完成控制算法或者其他功能。实际上，传感器信号包含各种不同来源的噪声。低频，中频和高频的噪声可使用滤波器来衰减。滤波器必须被正确地设计和实现。如图 3-6 所示给出了一种可能的滤波器结构。

用输入阻抗和反馈阻抗可得传递函数。因此，

$$G(s) = \frac{U_0(s)}{U_1(s)} = -\frac{Z_2(s)}{Z_1(s)} = -\frac{\dfrac{R_2}{R_2 C_2 s + 1}}{\dfrac{R_1}{R_1 C_1 s + 1}} = -\frac{\dfrac{R_2}{R_1}(R_1 C_1 s + 1)}{R_2 C_2 s + 1}$$

不同的传递函数可以通过运放，利用输入和反馈回路中的无源器件来实现。运放被广泛用于实现模拟控制。反相积分器可以通过在反馈回路放置一个电容 C_2 得到（见图 3-7）。由此传递函数为

$$G(s) = \frac{U_0(s)}{U_1(s)} = -\frac{Z_2(s)}{Z_1(s)} = -\frac{1}{R_1 C_2 s}$$

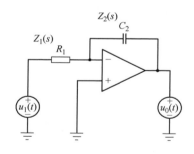

图 3-7　反相积分器

电容电压初始值表示为 $u_C(t_0)$，则放大器输出电压为

$$u_0(t) = -u_C(t_0) - \frac{1}{R_1 C_2}\int_{t_0}^{t_f} u_1(\tau)\mathrm{d}\tau$$

运放微分器完成输入信号的微分（见图 3-8）。输入电容中的电流是

$$C_1\frac{\mathrm{d}u_1(t)}{\mathrm{d}t}$$

即输出电压正比于输入电压对时间的导数。因此，

$$u_0(t) = -R_2 C_1 \frac{du_1(t)}{dt}$$

传递函数为

$$G(s) = \frac{U_0(s)}{U_1(s)} = -\frac{Z_2(s)}{Z_1(s)} = -R_2 C_1 s$$

对于各种输入和反馈回路阻抗 $Z_1(s)$ 和 Z_2
(s)，反相运放电路的传递函数见表 3-1。无源器
件用于输入和反馈回路。

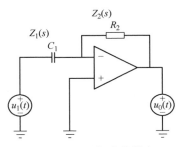

图 3-8 反相微分器

表 3-1 反相运放电路的传递函数

输入回路及阻抗 $Z_1(s)$	反馈回路及阻抗 $Z_2(s)$	传递函数
$Z_1(s)$ R_1 $Z_1(s) = R_1$	$Z_2(s)$ R_2 $Z_2(s) = R_2$	$G(s) = \dfrac{U_0(s)}{U_1(s)} = -\dfrac{R_2}{R_1}$
$Z_1(s)$ R_1 $Z_1(s) = R_1$	$Z_2(s)$ C_2 $Z_2(s) = \dfrac{1}{C_2 s}$	$G(s) = \dfrac{U_0(s)}{U_1(s)} = -\dfrac{1}{R_1 C_2 s}$
$Z_1(s)$ R_1 $Z_1(s) = R_1$	$Z_2(s)$ C_2 R_2 $Z_2(s) = \dfrac{R_2}{R_2 C_2 s + 1}$	$G(s) = \dfrac{U_0(s)}{U_1(s)} = -\dfrac{\dfrac{R_2}{R_1}}{R_2 C_2 s + 1}$
$Z_1(s)$ R_1 $Z_1(s) = R_1$	$Z_2(s)$ R_2 C_2 $Z_2(s) = \dfrac{R_2 C_2 s + 1}{C_2 s}$	$G(s) = \dfrac{U_0(s)}{U_1(s)} = -\dfrac{R_2 C_2 s + 1}{R_1 C_2 s}$
$Z_1(s)$ C_1 $Z_1(s) = \dfrac{1}{C_1 s}$	$Z_2(s)$ R_2 $Z_2(s) = R_2$	$G(s) = \dfrac{U_0(s)}{U_1(s)} = -R_2 C_1 s$
$Z_1(s)$ C_1 R_1 $Z_1(s) = \dfrac{R_1}{R_1 C_1 s + 1}$	$Z_2(s)$ R_2 $Z_2(s) = R_2$	$G(s) = \dfrac{U_0(s)}{U_1(s)} = -\dfrac{R_1 R_2 C_1 s + R_2}{R_1}$

（续）

输入回路及阻抗 $Z_1(s)$	反馈回路及阻抗 $Z_2(s)$	传递函数
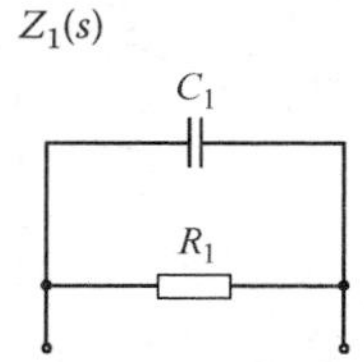 $Z_1(s)$ C_1 R_1 $$Z_1(s) = \frac{R_1}{R_1 C_1 s + 1}$$	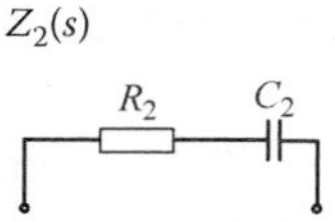 $Z_2(s)$ R_2　C_2 $$Z_2(s) = \frac{R_2 C_2 s + 1}{C_2 s}$$	$$G(s) = \frac{U_0(s)}{U_1(s)} = -\frac{(R_1 C_1 s + 1)(R_2 C_2 s + 1)}{R_1 C_2 s}$$
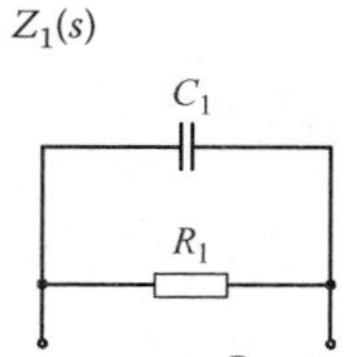 $Z_1(s)$ C_1 R_1 $$Z_1(s) = \frac{R_1}{R_1 C_1 s + 1}$$	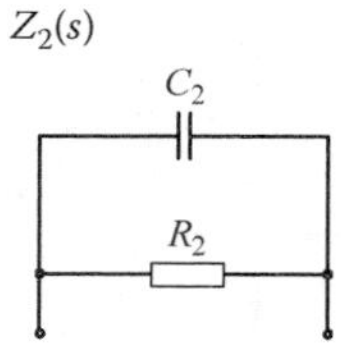 $Z_2(s)$ C_2 R_2 $$Z_2(s) = \frac{R_2}{R_2 C_2 s + 1}$$	$$G(s) = \frac{U_0(s)}{U_1(s)} = -\frac{\frac{R_2}{R_1}(R_1 C_1 s + 1)}{R_2 C_2 s + 1}$$

比例 – 积分 – 微分（PID）控制器可以通过使用如图 3-9 所示的结构实现。由反相运放电路实现的传递函数为

$$G(s) = \frac{U_0(s)}{U_1(s)} = -\frac{(R_1 C_1 s + 1)(R_2 C_2 s + 1)}{R_1 C_2 s} = -\frac{R_2 C_1 s^2 + \dfrac{R_1 C_1 + R_2 C_2}{R_1 C_2} s + \dfrac{1}{R_1 C_2}}{s}$$

PID 控制的传递函数 $G_{PID}(s)$ 由下式给出

$$G_{PID}(s) = k_p + \frac{k_i}{s} + k_d s = \frac{k_d s^2 + k_p s + k_i}{s}$$

对推导出的传递函数 $G(s)$、k_p、k_i 和 k_d 由输入和反馈回路中的电阻和电容的值来定义。

$$k_p = -\frac{R_1 C_1 + R_2 C_2}{R_1 C_2}, \ k_i = -\frac{1}{R_1 C_2}, \ k_d = -R_2 C_1$$

为保证稳定性，比例、积分和微分反馈导数的增益（k_p、k_i 和 k_d）必须为正值。由于增益表达式中含有负号，则比例、积分和微分反馈应当被反相。因此，需要一个额外的反相放大器。事实上，如图 3-10 所示的结构普遍被用于实现 PID 控制器。

整体传递函数的表达式为

$$G(s) = \frac{U_0(s)}{U_1(s)} = \frac{R_{2p}}{R_{1p}} + \frac{1}{R_{1i} C_{2i} s} + R_{2d} C_{1d} s$$

比例、积分和微分反馈系数为

$$k_p = \frac{R_{2p}}{R_{1p}}, \ k_i = \frac{1}{R_{1i}C_{2i}}, \ k_d = R_{2d}C_{1d}$$

许多公司都生产双、四运放的低功率，单电源集成芯片，其参数、原理图、特性、频率响应和瞬态都是可获得的。可能的各种接法（正相、反相、带阻滤波器、带通滤波器等）都容易得到验证。

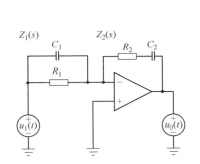

图 3-9　由反相运放实现的 PID 控制器

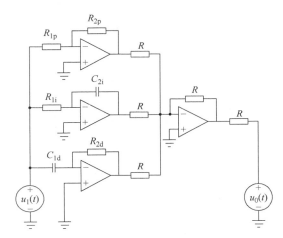

图 3-10　一种模拟 PID 控制规律的实现

3.2　功率放大器和功率变换器

3.2.1　功率放大器和模拟控制器

功率放大器完成功率放大的功能，有多种类型的功率放大器。功率放大器最重要的部分是处理相对较大电压和电流的输出级。例如，对（额定）100W/50V 的永磁电机，额定电流为 2A，然而尖峰电流可达 20A。输出级功率晶体管的功率损耗应当被降至最低以保证效率。根据输出级拓扑结构和运行方式，输出级被分为 A、B、AB、C 和 D 类。在机电系统中，D 类输出级由于高效、简单、可靠和低谐波失真等特性而被广泛使用。如图 3-11 所示为一种简化拓扑结构，使用一个标准推换式 D 类输出级来控制永磁直流电机。如图 3-12 和图 3-13 所示的输出级有着更加复杂的拓扑和电路图。设计者面对许多挑战，例如反电动势，电流和电压脉动，开关频率配合绕组电感等。如图 3-11 所示给出了包括 MC33030 直流伺服电动机控制/驱动和单象限变换器，该结构仅仅是出于说明的目的而不适用于实际应用。使用 PID 控制器控制晶体管来改变施加在电机线圈上的平均电压。角速度 ω_r 由测速发电机检测，测得的角速度与所需的速度相比较。两个电压（相当于角速度）的差值作为 PID 控制器的输入，这个控制器也可以完成比例（P）、比例积分（PI）和比例微分（PD）控制规律。通常使用 PI 控制器，是因为反馈微分对噪声敏感，而在现实中通常不能利用滤波器抑制这些噪声。

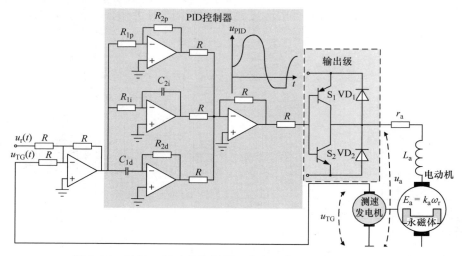

图 3-11　运用 D 类功放控制器一台永磁直流电动机的结构图

D 类功率放大器应用于控制一台永磁直流电机的电力驱动：闭环结构包括一个 PID 控制器和用于测量角速度 ω_r 的传感器（测速发电机）。

如果 PID 控制器中的反相运放输出电压 u_{PID} 为正，则晶体管 S_1 由于基极和射极之间的电压为零，晶体管 S_2 开通，负电压 u_n 加到电机上。如果电压 u_{PID} 为负，S_1 开通，S_2 关断提供的电压 u_n 为正。二极管 VD_1 和 VD_2 保护晶体管免受电动机的反电动势损坏。我们也可以修改这种简单的 D 类功率级，以使我们可以利用脉宽调节（PWM）理论改变 u_n 的平均值，达到控制角速度的目的。测速发电机作为一个传感器测量电动机角速度并反馈给运放，运放比较参考角速度对应的电压 $u_r(t)$ 和由测速发电机感应的电压 $u_{TG}(t)$，该电压正比于电机转速。

用于机电系统的基本 DC – DC 功率转换器是开关型变换器。通常应用 Buck、Boost、Buck – Boost、Cuk 和其他变换器[2~5]。对这些变换器的研究应当从如图 3-11 所示的简化原理出发来开展。

通过使用单片的 PWM 放大器和相关的集成电路我们可以控制小型电机。例如，MC33030 直流伺服电动机控制/驱动器在芯片上集成了运放和比较器，驱动逻辑，四象限 PWM 变换器等。额定（峰值）输出电压和电流为 36V 和 1A。因此，MC33030 可用于 10W 的小型直流电机。应当强调的是永磁直流和同步电机可以短时间地运行在更高的电压和电流情况下。对于电机，T_{epeak}/T_{erated} 和 P_{peak}/P_{rated} 可以小于等于 10，即 i_{peak}/i_{rated} 小于等于 10。然而，对于电力电子器件，I_{peak}/I_{rated} 不能

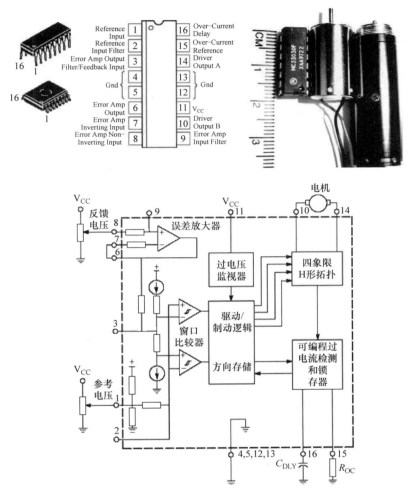

图 3-12 直流伺服电动机控制 MC33030 的引脚连接和内部模块图

超过 2。因此，电力电子器件应当在特定的工作范围之内调节电机电流峰值。单片的 MC33030 伺服电动机驱动器包含 119 个晶体管，而且用户手册提供了许多详细的描述。角速度或者位移的参考值与实际值之间的误差，线速度或者位置的参考值与实际值之间的误差都是通过"误差放大器"比较，它使用了两个比较器，如图 3-12 所示[2]。一个 PNP 差分输出功率级保证了驱动和制动的能力。四象限 H 形拓扑的功率级保证了高性能和高效率。欲知对 MC33030 电机控制/驱动器的完整描述，读者可登录网站 http：//www. motorola. com。

MC33030 作为一个 PWM 放大器，在电气驱动和伺服应用上能够被用于驱动 10W 及以下的永磁直流电动机。对于电气驱动和伺服应用，参考值（命令值）和输出是角速度和位移，角速度和位移可以用电压值表示和测量。如图 3-13 所示给出了一种包含 MC33030 的驱动/伺服系统的方框图。我们在参考输入端（引脚 1）

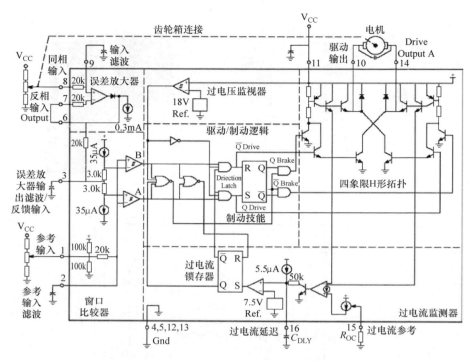

图 3-13 DC 伺服电动机控制器 MC33030 原理图

预先设定一个电压，并安装速度或位移传感器测量速度或位移。例如，一个测速发电机或电位器可被用作传感器。传感器电压接引脚 3。参考电压与传感器电压相比较，两者的差值可用于控制系统。例如，可以使用第 1 章介绍的跟踪误差 $e(t) = r(t) - y(t)$。"窗口比较器"由具有迟滞功能的比较器 A 和 B 构成。比例控制器 $u(t) = k_p e(t)$ 利用"误差放大器"实现。一个 PNP 差动输入级保证接地。四象限功率级提供使电动机旋转的电枢电压。永磁直流电动机接至引脚 10 和引脚 14。电流限制设置在引脚 15，由于存在感应反电动势，所以过电压保护十分重要，这由"过电压监视器"保证。这个原理图可以通过增加额外的滤波器、控制器、电机和其他电路来改进和增强功能。

各类的输出级拓扑都可以使用双功率运放。如图 3-14 所示给出了一个 7 引脚、40V、1.5A 装有散热器的双功率运放的图片，这个运放可用于全桥和半桥电动机驱动器。一般地，具有特殊功能的集成电路（控制、滤波、信号调理以及其他功能）和输出级都需要被设计。对于小型的电力机械，由于在制造这些集成电路和 PWM 放大器的过程中使用了很高的工艺水品和 CMOS 技术，微型机器的尺寸可以比电子产品的尺寸小。如图 3-14 所示的 2mm 和 4mm 直径的电机使用 CMOS 技术和用于微电子的表面微加工处理技术制造。

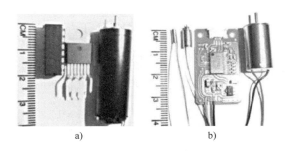

图 3-14　功率电力器件和永磁直流电动机

a）控制加载于永磁直流电动机（额定功率为 3W，最大功率小于 30W）的电枢电压的 MC33030 伺服电动机控制/驱动器和双功率运放（最大功率小于等于 30W）　b）特殊应用的集成电路—PWM 放大器和直径为 2mm、4mm 的永磁同步电动机，直径为 10mm 的永磁直流电动机

3.2.2　开关型变换器：Buck 变换器

这种变换器使用脉宽调制（PWM）的开关方式，从而使负载端的电压可以被有效地控制，以获得很高的性能。如图 3-15 所示为一个高频 Buck（降压）变换器。

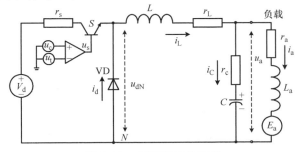

图 3-15　高频降压变换器

如图 3-15 所示的降压开关变换器中，晶体管 VT 不停地开通或关断。开关频率为

$$f = \frac{1}{t_{on} + t_{off}}$$

式中 t_{on} 和 t_{off} 分别为开关开通和关断持续的时间。

假设开关上无压降，则当开关闭合时，电压 u_{dN} 等于供电电压 V_d；当开关打开时，输出电压为零，如图 3-16 所示。可以推断出，电压 u_{dN} 和加在负载上的电压 u_a 可以通过控制开关开通和关断的持续时间（t_{on} 和 t_{off}）来控制。加在负载两端的电压的平均值由 t_{on} 和 t_{off} 决定。稳态时，可得到

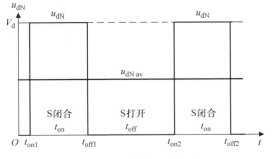

图 3-16　负载电压波形

$$u_{\mathrm{dNav}} = \frac{t_{\mathrm{on}}}{t_{\mathrm{on}} + t_{\mathrm{off}}} V_{\mathrm{d}} = d_{\mathrm{D}} V_{\mathrm{d}}$$

式中，d_{D} 是占空比，其值为开关频率与开通时间的乘积，

$$d_{\mathrm{D}} = \frac{t_{\mathrm{on}}}{t_{\mathrm{on}} + t_{\mathrm{off}}}$$

$d_{\mathrm{D}} \in [0,1]$，当 $t_{\mathrm{on}} = 0$ 时 $d_{\mathrm{D}} = 0$；当 $t_{\mathrm{off}} = 0$ 时 $d_{\mathrm{D}} = 1$。

通过在保证 $d_{\mathrm{D}} \in [0,1]$ 的情况下改变占空比 d_{D}（开关变化），可以控制加在负载上的电压 u_{a} 的平均值。可以使用所谓的三角波控制方法产生 PWM 信号。驱动晶体管开关的信号 u_{s} 是通过比较一个控制信号电压 u_{c} 和一个周期性的三角波信号 u_{t} 产生的。如图 3-15 和图 3-17 所示的比较器。输出脉冲 u_{s} 的持续时间取决于特定频率下的三角波电压 u_{t} 和控制电压 u_{c} 比较后的波形。比较器的输出电压 u_{s} 驱动晶体管 S。因此，开通和关断的持续时间是由比较 u_{c} 和 u_{t} 的结果确定的。图 3-17 给出了电压波形。

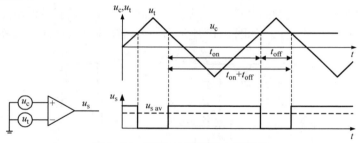

图 3-17　PWM 比较器和电压波形

图 3-18 所示为 Motorola 双运放双比较器 MC3405。图中给出了前文提过的比较器原理图，电路图和波形。

对于高频降压变换器（见图 3-15），由电感 L 和电容 C 组成的一阶低通滤波器保证电压脉动在特定范围之内：

$$\frac{\Delta u_{\mathrm{a}}}{u_{\mathrm{a}}} = \frac{1 - d_{\mathrm{D}}}{8LCf^2}, \quad L_{\min} = \frac{(1 - d_{\mathrm{D}})r_{\mathrm{a}}}{2f}$$

开关、电感、电容的电阻分别表示为 r_{s}、r_{L} 和 r_{c}。开关闭合，开关断开时两个等效电路如图 3-19 所示。

应用基尔霍夫定律可得到描述变换器动态的微分方程。如果开关关断，则二极管 VD 反向截止。对于如图 3-19a）所示的电路，可以得到以下一组微分方程

$$\frac{\mathrm{d}u_{\mathrm{c}}}{\mathrm{d}t} = \frac{1}{C}(i_{\mathrm{L}} - i_{\mathrm{a}}),$$

$$\frac{\mathrm{d}i_{\mathrm{L}}}{\mathrm{d}t} = \frac{1}{L}(-u_{\mathrm{c}} - (r_{\mathrm{L}} + r_{\mathrm{c}})i_{\mathrm{L}} + r_{\mathrm{c}}i_{\mathrm{a}} - r_{\mathrm{s}}i_{\mathrm{L}} + V_{\mathrm{d}}),$$

$$\frac{\mathrm{d}i_{\mathrm{a}}}{\mathrm{d}t} = \frac{1}{L_{\mathrm{a}}}(u_{\mathrm{c}} + r_{\mathrm{c}}i_{\mathrm{L}} - (r_{\mathrm{a}} + r_{\mathrm{c}})i_{\mathrm{a}} - E_{\mathrm{a}}).$$

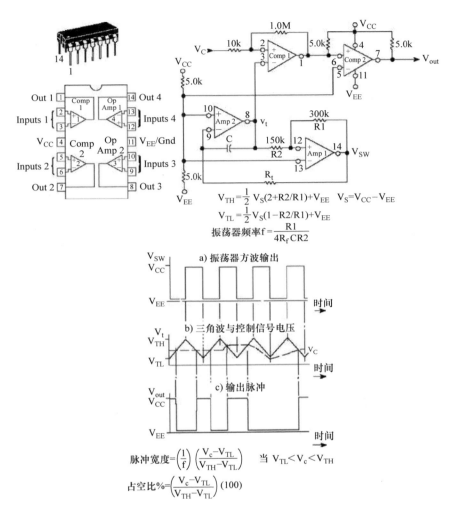

图 3-18 MC3405 比较器的引脚图、原理图和波形（Motorola 授权）[2]

注意必须将状态变量 u_c（电容 C 两端的电压）和比较器输入信号 u_c 加以区分。如果开关断开，则二极管 VD 正向偏压导通，$i_d = i_L$（见图 3-19b）。可以得到

$$\frac{\mathrm{d}u_c}{\mathrm{d}t} = \frac{1}{C}(i_L - i_a),$$

$$\frac{\mathrm{d}i_L}{\mathrm{d}t} = \frac{1}{L}(-u_c - (r_L + r_c)i_L + r_c i_a),$$

$$\frac{\mathrm{d}i_a}{\mathrm{d}t} = \frac{1}{L_a}(u_c + r_c i_L - (r_a + r_c)i_a - E_a).$$

根据平均值理论，从已经推导出的两组微分方程，可得以下针对降压开关转换器的非线性微分方程

$$\frac{\mathrm{d}u_{\mathrm{c}}}{\mathrm{d}t} = \frac{1}{C}(i_{\mathrm{L}} - i_{\mathrm{a}}),$$

$$\frac{\mathrm{d}i_{\mathrm{L}}}{\mathrm{d}t} = \frac{1}{L}(-u_{\mathrm{c}} - (r_{\mathrm{L}} + r_{\mathrm{c}})i_{\mathrm{L}} + r_{\mathrm{c}}i_{\mathrm{a}} - r_{\mathrm{s}}i_{\mathrm{L}}d_{\mathrm{D}} + V_{\mathrm{d}}d_{\mathrm{D}}),$$

$$\frac{\mathrm{d}i_{\mathrm{a}}}{\mathrm{d}t} = \frac{1}{L_{\mathrm{a}}}(u_{\mathrm{c}} + r_{\mathrm{c}}i_{\mathrm{L}} - (r_{\mathrm{a}} + r_{\mathrm{c}})i_{\mathrm{a}} - E_{\mathrm{a}}).$$

有限幅的控制信号电压 u_{c} 限定了占空比，于是可以得到

$$d_{\mathrm{D}} = \frac{u_{\mathrm{c}}}{u_{\mathrm{tmax}}} \in [0,1], \ u_{\mathrm{c}} \in [0,u_{\mathrm{cmax}}],$$

$$u_{\mathrm{cmax}} = u_{\mathrm{tmax}}.$$

开关电感和电容的阻抗很小，可以忽略。

对稳态性能的分析可以得到表达式 $\frac{u_{\mathrm{a}}}{V_{\mathrm{d}}} = d_{\mathrm{D}}$。

信号级的控制电压 u_{c} 是一个控制信号。变换器输出的电压 u_{a} 加到负载端。有

$$u_{\mathrm{a}} = u_{\mathrm{c}} + r_{\mathrm{c}}i_{\mathrm{L}} - r_{\mathrm{a}}i_{\mathrm{a}}.$$

因此我们可以得到结论，降压变换器可由一组非线性微分方程描述。实际上，已经推导出占空比为

$$d_{\mathrm{D}} = \frac{u_{\mathrm{c}}}{u_{\mathrm{tmax}}},$$

下列非线性等式

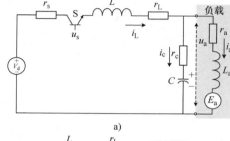

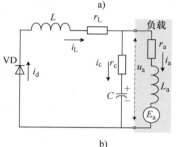

图 3-19 dc-dc 降压转换器电路
a) 关断 b) 导通

$$\frac{r_{\mathrm{s}}}{L}i_{\mathrm{L}}d_{\mathrm{D}} = \frac{r_{\mathrm{s}}}{Lu_{\mathrm{tmax}}}i_{\mathrm{L}}u_{\mathrm{c}}$$

上式中的非线性项为状态变量 i_{L} 和控制电压 u_{c} 的乘积。上述方程组包含对控制电压硬性的限定，即

$$0 \leqslant u_{\mathrm{c}} \leqslant u_{\mathrm{cmax}}, \ u_{\mathrm{c}} \in [0,u_{\mathrm{cmax}}]$$

例 3-1

应用 MATLAB 仿真并检验降压变换器稳态和动态特征。变换器参数为 $r_{\mathrm{s}} = 0.025\Omega$，$r_{\mathrm{L}} = 0.02\Omega$，$r_{\mathrm{c}} = 0.15\Omega$，$r_{\mathrm{a}} = 3\Omega$，$C = 0.003\mathrm{F}$，$L = 0.0007\mathrm{H}$，$L_{\mathrm{a}} = 0.005\mathrm{H}$。占空比为 0.5。外加直流电压为 $V_{\mathrm{d}} = 50\mathrm{V}$，$E_{\mathrm{a}} = 10\mathrm{V}$。

按照推导出的微分方程，编写以下 m 文件使用 ode45 微分方程求解器（指令）。以下列出分别完成求解微分方程和绘图的两个 MATLAB 文件。

MATLAB 程序（ch3_1. m）

```
t0 = 0; tfinal = 0.03; tspan = [t0 tfinal]; y0 = [0 0 0]';
[t,y] = ode45('ch3_02',tspan,y0);
```

```
subplot(2,2,1); plot(t,y);
xlabel('Time(secondes)','FontSize',10);
title('Transient Dynamics of State Variables','FontSize',10);
subplot(2,2,2); plot(t,y(:,1),'-');
xlabel('Time(secondes)','FontSize',10);
title('Voltage u_C,[V]','FontSize',10);
subplot(2,2,3); plot(t,y(:,2),'-');
xlabel('Time(secondes)','FontSize',10);
title('Current i_L,[A]','FontSize',10);
subplot(2,2,4); plot(t,y(:,3),'-');
xlabel('Time(secondes)','FontSize',10);
title('Current i_a,[A]','FontSize',10);
```

MATLAB 程序 （ch3_2. m）

```
% Buck 变换器动态响应
function yprime = difer(t,y);
% 参数
Vd = 50; Ea = 10; rs = 0.025; rl = 0.02; rc = 0.15; ra = 3;
C = 0.003; L = 0.0007; La = 0.005; D = 0.5;
% Buck 变换器微分方程
yprime = [(y(2,:) - y(3,:))/C;…
(-y(1,:) - (rl + rc) * y(2,:) + rc * y(3,:) - rs * y(2,:) * D + Vd * D)/L;…
(y(1,:) + rc * y(2,:) - (rc + ra) * y(3,:) - Ea)/La];
```

状态变量 $u_c(t)$，$i_L(t)$ 和 $i_a(t)$ 的瞬态过程如图 3-20 所示，稳定时间为 0.025s。因为输入电压是 50V，而占空比被设定为 $d_D = 0.5$，输出电压的稳定值为 25V。

利用式 $u_a = u_c + r_c i_L - r_a i_a$，可以计算并绘制负载端的电压 u_a。特别地，在命令窗口键入

MATLAB 程序

```
rc = 0.15; ra = 3; plot(t,y(:,1) + rc * y(:,2) - ra * y(:,3),'-');
xlabel('Time(seconds)','FontSize',14);
title('Voltage u_a,[V]','FontSize',14);
```

绘制的 $u_a(t)$ 结果如图 3-21 所示。

3. 2. 3　升压变换器

如图 3-22 所示给出了一种典型的单象限升压 DC – DC 开关变换器。

当开关 S 闭合时，二极管 VD 反向偏置截止。应用基尔霍夫定律，可以建立以下微分方程

$$\frac{\mathrm{d}u_c}{\mathrm{d}t} = -\frac{1}{C}i_a, \frac{\mathrm{d}i_L}{\mathrm{d}t} = \frac{1}{L}(-(r_L + r_s)i_L + V_d), \frac{\mathrm{d}i_a}{\mathrm{d}t} = \frac{1}{L_a}(u_c - (r_a + r_c)i_a - E_a).$$

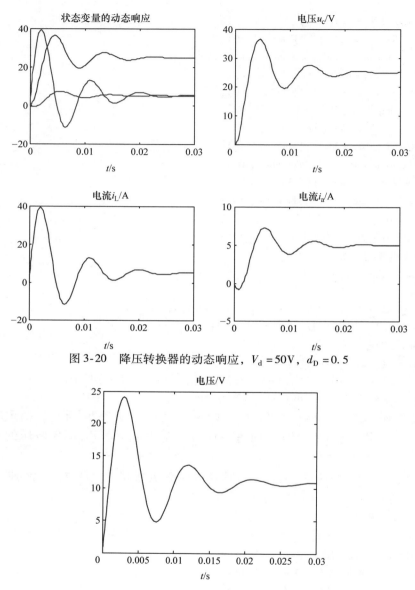

图 3-20 降压转换器的动态响应，$V_d = 50V$，$d_D = 0.5$

图 3-21 负载端电压

如果开关断开，由于电感电流 i_L 的方向不会突变，二极管正向偏置。因此，

$$\frac{du_c}{dt} = \frac{1}{C}(i_L - i_a), \frac{di_L}{dt} = \frac{1}{L}(-u_c - (r_L + r_c)i_L + r_c i_a + V_d),$$

$$\frac{di_a}{dt} = \frac{1}{L_a}(u_c + r_c i_L - (r_a + r_c)i_a - E_a).$$

应用平均值理论，代入 d_D，得

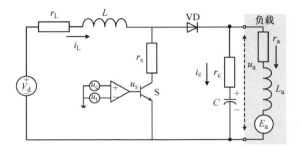

图 3-22　高频升压变换器

$$\frac{\mathrm{d}u_\mathrm{c}}{\mathrm{d}t} = \frac{1}{C}(i_\mathrm{L} - i_\mathrm{a} - i_\mathrm{L}d_\mathrm{D}),$$

$$\frac{\mathrm{d}i_\mathrm{L}}{\mathrm{d}t} = \frac{1}{L}(-u_\mathrm{c} - (r_\mathrm{L} + r_\mathrm{c})i_\mathrm{L} + r_\mathrm{c}i_\mathrm{a} + u_\mathrm{c}d_\mathrm{D} + (r_\mathrm{c} - r_\mathrm{s})i_\mathrm{L}d_\mathrm{D} - r_\mathrm{c}i_\mathrm{a}d_\mathrm{D} + V_\mathrm{d}),$$

$$\frac{\mathrm{d}i_\mathrm{a}}{\mathrm{d}t} = \frac{1}{L_\mathrm{a}}(u_\mathrm{c} + r_\mathrm{c}i_\mathrm{L} - (r_\mathrm{a} + r_\mathrm{c})i_\mathrm{a} - r_\mathrm{c}i_\mathrm{L}d_\mathrm{D} - E_\mathrm{a}).$$

通过稳态分析可以得到以下关系

$$\frac{u_\mathrm{a}}{V_\mathrm{d}} = \frac{1}{1 - d_\mathrm{D}}.$$

电压脉动的表达式为

$$\frac{\Delta u_\mathrm{a}}{u_\mathrm{a}} = \frac{d_\mathrm{D}}{r_\mathrm{a}Cf^2}.$$

电感的最小值取决于开关频率和负载阻抗。可得

$$L_\mathrm{min} = \frac{d_\mathrm{D}(1 - d_\mathrm{D})^2 r_\mathrm{a}}{2f}.$$

例 3-2

完成升压变换器的仿真，参数为 $r_\mathrm{s} = 0.025\Omega$，$r_\mathrm{L} = 0.02\Omega$，$r_\mathrm{c} = 0.15\Omega$，$r_\mathrm{a} = 3\Omega$，$C = 0.003\mathrm{F}$，$L = 0.0007\mathrm{H}$，$L_\mathrm{a} = 0.005\mathrm{H}$。假设 $d_\mathrm{D} = 0.5$，$V_\mathrm{d} = 50\mathrm{V}$，$E_\mathrm{a} = 10\mathrm{V}$。

使用微分方程，创建两个 m 文件。第一个 MATLAB 文件（ch3_03. m）为

```
t0 = 0; tfinal = 0.04; tspan = [t0 tfinal]; y0 = [0 0 0]';
[t,y] = ode45('ch3_04',tspan,y0);
subplot(2,2,1); plot(t,y);
xlabel('Time(secondes)','FontSize',10);
title('Transient Dynamics of State Variables','FontSize',10);
subplot(2,2,2); plot(t,y(:,1),'-');
xlabel('Time(secondes)','FontSize',10);
title('Voltage u_C,[V]','FontSize',10);
subplot(2,2,3); plot(t,y(:,2),'-');
```

```
xlabel('Time(secondes)','FontSize',10);
title('Current i_L,[A]','FontSize',10);
subplot(2,2,4);plot(t,y(:,3),'-');
xlabel('Time(secondes)','FontSize',10);
title('Current i_a,[A]','FontSize',10);
```

第二个 MATLAB 文件(ch3_03.m)为

```
% 升压变换器动态响应
function yprime = difer(t,y);
% 参数
Vd = 50;Ea = 10;rs = 0.025;rl = 0.02;rc = 0.15;ra = 3;
C = 0.003;L = 0.0007;La = 0.005;D = 0.5;
% 升压变换器微分方程
yprime = [(y(2,:) - y(3,:) - y(2,:) * D)/C;…
(-y(1,:) - (rl + rc) * y(2,:) + rc * y(3,:) + y(1,:) * D + (rc - rs) * y(2,:) * D - rc * y(3,:) + Vd)/L;…
(y(1,:) + rc * y(2,:) - (rc + ra) * y(3,:) - rc * y(2,:) * D - Ea)/La];
```

$u_c(t)$、$i_L(t)$ 和 $i_a(t)$ 的瞬态过程如图 3-23 所示。稳定时间为 0.038s，可见升压变换器的暂态相应是很快的。因此，变换器动态方程一般不与反映传统的机电系统的暂态过程的微分方程一起分析。

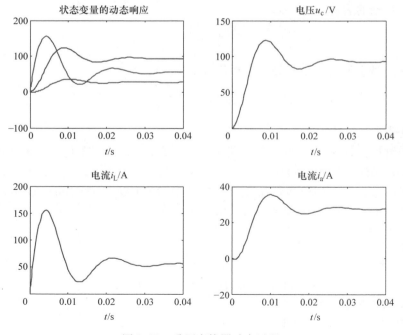

图 3-23　升压变换器动态过程

　　电力电子的设计基于对变换器的分析，如效率、带载能力等等。我们将演示电机和变换参数之间的相关性和依赖性，即它们之间的匹配非常重要。我们已经证明加载在电机绕组上的电压可能不被认为是控制输入，$u_a(t)$ 是变换器输出。

　　状态变量 $u_c(t)$、$i_L(t)$ 和 $i_a(t)$ 的变化，可以通过使用以下语句绘制

```
% 以 x1,x2,x3 为变量的 3 - D 绘图
plot3( y( : ,1) , y( : ,2) , y( : ,3) );
xlabel( ' Voltage \itu_C ' , ' FontSize ' ,14 );
ylabel( ' Current\iti_L ' , ' FontSize ' ,14 );
zlabel( ' Current\iti_a ' , ' FontSize ' ,14 );
text( - 50 ,5 ,8 , ' Initial Conditions ,\itx_0 ' , ' FontSize ' ,14 )
```

结果如图 3-24 所示。

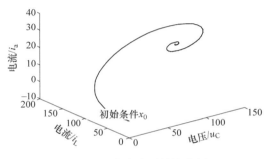

图 3-24　状态变量的演化图

　　上面我们应用基尔霍夫定律为一个如图 3-22 所示的单象限升压 DC - DC 变换器推导了基于非线性微分方程的数学模型。或者，我们也可以应用拉格朗日原理推导其数学模型。

　　拉格朗日运动方程为

$$\frac{\mathrm{d}}{\mathrm{d}t}\left(\frac{\partial \Gamma}{\partial \dot{q}_1}\right) - \frac{\partial \Gamma}{\partial q_1} + \frac{\partial D}{\partial \dot{q}_1} + \frac{\partial \Pi}{\partial \dot{q}_1} = Q_1,$$

$$\frac{\mathrm{d}}{\mathrm{d}t}\left(\frac{\partial \Gamma}{\partial \dot{q}_2}\right) - \frac{\partial \Gamma}{\partial q_2} + \frac{\partial D}{\partial \dot{q}_2} + \frac{\partial \Pi}{\partial \dot{q}_2} = Q_2.$$

　　在上式中，第一和第二回路的电荷量以 q_1 和 q_2 表示。即有 $i_L = \dot{q}_1$ 和 $i_a = \dot{q}_2$。此例中广义的力定义为 Q_1 和 Q_2，例如，$Q_1 = V_d$ 和 $Q_2 = -E_a$。

　　当开关闭合时，总动能 Γ，势能 Π 和损耗 D 分别为

$$\Gamma = \frac{1}{2}(L\dot{q}_1^2 + L_a\dot{q}_2^2), \ \Pi = \frac{1}{2}\frac{q_2^2}{C} \ \text{和} \ D = \frac{1}{2}((r_L + r_s)\dot{q}_1^2 + (r_c + r_a)\dot{q}_2^2).$$

　　假设电阻，电感和电容不随时间变化（时不变），则有

$$\frac{\partial \Gamma}{\partial q_1} = 0, \ \frac{\partial \Gamma}{\partial q_2} = 0, \ \frac{\partial \Gamma}{\partial \dot{q}_1} = L\dot{q}_1, \ \frac{\partial \Gamma}{\partial \dot{q}_2} = L_a\dot{q}_2,$$

$$\frac{\mathrm{d}}{\mathrm{d}t}\left(\frac{\partial \varGamma}{\partial \dot{q}_1}\right) = L\,\ddot{q}_1\,, \quad \frac{\mathrm{d}}{\mathrm{d}t}\left(\frac{\partial \varGamma}{\partial \dot{q}_2}\right) = L\,\ddot{q}_2\,,$$

$$\frac{\partial \varPi}{\partial q_1} = 0\,, \quad \frac{\partial \varPi}{\partial q_2} = \frac{q_2}{C}\,,$$

和
$$\frac{\partial D}{\partial \dot{q}_1} = (r_{\mathrm{L}} + r_{\mathrm{s}})\,\dot{q}_1\,, \quad \frac{\partial D}{\partial \dot{q}_2} = (r_{\mathrm{c}} + r_{\mathrm{a}})\,\dot{q}_2\,.$$

应用拉格朗日运动方程

$$L\,\ddot{q}_1 + (r_{\mathrm{L}} + r_{\mathrm{s}})\,\dot{q}_1 = Q_1\,,$$

$$L_{\mathrm{a}}\,\ddot{q}_2 + (r_{\mathrm{c}} + r_{\mathrm{a}})\,\dot{q}_2 + \frac{1}{C}q_2 = Q_2\,.$$

可得

$$\ddot{q}_1 = \frac{1}{L}\left(-(r_{\mathrm{L}} + r_{\mathrm{s}})\,\dot{q}_1 + Q_1\right),$$

$$\ddot{q}_2 = \frac{1}{L_{\mathrm{a}}}\left(-(r_{\mathrm{c}} + r_{\mathrm{a}})\,\dot{q}_2 - \frac{1}{C}q_2 + Q_2\right).$$

若开关断开，可以得到

$$\varGamma = \frac{1}{2}(L\,\dot{q}_1^2 + L_{\mathrm{a}}\,\dot{q}_2^2)\,, \quad \varPi = \frac{1}{2}\frac{(q_1 - q_2)^2}{C}\text{和}\,D = \frac{1}{2}(r_{\mathrm{L}}\,\dot{q}_1^2 + r_{\mathrm{c}}\,(\dot{q}_1 - \dot{q}_2)^2 + r_{\mathrm{a}}\,\dot{q}_2^2).$$

因此，

$$\frac{\partial \varGamma}{\partial q_1} = 0\,, \quad \frac{\partial \varGamma}{\partial q_2} = 0\,, \quad \frac{\partial \varGamma}{\partial \dot{q}_1} = L\,\dot{q}_1\,, \quad \frac{\partial \varGamma}{\partial \dot{q}_2} = L_{\mathrm{a}}\,\dot{q}_2\,,$$

$$\frac{\mathrm{d}}{\mathrm{d}t}\left(\frac{\partial \varGamma}{\partial \dot{q}_1}\right) = L\,\ddot{q}_1\,, \quad \frac{\mathrm{d}}{\mathrm{d}t}\left(\frac{\partial \varGamma}{\partial \dot{q}_2}\right) = L\,\ddot{q}_2\,,$$

$$\frac{\partial \varPi}{\partial q_1} = \frac{q_1 - q_2}{C}\,, \quad \frac{\partial \varPi}{\partial q_2} = -\frac{q_1 - q_2}{C}\,,$$

和
$$\frac{\partial D}{\partial \dot{q}_1} = (r_{\mathrm{L}} + r_{\mathrm{s}})\,\dot{q}_1 - r_{\mathrm{c}}\,\dot{q}_2\,, \quad \frac{\partial D}{\partial \dot{q}_2} = -r_{\mathrm{c}}\,\dot{q}_1 + (r_{\mathrm{c}} + r_{\mathrm{a}})\,\dot{q}_2\,.$$

则可得到如下方程：

$$L\,\ddot{q}_1 + (r_{\mathrm{L}} + r_{\mathrm{s}})\,\dot{q}_1 - r_{\mathrm{c}}\,\dot{q}_2 + \frac{q_1 - q_2}{C} = Q_1\,,$$

$$L_{\mathrm{a}}\,\ddot{q}_2 - r_{\mathrm{c}}\,\dot{q}_1 + (r_{\mathrm{c}} + r_{\mathrm{a}})\,\dot{q}_2 - \frac{q_1 - q_2}{C} = Q_2\,.$$

因此，

$$\ddot{q}_1 = \frac{1}{L}\left(-(r_{\mathrm{L}} + r_{\mathrm{s}})\,\dot{q}_1 + r_{\mathrm{c}}\,\dot{q}_2 - \frac{q_1 - q_2}{C} + Q_1\right),$$

$$\ddot{q}_2 = \frac{1}{L_{\mathrm{a}}}\left(r_{\mathrm{c}}\,\dot{q}_1 - (r_{\mathrm{c}} + r_{\mathrm{a}})\,\dot{q}_2 + \frac{q_1 - q_2}{C} + Q_2\right).$$

从推导出的在开关开通和关断时的微分方程，并利用条件使 $i_{\mathrm{L}} = \dot{q}_1$ 和 $i_{\mathrm{a}} = \dot{q}_2$，

我们可以得到微分方程的柯西形式，即

$$\frac{\mathrm{d}q_1}{\mathrm{d}t} = i_\mathrm{L} \text{ 和} \frac{\mathrm{d}q_2}{\mathrm{d}t} = i_\mathrm{a}.$$

电容两端的电压 u_c 可以用电荷量表示。当开关闭合时

$$u_\mathrm{c} = -\frac{q_2}{C},$$

如果开关断开，则有

$$u_\mathrm{c} = \frac{q_1 - q_2}{C}.$$

分析使用基尔霍夫电压定律和拉格朗日运动方程得到的微分方程组，我们可以发现 boost 变换器的数学模型可以选用不同的状态变量。特别地，我们使用 u_c、i_L、i_a 和 q_1、i_L、q_2、i_a。然而，无论选用何状态变量最终描述变换器动态过程的微分方程是相关的，而且解是一样的。

3.2.4　升压器变换器

如图 3-25 所示为升压器开关变换器。

如果开关闭合，二极管被反向偏置，当开关打开时，二极管正向偏置。使用基尔霍夫电压定律或者拉格朗日运动方程容易推导出一组微分方程。电源电压和负载电压之间的稳态值之比为

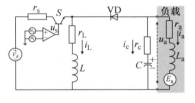

图 3-25　高频 buck – boost 变换器

$$\frac{u_\mathrm{a}}{V_\mathrm{d}} = \frac{-d_\mathrm{D}}{1 - d_\mathrm{D}}.$$

即，依赖于比值的大小，输出电压 u_a 比供电电压 V_d 大或者比 V_d 小。电压纹波和最小电感的表达式为

$$\frac{\Delta u_\mathrm{a}}{u_\mathrm{a}} = \frac{d_\mathrm{D}}{r_\mathrm{a}Cf}$$

和

$$L_{\min} = \frac{(1 - d_\mathrm{D})^2 r_\mathrm{a}}{2f}.$$

3.2.5　Cuk 变换器

Cuk 变换器基于电容进行能量传递，而 buck、buck – boost、boost 和 flyback 变换器拓扑则基于电感进行能量传递。如果开关开通或关断，输入和输出电感 L_1 和 L 中的电流是连续的。加载在负载上的输出电压可以比电源电压 V_d 大或者比供电电压 V_d 小。当开关关断时，二极管正向偏置。电压 V_d 接入，电容 C_1 通过电感 L_1 充电，图 3-26 所示。为了研究变换器如何工作，假设开关闭合。通过电感 L_1 的电

流增大，同时电容 C_1 的电压使二极管反向偏置，二极管关断。电容 C_1 将储存的能量通过由电容 C_1、C 负载 $r_a - L_a - E_a$ 和电感 L 组成的回路放电。考虑开关断开的情况。电压 V_d 接入，电容 C_1 充电。存储在电感 L 中的能量传递给负载。二极管和开关提供了一个同步开关动作，而电容 C_1 是一个将能量从电源传递到负载。

通过应用基尔霍夫电压定律，使用描述开关开通和关断的暂态过程的微分方程，可以得到以下一组微分方程

$$\frac{\mathrm{d}u_{c1}}{\mathrm{d}t} = \frac{1}{C_1}(i_{L1} - i_{L1}d_D + i_L d_D),$$

$$\frac{\mathrm{d}u_c}{\mathrm{d}t} = \frac{1}{C}(i_L - i_a),$$

$$\frac{\mathrm{d}i_{L1}}{\mathrm{d}t} = \frac{1}{L_1}(-u_{c1} - (r_{L1} + r_{c1})i_{L1} + u_{c1}d_D + (r_{c1} - r_s)i_{L1}d_D + r_s i_L d_D + V_d),$$

$$\frac{\mathrm{d}i_L}{\mathrm{d}t} = \frac{1}{L_1}(-u_c - (r_L + r_c)i_L + r_c i_a - u_{c1}d_D + r_s i_{L1}d_D - (r_{c1} - r_s)i_L d_D),$$

$$\frac{\mathrm{d}i_a}{\mathrm{d}t} = \frac{1}{L_a}(u_c + r_c i_L - (r_a + r_c)i_a - E_a).$$

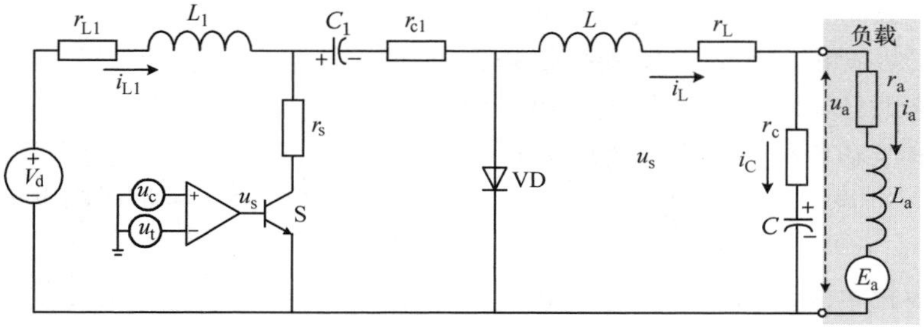

图 3-26 Cuk 高频变换器

从已经推导出的微分方程，忽略开关，电感和电容的电阻，我们得到以下对变换器设计和变换器负载匹配很重要的稳态方程

$$\frac{u_a}{V_d} = \frac{-d_D}{1 - d_D}, \quad \frac{\Delta u_a}{u_a} = \frac{1 - d_D}{8LCf^2}, \quad L_{1min} = \frac{(1 - d_D)^2 r_a}{2d_D f} \text{和} L_{min} = \frac{(1 - d_D)r_a}{2f}.$$

例 3-3

完成 *Cuk* 变换器的仿真，其中 $V_d = 50\text{V}$，$E_a = 10\text{V}$，$r_{L1} = 0.035\Omega$，$r_L = 0.02\Omega$，$r_c = 0.15\Omega$，$r_s = 0.03\Omega$，$r_{c1} = 0.018\Omega$，$r_a = 3\Omega$，$C_1 = 2 \times 10^{-5}\text{F}$，$C = 3.5 \times 10^{-6}\text{F}$，$L_1 = 5 \times 10^{-6}\text{H}$，$L = 7 \times 10^{-6}\text{H}$，$L_a = 0.005\text{H}$。占空比为 $d_D = 0.5$。

使用已经建立的微分方程，得到两个 m 文件。特别地，这里给出 MATLAB 文件（ch3_05. m 和 ch3_06. m）。第一个 m 文件是

```
t0 = 0; tfinal = 0.002; tspan = [t0 tfinal]; y0 = [0 0 0 0 0]';
[t,y] = ode45('ch3_06', tspan, y0);
```

```
subplot(3,2,1); plot(t,y);
xlabel('Time(secondes)','FontSize',10);
title('Transient Dynamics of State Variables','FontSize',10);
subplot(3,2,2); plot(t,y(:,1),'-');
xlabel('Time(secondes)','FontSize',10);
title('Voltage u_C_1,[V]','FontSize',10);
subplot(3,2,3); plot(t,y(:,2),'-');
xlabel('Time(secondes)','FontSize',10);
title('Voltage u_C,[V]','FontSize',10);
subplot(3,2,4); plot(t,y(:,3),'-');
xlabel('Time(secondes)','FontSize',10);
title('Current i_L_1,[A]','FontSize',10);
subplot(3,2,5); plot(t,y(:,4),'-');
xlabel('Time(secondes)','FontSize',10);
title('Current i_L,[A]','FontSize',10);
subplot(3,2,6); plot(t,y(:,5),'-');
xlabel('Time(secondes)','FontSize',10);
title('Current i_a,[A]','FontSize',10);
```

第二个 m 文件（由于参数确定，故微分方程也确定）是

```
% Cuk 变换器动态响应
function yprime = difer(t,y);
% 参数
Vd = 50; Ea = 10; rs = 0.035; rl = 0.02; rc = 0.15; rs = 0.03; rc1 = 0.018; ra = 3;
L1 = 5e-6; L = 7e-6; La = 0.005; C1 = 2e-5; C = 3.5e-6; D = 0.5;
yprime = [(y(3,:) - y(3,:) * D + y(4,:) * D)/C1;…
(-y(1,:) - (rl1 + rc1) * y(3,:) + y(1,:) * D + (rc1 - rs) * y(3,:) * D + rs * y(4,:) * D
+ Vd)/L1;…
(-y(2,:) - (rl + rc) * y(4,:) + rc * y(5,:) - y(1,:) * D + rs * y(3,:) * D - (rc1 + rs) * y
(4,:) * D)/L;…
(y(2,:) + rc * y(4,:) - (rc + ra) * y(5,:) - Ea)/La];
```

作为变换器状态变量的电流和电压 $u_{c1}(t)$、$u_c(t)$、$i_{L1}(t)$、$i_L(t)$ 和 $i_a(t)$ 的瞬时动态如图 3-27 所示。过渡时间为 0.0005s。变换器变量的稳态值很容易估计和验证。

3.2.6　反激和正激变换器

变换器输入和输出之间的干扰是一个严重的缺点，为了避免这个缺点，反激和正激变换器通过在能量交换中使用变压器将输入和输出电磁隔离。应用变压器会增加体积和成本。虽然如此，反激和正激变换器还是被广泛用于需要在输入输出之间的隔离的场合。反激和正激磁耦合直流－直流（DC－DC）变换器如图 3-28 和图 3-29 所示。

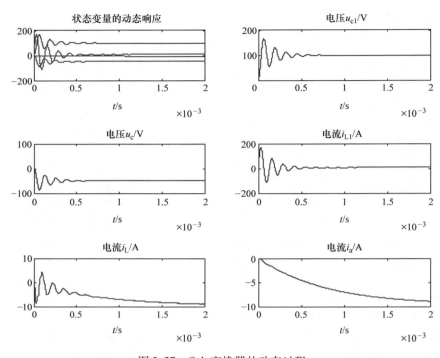

图 3-27　Cuk 变换器的动态过程

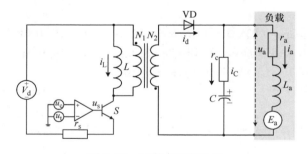

图 3-28　反激直流变换器

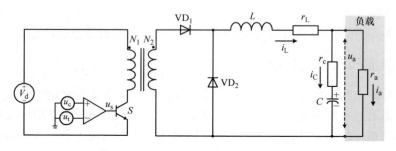

图 3-29　正激直流变换器

对正激变换器而言，当开关闭合时，二极管 VD_2 被反向偏置。当开关打开时，二极管 VD_2 被正向偏置。开关的闭合时间为 $\dfrac{d_D}{f}$，断开时间为 $\dfrac{1-d_D}{f}$。对于开关打开时

$$i_d = \frac{N_1}{N_2} i_L,$$

使用占空比 d_D，可以得到微分方程。

当开关闭合时的微分方程为

$$\frac{du_c}{dt} = \frac{1}{C(r_c+r_a)}(-u_c+r_a i_L), \quad \frac{di_L}{dt} = \frac{1}{L}\left(-\frac{r_a}{r_c+r_a}u_c+\left(\frac{r_a^2}{r_c+r_a}-r_L-r_a\right)i_L+\frac{N_2}{N_1}V_d\right).$$

当开关打开时，可得

$$\frac{du_c}{dt} = \frac{1}{C(r_c+r_a)}(-u_c+r_a i_L), \quad \frac{di_L}{dt} = \frac{1}{L}\left(-\frac{r_a}{r_c+r_a}u_c+\left(\frac{r_a^2}{r_c+r_a}-r_L-r_a\right)i_L\right).$$

因此，

$$\frac{du_c}{dt} = \frac{1}{C(r_c+r_a)}(-u_c+r_a i_L),$$

$$\frac{di_L}{dt} = \frac{1}{L}\left(-\frac{r_a}{r_c+r_a}u_c+\left(\frac{r_a^2}{r_c+r_a}-r_L-r_a\right)i_L+\frac{N_2}{N_1}V_d d_D\right).$$

例 3-4

使用推导出的微分方程组对正激变换器进行仿真。供电电压 $V_d = 50V$，占空比为 $d_D = 0.5$。其余的参数是 $r_L = 0.02\Omega$，$r_c = 0.01\Omega$，$r_a = 3\Omega$，$L = 0.000005H$，$C = 0.003F$，$N_2/N_1 = 1$。

应用微分方程可得到两个 m 文件。第一个 MATLAB 文件（ch3_07. m）为

```
t0 = 0; tfinal = 0.002; tspan = [t0 tfinal]; y0 = [0 0]';
[t,y] = ode45('ch3_08',tspan,y0);
subplot(2,2,1); plot(t,y);
xlabel('Time(seconds)','FontSize',10);
title('Transient Dynamics of State Variables','FontSize',10);
subplot(2,2,2); plot(t,y(:,1),'-');
xlabel('Time(secondes)','FontSize',10);
title('Voltage u_C,[V]','FontSize',10);
subplot(2,2,3); plot(t,y(:,2),'-');
xlabel('Time(secondes)','FontSize',10);
title('Current i_L,[A]','FontSize',10);
% 以 x1,x2,x3 为变量的 3-D 绘图
```

subplot(2,2,4)；plot3(y(:,1),y(:,2),t,'-')；
xlabel('Voltage \itu_C','FontSize',10)；
ylabel('Current \iti_L','FontSize',10)；
zlabel('Time \itt','FontSize',10)；

第二个 MATLAB 文件（ch3_08. m）为

% 正激变换器动态响应
function yprime = difer(t,y)；
% 参数
Vd = 50；rl = 0.02；rc = 0.01；ra = 3；C = 0.002；L = 0.000005；D = 0.5；
% 正激变换器微分方程
yprime = [(-y(1,:) + ra*y(2,:))/(C*(rc + ra))；…
(-(ra/(rc + ra)*y(1,:) + (ra*ra/(rc + ra) - rl - ra)*y(2,:) + Vd*D)/L]；

状态变量 $u_c(t)$ 和 $i_L(t)$ 的瞬时动态过程如图 3-30 所示。过渡时间为 0.0015s。加载在负载端的稳态电压为 25V。以 $u_c(t)$，$i_L(t)$ 和时间 t 为坐标轴绘制的三维图如图 3-30 所示。

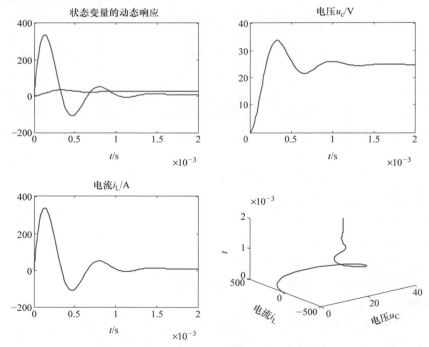

图 3-30　正激变换器的动态过程和三维状态演化图

3.2.7　谐振和开关变换器

高级开关型变换器发展的最新趋势促进了其在拓扑结构设计、非线性分析、优化和控制方面的研究。为了达到高效率和高功率密度，研究人员开发了新型拓扑结构。变流器的分析和设计必须运用非线性理论，以保证变换器动态过程的性能指标。变换器的输出电压已经被证明与占空比相关，而占空比是有上限和下限的。为了平衡各设计指标并增强变换器性能（稳定时间，超调量，稳定性，鲁棒性，损耗以及其他量），应运用先进的概念、拓扑和非线性理论。谐振变换器已经被广泛用于高性能的机电系统之中。例如，对于大部分变换器，零电压、零电流开关已经成为提高功率密度、效率、可靠性及其他性能特征的关键技术。高级变换器最近的革新包括拓扑结构和控制算法的发展，使效率最大化，损耗最小化，增大功率密度等。在许多应用中，控制高频开关变换器的问题非常重要。为了提高稳态和动态特征，非线性分析和控制是需要解决的核心问题。多种多样的谐振变换器拓扑和滤波器已经出现。非线性动态过程不能线性化，产生的硬边界不能忽略。在变换器实际设计过程中，必须设定特定的指标，并计及变换器性能的绝对限制。通过拓扑综合可以提高变换器的稳态和动态特征。目前，有许多种变换器拓扑结构和滤波器结构。考虑如图 3-31 所示的谐振变换器。

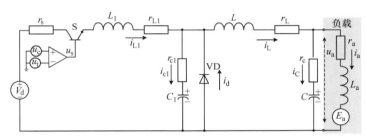

图 3-31　带零电流开关的谐振变换器

由一个电阻 r_a 和电感 L_a 反电势 E_a 组成的负载输出电压由开关开通和关断持续时间 t_{on}、t_{off} 来控制。开关 S 开通和关断的频率为

$$\frac{1}{t_{on} + t_{off}}.$$

开关断开时，二极管 VD 正向偏置，并流过输出电感上的电流 i_L，电容 C_1 两端电压为零。开关闭合后，当 $i_{L1} < i_L$ 时，二极管保持正向偏置。当 $i_{L1} = i_L$ 时，二极管截止。因此，开关在零电流（i_{L1} 为零）时断开和闭合。一种三角波控制方法被用于建立 PWM 开关信号。触发开关的开关信号 u_s 是通过比较一个信号级别的控制电压 u_c 和一个周期性的三角波信号 u_t 产生的。在谐振变换器中，通常通过控制频率来控制输出电压。描述谐振变换器动态的一组微分方程为

$$\frac{du_{c1}}{dt} = \frac{1}{C_1}(i_{L1} - i_L)d_D,$$

$$\frac{\mathrm{d}u_\mathrm{c}}{\mathrm{d}t} = \frac{1}{C}(i_\mathrm{L} - i_\mathrm{a}),$$

$$\frac{\mathrm{d}i_\mathrm{L1}}{\mathrm{d}t} = \frac{1}{L_\mathrm{I}}[-u_\mathrm{c1} - (r_\mathrm{s} + r_\mathrm{L1} + r_\mathrm{c1})i_\mathrm{L1} + r_\mathrm{c1}i_\mathrm{L} + V_\mathrm{d}]d_\mathrm{D},$$

$$\frac{\mathrm{d}i_\mathrm{L}}{\mathrm{d}t} = \frac{1}{L}[u_\mathrm{c1} - u_\mathrm{C} + r_\mathrm{c1}i_\mathrm{L1} - (r_\mathrm{c1} + r_\mathrm{L} + r_\mathrm{c})i_\mathrm{L} + r_\mathrm{c}i_\mathrm{a}]d_\mathrm{D},$$

$$\frac{\mathrm{d}i_\mathrm{a}}{\mathrm{d}t} = \frac{1}{L_\mathrm{a}}(u_\mathrm{c} + r_\mathrm{c}i_\mathrm{L} - (r_\mathrm{a} + r_\mathrm{c})i_\mathrm{a} - E_\mathrm{a}).$$

由于方程中出现状态变量 $u_\mathrm{c1}(t)$、$u_\mathrm{c}(t)$、$i_\mathrm{L1}(t)$、$i_\mathrm{L}(t)$、$i_\mathrm{a}(t)$ 和占空比 d_D 的乘积，上述方程组为非线性。从已经得到的微分方程，我们有以下非线性状态空间模型

$$\begin{bmatrix} \dfrac{\mathrm{d}u_\mathrm{c1}}{\mathrm{d}t} \\[6pt] \dfrac{\mathrm{d}u_\mathrm{c}}{\mathrm{d}t} \\[6pt] \dfrac{\mathrm{d}i_\mathrm{L1}}{\mathrm{d}t} \\[6pt] \dfrac{\mathrm{d}i_\mathrm{L}}{\mathrm{d}t} \\[6pt] \dfrac{\mathrm{d}i_\mathrm{a}}{\mathrm{d}t} \end{bmatrix} = \begin{bmatrix} 0 & 0 & 0 & 0 & 0 \\ 0 & 0 & 0 & \dfrac{1}{C} & -\dfrac{1}{C} \\ 0 & 0 & 0 & 0 & 0 \\ 0 & 0 & 0 & 0 & 0 \\ 0 & \dfrac{1}{L_\mathrm{a}} & 0 & \dfrac{r_\mathrm{c}}{L_\mathrm{a}} & -\dfrac{r_\mathrm{c}+r_\mathrm{a}}{L_\mathrm{a}} \end{bmatrix} \begin{bmatrix} u_\mathrm{c1} \\ u_\mathrm{c} \\ i_\mathrm{L1} \\ i_\mathrm{L} \\ i_\mathrm{a} \end{bmatrix}$$

$$+ \begin{bmatrix} \dfrac{1}{C_1}(i_\mathrm{L1} - i_\mathrm{L}) \\[10pt] 0 \\[10pt] \dfrac{1}{L_1}(-u_\mathrm{c1} - (r_\mathrm{s} + r_\mathrm{L1} + r_\mathrm{c1})i_\mathrm{L1} + r_\mathrm{c1}i_\mathrm{L} + V_\mathrm{d}) \\[10pt] \dfrac{1}{L}(u_\mathrm{c1} - u_\mathrm{c} + r_\mathrm{c1}i_\mathrm{L1} - (r_\mathrm{c1} + r_\mathrm{L} + r_\mathrm{c})i_\mathrm{L} + r_\mathrm{c}i_\mathrm{a}) \\[10pt] 0 \end{bmatrix} d_\mathrm{D} - \begin{bmatrix} 0 \\ 0 \\ 0 \\ 0 \\ \dfrac{1}{L_\mathrm{a}}E_\mathrm{a} \end{bmatrix}.$$

例 3-5

完成如图 3-31 所示的谐振变换器的仿真和验证。令 $V_\mathrm{d} = 50\mathrm{V}$，$E_\mathrm{a} = 10\mathrm{V}$。其余参数是 $r_\mathrm{L1} = 0.01\Omega$，$r_\mathrm{L} = 0.02\Omega$，$r_\mathrm{c} = 0.02\Omega$，$r_\mathrm{s} = 0.025\Omega$，$r_\mathrm{c1} = 0.04\Omega$，$C_1 = 0.000003\mathrm{F}$，$C = 0.003\mathrm{F}$，$L_1 = 5 \times 10^{-6}\mathrm{H}$，$L = 0.0007\mathrm{H}$。电阻、电感负载由 r_a 和 L_a 组成，$r_\mathrm{a} = 3\Omega$，$L_\mathrm{a} = 0.005\mathrm{H}$。占空比为 $d_\mathrm{D} = 0.5$。

使用推导出的微分方程组，写出两个 m 文件。

第一个 MATLAB 文件（ch3_09. m）是

```
tspan = [0 0.04]; y0 = [0 0 0 0 0]';
[t,y] = ode45('ch3_10',tspan,y0);
subplot(3,2,1); plot(t,y);
xlabel('Time(secondes)','FontSize',10);
title('Transient Dynamics of State Variables','FontSize',10);
subplot(3,2,2); plot(t,y(:,1),'-');
xlabel('Time(secondes)','FontSize',10);
title('Voltage u_C,_1 [V]','FontSize',10);
subplot(3,2,3); plot(t,y(:,2),'-');
xlabel('Time(secondes)','FontSize',10);
title('Voltage u_C,[V]','FontSize',10);
subplot(3,2,4); plot(t,y(:,3),'-');
xlabel('Time(secondes)','FontSize',10);
title('Current i_L_1,[A]','FontSize',10);
subplot(3,2,5); plot(t,y(:,4),'-');
xlabel('Time(secondes)','FontSize',10);
title('Current i_L,[A]','FontSize',10);
subplot(3,2,6); plot(t,y(:,5),'-');
xlabel('Time(secondes)','FontSize',10);
title('Current i_a,[A]','FontSize',10);
```

第二个 MATLAB 文件（ch3_10.m）是

```
function yprime = difer(t,y);
Vd = 50; Ea = 10; rs = 0.025; rl1 = 0.01; rc1 = 0.04; rl = 0.02; rc = 0.15; ra = 3;
L1 = 0.000005; L = 0.0007; La = 0.004; C1 = 0.000003; C = 0.003; D = 0.5;
yprime = [D*(y(3,:)-y(4,:))/C1;…
(y(4,:)-y(5,:))/C;
(Vd-(rs+rl1+rc1)*y(3,:)+rc1*y(4,:)-y(1,:)*D/L1;…
(y(1,:)-y(2,:)+rc1*y(3,:)-(rc1+rl+rc1)*y(4,:)-rc*y(5,:)*D/L;…
(y(2,:)+rc*y(4,:)-(rc+ra)*y(5,:)-Ea)/La];
```

研究零电流开关谐振变换器的动态过程。状态变量 $u_{c1}(t)$、$u_c(t)$、$i_{L1}(t)$、$i_L(t)$ 和 $i_a(t)$ 的暂态响应如图 3-32 中所示。

　　现在有多种多样的高性能 PWM 谐振和开关变换器。我们已经验证了单象限变换器。在机电系统中，使用二象限和四象限变换器可以得到更好的性能。这些变换器也包含在本章中（见图 3-12 和图 3-13）。当变换器的拓扑结构、开关与能量存储机制、滤波电路以及其他关键部分都已知时，通过推导、求解非线性微分方程就能完成相应的详细分析。基尔霍夫定律和拉格朗日运动方程被用于描述变换器和滤波器动态过程。基于推导出的数学模型，如本章所述，就能完成非线性分析和设计。

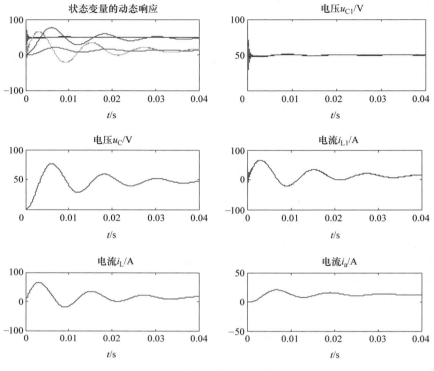

图 3-32　谐振变换器的动态过程

习　　题

1. 使用运算放大器，画出完成比例积分功能的控制器的电路图（至少两种）。推导传递函数 $G(s)$ 并用电路参数（电阻和电容）表示反馈增益 k_p 和 k_i。

2. 使用运算放大器，画出 PID 控制器的电路图（至少两种）。推导传递函数 $G(s)$ 并用电路参数表示反馈增益 k_p、k_i 和 k_d。注意有许多与理想的 PID 控制器传递函数 $G_{PID}(s)$ 近似的解以使电路实现更可行，或克服理想 PID 控制器的某些缺陷，例如当输入为阶跃信号或含有噪声。研究如何在理想和实际 PID 控制器之间进行平衡。可能会用到拉普拉斯变换、波特图、频域及其他。

3. 为什么在机电系统应用变换器和功率放大器？

4. 给比较器加载正弦（非三角波 u_t）信号，研究 PWM 开关理论。例如，开关 S 的控制信号 u_s，可以通过比较一个信号级别的控制电压 u_c 和一个周期性的正弦信号 u_{sin} 产生。试给出产生 u_{sin} 的电路（使用晶体管或者运算放大器）。说明如何定义和修改（如果需要）u_{sin} 的频率。绘出电压波形图。

5. 给出四象限 H 桥功率电路图，解释它是如何工作的。

参 考 文 献

1. A.S. Sedra and K.C. Smith, *Microelectronic Circuits*, Oxford University Press, New York, 1997.
2. S.E. Lyshevski, *Electromechanical Systems, Electric Machines, and Applied Mechatronics*, CRC Press, Boca Raton, FL, 1999.
3. D.W. Hart, *Introduction to Power Electronics*, Prentice Hall, Upper Saddle River, NJ, 1997.
4. J.G. Kassakian, M.F. Schlecht, and G.C. Verghese, *Principles of Power Electronics*, Addison-Wesley Publishing Company, Reading, MA, 1991.
5. N.T. Mohan, T.M. Undeland, and W.P. Robbins, *Power Electronics: Converters, Applications, and Design*, John Wiley and Sons, New York, 1995.

第4章　直流电机和运动装置

4.1　永磁直流电机

4.1.1　径向结构永磁直流电机

  发明、设计和检验各种机电运动装置的使用依赖基本的电磁原理和物理定律。永磁直流电机具有高功率密度和高转矩密度，经济可靠，高效耐用，且具有高过载能力及其他优点。永磁直流电机（电动机和发电机）的功率范围从微瓦到100kW等级，尺寸范围从直径1mm，长5mm到直径与长度都为1m的等级。同一台永磁电机既可作电动机，也可作发电机。由于以上提及的优点和很高的运行性能，永磁直流电机和运动装置被广泛用于航天、汽车、船舶、电力和机器人及其他领域。只有无刷永磁同步电机优于永磁直流电机。因此，在高性能驱动和伺服系统中，根据应用的不同，绝大多数情况下，会使用永磁直流和同步电机。驱动一个计算机/照相机硬盘驱动器，家用电风扇、小客车、60吨的坦克（卡车），我们分别需要1W、10W、10kW、100kW等级的电机。所以，1μW到100kW这个功率范围覆盖了主要的用户和工业系统。在兆瓦级应用中（轮船、机车和大功率系统等），使用的是感应电机和同步电机。

  永磁直流电机是转换能量的旋转机电运动装置。电动机（驱动器）将电能转换为机械能，而发电机将机械能转换为电能。正如之前强调的，同一台永磁电机既可作电动机运行（如果施加电压），也可作发电机运行（如果施加转矩使电机旋转，感应出电压）。电机有静止和旋转的部分，由气隙隔开。

  电枢绕组放在转子槽，连接到一个改变电压的旋转的换向器，如图4-1所示。对转子绕组施加电枢电压 u_a。转子绕组和定子上的永磁体磁耦合。搭在换向器上的电刷连接到电枢绕组。电枢绕组由相同的均匀分布的绕组构成。永磁体产生静止的磁场。如图4-1所示显示了一个永磁直流电机和以上提及的组件。

  由于换向器（如图4-1中所示圆形导电片）的作用，电枢绕组和永磁体产生滞后90°电角度的 mmfs。电枢磁场力沿与磁轴相差90°方向，直轴表示永磁体磁轴。电磁转矩由这些 mmfs 的相互作用产生。对电动机，利用基尔霍夫定律，可以得到如下电枢电压 u_a 和反电动势 E_a 的稳态方程为

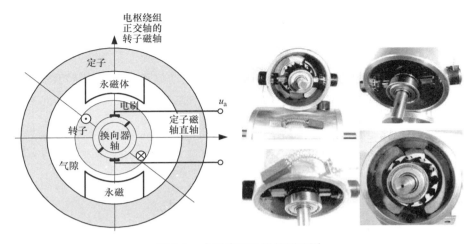

图 4-1　永磁直流电机的原理图

$$u_a - E_a = r_a i_a$$

式中　r_a——电枢电阻；

　　　i_a——电枢绕组电流。

所施加电压与电动势的差等于落在电枢电阻 r_a 上的电压。电机以角速度 ω_r 旋转，电枢绕组中感应出电动势 E_a 以平衡施加的电枢电压 u_a。如果电机以电动机运行，感应电动势比施加在绕组上的电压小。如果电机以发电机运行，感应电动势比终端电压大。对发电机而言，电枢电流 i_a 与感应电动势方向一致，终端电压为 $E_a - r_a i_a$。

由永磁体产生的恒定磁链如图 4-1 所示。一台永磁直流电机的示意图如图 4-2 所示。如第 2 章所述，电磁转矩可利用磁共能 $W_c = \oint_i \psi \mathrm{d}i$ 得到

$$T_e(i, \theta) = \frac{\partial W_c(i, \theta)}{\partial \theta}$$

穿过一个表面的磁链为 $\phi = \oint_s \boldsymbol{B} \cdot \mathrm{d}\boldsymbol{s}$。得到的 T_e 的表达式与磁场中一个电流环受到的转矩表达式一致，如 $\boldsymbol{T} = \boldsymbol{m} \times \boldsymbol{B} = a_m m \times \boldsymbol{B} = iA\, \boldsymbol{a}_m \times \boldsymbol{B}$（见图 2-15）。在永磁电机中，永磁体产生静止的近似不变的磁场 $\boldsymbol{B}$，A 是常数。

电动势和磁动势的表达式为

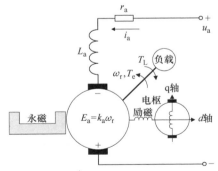

图 4-2　永磁直流电机原理图
（电流方向与电动机模式对应）

$$emf = \oint_l \boldsymbol{E} \cdot \mathrm{d}\boldsymbol{l} = \oint_l (\boldsymbol{v} \times \boldsymbol{B}) \cdot \mathrm{d}\boldsymbol{l} - \oint_S \frac{\partial \boldsymbol{B}}{\partial t} \mathrm{d}\boldsymbol{s}$$

$$mmf = \oint_l \boldsymbol{H} \cdot \mathrm{d}\boldsymbol{l} = \oint_l \boldsymbol{J} \times \mathrm{d}\boldsymbol{s} + \oint_S \frac{\partial \boldsymbol{D}}{\partial t} \mathrm{d}\boldsymbol{s}$$

设反电动势和转矩常数为 k_a，我们有如下关于反电动势和 z 向电磁转矩的表达式为

$$E_a = k_a \omega_r$$
$$T_e = k_a i_a$$

利用基尔霍夫电压定律和牛顿运动第二定律

$$u_a = r_a i_a + \frac{\mathrm{d}\psi}{\mathrm{d}t},$$

$$\frac{\mathrm{d}\omega_r}{\mathrm{d}t} = \frac{1}{J}(T_e - B_m \omega_r - T_L),$$

便得到了永磁直流电机的微分方程。

假定永磁体的磁化率是常数（一般存在居里常数，磁化率是温度的函数），则由永磁体建立的磁链是常数。这样，k_a 是常数。描述电枢电流和角速度瞬态特性的线性微分方程为

$$\frac{\mathrm{d}i_a}{\mathrm{d}t} = -\frac{r_a}{L_a}i_a - \frac{k_a}{L_a}\omega_r + \frac{1}{L_a}u_a,$$

$$\frac{\mathrm{d}\omega_r}{\mathrm{d}t} = \frac{k_a}{J}i_a - \frac{B_m}{J}\omega_r - \frac{1}{J}T_L. \tag{4-1}$$

以状态空间矩阵形式表达，有

$$\frac{\mathrm{d}x}{\mathrm{d}t} = Ax + Bu$$

注意到 $X = [i_a\ \omega_r]^T$，$u = u_a$，$A \in R^{2 \times 2}$，$B \in R^{2 \times 1}$，由式（4-1），得到

$$\begin{bmatrix} \dfrac{\mathrm{d}i_a}{\mathrm{d}t} \\[2mm] \dfrac{\mathrm{d}\omega_r}{\mathrm{d}t} \end{bmatrix} = \begin{bmatrix} -\dfrac{r_a}{L_a} & -\dfrac{k_a}{L_a} \\[2mm] \dfrac{k_a}{J} & \dfrac{B_m}{J} \end{bmatrix} \begin{bmatrix} i_a \\[1mm] \omega_r \end{bmatrix} + \begin{bmatrix} \dfrac{1}{L_a} \\[2mm] 0 \end{bmatrix} u_a - \begin{bmatrix} 0 \\[2mm] \dfrac{1}{J} \end{bmatrix} T_L \tag{4-2}$$

一台永磁直流电机的 S 域框图如图 4-3 所示。

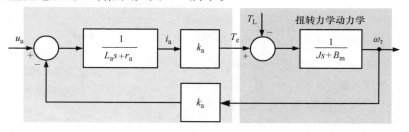

图 4-3　永磁直流电机 S 域框图

如果改变施加电压的极性，加速度将会反向。（磁链的方向不能改变）

由微分方程

$$\frac{\mathrm{d}i_a}{\mathrm{d}t} = -\frac{r_a}{L_a}i_a - \frac{k_a}{L_a}\omega_r + \frac{1}{L_a}u_a$$

在稳态运行时，有

$$0 = -r_a i_a - k_a \omega_r + u_a$$

所以

$$\omega_r = \frac{u_a - r_a i_a}{k_a}$$

电磁转矩为 $T_e = k_a i_a$，且在稳态运行时，$T_e = T_L$。这样，稳态转矩－转速特性可以由以下转矩－转速方程描述：

$$\omega_r = \frac{u_a - r_a i_a}{k_a} = \frac{u_a}{k_a} - \frac{r_a}{k_a^2}T_e \tag{4-3}$$

式（4-3）表明，改变施加在电枢上的电压 u_a，角速度会变化。进一步，如果加上负载，加速度将减小。转矩－转速特性的斜率为 $-r_a/k_a^2$。不同 u_a 下的转矩－转速特性如图 4-4 所示，$|u_a| \leqslant u_{amax}$，u_{amax} 是最大（额定）电压。

要降低角速度，就减小 u_a。电动机旋转的角速度是多少可以由转矩－转速特性和负载特性的交点决定。例如，施加 u_{a2}，角速度为 ω_{r2}。实际上，由牛顿第二定律，忽略摩擦，有

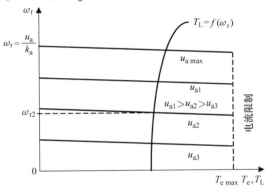

图 4-4　永磁直流电机转矩－转速特性

$$\frac{\mathrm{d}\omega_r}{\mathrm{d}t} = \frac{1}{J}(T_e - T_L)$$

这样，在 $T_e = T_L$ 处，电动机以恒定角速度旋转。由式（4-3），空载时，电机角速度为 $\omega_r = u_a/k_a$。

例 4-1

计算并绘制一台 12V（额定）永磁直流电机的转矩－转速特性。参数如下：$r_a = 0.2\Omega$，$k_a = 0.05$V·s/rad（N·m/A）。负载是角速度的非线性函数，$T_L = f(\omega_r) = 0.02 + 0.000002\omega_r^2$N·m。

转矩－转速特性由式（4-3）决定。在式（4-3）中用不同的电枢电压 u_a，计算并绘制出稳态特性如图 4-5 所示。负载曲线也已画出。以下 MATLAB 文件可以实现以上计算和绘图。

% 永磁直流电机参数

ra = 2; ka = 0.05;

Te = 0:0.001:0.1; % 转矩 N·m

for ua = 1:1:12; % 施加电压

wr = ua/ka - (ra/ka^2) * Te; % 各电压下的角速度

wrl = 0:1:225; Tl = 0.02 + 2e - 6 * wrl. ^ 2; % 各转速下负载转矩

plot(Te, wr, ' - ', Tl, wrl, ' - ');

title('Motor Torque - Speed Characteristics, \omega_r(T_e)', 'FontSize', 14);

xlabel ('Electromagnetic and Load Torques. T_e and T_L [N·m]', 'FontSize', 14);

ylabel('Angular Velocity [rad/sec]', 'FontSize', 14);

hold on; axis([0, 0.1, 0 250]);

end;

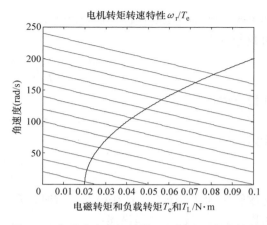

图 4-5　永磁直流电机的转矩-转速及负载特性

之前已经说明，为了控制角速度，可以改变 u_a。第 3 章已经介绍了电力电子和 PWM 放大器。四象限 H 桥型功率级保证了系统的高性能和高效率。要使电动机顺时针、逆时针旋转，施加在电枢绕组上的电压 u_a 应当是双极性的。永磁直流电机有不同的尺寸。500W 等级的永磁直流电机如图 4-1 所示。一个四象限 25A 的 PWM 伺服放大器（20~80V，±12.5A 连续电流，±25A 峰值电流，22kHz，尺寸 129mm×76mm×25mm）的示意图如图 4-6 所示。电动机电枢绕组连接到 P2-1 和 P2-2。为了控制角速度，对 P1-4 施加参考电压，由测速发电机感应的电压（正比于角速度）施加给 P1-6。该放大器可用于伺服系统应用中，角（或线）位移应施加到 P1-6。模拟 PI 控制器集成在放大器内。调整可变电阻（电阻）可以改变比例积分反馈的增益。各类 PWM 放大器可以从 Advanced Motion Controls 及其他公司购买。例如，12A8 放大器的规格为（20~80V，±6A 连续电流，±12A 峰值电流，36kHz，尺寸 129mm×76mm×25mm）。

永磁直流电机的尺寸可能比放大器的尺寸还小。直径为 2mm 和 4mm 的高性能永磁直流电动机已经问世。为此必须估计负载转矩。为保证旋转，必须满足 $T_e > T_L$。加速度可以表示 $(T_e - T_L)/J$。一旦得到电磁转矩 T_e 和所需的角速度 ω_r，则功率为 $P = T_e \omega_r$。尺寸和体积的特征可以用能量密度（W/cm³）来表示。能量密度与电机的设计、尺寸，使用的永磁材料，永磁体尺寸，角速度及其他特征有关。

如 3.2.1 节所述，一台 1~10W 小的永磁直流电机可以由双运算放大器驱动，如图 4-7 所示。

电动机角速度通过改变 u_a 来控制。不过，带相应集成电路的整体式 PWM 放大

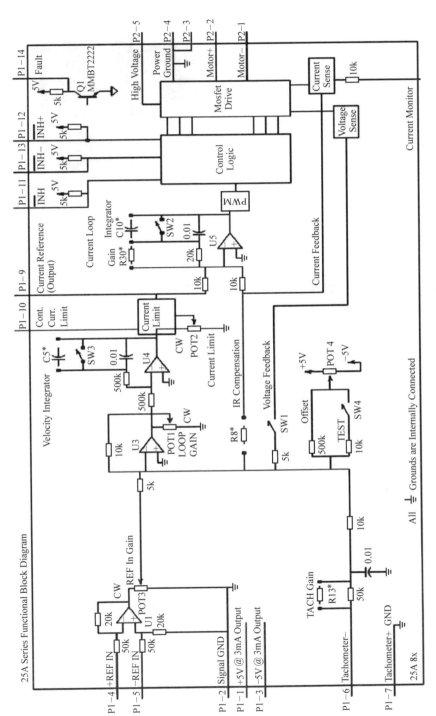

图 4-6　25A PWM 伺服放大器

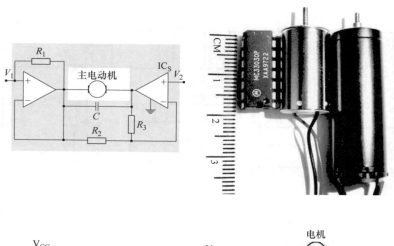

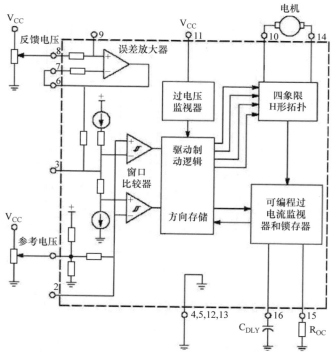

图 4-7 双放大器控制永磁微电机 MC33030 直流伺服电机控制/驱动（电机为永磁直流电机）

器已上市。例如，MC33030 直流伺服电机控制器/驱动器（36V，1A）在芯片上集成了运算放大器、比较器、驱动逻辑和 PWM 四象限整流器以及其他 3.2.1 节提到的电路。内置的比例控制器利用参考角速度和实际角速度（驱动应用）或位置（伺服应用）之差改变电枢电压 u_a。在图 4-7 中再次给出 MC33030 的示意图（已在图 3-12 中给出）。

如果永磁直流电机用作发电机，负载为电阻 R_L，则有

$$\frac{\mathrm{d}i_\mathrm{a}}{\mathrm{d}t} = -\frac{r_\mathrm{a} + R_\mathrm{L}}{L_\mathrm{a}}i_\mathrm{a} + \frac{k_\mathrm{a}}{L_\mathrm{a}}\omega_\mathrm{r}$$

感应电动势为 $E_\mathrm{a} = k_\mathrm{a}\omega_\mathrm{r}$。稳态运行时，感应端电压正比于角速度。为了发电，需施加初始转矩 T_pm 使永磁直流电机旋转。施加的转矩可以是空气动力、水动力、热，或其他任何来源。相应的永磁直流发电机的运动微分方程为

$$\frac{\mathrm{d}i_\mathrm{a}}{\mathrm{d}t} = -\frac{r_\mathrm{a} + R_\mathrm{L}}{L_\mathrm{a}}i_\mathrm{a} + \frac{k_\mathrm{a}}{L_\mathrm{a}}\omega_\mathrm{r}$$

$$\frac{\mathrm{d}\omega_\mathrm{r}}{\mathrm{d}t} = -\frac{k_\mathrm{a}}{J}i_\mathrm{a} - \frac{B_\mathrm{m}}{J}\omega_\mathrm{r} + \frac{1}{J}T_\mathrm{pm}. \tag{4-4}$$

4.1.2　永磁直流电机的仿真和实验研究

要完成完整的分析，需进行解析、数值和实验的研究。我们可以运用不同的概念对永磁直流电机进行仿真。我们从线性状态空间微分方程开始。

永磁直流电机是机电运动装置中为数不多的理论上能用线性微分方程描述的装置之一。大多数电机由非线性微分方程描述，可以通过微分方程求解器求解（在第 2、3 章，我们成功地运用 ode45 命令）或使用 Simulink。尽管运动方程由线性微分方程描述，线性理论并不总能运用于永磁直流电机，这是因为对施加的电压有限制，$|u_\mathrm{a}| \leqslant u_\mathrm{amax}$。

永磁直流电动机的状态空间模型由式（4-2）给出，并用于仿真。仿真参数（终止时刻，起始条件和其他）以及电机的参数必须给定。设起始状态为 0，终止时刻为 0.5s。要进行数值分析，微分方程中与电机参数有关的系数必须已知。以下一台 12V（额定）永磁直流电机的参数由实验给出（目录中亦给出）：

$r_\mathrm{a} = 0.2\Omega$，$k_\mathrm{a} = 0.05\mathrm{V} \cdot \mathrm{s/rad}(\mathrm{N} \cdot \mathrm{m/A})$，$L_\mathrm{a} = 0.005\mathrm{H}$，$B_\mathrm{m} = 0.0001\mathrm{N} \cdot \mathrm{m} \cdot \mathrm{s/rad}$，$J = 0.0001\mathrm{kg} \cdot \mathrm{m}^2$。在命令窗口，输入参数如下：

tfinal = 0.5；x1initial = 0；x2initial = 0；

ra = 2；ka = 0.05；La = 0.005；Bm = 0.00001；J = 0.0001；

状态空间的矩阵为

$$\frac{\mathrm{d}\boldsymbol{x}}{\mathrm{d}t} = \boldsymbol{Ax} + \boldsymbol{Bu},\begin{bmatrix} \dfrac{\mathrm{d}\boldsymbol{i}_\mathrm{a}}{\mathrm{d}\boldsymbol{t}} \\[2mm] \dfrac{\mathrm{d}\boldsymbol{\omega}_\mathrm{r}}{\mathrm{d}\boldsymbol{t}} \end{bmatrix} = \begin{bmatrix} -\dfrac{r_\mathrm{a}}{L_\mathrm{a}} & -\dfrac{k_\mathrm{a}}{L_\mathrm{a}} \\[2mm] \dfrac{k_\mathrm{a}}{J} & \dfrac{B_\mathrm{m}}{J} \end{bmatrix}\begin{bmatrix} i_\mathrm{a} \\[2mm] \omega_\mathrm{r} \end{bmatrix} + \begin{bmatrix} \dfrac{1}{L_\mathrm{a}} \\[2mm] 0 \end{bmatrix}u_\mathrm{a} - \begin{bmatrix} 0 \\[2mm] \dfrac{1}{J} \end{bmatrix}\boldsymbol{T}_\mathrm{L}$$

输出为 $y = Hx + Du$，$A \in \mathbb{R}^{2 \times 2}$，$B \in \mathbb{R}^{2 \times 1}$，$H \in \mathbb{R}^{1 \times 2}$，$D \in \mathbb{R}^{1 \times 1}$ 输入如下

A = [- ra/La - ka/La；ka/J - Bm/J]；B = [1/La；0]；H = [0 1]；D = [0]；

状态向量 $x = \begin{bmatrix} x_1 & x_2 \end{bmatrix}^\mathrm{T} = \begin{bmatrix} i_\mathrm{a} & w_\mathrm{r} \end{bmatrix}^\mathrm{T}$，而输出 $y = \omega_\mathrm{r}$ 由输出方程 $y = Hx + Du$ 得到，其中 $H = [0 \quad 1]$，$D = [0]$。如果使用了齿轮比为 k_gear 的齿轮，则输出方程为 $y = k_\mathrm{gear}\omega_\mathrm{r}$。有齿轮和无齿轮的永磁直流电机如图 4-8 所示。使用齿轮可以减少

（或增加）输出角速度 ω_{rm} 和输出转矩 T_{em}。假定齿轮的效率是100%（实际上，单级齿轮的最大效率为95%），有 $\omega_r T_e = \omega_{rm} T_{em}$。

注意到电动机参数和输出（角速度），我们有状态空间模型的矩阵：

$$A = \begin{bmatrix} -400 & -10 \\ 500 & -0.1 \end{bmatrix}, B = \begin{bmatrix} 200 \\ 0 \end{bmatrix}, H = \begin{bmatrix} 0 & 1 \end{bmatrix}, D = \begin{bmatrix} 0 \end{bmatrix}$$

特别地，

A =

　　-400.0000　-10.0000

　　500.0000　-0.1000

B =

　　200

　　0

H =

　　0　1

D =

　　0

图4-8　有齿轮和无齿轮的永磁
直流电机输出 $y = K_{gear}\omega_r$ 和 $y = \omega_r$

下面的 MATLAB 文件利用 lsim 命令求解该仿真问题

```
t = 0:.001:tfinal; x0 = [x1initial x2initial];
Uaassigned = 10; u = Uaassigned * ones(size(t));
[y,x] = lsim(A,B,H,D,u,t,x0);
plot(t,10 * x(:,1),t,x(:,2),':');
xlabel('Time(seconds)','FontSize',14);
title('Angular Velocity \omega_r [rad/sec] and Current i_a [A]');
```

对于给定的施加电压（我们令 $u_a = 10V$），电动机的状态变量如图4-9所示。为了显示出电流 $i_a(t)$ 的变化，电流乘以10。最大电枢电流为4.6A。仿真结果显示，电动机在 0.5s 内达到最终的角速度 200rad/s。对 $T_L = 0$，角速度的稳态值应当是 $\omega_r = u_a/k_a = 200$，见式（4-3）。不过，如图4-4所示可知，稳态的 ω_r 应当略小于 200rad/s，因为摩擦转矩 $B_m\omega_r \approx 0.002N \cdot m$ 的影响。电枢电流不会减小到0，因为稳态时 $T_e = B_m\omega_r = k_a i_a$。

永磁直流电机的仿真也可以用 Simulink 来做。需要建立如2.7节所述的 Simulink 框图。一个 s 域的永磁直流电动机的框图如图4-3所示。利用该 s 域框图，可

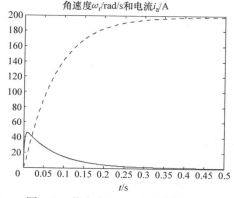

角速度ω_r/rad/s和电流i_a/A

t/s

图4-9　状态变量 $i_a(t)$（实线）和
$\omega_r(t)$（虚线）的动态特性

建立对应的 Simulink 模型，如图 4-10 所示。

给定初始状态为

$$x_0 = \begin{bmatrix} x_{10} \\ x_{20} \end{bmatrix} = \begin{bmatrix} 0 \\ 0 \end{bmatrix}$$

如图 4-10 所示，Integrator1（电枢电流）的"Initial condition"。Signal Generator 用于设定施加电压。如 2.7 节所强调的，参数可以用符号或关系来参数化表示，而不用数值。这具有更好的灵活性。我们输入电动机仿真参数如下：

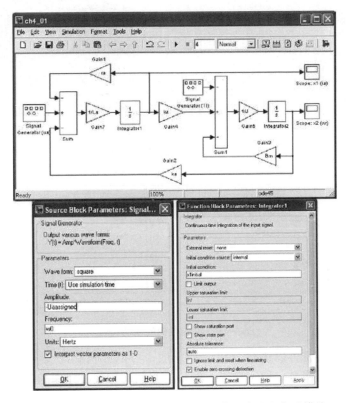

图 4-10　永磁直流电机的仿真模型，信号产生和集成模块

x1initial = 0；x2initial = 0；ra = 2；ka = 0.05；La = 0.005；Bm = 0.00001；J = 0.0001；

Uaassigned = 10；w0 = 0.5；

电枢施加的电压为 $u_a = 10 rect\ (0.5t)$ V。我们设定负载转矩 $T_L = 0$。用两个显示器，两个状态变量——电枢电流 $x_1(t) = i_a(t)$ 和角速度 $x_2(t) = \omega_r(t)$ 的瞬态响应如图 4-11 所示。要描绘电动机的动态特性，要用 plot 函数。利用存储的数组 x（:，1），x（:，2）和 x1（:，1），x1（:，2），我们输入以下命令

plot(x(:,1),x(:,2));xlabel('Time(seconds)','FontSize',14);

title('Armature Current i_a.［A］','FontSize',14)

和

plot(x1(:,1),x1(:,2)); xlabel('Time(seconds)','FontSize',14);

title('Velocity \omega_r,[rad/sec]','FontSize',14)

结果如图 4-11 所示。

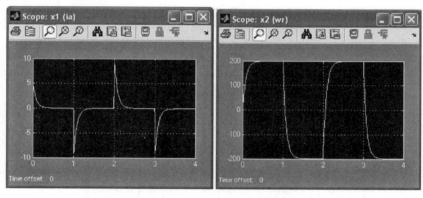

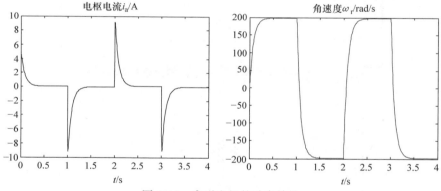

图 4-11 永磁电机的动态特性

完成了仿真，就可以进行分析。特别地，可以分析状态变量的稳态和动态响应、稳定时间、超调量、稳定性等。例如，我们比较关心效率和损耗。损耗可以作如下估计：

$$P_1(t) = r_a i_a^2(t) + B_m \omega_r^2(t)$$

而效率可以用输入和输出功率估计如下：

$$\eta(t) = \frac{P_{\text{output}}(t)}{P_{\text{input}}(t)} = \frac{T_L(t)\omega_r(t)}{u_a(t)i_a(t)},$$

$$P_{\text{input}}(t) = P_1(t) + P_{\text{output}}(t) = r_a i_a^2(t) + B_m \omega_r^2(t) + T_L(t)\omega_r(t),$$

或

$$\eta(t) = \frac{P_{\text{output}}(t)}{P_{\text{input}}(t)} \times 100\% = \frac{T_L(t)\omega_r(t)}{u_a(t)i_a(t)} \times 100\%$$

应当对效率、功率和损耗的稳态和动态进行合理分析。如果机电系统运行在不

同的输入，负载和扰动情况下，应进行同样的分析。对于主要在固定工况下运行的运动装置，稳态分析为

$$\eta = \frac{P_{\text{output}}}{P_{\text{input}}} = \frac{T_{\text{L}}\Omega_{\text{r}}}{U_{\text{a}}I_{\text{a}}}, P_{\text{input}} = P_{1} + P_{\text{output}} = r_{\text{a}}I_{\text{a}}^{2} + B_{\text{m}}\Omega_{\text{r}}^{2} + T_{\text{L}}\Omega_{\text{r}},$$

或

$$\eta = \frac{P_{\text{output}}}{P_{\text{input}}} \times 100\% = \frac{T_{\text{L}}\Omega_{\text{r}}}{U_{\text{a}}I_{\text{a}}} \times 100\%$$

这里用到了稳态角速度、负载转矩、电压和电流。对很多系统，稳态分析可以由动态分析得到，反之却不行。所以，动态特性分析更有普遍意义也应该优先考虑。损耗在瞬态下显著增加。可以更改之前的 Simulink 模型来进行功率和损耗分析。框图如图 4-12 所示。

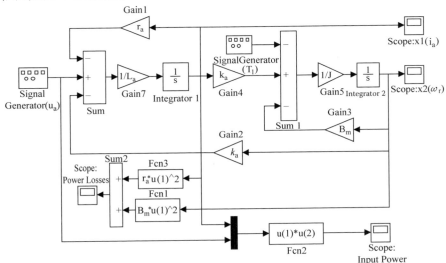

图 4-12   永磁直流电机仿真和效率损耗分析

输入功率和损耗利用以下命令：

plot(Pin(:,1),Pin(:,2));

xlabel('Time(seconds)','FontSize',14);

title('Input Power P_i_n [W]','FontSize',14);

和

plot(losses(:,1),losses(:,2));

xlabel('Time(seconds)','FontSize',14); title('Losses [W]','FontSize',14);

结果图如图 4-13 所示。

以上我们演示了应用 MATLAB 仿真永磁直流电机。这些仿真可用于测试系统性能。然而，实验研究也非常重要。我们对 JDH2250 永磁直流电机进行了实验，

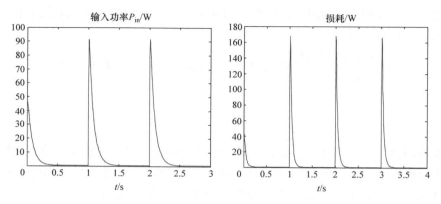

图 4-13　永磁直流电机的输入功率和损耗

图 4-14 显示了 $u_a = 7.5V$ 和 15V 时，空载电动机的加速过程。若施加负载转矩 T_L，角速度会降低。图 4-15 显示了电动机的加速和突加负载。

转矩 – 速度特性方程为

$$\omega_r = \frac{u_a - r_a i_a}{k_a} = \frac{u_a}{k_a} - \frac{r_a}{k_a^2}T_e$$

该方程主导电机的稳态运行。通过解微分方程研究电动机动态特性可以提供更一般化的结果。实验结果与利用运动方程得到的瞬态分析完全一致。实验还测试了电机加速度，瞬态特性波形，稳定时间及其他性能特性。

空载和负载电动机的减速特性如图 4-16 所示。由于例 2-7 所提到的复杂的摩擦现象，实验结果与仿真结果并不精确吻合。

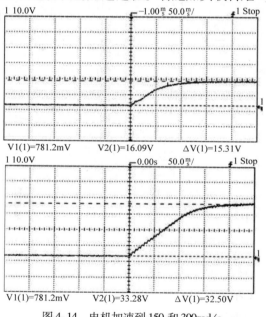

图 4-14　电机加速到 150 和 300rad/s

4.1.3　由永磁直流电动机驱动的永磁直流发电机

我们的目标是分析和研究两台永磁直流电机构成的一个电动机和发电机系统。原动机（永磁直流电动机）驱动一台发电机（见图 4-17）。

对一台永磁直流发电机，如果施加阻性负载（R_L 与发电机电枢绕组串联），根据基尔霍夫电压定律

$$\frac{di_{ag}}{dt} = \frac{r_{ag} + R_L}{L_{ag}}i_{ag} + \frac{k_{ag}}{L_{ag}}\omega_{rpm} \tag{4-5}$$

式中 i_{ag} 是发电机电枢电流，ω_{rpm} 为原动机和发电机的角速度，r_{ag} 和 L_{ag} 分别是电枢电阻和发电机绕组电感，R_L 是负载电阻，k_{ag} 是发电机反电势（转矩）常数。

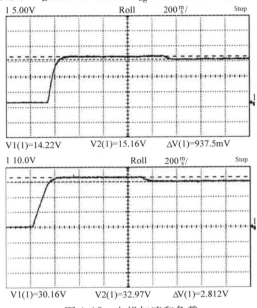

图 4-15　电机加速和负载

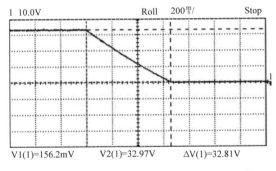

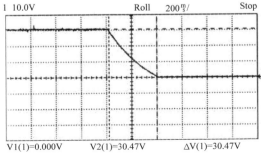

图 4-16　空载和带载电机减速（从 300rad/s 到停止）

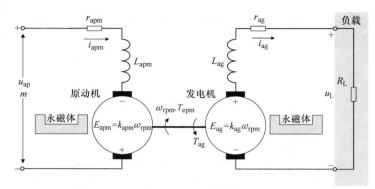

图 4-17　由永磁直流电机驱动的永磁直流发电机

利用牛顿运动第二定律，我们得到发电机－原动机系统的扭转机械特性

$$\frac{\mathrm{d}\omega_{\mathrm{rpm}}}{\mathrm{d}t} = \frac{1}{(J_{\mathrm{pm}} + J_{\mathrm{g}})}\left[T_{\mathrm{epm}} - (B_{\mathrm{mpm}} + B_{\mathrm{mg}})\omega_{\mathrm{rpm}} - T_{\mathrm{eg}} \right]$$

式中，B_{mpm}、B_{mg} 为粘滞摩擦系数，J_{pm}、J_{g} 分别为原动机和发电机的转动惯量。

永磁直流电动机产生的电磁转矩为

$$T_{\mathrm{epm}} = k_{\mathrm{apm}} i_{\mathrm{apm}}$$

式中，i_{apm} 为原动机绕组的电枢电流，k_{apm} 是原动机的转矩常数。

原动机的负载转矩是发电机的电磁转矩 $T_{\mathrm{ag}} = k_{\mathrm{ag}} i_{\mathrm{ag}}$。这样，扭转机械特性由以下微分方程给出：

$$\frac{\mathrm{d}\omega_{\mathrm{rpm}}}{\mathrm{d}t} = \frac{k_{\mathrm{apm}}}{J_{\mathrm{pm}} + J_{\mathrm{g}}}i_{\mathrm{apm}} - \frac{B_{\mathrm{mpm}} + B_{\mathrm{mg}}}{J_{\mathrm{pm}} + J_{\mathrm{g}}}\omega_{\mathrm{rpm}} - \frac{k_{\mathrm{ag}}}{J_{\mathrm{pm}} + J_{\mathrm{g}}}i_{\mathrm{ag}} \tag{4-6}$$

原动机的电枢电流动态特性可描述为

$$\frac{\mathrm{d}i_{\mathrm{rpm}}}{\mathrm{d}t} = \frac{r_{\mathrm{apm}}}{L_{\mathrm{apm}}}i_{\mathrm{apm}} - \frac{k_{\mathrm{apm}}}{L_{\mathrm{apm}}}\omega_{\mathrm{rpm}} + \frac{1}{L_{\mathrm{apm}}}u_{\mathrm{apm}} \tag{4-7}$$

式中，u_{apm} 是施加在原动机电枢绕组上的电压，r_{apm}、L_{apm} 分别为原动机电枢绕组的电阻和电抗。

由式（4-5）、式（4-6）、式（4-7），我们有如下方程组：

$$\frac{\mathrm{d}i_{\mathrm{apm}}}{\mathrm{d}t} = -\frac{r_{\mathrm{apm}}}{L_{\mathrm{apm}}}i_{\mathrm{apm}} - \frac{k_{\mathrm{apm}}}{L_{\mathrm{apm}}}\omega_{\mathrm{rpm}} + \frac{1}{L_{\mathrm{apm}}}u_{\mathrm{apm}},$$

$$\frac{\mathrm{d}i_{\mathrm{ag}}}{\mathrm{d}t} = -\frac{r_{\mathrm{ag}} + R_{\mathrm{L}}}{L_{\mathrm{ag}}}i_{\mathrm{ag}} + \frac{k_{\mathrm{ag}}}{L_{\mathrm{ag}}}\omega_{\mathrm{rpm}},$$

$$\frac{\mathrm{d}\omega_{\mathrm{rpm}}}{\mathrm{d}t} = \frac{k_{\mathrm{apm}}}{J_{\mathrm{pm}} + J_{\mathrm{g}}}i_{\mathrm{apm}} - \frac{B_{\mathrm{mpm}} + B_{\mathrm{mg}}}{J_{\mathrm{pm}} + J_{\mathrm{g}}}\omega_{\mathrm{rpm}} - \frac{k_{\mathrm{ag}}}{J_{\mathrm{pm}} + J_{\mathrm{g}}}i_{\mathrm{ag}}. \tag{4-8}$$

例 4-2

电机的参数为 $r_{\mathrm{apm}} = 0.4\Omega$，$r_{\mathrm{ag}} = 0.3\Omega$，$L_{\mathrm{apm}} = 0.05\mathrm{H}$，$L_{\mathrm{ag}} = 0.06\mathrm{H}$，$k_{\mathrm{apm}} = 0.3\mathrm{V} \cdot \mathrm{s/rad}$（$\mathrm{N} \cdot \mathrm{m/A}$），$k_{\mathrm{ag}} = 0.25\mathrm{V} \cdot \mathrm{s/rad}$（$\mathrm{N} \cdot \mathrm{m/A}$），$B_{\mathrm{mpm}} = 0.0007\mathrm{N} \cdot \mathrm{m} \cdot \mathrm{s/rad}$，

$B_{mg} = 0.0008 \text{N} \cdot \text{m} \cdot \text{s/rad}$，$J_{pm} = 0.04 \text{kg} \cdot \text{m}^2$，$J_g = 0.05 \text{kg} \cdot \text{m}^2$。我们的目标是仿真和测试一台由 100V 永磁直流电动机驱动的永磁直流发电机的稳态和动态运行。我们研究不同阻性负载和角速度下的动态特性和感应的电压。改变电压 u_{apm} 可以改变角速度，R_L 可变。

空载电动机（$R_L = \infty$）的额定角速度为

$$\omega_{rpmmax} = u_{apmmax}/k_{apm} = 100/0.3 = 333.3 \text{rad/s}$$

我们输入参数如下：

% 永磁直流电动机（原动机）参数

rapm = 0.4；Lapm = 0.05；kapm = 0.3；Jpm = 0.04；Bmpm = 0.0007；

% 永磁直流发电机参数

rag = 0.3；Lag = 0.06；kag = 0.25；Jg = 0.05；Bmg = 0.0008；

% 负载电阻

Rl = 5；

利用式（4-8）的微分方程组建立 Simulink 框图。结果框图如图 4-18 所示。

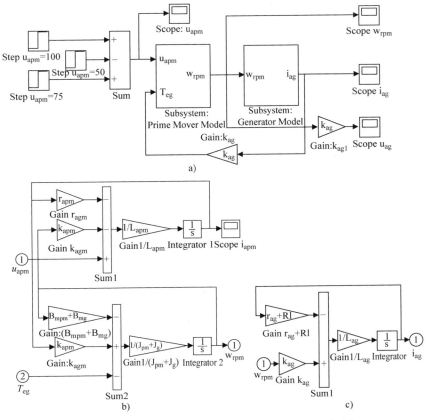

图 4-18　永磁直流电机和发电机的仿真 Simulink 框图
a）完整子系统模型　b）永磁直流电机仿真子系统　c）永磁发电机仿真子系统

对于不同的负载电阻值（$R_L = 5.25$、100Ω）通过施加如下电枢电压给电动机（原动机）

$$u_{\text{apm}} = \begin{cases} 100\text{V}, \forall t \in [0,2)\text{s} \\ 50\text{V}, \forall t \in [2,4)\text{s} \\ 75\text{V}, \forall t \in [4,6)\text{s} \end{cases}$$

我们分别仿真并研究了电动机 - 发电机系统的动态特性。状态变量的瞬态特性以及感应电压波形如图 4-19 所示。

当电动机由静止起动，发电机负载为 $R_L = 5\Omega$ 时，稳定时间为 1.4s。对原动机不同的稳态角速度（315.3、157、236.2rad/s），感应端电压的稳态值为 78.85、39.3、59V。原动机的稳态角速度取决定于电枢电压（$u_{\text{apm}} = 100$、50、75V）和 R_L。注意感应反电势为 $k_{\text{ag}}\omega_{\text{rpm}}$。发电机和原动机的电枢电流与负载电阻有关。

施加指定的电枢电压（$u_{\text{apm}} = 50$、75、100V），负载电阻值给定为

$$R_L = \begin{cases} 100\Omega, \forall t \in [0,2)\text{s} \\ 50\Omega, \forall t \in [2,4)\text{s} \\ 75\Omega, \forall t \in [4,6)\text{s} \end{cases}$$

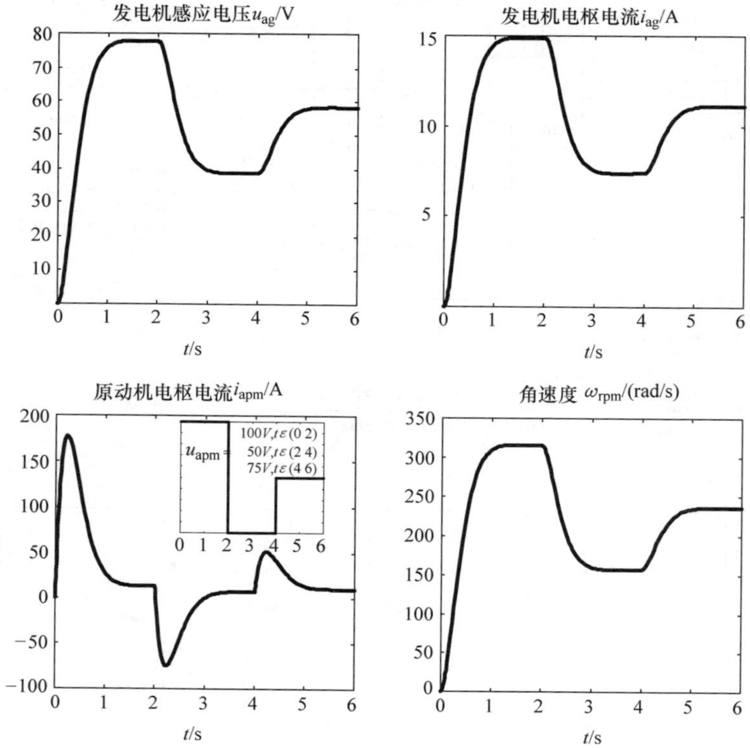

图 4-19　$R_L = 5.25$ 和 100Ω 时电动机 - 发电机动态特性

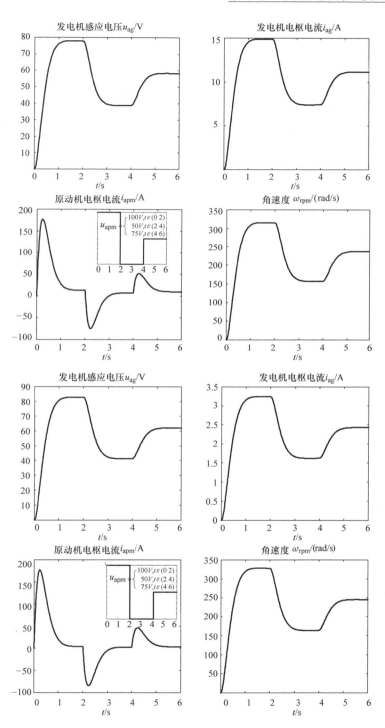

图 4-19　$R_{\mathrm{L}} = 5.25$ 和 100Ω 时电动机 – 发电机动态特性（续）

建立 Simulink 框图如图 4-20 所示。

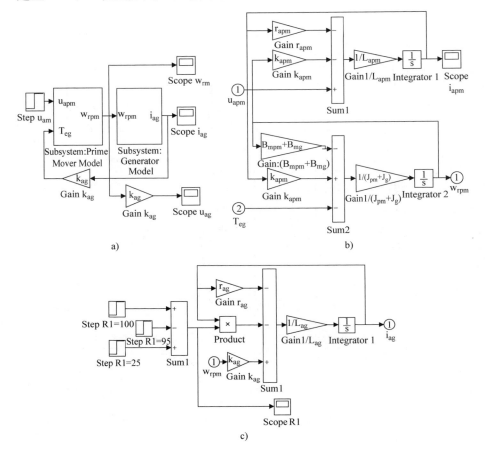

图 4-20　电动机 – 发电机仿真系统

a）系统模型　b）永磁直流电动机模型子系统　c）永磁发电机模型子系统

我们对永磁直流发电机和电动机的动态特性进行研究。感应电动势 $E_{ag}(t) = k_{ag} \omega_{apm}(t)$ 和状态变量 $i_{apm}(t)$，$\omega_{apm}(t)$，$i_{ag}(t)$ 的变化如图 4-21 所示。可以分析加速能力、不同负载下的感应电压、效率以及其他性能。

4.1.4　含电力电子的机电系统

永磁直流电动机所施加电压由高频开关整流器提供。第 3.2 节介绍了单象限的变流器。可以整合并分析由 PWM 变流器控制的电机。例如，一台由高频降压开关变流器供电的永磁直流电动机如图 4-22 所示。

电动机绕组上施加的电压 u_a 受限于电力电子开关的开通和关断的持续时间 t_{on}

和 t_{off}。可以改变占空比 d_{D}，而

$$d_{\text{D}} = \frac{t_{\text{on}}}{t_{\text{on}} + t_{\text{off}}}$$

由式（4-1），利用 3.2.2 节建立的 buck 电路 R_{L} 负载下的微分方程，有

$$\frac{\mathrm{d}u_{\text{c}}}{\mathrm{d}t} = \frac{1}{C}(i_{\text{L}} - i_{\text{a}}),$$

$$\frac{\mathrm{d}i_{\text{L}}}{\mathrm{d}t} = \frac{1}{L}(-u_{\text{c}} - (r_{\text{L}} + r_{\text{c}})i_{\text{L}} + r_{\text{c}}i_{\text{a}} - r_{\text{s}}i_{\text{L}}d_{\text{D}} + V_{\text{d}}d_{\text{D}}),$$

$$\frac{\mathrm{d}i_{\text{a}}}{\mathrm{d}t} = \frac{1}{L_{\text{a}}}(u_{\text{c}} + r_{\text{c}}i_{\text{L}} - (r_{\text{a}} + r_{\text{c}})i_{\text{a}} - E_{\text{a}})$$

我们有一组 5 个一阶微分方程。特别地，

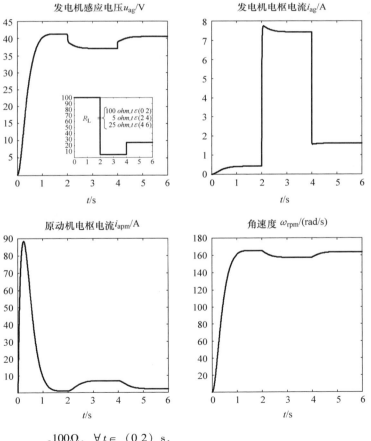

图 4-21　$R_{\text{L}} = \begin{cases} 100\Omega, & \forall t \in (0\ 2)\ \text{s}, \\ 5\Omega, & \forall t \in (2\ 4)\ \text{s}, \\ 25\Omega, & \forall t\ (4\ 6)\ \text{s}, \end{cases}$　$u_{\text{apm}} = 50$，75 和 100V 时的系统变量动态特性

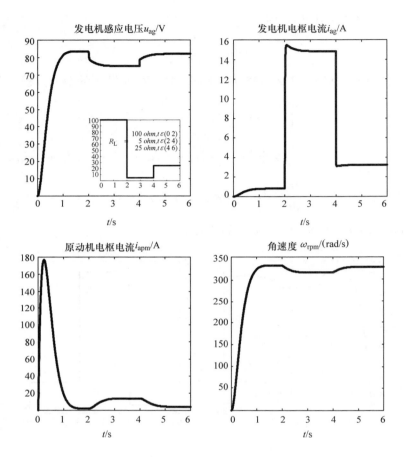

$$图4\text{-}21 \quad R_{\text{L}}=\begin{cases}100\Omega, & \forall t\in (0\ 2)\ \text{s},\\ 5\Omega, & \forall t\in (2\ 4)\ \text{s},\\ 25\Omega, & \forall t\ (4\ 6)\ \text{s},\end{cases} \quad u_{\text{apm}}=50,\ 75\ 和\ 100\text{V}\ 时的系统变量动态特性（续）$$

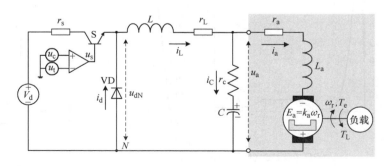

图4-22　降压开关供电的永磁直流电动机

$$\frac{\mathrm{d}u_c}{\mathrm{d}t} = \frac{1}{C}(i_L - i_a),$$

$$\frac{\mathrm{d}i_L}{\mathrm{d}t} = \frac{1}{L}\left(-u_c - (r_L + r_c)i_L + r_c i_a - r_s i_L d_D + V_d d_D \right),$$

$$\frac{\mathrm{d}i_a}{\mathrm{d}t} = \frac{1}{L_a}(u_c + r_c i_L - (r_a + r_c)i_a - k_a \omega_r),$$

$$\frac{\mathrm{d}\omega_r}{\mathrm{d}t} = \frac{1}{J}(k_a i_a - B_m \omega_r - T_L). \tag{4-9}$$

占空比由控制电压 u_c 决定，u_c 不能大于 u_{tmax}，也不能小于 u_{tmin}。也就是 $u_{tmin} \leqslant u_c \leqslant u_{tmax}$。所以，$u_c$ 有界。对于 $u_{tmin} = 0$，有

$$d_D = \frac{u_c}{u_{tmax}} \in [0,1], u_c \in [0, u_{cmax}], u_{cmax} = u_{tmax}$$

控制电压 u_c 可以看作一个控制输入。由式（4-9），我们有

$$\frac{\mathrm{d}u_c}{\mathrm{d}t} = \frac{1}{C}(i_L - i_a),$$

$$\frac{\mathrm{d}i_L}{\mathrm{d}t} = \frac{1}{L}\left(-u_c - (r_L + r_c)i_L + r_c i_a - \frac{r_s}{u_{tmax}}i_L u_c + \frac{V_d}{u_{tmax}}u_c \right),$$

$$\frac{\mathrm{d}i_a}{\mathrm{d}t} = \frac{1}{L_a}(u_c + r_c i_L - (r_a + r_c)i_a - k_a \omega_r),$$

$$\frac{\mathrm{d}\omega_r}{\mathrm{d}t} = \frac{1}{J}(k_a i_a - B_m \omega_r - T_L).$$

带 buck 电路的永磁直流电动机的数学模型是非线性的,这是由于非线性项

$$\frac{r_s}{L u_{tmax}} i_L u_c$$

另一个原因是，强加了控制边界；尤其是，$0 \leqslant u_c \leqslant u_{tmax}$，$u_c \in [0, u_{cmax}]$。

施加在电动机绕组上的电枢电压受限于升压（boost）DC – DC 高频开关变流器。利用第 3.2.3 节建立的 boost 变流器的运动态方程，有

$$\frac{\mathrm{d}u_c}{\mathrm{d}t} = \frac{1}{C}\left(i_L - i_a - \frac{1}{u_{tmax}}i_L u_c\right),$$

$$\frac{\mathrm{d}i_L}{\mathrm{d}t} = \frac{1}{L}\left[-u_c - (r_L + r_c)i_L + r_c i_a + \frac{1}{u_{tmax}}u_c u_c + \frac{(r_c - r_s)}{u_{tmax}}i_L u_c - \frac{r_c}{u_{tmax}}i_a u_c + V_d \right],$$

$$\frac{\mathrm{d}i_a}{\mathrm{d}t} = \frac{1}{L_a}\left[u_c + r_c i_L - (r_a + r_c)i_a - \frac{r_c}{u_{tmax}}i_L u_c - k_a \omega_r \right],$$

$$\frac{\mathrm{d}\omega_r}{\mathrm{d}t} = \frac{1}{J}(k_a i_a - B_m \omega_r - T_L).$$

3.2.5 节介绍了 Cuk 变流器。考虑一台带 Cuk DC – DC 变流器的永磁直流电动机，可以得到如下微分方程：

$$\frac{\mathrm{d}u_{c1}}{\mathrm{d}t} = \frac{1}{C}\left(i_{L1} - \frac{1}{u_{tmax}}i_{L1}u_c + \frac{1}{u_{tmax}}i_L u_c\right),$$

$$\frac{\mathrm{d}u_c}{\mathrm{d}t} = \frac{1}{C}\left(i_L - i_a\right),$$

$$\frac{\mathrm{d}i_{L1}}{\mathrm{d}t} = \frac{1}{L_1}\left(-u_{c1} - (r_{L1} + r_{c1})i_{L1} + \frac{1}{u_{tmax}}u_{c1}u_c + \frac{r_{c1} - r_s}{u_{tmax}}i_{L1}u_c + \frac{r_s}{u_{tmax}}i_L u_c + V_d\right),$$

$$\frac{\mathrm{d}i_L}{\mathrm{d}t} = \frac{1}{L}\left(-u_c - (r_L + r_c)i_L + r_c i_a - \frac{1}{u_{tmax}}u_{c1}u_c + \frac{r_s}{u_{tmax}}i_{L1}u_c - \frac{r_{c1} + r_s}{u_{tmax}}i_L u_c\right),$$

$$\frac{\mathrm{d}i_a}{\mathrm{d}t} = \frac{1}{L_a}\left(u_c + r_c i_L - (r_a + r_c)i_a - k_a\omega_r\right),$$

$$\frac{\mathrm{d}\omega_r}{\mathrm{d}t} = \frac{1}{J}\left(k_a i_a - B_m\omega_r - T_L\right).$$

以上我们讨论了利用不同的高频单象限变流器（降压、升压、Cuk 及其他）来控制电机的应用。之前已经强调，两象限和四象限变流器更常用。对应的分析、设计、最优化可以直接利用以上结果。

例 4-3 带降压变流器的永磁直流电动机

考虑如图 4-22 所示的带降压变流器的永磁直流电动机。低通滤波器保证 5% 的电压纹波。整流器参数为 $r_s = 0.025\Omega$，$r_L = 0.02\Omega$，$r_c = 0.15\Omega$，$C = 0.003F$，$L = 0.0007H$。

令 $d_D = 0.5$，$V_d = 50V$。电动机参数为 $r_a = 2\Omega$，$k_a = 0.05V \cdot s/rad$（$N \cdot m/A$），$L_a = 0.005H$，$B_m = 0.0001N \cdot m \cdot s/rad$，$J = 0.0001kg \cdot m^2$。

在 MATLAB，我们仿真开环机电系统。注意到微分方程（4-9），两个 M 文件用于执行仿真，假定空载电动机由静止开始加速（$T_L = 0$）。MATLAB 文件为（ch4_1. m）

```
t0 = 0; tfinal = 0. 4; tspan = [ t0 tfinal]; y0 = [ 0 0 0 0]';
[ t,y] = ode45 ('ch4_2',tspan,y0);
subplot(2,2,1); plot(t,y(:,1),'-');
xlabel('Time(secondes)','FontSize',12);
title('Voltage u_C,[V]','FontSize',12);
subplot(2,2,2); plot(t,y(:,2),'-');
xlabel('Time(secondes)','FontSize',12);
title('Current i_L,[A]','FontSize',12);
subplot(2,2,3); plot(t,y(:,3),'-');
xlabel('Time(secondes)','FontSize',12);
title('Current i_a,[A]','FontSize',12);
subplot(2,2,4); plot3(t,y(:,4),'-');
xlabel('Time(secondes)','FontSize',12);
title('Angular Velocity \omega_r,[rad/sec]','FontSize',12);
```

第二个文件（ch4_ 2. m）为：

```
% 永磁直流电机 Buck 变换器动态响应
```

```
function yprime = difer(t,y);
% 参数
Vd = 50; D = 0.5; rs = 0.025; rl = 0.02; rc = 0.15; C = 0.003; L = 0.0007;
ra = 2; ka = 0.05; La = 0.05; Bm = 0.00001; J = 0.0001; Tl = 0;
% 永磁直流电机 Buck 变换器微分方程
yprime = [(y(2,:) - y(3,:))/C;···
( - y(1,:) - (rl + rc) * y(2,:) + rc * y(3,:) - rs * y(2,:) * D + Vd * D)/L;···
(y(1,:) + rc * y(2,:) - (rc + ra) * y(3,:) - ka * y(4,:))/La;···
(ka * y(3,:) - Bm * y(4,:) - Tl)/J];
```

状态变量 $u_c(t)$、$i_L(t)$、$i_a(t)$、$w_r(t)$ 的瞬态特性如图 4-23 所示。稳定时间为 0.4s，电机达到稳态。角速度 496rad/sec，并可由式（4-3）得到。不过，动态特性的分析比稳态分析更具有一般性。例如，要评估效率、热瞬态特性和加速能力以及其他重要特性，必须求解描述机电系统动态特性（及稳态特性）的微分方程。

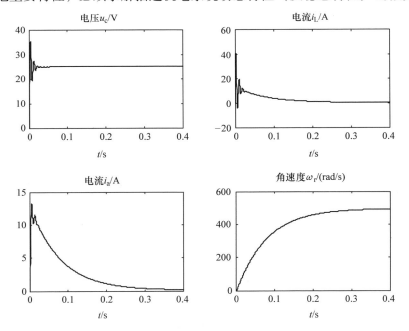

图 4-23　buck 变流器供电的永磁直流电机的暂态特性

4.2　轴向结构永磁直流电机

4.2.1　轴向结构永磁直流电机的基本原理

我们已经介绍了径向结构的永磁直流电机，现在我们将研究轴向结构永磁直流电机，一般用于盘式电动机，硬盘驱动器，有限转角电动机等。在这种形式的电机中，平面分段的永磁体阵列放置在定子上，而转子上为平面绕组。电刷和换向器用于对转子绕组施加电枢电压。转子表面的平面绕组大大简化了制造，使得可以像制造常规（高转矩、功率）机械一样制造价格适中的电磁式微型或传统的电机。轴向结构的永磁直流电机的概念和图片如图 4-24 所示。

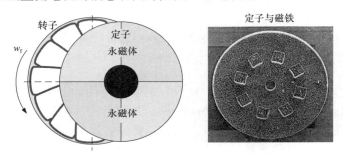

图 4-24　轴向拓扑永磁直流电机

考虑一个由永磁体产生的磁场中的电流回路。假定穿过永磁体平面（电流环）的磁链为常数。则均匀磁场中，一个任意大小、形状的平面电流环上的转矩为

$$T = is \times B = m \times B,$$

式中，i 是环（绕组）电流，m 是磁偶极矩 $[A \cdot m^2]$。

转矩为 $T = R \times F$，对于闭合线圈，有 $F = -i\oint_l B \times dl$，对于均匀的磁链密度分布，可以简化为 $F = -iB \times \oint_l dl$。

电流线圈上的转矩会使线圈转动，使由电路回路产生的磁场与由永磁体所产生的磁场对齐。例如，一个均匀磁场中，磁通密度为 $B = -0.6 a_y + 0.8 a_z$，有一个 $10 * 20 cm$ 的电流线圈如图 4-25 所示。

转矩为

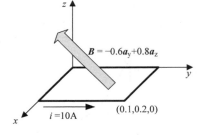

图 4-25　均匀磁场中的矩形电流环

$$T = is \times B = m \times B = 10[(0.1)(0.2)a_z] \times (-0.6 a_y) + 0.8 a_z = 0.12 a_x \text{Nm}$$

所以，线圈将绕与正向 x 轴平行的轴旋转。

电磁力为

$$F = \oint_l idl \times B = -i\oint_l B \times dl,$$

或者以微分形式，$dF = idl \times B$。进一步，$T = R \times F$。对于均匀磁场中的直线（导体），可以由 $F = -iB \times \oint_l dl$ 得到 $F = il \times B$。绕组中的电流与永磁体相互作用产生电磁力和电磁转矩。永磁体在给定方向上磁化，从而保证产生的转矩可以使电机起动（力和转矩建立的结果）。考虑绕组线圈与 N_m 个在给定方向上磁化的永磁体的

相互作用（$N_m = 2m$，m 为整数）。

　　考虑一维情况，作用在线圈上的电磁力与使线圈以 O 点（转子中心）旋转的转子电磁转矩相垂直。表达式 $F = il \times B$ 和 $T = R \times F$ 简化为一维情况，假定理想的结构设计。

　　我们考虑旋转机电运动装置。在合理的简化和假设下，假定一个理想的结构设计，存在一个有效磁通密度 $B(\theta_r)$，其中 $B(\theta_r)$ 是 θ_r 的函数，θ_r 是带绕组转子相对于永磁定子（产生稳态磁场）的位置差。根据永磁体磁化、结构、尺寸的不同，$B(\theta_r)$ 有不同的表达式。对于如图 4-24 所示的永磁体，由绕组上所观测的磁通密度是 θ_r 的周期函数。如果永磁体或条状分割磁体（可以均匀磁化）之间没有间隙，或有间距（或磁体结构、尺寸、磁化方式不同），可以用：

$$B(\theta_r) = B_{max}\left|\sin\left(\frac{1}{2}N_m\theta_r\right)\right|$$

或

$$B(\theta_r) = B_{max}\sin^n\left(\frac{1}{2}N_m\theta_r\right), n = 1,3,5\cdots,$$

式中，B_{max} 是从绕组观测的由永磁体产生的最大有效磁通密度。B_{max} 取决于所用的永磁体，永磁体分布，温度等；N_m 是永磁体个数；n 是整数，是永磁体磁化方式、结构、尺寸、宽度、厚度和分布等因素的函数。

　　考虑一个说演示的例子，对 3 个 $B(\theta_r)$ 如下：

$$B(\theta_r) = B_{max}\sin\left(\frac{1}{2}N_m\theta_r\right), \ B(\theta_r) = B_{max}\left|\sin\left(\frac{1}{2}N_m\theta_r\right)\right|,$$

$$B(\theta_r) = B_{max}\sin^5\left(\frac{1}{2}N_m\theta_r\right)$$

其中，$B_{max} = 0.9T$，$N_m = 4$，我们利用如下命令，计算和绘制 $B(\theta_r)$：

```
th = 0:.01:2 * pi; Nm = 4; Bmax = 0.9; B = Bmax * sin(Nm * th/2); plot(th,B);
xlabel('Rotor Displacement, \theta_r [rad]','FontSize',14);
ylabel('B(\theta_r)[T]','FontSize',14);
title('Field as a Function on Displacement,B(\theta_r)','FontSize,14);
```

和

```
th = 0:.01:2 * pi; Nm = 4; Bmax = 0.9; B = Bmax * sign(sin(Nm * th/2)); plot(th,B);
xlabel('Rotor Displacement, \theta_r [rad]','FontSize',14);
ylabel('B(\theta_r)[T]','FontSize',14);
title('Field as a Function on Displacement,B(\theta_r)');
```

和

```
th = 0:.01:2 * pi; Nm = 4; Bmax = 0.9; B = Bmax * sin(Nm * th/2).^5; plot(th,B);
xlabel('Rotor Displacement, \theta_r [rad]','FontSize',14);
ylabel('B(\theta_r)[T]','FontSize',14);
title('Field as a Function on Displacement,B(\theta_r)','FontSize',14);
```

$B(\theta_r)$ 的曲线如图 4-26 所示。

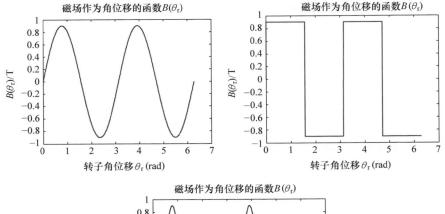

图 4-26 $B(\theta_r) = B_{\max}\sin\left(\dfrac{1}{2}N_m\theta_r\right)$, $B(\theta_r) = B_{\max}\left|\sin\left(\dfrac{1}{2}N_m\theta_r\right)\right|$ 和

$$B(\theta_r) = B_{\max}\sin^5\left(\frac{1}{2}N_m\theta_r\right) B_{\max} = 0.9T \text{ 和 } N_m = 4 \text{ 的波形}$$

因此，$B(\theta_r)$ 可以描述为

$$B(\theta_r) = B_{\max}\left|\sin\left(\frac{1}{2}N_m\theta_r\right)\right|, B(\theta_r) = \sum_{n=1}^{\infty} B_{\max n}\sin^{2n-1}\left(\frac{1}{2}N_m\theta_r\right)$$

形式和其他连续、非连续周期函数一样。只有得到了，$B(\theta_r)$ 的解析或数值解，才能得到电动势和转矩 T_e。

对于一维问题，由表达式 $\boldsymbol{F} = i\boldsymbol{l} \times \boldsymbol{B}$ 和 $\boldsymbol{T} = \boldsymbol{R} \times \boldsymbol{F}$ 得到：

$$T_e = l_{eq}Ni_aB(\theta_r)$$

式中，l_{eq} 是有效长度，包括了等效绕组长度和活动臂；N 是匝数。

也可以用共能量的表达式 $W_c(i_a, \theta_r) = A_{eq}(\theta_r)B(\theta_r)i_a$ 得到电磁转矩。这里 A_{eq} 是考虑了匝数和磁场不均匀的有效区域面积。

由于使用电刷和换向器，通过对恰当换流的线圈施加 u_a，使得多绕组产生的电磁转矩最大化。对绝大多数轴向和径向永磁直流电机，电磁转矩的表达式为

$$T_e = k_ai_a$$

例如，对

$$B(\theta_r) = B_{max} \left| \sin\left(\frac{1}{2} N_m \theta_r\right) \right|$$

可以得到

$$k_a = l_{eq} N B_{max}$$

利用基尔霍夫电压定律

$$u_a = r_a i_a + \frac{d\psi}{dt}$$

和牛顿运动第二定律

$$\frac{d\omega_r}{dt} = \frac{1}{J}(T_e - B_m \omega_r - T_L)$$

则，轴向结构永磁直流电机的微分方程为

$$\frac{di_a}{dt} = -\frac{r_a}{L_a} i_a - \frac{k_a}{L_a} \omega_r + \frac{1}{L_a} u_a, \frac{d\omega_r}{dt} = \frac{k_a}{J} i_a - \frac{B_m}{J} \omega_r - \frac{1}{J} T_L.$$

对轴向结构的永磁直流发电机，假定阻性负载 R_L，感应电动势为 $E_a = k_a \omega_r$。发电机的运动方程为

$$\frac{di_a}{dt} = -\frac{r_a + R_L}{L_a} i_a + \frac{k_a}{L_a} \omega_r,$$

$$\frac{d\omega_r}{dt} = -\frac{k_a}{J} i_a - \frac{B_m}{J} \omega_r + \frac{1}{J} T_{pm}.$$

4.2.2 轴向结构硬盘驱动器

考虑一台轴向结构硬盘驱动器，其两条永磁带以分段陈列形式构成如图 4-27 所示。要顺时针或逆时针旋转驱动器，可以改变所施加电压 u_a 的极性。这改变了由左右绕组产生的电磁力 F_e 的方向。因为左右磁条磁化方向不同，产生的电磁转矩在同一方向上。机械限制器使 $-\theta_{rmax} \leqslant \theta_r \leqslant \theta_{rmax}$。如图 4-27 所示，$-45\deg \leqslant \theta_r \leqslant 45\deg$。对于如图 4-27 所示的计算机和照相机硬盘驱动器，$-10\deg \leqslant \theta_r \leqslant 10\deg$。左边的导线在左边磁条的转子上。通过左边磁铁 $B_L(\theta_r)$ 和电流 i_a 产生的稳态磁场的相互作用，可产生 F_{eL}、T_{eL}。我们假定右边的磁条产生的 $B_R(\theta_r)$ 并不影响 F_{eL}、T_{eL}。另外，左边线圈不会在右侧磁铁之上。对右边的线圈，分析也是一样的。两个不同的驱动器如图 4-27 所示，两者很相似。考虑有限转角的驱动器，并不需要换向器。如果旋转运动装置中，转子要求 360° 旋转，那么需要换向器改变施加在线圈上直流电压（产生电磁转矩）的极性。

根据基尔霍夫电压定律

$$u_a = r_a i_a + \frac{d\psi}{dt}$$

由 $\psi = L_a i_a + A_{eq} B(\theta_r)$，得到

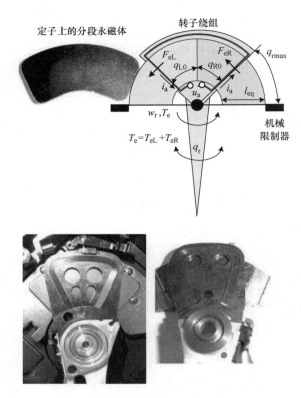

图 4-27　硬盘驱动器轴向拓扑

$$\frac{\mathrm{d}i_\mathrm{a}}{\mathrm{d}t} = \frac{1}{L_\mathrm{a}}\left(-r_\mathrm{a}i_\mathrm{a} - A_\mathrm{eq}\frac{\mathrm{d}B(\theta_\mathrm{r})}{\mathrm{d}t} + u_\mathrm{a} \right)$$

因有两个（左右）线圈，所以有两个电动势项。特别地，

$$\frac{\mathrm{d}i_\mathrm{a}}{\mathrm{d}t} = \frac{1}{L_\mathrm{a}}\left(-r_\mathrm{a}i_\mathrm{a} - A_\mathrm{eq}\frac{\mathrm{d}B_\mathrm{L}(\theta_\mathrm{r})}{\mathrm{d}\theta_\mathrm{r}}\omega_\mathrm{r} - A_\mathrm{eq}\frac{\mathrm{d}B_\mathrm{R}(\theta_\mathrm{r})}{\mathrm{d}\theta_\mathrm{r}}\omega_\mathrm{r} + u_\mathrm{a} \right)$$

由牛顿运动第二定律，得到以下方程：

$$\frac{\mathrm{d}\omega_\mathrm{r}}{\mathrm{d}t} = \frac{1}{J}(T_\mathrm{e} - B_\mathrm{m}\omega_\mathrm{r} - T_\mathrm{L}),\ T_\mathrm{e} = T_\mathrm{eL} + T_\mathrm{eR},$$

$$\frac{\mathrm{d}\theta_\mathrm{r}}{\mathrm{d}t} = \omega_\mathrm{r}.$$

以上分析需要直接利用 $B(\theta_\mathrm{r})$ 方可进行。$B(\theta_\mathrm{r})$ 显著地影响整体性能。这可以由描述瞬态和稳态特性的模型反映。我们考虑两种实际的例子，当磁条被以下两种方式磁化：

1. $B(\theta_\mathrm{r}) = k\theta_\mathrm{r}, k > 0$;

2. $B(\theta_\mathrm{r}) = B_\mathrm{max}\tanh(a\theta_\mathrm{r}), a > 0$.

对 $B(\theta_r) = k\theta_r$，令 $k = 1$；而对 $B(\theta_r) = B_{\max}\tanh(a\theta_r)$，我们研究 $B_{\max} = 0.7T$ 下 $a = 10$ 和 $a = 100$ 的情况。

$B(\theta_r)$ 的曲线如图 4-28 所示。

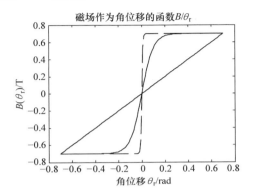

图 4-28　$B(\theta_r) = K\theta_r$，$k = 1$ 和 $B(\theta_r) = B_{\max}\tanh(a\theta_r)$，$B_{\max} = 0.7T$ 和
$a = 10$ 和 $a = 100$ 的图示（曲线）

　　为进行计算和绘图，执行下列指令：

th = -0.7 :. 01 :0.7; k = 1; Bmax = 0.7; a1 = 10; a2 = 100;

B1 = k * th; B21 = Bmax * tanh(a1 * th); B22 = Bmax * tanh(a2 * th);

plot(th,B1, ' : ',th,B21, ' $-$ ',th,B22, ' $--$ ');

xlabel('Dispacement, \theta_r［rad］', 'FontSize',14);

ylabel('B(\theta_r)［T］', 'FontSize',14);

title('Field as a Function of Displacement,B(\theta_r)', 'FontSize',14);

　　对 $B(\theta_r) = k\theta_r$，有

$$\frac{di_a}{dt} = \frac{1}{L_a}(-r_a i_a - 2A_{eq}k\omega_r + u_a)$$

　　接下来推导电磁转矩 $T_e = T_{eL} + T_{eR}$ 的表达式。我们已得到 $T_{ei} = l_{eq}Ni_aB_i(\theta_r)$。两个线圈的位置角为 $\theta_L(t)$ 和 $\theta_R(t)$。如图 4-27 所示，因有机械限制，$-\theta_{rmax} \leqslant \theta_r \leqslant \theta_{rmax}$。对如图 4-27 所示的硬盘驱动器图，有 $-10 \leqslant \theta_r \leqslant 10 \mathrm{degree}$，即 $-0.175 \leqslant \theta_r \leqslant 0.175\mathrm{rad}$。假定 $\theta_{r0} = 0$，$\theta_{L0} = 0.175\mathrm{rad}$，$\theta_{R0} = 0.175\mathrm{rad}$，对研究的对称运动，我们有 $\theta_L(t) = \theta_{L0} - \theta_r(t)$，$\theta_R(t) = \theta_{R0} + \theta_r(t)$，$-0.175 \leqslant \theta_r \leqslant 0.175\mathrm{rad}$。应当指出，两个线圈的位置角 $\theta_L(t)$ 和 $\theta_R(t)$ 受限制，但 $\theta_L(t)$ 和 $\theta_R(t)$ 不是状态变量。

　　如图 4-27 所示，电流 i_a 在左右线圈的流动方向不同。电磁力 F_{eL}、F_{eR} 的方向相同。所以，

$T_e = T_{eL} + T_{eR} = l_{eq}Nk(\theta_L + \theta_R)i_a, \theta_L = \theta_{L0} - \theta_r(t), \theta_R(t) = \theta_{R0} + \theta_r(t), -\theta_{rmax} \leqslant \theta_r \leqslant \theta_{rmax}$，对此返回弹簧模型用非理想胡克定律，有

$$\frac{d\omega_r}{dt} = \frac{1}{J}(l_{eq}Nk(\theta_L + \theta_R)i_a - B_m\omega_r - k_s\theta_r - k_{s1}\theta_r^3 - T_{L\xi}), \theta_L(t) = \theta_{L0} - \theta_r(t), \theta_R(t) = \theta_{R0} + \theta_r(t),$$

$$\frac{d\theta_r}{dt} = \omega_r, \quad -\theta_{rmax} \leqslant \theta_r \leqslant \theta_{rmax},$$

式中，$T_{L\xi}$ 代表随机负载转矩。

参数可以估算通过实验测量。我们有 $k = 1$，$r_a = 35\Omega$，$L_a = 0.0041H$，$l_{eq} = 0.015m$，$N = 300$，$A_{eq} = 0.000045$，$B_m = 0.0005N \cdot m \cdot s/rad$，$k_s = 0.1N \cdot m/rad$，$k_{s1} = 0.05N \cdot m/rad^3$，$J = 0.0000015kg \cdot m^2$。

以下对测量的参数进行简单地证明。例如，对一个半径为 0.05mm 的铜绕组，长度 $l_L + l_{top} + l_{bottom} + l_R$，有

$$r_a = \frac{N(l_L + l_{top} + l_{bottom} + l_R)\sigma}{A} = \frac{300 \times 0.06 \times 1.72 \times 10^{-8}}{\pi(0.00005)^2} = 39\Omega$$

圆形回路的自感（回路半径 R_1，导线半径 d）的估计如下：

$$L_a = N^2 R_1 \mu_0 \mu_r \left(\ln \frac{16R_1}{d} - 2 \right) = 300^2 \times 0.0075 \times 4\pi \times 10^{-7} \left(\ln \frac{8 \times 0.0075}{0.00005} - 2 \right) = 0.0043H$$

使用转动惯量公式 $J = mR_{disk}^2$ 会过高地估计薄片的 J。驱动器中心为碟形构造，从而使 J 最小，增加加速能力。如图 4-27 所示，旋转点是塑料的且有空洞。估计的 r_a、L_a、J 与测量的参数值对应。

设置参数和常数如下：

k = 1；N = 300，ra = 35，La = 4.1e - 3；leq = 1.5e - 2；Aeq = 4.5e - 5；Bm = 5e - 4；
ks = 0.1；ks1 = 0.05；J = 1.5e - 6；

对运动方程

$$\frac{di_a}{dt} = \frac{1}{L_a}(-r_a i_a - 2A_{eq}k\omega_r + u_a)$$

$$\frac{d\omega_r}{dt} = \frac{1}{J}(l_{eq}Nk(\theta_L + \theta_R)i_a - B_m\omega_r - k_s\theta_r - k_{s1}\theta_r^3 - T_{L\xi}), \theta_L(t) = \theta_{L0} - \theta_r(t),$$

$$\theta_R(t) = \theta_{R0} + \theta_r(t),$$

$$\frac{d\theta_r}{dt} = \omega_r, \quad -\theta_{rmax} \leqslant \theta_r \leqslant \theta_{rmax},$$

对应的 Simulink 框图如图 4-29 所示。

$i_a(t)$、$\omega_r(t)$、$\theta_r(t)$ 的瞬态特性如图 4-30 所示。绘图利用了存储的显示器数据。MATLAB 的作图命令如下：

```
plot(ia(:,1),ia(:,2)); xlabel('Time(seconds)','FontSize',14);
title('Current i_a,[A]','FontSize',14);
```

和

```
plot(wr(:,1),wr(:,2)); xlable('Time(seconds)','FontSize',14);
title('Angular Velocity \omega_r,[rad/sec]','FontSize',14);
```

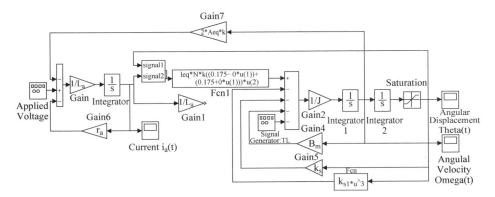

图 4-29 轴向拓扑仿真框图（有限角位移执行器，$B(\theta_r) = k\theta_r$）

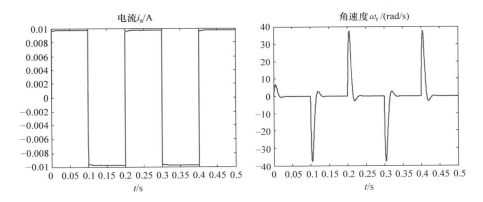

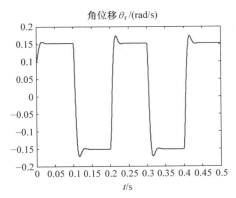

图 4-30 状态变量的暂态特性

和

plot(th(: ,1) ,th(: ,2)) ; xlabel('Time(seconds) ', 'FontSize' ,14) ;

title('Angular Displacement \theta_r , [rad/sec] ' , 'FontSize' ,14) ;

我们前面研究了 $B(\theta_r) = k\theta_r$ 的情况。接下来考虑第二种情况，即磁铁以 $B(\theta_r) = B_{max}\tanh(a\theta_r)$ 被磁化。由

$$\frac{di_a}{dt} = \frac{1}{L}\left(-r_a i_a - A_{eq}\frac{dB_L(\theta_r)}{d\theta_r}\omega_r - A_{eq}\frac{dB_R(\theta_r)}{d\theta_r}\omega_r + u_a \right)$$

有

$$\frac{di_a}{dt} = \frac{1}{L_a}(-r_a i_a - A_{eq}aB_{max}\text{sech}^2(a\theta_L)\omega_r - A_{eq}aB_{max}\text{sech}^2(a\theta_R)\omega_r + u_a)$$

$$= \frac{1}{L_a}(-r_a i_a - A_{eq}aB_{max}\text{sech}^2 a(\theta_{L0} - \theta_r)\omega_r - A_{eq}aB_{max}\text{sech}^2 a(\theta_{R0} + \theta_r)\omega_r + u_a)$$

电磁转矩为 $T_e = T_{eL} + T_{eR}$。

所以

$$T_e = l_{eq}NB_{max}(\tanh a\theta_L + \tanh a\theta_R)i_a ,$$

$$\theta_L(t) = \theta_{L0} - \theta_r(t) ,$$

$$\theta_R(t) = \theta_{R0} + \theta_r(t) , \ -\theta_{rmax} \leqslant \theta_r \leqslant \theta_{rmax}$$

得到

$$\frac{d\omega_r}{dt} = \frac{1}{J}[l_{eq}NB_{max}(\tanh a\theta_L + \tanh a\theta_R)i_a - B_m\omega_r - k_s\theta_r - k_{s1}\theta_r^3 - T_{L\xi}]$$

$$= \frac{1}{J}\{ l_{eq}NB_{max}[\tanh a(\theta_{L0} - \theta_r) + \tanh a(\theta_{R0} - \theta_r)]i_a - B_m\omega_r - k_s\theta_r - k_{s1}\theta_r^3 - T_{L\xi} \}$$

$$\frac{d\theta_r}{dt} = \omega_r , \ -\theta_{rmax} \leqslant \theta_r \leqslant \theta_{rmax} ,$$

参数及常数如下：

Bmax = 0.7；a = 10；N = 300；ra = 35；La = 4.1e - 3；leq = 1.5e - 2；

Aeq = 4.5e - 5；Bm = 5e - 4；ks = 0.1；ks1 = 0.05；J = 1.5e - 6；

所得微分方程如下：

$$\frac{di_a}{dt} = \frac{1}{L_a}(-r_a i_a - A_{eq}aB_{max}\text{sech}^2 a(\theta_{L0} - \theta_r)\omega_r - A_{eq}aB_{max}\text{sech}^2 a(\theta_{L0} + \theta_r)\omega_r + u_a)$$

$$\frac{d\omega_r}{dt} = \frac{1}{J}\{ l_{eq}NB_{max}[\tanh a(\theta_{L0} - \theta_r) + \tanh a(\theta_{R0} - \theta_r)]i_a - B_m\omega_r - k_s\theta_r - k_{s1}\theta_r^3 - T_{L\xi} \}$$

$$\frac{d\theta_r}{dt} = \omega_r , \ -\theta_{rmax} \leqslant \theta_r \leqslant \theta_{rmax}$$

这些方程与图 4-31 所示的 Simulink 模型对应。

当 $B(\theta_r) = B_{max}\tanh(a\theta_r)$，$a = 10$ 和 $a = 100$ 的情况下，状态变量 $i_a(t)$，$\omega_r(t)$，$\theta_r(t)$ 的变化分别如图 4-32 和图 4-33 所示。位置角受限于 $-0.175 \leqslant \theta_r \leqslant 0.175$ rad。Simulink 框图中的饱和（saturation）模块用于表示这些限制。可以观察到，当指针向左或向右运动时，驱动器呈现返回弹簧的特性。机电系统的性能受到

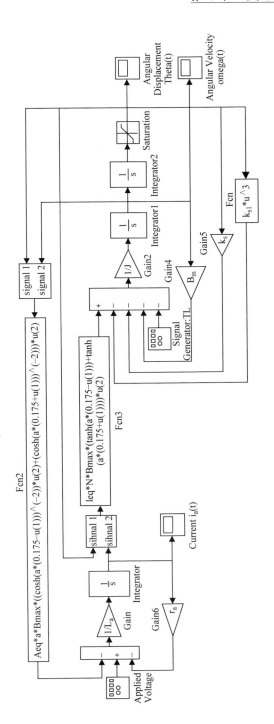

图 4-31　轴向拓扑仿真图，有限角位移致动器 $B(\theta_r) = B_{max} \tanh(a\theta_r)$

永磁体磁化、参数、常数的影响，这些都决定于设计、制造、材料等。应用闭环系统可以优化系统动态，以获得最优的性能。

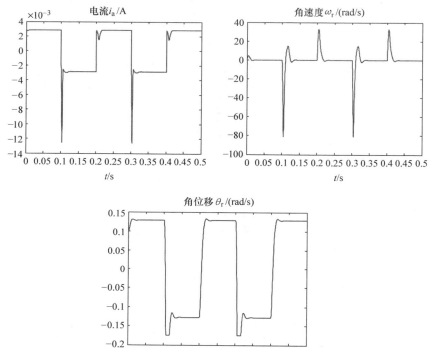

图 4-32　状态变量暂态特性，$B(\theta_r)=B_{max}\tanh(a\theta_r)$，$a=10$

对 $B(\theta_r)=B_{max}\tanh(a\theta_r)$，如果 a＝100，通过简化反电势和电磁转矩的表达式，可对微分方程进行简化。如图 4-28 所示，对较小的位置角 θ_r，$-\theta_{rmax}\leqslant\theta_r\leqslant\theta_{rmax}$，可以有 $B(\theta_r)=B_{max}\tanh(100\theta_r)\approx B_{max}\mathrm{sgn}(\theta_r)$，得到 $B_L(\theta_r)\approx -B_{max}$，$B_R(\theta_r)\approx B_{max}$。实际上，由于机械限制和磁铁磁化，电动势的变化可能只会在指针非常靠近左边界和右边界时显现。由 $B_L(\theta_r)\approx const$，$B_R(\theta_r)\approx const$，可以假定电动势为 0。利用

$$T_e=T_{eL}+T_{eR}=l_{eq}NB_{max}(\tanh a\theta_L+\tanh a\theta_R)i_a\approx 2l_{eq}NB_{max}i_a$$

有如下运动方程

$$\frac{\mathrm{d}i_a}{\mathrm{d}t}=\frac{1}{L_a}(-r_ai_a+u_a),$$

$$\frac{\mathrm{d}\omega_r}{\mathrm{d}t}=\frac{1}{J}\big[2l_{eq}NB_{max}i_a-B_m\omega_r-k_s\theta_r-k_{s1}\theta_r^3-T_{L\xi}\big],$$

$$\frac{\mathrm{d}\theta_r}{\mathrm{d}t}=\omega_r,\ -\theta_{rmax}\leqslant\theta_r\leqslant\theta_{rmax}.$$

如图 4-34 所示为轴向拓扑仿真图，有限角位移执行器。

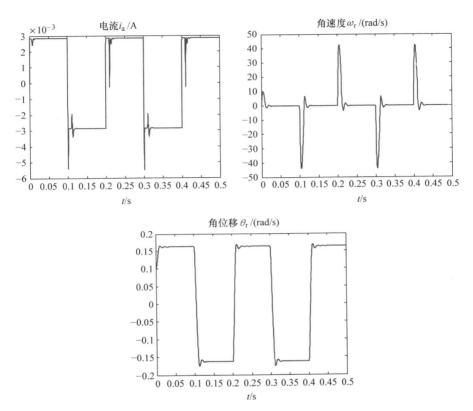

图 4-33   状态变量暂态特性，$B(\theta_r) = B_{max}\tanh(a\theta_r)$，$a = 100$

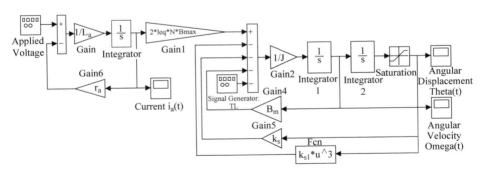

图 4-34   轴向拓扑仿真图，有限角位移执行器（简化的微分方程）

$i_a(t)$、$\omega_r(t)$、$\theta_r(t)$ 的变化如图 4-35 所示。比较图 4-33 和图 4-35 中的结果可见，尽管整体特性非常相似，为了进行详细分析，必须使用完整的数学模型。例如，用 $i_a(t)$ 来估计损耗、热特性，发热等。一个精确的模型会导致更高的 $i_a(t)$ 值，以保证精确性和一致性。

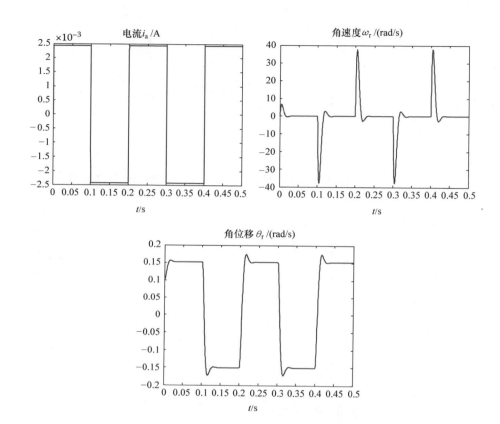

图 4-35　状态变量暂态行为：简化线性模型

4.3　机电运动装置：综合和分类

在 4.1 和 4.2 节中，我们介绍了永磁直流电机和运动装置，研究了轴向和径向结构。变流电机（感应和同步）的内容，将在第 5、第 6 章讲述。第 4～6 章所述的电机是电磁装置。第 2 章讲述了静电传动装置。除了旋转装置外，也存在平移（直线）变换器。关于继电器，螺线管等可变磁阻装置在第 2 章中已经详细讨论。本节讲述机电运动装置的综合和分类，这不仅有利于对结构设计和装置物理规律的理解，也可能有利于发明新的机电装置。

考虑如图 4-36 所示的两相永磁同步无槽装置。该电磁系统是闭口（闭合）型的，如图 4-36 所示可以采用不同的结构。相反，对平移（直线）同步装置，得出的是开口型的电磁系统。

研究机电运动装置不仅可以以直流或交流（感应和同步）、径向或轴向、旋转

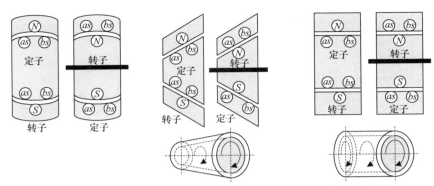

图 4-36　永磁同步电机设备（具有闭合电磁系统和不同几何结构）

或平移区分，也可以综合地利用合理的定量特征来分类。例如，电磁系统、励磁、装置结构（平板、球形、环形、锥、圆柱），绕组参数，其他定性和定量特征可能包含在装置的物理规律里。这个想法很有用，不仅可以用来研究已知的运动装置，也可用于合成可能具有不同电磁系统（闭口型、开口型、集成型）的合理的高性能装置。运动装置可以用类型 $Y = \{y : y \in Y\}$ 归类。另外，使用一个电磁系统分类词（闭口型 E、开口型 O、集成型 I）和一个结构分类词（平板 P、球形 S、环形 T、锥形 N、圆柱形 C、混合型 A），装置就可以区分。这个分类方法见表 4-1，3 个水平条和 6 个竖直条，得到 18 个区域以划分描述特征。每个区域由特征对确定，比如，（E、P）或（O、C）。在每个有序对中，第一个输入是电磁系统组 $M = \{E \quad O \quad I\}$ 中的一个字母，第二个输入是结构组 $G = \{P、S、T、N、C、A\}$ 中的一个字母。对运动装置，电磁系统 – 结构组为

$$M \times G = \{(E、P)(E、S)(E、T) \cdots (I、N)(I、C)(I、A)\}$$

一般，$M \times G = \{(m、g) : m \in M、g \in G\}$。

也可以利用其他分类。例如，单相、两相、三相和多相装置可以用相分类 $H = \{h : h \in H\}$ 来分类。所以有

$$Y \times M \times G \times H = \{(y、m、g、h) : y \in Y、m \in M、g \in G、h \in H\}$$

也可按结构（径向或轴向），永磁体形状（条状、弧状、圆盘、矩形、三角形），永磁体特性（BH 曲线、磁能积、局部迟滞回线），换向、场分布、冷却、功率、转矩、尺寸、转矩 – 速度特性、封装以及其他不同的特征进行简单分类。

所以，电磁运动装置可以分类为 {类型、电磁系统、形状、相数、结构、励磁、绕组、连接、冷却、制造、材料、包装、轴承等}。

利用由表 4-1 所定义的综合和分类方法和该分类思想，设计者可以将已有的运动装置分类，合成出新的运动装置。例如，闭口型电磁系统、球形、锥形、圆柱形的两相永磁同步电机如图 4-37 所示。球锥形和锥形的结构可以得到更好的性能和增强的能力。这些方案保证高功率密度、高转矩密度，有利的热特性以及其他在汽车、航天和航海和推进系统中有价值的特征。

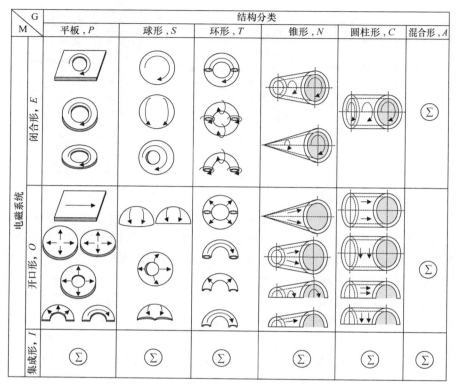

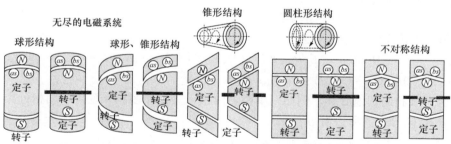

图 4-37 两相永磁同步电机（具有闭合电磁系统和独特的几何结构）

习 题

1. 施加额定电压 $u_a = 10\text{V}$，一台永磁直流电动机的转矩 – 转速特性如图 4-38 所示。计算反电动势常数 k_a，额定电枢电流 i_a 和电枢电阻 r_a。忽略粘滞摩擦。

2. 运行仿真（在 MATLAB 中用 Simulink）并分析一台 30V、10A、300rad/s 的永磁直流电机（研究其稳态和动态性能，估计空载和负载下的损耗，检验效率）。电动机参数为

$$r_a = 1\Omega, k_a = 0.1\text{V} \cdot \text{s/rad}(\text{N} \cdot \text{m/A}), L_a = 0.005\text{H}, B_m = 0.0001\text{N} \cdot \text{m} \cdot \text{s/rad},$$

$$J = 0.0001\text{kg} \cdot \text{m}^2$$

3. 建立轴向结构有限转角执行器（计算机硬盘驱动器）的数学模型。其中：
$-10^0 \leqslant \theta_r \leqslant 10^0 \mathrm{rad}$ 或 $-0.175 \leqslant \theta_r \leqslant 0.175 \mathrm{rad}$。令 $B(\theta_r) = B_{max} \sin(a\theta_r), a > 0$，$B_{max} = 1T$。

在 Simulink 中运行仿真，给定 a = 1，3，6 分别分析。估计并计算执行器的参数（或利用 4.2.2 节给出的参数）。

假定其他本章中未给出的合理的 $B(\theta_r)$。对推荐的 $B(\theta_r)$，推导 T_e 的表达式，建立数学模型，仿真该执行器，并分析其性能。

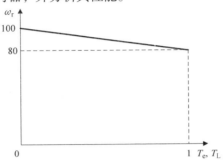

图 4-38 永磁直流电机的转矩 – 转速特性

参 考 文 献

1. S.J. Chapman, *Electric Machinery Fundamentals*, McGraw-Hill, Inc., New York, 1999.
2. A.E. Fitzgerald, C. Kingsley, and S.D. Umans, *Electric Machinery*, McGraw-Hill, Inc., New York, 1990.
3. P.C. Krause, O. Wasynczuk, and S.D. Sudhoff, *Analysis of Electric Machinery*, IEEE Press, New York, 1995.
4. P.C. Krause and O. Wasynczuk, *Electromechanical Motion Devices*, McGraw-Hill, New York, 1989.
5. W. Leonhard, *Control of Electrical Drives*, Springer, Berlin, 1996.
6. S.E. Lyshevski, *Electromechanical Systems, Electric Machines, and Applied Mechatronics*, CRC Press, Boca Raton, FL, 1999.
7. C.-M. Ong, *Dynamic Simulation of Electric Machines*, Prentice Hall, Upper Saddle River, NJ, 1998.
8. M.S. Sarma, *Electric Machines: Steady-State Theory and Dynamic Performance*, PWS Press, New York, 1996.
9. P.C. Sen, *Principles of Electric Machines and Power Electronics*, John Wiley and Sons, New York, 1989.
10. G.R. Slemon, *Electric Machines and Drives*, Addison-Wesley Publishing Company, Reading, MA, 1992.
11. D.C. White and H.H. Woodson, *Electromechanical Energy Conversion*, Wiley, New York, 1959.

第5章 异步电动机

5.1 异步电动机原理、分析和控制

5.1.1 异步电动机简介

作为电磁运动装置，电机有相近的几种产生转矩和能量变换机理：

电磁感应原理——时变的定子磁场和相对于定子运动的转子在转子线圈上感应出相电压。电磁转矩由时变电磁场的相互作用产生。

同步电磁原理——由转子上绕组或磁铁建立的静止磁场与定子绕组建立的时变磁场相互作用产生转矩。

变磁阻电磁原理——转矩产生的目的是使电磁系统（螺线管，继电器等）的磁阻最小化。电磁系统试图将时变旋转气隙磁动势（同步电机）与转子最小磁阻的磁路对齐，从而产生了转矩。

永磁电机一般用于高性能驱动和伺服。在高功率（大于200kW）驱动中，一般用三相异步电动机。普通工业和家用马力驱动中使用成本低的单相或三相异步电动机[1-8]。与永磁运动装置相比，异步电动机的转矩密度和功率密度低得多，作为发电机可能效率不高，但可以用于较简单的电子和控制方案中。异步电动机和其他种类的电机一样，由尼古拉·特斯拉于1888年发明并实现。在笼型异步电动机中，短路转子绕组中的相电压是由时变的定子磁场和转子相对于定子的运动感应出来的。定子绕组上施加相电压。电磁转矩产生于时变电磁场的相互作用。两台250W的异步电动机的图片如图5-1所示。出于说明的目的，第三个图是一个250W的永磁同步电机（相同的额定功率下，体积小得多）。

图5-1　250W异步和永磁同步（黑色）电机（NEMA 56型异步电动机和NEMA 23型永磁同步电机，56和23意为直径为56in（142.2mm）和23in（58.4mm）

要分析电机,评价其性能,可以按顺序从电机设计、最优化建模、仿真、测试、评价和描述等开始。不同的生产厂家已经成功地进行了电机设计,想要再显著地对设计核心技术进行提高似乎不太可能。现有的书籍专门讲述异步电动机的设计和 CAD 工具支持下的结构设计任务(三维电磁、机械、热力、噪声和振动等)。一般地,电机设计和最优化至关重要。第 2 章中介绍了三维张量电磁分析,而结构设计的任务超出了本书的范围。对特殊种类电机,其设计在专门的书中有介绍。结构设计的需求是显而易见的。然而,只有很少一部分工程师从事此工作,因为最优电机设计是一个狭窄而非常专业的问题。对现存的种类繁多的直流、感应、同步电机,一般有合理的解决方案且已经完成了 100 多年。相反,电力电子、微电子和传感器迅速发展,为机电系统的提高创造了无数机会。而且,除了一般的汽车、电力、机器人和交通领域,电力驱动和伺服的应用和市场已经显著扩张(航空电子学、生物工程、电子学、信息技术)。所以,我们关注机电系统的设计问题时,可认为电机是一个关键因素,并假定电机的设计已是最优的。在系统设计中,建模、仿真和分析是首要的。例如,因为存在最优性能的电机,我们专注于系统设计,使机电系统达到其可达到的最优性能。

5.1.2 两相异步电动机用于机械变速

我们研究两相异步电动机如图 5-2 所示。为使异步电动机旋转,并控制角速

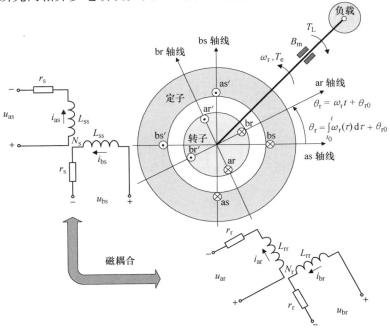

图 5-2 两相对称异步电动机

度，对笼型异步电动机，我们可以改变施加在定子绕组上的电压 u_{as} 和 u_{bs} 的频率和幅值。对于绕线转子异步电动机，除了控制 u_{as} 和 u_{bs} 的频率和幅值，还可以改变施加在转子绕组上的电压 u_{ar} 和 u_{br}。注意应当区分、转子绕组上的感应电压（感应反电动势）和施加在转子绕组上的电压 u_{ar} 和 u_{br}。定子（as、bs）和转子（ar、br）绕组，以及定转子磁场耦合如图 5-2 所示。在笼型异步电动机中，转子绕组感应电压由定子时变磁场和转子相对于定子运动产生。电磁转矩由时变电磁场相互作用产生。

异步电动机的分析可从对装置物理原理（能量转换、转矩产生）的理解开始，然后可以建模，仿真，评价性能，评估能力。不同电动机的物理特性在之前的章节和 5.1.1 节中已有介绍。要得到两相异步电动机的方程，我们描述定转子电路电磁特性，然后对旋转机械特性建模，找出电磁转矩表达式。我们选择施加在 as、bs、ar、br 绕组上的电压以及电流，磁链作为控制和状态变量。利用基尔霍夫电压定律有

$$u_{as} = r_s i_{as} + \frac{\mathrm{d}\boldsymbol{\psi}_{as}}{\mathrm{d}t}, \quad u_{bs} = r_s i_{bs} + \frac{\mathrm{d}\boldsymbol{\psi}_{bs}}{\mathrm{d}t},$$

$$u_{ar} = r_r i_{ar} + \frac{\mathrm{d}\boldsymbol{\psi}_{ar}}{\mathrm{d}t}, \quad u_{br} = r_r i_{ar} + \frac{\mathrm{d}\boldsymbol{\psi}_{br}}{\mathrm{d}t}, \tag{5-1}$$

式中，u_{as} 和 u_{bs} 是施加在定子绕组 as 和 bs 上的电压；u_{ar} 和 u_{br} 是施加在转子绕组 ar 和 br 上的电压（对笼型异步电动机，$u_{ar}=0$，$u_{br}=0$）；i_{as} 和 i_{bs} 是定子绕组相电流；i_{ar} 和 i_{br} 是转子绕组相电流；ψ_{as} 和 ψ_{bs} 是定子磁链；ψ_{ar} 和 ψ_{br} 是转子磁链；r_s 和 r_r 是定转子绕组的电阻。

由式（5-1），利用向量符号，可以得到基尔霍夫电压定律的状态空间形式为

$$\boldsymbol{u}_{abs} = \boldsymbol{r}_s \boldsymbol{i}_{abs} + \frac{\mathrm{d}\boldsymbol{\psi}_{abs}}{\mathrm{d}t}, \boldsymbol{u}_{abr} = \boldsymbol{r}_r \boldsymbol{i}_{abr} + \frac{\mathrm{d}\boldsymbol{\psi}_{abr}}{\mathrm{d}t}, \tag{5-2}$$

式中

$$\boldsymbol{u}_{abs} = \begin{bmatrix} \boldsymbol{u}_{as} \\ \boldsymbol{u}_{bs} \end{bmatrix}, \boldsymbol{u}_{abr} = \begin{bmatrix} \boldsymbol{u}_{ar} \\ \boldsymbol{u}_{br} \end{bmatrix}, \boldsymbol{i}_{abs} = \begin{bmatrix} \boldsymbol{i}_{as} \\ \boldsymbol{i}_{bs} \end{bmatrix}, \boldsymbol{i}_{abr} = \begin{bmatrix} \boldsymbol{i}_{ar} \\ \boldsymbol{i}_{br} \end{bmatrix}, \boldsymbol{\psi}_{abs} = \begin{bmatrix} \boldsymbol{\psi}_{as} \\ \boldsymbol{\psi}_{bs} \end{bmatrix}, \boldsymbol{\psi}_{abs} = \begin{bmatrix} \boldsymbol{\psi}_{ar} \\ \boldsymbol{\psi}_{br} \end{bmatrix}$$

为相电压，电流和磁链为

$$\boldsymbol{r}_s = \begin{bmatrix} \boldsymbol{r}_s & \boldsymbol{0} \\ \boldsymbol{0} & \boldsymbol{r}_s \end{bmatrix}, \boldsymbol{r}_r = \begin{bmatrix} \boldsymbol{r}_r & \boldsymbol{0} \\ \boldsymbol{0} & \boldsymbol{r}_r \end{bmatrix}$$

为定转子电阻矩阵。

假定磁路线性，磁链可以用自感和互感表示。特别地，有

$$\psi_{as} = L_{asas} i_{as} + L_{asbs} i_{bs} + L_{asar} i_{ar} + L_{asbr} i_{br}$$

$$\psi_{bs} = L_{bsas} i_{as} + L_{bsbs} i_{bs} + L_{bsar} i_{ar} + L_{bsbr} i_{br}$$

$$\psi_{ar} = L_{aras} i_{as} + L_{arbs} i_{bs} + L_{arar} i_{ar} + L_{arbr} i_{br}$$

$$\psi_{br} = L_{bras} i_{as} + L_{brbs} i_{bs} + L_{brar} i_{ar} + L_{brbr} i_{br}$$

式中，L_{asas}、L_{bsbs}、L_{arar}、L_{brbr} 是定转子绕组的自感；L_{asbs}、L_{asar}、L_{asbr}、…、L_{bras}、L_{brbs}、L_{drar} 是对应定转子绕组之间的互感，以相应的下标表示。

以 L_{ss} 和 L_{rr} 表示定转子的自感，则有

$$L_{ss} = L_{asas} = L_{bsbs}, L_{rr} = L_{arar} = L_{brbr}$$

定子绕组（as 和 bs）、转子绕组（ar 和 br）是正交的。因此 as 和 bs 之间、ar 和 br 之间没有磁耦合，所以定转子绕组间的互感为

$$L_{asbs} = L_{bsas} = 0, L_{arbr} = L_{brar} = 0$$

研究定转子绕组之间的磁耦合。互感是转子位置电角度 θ_r 的周期函数。进一步，定转子互感有最大最小值。如图 5-2 所示，定子是静止部分，转子以电角速度 ω_r 旋转。由互感引起的定转子绕组耦合如图 5-2 所示。假定这些变量符合正弦规律，有如下定转子互感表达式：

$$L_{asar} = L_{aras} = L_{sr}\cos\theta_r, L_{asbr} = L_{bras} = -L_{sr}\sin\theta_r$$

$$L_{bsar} = L_{arbs} = L_{sr}\sin\theta_r, L_{bsbr} = L_{brbr} = L_{sr}\cos\theta_r$$

对磁耦合绕组，有如下磁链表达式：

$$\psi_{as} = L_{ss}i_{as} + L_{sr}\cos\theta_r i_{ar} - L_{sr}\sin\theta_r i_{br}$$

$$\psi_{bs} = L_{ss}i_{bs} + L_{sr}\sin\theta_r i_{ar} + L_{sr}\cos\theta_r i_{br}$$

$$\psi_{ar} = L_{sr}\cos\theta_r i_{as} + L_{sr}\sin\theta_r i_{bs} + L_{rr}i_{ar}$$

$$\psi_{br} = -L_{sr}\sin\theta_r i_{as} + L_{sr}\cos\theta_r i_{bs} + L_{rr}i_{br}$$

得到磁链表达式：

$$\begin{bmatrix} \boldsymbol{\psi}_{abs} \\ \boldsymbol{\psi}_{abr} \end{bmatrix} = \begin{bmatrix} \boldsymbol{L}_s & \boldsymbol{L}_{sr}(\boldsymbol{\theta}_r) \\ \boldsymbol{L}_{sr}^T(\boldsymbol{\theta}_r) & \boldsymbol{L}_r \end{bmatrix} \begin{bmatrix} \boldsymbol{i}_{abs} \\ \boldsymbol{i}_{abr} \end{bmatrix}$$

式中，$\boldsymbol{L}_s$ 是定子自感矩阵，

$$\boldsymbol{L}_s = \begin{bmatrix} \boldsymbol{L}_{ss} & \boldsymbol{0} \\ \boldsymbol{0} & \boldsymbol{L}_{ss} \end{bmatrix}, L_{ss} = L_{ls} + L_{ms}, L_{ms} = \frac{N_s^2}{\Re_m}$$

$\boldsymbol{L}_r$ 是转子自感矩阵，

$$\boldsymbol{L}_r = \begin{bmatrix} \boldsymbol{L}_{rr} & \boldsymbol{0} \\ \boldsymbol{0} & \boldsymbol{L}_{rr} \end{bmatrix}, L_{rr} = L_{lr} + L_{mr}, L_{mr} = \frac{N_r^2}{\Re_m}$$

$\boldsymbol{L}_{sr}(\boldsymbol{\theta}_r)$ 是定转子互感映射矩阵，

$$\boldsymbol{L}_{sr}(\boldsymbol{\theta}_r) = \begin{bmatrix} \boldsymbol{L}_{sr}\cos\boldsymbol{\theta}_r & -\boldsymbol{L}_{sr}\sin\boldsymbol{\theta}_r \\ \boldsymbol{L}_{sr}\sin\boldsymbol{\theta}_r & \boldsymbol{L}_{sr}\cos\boldsymbol{\theta}_r \end{bmatrix}, L_{sr} = \frac{N_s N_r}{\Re_m};$$

L_{ms}，L_{mr} 是定转子磁化电感；L_{ls}，L_{lr} 是定转子漏感。N_s，N_r 为定转子绕组匝数。利用定转子匝数有

$$i'_{\text{abr}} = \frac{N_{\text{r}}}{N_{\text{s}}} i_{\text{abr}}, u'_{\text{abr}} = \frac{N_{\text{r}}}{N_{\text{s}}} u_{\text{abr}}, \psi'_{\text{abr}} = \frac{N_{\text{r}}}{N_{\text{s}}} \psi_{\text{abr}}$$

采用匝数比，给出磁链如下：

$$\begin{bmatrix} \boldsymbol{\psi}_{\text{abs}} \\ \boldsymbol{\psi}'_{\text{abs}} \end{bmatrix} = \begin{bmatrix} \boldsymbol{L}_{\text{s}} & \boldsymbol{L}'_{\text{sr}}(\theta_{\text{r}}) \\ \boldsymbol{L}'^{\text{T}}_{\text{sr}}(\theta_{\text{r}}) & \boldsymbol{L}'_{\text{s}} \end{bmatrix} \begin{bmatrix} \boldsymbol{i}_{\text{abs}} \\ \boldsymbol{i}'_{\text{abr}} \end{bmatrix},$$

$$\boldsymbol{L}'_{\text{r}} = \left[\frac{N_{\text{r}}}{N_{\text{s}}}\right]^2 \boldsymbol{L}_{\text{r}} = \begin{bmatrix} \boldsymbol{L}'_{\text{rr}} & \boldsymbol{0} \\ \boldsymbol{0} & \boldsymbol{L}'_{\text{rr}} \end{bmatrix}, \boldsymbol{L}'_{\text{sr}}(\theta_{\text{r}}) = \left[\frac{N_{\text{s}}}{N_{\text{r}}}\right] \boldsymbol{L}_{\text{sr}}(\theta_{\text{r}}) = L_{\text{ms}} \begin{bmatrix} \cos\theta_{\text{r}} & -\sin\theta_{\text{r}} \\ \sin\theta_{\text{r}} & \cos\theta_{\text{r}} \end{bmatrix}$$

式中

$$L'_{\text{rr}} = L'_{\text{lr}} + L'_{\text{mr}}, L_{\text{ms}} = \frac{N_{\text{s}}}{N_{\text{r}}} L_{\text{sr}}, L'_{\text{mr}} = \left[\frac{N_{\text{s}}}{N_{\text{r}}}\right]^2 L_{\text{mr}},$$

$$L'_{\text{mr}} = L_{\text{ms}} = \frac{N_{\text{s}}}{N_{\text{r}}} L_{\text{sr}}, L'_{\text{rr}} = L'_{\text{lr}} + L_{\text{ms}}$$

从 L_{s}、L'_{r}、$L_{\text{sr}}(\theta_{\text{r}})$，可以得到

$$\begin{bmatrix} \boldsymbol{\psi}_{\text{as}} \\ \boldsymbol{\psi}_{\text{bs}} \\ \boldsymbol{\psi}'_{\text{ar}} \\ \boldsymbol{\psi}'_{\text{br}} \end{bmatrix} = \begin{bmatrix} L_{\text{ss}} & 0 & L_{\text{ms}}\cos\theta_{\text{r}} & -L_{\text{ms}}\sin\theta_{\text{r}} \\ 0 & L_{\text{ss}} & L_{\text{ms}}\sin\theta_{\text{r}} & L_{\text{ms}}\cos\theta_{\text{r}} \\ L_{\text{ms}}\cos\theta_{\text{r}} & L_{\text{ms}}\sin\theta_{\text{r}} & L'_{\text{rr}} & 0 \\ -L_{\text{ms}}\sin\theta_{\text{r}} & L_{\text{ms}}\cos\theta_{\text{r}} & 0 & L'_{\text{rr}} \end{bmatrix} \begin{bmatrix} i_{\text{as}} \\ i_{\text{bs}} \\ i'_{\text{ar}} \\ i'_{\text{br}} \end{bmatrix} \tag{5-3}$$

所以，式（5-1）和式（5-2）的微分方程如下：

$$u_{\text{abs}} = r_{\text{s}} i_{\text{abs}} + \frac{\text{d}\psi_{\text{abs}}}{\text{d}t}, u'_{\text{abr}} = r'_{\text{r}} i'_{\text{abr}} + \frac{\text{d}\psi'_{\text{abr}}}{\text{d}t} \tag{5-4}$$

式中

$$r'_{\text{r}} = \frac{N_{\text{s}}^2}{N_{\text{r}}^2} r_{\text{r}} = \frac{N_{\text{s}}^2}{N_{\text{r}}^2} \begin{bmatrix} r_{\text{r}} & 0 \\ 0 & r_{\text{r}} \end{bmatrix}$$

自感 L_{ss} 和 L'_{rr} 是时不变的。进一步，L_{ms} 是一个常数。由式（5-4），并利用式（5-3）的磁链表达式，可以得到一组 4 个非线性微分方程

$$L_{\text{ss}}\frac{\text{d}i_{\text{as}}}{\text{d}t} + L_{\text{ms}}\frac{\text{d}(i'_{\text{ar}}\cos\theta_{\text{r}})}{\text{d}t} - L_{\text{ms}}\frac{(i'_{\text{br}}\sin\theta_{\text{r}})}{\text{d}t} = -r_{\text{s}} i_{\text{as}} + u_{\text{as}},$$

$$L_{\text{ss}}\frac{\text{d}i_{\text{bs}}}{\text{d}t} + L_{\text{ms}}\frac{\text{d}(i'_{\text{ar}}\sin\theta_{\text{r}})}{\text{d}t} + L_{\text{ms}}\frac{(i'_{\text{ar}}\cos\theta_{\text{r}})}{\text{d}t} = -r_{\text{s}} i_{\text{bs}} + u_{\text{bs}},$$

$$L_{\text{ms}}\frac{\text{d}(i_{\text{as}}\cos\theta_{\text{r}})}{\text{d}t} + L_{\text{ms}}\frac{(i_{\text{bs}}\sin\theta_{\text{r}})}{\text{d}t} + L'_{\text{rr}}\frac{\text{d}i'_{\text{ar}}}{\text{d}t} = -r'_{\text{r}} i'_{\text{ar}} + u'_{\text{ar}},$$

$$-L_{\text{ms}}\frac{(i_{\text{as}}\sin\theta_{\text{r}})}{\text{d}t} + I_{\text{ms}}\frac{\text{d}(i_{\text{bs}}\cos\theta_{\text{r}})}{\text{d}t} + L'_{\text{rr}}\frac{\text{d}i'_{\text{br}}}{\text{d}t} = -r'_{\text{br}} i'_{\text{br}} + u'_{\text{br}}. \tag{5-5}$$

电动势由下式给出：

$$emf = \oint_l \boldsymbol{E} \cdot \mathrm{d}\boldsymbol{l} = \oint_l (\boldsymbol{v} \times \boldsymbol{B}) \cdot \mathrm{d}\boldsymbol{l} - \oint_s \frac{\partial \boldsymbol{B}}{\partial t}\mathrm{d}\boldsymbol{s}$$

运用法拉第定律，得

$$\xi = \oint_l \boldsymbol{E}(t) \cdot \mathrm{d}\boldsymbol{l} = -\frac{\mathrm{d}}{\mathrm{d}t}\int_s \boldsymbol{B}(t) \cdot \mathrm{d}\boldsymbol{s} = -N\frac{\mathrm{d}\boldsymbol{\Phi}}{\mathrm{d}t} = -\frac{\mathrm{d}\psi}{\mathrm{d}t}$$

电动势单位是伏特。由式（5-5），转子绕组的感应电动势项为

$$emf_{\mathrm{ar}} = -L_{\mathrm{ms}}\frac{\mathrm{d}(i_{\mathrm{as}}\cos\theta_{\mathrm{r}})}{\mathrm{d}t} - L_{\mathrm{ms}}\frac{(i_{\mathrm{bs}}\sin\theta_{\mathrm{r}})}{\mathrm{d}t} - L'_{\mathrm{rr}}\frac{\mathrm{d}i'_{\mathrm{ar}}}{\mathrm{d}t}$$

$$emf_{\mathrm{br}} = L_{\mathrm{ms}}\frac{(i_{\mathrm{as}}\sin\theta_{\mathrm{r}})}{\mathrm{d}t} - L_{\mathrm{ms}}\frac{\mathrm{d}(i_{\mathrm{bs}}\cos\theta_{\mathrm{r}})}{\mathrm{d}t} - L'_{\mathrm{rr}}\frac{\mathrm{d}i'_{\mathrm{br}}}{\mathrm{d}t}$$

所以，对转子绕组，稳态运动下的运动电动势为

$$emf_{\mathrm{arw}} = L_{\mathrm{ms}}(i_{\mathrm{as}}\sin\theta_{\mathrm{r}} - i_{\mathrm{bs}}\cos\theta_{\mathrm{r}})\omega_{\mathrm{r}}, emf_{\mathrm{brw}} = L_{\mathrm{ms}}(i_{\mathrm{as}}\cos\theta_{\mathrm{r}} + i_{\mathrm{bs}}\sin\theta_{\mathrm{r}})\omega_{\mathrm{r}}$$

这些电动势证明了转子绕组中感应出电压。

由式（5-5）发现柯西形式的微分方程。特别地，有如下非线性微分方程：

$$\frac{\mathrm{d}i_{\mathrm{as}}}{\mathrm{d}t} = -\frac{L'_{\mathrm{rr}}r_{\mathrm{s}}}{L_{\mathrm{ss}}L'_{\mathrm{rr}} - L_{\mathrm{ms}}^2}i_{\mathrm{as}} + \frac{L_{\mathrm{ms}}^2}{L_{\mathrm{ss}}L'_{\mathrm{rr}} - L_{\mathrm{ms}}^2}i_{\mathrm{bs}}\omega_{\mathrm{r}} + \frac{L_{\mathrm{ms}}L'_{\mathrm{rr}}}{L_{\mathrm{ss}}L'_{\mathrm{rr}} - L_{\mathrm{ms}}^2}i'_{\mathrm{ar}}\left(\omega_{\mathrm{r}}\sin\theta_{\mathrm{r}} + \frac{r'_{\mathrm{r}}}{L'_{\mathrm{rr}}}\cos\theta_{\mathrm{r}}\right)$$

$$+ \frac{L_{\mathrm{ms}}L'_{\mathrm{rr}}}{L_{\mathrm{ss}}L'_{\mathrm{rr}} - L_{\mathrm{ms}}^2}i'_{\mathrm{br}}\left(\omega_{\mathrm{r}}\cos\theta_{\mathrm{r}} - \frac{r'_{\mathrm{r}}}{L'_{\mathrm{rr}}}\sin\theta_{\mathrm{r}}\right) + \frac{L'_{\mathrm{rr}}}{L_{\mathrm{ss}}L'_{\mathrm{rr}} - L_{\mathrm{ms}}^2}u_{\mathrm{as}}$$

$$- \frac{L_{\mathrm{ms}}}{L_{\mathrm{ss}}L'_{\mathrm{rr}} - L_{\mathrm{ms}}^2}\cos\theta_{\mathrm{r}}u'_{\mathrm{ar}} + \frac{L_{\mathrm{ms}}}{L_{\mathrm{ss}}L'_{\mathrm{rr}} - L_{\mathrm{ms}}^2}\sin\theta_{\mathrm{r}}u'_{\mathrm{br}}$$

$$\frac{\mathrm{d}i_{\mathrm{bs}}}{\mathrm{d}t} = -\frac{L'_{\mathrm{rr}}r_{\mathrm{s}}}{L_{\mathrm{ss}}L'_{\mathrm{rr}} - L_{\mathrm{ms}}^2}i_{\mathrm{bs}} - \frac{L_{\mathrm{ms}}^2}{L_{\mathrm{ss}}L'_{\mathrm{rr}} - L_{\mathrm{ms}}^2}i_{\mathrm{as}}\omega_{\mathrm{r}} - \frac{L_{\mathrm{ms}}L'_{\mathrm{rr}}}{L_{\mathrm{ss}}L'_{\mathrm{rr}} - L_{\mathrm{ms}}^2}i'_{\mathrm{ar}}\left(\omega_{\mathrm{r}}\cos\theta_{\mathrm{r}} - \frac{r'_{\mathrm{r}}}{L'_{\mathrm{rr}}}\sin\theta_{\mathrm{r}}\right)$$

$$+ \frac{L_{\mathrm{ms}}L'_{\mathrm{rr}}}{L_{\mathrm{ss}}L'_{\mathrm{rr}} - L_{\mathrm{ms}}^2}i'_{\mathrm{ar}}\left(\omega_{\mathrm{r}}\sin\theta_{\mathrm{r}} + \frac{r'_{\mathrm{r}}}{L'_{\mathrm{rr}}}\cos\theta_{\mathrm{r}}\right) + \frac{L'_{\mathrm{rr}}}{L_{\mathrm{ss}}L'_{\mathrm{rr}} - L_{\mathrm{ms}}^2}u_{\mathrm{bs}}$$

$$- \frac{L_{\mathrm{ms}}}{L_{\mathrm{ss}}L'_{\mathrm{rr}} - L_{\mathrm{ms}}^2}\sin\theta_{\mathrm{r}}u'_{\mathrm{ar}} - \frac{L_{\mathrm{ms}}}{L_{\mathrm{ss}}L'_{\mathrm{rr}} - L_{\mathrm{ms}}^2}\cos\theta_{\mathrm{r}}u'_{\mathrm{br}}$$

$$\frac{\mathrm{d}i'_{\mathrm{ar}}}{\mathrm{d}t} = -\frac{L_{\mathrm{ss}}r'_{\mathrm{r}}}{L_{\mathrm{ss}}L'_{\mathrm{rr}} - L_{\mathrm{ms}}^2}i'_{\mathrm{ar}} + \frac{L_{\mathrm{ms}}L_{\mathrm{ss}}}{L_{\mathrm{ss}}L'_{\mathrm{rr}} - L_{\mathrm{ms}}^2}i_{\mathrm{as}}\left(\omega_{\mathrm{r}}\sin\theta_{\mathrm{r}} + \frac{r_{\mathrm{s}}}{L_{\mathrm{ss}}}\cos\theta_{\mathrm{r}}\right)$$

$$- \frac{L_{\mathrm{ms}}L_{\mathrm{ss}}}{L_{\mathrm{ss}}L'_{\mathrm{rr}} - L_{\mathrm{ms}}^2}i_{\mathrm{bs}}\left(\omega_{\mathrm{r}}\cos\theta_{\mathrm{r}} - \frac{r_{\mathrm{s}}}{L_{\mathrm{ss}}}\sin\theta_{\mathrm{r}}\right)$$

$$- \frac{L_{\mathrm{ms}}^2}{L_{\mathrm{ss}}L'_{\mathrm{rr}} - L_{\mathrm{ms}}^2}i'_{\mathrm{br}}\omega_{\mathrm{r}} - \frac{L_{\mathrm{ms}}}{L_{\mathrm{ss}}L'_{\mathrm{rr}} - L_{\mathrm{ms}}^2}\cos\theta_{\mathrm{r}}u_{\mathrm{as}}$$

$$- \frac{L_{\mathrm{ms}}}{L_{\mathrm{ss}}L'_{\mathrm{rr}} - L_{\mathrm{ms}}^2}\sin\theta_{\mathrm{r}}u_{\mathrm{bs}} + \frac{L_{\mathrm{ss}}}{L_{\mathrm{ss}}L'_{\mathrm{rr}} - L_{\mathrm{ms}}^2}u'_{\mathrm{ar}}$$

$$\frac{\mathrm{d}i'_{\mathrm{br}}}{\mathrm{d}t} = -\frac{L_{\mathrm{ss}}r'_{\mathrm{r}}}{L_{\mathrm{ss}}L'_{\mathrm{rr}} - L_{\mathrm{ms}}^2}i'_{\mathrm{br}} + \frac{L_{\mathrm{ms}}L_{\mathrm{ss}}}{L_{\mathrm{ss}}L'_{\mathrm{rr}} - L_{\mathrm{ms}}^2}i_{\mathrm{as}}\left(\omega_{\mathrm{r}}\cos\theta_{\mathrm{r}} - \frac{r_{\mathrm{s}}}{L_{\mathrm{ss}}}\sin\theta_{\mathrm{r}}\right)$$

$$+ \frac{L_{\mathrm{ms}}L_{\mathrm{ss}}}{L_{\mathrm{ss}}L'_{\mathrm{rr}} - L_{\mathrm{ms}}^2}i_{\mathrm{bs}}\left(\omega_{\mathrm{r}}\sin\theta_{\mathrm{r}} + \frac{r_{\mathrm{s}}}{L_{\mathrm{ss}}}\cos\theta_{\mathrm{r}}\right)$$

$$+ \frac{L_{\mathrm{ms}}^2}{L_{\mathrm{ss}}L'_{\mathrm{rr}} - L_{\mathrm{ms}}^2}i'_{\mathrm{ar}}\omega_{\mathrm{r}} + \frac{L_{\mathrm{ms}}}{L_{\mathrm{ss}}L'_{\mathrm{rr}} - L_{\mathrm{ms}}^2}\sin\theta_{\mathrm{r}}u_{\mathrm{as}}$$

$$- \frac{L_{\mathrm{ms}}}{L_{\mathrm{ss}}L'_{\mathrm{rr}} - L_{\mathrm{ms}}^2}\cos\theta_{\mathrm{r}}u_{\mathrm{bs}} + \frac{L_{\mathrm{ss}}}{L_{\mathrm{ss}}L'_{\mathrm{rr}} - L_{\mathrm{ms}}^2}u'_{\mathrm{br}} \tag{5-6}$$

电角速度 ω_{r} 和位置角 θ_{r} 在式（5-6）中作为状态变量。所以，运动方程必须转化成描述 ω_{r}、θ_{r} 变化的形式。由牛顿第二定律有

$$\sum T = J\frac{\mathrm{d}\omega_{\mathrm{rm}}}{\mathrm{d}t}, \frac{\mathrm{d}\theta_{\mathrm{rm}}}{\mathrm{d}t} = \omega_{\mathrm{rm}}$$

式中

$$\sum T = T_{\mathrm{e}} - B_{\mathrm{m}}\omega_{\mathrm{rm}-T\mathrm{L}}$$

所以

$$\frac{\mathrm{d}\omega_{\mathrm{rm}}}{\mathrm{d}t} = \frac{1}{J}(T_{\mathrm{e}} - B_{\mathrm{m}}\omega_{\mathrm{rm}} - T_{\mathrm{L}})$$

$$\frac{\mathrm{d}\theta_{\mathrm{rm}}}{\mathrm{d}t} = \omega_{\mathrm{rm}}$$

转子的机械角速度 ω_{rm} 由电角度 ω_{r} 和极数 p 表示。J 为转动惯量。特别地，

$$\omega_{\mathrm{rm}} = \frac{2}{p}\omega_{\mathrm{r}}$$

对机械角位置 θ_{rm} 有

$$\theta_{\mathrm{rm}} = \frac{2}{p}\theta_{\mathrm{r}}$$

用电角度 ω_{r} 和位置角 θ_{r}，可以简化符号并保证结果的一般性，很容易得出运动方程。由牛顿第二定律，得到两个微分方程

$$\frac{\mathrm{d}\omega_{\mathrm{r}}}{\mathrm{d}t} = \frac{p}{2J}T_{\mathrm{e}} - \frac{B_{\mathrm{m}}}{J}\omega_{\mathrm{r}} - \frac{p}{2J}T_{\mathrm{L}}$$

$$\frac{\mathrm{d}\theta_{\mathrm{r}}}{\mathrm{d}t} = \omega_{\mathrm{r}} \tag{5-7}$$

异步电动机产生的电磁转矩为

$$T_{\mathrm{e}} = \frac{p}{2}\frac{\partial W_{\mathrm{c}}(i_{\mathrm{abs}}, i'_{\mathrm{abr}}, \theta_{\mathrm{r}})}{\partial\theta_{\mathrm{r}}}$$

假定磁路线性，磁共能可以表示为

$$W_c = W_f = \frac{1}{2} i_{abs}^T (L_s - L_{ls} I) i_{abs} + i_{abs}^T L_{sr}'(\theta_r) i_{abr}' + \frac{1}{2} i_{abr}'^T (L_r' - L_{lr}' I) i_{abr}'$$

自感 L_{ss}、L_{rr}' 和漏感 L_{ls}、L_{lr}' 不是位置角 θ_r 的函数。假定定转子互感是纯正弦变化的，则从式（5-3）有如下表达式

$$L_{sr}'(\theta_r) = L_{ms} \begin{bmatrix} \cos\theta_r & -\sin\theta_r \\ \sin\theta_r & \cos\theta_r \end{bmatrix}$$

所以，对 p 极两相异步电动机，电磁转矩 T_e 为

$$
\begin{aligned}
T_e &= \frac{p}{2} \frac{\partial W_c(i_{abs}, i_{abr}', \theta_r)}{\partial \theta_r} = \frac{p}{2} i_{abs}^T \frac{\partial L_{sr}'(\theta_r)}{\partial \theta_r} i_{abr}' \\
&= \frac{p}{2} L_{ms} [i_{as} \quad i_{bs}] \begin{bmatrix} -\sin\theta_r & \cos\theta_r \\ \cos\theta_r & -\sin\theta_r \end{bmatrix} \begin{bmatrix} i_{ar}' \\ i_{br}' \end{bmatrix} \\
&= -\frac{p}{2} L_{ms} [(i_{as} i_{ar}' + i_{bs} i_{br}') \sin\theta_r + (i_{as} i_{br}' - i_{bs} i_{ar}') \cos\theta_r].
\end{aligned}
\tag{5-8}
$$

利用式（5-7）和式（5-8），旋转机械方程为

$$\frac{d\omega_r}{dt} = -\frac{p^2}{4J} L_{ms} [(i_{as} i_{ar}' + i_{bs} i_{br}') \sin\theta_r + (i_{as} i_{br}' - i_{bs} i_{ar}') \cos\theta_r] - \frac{B_m}{J} \omega_r - \frac{p}{2J} T_L$$

$$\frac{d\theta_r}{dt} = \omega_r$$

$$\tag{5-9}$$

施加相电压 u_{as}，u_{bs}，电动机沿期望的方向旋转（顺时针或逆时针）。电磁转矩抵消负载转矩和摩擦转矩。转矩和力是向量。在执行器和电动机中，摩擦转矩与电磁转矩作用方向相反，负载转矩与 T_e 方向也相反。式（5-9）中转矩的符号需要基础物理知识。随着旋转方向的不同（顺时针或逆时针），T_e 的符号相应改变。互感表达式

$$L_{sr}'(\theta_r) = L_{ms} \begin{bmatrix} \cos\theta_r & -\sin\theta_r \\ \sin\theta_r & \cos\theta_r \end{bmatrix}$$

可根据旋转方向和初始位置（转子相对于定子的位置）修改。
由

$$\frac{d\omega_{rm}}{dt} = \frac{1}{J} (T_e - B_m \omega_{rm} - T_L)$$

可得出如下结论，即为保证旋转，必须有 $T_e > T_{friction} + T_L$。
电路 - 电磁场方程（5-6）和旋转机械方程（5-9）集成在一起，从而获得描述两相感应电动机动态特性的非线性微分方程

$$\frac{di_{as}}{dt} = -\frac{L_{rr}' r_s}{L_\Sigma} i_{as} + \frac{L_{ms}^2}{L_\Sigma} i_{bs} \omega_r + \frac{L_{ms} L_{rr}'}{L_\Sigma} i_{ar}' \left(\omega_r \sin\theta_r + \frac{r_r'}{L_{rr}'} \cos\theta_r \right)$$

$$+ \frac{L_{ms}L'_{rr}}{L_{\Sigma}}i'_{br}\left(\omega_r\cos\theta_r - \frac{r'_r}{L'_{rr}}\sin\theta_r\right) + \frac{L'_{rr}}{L_{\Sigma}}u_{as} - \frac{L_{ms}}{L_{\Sigma}}\cos\theta_r u'_{ar} + \frac{L_{ms}}{L_{\Sigma}}\sin\theta_r u'_{br},$$

$$\frac{\mathrm{d}i_{bs}}{\mathrm{d}t} = -\frac{L'_{rr}r_s}{L_{\Sigma}}i_{bs} - \frac{L^2_{ms}}{L_{\Sigma}}i_{as}\omega_r - \frac{L_{ms}L'_{rr}}{L_{\Sigma}}i'_{ar}\left(\omega_r\cos\theta_r - \frac{r'_r}{L'_{rr}}\sin\theta_r\right)$$

$$+ \frac{L_{ms}L'_{rr}}{L_{\Sigma}}i'_{br}\left(\omega_r\sin\theta_r + \frac{r'_r}{L'_{rr}}\cos\theta_r\right) + \frac{L'_{rr}}{L_{\Sigma}}u_{bs} - \frac{L_{ms}}{L_{\Sigma}}\sin\theta_r u'_{ar} - \frac{L_{ms}}{L_{\Sigma}}\cos\theta_r u'_{br},$$

$$\frac{\mathrm{d}i'_{ar}}{\mathrm{d}t} = -\frac{L_{ss}r'_r}{L_{\Sigma}}i'_{ar} + \frac{L_{ms}L_{ss}}{L_{\Sigma}}i_{as}\left(\omega_r\sin\theta_r + \frac{r_s}{L_{ss}}\cos\theta_r\right)$$

$$- \frac{L_{ms}L_{ss}}{L_{\Sigma}}i_{bs}\left(\omega_r\cos\theta_r - \frac{r_s}{L_{ss}}\sin\theta_r\right)$$

$$- \frac{L^2_{ms}}{L_{\Sigma}}i'_{br}\omega_r - \frac{L_{ms}}{L_{\Sigma}}\cos\theta_r u_{as} - \frac{L_{ms}}{L_{\Sigma}}\sin\theta_r u_{bs} + \frac{L_{ss}}{L_{\Sigma}}u'_{ar},$$

$$\frac{\mathrm{d}i'_{br}}{\mathrm{d}t} = -\frac{L_{ss}r'_r}{L_{\Sigma}}i'_{br} + \frac{L_{ms}L_{ss}}{L_{\Sigma}}i_{as}\left(\omega_r\cos\theta_r - \frac{r_s}{L_{ss}}\sin\theta_r\right)$$

$$+ \frac{L_{ms}L_{ss}}{L_{\Sigma}}i_{bs}\left(\omega_r\sin\theta_r + \frac{r_s}{L_{ss}}\cos\theta_r\right)$$

$$+ \frac{L^2_{ms}}{L_{\Sigma}}i'_{ar}\omega_r + \frac{L_{ms}}{L_{\Sigma}}\sin\theta_r u_{as} - \frac{L_{ms}}{L_{\Sigma}}\cos\theta_r u_{bs} + \frac{L_{ss}}{L_{\Sigma}}u'_{br},$$

$$\frac{\mathrm{d}\omega_r}{\mathrm{d}t} = -\frac{p^2}{4J}L_{ms}\left[\left(i_{as}i_{ar}' + i_{bs}i_{br}'\right)\sin\theta_r + \left(i_{as}i_{br}' - i_{bs}i_{ar}'\right)\cos\theta_r\right] - \frac{B_m}{J}\omega_r - \frac{p}{2J}T_L,$$

$$\frac{\mathrm{d}\theta_r}{\mathrm{d}t} = \omega_r \tag{5-10}$$

式中，$L_{\Sigma} = L_{ss}L'_{rr} - L^2_{ms}$。

由式（5-10），以状态空间（矩阵）形式，6 个高耦合非线性的微分方程为

$$\begin{bmatrix} \dfrac{\mathrm{d}\boldsymbol{i}_{as}}{\mathrm{d}\boldsymbol{t}} \\[2mm] \dfrac{\mathrm{d}\boldsymbol{i}_{bs}}{\mathrm{d}\boldsymbol{t}} \\[2mm] \dfrac{\mathrm{d}\boldsymbol{i}'_{ar}}{\mathrm{d}\boldsymbol{t}} \\[2mm] \dfrac{\mathrm{d}\boldsymbol{i}'_{br}}{\mathrm{d}\boldsymbol{t}} \\[2mm] \dfrac{\mathrm{d}\boldsymbol{\omega}_r}{\mathrm{d}\boldsymbol{t}} \\[2mm] \dfrac{\mathrm{d}\boldsymbol{\theta}_r}{\mathrm{d}\boldsymbol{t}} \end{bmatrix} = \begin{bmatrix} -\dfrac{\boldsymbol{L}'_{rr}\boldsymbol{r}_s}{\boldsymbol{L}_{\Sigma}} & 0 & 0 & 0 & 0 & 0 \\[2mm] 0 & -\dfrac{\boldsymbol{L}'_{rr}\boldsymbol{r}_s}{\boldsymbol{L}_{\Sigma}} & 0 & 0 & 0 & 0 \\[2mm] 0 & 0 & -\dfrac{\boldsymbol{L}_{ss}\boldsymbol{r}'_r}{\boldsymbol{L}_{\Sigma}} & 0 & 0 & 0 \\[2mm] 0 & 0 & 0 & -\dfrac{\boldsymbol{L}_{ss}\boldsymbol{r}'_r}{\boldsymbol{L}_{\Sigma}} & 0 & 0 \\[2mm] 0 & 0 & 0 & 0 & -\dfrac{\boldsymbol{B}_m}{\boldsymbol{J}} & 0 \\[2mm] 0 & 0 & 0 & 0 & 1 & 0 \end{bmatrix} \begin{bmatrix} \boldsymbol{i}_{as} \\[2mm] \boldsymbol{i}_{bs} \\[2mm] \boldsymbol{i}'_{ar} \\[2mm] \boldsymbol{i}'_{br} \\[2mm] \boldsymbol{\omega}_r \\[2mm] \boldsymbol{\theta}_r \end{bmatrix}$$

$$\begin{bmatrix} \dfrac{L_{ms}^2}{L_\Sigma}i_{bs}\omega_r + \dfrac{L_{ms}L_{rr}'}{L_\Sigma}i_{ar}'\Big(\omega_r\sin\theta_r + \dfrac{r_r'}{L_{rr}'}\cos\theta_r\Big) + \dfrac{L_{ms}L_{rr}'}{L_\Sigma}i_{br}'\Big(\omega_r\cos\theta_r - \dfrac{r_r'}{L_{rr}'}\sin\theta_r\Big) \\[3mm] -\dfrac{L_{ms}^2}{L_\Sigma}i_{as}\omega_r - \dfrac{L_{ms}L_{rr}'}{L_\Sigma}i_{ar}'\Big(\omega_r\cos\theta_r - \dfrac{r_r'}{L_{rr}'}\sin\theta_r\Big) + \dfrac{L_{ms}L_{rr}'}{L_\Sigma}i_{ar}'\Big(\omega_r\sin\theta_r + \dfrac{r_r'}{L_{rr}'}\cos\theta_r\Big) \\[3mm] + \dfrac{L_{ms}L_{ss}}{L_\Sigma}i_{as}\Big(\omega_r\sin\theta_r + \dfrac{r_s}{L_{ss}}\cos\theta_r\Big) - \dfrac{L_{ms}L_{ss}}{L_\Sigma}i_{bs}\Big(\omega_r\cos\theta_r - \dfrac{r_s}{L_{ss}}\sin\theta_r\Big) - \dfrac{L_{ms}^2}{L_\Sigma}i_{br}'\omega_r \\[3mm] \dfrac{L_{ms}L_{ss}}{L_\Sigma}i_{as}\Big(\omega_r\cos\theta_r - \dfrac{r_s}{L_{ss}}\sin\theta_r\Big) + \dfrac{L_{ms}L_{ss}}{L_\Sigma}i_{bs}\Big(\omega_r\sin\theta_r + \dfrac{r_s}{L_{ss}}\cos\theta_r\Big) + \dfrac{L_{ms}^2}{L_\Sigma}i_{ar}'\omega_r \\[3mm] -\dfrac{P^2}{4J}L_{ms}\big[\,(i_{as}i_{ar}' + i_{bs}i_{br}')\sin\theta_r + (i_{as}i_{br}' - i_{bs}i_{ar}')\cos\theta_r\,\big] \\[3mm] 0 \end{bmatrix}$$

$$+ \begin{bmatrix} \dfrac{L_{rr}'}{L_\Sigma} & 0 & 0 & 0 \\[2mm] 0 & \dfrac{L_{rr}'}{L_\Sigma} & 0 & 0 \\[2mm] 0 & 0 & \dfrac{L_{ss}}{L_\Sigma} & 0 \\[2mm] 0 & 0 & 0 & \dfrac{L_{ss}}{L_\Sigma} \\[2mm] 0 & 0 & 0 & 0 \\[2mm] 0 & 0 & 0 & 0 \end{bmatrix} \begin{bmatrix} u_{as} \\ u_{bs} \\ u_{ar}' \\ u_{br}' \end{bmatrix} + \begin{bmatrix} -\dfrac{L_{ms}}{L_\Sigma}\cos\theta_r u_{ar}' + \dfrac{L_{ms}}{L_\Sigma}\sin\theta_r u_{br}' \\[2mm] -\dfrac{L_{ms}}{L_\Sigma}\sin\theta_r u_{ar}' - \dfrac{L_{ms}}{L_\Sigma}\cos\theta_r u_{br}' \\[2mm] -\dfrac{L_{ms}}{L_\Sigma}\cos\theta_r u_{as} - \dfrac{L_{ms}}{L_\Sigma}\sin\theta_r u_{bs} \\[2mm] \dfrac{L_{ms}}{L_\Sigma}\sin\theta_r u_{as} - \dfrac{L_{ms}}{L_\Sigma}\cos\theta_r u_{bs} \\[2mm] 0 \\[2mm] 0 \end{bmatrix} - \begin{bmatrix} 0 \\ 0 \\ 0 \\ 0 \\ \dfrac{p}{2J} \\ 0 \end{bmatrix} T_L \qquad (5\text{-}11)$$

可以建立 S - 域框图。对笼型异步电动机，转子绕组短路，$u_{ar}' = u_{br}' = 0$。模块框图由式（5-10）得到，如图 5-3 所示。不过，得出 S - 域框图并不意味着传递函数，傅里叶变换或其他任意线性理论可以用来完成分析工作。式（5-10）的微分方程是非线性的，不能将其线性化或简化。线性理论明显不适用于异步电动机和其他大部分机电运动装置。

5.1.3　异步电动机 Lagrange 运动方程

数学模型可由 Lagrange（拉格朗日）运动方程得到。广义的独立坐标是 4 个电荷和转子位置角。所以

$$q_1 = \frac{i_{as}}{s}\,、\,q_2 = \frac{i_{bs}}{s}\,、\,q_3 = \frac{i_{ar}'}{s}\,、\,q_4 = \frac{i_{br}'}{s}\,、\,q_5 = \theta_r$$

广义力是电压和负载转矩，比如

$$Q_1 = u_{as}\,、\,Q_2 = u_{bs}\,、\,Q_3 = u_{ar}'\,、\,Q_4 = u_{br}'\,、\,Q_5 = -T_L$$

因而，得到 5 个 Lagrange 方程

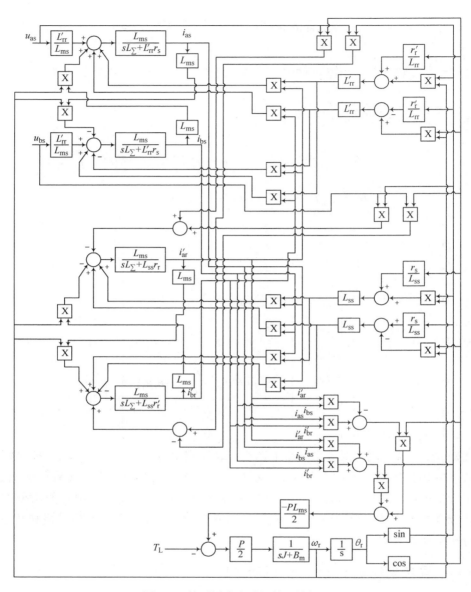

图 5-3　笼型异步电动机的 S 域框图

$$\frac{\mathrm{d}}{\mathrm{d}t}\left(\frac{\partial \varGamma}{\partial \dot{q}_i}\right) - \frac{\partial \varGamma}{\partial q_i} + \frac{\partial D}{\partial \dot{q}_i} + \frac{\partial \varPi}{\partial q_i} = Q_i$$

为

$$\frac{\mathrm{d}}{\mathrm{d}t}\left(\frac{\partial \varGamma}{\partial \dot{q}_1}\right) - \frac{\partial \varGamma}{\partial q_1} + \frac{\partial D}{\partial \dot{q}_1} + \frac{\partial \varPi}{\partial q_1} = Q_1,$$

$$\frac{\mathrm{d}}{\mathrm{d}t}\left(\frac{\partial \Gamma}{\partial \dot{q}_2}\right) - \frac{\partial \Gamma}{\partial q_2} + \frac{\partial D}{\partial \dot{q}_2} + \frac{\partial \Pi}{\partial q_2} = Q_2,$$

$$\frac{\mathrm{d}}{\mathrm{d}t}\left(\frac{\partial \Gamma}{\partial \dot{q}_3}\right) - \frac{\partial \Gamma}{\partial q_3} + \frac{\partial D}{\partial \dot{q}_3} + \frac{\partial \Pi}{\partial q_3} = Q_3,$$

$$\frac{\mathrm{d}}{\mathrm{d}t}\left(\frac{\partial \Gamma}{\partial \dot{q}_4}\right) - \frac{\partial \Gamma}{\partial q_4} + \frac{\partial D}{\partial \dot{q}_4} + \frac{\partial \Pi}{\partial q_4} = Q_4,$$

$$\frac{\mathrm{d}}{\mathrm{d}t}\left(\frac{\partial \Gamma}{\partial \dot{q}_5}\right) - \frac{\partial \Gamma}{\partial q_5} + \frac{\partial D}{\partial \dot{q}_5} + \frac{\partial \Pi}{\partial q_5} = Q_5. \tag{5-12}$$

利用引入的符号，则式（5-12）所示的总的动能、势能、损耗为

$$\Gamma = \frac{1}{2}L_{ss}\dot{q}_1{}^2 + L_{ms}\dot{q}_1\dot{q}_3\cos q_5 - L_{ms}\dot{q}_1\dot{q}_4\sin q_5 + \frac{1}{2}L_{ss}\dot{q}_2{}^2 + L_{ms}\dot{q}_2\dot{q}_3\sin q_5$$

$$+ L_{ms}\dot{q}_2\dot{q}_4\cos q_5 + \frac{1}{2}L'_{rr}\dot{q}_3{}^2 + \frac{1}{2}L'_{rr}\dot{q}_4{}^2 + \frac{1}{2}L'_{rr}\dot{q}_5{}^2,$$

$$\Pi = 0,$$

$$D = \frac{1}{2}\left(r_s\dot{q}_1{}^2 + r_s\dot{q}_2{}^2 + r'_r\dot{q}_3{}^2 + r'_r\dot{q}_4{}^2 + B_m\dot{q}_5{}^2\right)$$

式（5-12）的微分项为

$$\frac{\partial \Gamma}{\partial q_1} = 0, \frac{\partial \Gamma}{\partial \dot{q}_1} = L_{ss}\dot{q}_1 + L_{ms}\dot{q}_3\cos q_5 - L_{ms}\dot{q}_4\sin q_5,$$

$$\frac{\partial \Gamma}{\partial q_2} = 0, \frac{\partial \Gamma}{\partial \dot{q}_2} = L_{ss}\dot{q}_2 + L_{ms}\dot{q}_3\sin q_5 + L_{ms}\dot{q}_4\sin q_5,$$

$$\frac{\partial \Gamma}{\partial q_3} = 0, \frac{\partial \Gamma}{\partial \dot{q}_3} = L'_{rr}\dot{q}_3 + L_{ms}\dot{q}_1\cos q_5 + L_{ms}\dot{q}_2\sin q_5,$$

$$\frac{\partial \Gamma}{\partial q_4} = 0, \frac{\partial \Gamma}{\partial \dot{q}_4} = L'_{rr}\dot{q}_4 - L_{ms}\dot{q}_1\sin q_5 + L_{ms}\dot{q}_2\cos q_5,$$

$$\frac{\partial \Gamma}{\partial q_5} = -L_{ms}\dot{q}_1\dot{q}_3\sin q_5 - L_{ms}\dot{q}_1\dot{q}_4\cos q_5 + L_{ms}\dot{q}_2\dot{q}_3\cos q_5 - L_{ms}\dot{q}_2\dot{q}_4\sin q_5$$

$$= -L_{ms}\left[\left(\dot{q}_1\dot{q}_3 + \dot{q}_2\dot{q}_4\right)\sin q_5 + \left(\dot{q}_1\dot{q}_4 - \dot{q}_2\dot{q}_3\right)\cos q_5\right]$$

$$\frac{\partial \Gamma}{\partial \dot{q}_5} = J\dot{q}_5,$$

$$\frac{\partial \Pi}{\partial q_1} = 0, \frac{\partial \Pi}{\partial q_2} = 0, \frac{\partial \Pi}{\partial q_3} = 0, \frac{\partial \Pi}{\partial q_4} = 0, \frac{\partial \Pi}{\partial q_5} = 0,$$

$$\frac{\partial D}{\partial \dot{q}_1} = r_s\dot{q}_1, \frac{\partial D}{\partial \dot{q}_2} = r_s\dot{q}_2, \frac{\partial D}{\partial \dot{q}_3} = r'_r\dot{q}_3, \frac{\partial D}{\partial \dot{q}_4} = r'_r\dot{q}_4, \frac{\partial D}{\partial \dot{q}_5} = B_m\dot{q}_5,$$

一旦我们有了用广义坐标（$\dot{q}_1 = i_{as}$，$\dot{q}_2 = i_{bs}$，$\dot{q}_3 = i'_{ar}$，$\dot{q}_4 = i'_{br}$，$\dot{q}_5 = \omega_r$）和广义力（$Q_1 = u_{as}$，$Q_2 = u_{bs}$，$Q_3 = u'_{ar}$，$Q_4 = u'_{ar}$，$Q_5 = -T_L$），则可得到如下微分方程：

$$L_{ss}\frac{di_{as}}{dt} + L_{ms}\frac{d(i'_{ar}\cos\theta_r)}{dt} - L_{ms}\frac{d(i'_{br}\sin\theta_r)}{dt} + r_s i_{as} = u_{as},$$

$$L_{ss}\frac{di_{bs}}{dt} + L_{ms}\frac{d(i'_{ar}\sin\theta_r)}{dt} + L_{ms}\frac{d(i'_{br}\cos\theta_r)}{dt} + r_s i_{bs} = u_{bs},$$

$$L_{ms}\frac{d(i_{as}\cos\theta_r)}{dt} + L_{ms}\frac{d(i_{bs}\sin\theta_r)}{dt} + L'_{rr}\frac{di'_{ar}}{dt} + r'_r i'_{ar} = u'_{ar},$$

$$-L_{ms}\frac{d(i_{as}\sin\theta_r)}{dt} + L_{ms}\frac{d(i_{bs}\cos\theta_r)}{dt} + L'_{rr}\frac{di'_{br}}{dt} + r'_r i'_{br} = u'_{br},$$

$$J\frac{d^2\theta_r}{dt^2} + L_{ms}\big[(i_{as}i'_{ar} + i_{bs}i'_{br})\sin\theta_r + (i_{as}i'_{br} - i_{bs}i'_{ar})\cos\theta_r \big] + B_m\frac{d\theta_r}{dt} = -T_L.$$

$$(5\text{-}13)$$

由式（5-13），对 P 极异步电动机，用

$$\frac{d\theta_r}{dt} = \omega_r$$

得出之前在 5.1.2 节中用其他物理规律得到的式（5-5）和式（5-9）的 6 个微分方程，并得到式（5-10）中柯西形式的微分方程。Lagrange 概念的优势是不需要运用基尔霍夫定律、牛顿定律、法拉第定律、洛伦兹定律，共能量及其他定律以得到最终模型。Lagrange 运动方程提供了一个广义的、清晰的步骤。进一步可以提出电动势、电磁转矩等。例如，由方程

$$\frac{d}{dt}\left(\frac{\partial \Gamma}{\partial \dot{q}_5}\right) - \frac{\partial \Gamma}{\partial q_5} + \frac{\partial \dot{D}}{\partial q_5} + \frac{\partial \Pi}{\partial q_5} = Q_5$$

可以得到电磁转矩为

$$T_e = \frac{\partial \Gamma}{\partial q_5} = \frac{\partial \Gamma}{\partial \theta_r} = -L_{ms}\big[(\dot{q}_1\dot{q}_3 + \dot{q}_2\dot{q}_4)\sin q_5 + (\dot{q}_1\dot{q}_4 - \dot{q}_2\dot{q}_3)\cos q_5 \big]$$

$$= -L_{ms}\big[(i_{as}i'_{ar} + i_{bs}i'_{br})\sin\theta_r + (i_{as}i'_{br} - i_{bs}i'_{ar})\cos\theta_r \big]$$

与由式（5-8）利用共能量得到的表达式相同。

5.1.4 异步电动机转矩 - 速度特性和控制

异步电动机的角速度必须加以控制，为此需研究转矩 - 速度曲线 $\omega_r = \Omega_T(T_e)$。异步电动机的电磁转矩是定转子电流和转子位置的函数。异步电动机通过改变绕组上相电压的幅值 u_M 和频率 f 进行控制。施加在定子绕组上的电压幅值不应超过额定电压 u_{Mmax}，$u_{Mmin} \leqslant u_M \leqslant u_{Mmax}$。施加相电压的角频率 ω_f 同样有界，$\omega_f = 2\pi f$，$f_{min} \leqslant f \leqslant f_{max}$，$f_{min} > 0$，$f_{max} > 0$。

异步电动机的同步角速度 ω_e 是 f 的函数

$$\omega_e = \frac{4\pi f}{p}$$

异步电动机的电角速度 ω_r 小于或等于（空载，无摩擦）ω_e。所以，对异步电

动机，$\omega_r \leqslant \omega_e$。相反，同步电动机以 ω_e 旋转，$\omega_r = \omega_e$。

通过绘制角速度和电磁转矩的关系可以得到稳态的 $\omega_r = \Omega_T(T_e)$ 曲线。美国的国家电力制造商组织（NEMA）和欧洲的国际机电委员会（IEC）定义了 4 种异步电动机的基本类型 A、B、C、D。对不同的类型，典型的稳态转矩 - 速度特性曲线在电动机运行区域如图 5-4a）所示，其中转差率（s）为

$$s = \frac{\omega_e - \omega_r}{\omega_e}, \ \omega_r = (1 - s)\omega_e$$

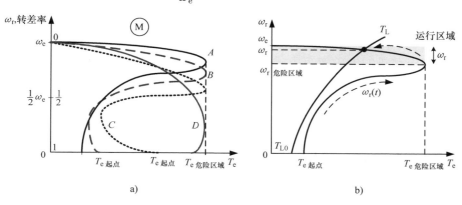

图　5-4

a）典型感应电动机的典型转矩 - 转速特性　b）转速 - 转速和负载曲线

这些转矩 - 速度特性可以通过实验数据获得，比如可以测量转矩和角速度随时间的变化，给出 $T_e(t)$，$\omega_r(t)$。实验测得的动态特性 $\omega_r(t) = \Omega_T[T_e(t)]$ 与稳态特性 $\omega_r = \Omega_T(T_e)$ 不同。实际上，$\omega_r = \Omega_T(T_e)$ 是 $\omega_r(t) = \Omega_T[T_e(t)]$ 的平均值。不过，$\omega_r(t) = \Omega_T[T_e(t)]$ 更具一般性，更有描述性。如果 $T_e(t)$ 不能直接测量，要得到实验的动态特性 $\omega_r(t) = \Omega_T[T_e(t)]$，也可以通过测量相电流来获得 $T_e(t)$。

异步电动机旋转的稳态角速度由转矩 - 速度特性 $\omega_r(t) = \Omega_T[T_e(t)]$ 和负载特性 $T_L(\omega_r)$ 的交点决定，如图 5-4b）所示。由牛顿第二定律，忽略摩擦转矩（可以看作负载转矩 T_L 的一部分），有

$$\frac{\mathrm{d}\omega_r}{\mathrm{d}t} = \frac{1}{J}(T_e - T_L)$$

由此可得，$T_e = T_L$ 时，ω_r 为常数。进一步，假定 $T_e > T_L$，$T_{estart} > T_{L0}$，电动机加速直到 $T_e = T_L$，达到 ω_r，临界角速度 $\omega_{rcritical}$ 如图 5-4b）所示。为保证加速和旋转，必须在整个运行区域对所有 T_L 内保证 $T_e > T_L$，额定转矩给定为 $T_{emax} = T_{ecritical}$。异步电动机转矩 - 速度工作范围 $[\omega_r, T_e]$ 由 $\omega_r \in [\omega_{rcritical}, \omega_e]$，$T_e \in [0, T_{ecritical}]$，$T_e > T_L$，$\forall T_L$。

工业用异步电机经常设计成 A 类或 B 类。这些电动机有标准的起动转矩和低转差率（一般为 0.05）。相反，C 类异步电动机由于双转子设计有更高的起动转

矩，转差率远大于 0.05。D 类异步电动机有高的转子电阻，高起动转矩。D 类异步电动机的典型转差率范围由 0.5 ~ 0.9。E 和 F 类异步电动机有非常低的起动转矩，转子条深埋因而有高漏感。如图 5-5 所示显示了 A 类异步电动机在电动机、发电机、制动状态下的转矩 – 转速速度特性。

两相异步电动机的电磁转矩由式 (5-8) 给出

$$T_e = -\frac{p}{2}L_{ms}\left[\,(i_{as}i'_{ar} + i_{bs}i'_{br})\right.$$

$$\left.\sin\theta_r + (i_{as}i'_{br} - i_{bs}i'_{ar})\cos\theta_r\right]$$

而对三相异步电动机，则是

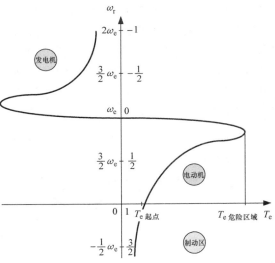

图 5-5　电动机、发电机和刹车区的
转矩 – 转速特性曲线

$$T_e = -\frac{p}{2}L_{ms}\left\{\left[\,i_{as}\left(i'_{ar} - \frac{1}{2}i'_{br} - \frac{1}{2}i'_{cr}\right) + \right.\right.$$

$$i_{bs}\left(i'_{br} - \frac{1}{2}i'_{ar} - \frac{1}{2}i'_{cr}\right) + i_{cs}\left(i'_{cr} - \frac{1}{2}i'_{br} - \frac{1}{2}i'_{ar}\right)\right]\sin\theta_r + \frac{\sqrt{3}}{2}$$

$$\left[\,i_{as}(i'_{br} - i'_{cr}) + i_{bs}(i'_{cr} - i'_{ar}) + i_{cs}(i'_{ar} - i'_{br})\right]\cos\theta_r\right\}$$

要保证两相异步电动机的平衡运行，对定子绕组施加如下相电压为

$$u_{as}(t) = \sqrt{2}u_M\cos(\omega_f t), \; u_{bs}(t) = \sqrt{2}u_M\sin(\omega_f t)$$

正弦稳态相电流为

$$i_{as}(t) = \sqrt{2}i_M\cos(\omega_f t - \varphi_i), \; i_{bs}(t) = \sqrt{2}i_M\sin(\omega_f t - \varphi_i)$$

其中，u_M、i_M 是定子 as 和 bs 电压和电流的幅值；ω_f 是所施加电压的角频率，$\omega_f = 2\pi f$；f 是施加电压的频率；φ_i 为相位差。

对三相异步电动机，施加如下相电压

$$u_{as}(t) = \sqrt{2}u_M\cos(\omega_f t), \; u_{bs}(t) = \sqrt{2}u_M\cos\left(\omega_f t - \frac{2}{3}\pi\right), \; u_{cs}(t) = \sqrt{2}u_M\cos\left(\omega_f t + \frac{2}{3}\pi\right)$$

电动机绕组所施加电压不能超过额定电压 u_{Mmax}，$u_{Mmin} \leqslant u_M \leqslant u_{Mmax}$。同步角速度 ω_e 由极数 p 和频率 f 决定：

$$\omega_e = \frac{4\pi f}{p}$$

频率也受到限制 $f_{min} \leqslant f \leqslant f_{max}$，这是由于电力电子对 f_{min} 的限制和最大机械角

速度对 f_{max} 的限制。同步和电（机械）角速度 ω_e 和 ω_r 可以通过改变频率 f 加以控制。通过改变施加电压幅值 u_M 和 f，可以改变 ω_r。我们可以用等效电路来研究异步电动机的转矩 – 速度曲线。此外，从由实验结果或解微分方程得到的瞬态特性，通过画出角速度 ω_r 和电磁转矩 T_e 的曲线，可得到 $\omega_r = \Omega_T(T_e)$ 的实验和解析变化特性。

下列原理可用于控制笼型异步电动机的角速度[1-8]。

电压控制：

通过改变定子绕组上施加相电压的幅值 u_M，稳定运行区域的角速度受到控制，如图 5-6a 所示。需要强调，$u_{Mmin} \leqslant u_M \leqslant u_{Mmax}$，$u_{Mmax}$ 是最大允许（额定）电压。

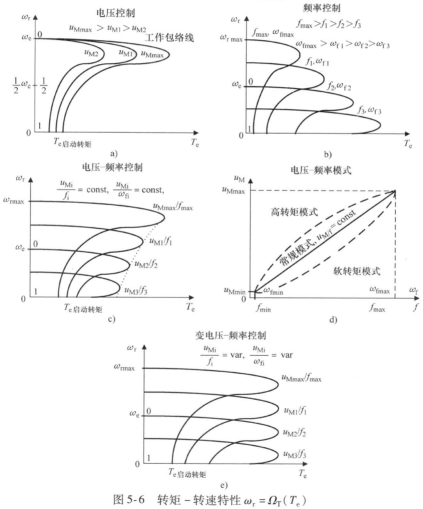

图 5-6　转矩 – 转速特性 $\omega_r = \Omega_T(T_e)$

a）电压控制　b）频率控制　c）电压 – 频率控制：恒电压/变频控制

d）电压 – 频率模式　e）变电压 – 频率控制

减小 u_M，T_{estart}，$T_{ecritical}$ 降低。角速度的运行范围为 $\omega_r \in [\omega_{rcritical}, \omega_e]$。例如对 A、B、C 类异步电动机，不能有效地控制角速度。为避免使用功率变流器电压控制只对低效的 D 类异步电动机有效。

频率控制：

施加相电压的幅值 u_M 为常数，通过改变施加电压的频率 f（$f_{min} \leq f \leq f_{max}$，一般 $f_{min} = 2\,\text{Hz}$）改变同步角速度 ω_e，从而控制角速度。

这个概念由方程

$$\omega_e = \frac{4\pi f}{p}$$

证明。施加电压的角频率 ω_f 与频率 f 成正比，$\omega_f = 2\pi f$，$f_{min} \leq f \leq f_{max}$。不同频率值下的转矩－速度特性如图 5-6b 所示。

电压－频率控制：

为了使损耗最小，当频率 f 变化，电压幅值 u_M 受到控制。特别地，u_M 可以随 f 减小线性降低。为实现所谓恒压频比控制，得到如下关系：

$$\frac{u_{Mi}}{f_i} = \text{const}, \quad \frac{u_{Mi}}{\omega_{fi}} = \text{const}$$

对应的转矩－速度特性如图 5-6c 所示。不同的电压－频率形式可以得到不同的转矩－速度曲线。例如，可以采用

$$\sqrt{\frac{u_{Mi}}{f_i}} = \text{const}$$

来调整幅值 u_M 和频率 f。要达到给定的加速、稳定时间，超调，上升时间及其他特性，一般可以采用常规的、低起动转矩或高起动转矩等控制方式，以达到不同的运行性能和运行轨迹。常规（恒压频比控制），低起动转矩和高起动转矩模式如图 5-6d所示。也就是在 $-u_{Mmin} \leq u_M \leq u_{Mmax}$ 和 $\omega_{fmin} \leq \omega_f \leq \omega_{fmax}$ （$f_{min} \leq f \leq f_{max}$）下给定 $\omega_f = \varphi(u_M)$，可以得到

$$\frac{u_{Mi}}{f_i} = \text{var}, \quad \frac{u_{Mi}}{\omega_{fi}} = \text{var}$$

所需的转矩－速度特性如图 5-6e。

异步电动机的稳态转矩－速度特性可以通过等效电路得到。将在例 5-2、例 5-3、例 5-6、例 5-7 中证明通过解微分方程，分析 $\omega_r(t)$，$T_e(t)$ 的变化，也可以得到 $\omega_r(t) = \Omega_T[T_e(t)]$。转矩－速度特性 $\omega_r(t) = \Omega_T[T_e(t)]$ 也可由实验获得，便于对异步电动机进行性能评估。要进行初步分析，我们可以用以下方程得到两相三相异步电动机的转矩－速度特性

$$T_e = \frac{3\left(u_M \dfrac{X_M}{X_s + X_M}\right)^2 \dfrac{r_r'}{s}}{\omega_e\left[\left(r_s\left(\dfrac{X_M}{X_s + X_M}\right)^2 + \dfrac{r_r'}{s}\right)^2 + (X_s + X_r')^2\right]}, \quad s = \frac{\omega_e - \omega_r}{\omega_e}, \quad \omega_e = \frac{4\pi f}{p} \qquad (5\text{-}14)$$

式中，X_s、X_r'是定转子电抗，X_M是励磁电抗。

给定施加相电压的幅值u_M和频率f，可以得到转矩 – 转速特性$\omega_r = \Omega_T[T_e]$。

例 5-1

计算并绘制一个 4 极异步电动机的转矩 – 转速特性。电动机参数为$r_s = 24.5\Omega$，$r_r' = 23\Omega$，$X_s = 10\Omega$，$X_r' = 40\Omega$，$X_M = 25\Omega$。额定电压为$u_{Mmax} = 110V$。施加相电压的最高频率为$f_{max} = 60Hz$。假定施加相电压频率分别为 20Hz、40Hz、60Hz。

对每个给定的频率，我们用如下等式计算同步角速度

$$\omega_e = \frac{4\pi f}{p}$$

然后，使用式（5-14），其中

$$s = \frac{\omega_e - \omega_r}{\omega_e}$$

指定不同角速度值，可以得到转矩 – 转速特性。以下 MAT-LAB 文件用于计算和绘制$\omega_r = \Omega_T[T_e]$。

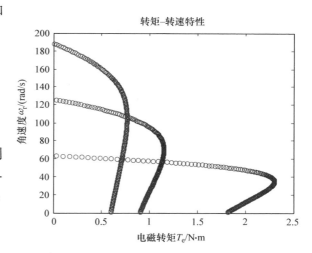

图 5-7　三相异步电动机的转矩 – 转速特性，频率分别为 20Hz、40Hz 和 60Hz

```
clear all
% 异步电动机参数
rs = 24.5; rr = 23; Xs = 10; Xr = 40; Xm = 25;
uM = 110; f = 60; P = 4; we = 4 * pi * f/P;
% 转矩 – 速度特性计算
for wr = [1:1:4 * pi * f/P]; % 角速度
s = (we - wr)/we; % 转差率
Te = 3 * (uM * Xm/(Xs + Xm))^2 * (rr/slip)/(we * ((rs * (Xm/(Xs + Xm))^2 + rr···/slip)^2 + (Xs + Xr)^2));
plot(Te,wr,'o'); title('Torque – Speed Characteristics','FontSize',14);
xlabel('Electromagnetic Torque T_e, N – m','FontSize',14);
ylabel('Angular velocity \omega_r, rad/sec','FontSize',14);
hold on;
end;
```

20Hz、40Hz、60Hz 下的转矩 – 转速特性如图 5-7 所示。利用$\omega_r = \Omega_T[T_e]$曲线，可以评估控制性能。以频率为中心的控制是异步电动机高性能驱动控制中的基

本原则。T_{estart} 在最低频率 f_{min} 下达到最大，T_{estart} 为 1.8N·m。

例 5-2

我们的目标是对两个两相 115V（rms），60Hz，四极异步电动机进行仿真，分析性能。特性如微分方程（5-10）所描述。最终的目标是评价该感应电动机的性能，分析加速能力，稳定时间，效率等。通过解微分方程可以研究转矩 - 速度特性，从而能够对比稳态和动态转矩 - 速度特性 $\omega_r = \Omega_T[T_e]$，$\omega_r(t) = \Omega_T[T_e(t)]$。我们考虑的 A 和 D 类参数分别为

A 类异步电动机：$r_s = 1.2\Omega$，$r_r' = 1.5\Omega$，$L_{ms} = 0.16$H，$L_{ls} = 0.02$H，$L_{ss} = L_{ls} + L_{ms}$，$L_{lr}' = 0.02$H，$L_{rr}' = L_{lr}' + L_{ms}'$，$B_m = 1 \times 10^{-6}$ N·m·s/rad，$J = 0.005$kg·m²。

D 类异步电动机 $r_s = 24.5\Omega$，$r_r' = 23\Omega$，$L_{ms} = 0.27$H，$L_{ls} = 0.027$H，$L_{ss} = L_{ls} + L_{ms}$，$L_{lr}' = 0.027$H，$L_{rr}' = L_{lr}' + L_{ms}'$，$B_m = 1 \times 10^{-6}$N·m·s/rad，$J = 0.001$kg·m²。
为保证稳定运行，施加相电压为

$$u_{as}(t) = \sqrt{2}u_M\cos(\omega_f t), \ u_{bs}(t) = \sqrt{2}u_M\sin(\omega_f t)$$

对额定电压有

$$u_{as}(t) = \sqrt{2}115\cos(377t), \ u_{bs}(t) = \sqrt{2}115\sin(377t)$$

给定负载转矩为 0 和 0.5N·m，对空载和负载情况均进行测试。运行仿真后，定转子 as、bs、ar、br 绕组中的电流 $i_{as}(t)$、$i_{bs}(t)$、$i_{ar}'(t)$、$i_{br}'(t)$ 以及机械角速度 $\omega_{rm}(t)$ 的动态变化如图 5-8 和图 5-9 所示。图 5-8 给出了 A 类电动机的动态变化。电动机由静止加速，也就是 $\omega_{rm0} = 0$rad/s。图 5-8a 和图 5-8b 分别显示了 $T_L = 0$ 和 $T_L = 0.5$N·m（在 $t = 0$s 时刻施加）时电动机动态特性。D 类电动机的动态特性和加速能力如图 5-9a 和图 5-9b 所示。

A 类异步电动机在 0.8s 内达到稳态角速度（空载），而如果在 $t = 0$s 时刻施加 $T_L = 0.5$N·m，稳定时间为 1.4s。D 类异步电动机有更好的加速能力（空载为 0.5s，负载为 0.8s）。通过分析转矩 - 速度特性可以发现，相比于 A 类，B 类电动机，D 类异步电动机可以产生更高的起动电磁转矩（见图 5-4a）。不过，相比于 A 类异步电动机，D 类异步电动机可能不会产生更高的 T_{estart} 和 $T_{ecritical}$。实际上，如图 5-8 和图 5-9 所示，A 类异步电动机有着更高的 T_{estart} 和 $T_{ecritical}$，以及更高的 $T_{ecritical}/T_{estart}$ 比。对所研究的 A 类和 D 类异步电动机，$T_{ecritical}$ 分别为 3N·m 和 1.1N·m。进一步，由于 r_r 较大，D 类异步电动机的效率低。

转动惯量显著影响加速能力。利用方程

$$\frac{d\omega_{rm}}{dt} = \frac{1}{J}(T_e - B_m\omega_{rm} - T_L)$$

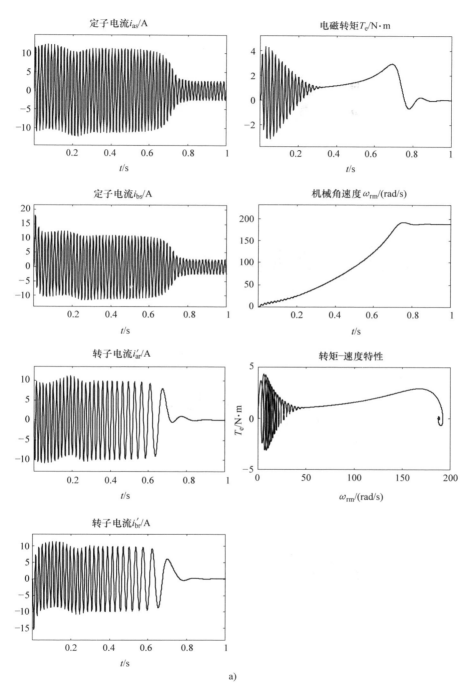

图 5-8 A 类感应电动机动态和转矩 – 转速特性

a) $T_L = 0 \mathrm{N} \cdot \mathrm{m}$

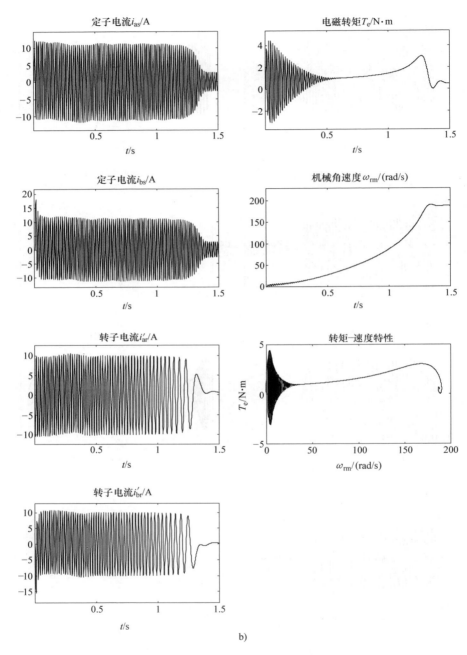

b)

图 5-8 A 类感应电动机动态和转矩 – 转速特性（续）

b) $T_L = 0.5 \text{N} \cdot \text{m}$，$u_{as}(t) = \sqrt{2115}\cos(377t)$ 和 $u_{bs}(t) = \sqrt{2115}\sin(377t)$

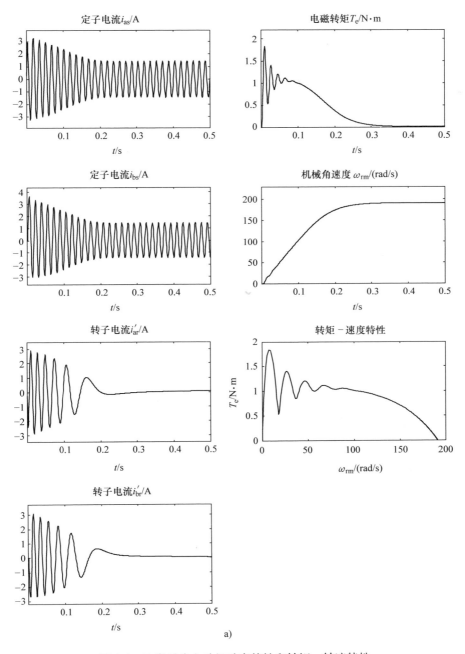

a)

图 5-9 D 类异步电动机动态特性和转矩 – 转速特性

a) $T_L = 0N \cdot m$

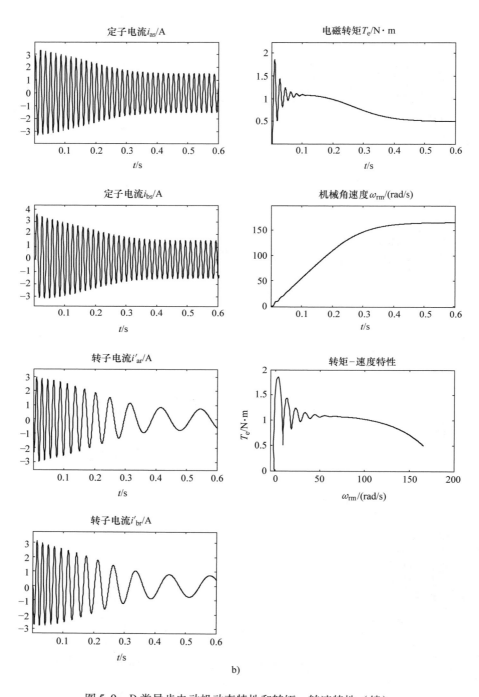

b)

图 5-9　D 类异步电动机动态特性和转矩 – 转速特性（续）

b)　$T_{\mathrm{L}} = 0.5\mathrm{N} \cdot \mathrm{m}$，$u_{\mathrm{as}}(t) = \sqrt{2115}\cos(377t)$ 和 $u_{\mathrm{bs}}(t) = \sqrt{2115}\sin(377t)$

我们可以得到结论，A 类异步电动机对所用转动惯量（$J = 0.005$，$0.001\mathrm{kg \cdot m^2}$）具有更好的加速能力。如图 5-8 和图 5-9 所示，A 类和 D 类异步电动机转矩分别达到 4.1 和 1.8 N·m，所以 A 类异步电动机有更好的性能。对 A 类异步电动机，定子相电流的幅值更高（输入功率更高，因为相电阻小但损耗更低），而与 D 类异步电动机相比，L_{ms} 更低。

以上分析可由估计的转矩–速度特性证实。$\omega_{\mathrm{rm}}(t)$、$T_{\mathrm{e}}(t)$ 的变化如图 5-8、图 5-9 所示。$\omega_{\mathrm{rm}}(t) = \Omega_{\mathrm{T}}[T_{\mathrm{e}}(t)]$ 特性可以通过画出机械角速度相对电磁转矩的变化得到。转矩–速度特性可以由研究电动机动态特性的仿真结果得到。因此稳态工况分析可以通过研究瞬态特性得到，但反之不行。图 5-8 显示了 A 类异步电动机的转矩–速度特性，而图 5-9 显示了 D 类电动机的 $\omega_{\mathrm{rm}}(t) = \Omega_{\mathrm{T}}[T_{\mathrm{e}}(t)]$ 特性。

可以得出结论，如图 5-4 和图 5-7 所示的稳态转矩–速度特性可能与瞬态下（加速、减速、加载、扰动等）异步电动机分析 $T_{\mathrm{e}}(t)$ 变化的结果不一致。所以稳态分析主要用于初步分析。

5.1.5 异步电动机分析中的高级主题

分析以异步电动机的最佳设计，磁路线性等为前提。设计者能在指定的运行范围内达到近似最佳设计。不过，不利的一些因素会显著降低电机和系统的性能和能力。在本节，我们描述如何进行更进一步的研究，研究近似最优的定转子磁场之间的耦合关系。定转子绕组之间的磁场耦合不一定服从表达式

$$L_{\mathrm{asar}} = L_{\mathrm{aras}} = L_{\mathrm{sr}}\cos\theta_{\mathrm{r}}, \; L_{\mathrm{asbr}} = L_{\mathrm{bras}} = -L_{\mathrm{sr}}\sin\theta_{\mathrm{r}},$$

$$L_{\mathrm{bsar}} = L_{\mathrm{arbs}} = L_{\mathrm{sr}}\sin\theta_{\mathrm{r}}, \; L_{\mathrm{bsbr}} = L_{\mathrm{brbs}} = L_{\mathrm{sr}}\cos\theta_{\mathrm{r}}$$

我们不能期望。在整个运行区域，一个最优设计可以产生理想的纯正弦分布，从而消除转矩波动、电流振荡、过热等。根据整个异步电动机的设计，在整个运行区域有

$$L_{\mathrm{asar}} = L_{\mathrm{aras}} = \sum_{n=1}^{\infty} L_{\mathrm{sr}\;n}\cos^{2n-1}\theta_{\mathrm{r}}, \; L_{\mathrm{asbr}} = L_{\mathrm{bras}} = -\sum_{n=1}^{\infty} L_{\mathrm{sr}\;n}\sin^{2n-1}\theta_{\mathrm{r}},$$

$$L_{\mathrm{bsar}} = L_{\mathrm{arbs}} = \sum_{n=1}^{\infty} L_{\mathrm{sr}\;n}\sin^{2n-1}\theta_{\mathrm{r}}, \; L_{\mathrm{bsbr}} = L_{\mathrm{brbs}} = \sum_{n=1}^{\infty} L_{\mathrm{sr}\;n}\cos^{2n-1}\theta_{\mathrm{r}}. \quad (5\text{-}15)$$

完成电机设计就可以建模、仿真、计算，而实验研究可以确定电动机参数，电感关系和其他分析中用到的描述性特征。如前所述，利用式（5-4）的电路–电磁方程和式（5-7）的扭转机械方程，我们就可以描述电机的瞬态性能，从而检验电机性能和能力。电动机参数、感应电动势、转矩、磁场和其他量可以在整个运行范围内由实验得到。

得到式（5-15）后，就可以找到电感关系 $L'_{\mathrm{sr}}(\theta_{\mathrm{r}})$。利用式（5-4）

$$u_{\mathrm{abs}} = r_{\mathrm{s}}i_{\mathrm{abs}} + \frac{\mathrm{d}\psi_{\mathrm{abs}}}{\mathrm{d}t}, \; u'_{\mathrm{abr}} = r_{\mathrm{r}}i'_{\mathrm{abr}} + \frac{\mathrm{d}\psi'_{\mathrm{abr}}}{\mathrm{d}t},$$

和采用磁链表达式

$$\begin{bmatrix} \psi_{abs} \\ \psi'_{abr} \end{bmatrix} = \begin{bmatrix} L_s & L'_{sr}(\theta_r) \\ L'^{T}_{sr}(\theta_r) & L'_r \end{bmatrix} \begin{bmatrix} i_{abs} \\ i'_{abr} \end{bmatrix}$$

从而得到由运动导致的整个派生项和电路 – 电磁方程。电磁转矩通过利用磁共能得到

$$T_e = \frac{p}{2} \frac{\partial W_c(i_{abs}, i'_{abr}, \theta_r)}{\partial \theta_r} = \frac{p}{2} i^{T}_{abs} \frac{\partial L'_{sr}(\theta_r)}{\partial \theta_r} i'_{abr}$$

而旋转机械特性方程式（5-7）可以与上式一起整合。

假定对一台异步电动机，由式（5-15）有

$$L_{asar} = L_{aras} = L_{sr1}\cos\theta_r + L_{sr2}\cos^3\theta_r, \quad L_{asbr} = L_{bras} = -L_{sr1}\sin\theta_r - L_{sr2}\sin^3\theta_r,$$

$$L_{bsar} = L_{arbs} = L_{sr1}\sin\theta_r + L_{sr2}\sin^3\theta_r, \quad L_{bsbr} = L_{brbs} = L_{sr1}\cos\theta_r + L_{sr2}\cos^3\theta_r$$

注意到匝数比，磁链为

$$\begin{bmatrix} \psi_{abs} \\ \psi'_{abs} \end{bmatrix} = \begin{bmatrix} L_s & L'_{sr}(\theta_r) \\ L'^{T}_{sr}(\theta_r) & L'_r \end{bmatrix} \begin{bmatrix} i_{abs} \\ i'_{abr} \end{bmatrix}, L_s = \begin{bmatrix} L_{ss} & 0 \\ 0 & L_{ss} \end{bmatrix}, L = \begin{bmatrix} L'_{rr} & 0 \\ 0 & L'_{rr} \end{bmatrix},$$

$$L'_{sr}(\theta_r) = \left(\frac{N_s}{N_r}\right) L_{sr}(\theta_r) = \begin{bmatrix} L_{ms1}\cos\theta_r + L_{ms2}\cos^3\theta_r & -L_{ms1}\sin\theta_r - L_{ms2}\sin^3\theta_r \\ L_{ms1}\sin\theta_r + L_{ms2}\sin^3\theta_r & L_{ms1}\cos\theta_r + L_{ms2}\cos^3\theta_r \end{bmatrix}$$

或

$$\begin{bmatrix} \psi_{as} \\ \psi_{bs} \\ \psi'_{ar} \\ \psi'_{br} \end{bmatrix} = \begin{bmatrix} L_{ss} & 0 & L_{ms1}\cos\theta_r + L_{ms2}\cos^3\theta_r & -L_{ms1}\sin\theta_r - L_{ms2}\sin^3\theta_r \\ 0 & L_{ss} & L_{ms1}\sin\theta_r + L_{ms2}\sin^3\theta_r & L_{ms1}\cos\theta_r + L_{ms2}\cos^3\theta_r \\ L_{ms1}\cos\theta_r + L_{ms2}\cos^3\theta_r & L_{ms1}\sin\theta_r + L_{ms2}\sin^3\theta_r & L'_{rr} & 0 \\ -L_{ms1}\sin\theta_r - L_{ms2}\sin^3\theta_r & L_{ms1}\cos\theta_r + L_{ms2}\cos^3\theta_r & 0 & L'_{rr} \end{bmatrix} \begin{bmatrix} i_{as} \\ i_{bs} \\ i'_{ar} \\ i'_{br} \end{bmatrix}$$

$$(5\text{-}16)$$

利用微分方程式（5-4）

$$u_{abs} = r_s i_{abs} + \frac{d\psi_{abs}}{dt}, \quad u'_{abr} = r_r i'_{abr} + \frac{d\psi'_{abr}}{dt}$$

和式（5-16）得到

$$L_{ss}\frac{di_{as}}{dt} + L_{ms1}\frac{d(i'_{ar}\cos\theta_r)}{dt} + L_{ms2}\frac{d(i'_{ar}\cos^3\theta_r)}{dt} - L_{ms1}\frac{d(i'_{br}\sin\theta_r)}{dt} - L_{ms2}\frac{d(i'_{br}\sin^3\theta_r)}{dt} = -r_s i_{as} + u_{as},$$

$$L_{ss}\frac{di_{bs}}{dt} + L_{ms1}\frac{d(i'_{ar}\sin\theta_r)}{dt} + L_{ms2}\frac{d(i'_{ar}\sin^3\theta_r)}{dt} + L_{ms1}\frac{d(i'_{br}\cos\theta_r)}{dt} + L_{ms2}\frac{d(i'_{br}\cos^3\theta_r)}{dt} = -r_s i_{bs} + u_{bs},$$

$$L_{ms1}\frac{d(i_{as}\cos\theta_r)}{dt} + L_{ms2}\frac{d(i_{as}\cos^3\theta_r)}{dt} + L_{ms1}\frac{d(i_{bs}\sin\theta_r)}{dt} + L_{ms2}\frac{d(i_{bs}\sin^3\theta_r)}{dt} + L'_{rr}\frac{di'_{ar}}{dt} = -r'_r i'_{ar} + u'_{ar},$$

$$-L_{ms}\frac{(i_{as}\sin\theta_r)}{dt} - L_{ms}\frac{(i_{as}\sin^3\theta_r)}{dt} + L_{ms2}\frac{d(i_{bs}\cos\theta_r)}{dt} + L_{ms2}\frac{d(i_{bs}\cos^3\theta_r)}{dt} + L'_{rr}\frac{di'_{br}}{dt} = -r'_{br}i'_{br} + u'_{br}.$$

$$(5\text{-}17)$$

稳态运行时转子运动电动势项为

$$emf_{ar\omega} = (L_{ms1} i_{as}\sin\theta_r + 3L_{ms2} i_{as}\sin\theta_r\cos^2\theta_r - L_{ms1} i_{bs}\cos\theta_r - 3L_{ms2} i_{bs}\cos\theta_r\sin^2\theta_r)\,\omega_r ,$$

$$emf_{br\omega} = (L_{ms1} i_{as}\cos\theta_r + 3L_{ms2} i_{as}\sin^2\theta_r\cos\theta_r + L_{ms1} i_{bs}\sin\theta_r + 3L_{ms2} i_{bs}\sin\theta_r\cos^2\theta_r)\,\omega_r$$

T_e 的表达式，为

$$T_e = \frac{p}{2}\frac{\partial W_c (i_{abs},\ i'_{abr},\ \theta_r)}{\partial\theta_r} = \frac{p}{2} i_{abs}^{\mathrm{T}}\frac{\partial L'_{sr}(\theta_r)}{\partial\theta_r} i'_{abr}$$

$$= \frac{p}{2}\begin{bmatrix} i_{as} & i_{bs} \end{bmatrix}\begin{bmatrix} -L_{ms1}\sin\theta_r - 3L_{ms2}\sin\theta_r\cos^2\theta_r & -L_{ms1}\cos\theta_r - 3L_{ms2}\cos\theta_r\sin^2\theta_r \\ L_{ms1}\cos\theta_r + 3L_{ms2}\sin^2\theta_r\cos\theta_r & -L_{ms1}\sin\theta_r - 3L_{ms2}\sin\theta_r\cos^2\theta_r \end{bmatrix}\begin{bmatrix} i'_{ar} \\ i'_{br} \end{bmatrix}$$

$$= -\frac{p}{2}\Big\{ L_{ms1}\big[(i_{as} i'_{ar} + i_{bs} i'_{br})\sin\theta_r + (i_{as} i'_{br} - i_{bs} i'_{ar})\cos\theta_r \big]$$

$$+ 3L_{ms2}\big[(i_{as} i'_{ar} + i_{bs} i'_{br})\sin\theta_r\cos^2\theta_r + (i_{as} i'_{br} - i_{bs} i'_{ar})\cos\theta_r\sin^2\theta_r \big]\Big\} \tag{5-18}$$

利用式（5-7）的牛顿力学定律和式（5-17）得到的 T_e 表达式，旋转机械方程为

$$\frac{\mathrm{d}\omega_{rm}}{\mathrm{d}t} = -\frac{p^2}{4J}\Big\{ L_{ms1}\big[(i_{as} i'_{ar} + i_{bs} i'_{br})\sin\theta_r + (i_{as} i'_{br} - i_{bs} i'_{ar})\cos\theta_r \big]$$

$$+ 3L_{ms2}\big[(i_{as} i'_{ar} + i_{bs} i'_{br})\sin\theta_r\cos^2\theta_r + (i_{as} i'_{br} - i_{bs} i'_{ar})\cos\theta_r\sin^2\theta_r \big]\Big\}$$

$$- \frac{B_m}{J}\omega_r - \frac{p}{2J}T_L$$

$$\frac{\mathrm{d}\theta_r}{\mathrm{d}t} = \omega_r \tag{5-19}$$

由式（5-17）和式（5-19）得到的运动方程，我们有

$$\frac{\mathrm{d}i_{as}}{\mathrm{d}t} = \frac{1}{L_{ss}}\Big[-r_s i_{as} - L_{ms1}\frac{\mathrm{d}(i'_{ar}\cos\theta_r)}{\mathrm{d}t} - L_{ms2}\frac{\mathrm{d}(i'_{ar}\cos^3\theta_r)}{\mathrm{d}t}$$

$$+ L_{ms1}\frac{\mathrm{d}(i'_{br}\sin\theta_r)}{\mathrm{d}t} + L_{ms2}\frac{\mathrm{d}(i'_{br}\sin^3\theta_r)}{\mathrm{d}t} + u_{as} \Big],$$

$$\frac{\mathrm{d}i_{bs}}{\mathrm{d}t} = \frac{1}{L_{ss}}\Big[-r_s i_{bs} - L_{ms1}\frac{\mathrm{d}(i'_{ar}\sin\theta_r)}{\mathrm{d}t} - L_{ms2}\frac{\mathrm{d}(i'_{ar}\sin^3\theta_r)}{\mathrm{d}t}$$

$$- L_{ms1}\frac{\mathrm{d}(i'_{br}\cos\theta_r)}{\mathrm{d}t} - L_{ms2}\frac{\mathrm{d}(i'_{br}\cos^3\theta_r)}{\mathrm{d}t} + u_{bs} \Big],$$

$$\frac{\mathrm{d}i'_{ar}}{\mathrm{d}t} = \frac{1}{L'_{rr}}\Big[-r'_r i'_{ar} - L_{ms1}\frac{\mathrm{d}(i_{as}\cos\theta_r)}{\mathrm{d}t} - L_{ms2}\frac{\mathrm{d}(i_{as}\cos^3\theta_r)}{\mathrm{d}t}$$

$$- L_{ms1}\frac{\mathrm{d}(i_{bs}\sin\theta_r)}{\mathrm{d}t} - L_{ms2}\frac{\mathrm{d}(i_{bs}\sin^3\theta_r)}{\mathrm{d}t} + u'_{ar} \Big],$$

$$\frac{\mathrm{d}i'_{br}}{\mathrm{d}t} = \frac{1}{L'_{rr}}\Big[-r'_r i'_{br} + L_{ms}\frac{\mathrm{d}(i_{as}\sin\theta_r)}{\mathrm{d}t} + L_{ms}\frac{\mathrm{d}(i_{as}\sin^3\theta_r)}{\mathrm{d}t}$$

$$-L_{ms2}\frac{\mathrm{d}(i_{bs}\cos\theta_r)}{\mathrm{d}t}-L_{ms2}\frac{\mathrm{d}(i_{bs}\cos^3\theta_r)}{\mathrm{d}t}+u'_{br}\Big],$$

$$\frac{\mathrm{d}\omega_r}{\mathrm{d}t}=-\frac{P^2}{4J}\big\{L_{ms1}\big[(i_{as}i'_{ar}+i_{bs}i'_{br})\sin\theta_r+(i_{as}i'_{br}-i_{bs}i'_{ar})\cos\theta_r\big]$$

$$+3L_{ms2}\big[(i_{as}i'_{ar}+i_{bs}i'_{br})\sin\theta_r\cos^2\theta_r+(i_{as}i'_{br}-i_{bs}i'_{ar})\cos\theta_r\sin^2\theta_r\big]\big\}$$

$$-\frac{B_m}{J}\omega_r-\frac{p}{2J}T_L$$

$$\frac{\mathrm{d}\theta_r}{\mathrm{d}t}=\omega_r \tag{5-20}$$

利用式（5-17）和式（5-20）得到柯西形式的微分方程。

$$\frac{\mathrm{d}i_{as}}{\mathrm{d}t}=\frac{1}{L_\Sigma}(\,-L'_{rr}r_si_{as}-3L^2_{ms2}i_{bs}\omega_r\sin^4\theta_r+L_{ms1}r'_ri'_{ar}\cos\theta_r-L_{ms1}u'_{ar}\cos\theta_r$$

$$+L_{ms2}u'_{br}\sin^3\theta_r+L_{ms1}u'_{br}\sin\theta_r+L^2_{ms1}i_{bs}\omega_r+3L_{ms2}L'_{rr}i'_{ar}\omega_r\sin\theta_r$$

$$+L_{ms2}u'_{ar}\cos\theta_r\sin^2\theta_r+L_{ms2}r'_ri'_{ar}\cos\theta_r+3L^2_{ms2}i_{bs}\omega_r\sin^2\theta_r$$

$$+4L_{ms1}L_{ms2}i_{bs}\omega_r\sin^2\theta_r+L'_{rr}u_{as}+8L_{ms1}L_{ms2}i_{as}\omega_r\cos\theta_r$$

$$-4L_{ms1}L_{ms2}i_{as}\omega_r\cos\theta_r\sin\theta_r+3L_{ms2}L'_{rr}i'_{br}\omega_r\cos\theta_r\sin^2\theta_r+L_{ms1}L'_{rr}i'_{ar}\omega_r\sin\theta_r$$

$$-L_{ms2}u'_{ar}\cos\theta_r-L_{ms1}r'_ri'_{br}\sin\theta_r-3L_{ms2}L'_{rr}i'_{ar}\omega_r\sin^3\theta_r$$

$$+6L^2_{ms2}i_{as}\omega_r\cos\theta_r\sin^3\theta_r-4L_{ms1}L_{ms2}i_{bs}\omega_r\sin^4\theta_r$$

$$+L_{ms1}L_{ms2}i_{bs}\omega_r-L_{ms2}r'_ri'_{ar}\cos\theta_r\sin^2\theta_r$$

$$-3L^2_{ms2}i_{as}\omega_r\cos\theta_r\sin\theta_r-L_{ms2}r'_ri'_{br}\sin^3\theta_r+L_{ms1}L'_{rr}i'_{br}\omega_r\cos\theta_r)\,,$$

$$\frac{\mathrm{d}i_{bs}}{\mathrm{d}t}=\frac{1}{L_\Sigma}(\,-L'_{rr}r_si_{bs}-L_{ms1}u'_{br}\sin\theta_r-L_{ms2}u'_{br}\cos\theta_r-3L^2_{ms2}i_{bs}\cos\theta_r\sin\theta_r$$

$$+L_{ms1}L'_{rr}i'_{br}\omega_r\sin\theta_r-3L_{ms2}L'_{rr}i'_{br}\omega_r\sin^3\theta_r+3L_{ms1}L'_{rr}i'_{br}\omega_r\sin\theta_r$$

$$+4L_{ms1}L_{ms2}i_{as}\omega_r\sin^4\theta_r-L_{ms1}L_{ms2}i_{as}\omega_r+8L_{ms1}L_{ms2}i_{bs}\omega_r\cos\theta_r\sin^3\theta_r$$

$$+L_{ms1}r'_ri'_{br}\cos\theta_r+L_{ms2}u'_{br}\cos\theta_r\sin^2\theta_r+L_{ms2}r'_ri'_{br}\cos\theta_r+L_{ms1}r'_ri'_{ar}\sin\theta_r$$

$$-3L^2_{ms2}i_{as}\omega_r\sin^2\theta_r-4L_{ms1}L_{ms2}i_{as}\omega_r\sin^2\theta_r-L_{ms2}r'_ri'_{br}\cos\theta_r\sin^2\theta_r$$

$$+6L^2_{ms2}i_{bs}\omega_r\cos\theta_r\sin^3\theta_r-4L_{ms1}L_{ms2}i_{bs}\omega_r\cos\theta_r\sin\theta_r-L_{ms1}L'_{rr}i'_{ar}\omega_r\cos\theta_r$$

$$-3L_{ms2}L'_{rr}i'_{ar}\omega_r\cos\theta_r\sin^2\theta_r+3L^2_{ms2}i_{as}\omega_r\sin^4\theta_r+L_{ms2}r'_ri'_{ar}\sin^3\theta_r$$

$$-L_{ms1}^2 i_{as} \omega_r - L_{ms1} u_{br}' \cos\theta_r - L_{ms2} u_{ar}' \sin^3\theta_r + L_{rr}' u_{bs}) \; ,$$

$$\frac{\mathrm{d}i_{ar}'}{\mathrm{d}t} = \frac{1}{L_\Sigma} (\; -L_{ss} r_r' i_{ar}' - L_{ms2} r_s i_{as} \cos\theta_r \sin^2\theta_r + L_{ms2} u_{as} \cos\theta_r \sin^2\theta_r$$

$$+ L_{ms2} r_s i_{as} \cos\theta_r + L_{ms1} r_s i_{as} \cos\theta_r - L_{ms1}^2 i_{br}' \omega_r - L_{ms2} u_{as} \cos\theta_r$$

$$- 4 L_{ms1} L_{ms2} i_{br}' \omega_r \sin^2\theta_r + 4 L_{ms1} L_{ms2} i_{br}' \sin^4\theta_r - L_{ms2} u_{bs} \sin^3\theta_r$$

$$+ 8 L_{ms1} L_{ms2} i_{ar}' \omega_r \cos\theta_r \sin^3\theta_r - 3 L_{ms2}^2 i_{ar}' \omega_r \cos\theta_r \sin\theta_r$$

$$- 4 L_{ms1} L_{ms2} i_{ar}' \omega_r \cos\theta_r \sin\theta_r - 3 L_{ms2} L_{ss} \omega_r \sin^3\theta_r - 3 L_{ms2}^2 i_{br}' \omega_r \sin^2\theta_r$$

$$- 3 L_{ms2} L_{ss} i_{bs} \omega_r \cos\theta_r \sin^2\theta_r + 3 L_{ms2} L_{ss} i_{as} \omega_r \sin\theta_r + L_{ms1} L_{ss} i_{bs} \omega_r \sin\theta_r$$

$$- 3 L_{ms2}^2 i_{br}' \omega_r \sin^4\theta_r + L_{ms1} r_s i_{bs} \sin\theta_r - L_{ms1} L_{ms2} i_{br}' \omega_r + L_{ms2} r_s i_{bs} \sin^3\theta_r$$

$$- L_{ms1} u_{as} \cos\theta_r - L_{ms1} u_{bs} \sin\theta_r + 6 L_{ms2}^2 i_{ar}' \omega_r \cos\theta_r \sin^3\theta_r$$

$$- L_{ms1} L_{ss} i_{bs} \omega_r \cos\theta_r + L_{ss} u_{ar}') \; ,$$

$$\frac{\mathrm{d}i_{br}'}{\mathrm{d}t} = \frac{1}{L_\Sigma} (\; -L_{ss} r_r' i_{br}' + u_{br}' L_{ss} + L_{ms1} L_{ms2} i_{ar}' \omega_r - 4 L_{ms1} L_{ms2} i_{br}' \omega_r \cos\theta_r \sin\theta_r$$

$$+ 3 L_{ms2} L_{ss} i_{as} \omega_r \cos\theta_r \sin^2\theta_r - L_{ms1} r_s i_{bs} \cos\theta_r - 4 L_{ms1} L_{ms2} i_{ar}' \omega_r \sin^4\theta_r$$

$$- L_{ms2} r_s i_{bs} \cos\theta_r \sin^2\theta_r + L_{ms1} L_{ss} i_{bs} \omega_r \sin\theta_r + L_{ms2} u_{bs} \cos\theta_r \sin^2\theta_r$$

$$+ L_{ms1} L_{ss} i_{as} \omega_r \cos\theta_r + 6 L_{ms2}^2 i_{br}' \omega_r \cos\theta_r \sin^3\theta_r - 3 L_{ms2}^2 i_{br}' \omega_r \cos\theta_r \sin\theta_r$$

$$+ 8 L_{ms1} L_{ms2} i_{br}' \omega_r \cos\theta_r \sin^3\theta_r - 3 L_{ms2} L_{ss} i_{bs} \omega_r \sin^3\theta_r + 3 L_{ms2} L_{ss} i_{bs} \omega_r \sin\theta_r$$

$$+ L_{ms1} u_{as} \omega_r \sin\theta_r + L_{ms2} u_{as} \sin^3\theta_r - L_{ms1} u_{bs} \cos\theta_r - L_{ms2} u_{bs} \cos\theta_r + L_{ms1}^2 i_{ar}' \omega_r$$

$$+ 3 L_{ms2}^2 i_{ar}' \omega_r \sin^2\theta_r - 3 L_{ms2}^2 i_{ar}' \omega_r \sin^4\theta_r - L_{ms2} r_s i_{as} \sin^3\theta_r - L_{ms2} r_s i_{bs} \cos\theta_r$$

$$+ L_{ms1} r_s i_{as} \sin\theta_r + 4 L_{ms1} L_{ms2} i_{ar}' \omega_r \sin^2\theta_r) \; ,$$

$$\frac{\mathrm{d}\omega_{rm}}{\mathrm{d}t} = -\frac{p^2}{4J} \{ L_{ms1} [\, (i_{as} i_{ar}' + i_{bs} i_{br}') \sin\theta_r + (i_{as} i_{br}' - i_{bs} i_{ar}') \cos\theta_r \,]$$

$$+ 3 L_{ms2} [\, (i_{as} i_{ar}' + i_{bs} i_{br}') \sin\theta_r \cos^2\theta_r + (i_{as} i_{br}' - i_{bs} i_{ar}') \cos\theta_r \sin^2\theta_r \,] \}$$

$$- \frac{B_m}{J} \omega_r - \frac{p}{2J} T_L$$

$$\frac{\mathrm{d}\theta_r}{\mathrm{d}t} = \omega_r \tag{5-21}$$

其中，

$$L_\Sigma = L_{ss} L_{rr}' - L_{ms2}^2 - L_{ms1}^2 + 3 L_{ms2}^2 \sin^2\theta_r - 3 L_{ms2}^2 \sin^4\theta_r - 2 L_{ms1} L_{ms2}$$

$$+ 4 L_{ms1} L_{ms2} \sin^2\theta_r - 4 L_{ms1} L_{ms2} \sin^4\theta_r$$

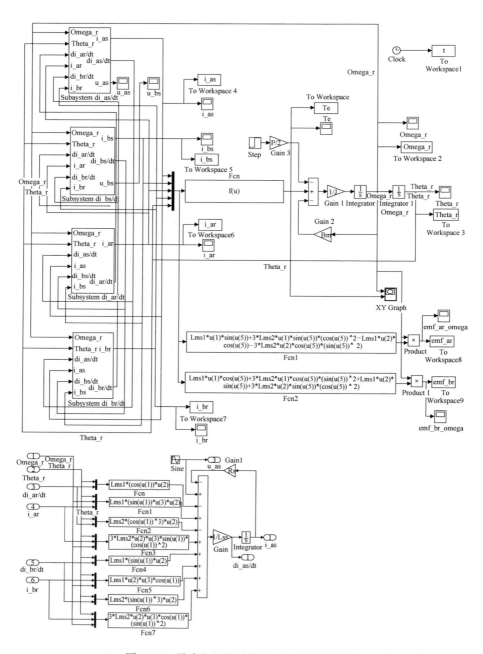

图 5-10 异步电机的动态 Simulink 仿真模型

分析和仿真可以用柯西形式或非柯西形式的非线性微分方程进行。

例 5-3

我们利用得到的微分方程对一个 A 类两相，115V（rms），60Hz，4 极异步电动机进行仿真。为便于比较，电动机参数与例 5-2 相同，除了 $L_{ms} = L_{ms1} + 3L_{ms2}$，有 $r_s = 1.2\Omega$，$r_r' = 1.5\Omega$，$L_{ms1} = 0.145\text{H}$，$L_{ms2} = 0.005\text{H}$，$L_{ls} = 0.02\text{H}$，$L_{ss} = L_{ls} + L_{ms1} + 3L_{ms2}$，$L_{lr}' = 0.02\text{H}$，$L_{rr}' = L_{lr}' + L_{ms1} + 3L_{ms2}$，$B_m = 1 \times 10^{-6}\text{N} \cdot \text{m} \cdot \text{s/rad}$，$J = 0.005\text{kg} \cdot \text{m}^2$。施加的相电压为

$$u_{as}(t) = \sqrt{2}115\cos(377t), \quad u_{bs}(t) = \sqrt{2}115\sin(377t)$$

利用式（5-19）和式（5-20）给出的非柯西和柯西形式的运动方程，可以建立 Simulink 模型。对微分方程（5-19），Simulink 模型如图 5-10 所示。参数由 MTALAB 文件上载，给出如下

```
% Parameters of a Two – Phase Induction Motor （一台两相异步电机参数）
Rs = 1.2; Rr = 1.5;
Lms1 = 0.16; Lms2 = 0.0; % Ideal magnetic coupling （理想磁耦合）
Lms1 = 0.145; Lms2 = 0.005; % Near – optimal coupling （近似最优耦合）
Lls = 0.02; Llr = 0.02; % Leakage inductances （漏电）
Lss = Lls + Lmsl + 3 * Lms2;
Lrr = Llr + Lmsl + 3 * Lms2;
Bm = .000001; % Friction coefficient （摩擦系数）
J = 0.005; % Moment of inertia （转动惯量）
P = 4; % Number of poles （极数）
T _ L = 0; % Load torque （负载转矩）
% Simulate the Simulink Model （仿真 Simulink 模型）
Sim(‘ch5_TwoPhaseInductionMotor’, 2.5);
```

纯正弦磁场耦合下的瞬态特性和动态转矩 – 速度特性如图 5-11a 所示。对实际存在的（近似最优）耦合，电动机由静止加速，空载和负载（$t = 1.5\text{s}$ 时 $T_L = 0.5\text{N} \cdot \text{m}$）下的结果如图 5-11b 和图 5-11c 所示。可以评价（1）加速能力（2）所有状态变量 $i_{as}(t)$、$i_{bs}(t)$、$i_{ar}'(t)$、$i_{br}'(t)$ 和 $\omega_r(t)$、$\theta_r(t)$ 的瞬态特性（3）电磁转矩 T_e 的变化（4）动态转矩 – 速度特性 $\omega_{rm}(t) = \Omega_T[T_e(t)]$（5）效率和损耗（6）热力学（7）转子中的运动感应电势 emf_{arw}、emf_{brw} 等。结果显示，即使与理想的纯正弦定转子磁场耦合有很小的偏差，也会使电动机和系统性能和能力的显著下降。我们发现效率显著降低，加速能力下降，转矩波动（导致振动、噪声、机械磨损等）和其他不希望的影响。所进行的分析证实了对结构设计、精确的建模、最低程度的简化和假设下的非线性仿真进行全面考虑的必要性。实际电动机的设计也必须结合运动装置和系统的特性进行综合考虑。

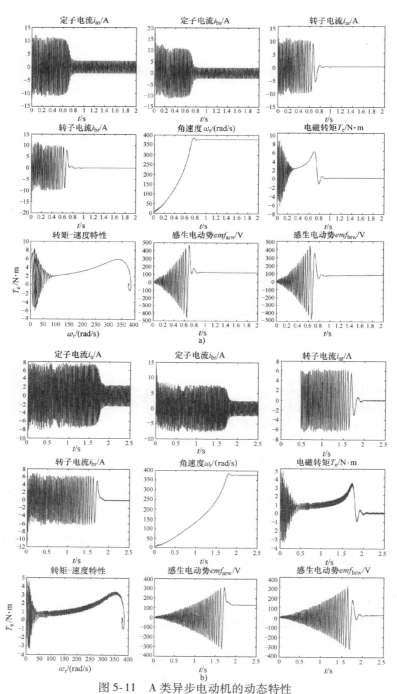

图 5-11 A类异步电动机的动态特性

a) $T_L = 0N \cdot m$, $L_{asar} = L_{aras} = L_{sr}\cos\theta_r$, $L_{asbr} = L_{bras} = -L_{sr}\sin\theta_r$, $L_{bsar} = L_{arbs} = L_{sr}\sin\theta_r$ 和 $L_{bsbr} = L_{brbs} = L_{sr}\cos\theta_r$

b) $T_L = 0N \cdot m$, $L_{asar} = L_{aras} = L_{sr1}\cos\theta_r + L_{sr2}\cos^3\theta_r$, $L_{asbr} = L_{bras} = -L_{sr1}\sin\theta_r - L_{sr2}\sin^3\theta_{r1}$, $L_{bsar} = L_{arbs} = L_{sr1}\sin\theta_r + L_{sr2}\sin^3\theta_r$ 和 $L_{bsbr} = L_{brbs} = L_{sr1}\cos\theta_r + L_{sr2}\cos^3\theta_r$

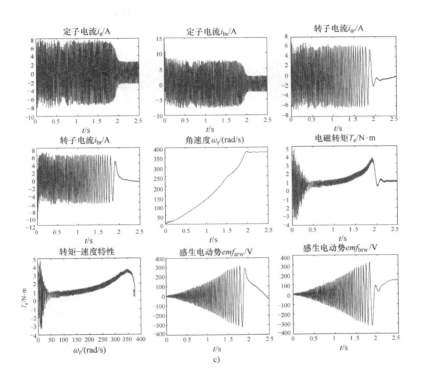

图 5-11　A 类异步电动机的动态特性（续）

c）$T_L = 0.5 \text{N} \cdot \text{m}$（at $t = 1.5 \text{s}$），

$$L_{asar} = L_{aras} = L_{sr1} \cos\theta_r + L_{sr2} \cos^3\theta_r, \quad L_{asbr} = L_{bras} = -L_{sr1} \sin\theta_r - L_{sr2} \sin^3\theta_r,$$

$$L_{bsar} = L_{arbs} = L_{sr1} \sin\theta_r + L_{sr2} \sin^3\theta_r \text{ 和 } L_{bsbr} = L_{brbs} = L_{sr1} \cos\theta_r + L_{sr2} \cos^3\theta_r.$$

5.1.6　三相异步电动机基于电机变量的建模

前面我们通过 as、bs、ar、br 的电压、电流、磁链，研究了两相异步电动机。工业用异步电机大多数是三相电动机。我们的目标是建立运动方程，从而完成对三相异步电动机的各种分析，如图 5-12 所示。

基尔霍夫电压定律给出了施加到定子和转子 abc 相上的电压、定子和转子 abc 相上的电流、磁链的方程。有

$$u_{as} = r_s i_{as} + \frac{\mathrm{d}\psi_{as}}{\mathrm{d}t}, \quad u_{bs} = r_s i_{bs} + \frac{\mathrm{d}\psi_{bs}}{\mathrm{d}t}, \quad u_{cs} = r_s i_{cs} + \frac{\mathrm{d}\psi_{cs}}{\mathrm{d}t},$$

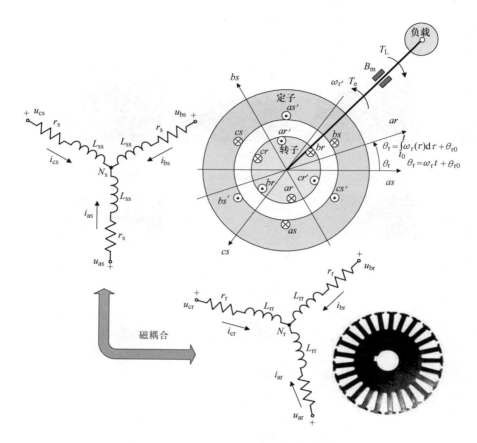

图 5-12 三相异步电机，转子绕组、转子叠片、转子槽

$$u_{\mathrm{ar}} = r_{\mathrm{r}} i_{\mathrm{ar}} + \frac{\mathrm{d}\psi_{\mathrm{ar}}}{\mathrm{d}t}, \; u_{\mathrm{br}} = r_{\mathrm{r}} i_{\mathrm{br}} + \frac{\mathrm{d}\psi_{\mathrm{br}}}{\mathrm{d}t}, \; u_{\mathrm{cr}} = r_{\mathrm{r}} i_{\mathrm{cr}} + \frac{\mathrm{d}\psi_{\mathrm{cr}}}{\mathrm{d}t}. \tag{5-22}$$

式中，u_{as}、u_{bs}、u_{cs} 是施加在定子 as、bs、cs 绕组上的相电压；u_{ar}、u_{br}、u_{cr} 是施加在转子 ar、br、cr 绕组上的电压（对笼型异步电动机，$u_{\mathrm{ar}} = 0$、$u_{\mathrm{br}} = 0$、$u_{\mathrm{cr}} = 0$）；i_{as}、i_{bs}、i_{cs} 是定子绕组相电流；i_{ar}、i_{br}、i_{cr} 是转子绕组相电流；ψ_{as}、ψ_{bs}、ψ_{cs} 是定子磁链；ψ_{ar}、ψ_{br}、ψ_{cr} 是转子磁链。

上式中定子和转子 abc 相电压、电流、磁链作为变量。由式（5-22），用向量符号得到两个微分方程

$$u_{\mathrm{abcs}} = r_{\mathrm{s}} i_{\mathrm{abcs}} + \frac{\mathrm{d}\psi_{\mathrm{abcs}}}{\mathrm{d}t},$$

$$u_{\mathrm{abcr}} = r_{\mathrm{r}} i_{\mathrm{abcr}} + \frac{\mathrm{d}\psi_{\mathrm{abcr}}}{\mathrm{d}t}, \tag{5-23}$$

式中，定子和转子 abc 电压、电流和磁链向量给出如下：

$$u_{abcs} = \begin{bmatrix} u_{as} \\ u_{bs} \\ u_{cs} \end{bmatrix}, \ u_{abcr} = \begin{bmatrix} u_{ar} \\ u_{br} \\ u_{cr} \end{bmatrix}, \ i_{abcs} = \begin{bmatrix} i_{as} \\ i_{bs} \\ i_{cs} \end{bmatrix}, \ i_{abcr} = \begin{bmatrix} i_{ar} \\ i_{br} \\ i_{cr} \end{bmatrix}, \ \psi_{abcs} = \begin{bmatrix} \psi_{as} \\ \psi_{bs} \\ \psi_{cs} \end{bmatrix}, \ \psi_{abcr} = \begin{bmatrix} \psi_{ar} \\ \psi_{br} \\ \psi_{cr} \end{bmatrix},$$

在式（5-23）中，定转子电阻的对角矩阵为

$$r_s = \begin{bmatrix} r_s & 0 & 0 \\ 0 & r_s & 0 \\ 0 & 0 & r_s \end{bmatrix}, \ r_r = \begin{bmatrix} r_r & 0 & 0 \\ 0 & r_r & 0 \\ 0 & 0 & r_r \end{bmatrix}$$

用自感和互感，磁链可以表示为定转子绕组对电流的函数。如图 5-12 所示可进行定转子磁耦合系统的分析，并给出如下方程为

$$\psi_{as} = L_{asas}i_{as} + L_{asbs}i_{bs} + L_{ascs}i_{cs} + L_{asar}i_{ar} + L_{asbr}i_{br} + L_{ascr}i_{cr},$$
$$\psi_{bs} = L_{bsas}i_{as} + L_{bsbs}i_{bs} + L_{bscs}i_{cs} + L_{bsar}i_{ar} + L_{bsbr}i_{br} + L_{bscr}i_{cr},$$
$$\psi_{cs} = L_{csas}i_{as} + L_{csbs}i_{bs} + L_{cscs}i_{cs} + L_{csar}i_{ar} + L_{csbr}i_{br} + L_{cscr}i_{cr},$$
$$\psi_{ar} = L_{aras}i_{as} + L_{brbs}i_{bs} + L_{arcs}i_{cs} + L_{arar}i_{ar} + L_{arbr}i_{br} + L_{arcr}i_{cr},$$
$$\psi_{br} = L_{bras}i_{as} + L_{brbs}i_{bs} + L_{brcs}i_{cs} + L_{brar}i_{ar} + L_{brbr}i_{br} + L_{brcr}i_{cr},$$
$$\psi_{cr} = L_{cras}i_{as} + L_{crbs}i_{bs} + L_{crcs}i_{cs} + L_{crar}i_{ar} + L_{crbr}i_{br} + L_{crcr}i_{cr},$$

式中，L_{asas}、L_{bsbs}、L_{cscs}、L_{arar}、L_{brbr}、L_{crcr} 为定转子自感；L_{asbs}、L_{ascs}、L_{asar}、L_{asbr}、L_{ascr}…、L_{cras}、L_{crbs}、L_{crcs}、L_{crar}、L_{crbr} 为定子-定子、定子-转子、转子-转子绕组之间的互感。

定转子 abc 绕组是相同的，且相差 $2/3\pi$ 电角度。

所以，定转子 abc 绕组之间存在耦合。定子绕组之间的互感是相等的，

$$L_{asbs} = L_{ascs} = L_{bscs} = L_{ms}\cos\left(\frac{2}{3}\pi\right) = -\frac{1}{2}L_{ms}, \ L_{ms} = \frac{N_s^2}{\mathcal{R}_m}$$

转子绕组间相差 120°电角度。转子绕组间互感如下所示：

$$L_{arbr} = L_{arcr} = L_{brcr} = L_{mr}\cos\left(\frac{2}{3}\pi\right) = -\frac{1}{2}L_{mr}, \ L_{mr} = \frac{N_r^2}{N_s^2}L_{ms}$$

定转子自感为

$$L_{ss} = L_{ls} + L_{ms}, \ L_{rr} = L_{lr} + L_{mr}$$

自感，互感矩阵 $\boldsymbol{L_s}$ 和 $\boldsymbol{L_r}$ 为

$$L_s = \begin{bmatrix} L_{ls}+L_{ms} & -\frac{1}{2}L_{ms} & -\frac{1}{2}L_{ms} \\ -\frac{1}{2}L_{ms} & L_{ls}+L_{ms} & -\frac{1}{2}L_{ms} \\ -\frac{1}{2}L_{ms} & -\frac{1}{2}L_{ms} & L_{ls}+L_{ms} \end{bmatrix}, \ L_r = \begin{bmatrix} L_{lr}+L_{mr} & -\frac{1}{2}L_{mr} & -\frac{1}{2}L_{mr} \\ -\frac{1}{2}L_{mr} & L_{lr}+L_{mr} & -\frac{1}{2}L_{mr} \\ -\frac{1}{2}L_{mr} & -\frac{1}{2}L_{mr} & L_{lr}+L_{mr} \end{bmatrix}$$

定转子绕组间的互感是电角度 θ_r 的周期函数，周期为 2π。假定互感是正弦函数如下：

$L_{\text{asar}} = L_{\text{aras}} = L_{\text{sr}}\cos\theta_{\text{r}}$, $L_{\text{asbr}} = L_{\text{bras}} = L_{\text{sr}}\cos\left(\theta_{\text{r}} + \dfrac{2}{3}\pi\right)$, $L_{\text{ascr}} = L_{\text{cras}} = L_{\text{sr}}\cos\left(\theta_{\text{r}} - \dfrac{2}{3}\pi\right)$,

$L_{\text{bsar}} = L_{\text{brbs}} = L_{\text{sr}}\cos\left(\theta_{\text{r}} - \dfrac{2}{3}\pi\right)$, $L_{\text{bsbr}} = L_{\text{brbs}} = L_{\text{sr}}\cos\theta_{\text{r}}$, $L_{\text{bscr}} = L_{\text{crbs}} = L_{\text{sr}}\cos\left(\theta_{\text{r}} + \dfrac{2}{3}\pi\right)$,

$L_{\text{csar}} = L_{\text{arcs}} = L_{\text{sr}}\cos\left(\theta_{\text{r}} + \dfrac{2}{3}\pi\right)$, $L_{\text{csbr}} = L_{\text{brcs}} = L_{\text{sr}}\cos\left(\theta_{\text{r}} - \dfrac{2}{3}\pi\right)$, $L_{\text{cscr}} = L_{\text{crcs}} = L_{\text{sr}}\cos\theta_{\text{r}}$,

式中
$$L_{\text{sr}} = \frac{N_{\text{s}}N_{\text{r}}}{\mathcal{R}_{\text{m}}}$$

定转子互感关系如下:

$$L_{\text{sr}}(\theta_{\text{r}}) = L_{\text{sr}}\begin{bmatrix} \cos\theta_{\text{r}} & \cos\left(\theta_{\text{r}} + \dfrac{2}{3}\pi\right) & \cos\left(\theta_{\text{r}} - \dfrac{2}{3}\pi\right) \\ \cos\left(\theta_{\text{r}} - \dfrac{2}{3}\pi\right) & \cos\theta_{\text{r}} & \cos\left(\theta_{\text{r}} + \dfrac{2}{3}\pi\right) \\ \cos\left(\theta_{\text{r}} + \dfrac{2}{3}\pi\right) & \cos\left(\theta_{\text{r}} - \dfrac{2}{3}\pi\right) & \cos\theta_{\text{r}} \end{bmatrix}$$

得到
$$\begin{bmatrix} \psi_{\text{abcs}} \\ \psi_{\text{abcr}} \end{bmatrix} = \begin{bmatrix} L_{\text{s}} & L_{\text{sr}}(\theta_{\text{r}}) \\ L_{\text{sr}}^{T}(\theta_{\text{r}}) & L_{\text{r}} \end{bmatrix}\begin{bmatrix} i_{\text{abcs}} \\ i_{\text{abcr}} \end{bmatrix},$$

$$\psi_{\text{abcs}} = L_{\text{s}}i_{\text{abcs}} + L_{\text{sr}}(\theta_{\text{r}})i_{\text{abcr}}, \ \psi_{\text{abcr}} = L_{\text{sr}}^{T}(\theta_{\text{r}})i_{\text{abcs}} + L_{\text{r}}i_{\text{abcr}} \qquad (5\text{-}24)$$

由匝数 N_{s} 和 N_{r} 有

$$u'_{\text{abcr}} = \frac{N_{\text{s}}}{N_{\text{r}}}u_{\text{abcr}}, \ i'_{\text{abcr}} = \frac{N_{\text{r}}}{N_{\text{s}}}i_{\text{abcr}}, \ \psi'_{\text{abcr}} = \frac{N_{\text{s}}}{N_{\text{r}}}\psi_{\text{abcr}}$$

电感为

$$L_{\text{ms}} = \frac{N_{\text{s}}}{N_{\text{r}}}L_{\text{sr}}, \ L_{\text{sr}} = \frac{N_{\text{s}}N_{\text{r}}}{\mathcal{R}_{\text{m}}}, \ L_{\text{ms}} = \frac{N_{\text{s}}^{2}}{\mathcal{R}_{\text{m}}}$$

所以

$$L'_{\text{sr}}(\theta_{\text{r}}) = \frac{N_{\text{s}}}{N_{\text{r}}}L_{\text{sr}}(\theta_{\text{r}}) = L_{\text{ms}}\begin{bmatrix} \cos\theta_{\text{r}} & \cos\left(\theta_{\text{r}} + \dfrac{2}{3}\pi\right) & \cos\left(\theta_{\text{r}} - \dfrac{2}{3}\pi\right) \\ \cos\left(\theta_{\text{r}} - \dfrac{2}{3}\pi\right) & \cos\theta_{\text{r}} & \cos\left(\theta_{\text{r}} + \dfrac{2}{3}\pi\right) \\ \cos\left(\theta_{\text{r}} + \dfrac{2}{3}\pi\right) & \cos\left(\theta_{\text{r}} - \dfrac{2}{3}\pi\right) & \cos\theta_{\text{r}} \end{bmatrix},$$

$$L'_{\text{r}} = \frac{N_{\text{s}}^{2}}{N_{\text{r}}^{2}}L_{\text{r}} = \begin{bmatrix} L'_{\text{lr}} + L_{\text{ms}} & -\dfrac{1}{2}L_{\text{ms}} & -\dfrac{1}{2}L_{\text{ms}} \\ -\dfrac{1}{2}L_{\text{ms}} & L'_{\text{lr}} + L_{\text{ms}} & -\dfrac{1}{2}L_{\text{ms}} \\ -\dfrac{1}{2}L_{\text{ms}} & -\dfrac{1}{2}L_{\text{ms}} & L'_{\text{lr}} + L_{\text{ms}} \end{bmatrix}$$

式中
$$L'_{\text{lr}} = \frac{N_{\text{s}}^{2}}{N_{\text{r}}^{2}}L_{\text{lr}}$$

式（5-24）的磁链矩阵方程改写为

$$\begin{bmatrix} \psi_{\mathrm{abcs}} \\ \psi'_{\mathrm{abcr}} \end{bmatrix} = \begin{bmatrix} L_{\mathrm{s}} & L'_{\mathrm{sr}}(\theta_{\mathrm{r}}) \\ L'^{\mathrm{T}}_{\mathrm{sr}}(\theta_{\mathrm{r}}) & L'_{\mathrm{r}} \end{bmatrix} \begin{bmatrix} i_{\mathrm{abcs}} \\ i'_{\mathrm{abcr}} \end{bmatrix} \tag{5-25}$$

替代式（5-25）中，L_{s}，$L'(\theta_{\mathrm{r}})$，L'_{r}的表达式有

$$\begin{bmatrix} \psi_{\mathrm{as}} \\ \psi_{\mathrm{bs}} \\ \psi_{\mathrm{cs}} \\ \psi'_{\mathrm{ar}} \\ \psi'_{\mathrm{br}} \\ \psi'_{\mathrm{cr}} \end{bmatrix} = \begin{bmatrix} L_{\mathrm{ls}}+L_{\mathrm{ms}} & -\frac{1}{2}L_{\mathrm{ms}} & -\frac{1}{2}L_{\mathrm{ms}} & L_{\mathrm{ms}}\cos\theta_{\mathrm{r}} & L_{\mathrm{ms}}\cos(\theta_{\mathrm{r}}+\frac{2}{3}\pi) & L_{\mathrm{ms}}\cos(\theta_{\mathrm{r}}-\frac{2}{3}\pi) \\ -\frac{1}{2}L_{\mathrm{ms}} & L_{\mathrm{ls}}+L_{\mathrm{ms}} & -\frac{1}{2}L_{\mathrm{ms}} & L_{\mathrm{ms}}\cos(\theta_{\mathrm{r}}-\frac{2}{3}\pi) & L_{\mathrm{ms}}\cos\theta_{\mathrm{r}} & L_{\mathrm{ms}}\cos(\theta_{\mathrm{r}}+\frac{2}{3}\pi) \\ -\frac{1}{2}L_{\mathrm{ms}} & -\frac{1}{2}L_{\mathrm{ms}} & L_{\mathrm{ls}}+L_{\mathrm{ms}} & L_{\mathrm{ms}}\cos(\theta_{\mathrm{r}}+\frac{2}{3}\pi) & L_{\mathrm{ms}}\cos(\theta_{\mathrm{r}}-\frac{2}{3}\pi) & L_{\mathrm{ms}}\cos\theta_{\mathrm{r}} \\ L_{\mathrm{ms}}\cos\theta_{\mathrm{r}} & L_{\mathrm{ms}}\cos(\theta_{\mathrm{r}}-\frac{2}{3}\pi) & L_{\mathrm{ms}}\cos(\theta_{\mathrm{r}}+\frac{2}{3}\pi) & L'_{\mathrm{lr}}+L_{\mathrm{ms}} & -\frac{1}{2}L_{\mathrm{ms}} & -\frac{1}{2}L_{\mathrm{ms}} \\ L_{\mathrm{ms}}\cos(\theta_{\mathrm{r}}+\frac{2}{3}\pi) & L_{\mathrm{ms}}\cos\theta_{\mathrm{r}} & L_{\mathrm{ms}}\cos(\theta_{\mathrm{r}}-\frac{2}{3}\pi) & -\frac{1}{2}L_{\mathrm{ms}} & L'_{\mathrm{lr}}+L_{\mathrm{ms}} & -\frac{1}{2}L_{\mathrm{ms}} \\ L_{\mathrm{ms}}\cos(\theta_{\mathrm{r}}-\frac{2}{3}\pi) & L_{\mathrm{ms}}\cos(\theta_{\mathrm{r}}+\frac{2}{3}\pi) & L_{\mathrm{ms}}\cos\theta_{\mathrm{r}} & -\frac{1}{2}L_{\mathrm{ms}} & -\frac{1}{2}L_{\mathrm{ms}} & L'_{\mathrm{lr}}+L_{\mathrm{ms}} \end{bmatrix} \begin{bmatrix} i_{\mathrm{as}} \\ i_{\mathrm{bs}} \\ i_{\mathrm{cs}} \\ i'_{\mathrm{ar}} \\ i'_{\mathrm{br}} \\ i'_{\mathrm{cr}} \end{bmatrix}$$

磁链展开形式的表达式为

$$\psi_{\mathrm{as}} = (L_{\mathrm{ls}}+L_{\mathrm{ms}})i_{\mathrm{as}} - \frac{1}{2}L_{\mathrm{ms}}i_{\mathrm{bs}} - \frac{1}{2}L_{\mathrm{ms}}i_{\mathrm{cs}} + L_{\mathrm{ms}}\cos\theta_{\mathrm{r}}i'_{\mathrm{ar}} + L_{\mathrm{ms}}\cos(\theta_{\mathrm{r}}+\frac{2}{3}\pi)i'_{\mathrm{br}}$$
$$+ L_{\mathrm{ms}}\cos(\theta_{\mathrm{r}}-\frac{2}{3}\pi)i'_{\mathrm{cr}},$$

$$\psi_{\mathrm{bs}} = -\frac{1}{2}L_{\mathrm{ms}}i_{\mathrm{as}} + (L_{\mathrm{ls}}+L_{\mathrm{ms}})i_{\mathrm{bs}} - \frac{1}{2}L_{\mathrm{ms}}i_{\mathrm{cs}} + L_{\mathrm{ms}}\cos(\theta_{\mathrm{r}}-\frac{2}{3}\pi)i'_{\mathrm{ar}} + L_{\mathrm{ms}}\cos\theta_{\mathrm{r}}i'_{\mathrm{br}}$$
$$+ L_{\mathrm{ms}}\cos(\theta_{\mathrm{r}}+\frac{2}{3}\pi)i'_{\mathrm{cr}},$$

$$\psi_{\mathrm{cs}} = -\frac{1}{2}L_{\mathrm{ms}}i_{\mathrm{as}} - \frac{1}{2}L_{\mathrm{ms}}i_{\mathrm{bs}} + (L_{\mathrm{ls}}+L_{\mathrm{ms}})i_{\mathrm{cs}} + L_{\mathrm{ms}}\cos(\theta_{\mathrm{r}}+\frac{2}{3}\pi)i'_{\mathrm{ar}}$$
$$+ L_{\mathrm{ms}}\cos(\theta_{\mathrm{r}}-\frac{2}{3}\pi)i'_{\mathrm{br}} + L_{\mathrm{ms}}\cos\theta_{\mathrm{r}}i'_{\mathrm{cr}},$$

$$\psi'_{\mathrm{ar}} = L_{\mathrm{ms}}\cos\theta_{\mathrm{r}}i_{\mathrm{as}} + L_{\mathrm{ms}}\cos(\theta_{\mathrm{r}}-\frac{2}{3}\pi)i_{\mathrm{bs}} + L_{\mathrm{ms}}\cos(\theta_{\mathrm{r}}+\frac{2}{3}\pi)i_{\mathrm{cs}} + (L'_{\mathrm{lr}}+L_{\mathrm{ms}})i'_{\mathrm{ar}}$$
$$- \frac{1}{2}L_{\mathrm{ms}}i'_{\mathrm{br}} - \frac{1}{2}L_{\mathrm{ms}}i'_{\mathrm{cr}},$$

$$\psi'_{\mathrm{br}} = L_{\mathrm{ms}}\cos(\theta_{\mathrm{r}}+\frac{2}{3}\pi)i_{\mathrm{as}} + L_{\mathrm{ms}}\cos\theta_{\mathrm{r}}i_{\mathrm{bs}} + L_{\mathrm{ms}}\cos(\theta_{\mathrm{r}}-\frac{2}{3}\pi)i_{\mathrm{cs}} - \frac{1}{2}L_{\mathrm{ms}}i'_{\mathrm{ar}}$$
$$+ (L'_{\mathrm{lr}}+L_{\mathrm{ms}})i'_{\mathrm{br}} - \frac{1}{2}L_{\mathrm{ms}}i'_{\mathrm{cr}},$$

$$\psi'_{\mathrm{cr}} = L_{\mathrm{ms}}\cos(\theta_{\mathrm{r}}-\frac{2}{3}\pi)i_{\mathrm{as}} + L_{\mathrm{ms}}\cos(\theta_{\mathrm{r}}+\frac{2}{3}\pi)i_{\mathrm{bs}} + L_{\mathrm{ms}}\cos\theta_{\mathrm{r}}i_{\mathrm{cs}} - \frac{1}{2}L_{\mathrm{ms}}i'_{\mathrm{ar}}$$
$$- \frac{1}{2}L_{\mathrm{ms}}i'_{\mathrm{br}} + (L'_{\mathrm{lr}}+L_{\mathrm{ms}})i'_{\mathrm{cr}}, \tag{5-26}$$

由式（5-26），可以发现磁链总的微分项

$$\frac{\mathrm{d}\psi_{\mathrm{abcs}}}{\mathrm{d}t}, \frac{\mathrm{d}\psi'_{\mathrm{abcr}}}{\mathrm{d}t}$$

包含电动势项的表达式。利用式（5-23）和式（5-25），我们得到

$$u_{abcs} = r_s i_{abcs} + \frac{d\psi_{abcs}}{dt} = r_s i_{abcs} + L_s \frac{di_{abcs}}{dt} + \frac{d[L'_{sr}(\theta_r) i'_{abcr}]}{dt},$$

$$u'_{abcr} = r'_r i'_{abcr} + \frac{d\psi'_{abcr}}{dt} = r'_r i'_{abcr} + L'_r \frac{di'_{abcr}}{dt} + \frac{d[L'^{T}_{sr}(\theta_r) i_{abcs}]}{dt}, \qquad (5\text{-}27)$$

式中

$$r'_r = \frac{N_s^2}{N_r^2} r_r$$

用式（5-26）得到式（5-27）的展开形式如下：

$$u_{as} = r_s i_{as} + (L_{ls} + L_{ms})\frac{di_{as}}{dt} - \frac{1}{2}L_{ms}\frac{di_{bs}}{dt} - \frac{1}{2}L_{ms}\frac{di_{cs}}{dt} + L_{ms}\frac{d(i'_{ar}\cos\theta_r)}{dt}$$
$$+ L_{ms}\frac{d\left[i'_{br}\cos\left(\theta_r + \frac{2}{3}\pi\right)\right]}{dt} + L_{ms}\frac{d\left[i'_{cr}\cos\left(\theta_r - \frac{2}{3}\pi\right)\right]}{dt},$$

$$u_{bs} = r_s i_{bs} - \frac{1}{2}L_{ms}\frac{di_{as}}{dt} + (L_{ls} + L_{ms})\frac{di_{bs}}{dt} - \frac{1}{2}L_{ms}\frac{di_{cs}}{dt} + L_{ms}\frac{d\left[i'_{ar}\cos\left(\theta_r - \frac{2}{3}\pi\right)\right]}{dt}$$
$$+ L_{ms}\frac{d(i'_{br}\cos\theta_r)}{dt} + L_{ms}\frac{d\left[i'_{cr}\cos\left(\theta_r + \frac{2}{3}\pi\right)\right]}{dt},$$

$$u_{cs} = r_s i_{cs} - \frac{1}{2}L_{ms}\frac{di_{as}}{dt} - \frac{1}{2}L_{ms}\frac{di_{bs}}{dt} + (L_{ls} + L_{ms})\frac{di_{cs}}{dt} + L_{ms}\frac{d\left[i'_{ar}\cos\left(\theta_r + \frac{2}{3}\pi\right)\right]}{dt}$$
$$+ L_{ms}\frac{d\left[i'_{br}\cos\left(\theta_r - \frac{2}{3}\pi\right)\right]}{dt} + L_{ms}\frac{d(i'_{cr}\cos\theta_r)}{dt},$$

$$u'_{ar} = r'_r i'_{ar} + L_{ms}\frac{d(i_{as}\cos\theta_r)}{dt} + L_{ms}\frac{d\left[i_{bs}\cos\left(\theta_r - \frac{2}{3}\pi\right)\right]}{dt} + L_{ms}\frac{d\left[i_{cs}\cos\left(\theta_r + \frac{2}{3}\pi\right)\right]}{dt}$$
$$+ (L'_{lr} + L_{ms})\frac{di'_{ar}}{dt} - \frac{1}{2}L_{ms}\frac{di'_{br}}{dt} - \frac{1}{2}L_{ms}\frac{di'_{cr}}{dt},$$

$$u'_{br} = r'_r i'_{br} + L_{ms}\frac{d\left[i_{as}\cos\left(\theta_r + \frac{2}{3}\pi\right)\right]}{dt} + L_{ms}\frac{d(i_{bs}\cos\theta_r)}{dt} + L_{ms}\frac{d\left[i_{cs}\cos\left(\theta_r - \frac{2}{3}\pi\right)\right]}{dt} - \frac{1}{2}L_{ms}\frac{di'_{ar}}{dt}$$
$$+ (L'_{lr} + L_{ms})\frac{di'_{br}}{dt} - \frac{1}{2}L_{ms}\frac{di'_{cr}}{dt},$$

$$u'_{cr} = r'_r i'_{cr} + L_{ms}\frac{d\left[i_{as}\cos\left(\theta_r - \frac{2}{3}\pi\right)\right]}{dt} + L_{ms}\frac{d\left[i_{bs}\cos\left(\theta_r + \frac{2}{3}\pi\right)\right]}{dt} + L_{ms}\frac{d(i_{cs}\cos\theta_r)}{dt} - \frac{1}{2}L_{ms}\frac{di'_{ar}}{dt}$$
$$- \frac{1}{2}L_{ms}\frac{di'_{br}}{dt} + (L'_{lr} + L_{ms})\frac{di'_{cr}}{dt}.$$

我们得到如下描述三相异步电动机电路－电磁特性的方程组：

$$u_{as} = r_s i_{as} + (L_{ls} + L_{ms})\frac{di_{as}}{dt} - \frac{1}{2}L_{ms}\frac{di_{bs}}{dt} - \frac{1}{2}L_{ms}\frac{di_{cs}}{dt}$$

$$+ L_{ms}\cos\theta_r\frac{di'_{ar}}{dt} + L_{ms}\cos\left(\theta_r + \frac{2}{3}\pi\right)\frac{di'_{br}}{dt} + L_{ms}\cos\left(\theta_r - \frac{2}{3}\pi\right)\frac{di'_{cr}}{dt}$$

$$- L_{ms}\left[i'_{ar}\sin\theta_r + i'_{br}\sin\left(\theta_r + \frac{2}{3}\pi\right) + i'_{cr}\sin\left(\theta_r - \frac{2}{3}\pi\right)\right]\omega_r,$$

$$u_{bs} = r_s i_{bs} - \frac{1}{2}L_{ms}\frac{di_{as}}{dt} + (L_{ls} + L_{ms})\frac{di_{bs}}{dt} - \frac{1}{2}L_{ms}\frac{di_{cs}}{dt} + L_{ms}\cos\left(\theta_r - \frac{2}{3}\pi\right)\frac{di'_{ar}}{dt}$$

$$+ L_{ms}\cos\theta_r\frac{di'_{br}}{dt} + L_{ms}\cos\left(\theta_r + \frac{2}{3}\pi\right)\frac{di'_{cr}}{dt}$$

$$- L_{ms}\left[i'_{ar}\sin\left(\theta_r - \frac{2}{3}\pi\right) + i'_{br}\sin\theta_r + i'_{cr}\sin\left(\theta_r + \frac{2}{3}\pi\right)\right]\omega_r,$$

$$u_{cs} = r_s i_{cs} - \frac{1}{2}L_{ms}\frac{di_{as}}{dt} - \frac{1}{2}L_{ms}\frac{di_{bs}}{dt} + (L_{ls} + L_{ms})\frac{di_{cs}}{dt} + L_{ms}\cos\left(\theta_r + \frac{2}{3}\pi\right)\frac{di'_{ar}}{dt}$$

$$+ L_{ms}\cos\left(\theta_r - \frac{2}{3}\pi\right)\frac{di'_{br}}{dt} + L_{ms}\cos\theta_r\frac{di'_{cr}}{dt}$$

$$- L_{ms}\left[i'_{ar}\sin\left(\theta_r + \frac{2}{3}\pi\right) + i'_{br}\sin\left(\theta_r - \frac{2}{3}\pi\right) + i'_{cr}\sin\theta_r\right]\omega_r,$$

$$u'_{ar} = r'_r i'_{ar} + L_{ms}\cos\theta_r\frac{di_{as}}{dt} + L_{ms}\cos\left(\theta_r - \frac{2}{3}\pi\right)\frac{di_{bs}}{dt} + L_{ms}\cos\left(\theta_r + \frac{2}{3}\pi\right)\frac{di_{cs}}{dt}$$

$$+ (L'_{lr} + L_{ms})\frac{di'_{ar}}{dt} - \frac{1}{2}L_{ms}\frac{di'_{br}}{dt} - \frac{1}{2}L_{ms}\frac{di'_{cr}}{dt}$$

$$- L_{ms}\left[i_{as}\sin\theta_r + i_{bs}\sin\left(\theta_r - \frac{2}{3}\pi\right) + i_{cs}\sin\left(\theta_r + \frac{2}{3}\pi\right)\right]\omega_r,$$

$$u'_{br} = r'_r i'_{br} + L_{ms}\cos\left(\theta_r + \frac{2}{3}\pi\right)\frac{di_{as}}{dt} + L_{ms}\cos\theta_r\frac{di_{bs}}{dt} + L_{ms}\cos\left(\theta_r - \frac{2}{3}\pi\right)\frac{di_{cs}}{dt}$$

$$- \frac{1}{2}L_{ms}\frac{di'_{ar}}{dt} + (L'_{lr} + L_{ms})\frac{di'_{br}}{dt} - \frac{1}{2}L_{ms}\frac{di'_{cr}}{dt}$$

$$- L_{ms}\left[i_{as}\sin\left(\theta_r + \frac{2}{3}\pi\right) + i_{bs}\sin\theta_r + i_{cs}\sin\left(\theta_r - \frac{2}{3}\pi\right)\right]\omega_r,$$

$$u'_{cr} = r'_r i'_{cr} + L_{ms}\cos\left(\theta_r - \frac{2}{3}\pi\right)\frac{di_{as}}{dt} + L_{ms}\cos\left(\theta_r + \frac{2}{3}\pi\right)\frac{di_{bs}}{dt} + L_{ms}\cos\theta_r\frac{di_{cs}}{dt}$$

$$- \frac{1}{2}L_{ms}\frac{di'_{ar}}{dt} - \frac{1}{2}L_{ms}\frac{di'_{br}}{dt} + (L'_{lr} + L_{ms})\frac{di'_{cr}}{dt}$$

$$- L_{ms}\left[i_{as}\sin\left(\theta_r - \frac{2}{3}\pi\right) + i_{bs}\sin\left(\theta_r + \frac{2}{3}\pi\right) + i_{cs}\sin\theta_r\right]\omega_r. \tag{5-28}$$

式（5-28）得到柯西形式的微分方程如下：

$$
\begin{bmatrix} \dfrac{\mathrm{d}i_{as}}{\mathrm{d}t} \\[2mm] \dfrac{\mathrm{d}i_{bs}}{\mathrm{d}t} \\[2mm] \dfrac{\mathrm{d}i_{cs}}{\mathrm{d}t} \\[2mm] \dfrac{\mathrm{d}i'_{ar}}{\mathrm{d}t} \\[2mm] \dfrac{\mathrm{d}i'_{br}}{\mathrm{d}t} \\[2mm] \dfrac{\mathrm{d}i'_{cr}}{\mathrm{d}t} \end{bmatrix}
= \frac{1}{L_{\Sigma L}}
\begin{bmatrix}
-r_s L_{\Sigma m} & -\tfrac{1}{2}r_s L_{ms} & -\tfrac{1}{2}r_s L_{ms} & 0 & 0 & 0 \\
-\tfrac{1}{2}r_s L_{ms} & -r_s L_{\Sigma m} & -\tfrac{1}{2}r_s L_{ms} & 0 & 0 & 0 \\
-\tfrac{1}{2}r_s L_{ms} & -\tfrac{1}{2}r_s L_{ms} & -r_s L_{\Sigma m} & 0 & 0 & 0 \\
0 & 0 & 0 & -r_r L_{\Sigma m} & -\tfrac{1}{2}r_r L_{ms} & -\tfrac{1}{2}r_r L_{ms} \\
0 & 0 & 0 & -\tfrac{1}{2}r_r L_{ms} & -r_r L_{\Sigma m} & -\tfrac{1}{2}r_r L_{ms} \\
0 & 0 & 0 & -\tfrac{1}{2}r_r L_{ms} & -\tfrac{1}{2}r_r L_{ms} & -r_r L_{\Sigma m}
\end{bmatrix}
\begin{bmatrix} i_{as} \\[1mm] i_{bs} \\[1mm] i_{cs} \\[1mm] i'_{ar} \\[1mm] i'_{br} \\[1mm] i'_{cr} \end{bmatrix} + \frac{1}{L_{\Sigma L}}
$$

$$
\times
\begin{bmatrix}
0 & 0 & 0 & r_s L_{ms}\cos\theta_r & r_s L_{ms}\cos\!\left(\theta_r+\tfrac{2}{3}\pi\right) & r_s L_{ms}\cos\!\left(\theta_r-\tfrac{2}{3}\pi\right) \\
0 & 0 & 0 & r_s L_{ms}\cos\!\left(\theta_r-\tfrac{2}{3}\pi\right) & r_s L_{ms}\cos\theta_r & r_s L_{ms}\cos\!\left(\theta_r+\tfrac{2}{3}\pi\right) \\
0 & 0 & 0 & r_s L_{ms}\cos\!\left(\theta_r+\tfrac{2}{3}\pi\right) & r_s L_{ms}\cos\!\left(\theta_r-\tfrac{2}{3}\pi\right) & r_s L_{ms}\cos\theta_r \\
r_r L_{ms}\cos\theta_r & r_r L_{ms}\cos\!\left(\theta_r-\tfrac{2}{3}\pi\right) & r_r L_{ms}\cos\!\left(\theta_r+\tfrac{2}{3}\pi\right) & 0 & 0 & 0 \\
r_r L_{ms}\cos\!\left(\theta_r+\tfrac{2}{3}\pi\right) & r_r L_{ms}\cos\theta_r & r_r L_{ms}\cos\!\left(\theta_r-\tfrac{2}{3}\pi\right) & 0 & 0 & 0 \\
r_r L_{ms}\cos\!\left(\theta_r-\tfrac{2}{3}\pi\right) & r_r L_{ms}\cos\!\left(\theta_r+\tfrac{2}{3}\pi\right) & r_r L_{ms}\cos\theta_r & 0 & 0 & 0
\end{bmatrix}
\begin{bmatrix} i_{as} \\[1mm] i_{bs} \\[1mm] i_{cs} \\[1mm] i'_{ar} \\[1mm] i'_{br} \\[1mm] i'_{cr} \end{bmatrix}
$$

$$
\frac{1}{L_{\Sigma L}}
\begin{bmatrix}
0 & -1.299L_{ms}^2\omega_r & 1.299L_{ms}^2\omega_r & L_{\Sigma ms}\omega_r\sin\theta_r & L_{\Sigma ms}\omega_r\sin\!\left(\theta_r+\dfrac{2}{3}\pi\right) & L_{\Sigma ms}\omega_r\sin\!\left(\theta_r-\dfrac{2}{3}\pi\right) \\[2mm]
1.299L_{ms}^2\omega_r & 0 & -1.299L_{ms}^2\omega_r & L_{\Sigma ms}\omega_r\sin\!\left(\theta_r-\dfrac{2}{3}\pi\right) & L_{\Sigma ms}\omega_r\sin\theta_r & L_{\Sigma ms}\omega_r\sin\!\left(\theta_r+\dfrac{2}{3}\pi\right) \\[2mm]
-1.299L_{ms}^2\omega_r & 1.299L_{ms}^2\omega_r & 0 & L_{\Sigma ms}\omega_r\sin\!\left(\theta_r+\dfrac{2}{3}\pi\right) & L_{\Sigma ms}\omega_r\sin\!\left(\theta_r-\dfrac{2}{3}\pi\right) & L_{\Sigma ms}\omega_r\sin\theta_r \\[2mm]
L_{\Sigma ms}\omega_r\sin\!\left(\theta_r+\dfrac{2}{3}\pi\right) & L_{\Sigma ms}\omega_r\sin\!\left(\theta_r-\dfrac{2}{3}\pi\right) & L_{\Sigma ms}\omega_r\sin\theta_r & 0 & 1.299L_{ms}^2\omega_r & -1.299L_{ms}^2\omega_r \\[2mm]
L_{\Sigma ms}\omega_r\sin\theta_r & L_{\Sigma ms}\omega_r\sin\!\left(\theta_r+\dfrac{2}{3}\pi\right) & L_{\Sigma ms}\omega_r\sin\!\left(\theta_r-\dfrac{2}{3}\pi\right) & -1.299L_{ms}^2\omega_r & 0 & 1.299L_{ms}^2\omega_r \\[2mm]
L_{\Sigma ms}\omega_r\sin\!\left(\theta_r-\dfrac{2}{3}\pi\right) & L_{\Sigma ms}\omega_r\sin\theta_r & L_{\Sigma ms}\omega_r\sin\!\left(\theta_r+\dfrac{2}{3}\pi\right) & 1.299L_{ms}^2\omega_r & -1.299L_{ms}^2\omega_r & 0
\end{bmatrix}
\times
\begin{bmatrix} i_{as}\\ i_{bs}\\ i_{cs}\\ i'_{ar}\\ i'_{br}\\ i'_{cr}\end{bmatrix}
$$

$$
+\;\frac{1}{L_{\Sigma L}}
\begin{bmatrix}
2L_{ms}+L'_{lr} & \dfrac{1}{2}L_{ms} & \dfrac{1}{2}L_{ms} & -L_{ms}\cos\theta_r & -L_{ms}\cos\!\left(\theta_r+\dfrac{2}{3}\pi\right) & -L_{ms}\cos\!\left(\theta_r-\dfrac{2}{3}\pi\right) \\[2mm]
\dfrac{1}{2}L_{ms} & 2L_{ms}+L'_{lr} & \dfrac{1}{2}L_{ms} & -L_{ms}\cos\!\left(\theta_r-\dfrac{2}{3}\pi\right) & -L_{ms}\cos\theta_r & -L_{ms}\cos\!\left(\theta_r+\dfrac{2}{3}\pi\right) \\[2mm]
\dfrac{1}{2}L_{ms} & \dfrac{1}{2}L_{ms} & 2L_{ms}+L'_{lr} & -L_{ms}\cos\!\left(\theta_r+\dfrac{2}{3}\pi\right) & -L_{ms}\cos\!\left(\theta_r-\dfrac{2}{3}\pi\right) & -L_{ms}\cos\theta_r \\[2mm]
-L_{ms}\cos\theta_r & -L_{ms}\cos\!\left(\theta_r+\dfrac{2}{3}\pi\right) & -L_{ms}\cos\!\left(\theta_r-\dfrac{2}{3}\pi\right) & 2L_{ms}+L'_{lr} & \dfrac{1}{2}L_{ms} & \dfrac{1}{2}L_{ms} \\[2mm]
-L_{ms}\cos\!\left(\theta_r-\dfrac{2}{3}\pi\right) & -L_{ms}\cos\theta_r & -L_{ms}\cos\!\left(\theta_r+\dfrac{2}{3}\pi\right) & \dfrac{1}{2}L_{ms} & 2L_{ms}+L'_{lr} & \dfrac{1}{2}L_{ms} \\[2mm]
-L_{ms}\cos\!\left(\theta_r+\dfrac{2}{3}\pi\right) & -L_{ms}\cos\!\left(\theta_r-\dfrac{2}{3}\pi\right) & -L_{ms}\cos\theta_r & \dfrac{1}{2}L_{ms} & \dfrac{1}{2}L_{ms} & 2L_{ms}+L'_{lr}
\end{bmatrix}
\times
\begin{bmatrix} u_{as}\\ u_{bs}\\ u_{cs}\\ u'_{ar}\\ u'_{br}\\ u'_{cr}\end{bmatrix}
$$

$$(5\text{-}29)$$

其中，　　　　　$L_{\Sigma L} = (3L_{ms} + L'_{lr})L'_{lr}$，$L_{\Sigma m} = 2L_{ms} + L'_{lr}$，$L_{\Sigma ms} = \dfrac{3}{2}L_{ms}^2 + L_{ms}L'_{lr}$

　　应用牛顿运动第二定律。异步电动机电磁转矩表达式利用磁共能 $W_c(i_{abcs}$，i'_{abcr}，$\theta_r)$ 得到。对于 p 极异步电动机，有

$$T_e = \frac{p}{2}\frac{\partial W_c(i_{abcs},\ i'_{abcr},\ \theta_r)}{\partial \theta_r}$$

磁共能由以下表达式给出

$$W_c = W_f = \frac{1}{2}i_{abcs}^{\mathrm{T}}(L_s - L_{ls}I)i_{abcs} + i_{abcs}^{\mathrm{T}}L'_{sr}(\theta_r)i'_{abcr} + \frac{1}{2}i'^{\mathrm{T}}_{abcr}(L'_r - L'_{lr}I)i'_{abcr}$$

在 W_c 中，矩阵 L_s，$L_{ls}I$，L'_r，$L'_{lr}I$ 不是电角度 θ_r 的函数。利用

$$L'_{sr}(\theta_r) = L_{ms}\begin{bmatrix} \cos\theta_r & \cos\left(\theta_r + \dfrac{2}{3}\pi\right) & \cos\left(\theta_r - \dfrac{2}{3}\pi\right) \\[3mm] \cos\left(\theta_r - \dfrac{2}{3}\pi\right) & \cos\theta_r & \cos\left(\theta_r + \dfrac{2}{3}\pi\right) \\[3mm] \cos\left(\theta_r + \dfrac{2}{3}\pi\right) & \cos\left(\theta_r - \dfrac{2}{3}\pi\right) & \cos\theta_r \end{bmatrix}$$

　　电磁转矩的表达式为

$$T_e = \frac{p}{2}i_{abcs}^{\mathrm{T}}\frac{\partial L'_{sr}(\theta_r)}{\partial \theta_r}i'_{abcr}$$

$$= -\frac{p}{2}L_{ms}\begin{bmatrix} i_{as} & i_{bs} & i_{cs}\end{bmatrix}\begin{bmatrix} \sin\theta_r & \sin\left(\theta_r + \dfrac{2}{3}\pi\right) & \sin\left(\theta_r - \dfrac{2}{3}\pi\right) \\[3mm] \sin\left(\theta_r - \dfrac{2}{3}\pi\right) & \sin\theta_r & \sin\left(\theta_r + \dfrac{2}{3}\pi\right) \\[3mm] \sin\left(\theta_r + \dfrac{2}{3}\pi\right) & \sin\left(\theta_r - \dfrac{2}{3}\pi\right) & \sin\theta_r \end{bmatrix}\begin{bmatrix} i'_{ar} \\[2mm] i'_{br} \\[2mm] i'_{cr}\end{bmatrix}$$

$$= -\frac{p}{2}L_{ms}\Big[(i_{as}i'_{ar} + i_{bs}i'_{br} + i_{cs}i'_{cr})\sin\theta_r + (i_{as}i'_{cr} + i_{bs}i'_{ar} + i_{cs}i'_{br})\sin\left(\theta_r - \frac{2}{3}\pi\right)$$

$$+ (i_{as}i'_{br} + i_{bs}i'_{cr} + i_{cs}i'_{ar})\sin\left(\theta_r + \frac{2}{3}\pi\right)\Big]$$

$$= -\frac{p}{2}L_{ms}\Bigg\{\left[i_{as}\left(i'_{ar} - \frac{1}{2}i'_{br} - \frac{1}{2}i'_{cr}\right) + i_{bs}\left(i'_{br} - \frac{1}{2}i'_{ar} - \frac{1}{2}i'_{cr}\right) + i_{cs}\left(i'_{cr} - \frac{1}{2}i'_{br} - \frac{1}{2}i'_{ar}\right)\right]$$

$$\sin\theta_r + \frac{\sqrt{3}}{2}\left[i_{as}(i'_{br} - i'_{cr}) + i_{bs}(i'_{cr} - i'_{ar}) + i_{cs}(i'_{ar} - i'_{br})\right]\cos\theta_r\Bigg\} \tag{5-30}$$

　　由旋转运动的牛顿第二定律可导出扭转机械方程，其中 T_e 由式（5-30）给出。有

$$\frac{\mathrm{d}\omega_r}{\mathrm{d}t} = \frac{p}{2J}T_e - \frac{B_m}{J}\omega_r - \frac{p}{2J}T_L$$

$$= -\frac{p^2}{4J}L_{ms}\Big[(i_{as}i'_{ar} + i_{bs}i'_{br} + i_{cs}i'_{cr})\sin\theta_r + (i_{as}i'_{cr} + i_{bs}i'_{ar} + i_{cs}i'_{br})\sin\left(\theta_r - \frac{2}{3}\pi\right)$$

$$+ (i_{as}i'_{br} + i_{bs}i'_{cr} + i_{cs}i'_{ar})\sin\left(\theta_r + \frac{2}{3}\pi\right)\Big] - \frac{B_m}{J}\omega_r - \frac{p}{2J}T_L$$

$$= -\frac{p^2}{4J}L_{ms}\left\{\left[i_{as}\left(i'_{ar} - \frac{1}{2}i'_{br} - \frac{1}{2}i'_{cr}\right) + i_{bs}\left(i'_{br} - \frac{1}{2}i'_{ar} - \frac{1}{2}i'_{cr}\right) + i_{cs}\left(i'_{cr} - \frac{1}{2}i'_{br} - \right.\right.\right.$$

$$\left.\left.\frac{1}{2}i'_{ar}\right)\right]\sin\theta_r + \frac{\sqrt{3}}{2}[i_{as}(i'_{br} - i'_{cr}) + i_{bs}(i'_{cr} - i'_{ar}) + i_{cs}(i'_{ar} - i'_{br})]\cos\theta_r\right\}$$

$$- \frac{B_m}{J}\omega_r - \frac{p}{2J}T_L,$$

$$\frac{d\theta_r}{dt} = \omega_r. \tag{5-31}$$

结合微分方程式（5-29）和式（5-31），可以得到三相异步电动机以电机变量表示的机电模型。

5.2 用 dq 坐标变量的异步电动机特性与分析

5.2.1 任意、静止、转子、同步参考系

前面我们运用基尔霍夫第二定律、牛顿运动定律以及 Lagrange 概念，建立起以电机物理量表达的微分方程，用于检验电机的静态和动态性能。我们用定子和转子 abc 变量和参数，描述了电机的稳态和瞬态特性。运用 dq 坐标系变量可以降低描述电机动态特性的微分方程的复杂度。对于三相异步和同步电机，从电机变量（定转子电压、电流、磁链）到定转子电压、电流、磁链的 qd0 分量的变换由 Park 变换或其他变换完成。在最一般的情况下，可以采用任意坐标系。参考坐标系可以固定在转子或定子上，而坐标系"旋转"。在任意参考坐标系中，坐标系角速度 ω 非固定。若指定坐标系角速度为 $\omega = 0$、$\omega = \omega_r$、$\omega = \omega_e$，那么对应的 3 个参考坐标系下的模型均可被建立。特别地，常用的是静止坐标系（$\omega = 0$）、转子坐标系（$\omega = \omega_r$）、同步坐标系（$\omega = \omega_e$）。从电机变量到 qd0 变量的变换和反变换见表 5-1。这里的 ω 和 θ 是参考坐标系的角速度和位置角。

例 5-4

假定施加以下交流电压给 as、bs、cs 绕组

$$u_{as}(t) = 100\cos(377t)\,\text{V},\ u_{bs}(t) = 100\cos\left(377t - \frac{2}{3}\pi\right)\text{V}$$

$$u_{cs}(t) = 100\cos\left(377t + \frac{2}{3}\pi\right)\text{V}$$

给定坐标系角速度为 $\omega = 377\text{rad/s}$ 和 $\omega = 0\text{rad/s}$（分别为同步和静止参考坐标系），可以得到相应的 qd0 电压分量。

我们得到在任意参考坐标系下的 qd0 电压分量。如表 5-1 给出，在任意参考坐

标系下，Park 变化为

$$u_{qd0s} = \boldsymbol{K}_s u_{abcs}$$

式中，K_s 是变换矩阵，

$$\boldsymbol{K}_s = \frac{2}{3}\begin{bmatrix} \cos\theta & \cos\left(\theta - \frac{2}{3}\pi\right) & \cos\left(\theta + \frac{2}{3}\pi\right) \\ \sin\theta & \sin\left(\theta - \frac{2}{3}\pi\right) & \sin\left(\theta + \frac{2}{3}\pi\right) \\ \frac{1}{2} & \frac{1}{2} & \frac{1}{2} \end{bmatrix}$$

θ 是参考坐标系的位置角。

所以由 $u_{qd0s} = \boldsymbol{K}_s u_{abcs}$，有

$$\begin{bmatrix} u_{qs} \\ u_{ds} \\ u_{0s} \end{bmatrix} = \frac{2}{3}\begin{bmatrix} \cos\theta & \cos\left(\theta - \frac{2}{3}\pi\right) & \cos\left(\theta + \frac{2}{3}\pi\right) \\ \sin\theta & \sin\left(\theta - \frac{2}{3}\pi\right) & \sin\left(\theta + \frac{2}{3}\pi\right) \\ \frac{1}{2} & \frac{1}{2} & \frac{1}{2} \end{bmatrix}\begin{bmatrix} u_{as} \\ u_{bs} \\ u_{cs} \end{bmatrix}$$

在任意参考坐标系下，电压的 qd0 分量为

$$u_{qs}(t) = \frac{2}{3}\left[\cos\theta u_{as}(t) + \cos\left(\theta - \frac{2}{3}\pi\right)u_{bs}(t) + \cos\left(\theta + \frac{2}{3}\pi\right)u_{cs}(t)\right],$$

$$u_{ds}(t) = \frac{2}{3}\left[\sin\theta u_{as}(t) + \sin\left(\theta - \frac{2}{3}\pi\right)u_{bs}(t) + \sin\left(\theta + \frac{2}{3}\pi\right)u_{cs}(t)\right],$$

$$u_{0s}(t) = \frac{1}{3}\left[u_{as}(t) + u_{bs}(t) + u_{cs}(t)\right].$$

利用 $u_{as}(t) = 100\cos(377t)\,\text{V}$，$u_{bs}(t) = 100\cos\left(377t - \frac{2}{3}\pi\right)\text{V}$，

$$u_{cs}(t) = 100\cos\left(377t + \frac{2}{3}\pi\right)\text{V}$$

可以得到任意坐标系下的电压 qd0 分量的方程。也就是

$$u_{qs}(t) = \frac{200}{3}\left[\cos\theta\cos(377t) + \cos\left(\theta - \frac{2}{3}\pi\right)\cos\left(377t - \frac{2}{3}\pi\right) + \cos\left(\theta + \frac{2}{3}\pi\right)\cos\left(377t + \frac{2}{3}\pi\right)\right],$$

$$u_{ds}(t) = \frac{200}{3}\left[\sin\theta\cos(377t) + \sin\left(\theta - \frac{2}{3}\pi\right)\cos\left(377t - \frac{2}{3}\pi\right) + \sin\left(\theta + \frac{2}{3}\pi\right)\cos\left(377t + \frac{2}{3}\pi\right)\right],$$

$$u_{0s}(t) = \frac{200}{3}\left[\cos(377t) + \cos\left(377t - \frac{2}{3}\pi\right) + \cos\left(377t + \frac{2}{3}\pi\right)\right].$$

对于 $f = 60\,\text{Hz}$，因为施加电压的角频率为 $377\,\text{rad/s}$，所以用同步参考坐标系是合适的。假定 $\theta_0 = 0$，我们有 $\theta_e = \omega_e t$。利用三角函数，可以得到

$$u_{qs}^e(t) = \frac{200}{3}\left[\cos^2(377t) + \cos^2\left(377t - \frac{2}{3}\pi\right) + \cos^2\left(377t + \frac{2}{3}\pi\right)\right] = \frac{200}{3}\frac{3}{2} = 100\,\text{V},$$

$$u_{ds}^{e}(t) = \frac{200}{3} \Big[\sin(377t)\cos(377t) + \sin\Big(377t - \frac{2}{3}\pi\Big)\cos\Big(377t - \frac{2}{3}\pi\Big)$$

$$+ \sin\Big(377t + \frac{2}{3}\pi\Big)\cos\Big(377t + \frac{2}{3}\pi\Big) \Big] = 0\,\mathrm{V},$$

$$u_{0s}^{e}(t) = \frac{200}{3} \Big[\cos(377t) + \cos\Big(377t - \frac{2}{3}\pi\Big) + \cos\Big(377t + \frac{2}{3}\pi\Big) \Big] = 0\,\mathrm{V}.$$

对三相平衡电压（幅值相等，相差 120° 的正弦电压）如

$$u_{as}(t) = 100\cos(377t)\,\mathrm{V},\ u_{bs}(t) = 100\sin\Big(377t - \frac{2}{3}\pi\Big)\mathrm{V}$$

$$u_{cs}(t) = 100\sin\Big(377t + \frac{2}{3}\pi\Big)\mathrm{V}$$

得到的 qd0 分量

$$u_{qs}^{e}(t)\ 、\ u_{ds}^{e}(t)\ 、\ u_{0s}^{e}(t)$$

为直流电压。进一步，

$$u_{0s}^{e}(t) = 0$$

在静止参考坐标系中，给定 $\omega = 0$。这样，$\theta = 0$。

利用

$$\boldsymbol{K}_{s} = \frac{2}{3} \begin{bmatrix} \cos\theta & \cos\Big(\theta - \frac{2}{3}\pi\Big) & \cos\Big(\theta + \frac{2}{3}\pi\Big) \\ \sin\theta & \sin\Big(\theta - \frac{2}{3}\pi\Big) & \sin\Big(\theta + \frac{2}{3}\pi\Big) \\ \frac{1}{2} & \frac{1}{2} & \frac{1}{2} \end{bmatrix}$$

静止参考坐标系中变换的矩阵为

$$\boldsymbol{K}_{s}^{s} = \frac{2}{3} \begin{bmatrix} \cos\theta & \cos\Big(\theta - \frac{2}{3}\pi\Big) & \cos\Big(\theta + \frac{2}{3}\pi\Big) \\ \sin\theta & \sin\Big(\theta - \frac{2}{3}\pi\Big) & \sin\Big(\theta + \frac{2}{3}\pi\Big) \\ \frac{1}{2} & \frac{1}{2} & \frac{1}{2} \end{bmatrix}_{\theta = 0}$$

$$= \frac{2}{3} \begin{bmatrix} 1 & -\frac{1}{2} & -\frac{1}{2} \\ 0 & -\frac{\sqrt{3}}{2} & -\frac{\sqrt{3}}{2} \\ \frac{1}{2} & \frac{1}{2} & \frac{1}{2} \end{bmatrix} = \begin{bmatrix} \frac{2}{3} & -\frac{1}{3} & -\frac{1}{3} \\ 0 & -\frac{1}{\sqrt{3}} & -\frac{1}{\sqrt{3}} \\ \frac{1}{3} & \frac{1}{3} & \frac{1}{3} \end{bmatrix}$$

由

$$u_{\text{qd0s}}^{\text{s}} = \boldsymbol{K}_{\text{s}}^{\text{s}} u_{\text{abcs}}^{\text{s}}, \quad \begin{bmatrix} u_{\text{qs}} \\ u_{\text{ds}} \\ u_{0\text{s}} \end{bmatrix} = \begin{bmatrix} \dfrac{2}{3} & -\dfrac{1}{3} & -\dfrac{1}{3} \\ 0 & -\dfrac{1}{\sqrt{3}} & -\dfrac{1}{\sqrt{3}} \\ \dfrac{1}{3} & \dfrac{1}{3} & \dfrac{1}{3} \end{bmatrix} \begin{bmatrix} u_{\text{as}} \\ u_{\text{bs}} \\ u_{\text{cs}} \end{bmatrix}$$

得到

$$u_{\text{qs}}^{\text{s}}(t) = \frac{2}{3}u_{\text{as}}(t) - \frac{1}{3}u_{\text{bs}}(t) - \frac{1}{3}u_{\text{cs}}(t),$$

$$u_{\text{ds}}^{\text{s}}(t) = -\frac{1}{\sqrt{3}}u_{\text{bs}}(t) + \frac{1}{\sqrt{3}}u_{\text{cs}}(t),$$

$$u_{0\text{s}}^{\text{s}}(t) = \frac{1}{3}u_{\text{as}}(t) + \frac{1}{3}u_{\text{bs}}(t) + \frac{1}{3}u_{\text{cs}}(t).$$

所以，交流电压得到

$$u_{\text{qs}}^{\text{s}}(t) = \frac{200}{3}\cos(377t) - \frac{100}{3}\cos\left(377t - \frac{2}{3}\pi\right) - \frac{100}{3}\cos\left(377t + \frac{2}{3}\pi\right) = 100\cos(377t)\,\text{V},$$

$$u_{\text{ds}}^{\text{s}}(t) = -\frac{100}{\sqrt{3}}\cos\left(377t - \frac{2}{3}\pi\right) + \frac{100}{\sqrt{3}}\cos\left(377t + \frac{2}{3}\pi\right) = -100\sin(377t)\,\text{V},$$

$$u_{0\text{s}}^{\text{s}}(t) = \frac{100}{3}\cos(377t) + \frac{100}{3}\cos\left(377t - \frac{2}{3}\pi\right) + \frac{100}{3}\cos\left(377t + \frac{2}{3}\pi\right) = 0\,\text{V}.$$

5.2.2　任意参考坐标系下的异步电动机

为了得到最一般化的结果，我们将推导三相感应电机在任意参考坐标系下的运动方程。记住，在任意参考坐标系下，没有指定坐标系角速度 ω。若指定坐标系角速度为（$\omega=0$，$\omega=\omega_{\text{r}}$，$\omega=\omega_{\text{e}}$ 或其他），可以得到静止（$\omega=0$），转子（$\omega=\omega_{\text{r}}$），同步（$\omega=\omega_{\text{e}}$）参考坐标系下的模型。

考虑三相感应电动机的交直磁轴，如图 5-13 所示。

定子和转子 abc 变量必须变换为 qd0 变量。要把 abc 定子电压、电流、磁链变换为到定子电压、电流、磁链的 qd0 分量，需要使用 Park 变换。使用表 5-1 中的变换和结果，有

$$u_{\text{qd0s}} = K_{\text{s}}u_{\text{abcs}}, \quad i_{\text{qd0s}} = K_{\text{s}}i_{\text{abcs}}, \quad \psi_{\text{qd0s}} = K_{\text{s}}\psi_{\text{abcs}} \tag{5-32}$$

其中，定子变换矩阵 $\boldsymbol{K}_{\text{s}}$ 为

$$\boldsymbol{K}_{\text{s}} = \frac{2}{3}\begin{bmatrix} \cos\theta & \cos\left(\theta - \dfrac{2}{3}\pi\right) & \cos\left(\theta + \dfrac{2}{3}\pi\right) \\ \sin\theta & \sin\left(\theta - \dfrac{2}{3}\pi\right) & \sin\left(\theta + \dfrac{2}{3}\pi\right) \\ \dfrac{1}{2} & \dfrac{1}{2} & \dfrac{1}{2} \end{bmatrix} \tag{5-33}$$

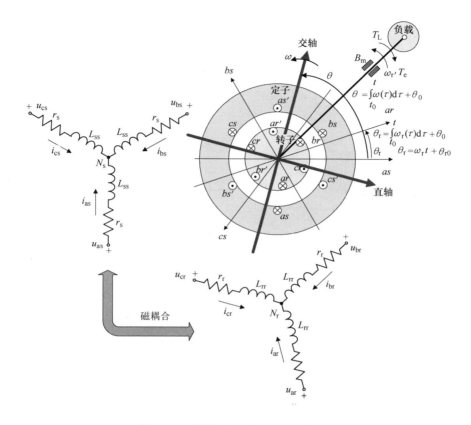

图 5-13 旋转坐标下的三相异步电机

参考坐标系的位置角为

$$\theta = \int_{t_0}^{t} \omega(\tau)\,\mathrm{d}\tau + \theta_0$$

利用转子变换矩阵 $\boldsymbol{K}_r$，由 abc 转子电压、电流和磁链，可以得到转子电压、电流和磁链的 qd0 坐标分量为

$$u'_{qd0s} = \boldsymbol{K}_r u'_{abcs}, \; i'_{qd0s} = \boldsymbol{K}_r i'_{abcs}, \; \psi'_{qd0s} = \boldsymbol{K}_r \psi'_{abcs} \tag{5-34}$$

其中，转子变换矩阵 $\boldsymbol{K}_r$ 为

$$\boldsymbol{K}_r = \frac{2}{3} \begin{bmatrix} \cos(\theta - \theta_r) & \cos\left(\theta - \theta_r - \dfrac{2}{3}\pi\right) & \cos\left(\theta - \theta_r + \dfrac{2}{3}\pi\right) \\ \sin(\theta - \theta_r) & \sin\left(\theta - \theta_r - \dfrac{2}{3}\pi\right) & \sin\left(\theta - \theta_r + \dfrac{2}{3}\pi\right) \\ \dfrac{1}{2} & \dfrac{1}{2} & \dfrac{1}{2} \end{bmatrix} \tag{5-35}$$

由微分方程式（5-27）

$$u_{\text{abcs}} = r_{\text{s}}i_{\text{abcs}} + \frac{\mathrm{d}\psi_{\text{abcs}}}{\mathrm{d}t},$$

$$u'_{\text{abcr}} = r'_{\text{r}}i'_{\text{abcr}} + \frac{\mathrm{d}\psi'_{\text{abcr}}}{\mathrm{d}t},$$

运用反 Park 变换矩阵 K_{s}^{-1} , K_{r}^{-1} , 我们有

$$K_{\text{s}}^{-1}u_{\text{qd0s}} = r_{\text{s}}K_{\text{s}}^{-1}i_{\text{qd0s}} + \frac{\mathrm{d}\left(K_{\text{s}}^{-1}\psi_{\text{qd0s}}\right)}{\mathrm{d}t},$$

$$K_{\text{r}}^{-1}u'_{\text{qd0s}} = r'_{\text{r}}K_{\text{r}}^{-1}i'_{\text{qd0s}} + \frac{\mathrm{d}\left(K_{\text{r}}^{-1}\psi'_{\text{qd0s}}\right)}{\mathrm{d}t}, \quad (5\text{-}36)$$

利用式（5-33）和式（5-35），得到反变换矩阵 K_{s}^{-1} , K_{r}^{-1} 分别为

$$K_{\text{s}}^{-1} = \begin{bmatrix} \cos\theta & \sin\theta & 1 \\ \cos\left(\theta - \frac{2}{3}\pi\right) & \sin\left(\theta - \frac{2}{3}\pi\right) & 1 \\ \cos\left(\theta + \frac{2}{3}\pi\right) & \sin\left(\theta + \frac{2}{3}\pi\right) & 1 \end{bmatrix},$$

$$K_{\text{r}}^{-1} = \begin{bmatrix} \cos(\theta - \theta_{\text{r}}) & \sin(\theta - \theta_{\text{r}}) & 1 \\ \cos\left(\theta - \theta_{\text{r}} - \frac{2}{3}\pi\right) & \sin\left(\theta - \theta_{\text{r}} - \frac{2}{3}\pi\right) & 1 \\ \cos\left(\theta - \theta_{\text{r}} + \frac{2}{3}\pi\right) & \sin\left(\theta - \theta_{\text{r}} + \frac{2}{3}\pi\right) & 1 \end{bmatrix}.$$

用 K_{s} 和 K_{r} 乘以式（5-36）的左边和右边，得到

$$u_{\text{qd0s}} = K_{\text{s}}r_{\text{s}}K_{\text{s}}^{-1}i_{\text{qd0s}} + K_{\text{s}}\frac{\mathrm{d}K_{\text{s}}^{-1}}{\mathrm{d}t}\psi_{\text{qd0s}} + K_{\text{s}}K_{\text{s}}^{-1}\frac{\mathrm{d}\psi_{\text{qd0s}}}{\mathrm{d}t},$$

$$u'_{\text{qd0r}} = K_{\text{r}}r'_{\text{r}}K_{\text{r}}^{-1}i'_{\text{qd0r}} + K_{\text{r}}\frac{\mathrm{d}K_{\text{r}}^{-1}}{\mathrm{d}t}\psi'_{\text{qd0r}} + K_{\text{r}}K_{\text{r}}^{-1}\frac{\mathrm{d}\psi'_{\text{qd0r}}}{\mathrm{d}t}, \quad (5\text{-}37)$$

定转子电阻矩阵 r_{s} , r'_{s} 为对角阵，所以

$$K_{\text{s}}r_{\text{s}}K_{\text{s}}^{-1} = r_{\text{s}}, \quad K_{\text{r}}r'_{\text{r}}K_{\text{r}}^{-1} = r'_{\text{r}}$$

式（5-37）中的微分项给出如下

$$\frac{\mathrm{d}K_{\text{s}}^{-1}}{\mathrm{d}t} = \omega\begin{bmatrix} -\sin\theta & \cos\theta & 0 \\ -\sin\left(\theta - \frac{2}{3}\pi\right) & \cos\left(\theta - \frac{2}{3}\pi\right) & 0 \\ -\sin\left(\theta + \frac{2}{3}\pi\right) & \cos\left(\theta + \frac{2}{3}\pi\right) & 0 \end{bmatrix},$$

$$\frac{\mathrm{d}K_{\text{r}}^{-1}}{\mathrm{d}t} = (\omega - \omega_{\text{r}})\begin{bmatrix} \sin(\theta - \theta_{\text{r}}) & \cos(\theta - \theta_{\text{r}}) & 0 \\ -\sin\left(\theta - \theta_{\text{r}} - \frac{2}{3}\pi\right) & \cos\left(\theta - \theta_{\text{r}} - \frac{2}{3}\pi\right) & 0 \\ -\sin\left(\theta - \theta_{\text{r}} + \frac{2}{3}\pi\right) & \cos\left(\theta - \theta_{\text{r}} + \frac{2}{3}\pi\right) & 0 \end{bmatrix}$$

所以

$$\boldsymbol{K}_{\mathrm{s}}\frac{\mathrm{d}\boldsymbol{K}_{\mathrm{s}}^{-1}}{\mathrm{d}t}=\omega\begin{bmatrix}0&1&0\\-1&0&0\\0&0&0\end{bmatrix},\ \boldsymbol{K}_{\mathrm{r}}\frac{\mathrm{d}\boldsymbol{K}_{\mathrm{r}}^{-1}}{\mathrm{d}t}=(\omega-\omega_{\mathrm{r}})\begin{bmatrix}0&1&0\\-1&0&0\\0&0&0\end{bmatrix}$$

由式（5-37），可以得到当参考坐标系的角速度 ω 没有指定时，任意参考坐标系下定转子电路方程如下

$$u_{\mathrm{qd0s}}=r_{\mathrm{s}}i_{\mathrm{qd0s}}+\begin{bmatrix}0&\omega&0\\-\omega&0&0\\0&0&0\end{bmatrix}\psi_{\mathrm{qd0s}}+\frac{\mathrm{d}\psi_{\mathrm{qd0s}}}{\mathrm{d}t},$$

$$u'_{\mathrm{qd0r}}=r'_{\mathrm{r}}i'_{\mathrm{qd0r}}+\begin{bmatrix}0&\omega-\omega_{\mathrm{r}}&0\\-\omega+\omega_{\mathrm{r}}&0&0\\0&0&0\end{bmatrix}\psi'_{\mathrm{qd0r}}+\frac{\mathrm{d}\psi'_{\mathrm{qd0r}}}{\mathrm{d}t},$$

$$(5\text{-}38)$$

利用式（5-38），得到 6 个微分方程

$$u_{\mathrm{qs}}=r_{\mathrm{s}}i_{\mathrm{qs}}+\omega\psi_{\mathrm{ds}}+\frac{\mathrm{d}\psi_{\mathrm{qs}}}{\mathrm{d}t},\ u_{\mathrm{ds}}=r_{\mathrm{s}}i_{\mathrm{ds}}-\omega\psi_{\mathrm{qs}}+\frac{\mathrm{d}\psi_{\mathrm{ds}}}{\mathrm{d}t},$$

$$u_{\mathrm{0s}}=r_{\mathrm{s}}i_{\mathrm{0s}}+\frac{\mathrm{d}\psi_{\mathrm{0s}}}{\mathrm{d}t},\ u'_{\mathrm{qr}}=r'_{\mathrm{r}}i'_{\mathrm{qr}}+(\omega-\omega_{\mathrm{r}})\psi'_{\mathrm{dr}}+\frac{\mathrm{d}\psi'_{\mathrm{qr}}}{\mathrm{d}t},$$

$$u'_{\mathrm{dr}}=r'_{\mathrm{r}}i'_{\mathrm{dr}}-(\omega-\omega_{\mathrm{r}})\psi'_{\mathrm{qr}}+\frac{\mathrm{d}\psi'_{\mathrm{dr}}}{\mathrm{d}t},\ u'_{\mathrm{0r}}=r'_{\mathrm{r}}i'_{\mathrm{0r}}+\frac{\mathrm{d}\psi'_{\mathrm{0r}}}{\mathrm{d}t}.\quad(5\text{-}39)$$

由

$$\begin{bmatrix}\psi_{\mathrm{abcs}}\\\psi'_{\mathrm{abcr}}\end{bmatrix}=\begin{bmatrix}L_{\mathrm{s}}&L'_{\mathrm{sr}}(\theta_{\mathrm{r}})\\L'^{\mathrm{T}}_{\mathrm{sr}}(\theta_{\mathrm{r}})&L'_{\mathrm{r}}\end{bmatrix}\begin{bmatrix}i_{\mathrm{abcs}}\\i'_{\mathrm{abcr}}\end{bmatrix},$$

有

$$\psi_{\mathrm{abcs}}=L_{\mathrm{s}}i_{\mathrm{abcs}}+L'_{\mathrm{sr}}(\theta_{\mathrm{r}})i'_{\mathrm{abcr}},\ \psi'_{\mathrm{abcr}}=L'^{\mathrm{T}}_{\mathrm{sr}}(\theta_{\mathrm{r}})i_{\mathrm{abcs}}+L'_{\mathrm{r}}i'_{\mathrm{abcr}}$$

磁链应当运用 Park 变换矩阵变换为 qd0 分量。得到

$$\boldsymbol{K}_{\mathrm{s}}^{-1}\psi_{\mathrm{qd0s}}=L_{\mathrm{s}}\boldsymbol{K}_{\mathrm{s}}^{-1}i_{\mathrm{qd0s}}+L'_{\mathrm{sr}}(\theta_{\mathrm{r}})\boldsymbol{K}_{\mathrm{r}}^{-1}i'_{\mathrm{qd0r}},$$

$$\boldsymbol{K}_{\mathrm{r}}^{-1}\psi'_{\mathrm{qd0r}}=L'^{\mathrm{T}}_{\mathrm{sr}}(\theta_{\mathrm{r}})\boldsymbol{K}_{\mathrm{s}}^{-1}i_{\mathrm{qd0s}}+L'_{\mathrm{r}}\boldsymbol{K}_{\mathrm{r}}^{-1}i'_{\mathrm{abcr}}.$$

这样

$$\psi_{\mathrm{qd0s}}=\boldsymbol{K}_{\mathrm{s}}L_{\mathrm{s}}\boldsymbol{K}_{\mathrm{s}}^{-1}i_{\mathrm{qd0s}}+\boldsymbol{K}_{\mathrm{s}}L'_{\mathrm{sr}}(\theta_{\mathrm{r}})\boldsymbol{K}_{\mathrm{r}}^{-1}i'_{\mathrm{qd0r}},$$

$$\psi'_{\mathrm{qd0r}}=\boldsymbol{K}_{\mathrm{r}}L'^{\mathrm{T}}_{\mathrm{sr}}(\theta_{\mathrm{r}})\boldsymbol{K}_{\mathrm{s}}^{-1}i_{\mathrm{qd0s}}+\boldsymbol{K}_{\mathrm{r}}L'_{\mathrm{r}}\boldsymbol{K}_{\mathrm{r}}^{-1}i'_{\mathrm{abcr}}.\quad(5\text{-}40)$$

利用变换矩阵和得到的 L_{s}，$L'_{\mathrm{sr}}(\theta_{\mathrm{r}})$，$L'_{\mathrm{r}}$ 的表达式得出

$$\boldsymbol{K}_{\mathrm{s}}L_{\mathrm{s}}\boldsymbol{K}_{\mathrm{s}}^{-1}=\begin{bmatrix}L_{\mathrm{ls}}+M&0&0\\0&L_{\mathrm{ls}}+M&0\\0&0&L_{\mathrm{ls}}\end{bmatrix},$$

$$K_s L'_{sr}(\theta_r) K_r^{-1} = K_r L'^{T}_{sr}(\theta_r) K_s^{-1} = \begin{bmatrix} M & 0 & 0 \\ 0 & M & 0 \\ 0 & 0 & 0 \end{bmatrix},$$

$$K_r L'_r K_r^{-1} = \begin{bmatrix} L'_{lr} + M & 0 & 0 \\ 0 & L'_{lr} + M & 0 \\ 0 & 0 & L'_{lr} \end{bmatrix},$$

式中,

$$M = \frac{3}{2} L_{ms}$$

展开后,式（5-40）的磁链方程为

$$\psi_{qs} = L_{ls} i_{qs} + M i_{qs} + M i'_{qr}, \quad \psi_{ds} = L_{ls} i_{ds} + M i_{ds} + M i'_{dr}, \quad \psi_{0s} = L_{ls} i_{0s},$$

$$\psi'_{qr} = L'_{lr} i'_{qr} + M i_{qs} + M i'_{qr}, \quad \psi'_{dr} = L'_{lr} i'_{dr} + M i_{ds} + M i'_{dr}, \quad \psi'_{0r} = L'_{lr} i'_{0r}. \tag{5-41}$$

将式（5-41）代入式（5-39）可以得到以下微分方程:

$$u_{qs} = r_s i_{qs} + \omega(L_{ls} i_{ds} + M i_{ds} + M i'_{dr}) + \frac{d(L_{ls} i_{qs} + M i_{qs} + M i'_{qr})}{dt},$$

$$u_{ds} = r_s i_{ds} - \omega(L_{ls} i_{qs} + M i_{qs} + M i'_{qr}) + \frac{d(L_{ls} i_{ds} + M i_{ds} + M i'_{dr})}{dt},$$

$$u_{0s} = r_s i_{0s} + \frac{d(L_{ls} i_{0s})}{dt},$$

$$u'_{qr} = r'_r i'_{qr} + (\omega - \omega_r)(L'_{lr} i'_{dr} + M i_{ds} + M i'_{dr}) + \frac{d(L'_{lr} i'_{qr} + M i_{qs} + M i'_{qr})}{dt},$$

$$u'_{dr} = r'_r i'_{dr} - (\omega - \omega_r)(L'_{lr} i'_{qr} + M i_{qs} + M i'_{qr}) + \frac{d(L'_{lr} i'_{dr} + M i_{ds} + M i'_{dr})}{dt},$$

$$u'_{0r} = r'_r i'_{0r} + \frac{d(L'_{lr} i'_{0r})}{dt}.$$

柯西形式的微分方程为

$$\frac{d i_{qs}}{dt} = \frac{1}{L_{SM} L_{RM} - M^2} \big[-L_{RM} r_s i_{qs} - (L_{SM} L_{RM} - M^2) \omega i_{ds} + M r'_r i'_{qr}$$
$$- M(M i_{ds} + L_{RM} i'_{dr}) \omega_r + L_{RM} u_{qs} - M u'_{qr} \big],$$

$$\frac{d i_{ds}}{dt} = \frac{1}{L_{SM} L_{RM} - M^2} \big[(L_{SM} L_{RM} - M^2) \omega i_{qs} - L_{RM} r_s i_{ds} + M r'_r i'_{dr}$$
$$+ M(M i_{qs} + L_{RM} i'_{qr}) \omega_r + L_{RM} u_{ds} - M u'_{dr} \big],$$

$$\frac{d i_{0s}}{dt} = \frac{1}{L_{ls}} (-r_s i_{0s} + u_{0s}),$$

$$\frac{d i'_{qr}}{dt} = \frac{1}{L_{SM} L_{RM} - M^2} \big[M r_s i_{qs} - L_{SM} r'_r i'_{qr} - (L_{SM} L_{RM} - M^2) \omega i'_{dr}$$

$$+ L_{\mathrm{SM}}(Mi_{\mathrm{ds}} + L_{\mathrm{RM}}i'_{\mathrm{dr}})\omega_{\mathrm{r}} - Mu_{\mathrm{qs}} + L_{\mathrm{SM}}u'_{\mathrm{qr}}),$$

$$\frac{\mathrm{d}i'_{\mathrm{dr}}}{\mathrm{d}t} = \frac{1}{L_{\mathrm{SM}}L_{\mathrm{RM}} - M^2}\big[Mr_s i_{\mathrm{ds}} + (L_{\mathrm{SM}}L_{\mathrm{RM}} - M^2)\omega i'_{\mathrm{qr}} - L_{\mathrm{SM}}r'_{\mathrm{r}}i'_{\mathrm{dr}}$$

$$- L_{\mathrm{SM}}(Mi_{\mathrm{qs}} + L_{\mathrm{RM}}i'_{\mathrm{qr}})\omega_{\mathrm{r}} - Mu_{\mathrm{ds}} + L_{\mathrm{SM}}u'_{\mathrm{dr}}),$$

$$\frac{\mathrm{d}i'_{0\mathrm{r}}}{\mathrm{d}t} = \frac{1}{L'_{\mathrm{lr}}}(-r'_{\mathrm{r}}i'_{0\mathrm{r}} + u'_{0\mathrm{r}}). \tag{5-42}$$

其中

$$L_{\mathrm{SM}} = L_{\mathrm{ls}} + M = L_{\mathrm{ls}} + \frac{3}{2}L_{\mathrm{ms}}, \quad L_{\mathrm{RM}} = L'_{\mathrm{lr}} + M = L'_{\mathrm{lr}} + \frac{3}{2}L_{\mathrm{ms}}$$

旋转机械方程为

$$T_{\mathrm{e}} - B_{\mathrm{m}}\omega_{\mathrm{rm}} - T_{\mathrm{L}} = J\frac{\mathrm{d}\omega_{\mathrm{rm}}}{\mathrm{d}t}, \quad \frac{\mathrm{d}\theta_{\mathrm{rm}}}{\mathrm{d}t} = \omega_{\mathrm{rm}} \tag{5-43}$$

T_{e} 的表达式可以用定转子电流的 qd0 分量表示。利用

$$W_{\mathrm{c}} = \frac{1}{2}i_{\mathrm{abcs}}^{\mathrm{T}}(L_{\mathrm{s}} - L_{\mathrm{ls}}I)i_{\mathrm{abcs}} + i_{\mathrm{abcs}}^{\mathrm{T}}L'_{\mathrm{sr}}(\theta_{\mathrm{r}})i'_{\mathrm{abcr}} + \frac{1}{2}i'^{\mathrm{T}}_{\mathrm{abcr}}(L'_{\mathrm{r}} - L'_{\mathrm{lr}}I)i'_{\mathrm{abcr}}$$

得到

$$T_{\mathrm{e}} = \frac{p}{2}\frac{\partial W_{\mathrm{c}}(i_{\mathrm{abcs}}, i'_{\mathrm{abcr}}, \theta_{\mathrm{r}})}{\partial\theta_{\mathrm{r}}} = \frac{p}{2}i_{\mathrm{abcs}}^{\mathrm{T}}\frac{\partial L'_{\mathrm{sr}}(\theta_{\mathrm{r}})}{\partial\theta_{\mathrm{r}}}i'_{\mathrm{abcr}}$$

有

$$T_{\mathrm{e}} = \frac{p}{2}(K_{\mathrm{s}}^{-1}i_{\mathrm{qd0s}})^{\mathrm{T}}\frac{\partial L'_{\mathrm{sr}}(\theta_{\mathrm{r}})}{\partial\theta_{\mathrm{r}}}K_{\mathrm{r}}^{-1}i'_{\mathrm{qd0r}} = \frac{p}{2}i_{\mathrm{qd0s}}{}^{\mathrm{T}}K_{\mathrm{s}}^{-1\mathrm{T}}\frac{\partial L'_{\mathrm{sr}}(\theta_{\mathrm{r}})}{\partial\theta_{\mathrm{r}}}K_{\mathrm{r}}^{-1}i'_{\mathrm{qd0r}}$$

运用矩阵乘法，得到如下 T_{e} 的方程

$$T_{\mathrm{e}} = \frac{3p}{4}M(i_{\mathrm{qs}}i'_{\mathrm{dr}} - i_{\mathrm{ds}}i'_{\mathrm{qr}}) \tag{5-44}$$

由式（5-43）和式（5-44），有

$$\frac{\mathrm{d}\omega_{\mathrm{r}}}{\mathrm{d}t} = \frac{3p^2}{8J}M(i_{\mathrm{qs}}i'_{\mathrm{dr}} - i_{\mathrm{ds}}i'_{\mathrm{qr}}) - \frac{B_{\mathrm{m}}}{J}\omega_{\mathrm{r}} - \frac{p}{2J}T_{\mathrm{L}},$$

$$\frac{\mathrm{d}\theta_{\mathrm{r}}}{\mathrm{d}t} = \omega_{\mathrm{r}}. \tag{5-45}$$

结合式（5-42）的电路 – 电磁方程和式（5-45）的旋转机械方程，任意坐标系下三相异步电动机的模型由一组 8 个非线性微分方程给出

$$\frac{\mathrm{d}i_{\mathrm{qs}}}{\mathrm{d}t} = \frac{1}{L_{\mathrm{SM}}L_{\mathrm{RM}} - M^2}\big[-L_{\mathrm{RM}}r_s i_{\mathrm{qs}} - (L_{\mathrm{SM}}L_{\mathrm{RM}} - M^2)\omega i_{\mathrm{ds}} + Mr'_{\mathrm{r}}i'_{\mathrm{qr}}$$

$$- M(Mi_{\mathrm{ds}} + L_{\mathrm{RM}}i'_{\mathrm{dr}})\omega_{\mathrm{r}} + L_{\mathrm{RM}}u_{\mathrm{qs}} - Mu'_{\mathrm{qr}}\big],$$

$$\frac{\mathrm{d}i_{\mathrm{ds}}}{\mathrm{d}t} = \frac{1}{L_{\mathrm{SM}}L_{\mathrm{RM}} - M^2}\big[(L_{\mathrm{SM}}L_{\mathrm{RM}} - M^2)\omega i_{\mathrm{qs}} - L_{\mathrm{RM}}r_s i_{\mathrm{ds}} + Mr'_{\mathrm{r}}i'_{\mathrm{dr}}$$

$$+ M(Mi_{\mathrm{qs}} + L_{\mathrm{RM}}i'_{\mathrm{qr}})\omega_{\mathrm{r}} + L_{\mathrm{RM}}u_{\mathrm{ds}} - Mu'_{\mathrm{dr}}\big],$$

$$\frac{\mathrm{d}i_{0s}}{\mathrm{d}t} = \frac{1}{L_{ls}}(-r_s i_{0s} + u_{0s}),$$

$$\frac{\mathrm{d}i'_{qr}}{\mathrm{d}t} = \frac{1}{L_{SM}L_{RM} - M^2}[Mr_s i_{qs} - L_{SM}r'_r i'_{qr} - (L_{SM}L_{SM} - M^2)\omega i'_{dr}$$
$$+ L_{SM}(Mi_{ds} + L_{RM}i'_{dr})\omega_r - Mu_{qs} + L_{SM}u'_{qr}],$$

$$\frac{\mathrm{d}i'_{dr}}{\mathrm{d}t} = \frac{1}{L_{SM}L_{RM} - M^2}[Mr_s i_{ds} + (L_{SM}L_{RM} - M^2)\omega i'_{qr} - L_{SM}r'_r i'_{dr}$$
$$- L_{SM}(Mi_{qs} + L_{RM}i'_{qr})\omega_r - Mu_{ds} + L_{RM}u'_{dr}],$$

$$\frac{\mathrm{d}i'_{0r}}{\mathrm{d}t} = \frac{1}{L'_{lr}}(-r'_r i'_{0r} + u'_{0r}),$$

$$\frac{\mathrm{d}\omega_r}{\mathrm{d}t} = \frac{3p^2}{8J}M(i_{qs}i'_{dr} - i_{ds}i'_{qr}) - \frac{B_m}{J}\omega_r - \frac{p}{2J}T_L,$$

$$\frac{\mathrm{d}\theta_r}{\mathrm{d}t} = \omega_r. \tag{5-46}$$

如果异步电动机用于驱动，那么式（5-46）中的最后一个微分方程

$$\frac{\mathrm{d}\theta_r}{\mathrm{d}t} = \omega_r$$

在分析和仿真中可以忽略。也就是对电力驱动，可得到以下状态方程：

$$
\begin{bmatrix}
\dfrac{\mathrm{d}i_{qs}}{\mathrm{d}t} \\[2mm]
\dfrac{\mathrm{d}i_{ds}}{\mathrm{d}t} \\[2mm]
\dfrac{\mathrm{d}i_{0s}}{\mathrm{d}t} \\[2mm]
\dfrac{\mathrm{d}i'_{qr}}{\mathrm{d}t} \\[2mm]
\dfrac{\mathrm{d}i'_{dr}}{\mathrm{d}t} \\[2mm]
\dfrac{\mathrm{d}i'_{0r}}{\mathrm{d}t} \\[2mm]
\dfrac{\mathrm{d}\omega_r}{\mathrm{d}t}
\end{bmatrix}
=
\begin{bmatrix}
\dfrac{-L_{RM}r_s}{L_{SM}L_{RM}-M^2} & -\omega & 0 & \dfrac{Mr'_r}{L_{SM}L_{RM}-M^2} & 0 & 0 & 0 \\[4mm]
\omega & \dfrac{-L_{RM}r_s}{L_{SM}L_{RM}-M^2} & 0 & 0 & \dfrac{Mr'_r}{L_{SM}L_{RM}-M^2} & 0 & 0 \\[4mm]
0 & 0 & \dfrac{-r_s}{L_{ls}} & 0 & 0 & 0 & 0 \\[4mm]
\dfrac{Mr_s}{L_{SM}L_{RM}-M^2} & 0 & 0 & \dfrac{-L_{SM}r'_r}{L_{SM}L_{RM}-M^2} & -\omega & 0 & 0 \\[4mm]
0 & \dfrac{Mr_s}{L_{SM}L_{RM}-M^2} & 0 & \omega & \dfrac{-L_{SM}r'_r}{L_{SM}L_{RM}-M^2} & 0 & 0 \\[4mm]
0 & 0 & 0 & 0 & 0 & \dfrac{-r'_r}{L'_{lr}} & 0 \\[4mm]
0 & 0 & 0 & 0 & 0 & 0 & \dfrac{-B_m}{J}
\end{bmatrix}
$$

$$\times \begin{bmatrix} i_{qs} \\ i_{ds} \\ i_{0s} \\ i'_{qr} \\ i'_{dr} \\ i'_{0r} \\ \omega_r \end{bmatrix} + \begin{bmatrix} \dfrac{-M(Mi_{ds}+L_{RM}i'_{dr})\omega_r}{L_{SM}L_{RM}-M^2} \\[2ex] \dfrac{M(Mi_{qs}+L_{RM}i'_{qr})\omega_r}{L_{SM}L_{RM}-M^2} \\[2ex] 0 \\[1ex] \dfrac{L_{SM}(Mi_{ds}+L_{RM}i'_{dr})\omega_r}{L_{SM}L_{RM}-M^2} \\[2ex] \dfrac{-L_{SM}(Mi_{qs}+L_{RM}i'_{qr})\omega_r}{L_{SM}L_{RM}-M^2} \\[2ex] 0 \\[1ex] \dfrac{3P^2}{8J}M(i_{qs}i'_{dr}-i_{ds}i'_{qr}) \end{bmatrix}$$

$$+\begin{bmatrix} \dfrac{L_{RM}}{L_{SM}L_{RM}-M^2} & 0 & 0 & \dfrac{-M}{L_{SM}L_{RM}-M^2} & 0 & 0 \\[2ex] 0 & \dfrac{L_{RM}}{L_{SM}L_{RM}-M^2} & 0 & 0 & \dfrac{-M}{L_{SM}L_{RM}-M^2} & 0 \\[2ex] 0 & 0 & \dfrac{1}{L_{ls}} & 0 & 0 & 0 \\[2ex] \dfrac{-M}{L_{SM}L_{RM}-M^2} & 0 & 0 & \dfrac{L_{SM}}{L_{SM}L_{RM}-M^2} & 0 & 0 \\[2ex] 0 & \dfrac{-M}{L_{SM}L_{RM}-M^2} & 0 & 0 & \dfrac{L_{SM}}{L_{SM}L_{RM}-M^2} & 0 \\[2ex] 0 & 0 & 0 & 0 & 0 & \dfrac{1}{L'_{lr}} \\[2ex] 0 & 0 & 0 & 0 & 0 & 0 \end{bmatrix} \begin{bmatrix} u_{qs} \\ u_{ds} \\ u_{0s} \\ u'_{qr} \\ u'_{dr} \\ u'_{0r} \end{bmatrix} - \begin{bmatrix} 0 \\ 0 \\ 0 \\ 0 \\ 0 \\ 0 \\ \dfrac{P}{2J} \end{bmatrix} T_L$$

$$(5\text{-}47)$$

利用式（5-46）建立相应的任意参考坐标系下三相异步电动机的 s 域框图，如图 5-14 所示。

在笼型异步电动机中，转子绕组短路。为保证平衡运行，施加如下相电压

$$u_{as}(t)=\sqrt{2}u_M\cos(\omega_f t),$$

$$u_{bs}(t)=\sqrt{2}u_M\cos\left(\omega_f t-\frac{2}{3}\pi\right),$$

$$u_{cs}(t)=\sqrt{2}u_M\cos\left(\omega_f t+\frac{2}{3}\pi\right)$$

用定子 Park 变换矩阵可以得到定子电压的 qd0 分量。运用

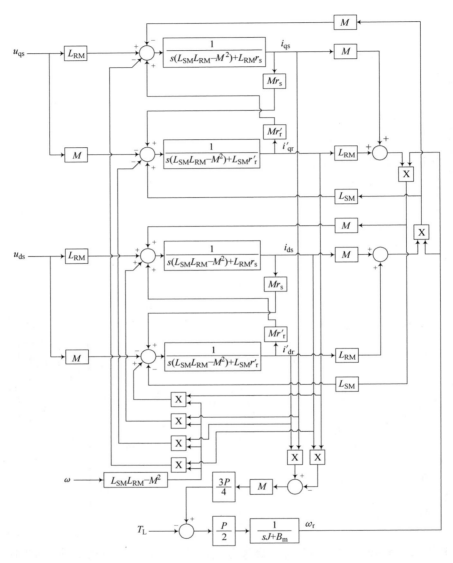

图 5-14 任意参考系下三相笼型异步电动机的域框图

$$u_{qd0s} = K_s u_{abcs}, K_s = \frac{2}{3} \begin{bmatrix} \cos\theta & \cos\left(\theta - \frac{2}{3}\pi\right) & \cos\left(\theta + \frac{2}{3}\pi\right) \\ \sin\theta & \sin\left(\theta - \frac{2}{3}\pi\right) & \sin\left(\theta + \frac{2}{3}\pi\right) \\ \frac{1}{2} & \frac{1}{2} & \frac{1}{2} \end{bmatrix}.$$

静止、转子和同步参考坐标系是最常用的。对以上提及的参考坐标系，坐标系角速

度分别为 $\omega=0$、$\omega=\omega_r$、$\omega=\omega_e$。得到对应的位置角 θ。令 $\theta_0=0$，对静止、转子、同步参考坐标系分别有 $\theta=0$，$\theta=\theta_r$，$\theta=\theta_e$。所以，如 5.2.3 节和例 5-4 和例 5-5 中所述，可以得到电压的 qd0 分量，保证感应电动机的平衡运行。

5.2.3　同步参考坐标系下的异步电动机

研究异步电机和同步电机，最常用的是同步参考坐标系，通过对式（5-46）给出的任意参考坐标系下的微分方程给定 $\omega=\omega_e$ 就可以得到。由式（5-46）有

$$\frac{\mathrm{d}i_{qs}^e}{\mathrm{d}t}=\frac{1}{L_{SM}L_{RM}-M^2}\left[-L_{RM}r_s i_{qs}^e-(L_{SM}L_{RM}-M^2)\omega_e i_{ds}^e+Mr_r' i_{qr}'^e\right.$$
$$\left.-M(Mi_{ds}^e+L_{RM}i_{dr}')\omega_r+L_{RM}u_{qs}^e-Mu_{qr}'^e\right],$$

$$\frac{\mathrm{d}i_{ds}^e}{\mathrm{d}t}=\frac{1}{L_{SM}L_{RM}-M^2}\left[(L_{SM}L_{RM}-M^2)\omega_e i_{qs}^e-L_{RM}r_s i_{ds}^e+Mr_r' i_{dr}'^e\right.$$
$$\left.+M(Mi_{qs}^e+L_{RM}i_{qr}'^e)\omega_r+L_{RM}u_{ds}^e-Mu_{dr}'^e\right],$$

$$\frac{\mathrm{d}i_{0s}^e}{\mathrm{d}t}=\frac{1}{L_{ls}}(-r_s i_{0s}^e+u_{0s}^e),$$

$$\frac{\mathrm{d}i_{qr}'^e}{\mathrm{d}t}=\frac{1}{L_{SM}L_{RM}-M^2}\left[Mr_s i_{qs}^e-L_{SM}r_r' i_{qr}'^e-(L_{SM}L_{RM}-M^2)\omega_e i_{dr}'^e\right.$$
$$\left.+L_{SM}(Mi_{ds}^e+L_{RM}i_{dr}'^e)\omega_r-Mu_{qs}^e+L_{RM}u_{qr}'^e\right],$$

$$\frac{\mathrm{d}i_{dr}'^e}{\mathrm{d}t}=\frac{1}{L_{SM}L_{RM}-M^2}\left[Mr_s i_{ds}^e+(L_{SM}L_{RM}-M^2)\omega i_{qr}'^e-L_{SM}r_r' i_{dr}'^e\right.$$
$$\left.-L_{SM}(Mi_{qs}^e+L_{RM}i_{qr}'^e)\omega_r-Mu_{ds}^e+L_{SM}u_{dr}'^e\right],$$

$$\frac{\mathrm{d}i_{0r}'^e}{\mathrm{d}t}=\frac{1}{L_{lr}'}(-r_r' i_{0r}'^e+u_{0r}'^e),$$

$$\frac{\mathrm{d}\omega_r}{\mathrm{d}t}=\frac{3P^2}{8J}M(i_{qs}^e i_{dr}'^e-i_{ds}^e i_{qr}'^e)-\frac{B_m}{J}\omega_r-\frac{p}{2J}T_L,$$

$$\frac{\mathrm{d}\theta_r}{\mathrm{d}t}=\omega_r. \tag{5-48}$$

利用 $u_{qd0s}^e=K_s u_{abcs}^e$，可以得到定子电压的 qd0 分量，$u_{qs}^e$、$u_{ds}^e$、$u_{0s}^e$，以保证异步电动机的平衡运行。

由

$$K_s=\frac{2}{3}\begin{bmatrix}\cos\theta & \cos\left(\theta-\frac{2}{3}\pi\right) & \cos\left(\theta+\frac{2}{3}\pi\right)\\ \sin\theta & \sin\left(\theta-\frac{2}{3}\pi\right) & \sin\left(\theta+\frac{2}{3}\pi\right)\\ \frac{1}{2} & \frac{1}{2} & \frac{1}{2}\end{bmatrix}$$

令 $\theta = \theta_e$ 有

$$K_s^e = \frac{2}{3}\begin{bmatrix} \cos\theta_e & \cos\left(\theta_e - \frac{2}{3}\pi\right) & \cos\left(\theta_e + \frac{2}{3}\pi\right) \\ \sin\theta_e & \sin\left(\theta_e - \frac{2}{3}\pi\right) & \sin\left(\theta_e + \frac{2}{3}\pi\right) \\ \frac{1}{2} & \frac{1}{2} & \frac{1}{2} \end{bmatrix}$$

利用

$$\begin{bmatrix} u_{qs}^e \\ u_{ds}^e \\ u_{0s}^e \end{bmatrix} = \frac{2}{3}\begin{bmatrix} \cos\theta_e & \cos\left(\theta_e - \frac{2}{3}\pi\right) & \cos\left(\theta_e + \frac{2}{3}\pi\right) \\ \sin\theta_e & \sin\left(\theta_e - \frac{2}{3}\pi\right) & \sin\left(\theta_e + \frac{2}{3}\pi\right) \\ \frac{1}{2} & \frac{1}{2} & \frac{1}{2} \end{bmatrix}\begin{bmatrix} u_{as} \\ u_{bs} \\ u_{cs} \end{bmatrix}$$

得到

$$u_{qs}^e(t) = \frac{2}{3}\left[u_{as}\cos\theta_e + u_{bs}\cos\left(\theta_e - \frac{2}{3}\pi\right) + u_{cs}\cos\left(\theta_e + \frac{2}{3}\pi\right)\right],$$

$$u_{ds}^e(t) = \frac{2}{3}\left[u_{as}\sin\theta_e + u_{bs}\sin\left(\theta_e - \frac{2}{3}\pi\right) + u_{cs}\sin\left(\theta_e + \frac{2}{3}\pi\right)\right],$$

$$u_{0s}^e(t) = \frac{1}{3}(u_{as} + u_{bs} + u_{cs}).$$

三相平衡电压设为

$$u_{as}(t) = \sqrt{2}u_M\cos(\omega_f t), \ u_{bs}(t) = \sqrt{2}u_M\cos\left(\omega_f t - \frac{2}{3}\pi\right), \ u_{cs}(t) = \sqrt{2}u_M\cos\left(\omega_f t + \frac{2}{3}\pi\right)$$

假定 q 轴磁链的初始位置角为 0。由 $\theta_e = \omega_f t$，我们得到结论，必须施加如下定子电压的 qd0 分量以保证平衡运行

$$u_{qs}^e(t) = \sqrt{2}u_M, \ u_{ds}^e(t) = 0, \ u_{0s}^e(t) = 0 \tag{5-49}$$

其偏差和对应的三角恒等式如例 5-4 所述。

静止、转子、同步参考坐标系的唯一优点是运动方程的数学简化。如 5.1 节和 5.3 节所述，已有的分析和仿真软件允许直接运用最复杂的电机变量下的感应电机模型。如例 5-5 节所讨论的，从实现的角度看，任意（静止、转子、同步）参考坐标系有很大的缺陷。

例 5-5

同步参考坐标系的实用性：异步电动机向量控制，软件复杂度，性能评价

我们发现，在同步参考坐标系下，定转子交流电压、电流、磁链的 qd0 分量具有直流形式。要控制异步动机，结论是应当控制直流 q 轴电压 $u_{qs}^e(t)$，因为 $u_{ds}^e(t) = 0$，$u_{0s}^e(t) = 0$。这一结果由数学分析得到。尽管偏差在数学上精确，结果的实用性却十分有限。进行变换，我们得到数学上对应于实际电机变量的 qd0 分

量。例如，测量 $i_{as}(t)$，$i_{bs}(t)$，$i_{cs}(t)$，但是并没有测量 i_{qs}^e，i_{ds}^e，i_{0s}^e。最重要的是必须对定子绕组施加交流三相电压 u_{as}、u_{bs}、u_{cs}。我们并不（也不能）对相绕组施加 u_{qs}^e、u_{ds}^e、u_{0s}^e。

你也许觉得，利用静止、转子或同步参考坐标系可以保证数学的简洁和控制的简单。然而，交流电机具有交流量（电压、电流、磁链等）。我们不能直接测量或观察 qd0 轴分量。为了使异步电动机旋转，对相绕组施加交流电压。所以 qd0 电压尽管可以从控制角度看，却并没有施加在相绕组上。如果想在 qd0 坐标系下得出 u_{qd0s}^e 控制异步电机，应当计算（实时）

$$u_{abcs} = K_s^{r-1} u_{qd0s}^e$$

频率 f（影响 ω_e、θ_e、$\theta_e = \omega_f t$）由功率变换器决定，从而控制角速度。这样，你也许可以得到 u_{qd0s}^e，相电压 u_{as}、u_{bs}、u_{cs} 应当用 Park 反变换实时计算：

$$u_{abcs} = K_s^{r-1} u_{qd0s}^e$$

如果设计者决定运用同步（静止和转子一样）参考坐标系，就需要最先进的 DSP。例如，当采用转子参考坐标系时，位置角 θ_r 必须测量（或观测）并使用。相电压 u_{abcs} 必须实时计算，导致需要先进的 DSP，以及复杂的软件硬件解决方案。尽管所谓的感应电动机向量控制可以实施，实际的好处却很有限，因为静止、转子、或同步参考坐标系意味着运用 qd0 量。

在 5.1.4 节中讨论的变压频比控制

$$u_{Mi}/f_i = var, \ u_{Mmin} \leqslant u_M \leqslant u_{Mmax}, \ f_{min} \leqslant f \leqslant f_{max}, \ \omega_{fmin} \leqslant \omega \leqslant \omega_{fmax}$$

保证高转矩，超过（至少不低于）向量控制或其他以 qd0 为中心的控制方法的能力。通过频率控制建立最高的 T_{estart}、$T_{ecritical}$、$f_{min} \leqslant f \leqslant f_{max}$。$T_{estartmax}$ 对应于 f_{min}。这个 f_{min} 由整流器结构、固态装置、驱动集成电路、效率和其他硬件参数决定。所以，机械变量下的异步电机分析和合理的概念的使用是首要的。

5.3 在 MATLAB 环境下的异步电动机仿真与分析

利用得到考虑中的电机微分方程，我们可以在 MATLAB 环境下进行仿真和分析 [9，10]。柯西或非柯西形式的微分方程均可使用。在例 5-2 和例 5-3 中，仿真分析了两相异步电动机。5.1.6 节得出了电机变量下的三相异步电动机的微分方程，5.2 节介绍了使用任意参考坐标系可以简化建模任务。不过，当使用以 qd0 为中心的概念时，例 5-5 强调了实用性、经济性、性能、能力、硬件复杂度和其他问题。从工程实用和基础的角度，电机变量下的电机分析和控制是首要的。运用先进的软件，电机变量下运动装置的非线性多样化仿真和数据密集型分析是一个合理而直接的任务。下面我们进行并描述三相异步电动机的仿真和分析。

例 5-6

三相异步电动的 Simulink 仿真

可以用 Simulink 对以非柯西形式建模的三相异步电动机进行仿真。利用式（5-28）的电路 – 电磁方程和式（5-31）的扭转机械运动方程，我们有

$$u_{as} = r_s i_{as} + (L_{ls} + L_{ms})\frac{di_{as}}{dt} - \frac{1}{2}L_{ms}\frac{di_{bs}}{dt} - \frac{1}{2}L_{ms}\frac{di_{cs}}{dt} + L_{ms}\frac{d(i'_{ar}\cos\theta_r)}{dt}$$
$$+ L_{ms}\frac{d\left[i'_{br}\cos\left(\theta_r + \frac{2}{3}\pi\right)\right]}{dt} + L_{ms}\frac{d\left[i'_{cr}\cos\left(\theta_r - \frac{2}{3}\pi\right)\right]}{dt},$$

$$u_{bs} = r_s i_{bs} - \frac{1}{2}L_{ms}\frac{di_{as}}{dt} + (L_{ls} + L_{ms})\frac{di_{bs}}{dt} - \frac{1}{2}L_{ms}\frac{di_{cs}}{dt} + L_{ms}\frac{d\left[i'_{ar}\cos\left(\theta_r - \frac{2}{3}\pi\right)\right]}{dt}$$
$$+ L_{ms}\frac{d(i'_{br}\cos\theta_r)}{dt} + L_{ms}\frac{d\left[i'_{cr}\cos\left(\theta_r + \frac{2}{3}\pi\right)\right]}{dt},$$

$$u_{cs} = r_s i_{cs} - \frac{1}{2}L_{ms}\frac{di_{as}}{dt} - \frac{1}{2}L_{ms}\frac{di_{bs}}{dt} + (L_{ls} + L_{ms})\frac{di_{cs}}{dt} + L_{ms}\frac{d\left[i'_{ar}\cos\left(\theta_r + \frac{2}{3}\pi\right)\right]}{dt}$$
$$+ L_{ms}\frac{d\left[i'_{br}\cos\left(\theta_r - \frac{2}{3}\pi\right)\right]}{dt} + L_{ms}\frac{d(i'_{cr}\cos\theta_r)}{dt},$$

$$u'_{ar} = r'_r i'_{ar} + L_{ms}\frac{d(i_{as}\cos\theta_r)}{dt} + L_{ms}\frac{d\left[i_{bs}\cos\left(\theta_r - \frac{2}{3}\pi\right)\right]}{dt} + L_{ms}\frac{d\left[i_{cs}\cos\left(\theta_r + \frac{2}{3}\pi\right)\right]}{dt}$$
$$+ (L'_{lr} + L_{ms})\frac{di'_{ar}}{dt} - \frac{1}{2}L_{ms}\frac{di'_{br}}{dt} - \frac{1}{2}L_{ms}\frac{di'_{cr}}{dt},$$

$$u'_{br} = r'_r i'_{br} + L_{ms}\frac{d\left[i_{as}\cos\left(\theta_r + \frac{2}{3}\pi\right)\right]}{dt} + L_{ms}\frac{d(i_{bs}\cos\theta_r)}{dt} + L_{ms}\frac{d\left[i_{cs}\cos\left(\theta_r - \frac{2}{3}\pi\right)\right]}{dt}$$
$$- \frac{1}{2}L_{ms}\frac{di'_{ar}}{dt} + (L'_{lr} + L_{ms})\frac{di'_{br}}{dt} - \frac{1}{2}L_{ms}\frac{di'_{cr}}{dt},$$

$$u'_{cr} = r'_r i'_{cr} + L_{ms}\frac{d\left[i_{as}\cos\left(\theta_r - \frac{2}{3}\pi\right)\right]}{dt} + L_{ms}\frac{d\left[i_{bs}\cos\left(\theta_r + \frac{2}{3}\pi\right)\right]}{dt} + L_{ms}\frac{d(i_{cs}\cos\theta_r)}{dt}$$
$$- \frac{1}{2}L_{ms}\frac{di'_{ar}}{dt} - \frac{1}{2}L_{ms}\frac{di'_{br}}{dt} + (L'_{lr} + L_{ms})\frac{di'_{cr}}{dt},$$

$$\frac{d\omega_r}{dt} = -\frac{p^2}{4J}L_{ms}\left\{\left[i_{as}\left(i'_{ar} - \frac{1}{2}i'_{br} - \frac{1}{2}i'_{cr}\right) + i_{bs}\left(i'_{br} - \frac{1}{2}i'_{ar} - \frac{1}{2}i'_{cr}\right)\right.\right.$$
$$+ i_{cs}\left(i'_{cr} - \frac{1}{2}i'_{br} - \frac{1}{2}i'_{ar}\right)\bigg]\sin\theta_r$$
$$+ \frac{\sqrt{3}}{2}\left[i_{as}(i'_{br} - i'_{cr}) + i_{bs}(i'_{cr} - i'_{ar}) + i_{cs}(i'_{ar} - i'_{br})\right]\cos\theta_r\bigg\} - \frac{B_m}{J}\omega_r - \frac{p}{2J}T_L,$$

$$\frac{\mathrm{d}\theta_\mathrm{r}}{\mathrm{d}t} = \omega_\mathrm{r}.$$

微分方程改写为

$$\frac{\mathrm{d}i_\mathrm{as}}{\mathrm{d}t} = \frac{1}{L_\mathrm{ls}+L_\mathrm{ms}}\left\{ -r_\mathrm{s}i_\mathrm{as} + \frac{1}{2}L_\mathrm{ms}\frac{\mathrm{d}i_\mathrm{bs}}{\mathrm{d}t} + \frac{1}{2}L_\mathrm{ms}\frac{\mathrm{d}i_\mathrm{cs}}{\mathrm{d}t} - L_\mathrm{ms}\frac{\mathrm{d}(i'_\mathrm{ar}\cos\theta_\mathrm{r})}{\mathrm{d}t} \right.$$
$$\left. -L_\mathrm{ms}\frac{\mathrm{d}\left[i'_\mathrm{br}\cos\left(\theta_\mathrm{r}+\frac{2}{3}\pi\right)\right]}{\mathrm{d}t} - L_\mathrm{ms}\frac{\mathrm{d}\left[i'_\mathrm{cr}\cos\left(\theta_\mathrm{r}-\frac{2}{3}\pi\right)\right]}{\mathrm{d}t} + u_\mathrm{as} \right\},$$

$$\frac{\mathrm{d}i_\mathrm{bs}}{\mathrm{d}t} = \frac{1}{L_\mathrm{ls}+L_\mathrm{ms}}\left\{ -r_\mathrm{s}i_\mathrm{bs} + \frac{1}{2}L_\mathrm{ms}\frac{\mathrm{d}i_\mathrm{as}}{\mathrm{d}t} + \frac{1}{2}L_\mathrm{ms}\frac{\mathrm{d}i_\mathrm{cs}}{\mathrm{d}t} - L_\mathrm{ms}\frac{\mathrm{d}\left[i'_\mathrm{ar}\cos\left(\theta_\mathrm{r}-\frac{2}{3}\pi\right)\right]}{\mathrm{d}t} \right.$$
$$\left. -L_\mathrm{ms}\frac{\mathrm{d}(i'_\mathrm{br}\cos\theta_\mathrm{r})}{\mathrm{d}t} - L_\mathrm{ms}\frac{\mathrm{d}\left[i'_\mathrm{cr}\cos\left(\theta_\mathrm{r}+\frac{2}{3}\pi\right)\right]}{\mathrm{d}t} + u_\mathrm{bs} \right\},$$

$$\frac{\mathrm{d}i_\mathrm{cs}}{\mathrm{d}t} = \frac{1}{L_\mathrm{ls}+L_\mathrm{ms}}\left\{ -r_\mathrm{s}i_\mathrm{cs} + \frac{1}{2}L_\mathrm{ms}\frac{\mathrm{d}i_\mathrm{as}}{\mathrm{d}t} + \frac{1}{2}L_\mathrm{ms}\frac{\mathrm{d}i_\mathrm{bs}}{\mathrm{d}t} - L_\mathrm{ms}\frac{\mathrm{d}\left[i'_\mathrm{ar}\cos\left(\theta_\mathrm{r}+\frac{2}{3}\pi\right)\right]}{\mathrm{d}t} \right.$$
$$\left. -L_\mathrm{ms}\frac{\mathrm{d}\left[i'_\mathrm{br}\cos\left(\theta_\mathrm{r}-\frac{2}{3}\pi\right)\right]}{\mathrm{d}t} - L_\mathrm{ms}\frac{\mathrm{d}(i'_\mathrm{cr}\cos\theta_\mathrm{r})}{\mathrm{d}t} + u_\mathrm{cs} \right\}$$

$$\frac{\mathrm{d}i'_\mathrm{ar}}{\mathrm{d}t} = \frac{1}{L_\mathrm{ls}+L_\mathrm{ms}}\left\{ -r'_\mathrm{r}i'_\mathrm{ar} - L_\mathrm{ms}\frac{\mathrm{d}(i_\mathrm{as}\cos\theta_\mathrm{r})}{\mathrm{d}t} - L_\mathrm{ms}\frac{\mathrm{d}\left[i_\mathrm{bs}\cos\left(\theta_\mathrm{r}-\frac{2}{3}\pi\right)\right]}{\mathrm{d}t} \right.$$
$$\left. -L_\mathrm{ms}\frac{\mathrm{d}\left[i_\mathrm{cs}\cos\left(\theta_\mathrm{r}+\frac{2}{3}\pi\right)\right]}{\mathrm{d}t} + \frac{1}{2}L_\mathrm{ms}\frac{\mathrm{d}i'_\mathrm{br}}{\mathrm{d}t} + \frac{1}{2}L_\mathrm{ms}\frac{\mathrm{d}i'_\mathrm{cr}}{\mathrm{d}t} + u'_\mathrm{ar} \right\},$$

$$\frac{\mathrm{d}i'_\mathrm{br}}{\mathrm{d}t} = \frac{1}{L_\mathrm{rr}+L_\mathrm{ms}}\left[-r'_\mathrm{r}i'_\mathrm{br} - L_\mathrm{ms}\frac{\mathrm{d}\left(i_\mathrm{as}\cos\left(\theta_\mathrm{r}+\frac{2}{3}\pi\right)\right)}{\mathrm{d}t} - L_\mathrm{ms}\frac{\mathrm{d}(i_\mathrm{bs}\cos\theta_\mathrm{r})}{\mathrm{d}t} \right.$$
$$\left. -L_\mathrm{ms}\frac{\mathrm{d}\left(i_\mathrm{cs}\cos\left(\theta_\mathrm{r}-\frac{2}{3}\pi\right)\right)}{\mathrm{d}t} + \frac{1}{2}L_\mathrm{ms}\frac{\mathrm{d}i'_\mathrm{ar}}{\mathrm{d}t} + \frac{1}{2}L_\mathrm{ms}\frac{\mathrm{d}i'_\mathrm{cr}}{\mathrm{d}t} + u'_\mathrm{br} \right],$$

$$\frac{\mathrm{d}i'_\mathrm{cr}}{\mathrm{d}t} = \frac{1}{L'_\mathrm{lr}+L_\mathrm{ms}}\left[-r'_\mathrm{r}i'_\mathrm{cr} - L_\mathrm{ms}\frac{\mathrm{d}\left(i_\mathrm{as}\cos\left(\theta_\mathrm{r}-\frac{2}{3}\pi\right)\right)}{\mathrm{d}t} - L_\mathrm{ms}\frac{\mathrm{d}\left(i_\mathrm{bs}\cos\left(\theta_\mathrm{r}+\frac{2}{3}\pi\right)\right)}{\mathrm{d}t} \right.$$
$$\left. -L_\mathrm{ms}\frac{\mathrm{d}(i_\mathrm{cs}\cos\theta_\mathrm{r})}{\mathrm{d}t} + \frac{1}{2}L_\mathrm{ms}\frac{\mathrm{d}i'_\mathrm{ar}}{\mathrm{d}t} + \frac{1}{2}L_\mathrm{ms}\frac{\mathrm{d}i'_\mathrm{br}}{\mathrm{d}t} + u'_\mathrm{cr} \right],$$

$$\frac{\mathrm{d}\omega_\mathrm{r}}{\mathrm{d}t} = -\frac{P^2}{4J}L_\mathrm{ms}\left\{ \left[i_\mathrm{as}\left(i'_\mathrm{ar}-\frac{1}{2}i'_\mathrm{br}-\frac{1}{2}i'_\mathrm{cr}\right) + i_\mathrm{bs}\left(i'_\mathrm{br}-\frac{1}{2}i'_\mathrm{ar}-\frac{1}{2}i'_\mathrm{cr}\right) \right.\right.$$
$$\left.\left. + i_\mathrm{cs}\left(i'_\mathrm{cr}-\frac{1}{2}i'_\mathrm{br}-\frac{1}{2}i'_\mathrm{ar}\right) \right]\sin\theta_\mathrm{r} + \frac{\sqrt{3}}{2}\left[i_\mathrm{as}(i'_\mathrm{br}-i'_\mathrm{cr}) + i_\mathrm{bs}(i'_\mathrm{cr}-i'_\mathrm{ar}) \right.\right.$$

$$+ i_{cs}(i'_{ar} - i'_{br})\big]\cos\theta_r\bigg\} - \frac{B_m}{J}\omega_r - \frac{p}{2J}T_L, \quad \frac{d\theta_r}{dt} = \omega_r. \tag{5-50}$$

建立 Simulink 框图如图 5-15 所示。代表式（5-50）中第一个微分方程的子系统

$$\frac{di_{as}}{dt} = \frac{1}{L_{ls} + L_{ms}}\bigg[-r_s i_{as} + \frac{1}{2}L_{ms}\frac{di_{bs}}{dt} + \frac{1}{2}L_{ms}\frac{di_{cs}}{dt} - L_{ms}\frac{d(i'_{ar}\cos\theta_r)}{dt}$$

$$- L_{ms}\frac{d\left(i'_{br}\cos\left(\theta_r + \frac{2}{3}\pi\right)\right)}{dt} - L_{ms}\frac{d\left(i'_{cr}\cos\left(\theta_r - \frac{2}{3}\pi\right)\right)}{dt} + u_{as}\bigg]$$

其结果为

$$\frac{di_{as}}{dt} = \frac{1}{L_{ls} + L_{ms}}\bigg\{ -r_s i_{as} + \frac{1}{2}L_{ms}\frac{di_{bs}}{dt} + \frac{1}{2}L_{ms}\frac{di_{cs}}{dt} - L_{ms}\cos\theta_r \frac{di'_{ar}}{dt}$$

$$- L_{ms}\cos\left(\theta_r + \frac{2}{3}\pi\right)\frac{di'_{br}}{dt} - L_{ms}\cos\left(\theta_r - \frac{2}{3}\pi\right)\frac{di'_{cr}}{dt}$$

$$+ L_{ms}\bigg[i'_{ar}\sin\theta_r + i'_{br}\sin\left(\theta_r + \frac{2}{3}\pi\right) + i'_{cr}\sin\left(\theta_r - \frac{2}{3}\pi\right)\bigg]\omega_r + u_{as}\bigg\},$$

也在图 5-15 中显示。在建立的 Simulink 框图中，使用了 Simulink Library Browser 中的不同模块，包括 XY Graph，用 $\omega_r(t)$、$T_e(t)$ 的变化，画出转矩 – 速度特性。

我们对一台 220V、60Hz 的 2 极异步电动机进行数值仿真。其参数为 $r_s = 0.8\Omega$，$r_r = 1\Omega$，$L_{ms} = 0.1\text{H}$，$L_{ls} = 0.01\text{H}$，$L_{lr} = 0.01\text{H}$，$B_m = 4\times10^{-4}\text{N·m·s/rad}$，$J = 0.002\text{kg·m}^2$。这些参数在命令窗口上载如下：

$$U_m = 220、P = 2、R_s = 0.8、R_r = 1、L_{ms} = 0.1、L_{ls} = 0.01、$$
$$L_{lr} = 0.01、B_m = 0.004、J = 0.002$$

三相平衡电压设为

$$u_{as}(t) = \sqrt{2}u_M\cos(\omega_f t),\ u_{bs}(t) = \sqrt{2}u_M\cos\left(\omega_f t - \frac{2}{3}\pi\right),\ u_{cs}(t) = \sqrt{2}u_M\cos\left(\omega_f t + \frac{2}{3}\pi\right)$$

$$u_M = 220\text{V}.$$

施加电压的频率为 60Hz。所以，$\omega_e = 4\pi f/P = 377\text{rad/s}$。如果 $T_L = 0$，忽略摩擦转矩，角速度的稳态值应当接近 ω_e。所以，空载下稳态时，$\omega_r = \omega_e$。

利用图 5-15 所示，建立的 Simulink 模型，可以进行非线性仿真。定转子电流 $i_{as}(t)$、$i_{bs}(t)$、$i_{cs}(t)$、$i'_{ar}(t)$、$i'_{br}(t)$、$i'_{cr}(t)$ 以及角速度 $\omega_r(t)$ 的瞬态特性可以在显示器中观察。图 5-16 显示了角速度的瞬态特性。为了用保存的显示器数据，绘制 $\omega_r(t)$，可以用以下命令

plot(wr(: ,1) ,wr(: ,2));xlabel(Time [seconds] ,' FontSize ',14) ;

ylabel('\omega_r ',' FontSize ',14) ;

title(" Angular Velocity Dynamics ,\omega_r [rad/sec]',' FontSize ',14) ;

动态转矩 – 速度特性 $\omega_r(t) = \Omega_T[T_e(t)]$ 可以由 $\omega_r(t)$，$T_e(t)$ 变化得到。图

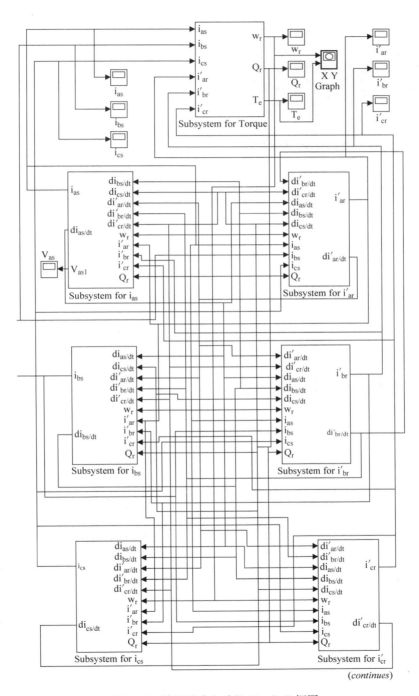

(*continues*)

图 5-15 笼型异步电动机 SimulinR 框图

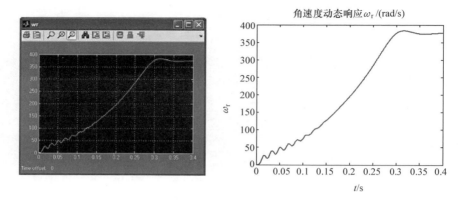

图 5-16 角速度变化的暂态特性

5-17显示了从 XY Graph 中得到的 $\omega_r(t) = \Omega_T[T_e(t)]$。该结果也可以用以下命令绘制

```
plot(wr(:,2),Te(:,2));
xlabel('Angular velocity,\omega_r [rad/sec]',Fontsize',14);
ylabel('Electromagnetic Torque,Te [N-m] ','Fontsize',14);
title(Torque-Speed characteristic ','FontSize',14);
```

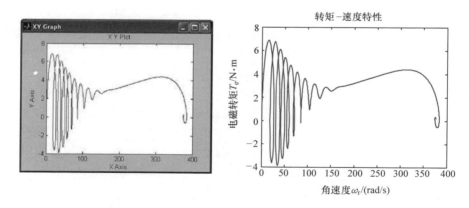

图 5-17 转速-转矩动态特性曲线 $\omega_r(t) = \Omega_T[T_e(t)]$

在 0.4s 施加负载 $T_L = 4N \cdot m$（电动机空载，以 377rad/s 旋转），$\omega_r(t)$ 的变化和转矩-速度特性 $\omega_r(t) = \Omega_T[T_e(t)]$，如图 5-18 所示。可以观察到，施加 T_L 后，角速度下降。图 5-4b 也显示了，如果施加 T_L，转子旋转的稳态角速度 ω_r 下降。$\omega_r(t) = \Omega_T[T_e(t)]$ 图中的极限角速度为 315rad/s。如果施加 4.5N·m 或更高的负载，$T_{emax} < T_L$，电动机将减速至静止。电动机静止（$\omega_r = 0$rad/s）情况下，如果施加的 $T_L > 1.5N \cdot m$，异步电动机将无法起动。相应地，可以利用压频比或频率控

制在高负载（$T_L = 4.5 \mathrm{N \cdot m}$）下起动电动机，以及使电动机在希望的角速度下运行。

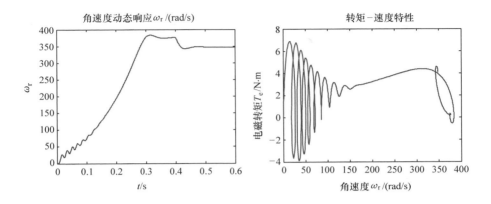

图 5-18　角速度 $\omega_r(t)$ 和过渡过程 $\omega_r(t) = T_e(t)$ 暂态过程

例 5-7　三相笼型异步电动机的仿真

考虑一台 220V、60Hz 的 2 极感应电动机。参数为 $r_s = 0.3\Omega$，$r_r' = 0.2\Omega$，$L_{ms} = 0.035 \mathrm{H}$，$L_{ls} = 0.003 \mathrm{H}$，$L_{lr}' = 0.003 \mathrm{H}$，$J = 0.02 \mathrm{kg \cdot m^2}$，$B_m = 1 \times 10^{-3} \mathrm{N \cdot m \cdot s/rad}$。

三相平衡电压为

$$u_{as}(t) = \sqrt{2}\, u_M \cos(\omega_f t), \quad u_{bs}(t) = \sqrt{2}\, u_M \cos\left(\omega_f t - \frac{2}{3}\pi\right), \quad u_{cs}(t) = \sqrt{2}\, u_M \cos\left(\omega_f t + \frac{2}{3}\pi\right)$$

$u_M = 220 \mathrm{V}$.

施加电压的频率为 60Hz。所以，$\omega_e = 4\pi f/P = 377 \mathrm{rad/s}$。如果 $T_L = 0$，忽略摩擦转矩，角速度的稳态值应当接近 ω_e。所以，空载下稳态时，$\omega_r = \omega_e$。我们在 0.7s 施加负载转矩 40N·m。

仿真用式（5-29）和式（5-31）给出的柯西形式的微分方程进行。创建了两个 MATLAB 文件。特别地，第一个 MATLAB 文件是

```
% Simulation of Three – phase Induction Motors in Machine variables
function yprime = motor(t,y);
global mag freq P J Rs Rr L Lms Bm TL0
% The Load Torque is Applied at 0.5 s
if t(1,:) < 0.7
TL = 0;
else TL = TL0;
end
% Squirrel – Cage Induction Motor: Rotor Windings are shorted
```

UAR = 0;UBR = 0;UCR = 0;

% Balanced Voltage Set

UAS = sqrt(2) * mag * cos(freq * 2 * pi * t);

UBS = sqrt(2) * mag * cos(freq * 2 * pi * t - 2 * pi/3);

UCS = sqrt(2) * mag * cos(freq * 2 * pi * t + 2 * pi/3);

theta = y(8,:);

A = cog(theta) ;B = cos(theta + 2 * pi/3) ;C = cos(theta - 2 * pi/3);

sl = sin(theta) ;S2 = sin(theta + 2 * pi/3) ;S3 = sin(theta - 2 * pi/3);

TAS = y(1,:); IBS = y(2,:) ; ICS = y(3,:) ;

TAR = y(4,:) ;IBR = Y(5,:); ICR = y(6,:) ;

W = y(7,:);

TE = - 0.5 * p * LmS. * ((IAS. * IAR + IBS. * IBR + ICS. * ICR). * S1 + ···(TAS. · IBR + IBS. * ICR + ICS. IAR). * S2 + ···

(IAS. * ICR + IBS. * IAR + ICS. * IBR). * S3);

LS1 = 1/(L * (L + 3 * Lms));

% Differential Equations

Yprime = [LS1 * (- Rs * IAS * (2 * ··· LmS + L) - 0.5 · Rs * Lms * (IBS + ICS) + Rr * Lms(A * IAR + B * TBR + C * ICR) + ···

1.299 * (Lms^2) * W * (IBS - ICS) + (L * LmS + 1.5 * Ims^2) * W * (S1 * IAR + S2 * IBR * S3 * ICR) + ···

(2 * Lms + L) * UAS + 0.5 * Lms * (UBS + UCS) - Lms * (A * UAR + B * UBR + C * UCR));···

LS1 * (- RS * IBS * (2 * Lms + L) - 0.5 * Rs * Lms * (IAS + ICS) + Rr * LmS * (C * IAR + A * IBR + B * ICR) +...

1.299 * (Lms^2 * W * (ICS - IAS) + (L * Lms + 1.5 * Ims^2) * W * (S3 * IAR + S1 * IBR + S2 * ICR) + ···

(2 * Lms + L * UBS + 0.5 * Lms * (UAS + UCS) - Lms * (C * UAR + A * UBR + B * UCR));···

LS1 * (- Rs * ICS * (2 * Lms + L) - 0.5 * Rs * Lms * (IAS + IBS) + Rr * Lms * (B * IAR + C * IBR + A * ICR) +...

1.299 * (Lms^2) * W * (IAS - IBS) + (L * Lms + 1.5 * Lms^2) * W * (S2 * IAR + S3 * IBR + S1 * ICR) +..

(2 * Lms + L) * UCS + 0.5 * Lms * (UAS + UBS) - Lms * (B * UAR + C * UBR + A * UCR));···

LS1 * (- Rr * IAR * (2 * Lms + L) - 0.5 * Rr * Lms * (ICR + IBR) + RS * Lms * (A * IAS + C * IBS + B * ICS)...

+ 1.299 * (Lms^2) * W * (ICR - IBR) + (L * Lms + 1.5 * Lms^2) * W * (S1 * IAS + S3 * IBS + S2 * ICS).. ···

+ (2 * Lms + L) * UAR + 0.5 * Lms * (UBR + UCR) - Lms * (A * UAS + C * UBS + B * UCS));...

LS1 * (− Rr * ICR * (2 * LmS + L) − 0. 5 * Rr * Lms * (IAR + ICR) + Rs * Lms * (B * IAS + A * TBS + C * ICS)...

1299 * (Lms^2) * W * (IAR − ICR) + (L * Lms + 1. 5 * Lms^2) * W * (S2 * IAS + S1 * IBS + S3 * ICS) +...

(2 * Lms + L) * UBR + 0. 5 * Lms * (UAR + UCR) − Lms * (B * UAS + A * UBS + C * UCS)) ;···

LS1 * (− Rr * ICR * (2 * Lms + L) − 0. 5 * Rr * Lms * (IAR + IBR) + Rs * Lms * (C * IAS + B * IBS + A * ICS) +···

1. 299 * (Lms^2) * W * (IBR − IAR) + (L * LmS + 1. 5 * Lms^2) * W * (S3 * IAS + S2 * IBS + S1 * ICS) +···

(2 * Lms + L) * UCR + 0. 5 * Lms * (UBR + UAR) − Lms * (C * UAS + B * UBS + A * UCS)) ;···

(P/(2 * J) * (TE − TL)) − Bm * W/J ;···

第二个 MATLAB 文件是

```
% Simulation of Three - phase Induction Motors in Machine Variables
echo on;clc;clear all;
global mag freq P J Rs Rr L Lms Bm TL0
% * * * * * * * * * * Motor Parameters * * * * * * * * * * * * * * * * * * * * * * *
p = 2 ;% Number of Poles
Rs = 0. 3 ; % Stator Winding Resistance
Rr = 0. 2 ; % Rotor winding Resistance
Lms = 0. 035 ;% Mutual Stator - Rotor Inductance
L = 0. 003 ;% Leakage Inductance
Bm = 0. 001 ;% Viscous Friction Coefficient
J = 0. 02 ;% Moment of Inertia
TL0 = 40 ; % Load Torque Applied
Time = 1 ;% Final Time for Simulations
mag = 220 ;% Applied Voltage Magnitude to the abc Wingdings
freg = 60 ; % Frequency of the Applied voltage
% * * * * * * * * * * * * * * * * * * * * * * * * * * * * * * * * * * * * * * * * *
tspan = [ 0 time ] ;
y0 = [ 0 0 0 0 0 0 0 0 ] ; % initiaI conditions
optionS = odeset( ' RelTol ',1e - 4 ,' AbeTol ',[ le - 4 1e - 4 1e - 4 1e - 4 1e - 4 1e - 4 1e - 4 1e - 4 ]);
[ t,y ] = ode45(' ch5 _03 ',tspan,y0,options) ;
UAS = sqrt( 2 ) * mag * cos( freq * 2 * pi * t ) ;
UBS = sqrt( 2 ) * mag * cos( freq * 2 * pi * t - 2 * pi/3 )
UCS = sqrt( 2 ) * mag * cos( freq * 2 * pi * t + 2 * pi/3 ) ;
theta = y( : ,8 ) ;
```

```
Sl = sin( theta) ; S2 = sin( theta + 2 * pi/3 ) ; S3 = sin( theta - 2 * pi/3) ;
IAS = y( : ,1) ; IBS = y( : ,2) ; ICS = y( : ,3) ;
IAR = y( : ,4) ; IBR = y( : ,5) ; ICR = y( : ,6) ;
W = y( : ,7) ;
TE = - 0. 5 * p * Lms. * ( S1. * ( IAR. * IAS + ICS. * TCR + IBR. * IBS) + S2. * ( ICS. * IAR
+ IBR. * IAS + IBS. * ICR) + ⋯
S3. * ( IAR. * IBS + ICS. * IBR + ICR. * IAS) ) ;
% * * * * * * * * * * * Plots * * * * * * * * * * * * * * * * * * * * * * * * * * *
plot( t, UAS, t, UBS, t, UCS) ;
title( "Stator Phase Voltages Applied, u_a_s, u_b_s and u_c_s [ V ',' Fontsize ',14] ;
axis( [0 0. 1 - sqrt(2) * 225 sqrt(2) * 225] ) ;
xlabel(' Time [seconds], FontSize ',14) ; ylabel(' u_a _s, u _b_s, u_c_s ',' FontSize ',14) ;
qrid; pause;
plot( t, y( : ,1) ) ;
title(' Stator Current, i_a_s [ A]', FontSize ',14) ;
xlabel(' Time [seconds] ',' FontSize ',14) ; ylabel( i_a_s ',' FontSize ',14) ;
grid; pause;
plot( t, y( : ,2) ) ;
title(' Stator current, i_b_s [ A]', Fontsize ',14) ;
xlabel( "Time [seconds]',' FontSize ',14) ; ylabel(' i_b_s ',' FontSize ',14) ;
grid; pause;
plot( t, y( : ,3) ) ;
title(' Stator Current, i_c_s [ A]',' FontSize ',14) ;
xlabel(' Time [seconds] ', ' Fontsize ',14) ; ylabel(' i_c_s ', ' FontSize ',14) ;
grid; pause;
plot( t, y( : ,4) ) ;
title(' Rotor Current, i_a_r [ A]',' FontSize ',14) ;
xlabel(' Time [seconds] ',' FontSize ',14) ; ylabel(' i_a_r ',' FontSize ',14) ;
grid; pause;
plot( t, y( : ,5) ) ;
title(' Rotor Current, i_b_r [ A] ', ' FontSize ',14) ;
xlabel(' Time [seconds]',' Fontsize ',14) ; ylabel( i_b_r ', Fontsize ',14) ;
grid; pause;
plot( t, y( : ,6) ) ;
title(' Rotor Current, i_c_r [ A] ', ' FontSize ',14) ;
xlabel(' Time [seconds]',' Fontsize ',14) ; ylabel( i_c_r ', Fontsize ',14) ;
grid; pause;
plot( t, y( : ,7) ) ;
title(' Angular Velocity, \omega_r [ rad/sec]', ' Fontsize ',14) ;
xlabel(' Time [seconds] ', ' Fontsize ',14) ; ylabel('\omega_r ', ' Fontsize ',14) ;
```

grid；pause；

Te（:,1）=（−p∗M/2）∗（（y（:,1）.∗（y（:,4）−0.5∗y（:,5）−0.5∗y（:,6））+y（:,2）.

∗（y（:,5）−0.5∗y（:,4）...

−0.5∗y（:,6））+y（:,3）.∗（y（:,6）−0,5∗y（:,5）−...

0.5∗y（:,4）））.∗sin（y（:,8））+0.865∗（y（:,1）.∗（y（:,5）−y（:,6））+y（:,2）.∗（y

（:,6）−...

y（:,4））+y（:,3）.∗（y（:,5）−y（:,4）））.∗cos（y（:,8）））；

plot（t,TE）；

title（' Electromagnetic Torque,Te[N − m] ',' FontSize ',14）；

xlabe1（' Time [seconds]',' Fontsize ',14）；ylabel（' T_e [N − m] ',' FontSize,14）；

grid；pause；

plot（w,TE）；title（' Torque − Speed Characteristic ',' FontSize ',14）；

xlabel（' Angular velocity, \omega_r [rad/sec] ', ' FontSize ',14）；

ylabel（' Electromagnetic Torque, T_e [N − m] ', ' Fontsize ',14）；

　　用 ode45 微分方程求解器，我们数值求解了式（5-29）和式（5-31）中以电机变量描述感应电动机特性的 8 给微分方程。

　　定转子电流 $i_{as}(t)$、$i_{bs}(t)$、$i_{cs}(t)$、$i'_{ar}(t)$、$i'_{br}(t)$、$i'_{cr}(t)$ 以及角速度 $\omega_r(t)$ 的瞬态特性应用第二个文件里的命令绘制。图 5-19 显示了施加的相电压、相电流特性、角速度变化、电磁转矩 $T_e(t)$ 的变化，以及转矩速度特性。可以很容易地观察当 0.7s 施加 $T_L = 40N \cdot m$ 后的变化。感应电动机的特性、性能和能力的分析可以直接进行。特别地，稳定时间、加速度、损耗和其他性能特性可以很快得到。

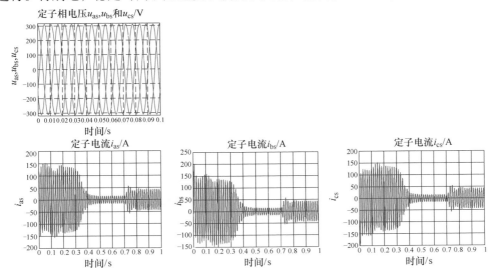

图 5-19　瞬态的相电流，角速度 $\omega_r(t)$，$T_e(t)$ 的变化和动态转矩 −

速度特性 $\omega_r(t) = \Omega[T_e(t)]$

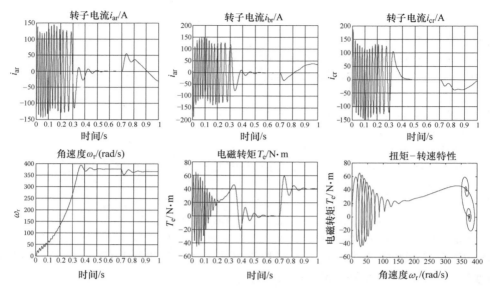

图 5-19   瞬态的相电流，角速度 $\omega_r(t)$，$T_e(t)$ 的变化和动态转矩 –
速度特性 $\omega_r(t) = \Omega[T_e(t)]$（续）

5.4   变流器

笼型异步电动机的角速度是通过使用变流（变频器）器改变施加到定子绕组的相电压的幅度和频率来实现的。变频器的基本部件有整流器、滤波器和逆变器。最简单的整流器是单相半桥整流器和全波整流器。在中高功率的感应电动机的控制中会应用多相整流器。多相整流器包含数个交流源，并且整流电压被累加在输出端。对整流电压进行滤波，以降低整流器输出电压的谐波含量。通过使用无源和有源滤波器可以使得无源和有源谐波降低甚至消除。逆变器被用来控制频率。电压型和电流型馈送逆变器将直流电压和电流进行变换。脉宽调制（PWM）降低总谐波畸变。该 PWM 需要控制电路来驱动高频率开关，然而滤波要求显著降低。变流器为输入电源和所需控制的感应电机之间提供了一个接口。（见图 5-20）

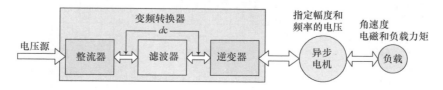

图 5-20   可变频功率转换器和负载异步电动机

变流器产生正弦电压，供给异步电动机的绕组。线电压经过整流和滤波获得直流电压，该电压的大小可被控制。通过 DC – AC 逆变器可得到施加于感应电动机相绕组的正弦交流电压或电流，且频率可控。高性能的电机驱动器的设计和研发与功率半导体设备的可用性直接相关。高频开关功率晶体管应用于小、中和大功率变流器中。可以提供的设计如下：

3000V，1000A 的 IGBT 和二极管集成。~ 200kV 软开关谐振逆变器有 ~ 70kHz 的开关频率。栅极关断晶闸管（GTO）的发展是扩展感应电机驱动系统的额定功率至兆瓦范围的关键。GTO 变流器广泛应用于牵引驱动器（火车、船舶和机车的电动驱动）。栅极关断晶闸管是电流控制装置，需要大的栅极电流来使能开断。因此，需要较大的缓冲器，以确保关断无故障。

有两种基本类型的逆变器。电压源逆变器给异步电动机绕组提供变频相电压。与此相反，电流源逆变器将可变频率相电流馈送到异步电动机绕组。图 5-21 所示的变流器，其中包括不控整流的 PWM 电压源逆变器，受控整流方波电压源逆变器和受控整流电流源逆变器。

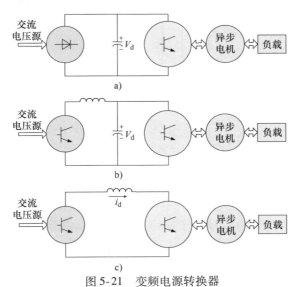

图 5-21 变频电源转换器

a）不控整流的脉宽调制电压源逆变器 b）受控整流方波电压源逆变器 c）受控整流电流源逆变器

典型的 PWM 变流器配置包括三个引脚，每相一个控制施加到电机绕组的相电压幅度和频率。图 5-22 展示了一个代表性原理图。在所希望的频率上，逆变器将直流母线电压转换成多相交流电压，以达到规定的转矩—速度特性、效率、起动功能、加速度等等。开关应力、损耗、高电磁干扰、扩展的运行区和硬开关逆变器的一些其他的缺点，导致软开关技术的出现，如图 5-22b 所示。通过使谐振逆变器实现软开关，允许在开关器件上实现零电压。也就是半导体装置被切换时其两端的电压，或者通过它的电流为零。因此，与图 5-22a 中所示的硬开关逆变器相比较，损耗及电磁干扰小、效率高、开关能力强。

硬开关和软开关变换器的拓扑，如图 5-22 所示。提供给电动机绕组的相电压波形，分别见图 5-23a 和图 5-23b。

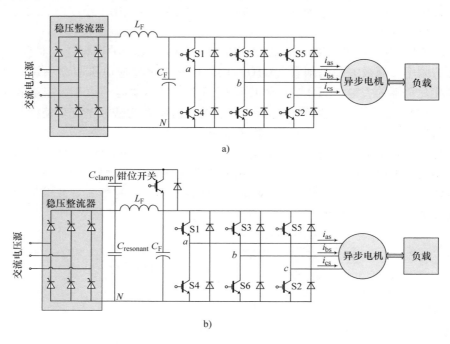

图 5-22

a）具有三相硬开关逆变器的变流器   b）具有三相软开关逆变器的变流器

晶体管和晶闸管是电流控制静态器件。晶体管需要连续的驱动信号，而晶闸管只需要瞬时栅极电流以接通和关断。例如，必须调节基极电流，以保持 BJT 处于导通状态，并且导通和关断时间取决于所需的电荷被供给到基极，从基极移除的速度。通过施加一个初始尖峰电流会使开通速度降低，然后电流减少到所需的幅值。与此相反，通过施加一个负的基极初始电流，可降低关断速度。总体目标是控制电路应该驱动高频晶体管以改变相电压的幅度和频率。下面我们设计一个用于含变流器的异步电动机的闭环系统。

如图 5-22a 所示为含 3 对开关的硬开关逆变器。用 PWM 的方法，一个三角波信号电压与 3 个互成 120°正弦指定频率的控制信号相比较，以得到三相平衡的输出电压。高频开关 S_1 和 S_4、S_3 及 S_6、S_5 和 S_2 彼此的关断和打开刚好相反。即每对开关导通和关断同步。如果 S_1 和 S_4 都在同一时刻闭合，则该电路短路。瞬时电压 U_{an}、U_{bn} 和 U_{cn} 要么等于 V_d，要么是 0。信号电压 U_{ac}、U_{bc} 和 U_{cc} 与三角形波信号 U_t 比较。例如，如果 U_{ac} 大于 U_t，则 S_1 闭合，而 S_4 打开。如果信号电平电压

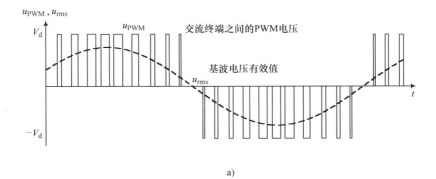

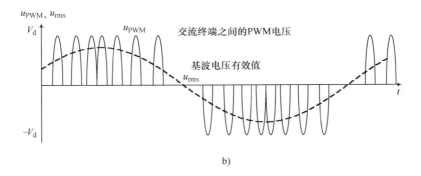

图　5-23

a）硬开关 PWM 逆变器的相电压波形　b）软开关 PWM 逆变器的相电压波形

U_{ac} 小于 U_t，则 S_4 闭合，而 S_1 打开。对于相电压 U_{an} 所得波形如图 5-24b 所示。以此类推，相电压 U_{bn} 和 U_{cn} 通过比较信号电平电压 U_{bc}、U_{cc} 与 U_t 以打开或关闭开关 $S_3 \sim S_6$ 和 $S_5 \sim S_2$。电压 U_{bn} 和 U_{cn} 跟 U_{an} 具有相同的波形，所不同的是 U_{bn} 和 U_{cn} 有 120°和 240°相移，如图 5-24c 和 5-24d 所示。U_{an}、U_{bn} 和 U_{cn} 是相对于该直流母线负极的电压。当考虑线—线电压时，这些直流分量会被抵消，如图 5-24e 所示。线—线电压 U_{ab} 等于 U_{an} 减去电压 U_{bn}。可以通过图 5-23 和图 5-24e 所示的波形，分析电压的瞬时值和有效值。

通常使用的方波电压源逆变器是三相六步逆变器，如图 5-22 所示是三相方波电压源逆变器桥。对三相交流电压整流器整流，一个大的电解电容器 C_f 保持近乎恒定的直流电压，同时提供电流快速变化的路径。电感 L_f 减弱电流尖峰。假设逆变器包括 6 个理想开关。我们认为方波电压逆变器的基本操作为每个开关首先被闭合 180°，然后在剩余 180°打开，如此循环，此外，在 S_1 以后 120° S_3 闭合，在 S_3 之后 120° S_5 闭合，在 S_1 以后 180° S_4 关闭，在 S_3 以后 180° S_6 关闭，并且在 S_5 之后 180° S_2 关闭，如图 5-25 所示。该切换操作的结果是，3 个开关的组合在每隔

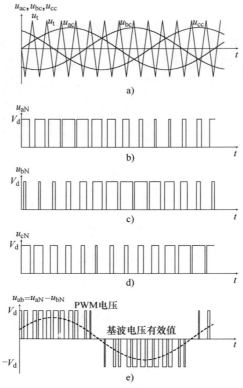

图 5-24 三相硬开关逆变器的电压波形

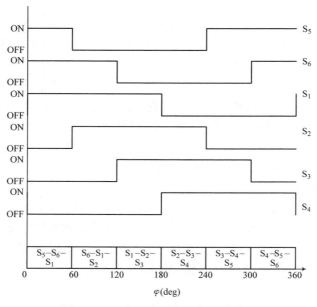

图 5-25 三相六步逆变器的开关模式

60°的持续时间被同时封闭，如图 5-25 所示。即三相六步逆变器，每隔 60°间隔开断一次（T/6 时间间隔）。

考虑到三相六步逆变器和如图 5-22 所示中的电机电路，接下来确定施加到 abc 绕组的电压波形。在从 0°到 60°的时间间隔里，开关 S_5、S_6 和 S_1 闭合，a 相和 c 相并联后串接到 b 相，并通过 S_6 连接到电源。电压波形如图 5-26 所示。特别地

$$u_{aN} = u_{cN} = V_d \text{ 和 } u_{bN} = 0$$

因此

$$u_{ab} = V_d，u_{bc} = -V_d \text{ 和 } u_{ca} = 0$$

因为 a 相和 c 相并联，从电机端看到的视在阻抗（见图 5-26 表示为点 N）减半。因此 as 相和 cs 相的电压降为

$$\frac{2}{3}V_d$$

bs 相的电压降为

$$\frac{1}{3}V_d$$

那么

$$u_{as} = \frac{1}{3}V_d，u_{bs} = \frac{2}{3}V_d \text{ 和 } u_{cs} = \frac{1}{3}V_d$$

因此，电压降为

$$\frac{1}{3}V_d \text{ 或 } \frac{2}{3}V_d$$

根据不同的联结方式（并联或串联）。u_{as}、u_{bs} 和 u_{cs} 的波形如图 5-26 所示。电流源逆变器实现的变流器与电压源逆变器实现的变流器是不同的。特别地电流源逆变器由一个持续的电流源供电，该电流源由一个含大电感 L 的可控整流器产生，该电感用来使电流变得平滑。电流源逆变器的典型原理图如图 5-27 所示。

在任何时候，只有两个晶闸管导通。特别是其中一个晶闸管被连接到直流线路正极，而另一个被连接到直流电路负极。通过逆变器的上端电流被依次切换到三相异步电动机的某一相，然后通过逆变器的下端经由电机另一相返回到直流线路。因为电流是恒定的，所以经过电机的定子绕组会有恒定的电压降，并且经过绕组自感的电压降为零。因此，电动机端子电压不由逆变器决定，而是由通过电动机定子绕组的电阻决定。绕组以正弦分布的形式缠绕在电机上，因而电机端口的电压是正弦的。电流源逆变器电动机的电流波形如图 5-28 所示。

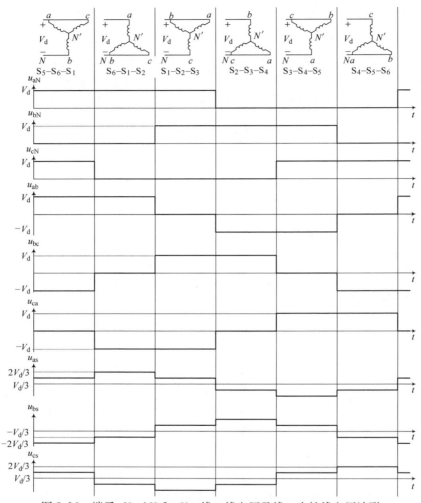

图 5-26 端子 aN、bN 和 cN，线—线电压及线—中性线电压波形

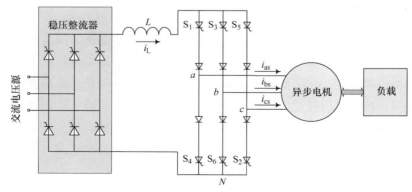

图 5-27 带晶闸管电流源逆变器的变流器

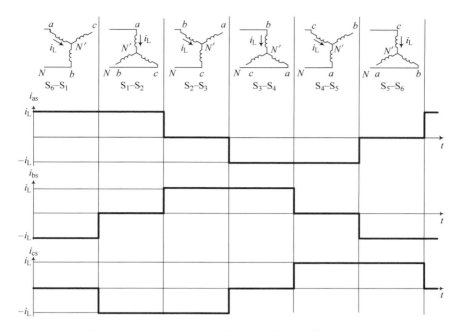

图 5-28 通过电流源逆变器馈送到异步电动机的相电流

习 题

1.

一个四相，60Hz，二极异步电动机。

1）推导 ψ_{ar}，假设该定子—转子互感是按 $\cos^3\theta_r$ 分布。因此，定子—转子互感表达式为 $\cos^3(\theta_r + phase)$。

2）推导 emf_{ar}，由转子绕组感应所得。解释为何所研究的交流电动机被称为异步电动机。

3）异步电动机加速，电机"瞬时"角速度表示为 ω_{rlnst} 如图 5-29 所示。电机运行的最终角速度是多少（写出 ω_r 的大小）。

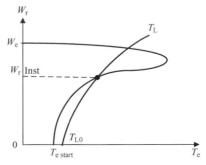

图 5-29 转矩—速度和负载特性

2.

一个 A 级两相，115V（有效值），60Hz，4 极（$P=4$）异步电动机。假设

$$L_{asar} = L_{aras} = L_{ms1}\cos\theta_r + L_{ms3}\cos^5\theta_{r'} \quad L_{asbr} = L_{bras} = -L_{ms1}\sin\theta_r - L_{ms3}\sin^5\theta_{r'}$$

$$L_{bsar} = L_{arbs} = L_{ms1}\sin\theta_r + L_{ms3}\sin^5\theta_{r'} \quad L_{bsbr} = L_{arbs} = L_{ms1}\cos\theta_r + L_{ms3}\cos^5\theta_{r'}$$

电机的参数为 $r_s = 1.2\Omega$，$r'_r = 1.5\Omega$，$L_{ms1} = 0.14H$，$L_{ms2} = 0.004H$，$L_{ls} = 0.02H$，$L_{ss} = L_{ls} + L_{ms1} + 5L_{ms3}$，$L'_{lr} = 0.02H$，$L'_{rr} = L'_{lr} + L_{ms1} + 5L_{ms3}$，$B = 1 \times 10^{-6} N \cdot m \cdot s/rad$，和 $J = 0.005 kg \cdot m^2$。

提供的相电压为

$$u_{as}(t) = \sqrt{2}115\cos(337t)，u_{bs}(t) = \sqrt{2}115\sin(337t)$$

1）在 MATLAB 中计算绘制和比较

$$L_{asar} = L_{ms}\cos\theta_r (L_{ms} = 0.16H)，L_{asar} = L_{ms1}\cos\theta_r + L_{ms3}\cos^5\theta_{r'}$$

2）求解动态的电路电磁方程；

3）求取 emf_{as} 和 emf_{ar}；

4）求取电磁转矩的表达式；

5）使用牛顿第二定律，求取扭转机械力学模型；

6）求取非柯西形式的动态方程；

7）使用 ode45 微分方程求解器来模拟感应电动机动态运行，写出 Simulink mdl 模型或者 MATLAB 文件；

8）绘制瞬态的所有状态变量，特别是：$i_{as}(t)$，$i_{bs}(t)$，$i'_{ar}(t)$，$i'_{br}(t)$，$\omega_r(t)$ 和 $\theta_r(t)$；

9）绘制转子绕组中的动态 $emf_{ar\omega}$ 和 $emf_{br\omega}$；

10）使用模拟结果绘制转矩—转速特性曲线 $\omega_r = \Omega_T(T_e)$；

11）分析异步电动机性能（加速、稳定时间、负载衰减等）。

3.

任意参考系下的两相电机和机电运动装置，使用派克变换，（ab）变量被转换成正交的（dq）变量。如图 5-30 表示了定子和转子的磁轴。正交磁轴角速度为 ω（未指定）$\omega = 0$，$\omega = \omega_{r'}$ 和 $\omega = \omega_{e'}$，包括任意的、静止的、转子的、以及同步参考系。在不同的参考系下，正向或者反向的变换列见表 5-1。

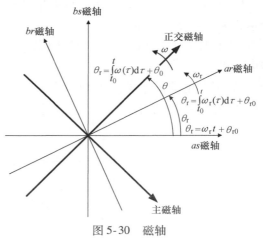

图 5-30　磁轴

表 5-1　电机和 d*q* 变量转换

定子、转子和相对参考系磁轴	变换矩阵	变量转换
任意参考系 ω 未指定	定子变换矩阵 $$K_s = \begin{bmatrix} \cos\theta & \sin\theta \\ \sin\theta & -\cos\theta \end{bmatrix}$$ $$K_s^{-1} = \begin{bmatrix} \cos\theta & \sin\theta \\ \sin\theta & -\cos\theta \end{bmatrix}$$ 转子变换矩阵 $$K_r = \begin{bmatrix} \cos(\theta-\theta_r) & \sin(\theta-\theta_r) \\ \sin(\theta-\theta_r) & -\cos(\theta-\theta_r) \end{bmatrix}$$ $$K_r^{-1} = \begin{bmatrix} \cos(\theta-\theta_r) & \sin(\theta-\theta_r) \\ \sin(\theta-\theta_r) & -\cos(\theta-\theta_r) \end{bmatrix}$$	正变换 $u_{qds} = K_s u_{abs}, i_{qds} = K_s i_{abs}$ $\psi_{qds} = K_s \psi_{abs}$ 反变换 $u_{abs} = K_s^{-1} u_{qds}, i_{abs} = K_s^{-1} i_{qds}$ $\psi_{abs} = K_s^{-1} \psi_{qds}$ 正变换 $u_{qdr} = K_r u_{abr}, i_{qdr} = K_r i_{abr}$ $\psi_{qdr} = K_r \psi_{abr}$ 反变换 $u_{abr} = K_r^{-1} u_{qdr}, i_{abr} = K_r^{-1} i_{qdr}$ $\psi_{abr} = K_r^{-1} \psi_{qdr}$
静止坐标系 $\omega = 0$	静止坐标系变换矩阵 $$K_s^s = \begin{bmatrix} 1 & 0 \\ 0 & -1 \end{bmatrix},$$ $$K_s^{s-1} = \begin{bmatrix} 1 & 0 \\ 0 & -1 \end{bmatrix}$$ 转子坐标系变换矩阵 $$K_r^s = \begin{bmatrix} \cos\theta_r & \sin\theta_r \\ \sin\theta_r & -\cos\theta_r \end{bmatrix},$$ $$K_r^{r-1} = \begin{bmatrix} \cos\theta_r & \sin\theta_r \\ \sin\theta_r & -\cos\theta_r \end{bmatrix}$$	正变换 $u_{qds}^s = K_s^s u_{abs}, i_{qds}^s = K_s^s i_{abs}$ $\psi_{qds}^s = K_s^s \psi_{abs}$ 反变换 $u_{abs} = K_s^{s-1} u_{qds}^s, i_{abs} = K_s^{s-1} i_{qds}^s$ $\psi_{abs} = K_s^{s-1} \psi_{qds}^s$ 正变换 $u_{qdr}^s = K_r^s u_{abr}, i_{dqr}^s = K_r^s i_{abr}$ $\psi_{qdr}^s = K_r^s \psi_{abr}$ 反变换 $u_{abr} = K_r^{s-1} u_{qdr}^s, i_{abr} = K_r^{s-1} i_{qdr}^s$ $\psi_{abr} = K_r^{s-1} \psi_{qdr}^s$
转子参考系 $\omega = \omega_r$	定子变换矩阵 $$K_s^r = \begin{bmatrix} \cos\theta_r & \sin\theta_r \\ \sin\theta_r & -\cos\theta_r \end{bmatrix}$$ $$K_s^{r-1} = \begin{bmatrix} \cos\theta_r & \sin\theta_r \\ \sin\theta_r & -\cos\theta_r \end{bmatrix}$$ 转子变换矩阵 $$K_r^r = \begin{bmatrix} 1 & 0 \\ 0 & -1 \end{bmatrix}$$ $$K_r^{r-1} = \begin{bmatrix} 1 & 0 \\ 0 & -1 \end{bmatrix}$$	正变换 $u_{qds}^{'} = K_s^r u_{abs}, i_{qds}^r = K_s^r i_{abs}$ $\psi_{qds}^r = K_s^r \psi_{abs}$ 反变换 $u_{abs} = K_s^{r-1} u_{qds}^r, i_{abs} = K_s^{r-1} i_{qds}^r$ $\psi_{abs} = K_s^{r-1} \psi_{qds}^r$ 正变换 $u_{qdr}^r = K_r^r u_{abr}, i_{qdr}^r = K_r^r i_{abr}$ $\psi_{qdr}^r = K_r^r \psi_{abr}$ 反变换 $u_{abr} = K_r^{r-1} u_{qdr}^r, i_{abr} = K_r^{r-1} i_{qdr}^r$ $\psi_{abr} = K_r^{r-1} \psi_{qdr}^r$

（续）

定子、转子和相对参考系磁轴	变换矩阵	变量转换
同步参考系 $\omega = \omega_e$	**定子变换矩阵** $K_s^e = \begin{bmatrix} \cos\theta_e & \sin\theta_e \\ \sin\theta_e & -\cos\theta_e \end{bmatrix}$ $K_s^{e-1} = \begin{bmatrix} \cos\theta_e & \sin\theta_e \\ \sin\theta_e & -\cos\theta_e \end{bmatrix}$ **转子变换矩阵** $K_r^e = \begin{bmatrix} \cos(\theta_e-\theta_r) & \sin(\theta_e-\theta_r) \\ \sin(\theta_e-\theta_r) & -\cos(\theta_e-\theta_r) \end{bmatrix}$ $K_r^{e-1} = \begin{bmatrix} \cos(\theta_e-\theta_r) & \sin(\theta_e-\theta_r) \\ \sin(\theta_e-\theta_r) & -\cos(\theta_e-\theta_r) \end{bmatrix}$	**正变换** $u_{qds}^e = K_s^e u_{abs}, i_{qds}^e = K_s^e i_{abs}$ $\psi_{qds}^e = K_s^e \psi_{abs}$ **反变换** $u_{abs} = K_s^{e-1} u_{qds}^e, i_{abs} = K_s^{e-1} i_{qds}^e$ $\psi_{abs} = K_s^{e-1} \psi_{qds}^e$ **正变换** $u_{qdr}^e = K_r^e u_{abr}, i_{qdr}^e = K_r^e i_{abr}$ $\psi_{qdr}^e = K_r^e \psi_{abr}$ **反变换** $u_{abr} = K_r^{e-1} u_{qdr}^e, i_{abr} = K_r^{e-1} i_{qdr}^e$ $\psi_{abr} = K_r^{e-1} \psi_{qdr}^e$

1）如果电压被供给到 as 和 bs 绕组，求取在任意参考系下定子电压的交轴和直轴分量。

$$u_{as}(t) = 100\cos(377t) \qquad u_{bs}(t) = 100\sin(377t)$$

2）在同步和静止参考系求取：

$$u_{qs}^e(t)、u_{ds}^e(t)、u_{qs}^s(t)、u_{ds}^s(t)$$

其中

$$\omega = 377\text{rad/s}, \quad \omega = 0$$

3）证明 $u_{qs}(t)$ 和 $u_{ds}(t)$ 为同步静止参考系的直流或交流电压分量。

参 考 文 献

1. S.J. Chapman, *Electric Machinery Fundamentals*, McGraw-Hill, New York, 1999.
2. A.E. Fitzgerald, C. Kingsley, and S.D. Umans, *Electric Machinery*, McGraw-Hill, New York, 1990.
3. P.C. Krause and O. Wasynczuk, *Electromechanical Motion Devices*, McGraw-Hill, New York, 1989.
4. P.C. Krause, O. Wasynczuk, and S.D. Sudhoff, *Analysis of Electric Machinery*, IEEE Press, New York, 1995.
5. W. Leonhard, *Control of Electrical Drives*, Springer, Berlin, 1996.
6. S.E. Lyshevski, *Electromechanical Systems, Electric Machines, and Applied Mechatronics*, CRC Press, Boca Raton, FL, 1999.
7. D.W. Novotny and T.A. Lipo, *Vector Control and Dynamics of AC Drives*, Clarendon Press, Oxford, 1996.
8. G.R. Slemon, *Electric Machines and Drives*, Addison-Wesley Publishing Company, Reading, MA, 1992.
9. S.E. Lyshevski, *Engineering and Scientific Computations Using MATLAB®*, Wiley-Interscience, Hoboken, NJ, 2003.
10. *MATLAB R2006b*, CD-ROM, MathWorks, Inc., 2007.

第6章 同步电机

6.1 同步电机简介

永磁同步电机是高性能的机电运动设备，其具有的优异表现和性能胜过其他电机，如永磁直流电机、感应电动机等。此外，传统的同步电机业已投入应用。在同步电机中，电磁转矩是由时变的定子磁场和静止的转子磁场相互作用产生的，其中定子绕组产生定子磁场，转子绕组或永磁体产生转子磁场。此外，也存在通常性能较低的同步磁阻电机。在同步磁阻电机中，通过调整转子的最小磁阻路径，使之与时变的旋转气隙 mmf 方向重合，从而产生电磁转矩。

在高性能的驱动器、伺服器和发电系统（高达 ~200kW）中，三相永磁同步电机（电动机和发电机）是更好的选择。传统的三相同步发电机已应用于大功率发电系统中。在本章中，我们考虑径向和轴向拓扑结构的同步电机，可以归纳为1）同步磁阻；2）永磁同步电机（两相和三相）；3）传统的同步电机。存在平移（线性）和旋转同步电机两种型式[1~6]。因为大部分机电系统使用旋转电机，所以我们将专注于旋转运动设备。

我们的目标是考察同步电机的能量传递、转矩的产生、控制和其他重要问题。同步电动机的角速度依赖于定子绕组上施加的相电压的频率。后面将会说明所施加的相电压必须为转子角位移 θ_r 的函数。稳态机械特性可以表示为如图 6-1 所示的一组水平线。电角速度等于同步角速度 $\omega_e = 4\pi f/P$。设计者校验最大负载转矩 T_{Lmax} 以满足 $T_{erated} > T_{Lmax}$。在短时间内（对大部分永磁同步电动机而言 ~1 分钟），可以大幅

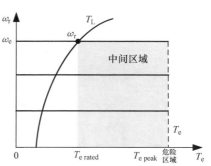

图 6-1 同步电动机的机械特性曲线

地使电动机过载，且 T_{epeak}/T_{erated} 的比值可以从 ~2 到 ~10。若 $T_{ecritical} < T_L$，转子磁场将不再锁定定子磁场（由于功率变换器的额定电压和额定电流的限制，电动机不能产生所需的转矩）。对于 $T_{ecritical} < T_L$，转子磁场滞后于定子磁场。由于失步，由电动机产生的电磁转矩反向骤增。因此，条件 $T_{ecritical} > T_L$ 必须始终保证满足，而且必须校验变换器峰值功率（峰值电压和电流）。虽然永磁同步电机本身可以过载 10 倍，但 PWM 放大器的最大电流过载能力仅为 2 倍，同时峰值电压不能超

过母线电压。

径向和轴向拓扑结构的永磁同步电机被广泛用作驱动器（电动机）和发电机。电动机由功率变换器（PWM放大器）控制。随着多种先进器件制造技术的发展及广泛应用，人们开始考虑微电子技术对运动设备制造领域的借鉴作用。小型和微型机械已经可通过利用基于CMOS为基础和微型机械的技术和进程制造出来。直径2mm和4mm的永磁同步电机如图6-2a和图6-2b所示。这些永磁同步电机比运算放大器或者控制它们的集成电子设备还小。然而，为了保证旋转和驱动，对于任何电力运动设备，必须满足$T_e > T_L$和$F_e > F_L$。相应地，运行包络线（力矩/力、负载、负载特性、角速度等）决定T_e，因此决定电动机尺寸。加速能力依赖于比值$(T_e - T_L)/J$，该比值定义了稳定时间和重新定位能力。力矩和功率密度，额定角速度以及其他特性都由机械设计、尺寸、材料、技术及其他因素决定。在初步的功率估算中，可以假设功率密度可达1W/cm^3。如图6-2c所示给出了在一个计算机硬盘驱动和包含单片集成电路驱动的VHS中的永磁同步电动机图。一个包含单片集成电路控制器/驱动器的两相永磁同步电动机（常被称为步进电机）如图6-2d所示。

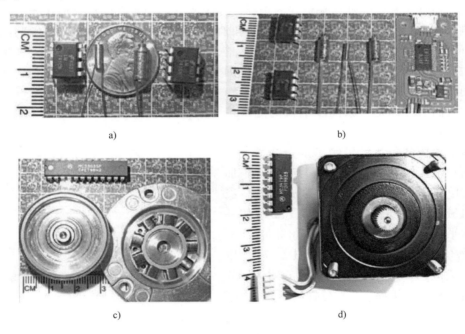

图 6-2

a）放置在内含集成电路的未切割硅晶片上的永磁同步电机和运算放大器　b）永磁同步电动机，运算放大器（左侧）以及控制它们的功率电路板（右侧）　c）驱动一个计算机硬盘和一个单块集成电路驱动的永磁同步电动机　d）两相永磁同步电动机（步进电机）和一个控制器/驱动器在本章中，我们将解决一系列关于多种同步电机的分析、建模和控制等问题。机电运动设备必须通过电磁和机械的综合优化设计来实现结构上的集成。基于合理的原理，人们已经研发设计了多种电机拓扑结构（径向和轴向、旋转和直线（平面）、混合等）。分析和设计它们的工作原理、能量转换和控制问题等。旋转和平移交流机电运动设备可以归为同步和感应两类。结构综合和输出特性设计的步骤如下：

1）设计（或者验证已存在的）机电运动设备，研究设备的物理原理，工作方式、拓扑结构、几何结构及其他特征。

2）研究机电能量转换和控制原理。

3）定义应用和环境要求。

4）定义合理的性能和技术参数。

5）完成电磁、能量转换、机械、热场、振动和尺寸（定子、转子、磁体、气隙、绕组等）的估算。

6）确定制造结构（定子、转子、绕组、磁体、轴承、轴等）和组装机电运动设备的制造技术、流程和材料。

7）完成电磁、机械、热的综合设计，优化和分析评估机电运动设备的性能。

8）修改和完善设计，以保证可达到的最优性能。

假设对于电机结构设计已经最优或者近似最优（不在本书讨论范围之内），我们仅仅关心它的建模和仿真，以进行综合分析、合理控制和最优设计。为了在机电运动设备中检测复杂的电磁、机电和振动现象，我们需完成密集的数据分析。以上的分析可以导出合理的系统控制策略，以获得可达成的性能。例如，可以达成最大效率、最小损耗、最大转矩和功率密度、振动和噪声最小化以及其他重要的性能提升。

6.2 径向结构同步磁阻电动机

6.2.1 单相同步磁阻电动机

单相同步磁阻电动机如图 6-3 所示。这里分析径向结构的单相同步磁阻电动机，以研究其工作原理，分析其重要特征，研究转矩的产生机理，同时也评估和定义合理的控制策略。

直轴固定在以角速度 ω_r 旋转的转子上。这些磁轴旋转的角速度为 ω。在正常运行时，同步电机的角速度定义为同步角速度 ω_e。因此，$\omega_r = \omega_e$ 且 $\omega = \omega_r = \omega_e$。转子的角位移 θ_r 与交轴角度 θ 相等。假设初始条件为零，我们有

$$\theta_r = \theta = \int_{t_0}^{t} \omega_r(\tau)\,d\tau = \int_{t_0}^{t} \omega(\tau)\,d\tau.$$

磁阻 $\mathscr{R}_{\mathrm{m}}$ 是转子角位移 θ_{r} 的一个函数。若匝数为 N_{s},激磁电感为

$$L_{\mathrm{m}}(\theta_{\mathrm{r}}) = N_{\mathrm{s}}^2/\mathscr{R}_{\mathrm{m}}(\theta_{\mathrm{r}}).$$

转子旋转一周,激磁电感变化两次,并有最大值和最小值。有

$$L_{\mathrm{m\,min}} = \left.\frac{N_{\mathrm{s}}^2}{\mathscr{R}_{\mathrm{m\,max}}(\theta_{\mathrm{r}})}\right|_{\theta_{\mathrm{r}}=0,\pi,2\pi,\cdots} \quad \text{和}$$

$$L_{\mathrm{m\,max}} = \left.\frac{N_{\mathrm{s}}^2}{\mathscr{R}_{\mathrm{m\,min}}(\theta_{\mathrm{r}})}\right|_{\theta_{\mathrm{r}}=\frac{1}{2}\pi,\frac{3}{2}\pi,\frac{5}{2}\pi,\cdots}.$$

假设激磁电感是理想的正弦变化,因激磁电感是转子角位移的函数,有

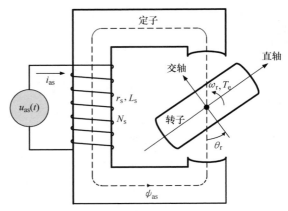

图 6-3 可变磁阻路径的径向结构磁阻电动机

$$L_{\mathrm{m}}(\theta_{\mathrm{r}}) = \overline{L}_{\mathrm{m}} - L_{\Delta\mathrm{m}}\cos 2\theta_{\mathrm{r}}$$

其中, $\overline{L}_{\mathrm{m}}$ 是激磁电感的平均值; $L_{\Delta\mathrm{m}}$ 是按正弦变化的激磁电感幅值的一半,如图 6-4 所示。

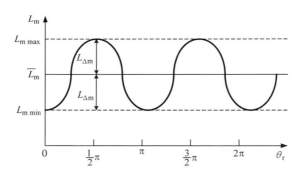

图 6-4 磁感 $L_{\mathrm{m}}(\theta_{\mathrm{r}})$.

由单相磁阻电动机产生的电磁转矩可以通过磁共能 $W_{\mathrm{c}}(i_{\mathrm{as}}、\theta_{\mathrm{r}})$ 的表达式得到。即

$$W_{\mathrm{c}}(i_{\mathrm{as}},\theta_{\mathrm{r}}) = \frac{1}{2}(L_{\mathrm{ls}} + \overline{L}_{\mathrm{m}} - L_{\Delta\mathrm{m}}\cos 2\theta_{\mathrm{r}})i_{\mathrm{as}}^2$$

从而得到电磁转矩

$$T_{\mathrm{e}} = \frac{\partial W_{\mathrm{c}}(i_{\mathrm{as}},\theta_{\mathrm{r}})}{\partial \theta_{\mathrm{r}}} = \frac{\partial\left(\frac{1}{2}i_{\mathrm{as}}^2(L_{\mathrm{ls}} + \overline{L}_{\mathrm{m}} - L_{\Delta\mathrm{m}}\cos 2\theta_{\mathrm{r}})\right)}{\partial \theta_{\mathrm{r}}} = L_{\Delta\mathrm{m}}i_{\mathrm{as}}^2\sin 2\theta_{\mathrm{r}}.$$

如果在绕组中加载直流电流或电压,同步磁阻电动机将不会产生电磁转矩。因此,必须研究基于电磁特性的控制理论。如果电流是 θ_{r} 的函数,则 T_{e} 的平均值不

为零。例如,令绕组中的相电流为

$$i_{as} = i_M Re(\sqrt{\sin 2\theta_r}).$$

则电磁转矩为

$$T_e = L_{\Delta m} i_{as}^2 \sin 2\theta_r = L_{\Delta m} i_M^2 (Re\sqrt{\sin 2\theta_r})^2 \sin 2\theta_r \neq 0,$$

且

$$T_{e\,av} = \frac{1}{\pi} \int_0^\pi L_{\Delta m} i_{as}^2 \sin 2\theta_r \mathrm{d}\theta_r = \frac{1}{4} L_{\Delta m} i_M^2.$$

由 $T_e = L_{\Delta m} i_{as}^2 \sin 2\theta_r$,可从形式上得到使 T_e 最大化并消除转矩脉动的相电流

$$i_{as} = i_M \frac{1}{\sqrt{\sin 2\theta_r}}.$$

这个相电流理论上可推出 $T_e = L_{\Delta m} i_M^2$。然而,不可能实现

$$i_{as} = i_M \frac{1}{\sqrt{\sin 2\theta_r}}$$

这是由于最大电流的限制、奇异、$\sin 2\theta_r$ 为负等等。因此,应当修改已推导出的相电流 $i_{as}(\theta_r)$ 的表达式。

单相磁阻电动机的数学模型可以利用基尔霍夫定律和牛顿第二定律得到

$$u_{as} = r_s i_{as} + \frac{\mathrm{d}\psi_{as}}{\mathrm{d}t} \text{(动态电磁方程)},$$

$$J \frac{\mathrm{d}^2\theta_r}{\mathrm{d}t^2} = T_e - B_m \omega_r - T_L \text{(动态扭矩 - 机械方程)}。$$

由

$$\psi_{as} = (L_{ls} + \bar{L}_m - L_{\Delta m} \cos 2\theta_r) i_{as},$$

可得到一组 3 个一阶非线性微分方程,它们描述单相磁阻电动机的瞬态和稳态运行情况。特别地,有

$$\frac{\mathrm{d}i_{as}}{\mathrm{d}t} = -\frac{r_s}{L_{ls} + \bar{L}_m - L_{\Delta m} \cos 2\theta_r} i_{as} - \frac{2L_{\Delta m}}{L_{ls} + \bar{L}_m - L_{\Delta m} \cos 2\theta_r} i_{as} \omega_r \sin 2\theta_r$$

$$+ \frac{1}{L_{ls} + \bar{L}_m - L_{\Delta m} \cos 2\theta_r} u_{as},$$

$$\frac{\mathrm{d}\omega_r}{\mathrm{d}t} = \frac{1}{J} (L_{\Delta m} i_{as}^2 \sin 2\theta_r - B_m \omega_r - T_L),$$

$$\frac{\mathrm{d}\theta_r}{\mathrm{d}t} = \omega_r. \tag{6-1}$$

利用运动方程,可以对磁阻电机进行仿真和分析。例如,MATLAB 软件[7,8]可被用于求解微分方程并完成分析。

例 6-1

当电机设计好之后，有一些参数及其他变量可以被估算出来，比如 $L_m(\theta_r)$ 和机电运动设备的变量。当电机制造好后，也可以测量得到参数和变量。对一个如图 6-3 所示的单相磁阻电动机，相应参数为 $r_s = 1\Omega$，$L_{md} = 0.4H$，$L_{mq} = 0.04H$，$L_{ls} = 0.05H$，$J = 0.00001\mathrm{kg \cdot m^2}$ 和 $B_m = 0.00005\mathrm{N \cdot m \cdot s/rad}$。

施加到定子绕组的电压为

$$u_{as} = u_M Re(\sqrt{\sin2(\theta_r - 0.2)}),\ u_M = 50V.$$

空载时，输出的电动机参数为

% Synchronous reluctance motor parameters

$P = 2; r_s = 1; L_{md} = 0.4; L_{mq} = 0.04; L_{ls} = 0.05; J = 0.00001; B_m = 0.00005;$

$L_{mb} = (L_{mq} + L_{md})/3; L_{dm} = (L_{md} - L_{mq})/3;$

$u_m = 50; \% $ rms value of the applied voltage

$T_l = 0; \% $ load torque

通过运行 m 文件来上传参数或者直接在命令窗口输入参数值。对应于微分方程式（6-1），画出 Simulink 方框图，如图 6-5 所示。

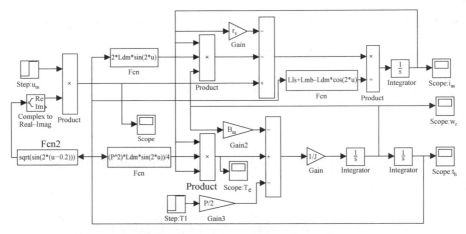

图 6-5　仿真和分析单相同步磁阻电动机的 Simulink 方框图（ch6 _ 01. mdl）

图 6-6 给出了角速度 $\omega_r(t)$ 的暂态过程。电动机在 0.75s 内达到稳态 280rad/s。绘图语句是

plot(wr(:,1),wr(:,2)) ;xlable(' Time [seconds]',' FontSize ',14);

ylabl('\omega_r ',' FontSize ',14);

title(' Angular Velocity Dynamics, \omega_r [rad/sec]',' FontSize ',14);

我们可以观察到电磁转矩脉动和相电流振动，这些影响会导致效率降低、发热、振动、噪声和机械磨损以及其他不佳的特性。因此，单相同步电动机由于性能低而不被使用。这里将这种机电运动设备作为高级设备介绍的基础来研究。我们发

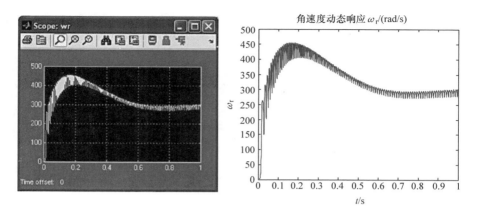

图 6-6 电机的角速度响应（暂态响应）

现相电压必须作为转子角位移 θ_r 的函数加载，这样才能产生电磁转矩。

6.2.2 三相同步磁阻电动机

本节的目的是将之前的结果推广到三相同步磁阻电机。我们将解决一系列关于分析、建模和控制等问题。在试图控制电机之前，我们先研究它的电磁场。电磁场的特性决定了所应用的控制理论。通过改变绕组加载的相电压或者通过的相电流来控制电动机（控制角速度或角位移）。我们在 abc 坐标系和交 – 直 – 零坐标系下研究同步磁阻电动机。应用基尔霍夫电压定律可以得到电路 – 电磁运动方程，而应用牛顿定律可以推导旋转运动过程。三相同步磁阻电动机如图 6-7 所示。

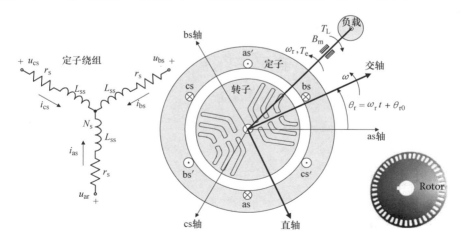

图 6-7 三相同步磁阻电动机

电机参数有定子电阻 r_s（假设每相电阻相等）、交轴和直激磁电感 L_{mq}、L_{md}、平均激磁电感 $\bar{L}_m$、漏感 L_{ls}、转动惯量 J 和粘滞摩擦系数 B_m。

电磁动态过程从以下方程得到

$$u_{abcs} = r_s\, i_{abcs} + \frac{\mathrm{d}\psi_{abcs}}{\mathrm{d}t}, \tag{6-2}$$

其中，u_{as}、u_{bs} 和 u_{cs} 分别为加载到定子绕组 as、bs 和 cs 上的相电压；i_{as}、i_{bs} 和 i_{cs} 为相电流；ψ_{as}、ψ_{bs} 和 ψ_{cs} 为磁链；$\psi_{abcs} = L_s(\theta_r)i_{abcs}$。

在式（6-2）中，电阻矩阵是

$$r_s = \begin{bmatrix} r_s & 0 & 0 \\ 0 & r_s & 0 \\ 0 & 0 & r_s \end{bmatrix},$$

而电感矩阵 $L_s(\theta_r)$ 是

$$L_s(\theta_r) = \begin{bmatrix} L_{ls} + \bar{L}_m - L_{\Delta m}\cos 2(\theta_r) & -\frac{1}{2}\bar{L}_m - L_{\Delta m}\cos 2\left(\theta_r - \frac{1}{3}\pi\right) & -\frac{1}{2}\bar{L}_m - L_{\Delta m}\cos 2\left(\theta_r + \frac{1}{3}\pi\right) \\ -\frac{1}{2}\bar{L}_m - L_{\Delta m}\cos 2\left(\theta_r - \frac{1}{3}\pi\right) & L_{ls} + \bar{L}_m - L_{\Delta m}\cos 2\left(\theta_r - \frac{2}{3}\pi\right) & -\frac{1}{2}\bar{L}_m - L_{\Delta m}\cos 2(\theta_r + \pi) \\ -\frac{1}{2}\bar{L}_m - L_{\Delta m}\cos 2\left(\theta_r + \frac{1}{3}\pi\right) & -\frac{1}{2}\bar{L}_m - L_{\Delta m}\cos 2(\theta_r + \pi) & L_{ls} + \bar{L}_m - L_{\Delta m}\cos 2\left(\theta_r + \frac{2}{3}\pi\right) \end{bmatrix},$$

其中

$$\bar{L}_m = \frac{1}{3}(L_{mq} + L_{md}) \quad \text{和} \quad L_{\Delta m} = \frac{1}{3}(L_{md} - L_{mq}).$$

激磁电感表达式是电角度位移 θ_r 的非线性函数。因此，必须利用旋转运动方程。由旋转运动的牛顿第二定律，利用电角速度和角位移作为状态变量（ω_r 和 θ_r 可以被认为是机械变量，且机械角速度是 $\omega_{rm} = 2\omega_r/p$），得

$$J\frac{2}{P}\frac{\mathrm{d}\omega_r}{\mathrm{d}t} = T_e - B_m\frac{2}{P}\omega_r - T_L,$$

$$\frac{\mathrm{d}\theta_r}{\mathrm{d}t} = \omega_r. \tag{6-3}$$

利用磁共能，得到电磁转矩 T_e，

$$W_c = \frac{1}{2}\begin{bmatrix} i_{as} & i_{bs} & i_{cs} \end{bmatrix} L_s \begin{bmatrix} i_{as} \\ i_{bs} \\ i_{cs} \end{bmatrix}$$

$$= \frac{1}{2}\begin{bmatrix} i_{as} & i_{bs} & i_{cs} \end{bmatrix} \begin{bmatrix} L_{ls} + \bar{L}_m - L_{\Delta m}\cos 2(\theta_r) & -\frac{1}{2}\bar{L}_m - L_{\Delta m}\cos 2\left(\theta_r - \frac{1}{3}\pi\right) & -\frac{1}{2}\bar{L}_m - L_{\Delta m}\cos 2\left(\theta_r + \frac{1}{3}\pi\right) \\ -\frac{1}{2}\bar{L}_m - L_{\Delta m}\cos 2\left(\theta_r - \frac{1}{3}\pi\right) & L_{ls} + \bar{L}_m - L_{\Delta m}\cos 2\left(\theta_r - \frac{2}{3}\pi\right) & -\frac{1}{2}\bar{L}_m - L_{\Delta m}\cos 2\theta_r \\ -\frac{1}{2}\bar{L}_m - L_{\Delta m}\cos 2\left(\theta_r + \frac{1}{3}\pi\right) & -\frac{1}{2}\bar{L}_m - L_{\Delta m}\cos 2\theta_r & L_{ls} + \bar{L}_m - L_{\Delta m}\cos 2\left(\theta_r + \frac{2}{3}\pi\right) \end{bmatrix}\begin{bmatrix} i_{as} \\ i_{bs} \\ i_{cs} \end{bmatrix},$$

有

$$T_r = \frac{p}{2}\frac{\partial W_c}{\partial \theta_r} = \frac{p}{2}\frac{1}{2}\begin{bmatrix} i_{as} & i_{bs} & i_{cs} \end{bmatrix}$$

$$\begin{bmatrix} 2L_{\Delta m}\sin2(\theta_r) & 2L_{\Delta m}\sin2\left(\theta_r - \frac{1}{3}\pi\right) & 2L_{\Delta m}\sin2\left(\theta_r + \frac{1}{3}\pi\right) \\ 2L_{\Delta m}\sin2\left(\theta_r - \frac{1}{3}\pi\right) & 2L_{\Delta m}\sin2\left(\theta_r - \frac{2}{3}\pi\right) & 2L_{\Delta m}\sin2\theta_r \\ 2L_{\Delta m}\sin2\left(\theta_r + \frac{1}{3}\pi\right) & 2L_{\Delta m}\sin2\theta_r & 2L_{\Delta m}\sin2\left(\theta_r + \frac{2}{3}\pi\right) \end{bmatrix}\begin{bmatrix} i_{as} \\ i_{bs} \\ i_{cs} \end{bmatrix}.$$

得

$$T_e = \frac{p}{2}L_{\Delta m}\Big[i_{as}^2\sin2\theta_r + 2i_{as}i_{bs}\sin2\left(\theta_r - \frac{1}{3}\pi\right) + 2i_{as}i_{cs}\sin2\left(\theta_r + \frac{1}{3}\pi\right)$$

$$+ i_{bs}^2\sin2\left(\theta_r - \frac{2}{3}\pi\right) + 2i_{bs}i_{cs}\sin2\theta_r + i_{cs}^2\sin2\left(\theta_r + \frac{2}{3}\pi\right)\Big]. \tag{6-4}$$

因此，T_e 是电动机变量（相电流和电位移角度 θ_r）和电动机参数（极数 p 和磁感 $L_{\Delta m}$）的非线性函数。对于三相同步磁阻电动机，

$$L_{mq} = \frac{3}{2}(\overline{L}_m - L_{\Delta m}) \text{ 和 } L_{md} = \frac{3}{2}(\overline{L}_m + L_{\Delta m}).$$

因此，

$$\overline{L}_m = \frac{1}{3}(L_{mq} + L_{md}) \text{ 和 } L_{\Delta m} = \frac{1}{3}(L_{md} - L_{mq}).$$

利用三角恒等式，从

$$L_{\Delta m} = \frac{1}{3}(L_{md} - L_{mq}),$$

得到以下电磁转矩公式

$$T_e = \frac{p(L_{md} - L_{mq})}{6}\Big[\left(i_{as}^2 - \frac{1}{2}i_{bs}^2 - \frac{1}{2}i_{cs}^2 - i_{as}i_{bs} - i_{as}i_{cs} + 2i_{bs}i_{cs} \right)\sin2\theta_r$$

$$+ \frac{\sqrt{3}}{2}(i_{bs}^2 - i_{cs}^2 - 2i_{as}i_{bs} + 2i_{as}i_{cs})\cos2\theta_r \Big].$$

为了控制角速度，电磁转矩必须得到控制。为了增大电磁转矩，必须反馈作为角位移 θ_r 的函数的相电流，角位移 θ_r 通过测量得到或者通过估测（无位置传感器）得到

$$i_{as} = \sqrt{2}i_M\sin\left(\theta_r + \frac{1}{3}\varphi_i\pi\right), \; i_{bs} = \sqrt{2}i_M\sin\left(\theta_r - \frac{1}{3}(2 - \varphi_i)\pi\right) \text{ 和}$$

$$i_{cs} = \sqrt{2}i_M\sin\left(\theta_r + \frac{1}{3}(2 + \varphi_i)\pi\right).$$

对于 $\varphi_i = 0.3245$，可以得到

$$T_e = \sqrt{2}pL_{\Delta m}i_M^2.$$

即通过改变相电流 i_M 的幅值来控制 T_e，并使其达到最大值。为了控制同步电

动机，必须测量转子的角位移 θ_r。对一台设计的理想电机，根据以上的公式，在电机运行时应无电流颤动和电磁转矩脉动。实际上，根据实验结果，人们发现存在以上现象，这是多个原因导致的，包括非线性电磁系统、齿槽效应、边缘效应、偏心、电磁场的不均匀性、磁性材料的不均匀性、脉宽调制、加载的电压波形以及其他的现象。通常，即使是利用三维麦克斯韦方程推导出的，并用多种方法仿真的高精度模型，仍然不能保证绝对的一致性。然而，通过合理假设，我们可以得到最重要的特性。我们建立一种控制理论，以保证同步磁阻电动机的近似最优运行。功率放大器常用于控制相电压 u_{as}、u_{bs} 和 u_{cs}。设三相平衡的电压分别为

$$u_{as} = \sqrt{2} u_M \sin\left(\theta_r + \frac{1}{3}\varphi_i \pi\right), \; u_{bs} = \sqrt{2} u_M \sin\left(\theta_r - \frac{1}{3}(2 - \varphi_i)\pi\right) \text{和}$$

$$u_{cs} = \sqrt{2} u_M \sin\left(\theta_r + \frac{1}{3}(2 + \varphi_i)\pi\right).$$

式中，u_M 是供电电压的幅值。

例 6-2

若加载的三个相电流分别为

$$i_{as} = \sqrt{2} i_M \sin\left(\theta_r + \frac{1}{3}\varphi_i \pi\right), \; i_{bs} = \sqrt{2} i_M \sin\left(\theta_r - \frac{1}{3}(2 - \varphi_i)\pi\right) \text{和}$$

$$i_{cs} = \sqrt{2} i_M \sin\left(\theta_r + \frac{1}{3}(2 + \varphi_i)\pi\right), \varphi_i = 0.3245$$

计算并绘出电磁转矩。令 $i_M = 10\text{A}$，$p = 4$，$L_{\Delta m} = 0.05\text{H}$。

利用式（6-4）可以算出

$$T_e = \sqrt{2} \, 10 \text{N} \cdot \text{m}$$

利用三相平衡电流，写出的 MATLAB 程序如下：

MATLAB 程序段

```
% Calculation of the Developed Electromagnetic Torque
th = 0:0.01:4 * pi;% angular rotor displacement
phi = 0.3245;% phase current angle
IM = 10;P = 4;LDm = 0.05;
% Balanced three - phase current set
Ias = IM * sin(th + phi * pi/3);% current in the as winding
Ibs = IM * sin(th - (2 - phi) * pi/3);% current in the bs winding
Ics = IM * sin(th + (2 + phi) * pi/3);% current in the cs winding
% Calculation of the electromagnetic torque developed
Te = P * LDm * (Ias. * (sin(2 * th). * Ias + 2 * sin(2 * th - ···
2 * pi/3). * Ibs + 2 * sin(2 * th + 2 * pi/3). * Ics)···
+ Ibs. * (sin(2 * th··· - 4 * pi/3). * Ibs + 2 * sin(2 * th). * Ics) + Ics. * sin(2 * th + 4 * pi/
3). * Ics)/2;
```

```
% Plot the currents applied to abc windings
plot(th,Ias,'-',th,Ibs,'--',th,Ics,'-.');axis([0,4*pi,-10,10]);
xlabel('Angular Displacement,\theta_r'[rad]','Fontsize',14);
ylabel('Phase Currents','FontSize',14);
title('Phase Currents,i_a_s,i_b_s and i_c_s [Al]','Fontsize',14);
pause;
* plot of the torque developed versus the angular displacement
plot(th,Te);axis([0,4*pi,0.15]);
xlabel('Angular pisplacement,\theta_r[rad]','FontSize',14);
ylabel('Electromagnetic Torque','FontSize',14);
title('Electromagnetic Torque,T_e[N-m]','FontSize',14);
```

稳态 T_e 作为电流和 θ_r 的函数被计算出来。如图 6-8 所示给出了相电流和 T_e 的变化过程。分析表明，当三相电流分别加载到绕组上时，三相同步磁阻电动机产生最大电磁转矩，并且没有转矩脉动。从

$$T_e = \sqrt{2}pL_{\Delta m}i_M^2$$

可得

$$T_e = \sqrt{2}\ \ 10\text{N}\cdot\text{m}$$

三相同步磁阻电动机的数学模型：

同步磁阻电动机的运动方程以非柯西和柯西形式推导。abc 坐标系下的模型是利用基尔霍夫电压定律式（6-2），且 $\psi_{abcs}=\boldsymbol{L}_s(\theta_r)\boldsymbol{i}_{abcs}$ 和牛顿第二运动定律式（6-3）。电磁转矩通过方程式（6-4）表示。利用式（6-2）推导出的 $\boldsymbol{L}_s(\theta_r)$，得出最终的微分方程，它们描述了三相同步电动机非柯西形式的动态过程。

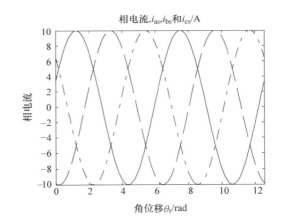

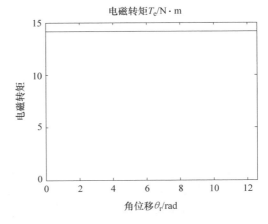

图 6-8 相电流和电磁转矩

$$\boldsymbol{L}_{\mathrm{s}}(\theta_{\mathrm{r}}) = \begin{bmatrix} L_{\mathrm{ls}} + \overline{L}_{\mathrm{m}} - L_{\Delta \mathrm{m}}\cos 2(\theta_{\mathrm{r}}) & -\dfrac{1}{2}\overline{L}_{\mathrm{m}} - L_{\Delta \mathrm{m}}\cos 2\left(\theta_{\mathrm{r}} - \dfrac{1}{3}\pi\right) & -\dfrac{1}{2}\overline{L}_{\mathrm{m}} - L_{\Delta \mathrm{m}}\cos 2\left(\theta_{\mathrm{r}} + \dfrac{1}{3}\pi\right) \\ -\dfrac{1}{2}\overline{L}_{\mathrm{m}} - L_{\Delta \mathrm{m}}\cos 2\left(\theta_{\mathrm{r}} - \dfrac{1}{3}\pi\right) & L_{\mathrm{ls}} + \overline{L}_{\mathrm{m}} - L_{\Delta \mathrm{m}}\cos 2\left(\theta_{\mathrm{r}} - \dfrac{2}{3}\pi\right) & -\dfrac{1}{2}\overline{L}_{\mathrm{m}} - L_{\Delta \mathrm{m}}\cos 2(\theta_{\mathrm{r}} + \pi) \\ -\dfrac{1}{2}\overline{L}_{\mathrm{m}} - L_{\Delta \mathrm{m}}\cos 2\left(\theta_{\mathrm{r}} + \dfrac{1}{3}\pi\right) & -\dfrac{1}{2}\overline{L}_{\mathrm{m}} - L_{\Delta \mathrm{m}}\cos 2(\theta_{\mathrm{r}} + \pi) & L_{\mathrm{ls}} + \overline{L}_{\mathrm{m}} - L_{\Delta \mathrm{m}}\cos 2\left(\theta_{\mathrm{r}} + \dfrac{2}{3}\pi\right) \end{bmatrix},$$

$$\frac{\mathrm{d}i_{\mathrm{as}}}{\mathrm{d}t} = \frac{1}{L_{\mathrm{ls}} + \overline{L}_{\mathrm{m}} - L_{\Delta \mathrm{m}}\cos 2\theta_{\mathrm{r}}}\Bigg[-r_{\mathrm{s}}i_{\mathrm{as}} + u_{\mathrm{as}} + \left(\frac{1}{2}\overline{L}_{\mathrm{m}} + L_{\Delta \mathrm{m}}\cos 2\left(\theta_{\mathrm{r}} - \frac{1}{3}\pi\right)\right)\frac{\mathrm{d}i_{\mathrm{bs}}}{\mathrm{d}t}$$

$$+ \left(\frac{1}{2}\overline{L}_{\mathrm{m}} + L_{\Delta \mathrm{m}}\cos 2\left(\theta_{\mathrm{r}} + \frac{1}{3}\pi\right)\right)\frac{\mathrm{d}i_{\mathrm{cs}}}{\mathrm{d}t}$$

$$- 2L_{\Delta \mathrm{m}}\omega_{\mathrm{r}}\left(i_{\mathrm{as}}\sin 2\theta_{\mathrm{r}} + i_{\mathrm{bs}}\sin 2\left(\theta_{\mathrm{r}} - \frac{1}{3}\pi\right) + i_{\mathrm{cs}}\sin 2\left(\theta_{\mathrm{r}} + \frac{1}{3}\pi\right)\right)\Bigg],$$

$$\frac{\mathrm{d}i_{\mathrm{bs}}}{\mathrm{d}t} = \frac{1}{L_{\mathrm{ls}} + \overline{L}_{\mathrm{m}} - L_{\Delta \mathrm{m}}\cos 2\left(\theta_{\mathrm{r}} - \frac{2}{3}\pi\right)}\Bigg[-r_{\mathrm{s}}i_{\mathrm{bs}} + u_{\mathrm{bs}}$$

$$+ \left(\frac{1}{2}\overline{L}_{\mathrm{m}} + L_{\Delta \mathrm{m}}\cos 2\left(\theta_{\mathrm{r}} - \frac{1}{3}\pi\right)\right)\frac{\mathrm{d}i_{\mathrm{as}}}{\mathrm{d}t} + \left(\frac{1}{2}\overline{L}_{\mathrm{m}} + L_{\Delta \mathrm{m}}\cos 2\theta_{\mathrm{r}}\right)\frac{\mathrm{d}i_{\mathrm{cs}}}{\mathrm{d}t}$$

$$- 2L_{\Delta \mathrm{m}}\omega_{\mathrm{r}}\left(i_{\mathrm{as}}\sin 2\left(\theta_{\mathrm{r}} - \frac{1}{3}\pi\right) + i_{\mathrm{bs}}\sin 2\left(\theta_{\mathrm{r}} - \frac{2}{3}\pi\right) + i_{\mathrm{cs}}\sin 2\theta_{\mathrm{r}}\right)\Bigg],$$

$$\frac{\mathrm{d}i_{\mathrm{cs}}}{\mathrm{d}t} = \frac{1}{L_{\mathrm{ls}} + \overline{L}_{\mathrm{m}} - L_{\Delta \mathrm{m}}\cos 2\left(\theta_{\mathrm{r}} + \frac{2}{3}\pi\right)}\Bigg[-r_{\mathrm{s}}i_{\mathrm{cs}} + u_{\mathrm{cs}}$$

$$+ \left(\frac{1}{2}\overline{L}_{\mathrm{m}} + L_{\Delta \mathrm{m}}\cos 2\left(\theta_{\mathrm{r}} + \frac{1}{3}\pi\right)\right)\frac{\mathrm{d}i_{\mathrm{as}}}{\mathrm{d}t} + \left(\frac{1}{2}\overline{L}_{\mathrm{m}} + L_{\Delta \mathrm{m}}\cos 2\theta_{\mathrm{r}}\right)\frac{\mathrm{d}i_{\mathrm{bs}}}{\mathrm{d}t}$$

$$- 2L_{\Delta \mathrm{m}}\omega_{\mathrm{r}}\left(i_{\mathrm{as}}\sin 2\left(\theta_{\mathrm{r}} + \frac{1}{3}\pi\right) + i_{\mathrm{bs}}\sin 2\theta_{\mathrm{r}} + i_{\mathrm{cs}}\sin 2\left(\theta_{\mathrm{r}} + \frac{2}{3}\pi\right)\right)\Bigg],$$

$$\frac{\mathrm{d}\omega_{\mathrm{r}}}{\mathrm{d}t} = \frac{p^2}{4J}L_{\Delta \mathrm{m}}\Bigg[i_{\mathrm{as}}^2\sin 2\theta_{\mathrm{r}} + 2i_{\mathrm{as}}i_{\mathrm{bs}}\sin 2\left(\theta_{\mathrm{r}} - \frac{1}{3}\pi\right) + 2i_{\mathrm{as}}i_{\mathrm{cs}}\sin 2\left(\theta_{\mathrm{r}} + \frac{1}{3}\pi\right)$$

$$+ i_{\mathrm{bs}}^2\sin 2\left(\theta_{\mathrm{r}} - \frac{2}{3}\pi\right) + 2i_{\mathrm{bs}}i_{\mathrm{cs}}\sin 2\theta_{\mathrm{r}} + i_{\mathrm{cs}}^2\sin 2\left(\theta_{\mathrm{r}} + \frac{2}{3}\pi\right)\Bigg] - \frac{B_{\mathrm{m}}}{J}\omega_{\mathrm{r}} - \frac{p}{2J}T_{\mathrm{L}},$$

$$\frac{\mathrm{d}\theta_{\mathrm{r}}}{\mathrm{d}t} = \omega_{\mathrm{r}}. \tag{6-5}$$

使用 MATLAB Symbolic Math Toolbox，编辑一个 m 文件，找出针对非线性柯西形式电路–电磁动态过程的微分方程。我们使用以下符号

$$\mathrm{Lbm} = \overline{L}_{\mathrm{m}},\ \mathrm{Ldm} = L_{\Delta \mathrm{m}},\ \mathrm{Lls} = L_{\mathrm{ls}},\ \mathrm{rs} = r_{\mathrm{s}},\ \mathrm{Bm} = B_{\mathrm{m}},$$

$$\mathrm{S1} = \sin 2\theta_{\mathrm{r}},\ \mathrm{S2} = \sin 2\left(\theta_{\mathrm{r}} - \frac{1}{3}\pi\right),\ \mathrm{S3} = \sin 2\left(\theta_{\mathrm{r}} + \frac{1}{3}\pi\right),$$

$$\mathrm{S4} = \sin 2\left(\theta_{\mathrm{r}} - \frac{2}{3}\pi\right),\ \mathrm{S5} = \sin 2(\theta_{\mathrm{r}} + \pi),\ \mathrm{S6} = \sin 2\left(\theta_{\mathrm{r}} + \frac{2}{3}\pi\right),$$

$$C1 = \cos 2\theta_r,\ C2 = \cos 2\left(\theta_r - \frac{1}{3}\pi\right),\ C3 = \cos 2\left(\theta_r + \frac{1}{3}\pi\right),$$

$$C4 = \cos 2\left(\theta_r - \frac{2}{3}\pi\right),\ C5 = \cos 2(\theta_r + \pi),\ C6 = \cos 2\left(\theta_r + \frac{2}{3}\pi\right).$$

通过运行以下文件得到分析结果

MATLAB 程序块

L = sym（'［L1s + Lbm − Ldm ∗ C1，− Lbm/2 − Ldm ∗ C2，− Lbm/2 − Ldm ∗ C3，0；− Lbm/2 − Ldm ∗ C2，L1s + Lbm − Ldm ∗ C4，− Lbm/2 − Ldm ∗ C5，0；− Lbm/2 − Ldm ∗ C3，− Lbm/2 − Ldm ∗ C5，L1s + Lbm − Ldm ∗ C6，0；0，0，0，2 ∗ J/P］'）；

R = sym（'［ − rs，0，0，0；0，− rs，0，0；0，0，− rs，0；0，0，0，− 2 ∗ Bm/P］'）；

I = sym（'［Ias；Ibs；Ics；Wr］'）；

V = svm（vas；vbs；vce：− TL］'）；

K = sym（'Ldm ∗ 2 ∗ Wr ∗（S1 ∗ Ias + s2 ∗ Ibs + S3 ∗ Ics）；Ldm ∗ 2 ∗ Wr ∗（S2 ∗ Ias + S4Ibs + S5 ∗ Ics）；

Ldm ∗ 2 ∗ Wr ∗（S3 ∗ Ias + S5 ∗ Ibs + s6 ∗ Ics）；Te］'）；

L1 = inv（L）；L2 = simplify（L1）；

FS1 = L2 ∗ R ∗ I；FS2 = simplify（FS1）

FS3 = L2 ∗ V；FS4 = simplify（FS3）

FS5 = L2 ∗ K；FS6 = simplify（FS5）

FS7 = FS2 + FS4 − FS6；FS = simplify（FS7）

利用三角恒等式，得到的非线性微分方程为

$$\frac{\mathrm{d}i_{as}}{\mathrm{d}t} = \frac{1}{L_D}\Big\{ (r_s i_{as} - u_{as})(4L_{ls}^2 + 3\overline{L}_m^2 - 3L_{\Delta m}^2 + 8\overline{L}_m L_{ls} - 4L_{ls}L_{\Delta m}\cos 2\theta_r)$$

$$+ (r_s i_{bs} - u_{bs})\left[3\overline{L}_m^2 - 3L_{\Delta m}^2 + 2\overline{L}_m L_{ls} \therefore 4L_{ls}L_{\Delta m}\cos 2\left(\theta_r - \frac{1}{3}\pi\right)\right]$$

$$+ (r_s i_{cs} - u_{cs})\left[3\overline{L}_m^2 - 3L_{\Delta m}^2 + 2\overline{L}_m L_{ls} + 4L_{ls}L_{\Delta m}\cos 2\left(\theta_r + \frac{1}{3}\pi\right)\right]$$

$$+ 6\sqrt{3}L_{\Delta m}^2 L_{ls}\omega_r(i_{cs} - i_{bs})$$

$$+ (8L_{\Delta m}L_{ls}^2\omega_r + 12L_{\Delta m}\overline{L}_m L_{ls}\omega_r)\left[\sin 2\theta_r i_{as} + \sin 2\left(\theta_r - \frac{1}{3}\pi\right)i_{bs}\right.$$

$$\left. + \sin 2\left(\theta_r + \frac{1}{3}\pi\right)i_{cs}\right]\Big\},$$

$$\frac{\mathrm{d}i_{bs}}{\mathrm{d}t} = \frac{1}{L_D}\Big\{ (r_s i_{as} - u_{as})\left[3\overline{L}_m^2 - 3L_{\Delta m}^2 + 2\overline{L}_m L_{ls} + 4L_{ls}L_{\Delta m}\cos 2\left(\theta_r - \frac{1}{3}\pi\right)\right]$$

$$+ (r_s i_{bs} - u_{bs})\left[4L_{ls}^2 + 3\overline{L}_m^2 - 3L_{\Delta m}^2 + 8\overline{L}_m L_{ls} - 4L_{ls}L_{\Delta m}\cos 2\left(\theta_r + \frac{1}{3}\pi\right)\right]$$

$$+ (r_s i_{cs} - u_{cs})(3\overline{L}_m^2 - 3L_{\Delta m}^2 + 2\overline{L}_m L_{ls} + 4L_{ls}L_{\Delta m}\cos 2\theta_r)$$

$$+ 6\sqrt{3}L_{\Delta m}^2 L_{ls}\omega_r(i_{cs} - i_{bs}) + (8L_{\Delta m}L_{ls}^2\omega_r + 12L_{\Delta m}\overline{L}_m L_{ls}\omega_r)\left[\sin 2\left(\theta_r - \frac{1}{3}\pi\right)i_{as}\right.$$

$$+ \sin2\left(\theta_r + \frac{1}{3}\pi\right)i_{bs} + \sin2\theta_r i_{cs}\Big]\Big\},$$

$$\frac{di_{cs}}{dt} = \frac{1}{L_D}\Big\{ (r_s i_{as} - u_{as})\Big[3\overline{L}_m^2 - 3L_{\Delta m}^2 + 2\overline{L}_m L_{ls} + 4L_{ls}L_{\Delta m}\cos2\left(\theta_r + \frac{1}{3}\pi\right)\Big]$$

$$+ (r_s i_{bs} - u_{bs})(3\overline{L}_m^2 - 3L_{\Delta m}^2 + 2\overline{L}_m L_{ls} + 4L_{ls}L_{\Delta m}\cos2\theta_r)$$

$$+ (r_s i_{cs} - u_{cs})\Big[4L_{ls}^2 + 3\overline{L}_m^2 - 3L_{\Delta m}^2 + 8\overline{L}_m L_{ls} - 4L_{ls}L_{\Delta m}\cos2\left(\theta_r - \frac{1}{3}\pi\right)\Big]$$

$$+ 6\sqrt{3}L_{\Delta m}^2 L_{ls}\omega_r(i_{bs} - i_{as}) + (8L_{\Delta m}L_{ls}^2\omega_r + 12L_{\Delta m}\overline{L}_m L_{ls}\omega_r)\Big[\sin2\left(\theta_r + \frac{1}{3}\pi\right)i_{as}$$

$$+ \sin2\theta_r i_{bs} + \sin2\left(\theta_r - \frac{1}{3}\pi\right)i_{cs}\Big]\Big\},$$

$$\frac{d\omega_r}{dt} = \frac{p^2}{4J}L_{\Delta m}\Big[i_{as}^2\sin2\theta_r + 2i_{as}i_{bs}\sin2\left(\theta_r - \frac{1}{3}\pi\right) + 2i_{as}i_{cs}\sin2\left(\theta_r + \frac{1}{3}\pi\right)$$

$$+ i_{bs}^2\sin2\left(\theta_r - \frac{2}{3}\pi\right) + 2i_{bs}i_{cs}\sin2\theta_r + i_{cs}^2\sin2\left(\theta_r + \frac{2}{3}\pi\right)\Big] - \frac{B_m}{J}\omega_r - \frac{p}{2J}T_L,$$

$$\frac{d\theta_r}{dt} = \omega_r. \tag{6-6}$$

在这些微分方程中，用到以下变量：

$$\overline{L}_m = \frac{1}{3}(L_{mq} + L_{md}),\ L_{\Delta m} = \frac{1}{3}(L_{md} - L_{mq})\ \text{和}\ L_D = L_{ls}(9L_{\Delta m}^2 - 4L_{ls}^2 - 12\overline{L}_m L_{ls} - 9\overline{L}_m^2).$$

非线性微分方程式（6-5）和式（6-6）描述在 abc 坐标下的同步磁阻电动机的动态过程。这些方程实际上是不可能有解析解的，但可以在 MATLAB 中完成仿真和分析。

同步磁阻电动机可以在 qd0 坐标系中描述。在转子参照系中，我们应用派克变换。从表 5-1，有

$$\boldsymbol{u}_{qd0s}^r = \boldsymbol{K}_s^r\,\boldsymbol{u}_{abcs},\ \boldsymbol{i}_{qd0s}^r = \boldsymbol{K}_s^r\,\boldsymbol{i}_{abcs},\ \boldsymbol{\psi}_{qd0s}^r = \boldsymbol{K}_s^r\,\boldsymbol{\psi}_{abcs},$$

$$\boldsymbol{K}_s^r = \frac{2}{3}\begin{bmatrix} \cos\theta_r & \cos\left(\theta_r - \frac{2}{3}\pi\right) & \cos\left(\theta_r + \frac{2}{3}\pi\right) \\ \sin\theta_r & \sin\left(\theta_r - \frac{2}{3}\pi\right) & \sin\left(\theta_r + \frac{2}{3}\pi\right) \\ \frac{1}{2} & \frac{1}{2} & \frac{1}{2} \end{bmatrix},$$

其中，u_{ds}、u_{qs}、u_{0s}、i_{ds}、i_{qs}、i_{0s} 和 ψ_{ds}、ψ_{qs}、ψ_{0s} 为电压，电流和磁链的 dq0 坐标分量部分。

利用电磁动态方程式（6-2）和旋转机械动态方程式（6-3），以及 T_e 的表达式（6-4），得出以下在转子参照系中描述同步磁阻电动机的非线性微分方程

$$\frac{\mathrm{d}i_{qs}^r}{\mathrm{d}t} = -\frac{r_s}{L_{ls}+L_{mq}}i_{qs}^r - \frac{L_{ls}+L_{md}}{L_{ls}+L_{mq}}i_{ds}^r\omega_r + \frac{1}{L_{ls}+L_{mq}}u_{qs}^r,$$

$$\frac{\mathrm{d}i_{ds}^r}{\mathrm{d}t} = -\frac{r_s}{L_{ls}+L_{mq}}i_{ds}^r - \frac{L_{ls}+L_{mq}}{L_{ls}+L_{md}}i_{qs}^r\omega_r + \frac{1}{L_{ls}+L_{md}}u_{ds}^r,$$

$$\frac{\mathrm{d}i_{0s}^r}{\mathrm{d}t} = -\frac{r_s}{L_{ls}}i_{0s}^r + \frac{1}{L_{ls}}u_{0s}^r,$$

$$\frac{\mathrm{d}\omega_r}{\mathrm{d}t} = \frac{3p^2}{8J}(L_{md}-L_{mq})i_{qs}^r i_{ds}^r - \frac{B_m}{J}\omega_r - \frac{p}{2J}T_L,$$

$$\frac{\mathrm{d}\theta_r}{\mathrm{d}t} = \omega_r. \tag{6-7}$$

在转子参照系和同步参照系中的模型是一致的，因为 $\omega_r = \omega_e$。

为了稳定运行，我们必须推导出电流和电压的交轴和直轴分量。通过派克直轴变换可得

$$\boldsymbol{u}_{qd0s}^r = \boldsymbol{K}_s^r \boldsymbol{u}_{abcs} \text{ 和} i_{qd0s}^r = \boldsymbol{K}_s^r \boldsymbol{i}_{abcs}$$

由三相平衡电压，得到

$$u_{qs}^r = \sqrt{2}u_M,\ u_{ds}^r = 0 \text{ 和 } u_{0s}^r = 0.$$

至此我们推导出了三相同步磁阻电动机的数学模型。在这些微分方程的基础上，我们可以进行非线性分析。上面我们借助三相同步磁阻电机的电磁场特性得到保证其平稳运行的相电流和相电压。与感应电机类似，通过加载相电压 u_{as}、u_{bs} 和 u_{cs} 就可以实现对这种电机的机电运动控制。基于以 qd0 坐标系的模型和控制理论应当完全理解之后再应用。使用任意参考系（固定、转子、同步）控制交流电机需要能实时地完成派克变换的高级 DSP。这个问题在例 5-5 中已进行了讨论。

例 6-3

应用三相同步磁阻电动机在 abc 坐标系中的微分方程式（6-6）完成非线性仿真和分析。一台 4 极，110V，400rad/s，40kW 的电动机参数为 $r_s = 0.01\Omega$，$L_{md} = 0.0012H$，$L_{mq} = 0.0002H$，$J = 0.6kg\cdot m^2$，和 $B_m = 0.003N\cdot m\cdot s/rad$。

加载的三相电压为

$$u_{as} = \sqrt{2}u_M\sin\left(\theta_r + \frac{1}{3}\varphi_i\pi\right),\ u_{bs} = \sqrt{2}u_M\sin\left(\theta_r - \frac{1}{3}(2-\varphi_i)\pi\right),$$

$$u_{cs} = \sqrt{2}u_M\sin\left(\theta_r + \frac{1}{3}(2+\varphi_i)\pi\right).$$

相电压的幅值是 $u_M = 110V$，且 $\varphi_u = 0.3882$。电动机从静止加速且负载转矩 10N·m 在 1s 时加载，图 6-9 给出了角速度的瞬态过程。稳定时间是 10s，稳定时的角速度是 400rad/s。

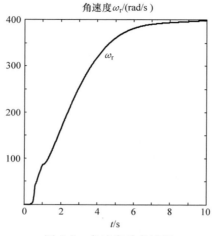

图 6-9 角速度动态过程

6.3 径向结构永磁同步电机

本节考虑径向式永磁同步电机。由于高效率、高功率和高转矩密度、过载能力强，高鲁棒性的运行范围，以及其他的特性，使此类电机具备优于其他电机的性能。永磁同步电机是无刷结构，因为励磁是由位于转子上的永磁体产生的。用于计算机硬盘驱动和 VHS 设备的永磁同步电机如图 6-10 所示。永磁同步电动机常会被称作"无刷直流电动机"，也许是因为两者具有相似的机械特性。然而，永磁直流电动机和永磁同步电机的基本电磁场和工作原理是根本不同的。术语"无刷直流电动机"非常具有一定欺骗性；因此本书将不会使用该术语。

图 6-10 永磁同步电机

6.3.1 两相永磁同步电动机和步进电动机

考虑一个径向结构的永磁同步电动机。使用基尔霍夫电压定律，我们有以下两个方程

$$u_{as} = r_s i_{as} + \frac{\mathrm{d}\psi_{as}}{\mathrm{d}t}, \ u_{bs} = r_s i_{bs} + \frac{\mathrm{d}\psi_{bs}}{\mathrm{d}t}, \qquad (6\text{-}8)$$

其中磁链的表达式为

$$\psi_{as} = L_{asas} i_{as} + L_{asbs} i_{bs} + \psi_{asm} \text{和} \ \psi_{bs} = L_{bsas} i_{as} + L_{bsbs} i_{bs} + \psi_{bsm}.$$

这里，u_{as} 和 u_{bs} 为加载到定子绕组 a 相和 b 相的相电压；i_{as} 和 i_{bs} 为相电流；ψ_{as} 和 ψ_{bs} 为定子磁链；r_s 是定子绕组的电阻；L_{asas} 和 L_{bsbs} 为自感；L_{asbs} 和 L_{bsas} 为互感。

磁链是角位移（转子位置）的周期函数。令

$$\psi_{asm} = \psi_m \sin\theta_r \text{和} \ \psi_{bsm} = -\psi_m \cos\theta_r.$$

定子绕组的自感为

$$L_{ss} = L_{asas} = L_{bsbs} = L_{ls} + \overline{L}_m.$$

定子绕组按照相距 90°电角度放置。因此，定子绕组间的互感为 $L_{asbs} = L_{bsas} = 0$。有

$$\psi_{as} = L_{ss} i_{as} + \psi_m \sin\theta_r \text{和} \ \psi_{bs} = L_{ss} i_{bs} - \psi_m \cos\theta_r.$$

得到

$$u_{as} = r_s i_{as} + \frac{\mathrm{d}(L_{ss} i_{as} + \psi_m \sin\theta_r)}{\mathrm{d}t} = r_s i_{as} + L_{ss}\frac{\mathrm{d}i_{as}}{\mathrm{d}t} + \psi_m \omega_r \cos\theta_r \qquad (6\text{-}9)$$

$$u_{bs} = r_s i_{bs} + \frac{\mathrm{d}(L_{ss} i_{bs} + \psi_m \sin\theta_r)}{\mathrm{d}t} = r_s i_{bs} + L_{ss}\frac{\mathrm{d}i_{bs}}{\mathrm{d}t} - \psi_m \omega_r \cos\theta_r.$$

利用牛顿第二定律

$$J\frac{\mathrm{d}^2\theta_{rm}}{\mathrm{d}t^2} = T_e - B_m \omega_{rm} - T_L,$$

有

$$\frac{\mathrm{d}\omega_{rm}}{\mathrm{d}t} = \frac{1}{J}(T_e - B_m \omega_{rm} - T_L),$$

$$\frac{\mathrm{d}\theta_{rm}}{\mathrm{d}t} = \omega_{rm}. \qquad (6\text{-}10)$$

由永磁电动机产生的电磁转矩的表达式通过利用磁共能得到

$$W_c = \frac{1}{2}(L_{ss} i_{as}^2 + L_{ss} i_{bs}^2) + \psi_m i_{as} \sin\theta_r - \psi_m i_{bs} \cos\theta_r + W_{PM}.$$

从

$$T_e = \frac{\partial W_c}{\partial \theta_r}$$

可得

$$T_e = \frac{p\psi_m}{2}(i_{as}\cos\theta_r + i_{bs}\sin\theta_r) \qquad (6\text{-}11)$$

联合电磁方程（6-9）和旋转运动方程（6-10），并利用式（6-11），可以得到

$$\frac{\mathrm{d}i_{\mathrm{as}}}{\mathrm{d}t} = -\frac{r_{\mathrm{s}}}{L_{\mathrm{ss}}}i_{\mathrm{as}} - \frac{\psi_{\mathrm{m}}}{L_{\mathrm{ss}}}\omega_{\mathrm{r}}\cos\theta_{\mathrm{r}} + \frac{1}{L_{\mathrm{ss}}}u_{\mathrm{as}},$$

$$\frac{\mathrm{d}i_{\mathrm{bs}}}{\mathrm{d}t} = -\frac{r_{\mathrm{s}}}{L_{\mathrm{ss}}}i_{\mathrm{bs}} - \frac{\psi_{\mathrm{m}}}{L_{\mathrm{ss}}}\omega_{\mathrm{r}}\sin\theta_{\mathrm{r}} + \frac{1}{L_{\mathrm{ss}}}u_{\mathrm{bs}},$$

$$\frac{\mathrm{d}\omega_{\mathrm{r}}}{\mathrm{d}t} = \frac{p^2\psi_{\mathrm{m}}}{4J}(i_{\mathrm{as}}\cos\theta_{\mathrm{r}} + i_{\mathrm{bs}}\sin\theta_{\mathrm{r}}) - \frac{B_{\mathrm{m}}}{J}\omega_{\mathrm{r}} - \frac{p}{2J}T_{\mathrm{L}},$$

$$\frac{\mathrm{d}\theta_{\mathrm{r}}}{\mathrm{d}t} = \omega_{\mathrm{r}}. \tag{6-12}$$

对于两相永磁同步电动机（假设正弦绕组分布和正弦 *mmf* 波形），电磁转矩由式（6-11）给出。因此，为了保证稳定运行，需要加载的相电流和相电压为

$$i_{\mathrm{as}} = \sqrt{2}i_{\mathrm{M}}\cos\theta_{\mathrm{r}} \text{ 和 } i_{\mathrm{bs}} = \sqrt{2}i_{\mathrm{M}}\sin\theta_{\mathrm{r}}.$$

$$u_{\mathrm{as}} = \sqrt{2}u_{\mathrm{M}}\cos\theta_{\mathrm{r}} \text{ 和 } u_{\mathrm{bs}} = \sqrt{2}u_{\mathrm{M}}\sin\theta_{\mathrm{r}}.$$

最大化电磁转矩，得到

$$T_{\mathrm{e}} = \frac{p\psi_{\mathrm{m}}}{2}\sqrt{2}i_{\mathrm{M}}(\cos^2\theta_{\mathrm{r}} + \sin^2\theta_{\mathrm{r}}) = \frac{p\psi_{\mathrm{m}}}{\sqrt{2}}i_{\mathrm{M}}.$$

对于两相永磁同步电动机，可能用到机械角位移（转子位移）θ_{rm}，θ_{rm} 与电位移角度的关系为 $\theta_{\mathrm{rm}} = 2\theta_{\mathrm{r}}/p$。上述方程若利用 θ_{rm} 则容易加以修改。之所以会可能用到 θ_{rm}，是因为两相永磁同步电动机常被用在开环控制的条件下运行，这点与步进电动机相似。人们通过恰当地为步进电动机绕组加载 u_{as} 和 u_{bs}，使其一步一步地旋转。可以得到整步，半步和小步的运行状态。步进电动机被设计成拥有很多极数。例如，若 $p = 50$，可以轻易地利用整步运行得到 3.6° 旋转。

极数多的永磁同步电动机产生大的电磁转矩，然而机械角速度相对较低，因为 $\omega_{\mathrm{rm}} = 2\omega_{\mathrm{r}}/p$。这些电动机实际上被用作直接驱动器和伺服电机。这种不需要机械耦合的电动机直接连接可以得到出众的效率、可靠性和性能水平。

控制永磁同步电动机是为了保证所需的瞬态和稳态运行、稳定性、精度、抗干扰等能力。对于如图 6-2d 和图 6-11 所示的步进电动机，按照一定的顺序为定子绕组加载相电压 u_{as} 和 u_{bs}，产生的电磁转矩 T_{e} 使转子按照顺时针或者逆时针方向旋转。通过加载 u_{as} 和 u_{bs}，可以使转子角位移增量等于整步或者半步。通过改变加载到绕组的相电压的频率，控制转子重定位（通常使用"步每秒"的数量确定，而不是使用角位移或角速度确定）。由于存在按序加载 u_{as} 和 u_{bs} 使步进电动机具备运行在开环模式的可能性。在以下几种情况时，步进电动机会失步（一步或多步），应加以注意：1）瞬时转矩 $T_{\mathrm{e\,inst}}$ 不足；2）$T_{\mathrm{e\,inst}} < T_{\mathrm{L}}$；3）关于由 L_{ss}、J 以及其他参数定义的动态特征，加载高频的 u_{as} 和 u_{bs} 等。此外，在以下几种情况时，步进电动机会跳步（一步或多步）：1）$T_{\mathrm{e}} \gg T_{\mathrm{L}}$；2）运动的转子由于大的转动惯量 J 而蕴含大量动能等。其他一些导致失步或跳步的原因有变化的 J、变化的且潜在双向

的 T_L、扰动、参数变动等。如果 T_L 和 J 都近似于常量，从而导致相电压的变化与系统动态过程、扰动和参数变化的监测相一致，那么可以使用含有步进电机的开环机电系统。如图 6-11 所示给出了步进电动机的图。

图 6-11　步进电动机

对于步进电动机，电角速度和电位移角度通过转子齿数 RT 得到，即 $\omega_r = RT\omega_{rm}$ 和 $\theta_r = RT\theta_{rm}$。磁链是转子齿数和位移的函数。令

$$\psi_{asm} = \psi_m \cos(RT\theta_{rm}) \text{ 和 } \psi_{bsm} = \psi_m \sin(RT\theta_{rm}).$$

有

$$\psi_{as} = L_{ss}i_{as} + \psi_m \cos(RT\theta_{rm}) \text{ 和 } \psi_{bs} = L_{ss}i_{as} + \psi_m \sin(RT\theta_{rm}).$$

由方程（6-8）得出

$$u_{as} = r_s i_{as} + \frac{\mathrm{d}(L_{ss}i_{as} + \psi_m \cos(RT\theta_{rm}))}{\mathrm{d}t} = r_s i_{as} + L_{ss}\frac{\mathrm{d}i_{as}}{\mathrm{d}t} - RT\psi_m \omega_{rm}\sin(RT\theta_{rm}),$$

$$u_{bs} = r_s i_{bs} + \frac{\mathrm{d}(L_{ss}i_{bs} + \psi_m \sin(RT\theta_{rm}))}{\mathrm{d}t} = r_s i_{bs} + L_{ss}\frac{\mathrm{d}i_{bs}}{\mathrm{d}t} - RT\psi_m \omega_{rm}\cos(RT\theta_{rm}).$$

因此，

$$\begin{aligned}
\frac{\mathrm{d}i_{as}}{\mathrm{d}t} &= -\frac{r_s}{L_{ss}}i_{as} + \frac{RT\psi_m}{L_{ss}}\omega_{rm}\sin(RT\theta_{rm}) + \frac{1}{L_{ss}}u_{as}, \\
\frac{\mathrm{d}i_{bs}}{\mathrm{d}t} &= -\frac{r_s}{L_{ss}}i_{bs} + \frac{RT\psi_m}{L_{ss}}\omega_{rm}\cos(RT\theta_{rm}) + \frac{1}{L_{ss}}u_{bs}.
\end{aligned} \tag{6-13}$$

利用磁共能得到 T_e 的表达式

$$W_c = \frac{1}{2}(L_{ss}i_{as}^2 + L_{ss}i_{bs}^2) + \psi_m i_{as}\cos(RT\theta_{rm}) + \psi_m i_{bs}\sin(RT\theta_{rm}) + W_{PM}.$$

有

$$T_e = \frac{\partial W_c}{\partial \theta_{rm}} = RT\psi_m \left[-i_{as}\sin(RT\theta_m) + i_{bs}\cos(RT\theta_m) \right] \tag{6-14}$$

利用牛顿第二定律式（6-10）和式（6-14），转子角速度和角位移由下式描述

$$\frac{d\omega_{rm}}{dt} = \frac{RT\psi_m}{J} \left[-i_{as}\sin(RT\theta_{rm}) + i_{bs}\cos(RT\theta_{rm}) \right] - \frac{B_m}{J}\omega_{rm} - \frac{1}{J}T_L,$$

$$\frac{d\theta_{rm}}{dt} = \omega_{rm} \tag{6-15}$$

从式（6-13）和式（6-15），可得

$$\left.\begin{aligned}
\frac{di_{as}}{dt} &= -\frac{r_s}{L_{ss}}i_{as} + \frac{RT\psi_m}{L_{ss}}\omega_{rm}\sin(RT\theta_{rm}) + \frac{1}{L_{ss}}u_{as}, \\[2mm]
\frac{di_{bs}}{dt} &= -\frac{r_s}{L_{ss}}i_{bs} + \frac{RT\psi_m}{L_{ss}}\omega_{rm}\cos(RT\theta_{rm}) + \frac{1}{L_{ss}}u_{bs}. \\[2mm]
\frac{d\omega_{rm}}{dt} &= \frac{RT\psi_m}{J}\left[-i_{as}\sin(RT\theta_{rm}) + i_{bs}\cos(RT\theta_{rm}) \right] - \frac{B_m}{J}\omega_{rm} - \frac{1}{J}T_L, \\[2mm]
\frac{d\theta_{rm}}{dt} &= \omega_{rm}.
\end{aligned}\right\} \tag{6-16}$$

利用式（6-16），画出 s 域图，如图 6-12 所示。

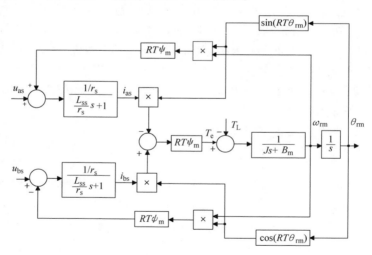

图 6-12 永磁步进电动机 s 域图

对式（6-14）的分析得到两相平衡正弦波电流的表达式

$$i_{as} = -\sqrt{2}i_M\sin(RT\theta_{rm}) \text{ 和 } i_{bs} = \sqrt{2}i_M\cos(RT\theta_{rm}),$$

从而得到最大电磁转矩为

$$T_e = \sqrt{2}RT\psi_m i_M.$$

相电压 u_{as} 和 u_{bs} 应当作为转子角位移的函数加载，

$$u_{as} = -\sqrt{2}u_M \sin(RT\theta_{rm}) \text{ 和 } u_{bs} = \sqrt{2}u_M \cos(RT\theta_{rm})$$

从而使电磁转矩最大化。然而，为了实现以上的相电流或相电压，需要用传感器（或使用电磁感应或相电流测量的探测器）测量（或监测）角位移。霍尔传感器常用于在永磁同步电动机中测量转子的角位移。或者，为了消除对传感器和探测器（非传感器控制）的需要，步进电动机可以开环控制状态下运行，前提是提供频率为允许值 ω_a 的相电压。例如，在不测量 θ_{rm} 时，加载脉冲

$$u_{as} = -\sqrt{2}u_M \operatorname{sgn}[\sin(\omega_a t)] \text{ 和 } u_{as} = \sqrt{2}u_M \operatorname{sgn}\left[\sin\left(\omega_a t - \frac{1}{2}\pi\right)\right].$$

前面我们已经在 abc 坐标系下论证了两相永磁同步电动机以及包括步进电动机，现在我们在 qq 坐标系下研究步进电动机。最频繁使用的是转子和同步参考坐标系。使用这两种坐标系的结果是一样的，因为 $\omega_e = \omega_r$。在 abc 坐标系下，应用基尔霍夫电压定律得到两个非线性微分方程（6-13）。我们使用习题 5-3 和表 5-2中的直接派克变换。在转子参考坐标系中，有

$$\begin{bmatrix} u_{qs}^r \\ u_{ds}^r \end{bmatrix} = \begin{bmatrix} -\sin(RT\theta_{rm}) & \cos(RT\theta_{rm}) \\ \cos(RT\theta_{rm}) & \sin(RT\theta_{rm}) \end{bmatrix} \begin{bmatrix} u_{as} \\ u_{bs} \end{bmatrix},$$

$$\begin{bmatrix} i_{qs}^r \\ i_{ds}^r \end{bmatrix} = \begin{bmatrix} -\sin(RT\theta_{rm}) & \cos(RT\theta_{rm}) \\ \cos(RT\theta_{rm}) & \sin(RT\theta_{rm}) \end{bmatrix} \begin{bmatrix} i_{as} \\ i_{bs} \end{bmatrix}.$$

以下微分方程是在 qq 坐标系下的结果

$$u_{qs}^r = r_s i_{qs}^r + L_{ss}\frac{\mathrm{d}i_{qs}^r}{\mathrm{d}t} + RT\psi_m \omega_{rm} + RTL_{ss}i_{ds}^r \omega_{rm},$$

$$u_{ds}^r = r_s i_{ds}^r + L_{ss}\frac{\mathrm{d}i_{ds}^r}{\mathrm{d}t} - RTL_{ss}i_{qs}^r \omega_{rm}.$$

因此，

$$\frac{\mathrm{d}i_{qs}^r}{\mathrm{d}t} = -\frac{r_s}{L_{ss}}i_{qs}^r - \frac{RT\psi_m}{L_{ss}}\omega_{rm} - RTi_{ds}^r \omega_{rm} + \frac{1}{L_{ss}}u_{qs}^r,$$

$$\frac{\mathrm{d}i_{ds}^r}{\mathrm{d}t} = -\frac{r_s}{L_{ss}}i_{ds}^r + RTi_{qs}^r \omega_{rm} + \frac{1}{L_{ss}}u_{ds}^r. \tag{6-17}$$

从式（6-14）中的 T_e 表达式，利用反派克变换得

$$\begin{bmatrix} i_{as} \\ i_{bs} \end{bmatrix} = \begin{bmatrix} -\sin(RT\theta_{rm}) & \cos(RT\theta_{rm}) \\ \cos(RT\theta_{rm}) & \sin(RT\theta_{rm}) \end{bmatrix} \begin{bmatrix} i_{qs}^r \\ i_{ds}^r \end{bmatrix},$$

有 $T_e = RT\psi_m i_{qs}^r$。

由牛顿第二定律（6-15），可得

$$\frac{\mathrm{d}\omega_{rm}}{\mathrm{d}t} = \frac{RT\psi_m}{J}i_{qs}^r - \frac{B_m}{J}\omega_{rm} - \frac{1}{J}T_L,$$

$$\frac{\mathrm{d}\theta_{\mathrm{rm}}}{\mathrm{d}t} = \omega_{\mathrm{rm}}. \tag{6-18}$$

从微分方程（6-17）和式（6-18）联合，我们便得到了在转子参考坐标系下永磁同步电动机的模型，为

$$\frac{\mathrm{d}i_{\mathrm{qs}}^{r}}{\mathrm{d}t} = -\frac{r_{\mathrm{s}}}{L_{\mathrm{ss}}}i_{\mathrm{qs}}^{r} - \frac{RT\psi_{\mathrm{m}}}{L_{\mathrm{ss}}}\omega_{\mathrm{rm}} - RTi_{\mathrm{ds}}^{r}\omega_{\mathrm{rm}} + \frac{1}{L_{\mathrm{ss}}}u_{\mathrm{qs}}^{r},$$

$$\frac{\mathrm{d}i_{\mathrm{ds}}^{r}}{\mathrm{d}t} = -\frac{r_{\mathrm{s}}}{L_{\mathrm{ss}}}i_{\mathrm{ds}}^{r} + RTi_{\mathrm{qs}}^{r}\omega_{\mathrm{rm}} + \frac{1}{L_{\mathrm{ss}}}u_{\mathrm{ds}}^{r},$$

$$\frac{\mathrm{d}\omega_{\mathrm{rm}}}{\mathrm{d}t} = \frac{RT\psi_{\mathrm{m}}}{J}i_{\mathrm{qs}}^{r} - \frac{B_{\mathrm{m}}}{J}\omega_{\mathrm{rm}} - \frac{1}{J}T_{\mathrm{L}},$$

$$\frac{\mathrm{d}\theta_{\mathrm{rm}}}{\mathrm{d}t} = \omega_{\mathrm{rm}}. \tag{6-19}$$

可见，必须得到加载在 a 相和 b 相绕组的相电压。重复之前推导出的

$$i_{\mathrm{as}} = -\sqrt{2}i_{\mathrm{M}}\sin(RT\theta_{\mathrm{rm}}) \text{ 和 } i_{\mathrm{bs}} = \sqrt{2}i_{\mathrm{M}}\cos(RT\theta_{\mathrm{rm}}),$$

$$u_{\mathrm{as}} = -\sqrt{2}u_{\mathrm{M}}\sin(RT\theta_{\mathrm{rm}}) \text{ 和 } u_{\mathrm{bs}} = \sqrt{2}u_{\mathrm{M}}\cos(RT\theta_{\mathrm{rm}}),$$

应用派克变换得

$$\begin{bmatrix} i_{\mathrm{qs}}^{r} \\ i_{\mathrm{ds}}^{r} \end{bmatrix} = \begin{bmatrix} -\sin(RT\theta_{\mathrm{rm}}) & \cos(RT\theta_{\mathrm{rm}}) \\ \cos(RT\theta_{\mathrm{rm}}) & \sin(RT\theta_{\mathrm{rm}}) \end{bmatrix} \begin{bmatrix} i_{\mathrm{as}} \\ i_{\mathrm{bs}} \end{bmatrix}$$

和

$$\begin{bmatrix} u_{\mathrm{qs}}^{r} \\ u_{\mathrm{ds}}^{r} \end{bmatrix} = \begin{bmatrix} -\sin(RT\theta_{\mathrm{rm}}) & \cos(RT\theta_{\mathrm{rm}}) \\ \cos(RT\theta_{\mathrm{rm}}) & \sin(RT\theta_{\mathrm{rm}}) \end{bmatrix} \begin{bmatrix} u_{\mathrm{as}} \\ u_{\mathrm{bs}} \end{bmatrix}.$$

从

$$i_{\mathrm{qs}}^{r} = -i_{\mathrm{as}}\sin(RT\theta_{\mathrm{rm}}) + i_{\mathrm{bs}}\cos(RT\theta_{\mathrm{rm}}), i_{\mathrm{ds}}^{r} = i_{\mathrm{as}}\cos(RT\theta_{\mathrm{rm}}) + i_{\mathrm{bs}}\sin(RT\theta_{\mathrm{rm}}),$$

可得

$$i_{\mathrm{qs}}^{r} = \sqrt{2}i_{\mathrm{M}}\sin^{2}(RT\theta_{\mathrm{rm}}) + \sqrt{2}i_{\mathrm{M}}\cos^{2}(RT\theta_{\mathrm{rm}}) = \sqrt{2}i_{\mathrm{M}}$$

和

$$i_{\mathrm{ds}}^{r} = -\sqrt{2}i_{\mathrm{M}}\sin(RT\theta_{\mathrm{rm}})\cos(RT\theta_{\mathrm{rm}}) + \sqrt{2}i_{\mathrm{M}}\sin(RT\theta_{\mathrm{rm}})\cos(RT\theta_{\mathrm{rm}}) = 0.$$

因此，

$$i_{\mathrm{qs}}^{r} = \sqrt{2}i_{\mathrm{M}} \text{ 且 } i_{\mathrm{ds}}^{r} = 0.$$

同理，交轴和直轴电压分量分别为

$$u_{\mathrm{qs}}^{r} = \sqrt{2}u_{\mathrm{M}} \text{ 且 } u_{\mathrm{ds}}^{r} = 0.$$

据笔者所知，步进电动机从未使用交直轴电压或电流分量来控制，因为相电压 u_{as} 和 u_{bs} 是必须提供的。推导出的 u_{qs}^{r} 和 u_{ds}^{r} 表明交直轴坐标系在此应用的实用性有限。

为了控制步进电动机的输出（角速度或角位移），功率放大器为 a 相和 b 相绕组提供能量来保证整步或其他运行状态。例如 Motorola 的单片集成 MC3479 步进电

动机驱动器 （6Vs，0.35A）[5]。这个驱动器双向地驱动一个两相步进电动机。如图 6-13 所示给出了驱动器的 648C 型塑封引脚、典型的方框图、电路和时序/输出图。

这个 MC3479 驱动器用于驱动具有多种应用于不同场合的微型步进电机，比如定位平台、磁盘驱动、小型机器人等。如图 6-13 所示，H 桥形功率级为电动机绕组（仅一个包含端口 L_1 和 L_2 的线圈如图 6-13 所示）提供相电压 u_{as} 和 u_{bs}。所提供的电压的极性依赖于哪个晶体管（VT_H 或 VT_L）导通，而且这些晶体管由解码电路的信号驱动。最大灌电流是引脚 6 和地之间的电阻的函数。当输出处于高阻态时，两个晶体管（VT_H 或 VT_L）都关断。引脚 V_D 为绕组（线圈）电流提供一个经过晶体管（开关）的路径，目的是为了减弱反电势（电压）的尖锋脉冲。引脚 V_D 一般通过一个二极管或电阻或直接与 V_M 相连。输出端的瞬时尖峰电压不能超过 V_M 的值，即 6V。跨越每个输出端的 VT_L 的寄生二极管为开关电流提供电路路径。当输入是逻辑 "0"（低于 0.8V）时，相应地输出在一个时钟周期内完成整步的运

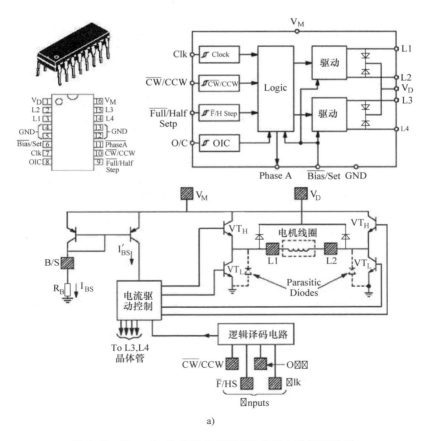

a)

图 6-13   Motorola 单片集成 MC3479 步进电动机驱动器

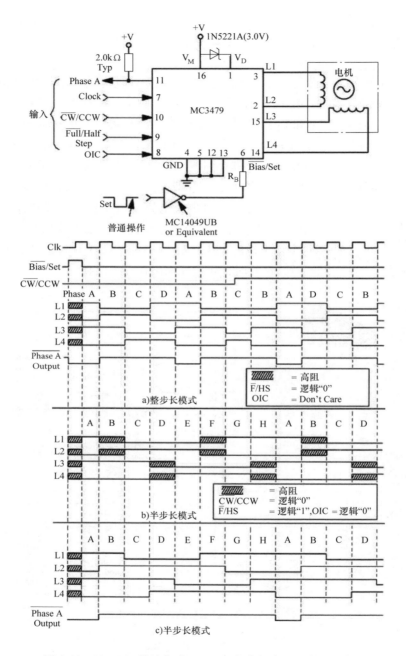

图 6-13　Motorola 单片集成 MC3479 步进电动机驱动器（续）

行。转动方向取决于 CW/CCW 输入。每个顺序逻辑周期有 4 个开关状态。相电压接入，使电动机绕组中产生电流 i_{as} 和 i_{bs}。对于逻辑 "1"（超过 2V），输出变为每个时钟周期完成半步。对于每个完整的顺序逻辑周期有 8 个开关状态。输出时序图如图 6-13 所示中展示。完整的使用说明，以及重要明细都可以从 Motorola 公司得到。以上我们非常简要地说明了 MC3479 步进电动机驱动器；当然还有其他类似专用集成电路和电动机控制器/驱动器。

6.3.2　径向结构三相永磁同步电机

三相两极永磁同步电机（电动机和发电机）如图 6-14 和图 6-15 所示。

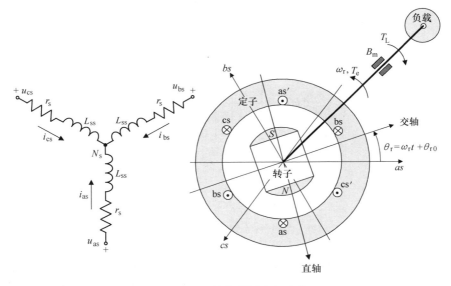

图 6-14　两极永磁同步电动机

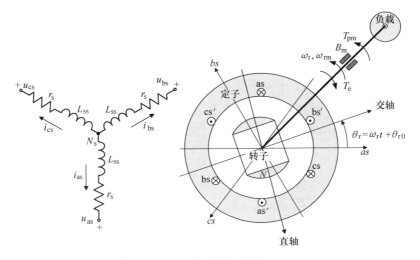

图 6-15　三相星型联结同步发电机

由基尔霍夫电压定律，可以分别得到 a 相、b 相和 c 相定子绕组的 3 个微分方程

$$u_{as} = r_s i_{as} + \frac{d\psi_{as}}{dt},$$

$$u_{bs} = r_s i_{bs} + \frac{d\psi_{bs}}{dt}, \qquad (6\text{-}20)$$

$$u_{cs} = r_s i_{cs} + \frac{d\psi_{cs}}{dt}.$$

从式（6-20），可得

$$\boldsymbol{u}_{abcs} = \boldsymbol{r}_s\,\boldsymbol{i}_{abcs} + \frac{d\psi_{abcs}}{dt}, \quad \begin{bmatrix} u_{as} \\ u_{bs} \\ u_{cs} \end{bmatrix} = \begin{bmatrix} r_s & 0 & 0 \\ 0 & r_s & 0 \\ 0 & 0 & r_s \end{bmatrix} \begin{bmatrix} i_{as} \\ i_{bs} \\ i_{cs} \end{bmatrix} + \begin{bmatrix} \dfrac{d\psi_{as}}{dt} \\ \dfrac{d\psi_{bs}}{dt} \\ \dfrac{d\psi_{cs}}{dt} \end{bmatrix}.$$

磁链为

$$\psi_{as} = L_{asas} i_{as} + L_{asbs} i_{bs} + L_{ascs} i_{cs} + \psi_{asm},$$

$$\psi_{bs} = L_{bsas} i_{as} + L_{bsbs} i_{bs} + L_{bscs} i_{cs} + \psi_{bsm},$$

$$\psi_{cs} = L_{csas} i_{as} + L_{csbs} i_{bs} + L_{cscs} i_{cs} + \psi_{csm}.$$

由永磁体产生的磁链 ψ_{asm}、ψ_{bsm} 和 ψ_{csm} 都是 θ_r 的周期函数。定子绕组之间按照 120°电角度次第放置。将永磁体产生的磁链的幅值表示为 ψ_m，假设 ψ_{asm}、ψ_{bsm} 和 ψ_{csm} 为如下形式

$$\psi_{asm} = \psi_m \sin\theta_r, \ \psi_{bsm} = \psi_m \sin\left(\theta_r - \frac{2}{3}\pi\right) 和 \ \psi_{csm} = \psi_m \sin\left(\theta_r + \frac{2}{3}\pi\right).$$

可以推导出三相永磁同步电机的自感和互感。特别地，交轴电感和直轴电感为

$$L_{mq} = \frac{N_s^2}{\mathscr{R}_{mq}} 和 \ L_{md} = \frac{N_s^2}{\mathscr{R}_{md}}.$$

交轴和直轴磁阻不相同，且 $\mathscr{R}_{mq} > \mathscr{R}_{md}$。因此，有 $L_{mq} < L_{md}$。L_{asas} 在 $\theta_r = 0$、π、2π、$\cdots$处取得最小值，而在 $\theta_r = \frac{1}{2}\pi$、$\frac{3}{2}\pi$、$\frac{5}{2}\pi$、$\cdots$处取得最大值。结论是，式 $L_{ls} + L_{mq} \leq L_{asas} \leq L_{ls} + L_{md}$ 中的 L_{asas} 是 θ_r 的周期函数。因此，$L_{asas}(\theta_r)$ 按照正弦函数规律变化并包含一个常数部分。令

$$L_{asas} = L_{ls} + \bar{L}_m - L_{ls} + L_{\Delta m}\cos 2\theta_r,$$

其中 $\bar{L}_m$ 是电感的平均值；$L_{\Delta m}$ 是正弦变化电感的幅值的一半。

L_{mq}、L_{md} 和 $\bar{L}_m$、$L_{\Delta m}$ 之间的关系为

$$L_{mq} = \frac{3}{2}(\bar{L}_m - L_{\Delta m}) 和 \ L_{md} = \frac{3}{2}(\bar{L}_m + L_{\Delta m}).$$

因此，

$$\overline{L}_\mathrm{m} = \frac{1}{3}(L_\mathrm{mq} + L_\mathrm{md}) \text{ 和 } L_{\Delta\mathrm{m}} = \frac{1}{3}(L_\mathrm{md} - L_\mathrm{mq}).$$

利用 L_mq 和 L_md 的表达式，我们有

$$\overline{L}_\mathrm{m} = \frac{1}{3}\left(\frac{N_\mathrm{s}^2}{\mathscr{R}_\mathrm{mq}} + \frac{N_\mathrm{s}^2}{\mathscr{R}_\mathrm{md}}\right) \text{ 和 } L_{\Delta\mathrm{m}} = \frac{1}{3}\left(\frac{N_\mathrm{s}^2}{\mathscr{R}_\mathrm{md}} - \frac{N_\mathrm{s}^2}{\mathscr{R}_\mathrm{mq}}\right).$$

以下方程为磁链结果

$$\psi_\mathrm{as} = (L_\mathrm{ls} + \overline{L}_\mathrm{m} - L_{\Delta\mathrm{m}}\cos 2\theta_\mathrm{r})i_\mathrm{as} + \left(-\frac{1}{2}\overline{L}_\mathrm{m} - L_{\Delta\mathrm{m}}\cos 2\left(\theta_\mathrm{r} - \frac{1}{3}\pi\right)\right)i_\mathrm{bs}$$

$$+ \left(-\frac{1}{2}\overline{L}_\mathrm{m} - L_{\Delta\mathrm{m}}\cos 2\left(\theta_\mathrm{r} + \frac{1}{3}\pi\right)\right)i_\mathrm{cs} + \psi_\mathrm{m}\sin\theta_\mathrm{r},$$

$$\psi_\mathrm{bs} = \left(-\frac{1}{2}\overline{L}_\mathrm{m} - L_{\Delta\mathrm{m}}\cos 2\left(\theta_\mathrm{r} - \frac{1}{3}\pi\right)\right)i_\mathrm{as} + \left(L_\mathrm{ls} + \overline{L}_\mathrm{m} - L_{\Delta\mathrm{m}}\cos 2\left(\theta_\mathrm{r} - \frac{2}{3}\pi\right)\right)i_\mathrm{bs}$$

$$+ \left(-\frac{1}{2}\overline{L}_\mathrm{m} - L_{\Delta\mathrm{m}}\cos 2\theta_\mathrm{r}\right)i_\mathrm{cs} + \psi_\mathrm{m}\sin\left(\theta_\mathrm{r} - \frac{2}{3}\pi\right),$$

$$\psi_\mathrm{cs} = \left(-\frac{1}{2}\overline{L}_\mathrm{m} - L_{\Delta\mathrm{m}}\cos 2\left(\theta_\mathrm{r} + \frac{1}{3}\pi\right)\right)i_\mathrm{as} + \left(-\frac{1}{2}\overline{L}_\mathrm{m} - L_{\Delta\mathrm{m}}\cos 2\theta_\mathrm{r}\right)i_\mathrm{bs}$$

$$+ \left(L_\mathrm{ls} + \overline{L}_\mathrm{m} - L_{\Delta\mathrm{m}}\cos 2\left(\theta_\mathrm{r} + \frac{2}{3}\pi\right)\right)i_\mathrm{cs} + \psi_\mathrm{m}\sin\left(\theta_\mathrm{r} + \frac{2}{3}\pi\right). \tag{6-21}$$

由式（6-21），有

$$\boldsymbol{\psi}_\mathrm{abcs} = \boldsymbol{L}_\mathrm{s}\,\boldsymbol{i}_\mathrm{abcs} + \boldsymbol{\psi}_\mathrm{m}$$

$$= \begin{bmatrix} L_\mathrm{ls} + \overline{L}_\mathrm{m} - L_{\Delta\mathrm{m}}\cos 2(\theta_\mathrm{r}) & -\frac{1}{2}\overline{L}_\mathrm{m} - L_{\Delta\mathrm{m}}\cos 2\left(\theta_\mathrm{r} - \frac{1}{3}\pi\right) & -\frac{1}{2}\overline{L}_\mathrm{m} - L_{\Delta\mathrm{m}}\cos 2\left(\theta_\mathrm{r} + \frac{1}{3}\pi\right) \\ -\frac{1}{2}\overline{L}_\mathrm{m} - L_{\Delta\mathrm{m}}\cos 2\left(\theta_\mathrm{r} - \frac{1}{3}\pi\right) & L_\mathrm{ls} + \overline{L}_\mathrm{m} - L_{\Delta\mathrm{m}}\cos 2\left(\theta_\mathrm{r} - \frac{2}{3}\pi\right) & -\frac{1}{2}\overline{L}_\mathrm{m} - L_{\Delta\mathrm{m}}\cos 2\theta_\mathrm{r} \\ -\frac{1}{2}\overline{L}_\mathrm{m} - L_{\Delta\mathrm{m}}\cos 2\left(\theta_\mathrm{r} + \frac{1}{3}\pi\right) & -\frac{1}{2}\overline{L}_\mathrm{m} - L_{\Delta\mathrm{m}}\cos 2\theta_\mathrm{r} & L_\mathrm{ls} + \overline{L}_\mathrm{m} - L_{\Delta\mathrm{m}}\cos 2\left(\theta_\mathrm{r} + \frac{2}{3}\pi\right) \end{bmatrix}$$

$$\times \begin{bmatrix} i_\mathrm{as} \\ i_\mathrm{bs} \\ i_\mathrm{cs} \end{bmatrix} + \psi_\mathrm{m} \begin{bmatrix} \sin\theta_\mathrm{r} \\ \sin\left(\theta_\mathrm{r} - \frac{2}{3}\pi\right) \\ \sin\left(\theta_\mathrm{r} + \frac{2}{3}\pi\right) \end{bmatrix}.$$

电感 $\boldsymbol{L}_\mathrm{s}(\theta_\mathrm{r})$ 是

$$\boldsymbol{L}_\mathrm{s}(\theta_\mathrm{r}) = \begin{bmatrix} L_\mathrm{ls} + \overline{L}_\mathrm{m} - L_{\Delta\mathrm{m}}\cos 2(\theta_\mathrm{r}) & -\frac{1}{2}\overline{L}_\mathrm{m} - L_{\Delta\mathrm{m}}\cos 2\left(\theta_\mathrm{r} - \frac{1}{3}\pi\right) & -\frac{1}{2}\overline{L}_\mathrm{m} - L_{\Delta\mathrm{m}}\cos 2\left(\theta_\mathrm{r} + \frac{1}{3}\pi\right) \\ -\frac{1}{2}\overline{L}_\mathrm{m} - L_{\Delta\mathrm{m}}\cos 2\left(\theta_\mathrm{r} - \frac{1}{3}\pi\right) & L_\mathrm{ls} + \overline{L}_\mathrm{m} - L_{\Delta\mathrm{m}}\cos 2\left(\theta_\mathrm{r} - \frac{2}{3}\pi\right) & -\frac{1}{2}\overline{L}_\mathrm{m} - L_{\Delta\mathrm{m}}\cos 2\theta_\mathrm{r} \\ -\frac{1}{2}\overline{L}_\mathrm{m} - L_{\Delta\mathrm{m}}\cos 2\left(\theta_\mathrm{r} + \frac{1}{3}\pi\right) & -\frac{1}{2}\overline{L}_\mathrm{m} - L_{\Delta\mathrm{m}}\cos 2\theta_\mathrm{r} & L_\mathrm{ls} + \overline{L}_\mathrm{m} - L_{\Delta\mathrm{m}}\cos 2\left(\theta_\mathrm{r} + \frac{2}{3}\pi\right) \end{bmatrix}.$$

已知

$$\overline{L}_{\mathrm{m}} = \frac{1}{3}\left(\frac{N_{\mathrm{s}}^2}{\mathscr{R}_{\mathrm{mq}}} + \frac{N_{\mathrm{s}}^2}{\mathscr{R}_{\mathrm{md}}}\right) 和 L_{\Delta\mathrm{m}} = \frac{1}{3}\left(\frac{N_{\mathrm{s}}^2}{\mathscr{R}_{\mathrm{md}}} - \frac{N_{\mathrm{s}}^2}{\mathscr{R}_{\mathrm{mq}}}\right).$$

永磁同步运动设备是隐极式转子电机（在交轴和直轴下的磁路一样，使得 $\mathscr{R}_{\mathrm{mq}} = \mathscr{R}_{\mathrm{md}}$）。即

$$\overline{L}_{\mathrm{m}} = \frac{2N_{\mathrm{s}}^2}{3\,\mathscr{R}_{\mathrm{mq}}} = \frac{2N_{\mathrm{s}}^2}{3\,\mathscr{R}_{\mathrm{md}}}, \quad L_{\Delta\mathrm{m}} = 0 \ 和 \ \overline{L}_{\mathrm{m}} = L_{\mathrm{ss}} - L_{\mathrm{ls}}.$$

从电感 $\boldsymbol{L}_{\mathrm{s}}(\theta_{\mathrm{r}})$，可以得到电感矩阵如下

$$L_{\mathrm{s}} = \begin{bmatrix} L_{\mathrm{ls}} + \overline{L}_{\mathrm{m}} & -\frac{1}{2}\overline{L}_{\mathrm{m}} & -\frac{1}{2}\overline{L}_{\mathrm{m}} \\ -\frac{1}{2}\overline{L}_{\mathrm{m}} & L_{\mathrm{ls}} + \overline{L}_{\mathrm{m}} & -\frac{1}{2}\overline{L}_{\mathrm{m}} \\ -\frac{1}{2}\overline{L}_{\mathrm{m}} & -\frac{1}{2}\overline{L}_{\mathrm{m}} & L_{\mathrm{ls}} + \overline{L}_{\mathrm{m}} \end{bmatrix}.$$

式（6-21）中的磁链表达式可以简化为

$$
\begin{aligned}
\psi_{\mathrm{as}} &= (L_{\mathrm{ls}} + \overline{L}_{\mathrm{m}})\,i_{\mathrm{as}} - \frac{1}{2}\overline{L}_{\mathrm{m}}i_{\mathrm{bs}} - \frac{1}{2}\overline{L}_{\mathrm{m}}i_{\mathrm{cs}} + \psi_{\mathrm{m}}\sin\theta_{\mathrm{r}}, \\
\psi_{\mathrm{bs}} &= -\frac{1}{2}\overline{L}_{\mathrm{m}}i_{\mathrm{as}} + (L_{\mathrm{ls}} + \overline{L}_{\mathrm{m}})\,i_{\mathrm{bs}} - \frac{1}{2}\overline{L}_{\mathrm{m}}i_{\mathrm{cs}} + \psi_{\mathrm{m}}\sin\left(\theta_{\mathrm{r}} - \frac{2}{3}\pi\right), \\
\psi_{\mathrm{cs}} &= -\frac{1}{2}\overline{L}_{\mathrm{m}}i_{\mathrm{as}} - \frac{1}{2}\overline{L}_{\mathrm{m}}i_{\mathrm{bs}} + (L_{\mathrm{ls}} + \overline{L}_{\mathrm{m}})\,i_{\mathrm{cs}} + \psi_{\mathrm{m}}\sin\left(\theta_{\mathrm{r}} + \frac{2}{3}\pi\right),
\end{aligned}
\tag{6-22}
$$

或以矩阵形式表示为

$$\boldsymbol{\psi}_{\mathrm{abcs}} = \boldsymbol{L}_{\mathrm{s}}\,\boldsymbol{i}_{\mathrm{abcs}} + \boldsymbol{\psi}_{\mathrm{m}} = \begin{bmatrix} L_{\mathrm{ls}} + \overline{L}_{\mathrm{m}} & -\frac{1}{2}\overline{L}_{\mathrm{m}} & -\frac{1}{2}\overline{L}_{\mathrm{m}} \\ -\frac{1}{2}\overline{L}_{\mathrm{m}} & L_{\mathrm{ls}} + \overline{L}_{\mathrm{m}} & -\frac{1}{2}\overline{L}_{\mathrm{m}} \\ -\frac{1}{2}\overline{L}_{\mathrm{m}} & -\frac{1}{2}\overline{L}_{\mathrm{m}} & L_{\mathrm{ls}} + \overline{L}_{\mathrm{m}} \end{bmatrix}\begin{bmatrix} i_{\mathrm{as}} \\ i_{\mathrm{bs}} \\ i_{\mathrm{cs}} \end{bmatrix} + \psi_{\mathrm{m}}\begin{bmatrix} \sin\theta_{\mathrm{r}} \\ \sin\left(\theta_{\mathrm{r}} - \frac{2}{3}\pi\right) \\ \sin\left(\theta_{\mathrm{r}} + \frac{2}{3}\pi\right) \end{bmatrix}.$$

利用式（6-20）式（6-22），有

$$\boldsymbol{u}_{\mathrm{abcs}} = \boldsymbol{r}_{\mathrm{s}}\,\boldsymbol{i}_{\mathrm{abcs}} + \frac{\mathrm{d}\boldsymbol{\psi}_{\mathrm{abcs}}}{\mathrm{d}t} = \boldsymbol{r}_{\mathrm{s}}\,\boldsymbol{i}_{\mathrm{abcs}} + \boldsymbol{L}_{\mathrm{s}}\,\frac{\mathrm{d}\boldsymbol{i}_{\mathrm{abcs}}}{\mathrm{d}t} + \frac{\mathrm{d}\boldsymbol{\psi}_{\mathrm{m}}}{\mathrm{d}t},$$

其中

$$\frac{\mathrm{d}\boldsymbol{\psi}_{\mathrm{m}}}{\mathrm{d}t} = \psi_{\mathrm{m}}\begin{bmatrix} \cos\theta_{\mathrm{r}}\omega_{\mathrm{r}} \\ \cos\left(\theta_{\mathrm{r}} - \frac{2}{3}\pi\right)\omega_{\mathrm{r}} \\ \cos\left(\theta_{\mathrm{r}} + \frac{2}{3}\pi\right)\omega_{\mathrm{r}} \end{bmatrix}.$$

柯西形式的微分方程可以通过利用 $\boldsymbol{L}_{\mathrm{s}}^{-1}$ 得到。特别地，

$$\frac{\mathrm{d}\boldsymbol{i}_{\mathrm{abcs}}}{\mathrm{d}t} = -\boldsymbol{L}_{\mathrm{s}}^{-1}\,\boldsymbol{r}_{\mathrm{s}}\boldsymbol{i}_{\mathrm{abcs}} - \boldsymbol{L}_{\mathrm{s}}^{-1}\,\frac{\mathrm{d}\boldsymbol{\psi}_{\mathrm{m}}}{\mathrm{d}t} + \boldsymbol{L}_{\mathrm{s}}^{-1}\,\boldsymbol{u}_{\mathrm{abcs}}.$$

电磁动态如下：

$$
\begin{bmatrix} \dfrac{\mathrm{d}i_{\mathrm{as}}}{\mathrm{d}t} \\[2ex] \dfrac{\mathrm{d}i_{\mathrm{bs}}}{\mathrm{d}t} \\[2ex] \dfrac{\mathrm{d}i_{\mathrm{cs}}}{\mathrm{d}t} \end{bmatrix} =
\begin{bmatrix}
-\dfrac{r_{\mathrm{s}}(2L_{\mathrm{ss}}-\overline{L}_{\mathrm{m}})}{2L_{\mathrm{ss}}^2 - L_{\mathrm{ss}}\overline{L}_{\mathrm{m}} - \overline{L}_{\mathrm{m}}^2} & -\dfrac{r_{\mathrm{s}}\overline{L}_{\mathrm{m}}}{2L_{\mathrm{ss}}^2 - L_{\mathrm{ss}}\overline{L}_{\mathrm{m}} - \overline{L}_{\mathrm{m}}^2} & -\dfrac{r_{\mathrm{s}}\overline{L}_{\mathrm{m}}}{2L_{\mathrm{ss}}^2 - L_{\mathrm{ss}}\overline{L}_{\mathrm{m}} - \overline{L}_{\mathrm{m}}^2} \\[3ex]
-\dfrac{r_{\mathrm{s}}\overline{L}_{\mathrm{m}}}{2L_{\mathrm{ss}}^2 - L_{\mathrm{ss}}\overline{L}_{\mathrm{m}} - \overline{L}_{\mathrm{m}}^2} & -\dfrac{r_{\mathrm{s}}(2L_{\mathrm{ss}}-\overline{L}_{\mathrm{m}})}{2L_{\mathrm{ss}}^2 - L_{\mathrm{ss}}\overline{L}_{\mathrm{m}} - \overline{L}_{\mathrm{m}}^2} & -\dfrac{r_{\mathrm{s}}\overline{L}_{\mathrm{m}}}{2L_{\mathrm{ss}}^2 - L_{\mathrm{ss}}\overline{L}_{\mathrm{m}} - \overline{L}_{\mathrm{m}}^2} \\[3ex]
-\dfrac{r_{\mathrm{s}}\overline{L}_{\mathrm{m}}}{2L_{\mathrm{ss}}^2 - L_{\mathrm{ss}}\overline{L}_{\mathrm{m}} - \overline{L}_{\mathrm{m}}^2} & -\dfrac{r_{\mathrm{s}}\overline{L}_{\mathrm{m}}}{2L_{\mathrm{ss}}^2 - L_{\mathrm{ss}}\overline{L}_{\mathrm{m}} - \overline{L}_{\mathrm{m}}^2} & -\dfrac{r_{\mathrm{s}}(2L_{\mathrm{ss}}-\overline{L}_{\mathrm{m}})}{2L_{\mathrm{ss}}^2 - L_{\mathrm{ss}}\overline{L}_{\mathrm{m}} - \overline{L}_{\mathrm{m}}^2}
\end{bmatrix}
\begin{bmatrix} i_{\mathrm{as}} \\[1ex] i_{\mathrm{bs}} \\[1ex] i_{\mathrm{cs}} \end{bmatrix} +
$$

$$
\begin{bmatrix}
-\dfrac{\psi_{\mathrm{m}}(2L_{\mathrm{ss}}-\overline{L}_{\mathrm{m}})}{2L_{\mathrm{ss}}^2 - L_{\mathrm{ss}}\overline{L}_{\mathrm{m}} - \overline{L}_{\mathrm{m}}^2} & -\dfrac{\psi_{\mathrm{m}}\overline{L}_{\mathrm{m}}}{2L_{\mathrm{ss}}^2 - L_{\mathrm{ss}}\overline{L}_{\mathrm{m}} - \overline{L}_{\mathrm{m}}^2} & -\dfrac{\psi_{\mathrm{m}}\overline{L}_{\mathrm{m}}}{2L_{\mathrm{ss}}^2 - L_{\mathrm{ss}}\overline{L}_{\mathrm{m}} - \overline{L}_{\mathrm{m}}^2} \\[3ex]
-\dfrac{\psi_{\mathrm{m}}\overline{L}_{\mathrm{m}}}{2L_{\mathrm{ss}}^2 - L_{\mathrm{ss}}\overline{L}_{\mathrm{m}} - \overline{L}_{\mathrm{m}}^2} & -\dfrac{\psi_{\mathrm{m}}(2L_{\mathrm{ss}}-\overline{L}_{\mathrm{m}})}{2L_{\mathrm{ss}}^2 - L_{\mathrm{ss}}\overline{L}_{\mathrm{m}} - \overline{L}_{\mathrm{m}}^2} & -\dfrac{\psi_{\mathrm{m}}\overline{L}_{\mathrm{m}}}{2L_{\mathrm{ss}}^2 - L_{\mathrm{ss}}\overline{L}_{\mathrm{m}} - \overline{L}_{\mathrm{m}}^2} \\[3ex]
-\dfrac{\psi_{\mathrm{m}}\overline{L}_{\mathrm{m}}}{2L_{\mathrm{ss}}^2 - L_{\mathrm{ss}}\overline{L}_{\mathrm{m}} - \overline{L}_{\mathrm{m}}^2} & -\dfrac{\psi_{\mathrm{m}}\overline{L}_{\mathrm{m}}}{2L_{\mathrm{ss}}^2 - L_{\mathrm{ss}}\overline{L}_{\mathrm{m}} - \overline{L}_{\mathrm{m}}^2} & -\dfrac{\psi_{\mathrm{m}}(2L_{\mathrm{ss}}-\overline{L}_{\mathrm{m}})}{2L_{\mathrm{ss}}^2 - L_{\mathrm{ss}}\overline{L}_{\mathrm{m}} - \overline{L}_{\mathrm{m}}^2}
\end{bmatrix}
\begin{bmatrix} \omega_{\mathrm{r}}\cos\theta_{\mathrm{r}} \\[1ex] \omega_{\mathrm{r}}\cos\!\left(\theta_{\mathrm{r}}-\dfrac{2}{3}\pi\right) \\[1ex] \omega_{\mathrm{r}}\cos\!\left(\theta_{\mathrm{r}}+\dfrac{2}{3}\pi\right) \end{bmatrix} +
$$

$$
\begin{bmatrix}
\dfrac{2L_{\mathrm{ss}}-\overline{L}_{\mathrm{m}}}{2L_{\mathrm{ss}}^2 - L_{\mathrm{ss}}\overline{L}_{\mathrm{m}} - \overline{L}_{\mathrm{m}}^2} & \dfrac{\overline{L}_{\mathrm{m}}}{2L_{\mathrm{ss}}^2 - L_{\mathrm{ss}}\overline{L}_{\mathrm{m}} - \overline{L}_{\mathrm{m}}^2} & \dfrac{\overline{L}_{\mathrm{m}}}{2L_{\mathrm{ss}}^2 - L_{\mathrm{ss}}\overline{L}_{\mathrm{m}} - \overline{L}_{\mathrm{m}}^2} \\[3ex]
\dfrac{\overline{L}_{\mathrm{m}}}{2L_{\mathrm{ss}}^2 - L_{\mathrm{ss}}\overline{L}_{\mathrm{m}} - \overline{L}_{\mathrm{m}}^2} & \dfrac{2L_{\mathrm{ss}}-\overline{L}_{\mathrm{m}}}{2L_{\mathrm{ss}}^2 - L_{\mathrm{ss}}\overline{L}_{\mathrm{m}} - \overline{L}_{\mathrm{m}}^2} & \dfrac{\overline{L}_{\mathrm{m}}}{2L_{\mathrm{ss}}^2 - L_{\mathrm{ss}}\overline{L}_{\mathrm{m}} - \overline{L}_{\mathrm{m}}^2} \\[3ex]
\dfrac{\overline{L}_{\mathrm{m}}}{2L_{\mathrm{ss}}^2 - L_{\mathrm{ss}}\overline{L}_{\mathrm{m}} - \overline{L}_{\mathrm{m}}^2} & \dfrac{\overline{L}_{\mathrm{m}}}{2L_{\mathrm{ss}}^2 - L_{\mathrm{ss}}\overline{L}_{\mathrm{m}} - \overline{L}_{\mathrm{m}}^2} & \dfrac{2L_{\mathrm{ss}}-\overline{L}_{\mathrm{m}}}{2L_{\mathrm{ss}}^2 - L_{\mathrm{ss}}\overline{L}_{\mathrm{m}} - \overline{L}_{\mathrm{m}}^2}
\end{bmatrix}
\begin{bmatrix} u_{\mathrm{as}} \\[1ex] u_{\mathrm{bs}} \\[1ex] u_{\mathrm{cs}} \end{bmatrix}.
$$

展开后，我们得到以下描述暂态行为的非线性微分方程

$$
\begin{aligned}
\frac{\mathrm{d}i_{\mathrm{as}}}{\mathrm{d}t} =\ & -\frac{r_{\mathrm{s}}(2L_{\mathrm{ss}}-\overline{L}_{\mathrm{m}})}{2L_{\mathrm{ss}}^2 - L_{\mathrm{ss}}\overline{L}_{\mathrm{m}} - \overline{L}_{\mathrm{m}}^2}i_{\mathrm{as}} - \frac{r_{\mathrm{s}}\overline{L}_{\mathrm{m}}}{2L_{\mathrm{ss}}^2 - L_{\mathrm{ss}}\overline{L}_{\mathrm{m}} - \overline{L}_{\mathrm{m}}^2}i_{\mathrm{bs}} - \frac{r_{\mathrm{s}}\overline{L}_{\mathrm{m}}}{2L_{\mathrm{ss}}^2 - L_{\mathrm{ss}}\overline{L}_{\mathrm{m}} - \overline{L}_{\mathrm{m}}^2}i_{\mathrm{cs}} \\
& -\frac{\psi_{\mathrm{m}}(2L_{\mathrm{ss}}-\overline{L}_{\mathrm{m}})}{2L_{\mathrm{ss}}^2 - L_{\mathrm{ss}}\overline{L}_{\mathrm{m}} - \overline{L}_{\mathrm{m}}^2}\omega_{\mathrm{r}}\cos\theta_{\mathrm{r}} - \frac{\psi_{\mathrm{m}}\overline{L}_{\mathrm{m}}}{2L_{\mathrm{ss}}^2 - L_{\mathrm{ss}}\overline{L}_{\mathrm{m}} - \overline{L}_{\mathrm{m}}^2}\omega_{\mathrm{r}}\cos\!\left(\theta_{\mathrm{r}}-\frac{2}{3}\pi\right) \\
& -\frac{\psi_{\mathrm{m}}\overline{L}_{\mathrm{m}}}{2L_{\mathrm{ss}}^2 - L_{\mathrm{ss}}\overline{L}_{\mathrm{m}} - \overline{L}_{\mathrm{m}}^2}\omega_{\mathrm{r}}\cos\!\left(\theta_{\mathrm{r}}+\frac{2}{3}\pi\right) + \frac{2L_{\mathrm{ss}}-\overline{L}_{\mathrm{m}}}{2L_{\mathrm{ss}}^2 - L_{\mathrm{ss}}\overline{L}_{\mathrm{m}} - \overline{L}_{\mathrm{m}}^2}u_{\mathrm{as}} \\
& +\frac{\overline{L}_{\mathrm{m}}}{2L_{\mathrm{ss}}^2 - L_{\mathrm{ss}}\overline{L}_{\mathrm{m}} - \overline{L}_{\mathrm{m}}^2}u_{\mathrm{bs}} + \frac{\overline{L}_{\mathrm{m}}}{2L_{\mathrm{ss}}^2 - L_{\mathrm{ss}}\overline{L}_{\mathrm{m}} - \overline{L}_{\mathrm{m}}^2}u_{\mathrm{cs}},
\end{aligned}
$$

$$\frac{\mathrm{d}i_{bs}}{\mathrm{d}t} = -\frac{r_s\overline{L}_m}{2L_{ss}^2 - L_{ss}\overline{L}_m - \overline{L}_m^2}i_{as} - \frac{r_s\ (2L_{ss} - \overline{L}_m)}{2L_{ss}^2 - L_{ss}\overline{L}_m - \overline{L}_m^2}i_{bs} - \frac{r_s\overline{L}_m}{2L_{ss}^2 - L_{ss}\overline{L}_m - \overline{L}_m^2}i_{cs}$$

$$-\frac{\psi_m\overline{L}_m}{2L_{ss}^2 - L_{ss}\overline{L}_m - \overline{L}_m^2}\omega_r\cos\theta_r - \frac{\psi_m\ (2L_{ss} - \overline{L}_m)}{2L_{ss}^2 - L_{ss}\overline{L}_m - \overline{L}_m^2}\omega_r\cos\left(\theta_r - \frac{2}{3}\pi\right)$$

$$-\frac{\psi_m\overline{L}_m}{2L_{ss}^2 - L_{ss}\overline{L}_m - \overline{L}_m^2}\omega_r\cos\left(\theta_r + \frac{2}{3}\pi\right) + \frac{\overline{L}_m}{2L_{ss}^2 - L_{ss}\overline{L}_m - \overline{L}_m^2}u_{as}$$

$$+\frac{2L_{ss} - \overline{L}_m}{2L_{ss}^2 - L_{ss}\overline{L}_m - \overline{L}_m^2}u_{bs} + \frac{\overline{L}_m}{2L_{ss}^2 - L_{ss}\overline{L}_m - L_m^2}u_{cs},$$

$$\frac{\mathrm{d}i_{cs}}{\mathrm{d}t} = -\frac{r_s\overline{L}_m}{2L_{ss}^2 - L_{ss}\overline{L}_m - \overline{L}_m^2}i_{as} - \frac{r_s\overline{L}_m}{2L_{ss}^2 - L_{ss}\overline{L}_m - \overline{L}_m^2}i_{bs} - \frac{r_s\ (2L_{ss} - \overline{L}_m)}{2L_{ss}^2 - L_{ss}\overline{L}_m - \overline{L}_m^2}i_{cs}$$

$$-\frac{\psi_m\overline{L}_m}{2L_{ss}^2 - L_{ss}\overline{L}_m - \overline{L}_m^2}\omega_r\cos\theta_r - \frac{\psi_m\overline{L}_m}{2L_{ss}^2 - L_{ss}\overline{L}_m - \overline{L}_m^2}\omega_r\cos\left(\theta_r - \frac{2}{3}\pi\right)$$

$$-\frac{\psi_m\ (2L_{ss} - \overline{L}_m)}{2L_{ss}^2 - L_{ss}\overline{L}_m - \overline{L}_m^2}\omega_r\cos\left(\theta_r + \frac{2}{3}\pi\right) + \frac{\overline{L}_m}{2L_{ss}^2 - L_{ss}\overline{L}_m - \overline{L}_m^2}u_{as}$$

$$+\frac{\overline{L}_m}{2L_{ss}^2 - L_{ss}\overline{L}_m - \overline{L}_m^2}u_{bs} + \frac{2L_{ss} - \overline{L}_m}{2L_{ss}^2 - L_{ss}\overline{L}_m - \overline{L}_m^2}u_{cs}. \tag{6-23}$$

上式中必须使用电机系统的暂态过程。上式中电角速度 ω_r 和电位移角度 θ_r 为状态变量,因此无法获得解析解。

由牛顿第二定律

$$J\frac{\mathrm{d}^2\theta_{rm}}{\mathrm{d}t^2} = T_e - B_m\omega_{rm} - T_L$$

得出两个微分方程

$$\frac{\mathrm{d}\omega_{rm}}{\mathrm{d}t} = \frac{1}{J}(T_e - B_m\omega_{rm} - T_L) \text{和} \frac{\mathrm{d}\theta_{rm}}{\mathrm{d}t} = \omega_{rm}.$$

利用磁共能得到电磁转矩的表达式

$$W_c = \frac{1}{2}\begin{bmatrix} i_{as} & i_{bs} & i_{cs} \end{bmatrix}L_s\begin{bmatrix} i_{as} \\ i_{bs} \\ i_{cs} \end{bmatrix} + \begin{bmatrix} i_{as} & i_{bs} & i_{cs} \end{bmatrix}\begin{bmatrix} \psi_m\sin\theta_r \\ \psi_m\sin\left(\theta_r - \frac{2}{3}\pi\right) \\ \psi_m\sin\left(\theta_r + \frac{2}{3}\pi\right) \end{bmatrix} + W_{PM},$$

式中, W_{PM} 是存储在永磁体中的能量。

对于隐极式同步电机

$$L_s = \begin{bmatrix} L_{ls} + \overline{L}_m & -\frac{1}{2}\overline{L}_m & -\frac{1}{2}\overline{L}_m \\ -\frac{1}{2}\overline{L}_m & L_{ls} + \overline{L}_m & -\frac{1}{2}\overline{L}_m \\ -\frac{1}{2}\overline{L}_m & -\frac{1}{2}\overline{L}_m & L_{ls} + \overline{L}_m \end{bmatrix}.$$

电感矩阵 $\boldsymbol{L}_s$ 和 W_{PM} 不是 θ_r 的函数。可得以下三相 P 极永磁同步电动机的电磁转矩公式

$$T_e = \frac{P}{2}\frac{\partial W_c}{\partial \theta_r} = \frac{P\psi_m}{2}\left[i_{as}\cos\theta_r + i_{bs}\cos\left(\theta_r - \frac{2}{3}\pi\right) + i_{cs}\left(\theta_r + \frac{2}{3}\pi\right) \right]. \qquad (6\text{-}24)$$

因此，

$$\frac{d\omega_{rm}}{dt} = \frac{P\psi_m}{2J}\left[i_{as}\cos\theta_r + i_{bs}\cos\left(\theta_r - \frac{2}{3}\pi\right) + i_{cs}\left(\theta_r + \frac{2}{3}\pi\right) \right] - \frac{B_m}{J}\omega_{rm} - \frac{1}{J}T_L,$$

$$\frac{d\theta_{rm}}{dt} = \omega_{rm}.$$

利用电角速度 ω_r 和电位移角度 θ_r，得到相对应的机械角速度和角位移如下

$$\omega_{rm} = \frac{2}{P}\omega_r \text{ 和 } \theta_{rm} = \frac{2}{P}\theta_r,$$

旋转运动暂态过程由以下微分方程描述

$$\frac{d\omega_r}{dt} = \frac{P^2\psi_m}{4J}\left[i_{as}\cos\theta_r + i_{bs}\cos\left(\theta_r - \frac{2}{3}\pi\right) + i_{cs}\left(\theta_r + \frac{2}{3}\pi\right) \right] - \frac{B_m}{J}\omega_r - \frac{P}{2J}T_L,$$

$$\frac{d\theta_r}{dt} = \omega_r. \qquad (6\text{-}25)$$

从式（6-23）和式（6-25），可得柯西形式下的永磁同步电动机的非线性数学模型，由如下所示的 5 个高阶非线性微分方程系统给出

$$\frac{di_{as}}{dt} = -\frac{r_s(2L_{ss} - \overline{L}_m)}{2L_{ss}^2 - L_{ss}\overline{L}_m - \overline{L}_m^2}i_{as} - \frac{r_s\overline{L}_m}{2L_{ss}^2 - L_{ss}\overline{L}_m - \overline{L}_m^2}i_{bs} - \frac{r_s\overline{L}_m}{2L_{ss}^2 - L_{ss}\overline{L}_m - \overline{L}_m^2}i_{cs}$$

$$-\frac{\psi_m(2L_{ss} - \overline{L}_m)}{2L_{ss}^2 - L_{ss}\overline{L}_m - \overline{L}_m^2}\omega_r\cos\theta_r - \frac{\psi_m\overline{L}_m}{2L_{ss}^2 - L_{ss}\overline{L}_m - \overline{L}_m^2}\omega_r\cos\left(\theta_r - \frac{2}{3}\pi\right)$$

$$-\frac{\psi_m\overline{L}_m}{2L_{ss}^2 - L_{ss}\overline{L}_m - \overline{L}_m^2}\omega_r\cos\left(\theta_r + \frac{2}{3}\pi\right) + \frac{2L_{ss} - \overline{L}_m}{2L_{ss}^2 - L_{ss}\overline{L}_m - \overline{L}_m^2}u_{as}$$

$$+\frac{\overline{L}_m}{2L_{ss}^2 - L_{ss}\overline{L}_m - \overline{L}_m^2}u_{bs} + \frac{\overline{L}_m}{2L_{ss}^2 - L_{ss}\overline{L}_m - \overline{L}_m^2}u_{cs},$$

$$\frac{di_{bs}}{dt} = -\frac{r_s\overline{L}_m}{2L_{ss}^2 - L_{ss}\overline{L}_m - \overline{L}_m^2}i_{as} - \frac{r_s(2L_{ss} - \overline{L}_m)}{2L_{ss}^2 - L_{ss}\overline{L}_m - \overline{L}_m^2}i_{bs} - \frac{r_s\overline{L}_m}{2L_{ss}^2 - L_{ss}\overline{L}_m - \overline{L}_m^2}i_{cs}$$

$$-\frac{\psi_m\overline{L}_m}{2L_{ss}^2 - L_{ss}\overline{L}_m - \overline{L}_m^2}\omega_r\cos\theta_r - \frac{\psi_m(2L_{ss} - \overline{L}_m)}{2L_{ss}^2 - L_{ss}\overline{L}_m - \overline{L}_m^2}\omega_r\cos\left(\theta_r - \frac{2}{3}\pi\right)$$

$$-\frac{\psi_m\overline{L}_m}{2L_{ss}^2 - L_{ss}\overline{L}_m - \overline{L}_m^2}\omega_r\cos\left(\theta_r + \frac{2}{3}\pi\right) + \frac{\overline{L}_m}{2L_{ss}^2 - L_{ss}\overline{L}_m - \overline{L}_m^2}u_{as}$$

$$+\frac{2L_{ss} - \overline{L}_m}{2L_{ss}^2 - L_{ss}\overline{L}_m - \overline{L}_m^2}u_{bs} + \frac{\overline{L}_m}{2L_{ss}^2 - L_{ss}\overline{L}_m - \overline{L}_m^2}u_{cs},$$

$$\frac{di_{cs}}{dt} = -\frac{r_s\overline{L}_m}{2L_{ss}^2 - L_{ss}\overline{L}_m - \overline{L}_m^2}i_{as} - \frac{r_s\overline{L}_m}{2L_{ss}^2 - L_{ss}\overline{L}_m - \overline{L}_m^2}i_{bs} - \frac{r_s(2L_{ss} - \overline{L}_m)}{2L_{ss}^2 - L_{ss}\overline{L}_m - \overline{L}_m^2}i_{cs}$$

$$-\frac{\psi_m\overline{L}_m}{2L_{ss}^2 - L_{ss}\overline{L}_m - \overline{L}_m^2}\omega_r\cos\theta_r - \frac{\psi_m\overline{L}_m}{2L_{ss}^2 - L_{ss}\overline{L}_m - \overline{L}_m^2}\omega_r\cos\left(\theta_r - \frac{2}{3}\pi\right)$$

$$-\frac{\psi_m(2L_{ss} - \overline{L}_m)}{2L_{ss}^2 - L_{ss}\overline{L}_m - \overline{L}_m^2}\omega_r\cos\left(\theta_r + \frac{2}{3}\pi\right) + \frac{\overline{L}_m}{2L_{ss}^2 - L_{ss}\overline{L}_m - \overline{L}_m^2}u_{as}$$

$$+\frac{\overline{L}_m}{2L_{ss}^2 - L_{ss}\overline{L}_m - \overline{L}_m^2}u_{bs} + \frac{2L_{ss} - \overline{L}_m}{2L_{ss}^2 - L_{ss}\overline{L}_m - \overline{L}_m^2}u_{cs},$$

$$\frac{d\omega_r}{dt} = \frac{P^2\psi_m}{4J}\left(i_{as}\cos\theta_r + i_{bs}\cos\left(\theta_r - \frac{2}{3}\pi\right) + i_{cs}\left(\theta_r + \frac{2}{3}\pi\right)\right) - \frac{B_m}{J}\omega_r - \frac{P}{2J}T_L,$$

$$\frac{d\theta_r}{dt} = \omega_r. \tag{6-26}$$

式（6-26）的状态空间表达式为

$$
\begin{bmatrix} \dfrac{di_{as}}{dt} \\[2mm] \dfrac{di_{bs}}{dt} \\[2mm] \dfrac{di_{cs}}{dt} \\[2mm] \dfrac{d\omega_r}{dt} \\[2mm] \dfrac{d\theta_r}{dt} \end{bmatrix}
=
\begin{bmatrix}
-\dfrac{r_s(2L_{ss} - \overline{L}_m)}{2L_{ss}^2 - L_{ss}\overline{L}_m - \overline{L}_m^2} & -\dfrac{r_s\overline{L}_m}{2L_{ss}^2 - L_{ss}\overline{L}_m - \overline{L}_m^2} & -\dfrac{r_s\overline{L}_m}{2L_{ss}^2 - L_{ss}\overline{L}_m - \overline{L}_m^2} & 0 & 0 \\[3mm]
-\dfrac{r_s\overline{L}_m}{2L_{ss}^2 - L_{ss}\overline{L}_m - \overline{L}_m^2} & -\dfrac{r_s(2L_{ss} - \overline{L}_m)}{2L_{ss}^2 - L_{ss}\overline{L}_m - \overline{L}_m^2} & -\dfrac{r_s\overline{L}_m}{2L_{ss}^2 - L_{ss}\overline{L}_m - \overline{L}_m^2} & 0 & 0 \\[3mm]
-\dfrac{r_s\overline{L}_m}{2L_{ss}^2 - L_{ss}\overline{L}_m - \overline{L}_m^2} & -\dfrac{r_s\overline{L}_m}{2L_{ss}^2 - L_{ss}\overline{L}_m - \overline{L}_m^2} & -\dfrac{r_s(2L_{ss} - \overline{L}_m)}{2L_{ss}^2 - L_{ss}\overline{L}_m - \overline{L}_m^2} & 0 & 0 \\[3mm]
0 & 0 & 0 & -\dfrac{B_m}{J} & 0 \\[3mm]
0 & 0 & 0 & 1 & 0
\end{bmatrix}
\begin{bmatrix} i_{as} \\[2mm] i_{bs} \\[2mm] i_{cs} \\[2mm] \omega_r \\[2mm] \theta_r \end{bmatrix}
$$

$$
+
\begin{bmatrix}
-\dfrac{\psi_m(2L_{ss} - \overline{L}_m)}{2L_{ss}^2 - L_{ss}\overline{L}_m - \overline{L}_m^2}\omega_r & -\dfrac{\psi_m\overline{L}_m}{2L_{ss}^2 - L_{ss}\overline{L}_m - \overline{L}_m^2}\omega_r & -\dfrac{\psi_m\overline{L}_m}{2L_{ss}^2 - L_{ss}\overline{L}_m - \overline{L}_m^2}\omega_r \\[3mm]
-\dfrac{\psi_m\overline{L}_m}{2L_{ss}^2 - L_{ss}\overline{L}_m - \overline{L}_m^2}\omega_r & -\dfrac{\psi_m(2L_{ss} - \overline{L}_m)}{2L_{ss}^2 - L_{ss}\overline{L}_m - \overline{L}_m^2}\omega_r & -\dfrac{\psi_m\overline{L}_m}{2L_{ss}^2 - L_{ss}\overline{L}_m - \overline{L}_m^2}\omega_r \\[3mm]
-\dfrac{\psi_m\overline{L}_m}{2L_{ss}^2 - L_{ss}\overline{L}_m - \overline{L}_m^2}\omega_r & -\dfrac{\psi_m\overline{L}_m}{2L_{ss}^2 - L_{ss}\overline{L}_m - \overline{L}_m^2}\omega_r & -\dfrac{\psi_m(2L_{ss} - \overline{L}_m)}{2L_{ss}^2 - L_{ss}\overline{L}_m - \overline{L}_m^2}\omega_r \\[3mm]
\dfrac{P^2\psi_m}{4J}i_{as} & \dfrac{P^2\psi_m}{4J}i_{bs} & \dfrac{P^2\psi_m}{4J}i_{cs} \\[3mm]
0 & 0 & 0
\end{bmatrix}
\begin{bmatrix} \omega_r\cos\theta_r \\[3mm] \omega_r\cos\left(\theta_r - \dfrac{2}{3}\pi\right) \\[3mm] \omega_r\cos\left(\theta_r + \dfrac{2}{3}\pi\right) \end{bmatrix}
$$

$$+\begin{bmatrix} \dfrac{2L_{ss}-\bar{L}_{m}}{2L_{ss}^{2}-L_{ss}\bar{L}_{m}-\bar{L}_{m}^{2}} & \dfrac{\bar{L}_{m}}{2L_{ss}^{2}-L_{ss}\bar{L}_{m}-\bar{L}_{m}^{2}} & \dfrac{\bar{L}_{m}}{2L_{ss}^{2}-L_{ss}\bar{L}_{m}-\bar{L}_{m}^{2}} \\[3mm] \dfrac{\bar{L}_{m}}{2L_{ss}^{2}-L_{ss}\bar{L}_{m}-\bar{L}_{m}^{2}} & \dfrac{2L_{ss}-\bar{L}_{m}}{2L_{ss}^{2}-L_{ss}\bar{L}_{m}-\bar{L}_{m}^{2}} & \dfrac{\bar{L}_{m}}{2L_{ss}^{2}-L_{ss}\bar{L}_{m}-\bar{L}_{m}^{2}} \\[3mm] \dfrac{\bar{L}_{m}}{2L_{ss}^{2}-L_{ss}\bar{L}_{m}-\bar{L}_{m}^{2}} & \dfrac{\bar{L}_{m}}{2L_{ss}^{2}-L_{ss}\bar{L}_{m}-\bar{L}_{m}^{2}} & \dfrac{2L_{ss}-\bar{L}_{m}}{2L_{ss}^{2}-L_{ss}\bar{L}_{m}-\bar{L}_{m}^{2}} \\[3mm] 0 & 0 & 0 \\[2mm] 0 & 0 & 0 \end{bmatrix}\begin{bmatrix} u_{as} \\ u_{bs} \\ u_{cs} \end{bmatrix}-\begin{bmatrix} 0 \\ 0 \\ 0 \\ \dfrac{P}{2J} \\ 0 \end{bmatrix}T_{L}.$$

为了控制角速度，需要控制提供给定子三相绕组的电流或者电压。忽略粘滞摩擦系数，牛顿第二定律可表达为

$$J\frac{\mathrm{d}\omega_{rm}}{\mathrm{d}t}=T_{e}-T_{L}$$

可推得

- 若 $T_{e}>T_{L}$，角速度 ω_{rm} 增大（电机加速）。
- 若 $T_{e}<T_{L}$，角速度 ω_{rm} 减小（电机减速）。
- 若 $T_{e}=T_{L}$，角速度 ω_{rm} 为常数（电机处于稳态运行状态）。

即，为了控制运动设备，电磁转矩（6-24）必须被改变。若一组三相平衡电流为

$$i_{as}=\sqrt{2}i_{M}\cos(\omega_{r}t)=\sqrt{2}i_{M}\cos(\omega_{e}t)=\sqrt{2}i_{M}\cos\theta_{r},$$

$$i_{bs}=\sqrt{2}i_{M}\cos\left(\omega_{r}t-\frac{2}{3}\pi\right)=\sqrt{2}i_{M}\cos\left(\omega_{e}t-\frac{2}{3}\pi\right)=\sqrt{2}i_{M}\cos\left(\theta_{r}-\frac{2}{3}\pi\right),$$

$$i_{cs}=\sqrt{2}i_{M}\cos\left(\omega_{r}t+\frac{2}{3}\pi\right)=\sqrt{2}i_{M}\cos\left(\omega_{e}t+\frac{2}{3}\pi\right)=\sqrt{2}i_{M}\cos\left(\theta_{r}+\frac{2}{3}\pi\right).$$

利用三角恒等式

$$\cos^{2}\theta_{r}+\cos^{2}\left(\theta_{r}-\frac{2}{3}\pi\right)+\cos^{2}\left(\theta_{r}+\frac{2}{3}\pi\right)=\frac{3}{2},$$

可得

$$T_{e}=\frac{P\psi_{m}}{2}\sqrt{2}i_{M}\left(\cos^{2}\theta_{r}+\cos^{2}\left(\theta_{r}-\frac{2}{3}\pi\right)+\cos^{2}\left(\theta_{r}+\frac{2}{3}\pi\right)\right)=\frac{3P\psi_{m}}{2\sqrt{2}}i_{M}.$$

因此，为保证控制运动和控制输出机械变量（角速度和角位移），必须改变 i_{M}。此外，两两相差 $2\pi/3$ 的相电流 i_{as}、i_{bs} 和 i_{cs} 为电位移角度 θ_{r} 的函数，θ_{r} 通过霍尔传感器测得。

如果使用 PWM 放大器，则控制相电压 u_{as}、u_{bs} 和 u_{cs} 的幅值 u_{M}。角位移 θ_{r} 需要被测量（或估计），且相电压需要按照下式提供

$$u_{as} = \sqrt{2}u_{M}\cos(\theta_r + \varphi_u), u_{bs} = \sqrt{2}u_{M}\cos\left(\theta_r - \frac{2}{3}\pi + \varphi_u\right) 和$$

$$u_{cs} = \sqrt{2}u_{M}\cos\left(\theta_r + \frac{2}{3}\pi + \varphi_u\right).$$

忽略电路暂态（假设电感、延时、晶体管暂态过程，且其他动态过程是可忽略的、或极小的），则有

$$u_{as} = \sqrt{2}u_{M}\cos(\theta_r), \quad u_{bs} = \sqrt{2}u_{M}\cos\left(\theta_r - \frac{2}{3}\pi\right) 和 u_{cs} = \sqrt{2}u_{M}\cos\left(\theta_r + \frac{2}{3}\pi\right).$$

利用一组非线性方程（6-26），绘出方框图，如图6-16所示，其中

$$T_s = \frac{r_s(2L_{ss} - \overline{L}_m)}{2L_{ss}^2 - L_{ss}\overline{L}_m - \overline{L}_m^2}.$$

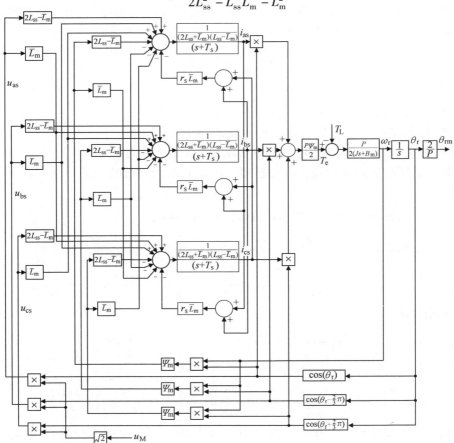

图 6-16　由三相平衡电压 $u_{as} = \sqrt{2}u_{M}\cos(\theta_r)$，$u_{bs} = \sqrt{2}u_{M}\cos\left(\theta_r - \frac{2}{3}\pi\right)$ 和

$u_{cs} = \sqrt{2}u_{M}\cos\left(\theta_r + \frac{2}{3}\pi\right)$ 控制的径向结构三相永磁同步电动机的 s 域原理框图

利用电磁场理论，我们发现为了控制永磁同步电动机的角速度（用作驱动器时）或者角位移（用于伺服系统时），应当将作为角位移函数的相电压提供给定子绕组。控制算法必须由硬件完成。例如，平衡电压可由 PWM 放大器中位于输出级侧的晶体管上的"控制逻辑"产生，而角位移通过霍尔传感器测得。多种 PWM 放大器已经被设计出来并投入使用。a、b 两相出口（对于两相电动机）和 a、b、c 三相出口（对于三相电动机）都与功率输出级连接。对于三相永磁同步电动机，通过利用测量（监测）出的转子角位移使 u_{as}、u_{bs} 和 u_{cs} 按规律变化。永磁同步电机有多种尺寸，同时也存在多种高性能的 PWM 功率放大器与之相匹配。与最大功率 250W（额定电压 80V 和最大峰值电流 15A）的永磁同步电动机相匹配，如图 6-17所示给出了一个 B15A8 伺服放大器（20 ~ 80V，±7.5A 连续电流，±15A 峰值电流，2.5kHz 带宽，尺寸为 129mm × 76mm × 25mm）的电路图。电动机端口（相绕组）连接至 P2 – 1，P2 – 2 和 P2 – 3。将霍尔传感器输出连接至 P1 – 12、P1 – 13 和P1 – 14。"控制逻辑"利用测得的转子角位移，通过驱动晶体管产生合适的相电压 u_{as}、u_{bs} 和 u_{cs}。比例积分模拟控制器集成在放大器之中。参考（命令）电压加在 P1 – 4。测速发电机产生的电压（与电动机角速度成正比）加在 P1 – 6。将参考角速度和测得的角速度相比较，得到跟踪误差 $e(t)$。模拟量比例积分控制器利用 $e(t)$ 产生令晶体管开通和关断的控制信号。通过调整电位计（电阻）可以改变比例和积分的反馈增益。放大器可以用于伺服系统应用中，且角位移（线性位移）应当加载在 P1 – 6。AMC 公司和其他公司生产了多种此类 PWM 放大器。

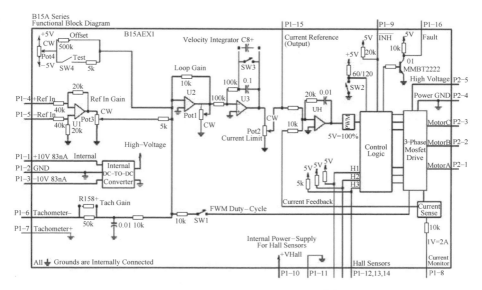

图 6-17　B15A8 PWM 伺服放大器[5]

小型永磁同步电动机（从 mW 级到最大 1W 级）在多种场合都有使用，比如旋转和定位平台、硬盘驱动、机器人、家电等。如图 6-2c 所示为一个小型的、最大功率为 1W 的永磁同步电动机，它可以由单片集成的 PWM 放大器驱动，比如 MC33035（40V、50mA）或其他[5]。相电压通过利用转子角位移解码器得到。如图 6-18 给出了驱动功率 MOSFET 管的专用应用集成电路。它完成了 PWM 控制，并且由提供的霍尔传感器信号得到 u_{as}、u_{bs} 和 u_{cs}。如图 6-18a 所示的方框图给出了电路原理图。完成了三相、六步全波变换器拓扑结构。通过利用"差动放大器"集成 MC33035 和 MC33039，可以实现闭环结构，如图 6-18b 所示。闭环控制由比例控制器实现。建议读者参考 Motorola 产品目录以得到详细的规格、使用说明、产品描述等。

例 6-4 永磁同步电动机的拉格朗日运动方程和动态过程

我们推导出了三相永磁同步电动机的数学模型，推导过程中应用了基尔霍夫电压定律（建立电磁模型）、牛顿运动定律（建立旋转运动模型）和磁共能（得到电磁转矩）。在这个例子中，主要的目的是利用拉格朗日理论得到三相永磁同步电动机的运动方程。

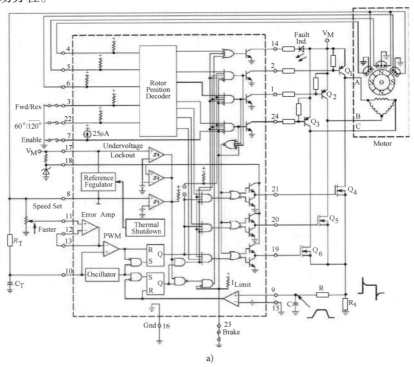

a)

图 6-18　驱动和控制微型永磁同步电动机的无刷直流电动机控制器
（永磁同步电动机控制器）MC33035 的电路图

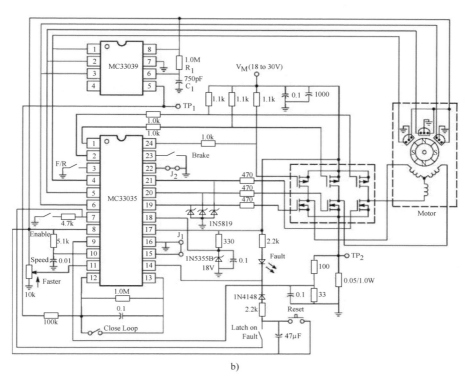

b)

图 6-18 驱动和控制微型永磁同步电动机的无刷直流电动机控制器

（永磁同步电动机控制器）MC33035 的电路图（续）

在 abc 三相定子绕组中的电荷量和角位移选为广义坐标变量：

$$q_1 = \frac{i_{as}}{s}, \quad \dot{q}_1 = i_{as}, \quad q_2 = \frac{i_{bs}}{s}, \quad \dot{q}_2 = i_{bs}, \quad q_3 = \frac{i_{cs}}{s}, \quad \dot{q}_3 = i_{cs}, \quad q_4 = \theta_r, \quad \dot{q}_4 = \omega_r.$$

广义的激励是加载到 abc 三相绕组的电压 $Q_1 = u_{as}$，$Q_2 = u_{bs}$，$Q_3 = u_{cs}$，和负载转矩 $Q_4 = -T_L$。

最终的拉格朗日方程为

$$\frac{d}{dt}\left(\frac{\partial \Gamma}{\partial \dot{q}_1}\right) - \frac{\partial \Gamma}{\partial q_1} + \frac{\partial D}{\partial \dot{q}_1} + \frac{\partial \Pi}{\partial q_1} = Q_1, \qquad \frac{d}{dt}\left(\frac{\partial \Gamma}{\partial \dot{q}_2}\right) - \frac{\partial \Gamma}{\partial q_2} + \frac{\partial D}{\partial \dot{q}_2} + \frac{\partial \Pi}{\partial q_2} = Q_2,$$

$$\frac{d}{dt}\left(\frac{\partial \Gamma}{\partial \dot{q}_3}\right) - \frac{\partial \Gamma}{\partial q_3} + \frac{\partial D}{\partial \dot{q}_3} + \frac{\partial \Pi}{\partial q_3} = Q_3, \qquad \frac{d}{dt}\left(\frac{\partial \Gamma}{\partial \dot{q}_4}\right) - \frac{\partial \Gamma}{\partial q_4} + \frac{\partial D}{\partial \dot{q}_4} + \frac{\partial \Pi}{\partial q_4} = Q_4.$$

总的动能包括电力系统和机械系统的动能，即

$$\Gamma = \Gamma_E + \Gamma_M = \frac{1}{2}L_{asas}\dot{q}_1^2 + \frac{1}{2}(L_{asbs}+L_{bsas})\dot{q}_1\dot{q}_2 + \frac{1}{2}(L_{ascs}+L_{csas})\dot{q}_1\dot{q}_3 + \frac{1}{2}L_{bsbs}\dot{q}_2^2$$

$$+ \frac{1}{2}(L_{bscs}+L_{csbs})\dot{q}_2\dot{q}_3 + \frac{1}{2}L_{cscs}\dot{q}_3^2 + \psi_m\dot{q}_1\sin q_4 + \psi_m\dot{q}_2\sin\left(q_4 - \frac{2}{3}\pi\right)$$

$$+ \psi_m\dot{q}_3\sin\left(q_4 + \frac{2}{3}\pi\right) + \frac{1}{2}j\dot{q}_4^2.$$

因此，

$$\frac{\partial \varGamma}{\partial q_1}=0,\ \frac{\partial \varGamma}{\partial \dot{q}_1}=L_{\mathrm{asas}}\dot{q}+\frac{1}{2}(L_{\mathrm{asbs}}+L_{\mathrm{bsas}})\dot{q}_2+\frac{1}{2}(L_{\mathrm{ascs}}+L_{\mathrm{csas}})\dot{q}_3+\psi_{\mathrm{m}}\sin q_4,$$

$$\frac{\partial \varGamma}{\partial q_2}=0,\ \frac{\partial \varGamma}{\partial \dot{q}_2}=\frac{1}{2}(L_{\mathrm{asbs}}+L_{\mathrm{bsas}})\dot{q}_1+L_{\mathrm{bsbs}}\dot{q}_2+\frac{1}{2}(L_{\mathrm{bscs}}+L_{\mathrm{csbs}})\dot{q}_3+\psi_{\mathrm{m}}\sin\left(q_4-\frac{2}{3}\pi\right),$$

$$\frac{\partial \varGamma}{\partial q_3}=0,\ \frac{\partial \varGamma}{\partial \dot{q}_3}=\frac{1}{2}(L_{\mathrm{ascs}}+L_{\mathrm{csas}})\dot{q}_1+\frac{1}{2}(L_{\mathrm{bscs}}+L_{\mathrm{csbs}})\dot{q}_2+L_{\mathrm{cscs}}\dot{q}_3+\psi_{\mathrm{m}}\sin\left(q_4+\frac{2}{3}\pi\right),$$

$$\frac{\partial \varGamma}{\partial q_4}=\psi_{\mathrm{m}}\dot{q}_1\sin q_4+\psi_{\mathrm{m}}\dot{q}_2\sin\left(q_4-\frac{2}{3}\pi\right)+\psi_{\mathrm{m}}\dot{q}_3\sin\left(q_4+\frac{2}{3}\pi\right),\quad \frac{\partial \varGamma}{\partial \dot{q}_4}=j\dot{q}_4.$$

总势能为 $\varPi=0$。

总耗散能量是通过电气系统耗散的热能与通过机械系统耗散的热能之和，即

$$D=\frac{1}{2}(r_{\mathrm{s}}\dot{q}_1^2+r_{\mathrm{s}}\dot{q}_2^2+r_{\mathrm{s}}\dot{q}_3^2+B_{\mathrm{m}}\dot{q}_4^2).$$

D 关于广义变量的微分为

$$\frac{\partial D}{\partial \dot{q}_1}=r_{\mathrm{s}}\dot{q}_1,\quad \frac{\partial D}{\partial \dot{q}_2}=r_{\mathrm{s}}\dot{q}_2,\quad \frac{\partial D}{\partial \dot{q}_3}=r_{\mathrm{s}}\dot{q}_3,\quad \frac{\partial D}{\partial \dot{q}_4}=B_{\mathrm{m}}\dot{q}_4.$$

利用

$$\dot{q}_1=i_{\mathrm{as}},\dot{q}_2=i_{\mathrm{bs}},\dot{q}_3=i_{\mathrm{cs}},\dot{q}_4=\omega_{\mathrm{r}}\ \text{和}\ Q_1=u_{\mathrm{as}},Q_2=u_{\mathrm{bs}},Q_3=u_{\mathrm{cs}},Q_4=-T_{\mathrm{L}},$$

拉格朗日方程衍生出 4 个微分方程

$$L_{\mathrm{asas}}\frac{\mathrm{d}i_{\mathrm{as}}}{\mathrm{d}t}+\frac{1}{2}(L_{\mathrm{asbs}}+L_{\mathrm{bsas}})\frac{\mathrm{d}i_{\mathrm{bs}}}{\mathrm{d}t}+\frac{1}{2}(L_{\mathrm{ascs}}+L_{\mathrm{csas}})\frac{\mathrm{d}i_{\mathrm{cs}}}{\mathrm{d}t}+\psi_{\mathrm{m}}\omega_{\mathrm{r}}\cos\theta_{\mathrm{r}}+r_{\mathrm{s}}i_{\mathrm{as}}=u_{\mathrm{as}},$$

$$\frac{1}{2}(L_{\mathrm{asbs}}+L_{\mathrm{bsas}})\frac{\mathrm{d}i_{\mathrm{as}}}{\mathrm{d}t}+L_{\mathrm{bsbs}}\frac{\mathrm{d}i_{\mathrm{bs}}}{\mathrm{d}t}+\frac{1}{2}(L_{\mathrm{bscs}}+L_{\mathrm{csbs}})\frac{\mathrm{d}i_{\mathrm{cs}}}{\mathrm{d}t}+\psi_{\mathrm{m}}\omega_{\mathrm{r}}\cos\left(\theta_{\mathrm{r}}-\frac{2}{3}\pi\right)+r_{\mathrm{s}}i_{\mathrm{bs}}=u_{\mathrm{bs}},$$

$$\frac{1}{2}(L_{\mathrm{ascs}}+L_{\mathrm{csas}})\frac{\mathrm{d}i_{\mathrm{as}}}{\mathrm{d}t}+\frac{1}{2}(L_{\mathrm{bscs}}+L_{\mathrm{csbs}})\frac{\mathrm{d}i_{\mathrm{bs}}}{\mathrm{d}t}+L_{\mathrm{cscs}}\frac{\mathrm{d}i_{\mathrm{cs}}}{\mathrm{d}t}+\psi_{\mathrm{m}}\omega_{\mathrm{r}}\cos\left(\theta_{\mathrm{r}}+\frac{2}{3}\pi\right)+r_{\mathrm{s}}i_{\mathrm{cs}}=u_{\mathrm{cs}},$$

$$J\frac{\mathrm{d}^2\theta_{\mathrm{r}}}{\mathrm{d}t^2}-\psi_{\mathrm{m}}i_{\mathrm{as}}\cos\theta_{\mathrm{r}}-\psi_{\mathrm{m}}i_{\mathrm{bs}}\cos\left(\theta_{\mathrm{r}}-\frac{2}{3}\pi\right)-\psi_{\mathrm{m}}i_{\mathrm{cs}}\cos\left(\theta_{\mathrm{r}}+\frac{2}{3}\pi\right)+B_{\mathrm{m}}\frac{\mathrm{d}\theta_{\mathrm{r}}}{\mathrm{d}t}=-T_{\mathrm{L}}.$$

对于隐极永磁同步电动机，可得

$$(L_{\mathrm{ls}}+\overline{L}_{\mathrm{m}})\frac{\mathrm{d}i_{\mathrm{as}}}{\mathrm{d}t}-\frac{1}{2}\overline{L}_{\mathrm{m}}\frac{\mathrm{d}i_{\mathrm{bs}}}{\mathrm{d}t}-\frac{1}{2}\overline{L}_{\mathrm{m}}\frac{\mathrm{d}i_{\mathrm{cs}}}{\mathrm{d}t}+\psi_{\mathrm{m}}\omega_{\mathrm{r}}\cos\theta_{\mathrm{r}}+r_{\mathrm{s}}i_{\mathrm{as}}=u_{\mathrm{as}},$$

$$-\frac{1}{2}\overline{L}_{\mathrm{m}}\frac{\mathrm{d}i_{\mathrm{as}}}{\mathrm{d}t}+(L_{\mathrm{ls}}+\overline{L}_{\mathrm{m}})\frac{\mathrm{d}i_{\mathrm{bs}}}{\mathrm{d}t}-\frac{1}{2}\overline{L}_{\mathrm{m}}\frac{\mathrm{d}i_{\mathrm{cs}}}{\mathrm{d}t}+\psi_{\mathrm{m}}\omega_{\mathrm{r}}\cos\left(\theta_{\mathrm{r}}-\frac{2}{3}\pi\right)+r_{\mathrm{s}}i_{\mathrm{bs}}=u_{\mathrm{bs}},$$

$$-\frac{1}{2}\overline{L}_{\mathrm{m}}\frac{\mathrm{d}i_{\mathrm{as}}}{\mathrm{d}t}+-\frac{1}{2}\overline{L}_{\mathrm{m}}\frac{\mathrm{d}i_{\mathrm{bs}}}{\mathrm{d}t}+(L_{\mathrm{ls}}+\overline{L}_{\mathrm{m}})\frac{\mathrm{d}i_{\mathrm{cs}}}{\mathrm{d}t}+\psi_{\mathrm{m}}\omega_{\mathrm{r}}\cos\left(\theta_{\mathrm{r}}+\frac{2}{3}\pi\right)+r_{\mathrm{s}}i_{\mathrm{cs}}=u_{\mathrm{cs}},$$

$$J\frac{\mathrm{d}\omega_{\mathrm{r}}}{\mathrm{d}t}+B_{\mathrm{m}}\omega_{\mathrm{r}}-\psi_{\mathrm{m}}\left[i_{\mathrm{as}}\cos\theta_{\mathrm{r}}-i_{\mathrm{bs}}\cos\left(\theta_{\mathrm{r}}-\frac{2}{3}\pi\right)-i_{\mathrm{cs}}\cos\left(\theta_{\mathrm{r}}+\frac{2}{3}\pi\right)\right]=-T_{\mathrm{L}},$$

$$\frac{\mathrm{d}\theta_{\mathrm{r}}}{\mathrm{d}t}=\omega_{\mathrm{r}}.$$

从

$$\frac{\partial \Gamma}{\partial q_4} = \psi_{\mathrm{m}} \dot{q}_1 \cos q_4 + \psi_{\mathrm{m}} \dot{q}_2 \cos\left(q_4 - \frac{2}{3}\pi\right) + \psi_{\mathrm{m}} \dot{q}_3 \cos\left(q_4 + \frac{2}{3}\pi\right),$$

和拉格朗日方程中的第 4 个等式

$$\frac{\mathrm{d}}{\mathrm{d}t}\left(\frac{\partial \Gamma}{\partial \dot{q}_4}\right) - \frac{\partial \Gamma}{\partial q_4} + \frac{\partial D}{\partial \dot{q}_4} + \frac{\partial \Pi}{\partial q_4} = Q_4,$$

得电磁转矩如下

$$T_{\mathrm{e}} = \psi_{\mathrm{m}}\left[i_{\mathrm{as}}\cos\theta_{\mathrm{r}} + i_{\mathrm{bs}}\cos\left(\theta_{\mathrm{r}} - \frac{2}{3}\pi\right) + i_{\mathrm{cs}}\cos\left(\theta_{\mathrm{r}} + \frac{2}{3}\pi\right)\right].$$

可见，柯西形式的微分方程，与式（6-26）一致。证明利用拉格朗日理论，可以直接建立永磁同步电动机的完整的数学模型。

例 6-5 在 Simulink 中仿真和分析一台永磁同步电动机

径向结构永磁同步电动机由 5 个非线性微分方程组描述式（6-26）。可以通过提供以下作为 θ_{r} 的函数的相电压来保证稳定运行。

$$u_{\mathrm{as}} = \sqrt{2}u_{\mathrm{M}}\cos(\theta_{\mathrm{r}}), \quad u_{\mathrm{bs}} = \sqrt{2}u_{\mathrm{M}}\cos\left(\theta_{\mathrm{r}} - \frac{2}{3}\pi\right) \text{ 和 } u_{\mathrm{cs}} = \sqrt{2}u_{\mathrm{M}}\cos\left(\theta_{\mathrm{r}} + \frac{2}{3}\pi\right).$$

在 Simulink 中仿真永磁同步电动机的数学模型原理如图 6-19 所示。为了最大程度地保证灵活性和有效性，电动机参数通过使用相应的符号而不是直接使用数值。

假设一台 500W，4 极的永磁同步电动机，其参数为 $u_{\mathrm{M}} = 50\mathrm{V}$，$r_{\mathrm{s}} = 1\Omega$，$L_{\mathrm{ss}} = 0.005\mathrm{H}$，$L_{\mathrm{ls}} = 0.0005\mathrm{H}$，$\overline{L}_{\mathrm{M}} = 0.0045\mathrm{H}$，$\psi_{\mathrm{M}} = 0.15\mathrm{V} \cdot \mathrm{s/rad}(\mathrm{N} \cdot \mathrm{m/A})$，$B_{\mathrm{M}} = 0.0005\mathrm{N} \cdot \mathrm{m} \cdot \mathrm{s/rad}$，$J = 0.0015\mathrm{kg} \cdot \mathrm{m}^2$。

电动机参数可以通过测量得到，或通过实验运行结果推出。可以测得定子电阻 r_{s}，在稳态时利用反电势（电机作为发电机运行时产生的端部相电压）计算出常数 ψ_{m}。摩擦系数 B_{m} 通过测量空载时（应用公式 $T_{\mathrm{e}} = B_{\mathrm{m}\omega_{\mathrm{r}}}$，空载时 $T_{\mathrm{L}} = 0$）相电流的幅值得到。转动惯量 J 可按照 $m_{\mathrm{rotor}} R_{\mathrm{rotor}}^2/2$ 计算，或者利用加速或减速状态推出。在减速运行时，若 $u_{\mathrm{M}} = 0$ 且负载已知，有

$$\frac{\mathrm{d}\omega_{\mathrm{rm}}}{\mathrm{d}t} = \frac{1}{J}(T_{\mathrm{e}} - B_{\mathrm{m}}\omega_{\mathrm{rm}} - T_{\mathrm{L}}) = \frac{1}{J}(-B_{\mathrm{m}}\omega_{\mathrm{rm}} - T_{\mathrm{L}}),$$

且对于 $T_{\mathrm{L}} = 0$ 可得

$$\frac{\mathrm{d}\omega_{\mathrm{rm}}}{\mathrm{d}t} = -\frac{B_{\mathrm{m}}}{J}\omega_{\mathrm{rm}},$$

上式给出 J 的值。

如图 6-20a 所示给出了稳态 ω_{r} 时的反电势的波形，包括空载发电机稳态和额定负载稳态两种情况。由 $\psi_{\mathrm{asm}} = \psi_{\mathrm{m}}\sin\theta_{\mathrm{r}}$，可发现稳态时 $emf_{\mathrm{asm}} = -\psi_{\mathrm{m}}\cos\theta_{\mathrm{r}}\omega_{\mathrm{r}}$。测得反电势的幅值 $\psi_{\mathrm{m}}\omega_{\mathrm{r}}$ 可推出未知量 ψ_{m}。我们也可以得到自感和互感。特别地，对于表示绕组的 RL 串联电路，电流 $i(t)$ 的暂态依赖于 R 和 L 的值。通过测量一个

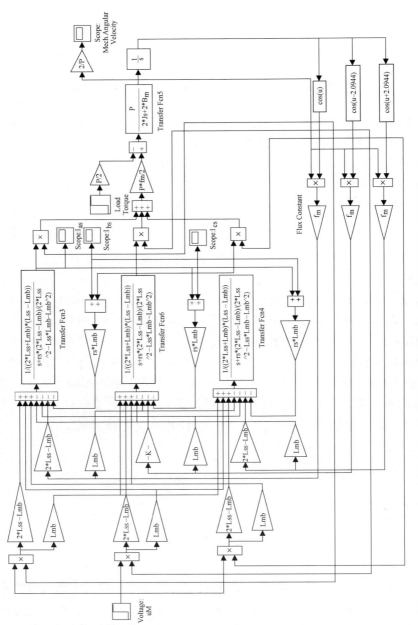

图 6-19　永磁同步电动机的 Simulink 仿真原理图（ch6_02. mdl）

堵转电动机的电流（通过测量电阻 r_R 两端的电压），得到在施加指定的电压波形时的 $i(t)$。对于阶跃电压，有

$$i(t) = \frac{u}{R}(1 - e^{-(R/L)t}).$$

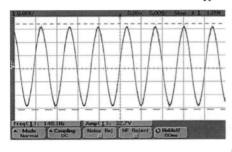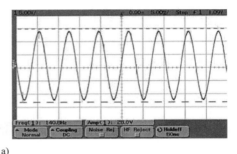

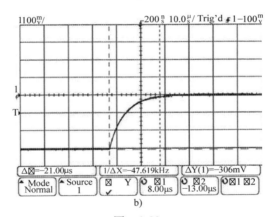

图 6-20

a）ω_r = 常数时的相反电势 $emf_{asm} = -\psi_m \cos\theta_r \omega_r$ b）电机堵转时，相电流对阶跃电压的响应

时间常数是 $\tau = L/R$，因为对于星型联结的电动机，有两相是串联的，所以有 $L = 2L_{ss}$ 和 $R = 2r_s + r_R$。对于一阶 RL 电路，时间常数与 $0.632 i_{steady-state}$ 相对应。因此

$$L_{ss} = \tau(2r_s + r_R)/2.$$

电阻 r_R 两端电压的示波器数据如图 6-20b 所示，与 r_R 的电流变化相关。对于 $r_R = 1.97 \times 10^3 \Omega$，可得 $\tau = 5.2 \times 10^{-6} s$。因此，$L_{ss} = 0.0051 H$。

当电动机在额定电压（幅值是 $\sqrt{2} \, 50V$）下加速时研究其瞬态过程。当 $t = 0s$ 时，负载转矩为 $T_{L0} = 0.1 N \cdot m$。当 $t = 0.5s$ 时，负载转矩为 $T_L = 0.5 N \cdot m$。电动机参数由以下语句定义：

Matlab 程序块：

```
% Parameters of the permanent - magnet synchronous motor
p = 4; uM = 50; rs = 1; Lss = 0.005; Lls = 0.0005; fm = 0.15; Bm = 0.0005; J = 0.0015;
```

Lmb = Lss – L1s；

　　电动机从静止开始加速，当 $t \in [0\ 0.5]$s 时，负载转矩为 $T_{L0} = 0.1$N · m。当 $t = 0.5$s 时，负载转矩为 $T_L = 0.5$N · m。如图 6-21 所示给出相电流和机械角速度的变化曲线。电动机在 0.3s 时达到稳态机械角速度，负载转矩 $T_{L0} = 0.1$N · m。当负载转矩增大时，角速度减小，且相电流幅值增大。如图 6-21 所示的电流和角速度动态过程可用于评估电流幅值、效率、加速能力、起动能力等。

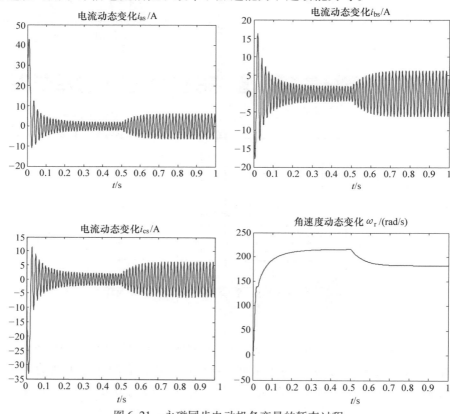

图 6-21　永磁同步电动机各变量的暂态过程

　　我们可以绘出状态变量（相电流、角速度、角位移）的变化过程，且能完成相应的计算（转矩估计、效率估计等）。绘图指令为

　　MATLAB 程序块：

```
% Plots of the transient dynamics for the permanent – magnet synchronous motor
plot(Ias(:,1),Ias(:,2));xlabel('Time [seconds]','FontSize',14);
title('Current Dynamics,i_a_s [A]','FontSize',14);pause;
plot(Ibs(:,1),Ibs(:,2));xlabel('Time [seconds]','FontSize',14);
title( Current Dynamics,i_b_s [A]','FontSize',14);pause;
plot(Ics(:,1),Ics(:,2));xlabel('Time [seconds]','FontSize',14);
title('Current Dynamics,i_c_s[A] ','FontSize',14);pause;
```

plot(wrm(: ,1) ,wrm(: ,2) ;xlabel('Time [seconds] ' , 'Fontsize' ,14)

title('Mechanical Angular Velocity Dynamics ,\omega_r_m [rad/sec] ',

'FontSize' ,14) ;

接下来将推出如图 6-15 所示的三相永磁同步发电机的运动方程。应用式 (6-20) 所示的基尔霍夫电压定律和式 (6-21) 所示的磁链。牛顿第二运动定律

$$J \frac{\mathrm{d}^2 \theta_{\mathrm{rm}}}{\mathrm{d}t^2} = -T_{\mathrm{e}} - B_{\mathrm{m}} \omega_{\mathrm{rm}} + T_{\mathrm{pm}}$$

得

$$\frac{\mathrm{d}\omega_{\mathrm{rm}}}{\mathrm{d}t} = \frac{1}{J} (-T_{\mathrm{e}} - B_{\mathrm{m}} \omega_{\mathrm{rm}} + T_{\mathrm{pm}}) , \frac{\mathrm{d}\theta_{\mathrm{rm}}}{\mathrm{d}t} = \omega_{\mathrm{rm}}.$$

式中，T_{pm} 表示驱动发电机旋转的原动力力矩，而电磁转矩 T_{e} 可视为负载转矩。

作为端电压（u_{as}、u_{bs} 和 u_{cs}）的反电势可视为发电机输出。对于对称的电阻类负载，三相电阻 r_{as}、r_{bs}、r_{cs} 与三相负载电阻 R_{L} 串联。则可以得到以下一组永磁同步发电机的微分方程

$$\begin{aligned}
\frac{\mathrm{d}i_{\mathrm{as}}}{\mathrm{d}t} &= -\frac{(r_{\mathrm{s}} + R_{\mathrm{L}})(2L_{\mathrm{ss}} - \overline{L}_{\mathrm{m}})}{2L_{\mathrm{ss}}^2 - L_{\mathrm{ss}}\overline{L}_{\mathrm{m}} - \overline{L}_{\mathrm{m}}^2} i_{\mathrm{as}} - \frac{(r_{\mathrm{s}} + R_{\mathrm{L}})\overline{L}_{\mathrm{m}}}{2L_{\mathrm{ss}}^2 - L_{\mathrm{ss}}\overline{L}_{\mathrm{m}} - \overline{L}_{\mathrm{m}}^2} i_{\mathrm{bs}} - \frac{(r_{\mathrm{s}} + R_{\mathrm{L}})\overline{L}_{\mathrm{m}}}{2L_{\mathrm{ss}}^2 - L_{\mathrm{ss}}\overline{L}_{\mathrm{m}} - \overline{L}_{\mathrm{m}}^2} i_{\mathrm{cs}} \\
&\quad + \frac{\psi_{\mathrm{m}}(2L_{\mathrm{ss}} - \overline{L}_{\mathrm{m}})}{2L_{\mathrm{ss}}^2 - L_{\mathrm{ss}}\overline{L}_{\mathrm{m}} - \overline{L}_{\mathrm{m}}^2} \omega_{\mathrm{r}} \cos\theta_{\mathrm{r}} + \frac{\psi_{\mathrm{m}}\overline{L}_{\mathrm{m}}}{2L_{\mathrm{ss}}^2 - L_{\mathrm{ss}}\overline{L}_{\mathrm{m}} - \overline{L}_{\mathrm{m}}^2} \omega_{\mathrm{r}} \cos\left(\theta_{\mathrm{r}} - \frac{2}{3}\pi\right) \\
&\quad + \frac{\psi_{\mathrm{m}}\overline{L}_{\mathrm{m}}}{2L_{\mathrm{ss}}^2 - L_{\mathrm{ss}}\overline{L}_{\mathrm{m}} - \overline{L}_{\mathrm{m}}^2} \omega_{\mathrm{r}} \cos\left(\theta_{\mathrm{r}} + \frac{2}{3}\pi\right),
\end{aligned}$$

$$\begin{aligned}
\frac{\mathrm{d}i_{\mathrm{bs}}}{\mathrm{d}t} &= -\frac{(r_{\mathrm{s}} + R_{\mathrm{L}})\overline{L}_{\mathrm{m}}}{2L_{\mathrm{ss}}^2 - L_{\mathrm{ss}}\overline{L}_{\mathrm{m}} - \overline{L}_{\mathrm{m}}^2} i_{\mathrm{as}} - \frac{(r_{\mathrm{s}} + R_{\mathrm{L}})(2L_{\mathrm{ss}} - \overline{L}_{\mathrm{m}})}{2L_{\mathrm{ss}}^2 - L_{\mathrm{ss}}\overline{L}_{\mathrm{m}} - \overline{L}_{\mathrm{m}}^2} i_{\mathrm{bs}} - \frac{(r_{\mathrm{s}} + R_{\mathrm{L}})\overline{L}_{\mathrm{m}}}{2L_{\mathrm{ss}}^2 - L_{\mathrm{ss}}\overline{L}_{\mathrm{m}} - \overline{L}_{\mathrm{m}}^2} i_{\mathrm{cs}} \\
&\quad + \frac{\psi_{\mathrm{m}}\overline{L}_{\mathrm{m}}}{2L_{\mathrm{ss}}^2 - L_{\mathrm{ss}}\overline{L}_{\mathrm{m}} - \overline{L}_{\mathrm{m}}^2} \omega_{\mathrm{r}} \cos\theta_{\mathrm{r}} - \frac{\psi_{\mathrm{m}}(2L_{\mathrm{ss}} - \overline{L}_{\mathrm{m}})}{2L_{\mathrm{ss}}^2 - L_{\mathrm{ss}}\overline{L}_{\mathrm{m}} - \overline{L}_{\mathrm{m}}^2} \omega_{\mathrm{r}} \cos\left(\theta_{\mathrm{r}} - \frac{2}{3}\pi\right) \\
&\quad + \frac{\psi_{\mathrm{m}}\overline{L}_{\mathrm{m}}}{2L_{\mathrm{ss}}^2 - L_{\mathrm{ss}}\overline{L}_{\mathrm{m}} - \overline{L}_{\mathrm{m}}^2} \omega_{\mathrm{r}} \cos\left(\theta_{\mathrm{r}} + \frac{2}{3}\pi\right),
\end{aligned}$$

$$\begin{aligned}
\frac{\mathrm{d}i_{\mathrm{cs}}}{\mathrm{d}t} &= -\frac{(r_{\mathrm{s}} + R_{\mathrm{L}})\overline{L}_{\mathrm{m}}}{2L_{\mathrm{ss}}^2 - L_{\mathrm{ss}}\overline{L}_{\mathrm{m}} - \overline{L}_{\mathrm{m}}^2} i_{\mathrm{as}} - \frac{(r_{\mathrm{s}} + R_{\mathrm{L}})\overline{L}_{\mathrm{m}}}{2L_{\mathrm{ss}}^2 - L_{\mathrm{ss}}\overline{L}_{\mathrm{m}} - \overline{L}_{\mathrm{m}}^2} i_{\mathrm{bs}} - \frac{(r_{\mathrm{s}} + R_{\mathrm{L}})(2L_{\mathrm{ss}} - \overline{L}_{\mathrm{m}})}{2L_{\mathrm{ss}}^2 - L_{\mathrm{ss}}\overline{L}_{\mathrm{m}} - \overline{L}_{\mathrm{m}}^2} i_{\mathrm{cs}} \\
&\quad + \frac{\psi_{\mathrm{m}}\overline{L}_{\mathrm{m}}}{2L_{\mathrm{ss}}^2 - L_{\mathrm{ss}}\overline{L}_{\mathrm{m}} - \overline{L}_{\mathrm{m}}^2} \omega_{\mathrm{r}} \cos\theta_{\mathrm{r}} + \frac{\psi_{\mathrm{m}}\overline{L}_{\mathrm{m}}}{2L_{\mathrm{ss}}^2 - L_{\mathrm{ss}}\overline{L}_{\mathrm{m}} - \overline{L}_{\mathrm{m}}^2} \omega_{\mathrm{r}} \cos\left(\theta_{\mathrm{r}} - \frac{2}{3}\pi\right) \\
&\quad + \frac{\psi_{\mathrm{m}}(2L_{\mathrm{ss}} - \overline{L}_{\mathrm{m}})}{2L_{\mathrm{ss}}^2 - L_{\mathrm{ss}}\overline{L}_{\mathrm{m}} - \overline{L}_{\mathrm{m}}^2} \omega_{\mathrm{r}} \cos\left(\theta_{\mathrm{r}} + \frac{2}{3}\pi\right),
\end{aligned}$$

$$\frac{\mathrm{d}\omega_{\mathrm{r}}}{\mathrm{d}t} = -\frac{p^2 \psi_{\mathrm{m}}}{4J}\left(i_{\mathrm{as}}\cos\theta_{\mathrm{r}} + i_{\mathrm{bs}}\cos\left(\theta_{\mathrm{r}} - \frac{2}{3}\pi\right) + i_{\mathrm{cs}}\left(\theta_{\mathrm{r}} + \frac{2}{3}\pi\right)\right) - \frac{B_{\mathrm{m}}}{J}\omega_{\mathrm{r}} + \frac{p}{2J}T_{\mathrm{pm}},$$

$$\frac{\mathrm{d}\theta_{\mathrm{r}}}{\mathrm{d}t} = \omega_{\mathrm{r}}.$$

例 6-6

前面分析使用向量和矩阵符号。接下来，我们将使用向量和矩阵来保证数学表达式的紧凑和简洁。已推导出的径向结构永磁同步发电机的微分方程的状态空间形式如下

$$
\begin{bmatrix} \dfrac{di_{as}}{dt} \\[2mm] \dfrac{di_{bs}}{dt} \\[2mm] \dfrac{di_{cs}}{dt} \\[2mm] \dfrac{d\omega_r}{dt} \\[2mm] \dfrac{d\theta_r}{dt} \end{bmatrix} =
\begin{bmatrix}
-\dfrac{(r_s+R_L)(2L_{ss}-\bar{L}_m)}{2L_{ss}^2-L_{ss}\bar{L}_m-\bar{L}_m^2} & -\dfrac{(r_s+R_L)\bar{L}_m}{2L_{ss}^2-L_{ss}\bar{L}_m-\bar{L}_m^2} & -\dfrac{(r_s+R_L)\bar{L}_m}{2L_{ss}^2-L_{ss}\bar{L}_m-\bar{L}_m^2} & 0 & 0 \\[4mm]
-\dfrac{(r_s+R_L)\bar{L}_m}{2L_{ss}^2-L_{ss}\bar{L}_m-\bar{L}_m^2} & -\dfrac{(r_s+R_L)(2L_{ss}-\bar{L}_m)}{2L_{ss}^2-L_{ss}\bar{L}_m-\bar{L}_m^2} & -\dfrac{(r_s+R_L)\bar{L}_m}{2L_{ss}^2-L_{ss}\bar{L}_m-\bar{L}_m^2} & 0 & 0 \\[4mm]
-\dfrac{(r_s+R_L)\bar{L}_m}{2L_{ss}^2-L_{ss}\bar{L}_m-\bar{L}_m^2} & -\dfrac{(r_s+R_L)\bar{L}_m}{2L_{ss}^2-L_{ss}\bar{L}_m-\bar{L}_m^2} & -\dfrac{(r_s+R_L)(2L_{ss}-\bar{L}_m)}{2L_{ss}^2-L_{ss}\bar{L}_m-\bar{L}_m^2} & 0 & 0 \\[4mm]
0 & 0 & 0 & -\dfrac{B_m}{J} & 0 \\[4mm]
0 & 0 & 0 & 1 & 0
\end{bmatrix}
\begin{bmatrix} i_{as} \\ i_{bs} \\ i_{cs} \\ \omega_r \\ \theta_r \end{bmatrix}
$$

$$
+\begin{bmatrix}
\dfrac{\psi_m(2L_{ss}-\bar{L}_m)}{2L_{ss}^2-L_{ss}\bar{L}_m-\bar{L}_m^2}\omega_r & \dfrac{\psi_m\bar{L}_m}{2L_{ss}^2-L_{ss}\bar{L}_m-\bar{L}_m^2}\omega_r & \dfrac{\psi_m\bar{L}_m}{2L_{ss}^2-L_{ss}\bar{L}_m-\bar{L}_m^2}\omega_r \\[4mm]
\dfrac{\psi_m\bar{L}_m}{2L_{ss}^2-L_{ss}\bar{L}_m-\bar{L}_m^2}\omega_r & \dfrac{\psi_m(2L_{ss}-\bar{L}_m)}{2L_{ss}^2-L_{ss}\bar{L}_m-\bar{L}_m^2}\omega_r & \dfrac{\psi_m\bar{L}_m}{2L_{ss}^2-L_{ss}\bar{L}_m-\bar{L}_m^2}\omega_r \\[4mm]
\dfrac{\psi_m\bar{L}_m}{2L_{ss}^2-L_{ss}\bar{L}_m-\bar{L}_m^2}\omega_r & \dfrac{\psi_m\bar{L}_m}{2L_{ss}^2-L_{ss}\bar{L}_m-\bar{L}_m^2}\omega_r & \dfrac{\psi_m(2L_{ss}-\bar{L}_m)}{2L_{ss}^2-L_{ss}\bar{L}_m-\bar{L}_m^2}\omega_r \\[4mm]
-\dfrac{P^2\psi_m}{4J}i_{as} & -\dfrac{P^2\psi_m}{4J}i_{bs} & -\dfrac{P^2\psi_m}{4J}i_{cs} \\[4mm]
0 & 0 & 0
\end{bmatrix}
\begin{bmatrix} \omega_r\cos\theta_r \\ \omega_r\cos\!\left(\theta_r-\dfrac{2}{3}\pi\right) \\ \omega_r\cos\!\left(\theta_r+\dfrac{2}{3}\pi\right) \\ \dfrac{P}{2J} \end{bmatrix}
+\begin{bmatrix} 0 \\ 0 \\ 0 \\ \dfrac{P}{2J} \\ 0 \end{bmatrix} T_{pm}.
$$

可以发现，状态空间符号确保了更强的特征描述。

6.3.3 永磁同步电机在任意、转子和同步参考坐标系下的数学模型

在任意参考坐标系（不特别指定 θ 和 ω）中，我们将参考系放在转子上。表5-1所示的直接派克变换为

$$\boldsymbol{u}_{qd0s}=\boldsymbol{K}_s\boldsymbol{u}_{abcs}、\quad \boldsymbol{i}_{qd0s}=\boldsymbol{K}_s\boldsymbol{i}_{abcs}、\quad \boldsymbol{\psi}_{qd0s}=\boldsymbol{K}_s\boldsymbol{\psi}_{abcs},$$

$$
\boldsymbol{K}_s=\frac{2}{3}\begin{bmatrix}
\cos\theta & \cos\!\left(\theta-\dfrac{2}{3}\pi\right) & \cos\!\left(\theta+\dfrac{2}{3}\pi\right) \\[3mm]
\sin\theta & \sin\!\left(\theta-\dfrac{2}{3}\pi\right) & \sin\!\left(\theta+\dfrac{2}{3}\pi\right) \\[3mm]
\dfrac{1}{2} & \dfrac{1}{2} & \dfrac{1}{2}
\end{bmatrix}.
$$

式（6-20）所示的微分方程

$$u_{\text{abcs}} = r_s i_{\text{abcs}} \frac{\mathrm{d}\boldsymbol{\psi}_{\text{abcs}}}{\mathrm{d}t}$$

重新写成如下 qd0 形式

$$K_s^{-1} u_{\text{qd0s}} = r_s K_s^{-1} i_{\text{qd0s}} + \frac{\mathrm{d}(K_s^{-1}\boldsymbol{\psi}_{\text{qd0s}})}{\mathrm{d}t}, \quad K_s^{-1} = \begin{bmatrix} \cos\theta & \sin\theta & 1 \\ \cos\left(\theta - \dfrac{2}{3}\pi\right) & \sin\left(\theta - \dfrac{2}{3}\pi\right) & 1 \\ \cos\left(\theta + \dfrac{2}{3}\pi\right) & \sin\left(\theta + \dfrac{2}{3}\pi\right) & 1 \end{bmatrix}.$$

等式两边同乘 K_s，得

$$K_s K_s^{-1} u_{\text{qd0s}} = K_s r_s K_s^{-1} i_{\text{qd0s}} + K_s \frac{\mathrm{d}K_s^{-1}}{\mathrm{d}t} \boldsymbol{\psi}_{\text{qd0s}} + K_s K_s^{-1} \frac{\mathrm{d}\boldsymbol{\psi}_{\text{qd0s}}}{\mathrm{d}t}.$$

矩阵 r_s 为对角阵。即 $K_s r_s K_s^{-1} = r_s$。

由

$$\frac{\mathrm{d}K_s^{-1}}{\mathrm{d}t} = \omega \begin{bmatrix} -\sin\theta & \cos\theta & 0 \\ -\sin\left(\theta - \dfrac{2}{3}\pi\right) & \cos\left(\theta - \dfrac{2}{3}\pi\right) & 0 \\ -\sin\left(\theta + \dfrac{2}{3}\pi\right) & \cos\left(\theta + \dfrac{2}{3}\pi\right) & 0 \end{bmatrix},$$

有

$$K_s \frac{\mathrm{d}K_s^{-1}}{\mathrm{d}t} = \omega \begin{bmatrix} 0 & 1 & 0 \\ -1 & 0 & 0 \\ 0 & 0 & 0 \end{bmatrix}.$$

因此，利用直接派克变换，结果得到电路 – 电磁运动方程为

$$u_{\text{qd0s}} = r_s i_{\text{qd0s}} + \omega \begin{bmatrix} \psi_{\text{ds}} \\ -\psi_{\text{qs}} \\ 0 \end{bmatrix} + \frac{\mathrm{d}\boldsymbol{\psi}_{\text{qd0s}}}{\mathrm{d}t}. \qquad (6\text{-}27)$$

状态磁链的交轴、直轴和零轴分量为 $\boldsymbol{\psi}_{\text{qd0s}} = K_s \boldsymbol{\psi}_{\text{abcs}}$。利用

$$\boldsymbol{\psi}_{\text{abcs}} = L_s i_{\text{abcs}} + \boldsymbol{\psi}_m = \begin{bmatrix} L_{\text{ls}} + \bar{L}_m & -\dfrac{1}{2}\bar{L}_m & -\dfrac{1}{2}\bar{L}_m \\ -\dfrac{1}{2}\bar{L}_m & L_{\text{ls}} + \bar{L}_m & -\dfrac{1}{2}\bar{L}_m \\ -\dfrac{1}{2}\bar{L}_m & -\dfrac{1}{2}\bar{L}_m & L_{\text{ls}} + \bar{L}_m \end{bmatrix} \begin{bmatrix} i_{\text{as}} \\ i_{\text{bs}} \\ i_{\text{cs}} \end{bmatrix} + \psi_m \begin{bmatrix} \sin\theta_r \\ \sin\left(\theta_r - \dfrac{2}{3}\pi\right) \\ \sin\left(\theta_r + \dfrac{2}{3}\pi\right) \end{bmatrix},$$

可得

$$\boldsymbol{\psi}_{\text{qd0s}} = K_s L_s K_s^{-1} i_{\text{qd0s}} + K_s \boldsymbol{\psi}_m, \qquad (6\text{-}28)$$

其中

$$\boldsymbol{K}_{\mathrm{s}}\boldsymbol{L}_{\mathrm{s}}\boldsymbol{K}_{\mathrm{s}}^{-1} = \begin{bmatrix} L_{\mathrm{ls}} + \dfrac{3}{2}\overline{L}_{\mathrm{m}} & 0 & 0 \\[2ex] 0 & L_{\mathrm{ls}} + \dfrac{3}{2}\overline{L}_{\mathrm{m}} & 0 \\[2ex] 0 & 0 & L_{\mathrm{ls}} \end{bmatrix}$$

且

$$\boldsymbol{K}_{\mathrm{s}}\boldsymbol{\psi}_{\mathrm{m}} = \frac{2}{3}\begin{bmatrix} \cos\theta & \cos\left(\theta - \dfrac{2}{3}\pi\right) & \cos\left(\theta + \dfrac{2}{3}\pi\right) \\[2ex] \sin\theta & \sin\left(\theta - \dfrac{2}{3}\pi\right) & \sin\left(\theta + \dfrac{2}{3}\pi\right) \\[2ex] \dfrac{1}{2} & \dfrac{1}{2} & \dfrac{1}{2} \end{bmatrix}\psi_{\mathrm{m}}\begin{bmatrix} \sin\theta_{\mathrm{r}} \\[2ex] \sin\left(\theta_{\mathrm{r}} - \dfrac{2}{3}\pi\right) \\[2ex] \sin\left(\theta_{\mathrm{r}} + \dfrac{2}{3}\pi\right) \end{bmatrix}$$

$$= \psi_{\mathrm{m}}\begin{bmatrix} -\sin\ (\theta - \theta_{\mathrm{r}}) \\ \cos\ (\theta - \theta_{\mathrm{r}}) \\ 0 \end{bmatrix}.$$

从式（6-28）得到以下公式

$$\boldsymbol{\psi}_{\mathrm{qd0s}} = \begin{bmatrix} L_{\mathrm{ls}} + \dfrac{3}{2}\overline{L}_{\mathrm{m}} & 0 & 0 \\[2ex] 0 & L_{\mathrm{ls}} + \dfrac{3}{2}\overline{L}_{\mathrm{m}} & 0 \\[2ex] 0 & 0 & L_{\mathrm{ls}} \end{bmatrix}\boldsymbol{i}_{\mathrm{qd0s}} + \psi_{\mathrm{m}}\begin{bmatrix} -\sin(\theta - \theta_{\mathrm{r}}) \\ \cos(\theta - \theta_{\mathrm{r}}) \\ 0 \end{bmatrix}$$

代入式（6-27）中得

$$\boldsymbol{u}_{\mathrm{qd0s}} = \boldsymbol{r}_{\mathrm{s}}\boldsymbol{i}_{\mathrm{qd0s}} + \omega\begin{bmatrix} \psi_{\mathrm{ds}} \\ -\psi_{\mathrm{qs}} \\ 0 \end{bmatrix} + \begin{bmatrix} L_{\mathrm{ls}} + \dfrac{3}{2}\overline{L}_{\mathrm{m}} & 0 & 0 \\[2ex] 0 & L_{\mathrm{ls}} + \dfrac{3}{2}\overline{L}_{\mathrm{m}} & 0 \\[2ex] 0 & 0 & L_{\mathrm{ls}} \end{bmatrix}\frac{\mathrm{d}\boldsymbol{i}_{\mathrm{qd0s}}}{\mathrm{d}t} + \psi_{\mathrm{m}}\frac{\mathrm{d}\begin{bmatrix} -\sin(\theta - \theta_{\mathrm{r}}) \\ \cos(\theta - \theta_{\mathrm{r}}) \\ 0 \end{bmatrix}}{\mathrm{d}t}.$$

在任意参考坐标系下的电路-电磁动态过程模型的微分方程如下式

$$\boldsymbol{u}_{\mathrm{qd0s}} = \boldsymbol{r}_{\mathrm{s}}\boldsymbol{i}_{\mathrm{qd0s}} + \omega\begin{bmatrix} \psi_{\mathrm{ds}} \\ -\psi_{\mathrm{qs}} \\ 0 \end{bmatrix} + \begin{bmatrix} L_{\mathrm{ls}} + \dfrac{3}{2}\overline{L}_{\mathrm{m}} & 0 & 0 \\[2ex] 0 & L_{\mathrm{ls}} + \dfrac{3}{2}\overline{L}_{\mathrm{m}} & 0 \\[2ex] 0 & 0 & L_{\mathrm{ls}} \end{bmatrix}\frac{\mathrm{d}\boldsymbol{i}_{\mathrm{qd0s}}}{\mathrm{d}t} + \psi_{\mathrm{m}}\frac{\mathrm{d}\begin{bmatrix} -\sin(\theta - \theta_{\mathrm{r}}) \\ \cos(\theta - \theta_{\mathrm{r}}) \\ 0 \end{bmatrix}}{\mathrm{d}t}.$$

$$(6\text{-}29)$$

在转子参考坐标系中，参照系的角速度为 $\omega = \omega_{\mathrm{r}} = \omega_{\mathrm{e}}$，且 $\theta = \theta_{\mathrm{r}}$。派克变换矩阵是

$$\boldsymbol{K}_{\mathrm{s}} = \frac{2}{3}\begin{bmatrix} \cos\theta_{\mathrm{r}} & \cos\left(\theta_{\mathrm{r}} - \frac{2}{3}\pi\right) & \cos\left(\theta_{\mathrm{r}} + \frac{2}{3}\pi\right) \\ \sin\theta_{\mathrm{r}} & \sin\left(\theta_{\mathrm{r}} - \frac{2}{3}\pi\right) & \sin\left(\theta_{\mathrm{r}} + \frac{2}{3}\pi\right) \\ \frac{1}{2} & \frac{1}{2} & \frac{1}{2} \end{bmatrix}.$$

相应地，可得

$$\boldsymbol{K}_{\mathrm{s}}^{r}\boldsymbol{\psi}_{\mathrm{m}} = \frac{2}{3}\begin{bmatrix} \cos\theta_{\mathrm{r}} & \cos\left(\theta_{\mathrm{r}} - \frac{2}{3}\pi\right) & \cos\left(\theta_{\mathrm{r}} + \frac{2}{3}\pi\right) \\ \sin\theta_{\mathrm{r}} & \sin\left(\theta_{\mathrm{r}} - \frac{2}{3}\pi\right) & \sin\left(\theta_{\mathrm{r}} + \frac{2}{3}\pi\right) \\ \frac{1}{2} & \frac{1}{2} & \frac{1}{2} \end{bmatrix}\psi_{\mathrm{m}}\begin{bmatrix} \sin\theta_{\mathrm{r}} \\ \sin\left(\theta_{\mathrm{r}} - \frac{2}{3}\pi\right) \\ \sin\left(\theta_{\mathrm{r}} + \frac{2}{3}\pi\right) \end{bmatrix} = \begin{bmatrix} 0 \\ \psi_{\mathrm{m}} \\ 0 \end{bmatrix}.$$

从式（6-28），有

$$\boldsymbol{\psi}_{\mathrm{qd0s}}^{r} = \begin{bmatrix} L_{\mathrm{ls}} + \frac{3}{2}\overline{L}_{\mathrm{m}} & 0 & 0 \\ 0 & L_{\mathrm{ls}} + \frac{3}{2}\overline{L}_{\mathrm{m}} & 0 \\ 0 & 0 & L_{\mathrm{ls}} \end{bmatrix}\boldsymbol{i}_{\mathrm{qd0s}}^{r} + \begin{bmatrix} 0 \\ \psi_{\mathrm{m}} \\ 0 \end{bmatrix},$$

或者

$$\psi_{\mathrm{qs}}^{r} = \left(L_{\mathrm{ls}} + \frac{3}{2}\overline{L}_{\mathrm{m}}\right)i_{\mathrm{qs}}^{r}, \quad \psi_{\mathrm{ds}}^{r} = \left(L_{\mathrm{ls}} + \frac{3}{2}\overline{L}_{\mathrm{m}}\right)i_{\mathrm{ds}}^{r} + \psi_{\mathrm{m}}, \quad \psi_{\mathrm{0s}}^{r} = L_{\mathrm{ls}}i_{\mathrm{0s}}^{r}.$$

因此，在转子坐标系中，利用式（6-29），可得

$$\frac{\mathrm{d}i_{\mathrm{qs}}^{r}}{\mathrm{d}t} = -\frac{r_{\mathrm{s}}}{L_{\mathrm{ls}} + \frac{3}{2}\overline{L}_{\mathrm{m}}}i_{\mathrm{qs}}^{r} - \frac{\psi_{\mathrm{m}}}{L_{\mathrm{ls}} + \frac{3}{2}\overline{L}_{\mathrm{m}}}\omega_{\mathrm{r}} - i_{\mathrm{ds}}^{r}\omega_{\mathrm{r}} + \frac{1}{L_{\mathrm{ls}} + \frac{3}{2}\overline{L}_{\mathrm{m}}}u_{\mathrm{qs}}^{r},$$

$$\frac{\mathrm{d}i_{\mathrm{ds}}^{r}}{\mathrm{d}t} = -\frac{r_{\mathrm{s}}}{L_{\mathrm{ls}} + \frac{3}{2}\overline{L}_{\mathrm{m}}}i_{\mathrm{ds}}^{r} + i_{\mathrm{qs}}^{r}\omega_{\mathrm{r}} + \frac{1}{L_{\mathrm{ls}} + \frac{3}{2}\overline{L}_{\mathrm{m}}}u_{\mathrm{ds}}^{r},$$

$$\frac{\mathrm{d}i_{\mathrm{0s}}^{r}}{\mathrm{d}t} = -\frac{r_{\mathrm{s}}}{L_{\mathrm{ls}}}i_{\mathrm{0s}}^{r} + \frac{1}{L_{\mathrm{ls}}}u_{\mathrm{0s}}^{r}. \tag{6-30}$$

用机械变量表示的电磁转矩如式（6-24）所示为

$$T_{\mathrm{e}} = \frac{p\psi_{\mathrm{m}}}{2}\left[i_{\mathrm{as}}\cos\theta_{\mathrm{r}} + i_{\mathrm{bs}}\cos\left(\theta_{\mathrm{r}} - \frac{2}{3}\pi\right) + i_{\mathrm{cs}}\left(\theta_{\mathrm{r}} + \frac{2}{3}\pi\right)\right],$$

应当使用电流的 qd0 分量表达。利用反派克变换

$$\begin{bmatrix} i_{\mathrm{as}} \\ i_{\mathrm{bs}} \\ i_{\mathrm{cs}} \end{bmatrix} = \begin{bmatrix} \cos\theta_{\mathrm{r}} & \sin\theta_{\mathrm{r}} & 1 \\ \cos\left(\theta_{\mathrm{r}} - \frac{2}{3}\pi\right) & \sin\left(\theta_{\mathrm{r}} - \frac{2}{3}\pi\right) & 1 \\ \cos\left(\theta_{\mathrm{r}} + \frac{2}{3}\pi\right) & \sin\left(\theta_{\mathrm{r}} + \frac{2}{3}\pi\right) & 1 \end{bmatrix}\begin{bmatrix} i_{\mathrm{qs}}^{r} \\ i_{\mathrm{ds}}^{r} \\ i_{\mathrm{0s}}^{r} \end{bmatrix},$$

并代入式（6-31）中

$$i_{as} = \cos\theta_r i_{qs}^r + \sin\theta_r i_{ds}^r + i_{0s}^r, \quad i_{bs} = \cos\left(\theta_r - \frac{2}{3}\pi\right)i_{qs}^r + \sin\left(\theta_r - \frac{2}{3}\pi\right)i_{ds}^r + i_{0s}^r,$$

$$i_{cs} = \cos\left(\theta_r + \frac{2}{3}\pi\right)i_{qs}^r + \sin\left(\theta_r + \frac{2}{3}\pi\right)i_{ds}^r + i_{0s}^r,$$

可得

$$T_e = \frac{3p\psi_m}{4}i_{qs}^r. \tag{6-31}$$

对于 p 极永磁同步电动机，由式（6-25）和式（6-31），可得旋转运动动态过程为

$$\frac{d\omega_r}{dt} = \frac{3p^2\psi_m}{8J}i_{qs}^r - \frac{B_m}{J}\omega_r - \frac{p}{2J}T_L,$$

$$\frac{d\theta_r}{dt} = \omega_r. \tag{6-32}$$

微分方程（6-30）、式（6-32）可推得以下对在转子坐标系中的三相永磁同步电动机的描述

$$\frac{di_{qs}^r}{dt} = -\frac{r_s}{L_{ls} + \frac{3}{2}\bar{L}_m}i_{qs}^r - \frac{\psi_m}{L_{ls} + \frac{3}{2}\bar{L}_m}\omega_r - i_{ds}^r\omega_r + \frac{1}{L_{ls} + \frac{3}{2}\bar{L}_m}u_{qs}^r,$$

$$\frac{di_{ds}^r}{dt} = -\frac{r_s}{L_{ls} + \frac{3}{2}\bar{L}_m}i_{ds}^r + i_{qs}^r\omega_r + \frac{1}{L_{ls} + \frac{3}{2}\bar{L}_m}u_{ds}^r,$$

$$\frac{di_{0s}^r}{dt} = -\frac{r_s}{L_{ls}}i_{0s}^r + \frac{1}{L_{ls}}u_{0s}^r,$$

$$\frac{d\omega_r}{dt} = \frac{3p^2\psi_m}{8J}i_{qs}^r - \frac{B_m}{J}\omega_r - \frac{p}{2J}T_L,$$

$$\frac{d\theta_r}{dt} = \omega_r. \tag{6-33}$$

三相平衡电流为

$$i_{as} = \sqrt{2}i_M\cos(\theta_r), \quad i_{bs} = \sqrt{2}i_M\cos\left(\theta_r - \frac{2}{3}\pi\right) \text{ 和 } i_{cs} = \sqrt{2}i_M\cos\left(\theta_r + \frac{2}{3}\pi\right).$$

利用直接派克变换

$$\begin{bmatrix} i_{qs}^r \\ i_{ds}^r \\ i_{0s}^r \end{bmatrix} = \frac{2}{3}\begin{bmatrix} \cos\theta_r & \cos\left(\theta_r - \frac{2}{3}\pi\right) & \cos\left(\theta_r + \frac{2}{3}\pi\right) \\ \sin\theta_r & \sin\left(\theta_r - \frac{2}{3}\pi\right) & \sin\left(\theta_r - \frac{2}{3}\pi\right) \\ \frac{1}{2} & \frac{1}{2} & \frac{1}{2} \end{bmatrix}\begin{bmatrix} i_{as} \\ i_{bs} \\ i_{cs} \end{bmatrix},$$

可得交轴、直轴和零轴电流分量来保证稳定运行。从

$$\begin{bmatrix} i_{qs}^r \\ i_{ds}^r \\ i_{0s}^r \end{bmatrix} = \frac{2}{3} \begin{bmatrix} \cos\theta_r & \cos\left(\theta_r - \frac{2}{3}\pi\right) & \cos\left(\theta_r + \frac{2}{3}\pi\right) \\ \sin\theta_r & \sin\left(\theta_r - \frac{2}{3}\pi\right) & \sin\left(\theta_r + \frac{2}{3}\pi\right) \\ \frac{1}{2} & \frac{1}{2} & \frac{1}{2} \end{bmatrix} \begin{bmatrix} \sqrt{2}i_M\cos\theta_r \\ \sqrt{2}i_M\cos\left(\theta_r - \frac{2}{3}\pi\right) \\ \sqrt{2}i_M\cos\left(\theta_r + \frac{2}{3}\pi\right) \end{bmatrix},$$

有

$$i_{qs}^r = \sqrt{2}i_M, \quad i_{ds}^r = 0 \text{ 和 } i_{0s}^r = 0.$$

abc 三相电压按照如下式所示的相移形式提供

$$u_{as} = \sqrt{2}u_M\cos(\theta_r + \varphi_u), \quad u_{bs} = \sqrt{2}u_M\cos\left(\theta_r - \frac{2}{3}\pi + \varphi_u\right) \text{ 和}$$

$$u_{cs} = \sqrt{2}u_M\cos\left(\theta_r + \frac{2}{3}\pi + \varphi_u\right).$$

利用直接派克变换和三相平衡电压得到

$$\begin{bmatrix} u_{qs}^r \\ u_{ds}^r \\ u_{0s}^r \end{bmatrix} = \frac{2}{3} \begin{bmatrix} \cos\theta_r & \cos\left(\theta_r - \frac{2}{3}\pi\right) & \cos\left(\theta_r + \frac{2}{3}\pi\right) \\ \sin\theta_r & \sin\left(\theta_r - \frac{2}{3}\pi\right) & \sin\left(\theta_r + \frac{2}{3}\pi\right) \\ \frac{1}{2} & \frac{1}{2} & \frac{1}{2} \end{bmatrix} \begin{bmatrix} \sqrt{2}u_M\cos(\theta_r + \varphi_u) \\ \sqrt{2}u_M\cos\left(\theta_r - \frac{2}{3}\pi + \varphi_u\right) \\ \sqrt{2}u_M\cos\left(\theta_r + \frac{2}{3}\pi + \varphi_u\right) \end{bmatrix}.$$

利用矩阵乘法和三角恒等式得到

$$u_{qs}^r = \sqrt{2}u_M\cos\varphi_u, \quad u_{ds}^r = -\sqrt{2}u_M\sin\varphi_u \text{ 和 } u_{0s}^r = 0.$$

由于电感很小，$\varphi_u \approx 0$。因此

$$u_{qs}^r = \sqrt{2}u_M, \quad u_{ds}^r = 0 \text{ 和 } u_{0s}^r = 0.$$

在同步参考坐标系中，将参照系的角速度定为 $\omega = \omega_e$，因此 $\theta = \theta_e$。派克变换矩阵为

$$K_s^e = \frac{2}{3} \begin{bmatrix} \cos\theta_e & \cos\left(\theta_e - \frac{2}{3}\pi\right) & \cos\left(\theta_e + \frac{2}{3}\pi\right) \\ \sin\theta_e & \sin\left(\theta_e - \frac{2}{3}\pi\right) & \sin\left(\theta_e - \frac{2}{3}\pi\right) \\ \frac{1}{2} & \frac{1}{2} & \frac{1}{2} \end{bmatrix}.$$

将 $\omega = \omega_e$ 代入式（6-33）中，有以下微分方程系统，它描述了在同步参考坐标系中的永磁同步电动机的动态过程

$$\frac{\mathrm{d}i_{qs}^{e}}{\mathrm{d}t} = -\frac{r_s}{L_{ls} + \frac{3}{2}\overline{L}_m}i_{qs}^{e} - \frac{\psi_m}{L_{ls} + \frac{3}{2}\overline{L}_m}\omega_r - i_{ds}^{e}\omega_r + \frac{1}{L_{ls} + \frac{3}{2}\overline{L}_m}u_{qs}^{e},$$

$$\frac{\mathrm{d}i_{ds}^{e}}{\mathrm{d}t} = -\frac{r_s}{L_{ls} + \frac{3}{2}\overline{L}_m}i_{ds}^{e} + i_{qs}^{e}\omega_r + \frac{1}{L_{ls} + \frac{3}{2}\overline{L}_m}u_{ds}^{e},$$

$$\frac{\mathrm{d}i_{0s}^{e}}{\mathrm{d}t} = -\frac{r_s}{L_{ls}}i_{0s}^{e} + \frac{1}{L_{ls}}u_{0s}^{e},$$

$$\frac{\mathrm{d}\omega_r}{\mathrm{d}t} = \frac{3p^2\psi_m}{8J}i_{qs}^{e} - \frac{B_m}{J}\omega_r - \frac{p}{2J}T_L,$$

$$\frac{\mathrm{d}\theta_r}{\mathrm{d}t} = \omega_r.$$

6.3.4　永磁同步电机分析的拓展

前面我们在假设永磁同步电机具有一个最优的结构设计、磁路线性等的前提下，完成了分析任务（建模、参数推导、仿真等）。设计人员可以得到在特定运行范围内达成近似优化设计。然而，一些非理想特征（磁场不均匀、$B-H$ 特性非线性、非线性磁性系统、饱和、偏心率等）可能在一定程度上影响和降低机电运动设备的性能。在本节中，我们通过一些实例讨论如何完成进一步的研究。我们研究磁链的近似最优分布的影响。其他问题可通过应用基本的电磁场理论和电机理论来解决。

利用基尔霍夫第二定律（6-20），研究电磁动态过程，假设对于绕组而言，永磁体产生的磁链有最优（理想正弦）的分布，则有

$$\psi_{asm} = \psi_m\sin\theta_r, \quad \psi_{bsm} = \psi_m\sin\left(\theta_r - \frac{2}{3}\pi\right) \text{和}$$

$$\psi_{csm} = \psi_m\sin\left(\theta_r + \frac{2}{3}\pi\right).$$

可以通过实验监测作为发电机运行的永磁同步电机在负载下的反电势，得到磁链在特殊运行范围内（负载、角速度等）的分布。这些结果在例 6-5 中有所描述。从永磁同步发电机得到的电机特性和参数，对于被用作电动机时也是有效的，反之亦然。磁链一般服从

$$\psi_{asm} = \psi_m\sum_{n=1}^{\infty}\left(a_{asn}\sin^{2n-1}\theta_r + b_{asn}\cos^{2n-1}\theta_r\right),$$

$$\psi_{bsm} = \psi_m\sum_{n=1}^{\infty}\left[a_{bsn}\sin^{2n-1}\left(\theta_r - \frac{2}{3}\pi\right) + b_{bsn}\cos^{2n-1}\left(\theta_r - \frac{2}{3}\pi\right)\right],$$

$$\psi_{\text{csm}} = \psi_{\text{m}} \sum_{n=1}^{\infty} \left[a_{\text{csn}} \sin^{2n-1}\left(\theta_{\text{r}} + \frac{2}{3}\pi\right) + b_{\text{csn}} \cos^{2n-1}\left(\theta_{\text{r}} + \frac{2}{3}\pi\right) \right], \quad (6\text{-}34)$$

其中 a_n 和 b_n 是依赖于运行范围、结构设计、材料和制造工艺，以及许多其他因素的系数，比如 a_n（$\boldsymbol{E}$、$\boldsymbol{D}$、$\boldsymbol{B}$、$\boldsymbol{H}$、$\boldsymbol{i}_{\text{abcs}}$、$\omega_{\text{r}}$、$\boldsymbol{T}_{\text{L}}$、$\varepsilon$、$\mu$、$\sum$ ）和 b_n（$\boldsymbol{E}$、$\boldsymbol{D}$、$\boldsymbol{B}$、$\boldsymbol{H}$、$\boldsymbol{i}_{\text{abcs}}$、$\omega_{\text{r}}$、$\boldsymbol{T}_{\text{L}}$、$\varepsilon$、$\mu$、$\sum$ ）；$\sum$ 表示电机结构设计、拓扑结构、尺寸、材料，以及其他因素。

实际上，由式（6-34）通常可得

$$\psi_{\text{asm}} = \psi_{\text{m}} \sum_{n=1}^{\infty} a_{\text{n}} \sin^{2n-1}\theta_{\text{r}}, \quad \psi_{\text{bsm}} = \psi_{\text{m}} \sum_{n=1}^{\infty} a_{\text{n}} \sin^{2n-1}\left(\theta_{\text{r}} - \frac{2}{3}\pi\right) \text{和}$$

$$\psi_{\text{csm}} = \psi_{\text{m}} \sum_{n=1}^{\infty} a_{\text{n}} \sin^{2n-1}\left(\theta_{\text{r}} + \frac{2}{3}\pi\right).$$

$$(6\text{-}35)$$

从（6-35），得到磁链表达式如下

$$\begin{bmatrix} \psi_{\text{as}} \\ \psi_{\text{bs}} \\ \psi_{\text{cs}} \end{bmatrix} = \begin{bmatrix} L_{\text{ls}} + \overline{L}_{\text{m}} & -\frac{1}{2}\overline{L}_{\text{m}} & -\frac{1}{2}\overline{L}_{\text{m}} \\ -\frac{1}{2}\overline{L}_{\text{m}} & L_{\text{ls}} + \overline{L}_{\text{m}} & -\frac{1}{2}\overline{L}_{\text{m}} \\ -\frac{1}{2}\overline{L}_{\text{m}} & -\frac{1}{2}\overline{L}_{\text{m}} & L_{\text{ls}} + \overline{L}_{\text{m}} \end{bmatrix} \begin{bmatrix} i_{\text{as}} \\ i_{\text{bs}} \\ i_{\text{cs}} \end{bmatrix} + \psi_{\text{m}} \begin{bmatrix} \sum_{n=1}^{\infty} a_{\text{n}} \sin^{2n-1}\theta_{\text{r}} \\ \sum_{n=1}^{\infty} a_{\text{n}} \sin^{2n-1}\left(\theta_{\text{r}} - \frac{2}{3}\pi\right) \\ \sum_{n=1}^{\infty} a_{\text{n}} \sin^{2n-1}\left(\theta_{\text{r}} + \frac{2}{3}\pi\right) \end{bmatrix}.$$

$$(6\text{-}36)$$

利用式（6-36），可以得到如下导数

$$\mathrm{d}\psi_{\text{as}}/\mathrm{d}t, \ \mathrm{d}\psi_{\text{bs}}/\mathrm{d}t \ \text{和} \ \mathrm{d}\psi_{\text{cs}}/\mathrm{d}t$$

并用于式（6-20）

$$u_{\text{as}} = r_{\text{s}}i_{\text{as}} + \frac{\mathrm{d}\psi_{\text{as}}}{\mathrm{d}t}, \quad u_{\text{bs}} = r_{\text{s}}i_{\text{bs}} + \frac{\mathrm{d}\psi_{\text{bs}}}{\mathrm{d}t}, \quad u_{\text{cs}} = r_{\text{s}}i_{\text{cs}} + \frac{\mathrm{d}\psi_{\text{cs}}}{\mathrm{d}t},$$

推出电机变量形式的运动方程。

从

$$T_{\text{e}} = \frac{p}{2} \frac{\partial W_{\text{c}}}{\partial \theta_{\text{r}}},$$

得到需要推导电磁转矩表达式。

$$T_{\text{e}} = \frac{p\psi_{\text{m}}}{2} \left[i_{\text{as}} \sum_{n=1}^{\infty} (2n-1) a_{\text{n}} \cos\theta_{\text{r}} \sin^{2n-2}\theta_{\text{r}} \right.$$

$$+ i_{\text{bs}} \sum_{n=1}^{\infty} (2n-1) a_{\text{n}} \cos\left(\theta_{\text{r}} - \frac{2}{3}\pi\right) \sin^{2n-2}\left(\theta_{\text{r}} - \frac{2}{3}\pi\right)$$

$$+ i_{cs} \sum_{n=1}^{\infty} (2n-1) a_n \cos\left(\theta_r + \frac{2}{3}\pi\right) \sin^{2n-2}\left(\theta_r + \frac{2}{3}\pi\right)\Big]. \tag{6-37}$$

由牛顿定律和式（6-37）联合可以推导出旋转运动动态方程，如下所示

$$\frac{d\omega_r}{dt} = \frac{p^2 \psi_m}{4J}\Big[i_{as} \sum_{n=1}^{\infty} (2n-1) a_n \cos\theta_r \sin^{2n-2}\theta_r$$

$$+ i_{bs} \sum_{n=1}^{\infty} (2n-1) a_n \cos\left(\theta_r - \frac{2}{3}\pi\right) \sin^{2n-2}\left(\theta_r - \frac{2}{3}\pi\right)$$

$$+ i_{cs} \sum_{n=1}^{\infty} (2n-1) a_n \cos\left(\theta_r + \frac{2}{3}\pi\right) \sin^{2n-2}\left(\theta_r + \frac{2}{3}\pi\right)\Big]$$

$$- \frac{B_m}{J}\omega_r - \frac{p}{2J}T_L,$$

$$\frac{d\theta_r}{dt} = \omega_r. \tag{6-38}$$

利用 T_e 的表达式可推出应当提供的电流电压。从式（6-37）得到以下从理论上保证稳定运行的相电流和相电压

$$i_{as} = \sqrt{2}i_M \cos\theta_r \Big[\sum_{n=1}^{\infty} (2n-1) a_n \sin^{2n-2}\theta_r \Big]^{-1},$$

$$i_{bs} = \sqrt{2}i_M \cos\left(\theta_r - \frac{2}{3}\pi\right)\Big[\sum_{n=1}^{\infty} (2n-1) a_n \sin^{2n-2}\left(\theta_r - \frac{2}{3}\pi\right) \Big]^{-1},$$

$$i_{cs} = \sqrt{2}i_M \cos\left(\theta_r + \frac{2}{3}\pi\right)\Big[\sum_{n=1}^{\infty} (2n-1) a_n \sin^{2n-2}\left(\theta_r + \frac{2}{3}\pi\right) \Big]^{-1}. \tag{6-39}$$

和

$$u_{as} = \sqrt{2}u_M \cos\theta_r \Big[\sum_{n=1}^{\infty} (2n-1) a_n \sin^{2n-2}\theta_r \Big]^{-1},$$

$$u_{bs} = \sqrt{2}u_M \cos\left(\theta_r - \frac{2}{3}\pi\right)\Big[\sum_{n=1}^{\infty} (2n-1) a_n \sin^{2n-2}\left(\theta_r - \frac{2}{3}\pi\right) \Big]^{-1},$$

$$u_{cs} = \sqrt{2}u_M \cos\left(\theta_r + \frac{2}{3}\pi\right)\Big[\sum_{n=1}^{\infty} (2n-1) a_n \sin^{2n-2}\left(\theta_r + \frac{2}{3}\pi\right) \Big]^{-1}. \tag{6-40}$$

相电流和相电压受到一定限制。因此，应当通过利用限制条件将饱和效应（边界）整合进去。奇异点问题可以利用标幺化方程组（6-39）、式（6-40）得到解决。需要强调的是电流和电压式（6-39）、式（6-40）的数学表达式应尽可能使用硬件（功率电子器件、DSP 等）和软件实现。利用特定的输出级（通常是 6 或 12 步）和变换器拓扑（软开关或硬开关等），尽管我们希望获得理想的电压，但硬件在很大程度上决定了实际电压波形。同时，需要高级的 DSP，并集中大量的经验数据 a_n（**E**、**D**、**B**、**H**、i_{abcs}、ω_r、T_L、ε、μ、$\sum$）作为条件逻辑和查表，来实

现式（6-39）或式（6-40）。利用已存在的变换器拓扑结构不能保证正弦形式的电压波形。此外，利用 PWM 则意味着进行电压平均，且固态器件额定电压、电流、开关频率、以及其他特征都影响电压波形。必须利用硬件产生的（可实现的）相电压对电机性能进行分析和评估。实际上理想正弦电压组

$$u_{as} = \sqrt{2}u_M\cos\theta_r, \quad u_{bs} = \sqrt{2}u_M\cos\left(\theta_r + \frac{2}{3}\pi\right) \text{ 和}$$

$$u_{cs} = \sqrt{2}u_M\cos\left(\theta_r - \frac{2}{3}\pi\right)$$

是不可实现的。然而，我们这里拓展了分析工作，为进一步研究奠定基础。我们可以整合已经推导出的基本电磁场理论、控制理论和硬件，保证永磁电机获得近似最优或者可接受的性能。

例 6-7

对于两相永磁同步电机，理想情况下我们期望

$$\psi_{asm} = \psi_m\sin\theta_r \text{ 和 } \psi_{bsm} = \psi_m\cos\theta_r.$$

实际上，由推导出的电磁转矩

$$T_e = \frac{p\psi_m}{2}(\cos\theta_r i_{as} - \sin\theta_r i_{bs})$$

可产生需要的平衡电流为 $i_{as} = i_M\cos\theta_r$ 和 $i_{bs} = -i_M\sin\theta_r$。

假设由永磁体实际产生的 ab 相磁链为

$$\psi_{asm} = \psi_m\sum_{n=1}^{\infty} a_n \sin^{2n-1}\theta_r \text{ 和 } \psi_{bsm} = \psi_m\sum_{n=1}^{\infty} a_n \cos^{2n-1}\theta_r.$$

电磁转矩有如下形式

$$T_e = \frac{p\psi_m}{2}\left[i_{as}\sum_{n=1}^{\infty}(2n-1)a_n\cos\theta_r \sin^{2n-2}\theta_r - i_{bs}\sum_{n=1}^{\infty}(2n-1)a_n\sin\theta_r \cos^{2n-2}\theta_r \right].$$

令 $a_1 \neq 1$，$a_2 \neq 0$，且 $\forall a_n = 0$，$n > 2$。因此

$$T_e = \frac{p\psi_m}{2}\left[i_{as}\cos\theta_r(a_1 + 3a_2 \sin^2\theta_r) - i_{bs}\sin\theta_r(a_1 + 3a_2 \cos^2\theta_r) \right].$$

作为 θ_r 函数的相电压 u_{as} 和 u_{bs} 保证了近似平衡的运行条件，为

$$u_{as} = \frac{u_M\cos\theta_r}{(a_1 + 3a_2 \sin^2\theta_r + \varepsilon)} \text{ 若 } \left| \frac{u_M\cos\theta_r}{(a_1 + 3a_2 \sin^2\theta_r + \varepsilon)} \right| \leqslant u_{max}, \text{ 否则 } u_{as} = u_{max}, \text{ 或}$$

$u_{as} = -u_{max}$，

和

$$u_{bs} = \frac{u_M\sin\theta_r}{(a_1 + 3a_2 \cos^2\theta_r + \varepsilon)} \text{ 若 } \left| \frac{-u_M\sin\theta_r}{(a_1 + 3a_2 \cos^2\theta_r + \varepsilon)} \right| \leqslant u_{max}, \text{ 否则 } u_{bs} = -u_{max},$$

或 $u_{bs} = u_{max}$。

若 $a_1 \gg a_2$，可以利用 $u_{as} = u_M\cos\theta_r$ 和 $u_{bs} = -u_M\sin\theta_r$。

例 6-8 永磁同步电动机的仿真和分析

我们将仿真和研究一个径向结构的三相永磁同步电动机的性能。电动机参数为 $p=4$，$u_M=50\text{V}$，$r_s=1\Omega$，$L_{ss}=0.002\text{H}$，$L_{1s}=0.0002\text{H}$，$\overline{L}_m=0.0018\text{H}$，$\psi_m=0.1\text{V}\cdot\text{s/rad}$（$\text{N}\cdot\text{m/A}$），$B_m=0.00008\text{N}\cdot\text{m}\cdot\text{s/rad}$，$J=0.00004\text{kg}\cdot\text{m}^2$。空载和轻载时（$T_L$ 约为 $0.1\text{N}\cdot\text{m}$），常数 $a_1=1$，且其他 a_n 都为零（$\forall a_n=0$，$n>1$）。对于带载的电动机，有 $a_1=1$，$a_2=0.05$，$a_3=0.02$ 且 $\forall a_n=0$，$n>3$。参数按照以下指令载入

Matlab 程序段：

```
% Optimal distribution: Light loads
paim = 0.1; a1 = 1; a2 = 0; a3 = 0;
% Near - optimal distribution: Heavy loads
% psim = 0.1; a1 = 1; a2 = 0.05; a3 = 0.02;
% Motor parameters
P = 4; uM = 50; rs = 1; Lss = 0.002; Lls = 0.0002; Bm = 0.00008; J = 0.00004;
Lmb = Lss - Lls;
```

根据前面的研究，永磁同步电动机可用 5 个非线性微分方程描述；见式 (6-20)、式 (6-38)。对于 $a_1\neq0$，$a_2\neq0$，$a_3\neq0$ 且 $\forall a_n=0$，$n>3$，有

$$\psi_{as}=L_{ss}i_{as}-\frac{1}{2}\overline{L}_m i_{bs}-\frac{1}{2}\overline{L}_m i_{cs}+\psi_m(a_1\sin\theta_r+a_2\sin^3\theta_r+a_3\sin^5\theta_r),$$

$$\psi_{bs}=-\frac{1}{2}\overline{L}_m i_{as}+L_{ss}i_{bs}-\frac{1}{2}\overline{L}_m i_{cs}+\psi_m\left[a_1\sin\left(\theta_r+\frac{2}{3}\pi\right)+a_2\sin^3\left(\theta_r+\frac{2}{3}\pi\right)\right.$$
$$\left.+a_3\sin^5\left(\theta_r+\frac{2}{3}\pi\right)\right],$$

$$\psi_{cs}=-\frac{1}{2}\overline{L}_m i_{as}-\frac{1}{2}\overline{L}_m i_{bs}+L_{ss}i_{cs}+\psi_m\left[a_1\sin\left(\theta_r-\frac{2}{3}\pi\right)+a_2\sin^3\left(\theta_r-\frac{2}{3}\pi\right)\right.$$
$$\left.+a_3\sin^5\left(\theta_r-\frac{2}{3}\pi\right)\right]. \tag{6-41}$$

利用基尔霍夫第二定律 (6-20) 和式 (6-41)，可得

$$u_{as}=r_s i_{as}+L_{ss}\frac{di_{as}}{dt}-\frac{1}{2}\overline{L}_m\frac{di_{bs}}{dt}-\frac{1}{2}\overline{L}_m\frac{di_{cs}}{dt}$$
$$+\psi_m\cos\theta_r(a_1+3a_2\sin^2\theta_r+5a_3\sin^4\theta_r)\omega_r,$$

$$u_{bs}=r_s i_{bs}-\frac{1}{2}\overline{L}_m\frac{di_{as}}{dt}+L_{ss}\frac{di_{bs}}{dt}-\frac{1}{2}\overline{L}_m\frac{di_{cs}}{dt}$$
$$+\psi_m\cos\left(\theta_r+\frac{2}{3}\pi\right)\left(a_1+3a_2\sin^2\left(\theta_r+\frac{2}{3}\pi\right)+5a_3\sin^4\left(\theta_r+\frac{2}{3}\pi\right)\right)\omega_r,$$

$$u_{cs}=r_s i_{cs}-\frac{1}{2}\overline{L}_m\frac{di_{as}}{dt}-\frac{1}{2}\overline{L}_m\frac{di_{bs}}{dt}+L_{ss}\frac{di_{cs}}{dt}$$
$$+\psi_m\cos\left(\theta_r-\frac{2}{3}\pi\right)\left(a_1+3a_2\sin^2\left(\theta_r-\frac{2}{3}\pi\right)+5a_3\sin^4\left(\theta_r-\frac{2}{3}\pi\right)\right)\omega_r.$$

因此，

$$\frac{\mathrm{d}i_{\mathrm{as}}}{\mathrm{d}t} = \frac{1}{L_{\mathrm{ss}}}\Big[-r_{\mathrm{s}}i_{\mathrm{as}} + \frac{1}{2}\overline{L}_{\mathrm{m}}\frac{\mathrm{d}i_{\mathrm{bs}}}{\mathrm{d}t} + \frac{1}{2}\overline{L}_{\mathrm{m}}\frac{\mathrm{d}i_{\mathrm{cs}}}{\mathrm{d}t}$$

$$-\psi_{\mathrm{m}}\cos\theta_{\mathrm{r}}(a_1 + 3a_2\sin^2\theta_{\mathrm{r}} + 5a_3\sin^4\theta_{\mathrm{r}})\omega_{\mathrm{r}} + u_{\mathrm{as}} \Big],$$

$$\frac{\mathrm{d}i_{\mathrm{bs}}}{\mathrm{d}t} = \frac{1}{L_{\mathrm{ss}}}\Big[-r_{\mathrm{s}}i_{\mathrm{bs}} + \frac{1}{2}\overline{L}_{\mathrm{m}}\frac{\mathrm{d}i_{\mathrm{as}}}{\mathrm{d}t} + \frac{1}{2}\overline{L}_{\mathrm{m}}\frac{\mathrm{d}i_{\mathrm{cs}}}{\mathrm{d}t}$$

$$-\psi_{\mathrm{m}}\cos\Big(\theta_{\mathrm{r}} + \frac{2}{3}\pi\Big)\Big[a_1 + 3a_2\sin^2\Big(\theta_{\mathrm{r}} + \frac{2}{3}\pi\Big)$$

$$+ 5a_3\sin^4\Big(\theta_{\mathrm{r}} + \frac{2}{3}\pi\Big)\Big]\omega_{\mathrm{r}} + u_{\mathrm{bs}} \Big],$$

$$\frac{\mathrm{d}i_{\mathrm{cs}}}{\mathrm{d}t} = \frac{1}{L_{\mathrm{ss}}}\Big\{ -r_{\mathrm{s}}i_{\mathrm{cs}} + \frac{1}{2}\overline{L}_{\mathrm{m}}\frac{\mathrm{d}i_{\mathrm{as}}}{\mathrm{d}t} + \frac{1}{2}\overline{L}_{\mathrm{m}}\frac{\mathrm{d}i_{\mathrm{bs}}}{\mathrm{d}t}$$

$$-\psi_{\mathrm{m}}\cos\Big(\theta_{\mathrm{r}} - \frac{2}{3}\pi\Big)\Big[a_1 + 3a_2\sin^2\Big(\theta_{\mathrm{r}} - \frac{2}{3}\pi\Big)$$

$$+ 5a_3\sin^4\Big(\theta_{\mathrm{r}} - \frac{2}{3}\pi\Big)\Big]\omega_{\mathrm{r}} + u_{\mathrm{cs}} \Big\}. \tag{6-42}$$

从式 (6-37) 和式 (6-41)，可得电磁转矩的表达式为

$$T_{\mathrm{e}} = \frac{p\psi_{\mathrm{m}}}{2}\Big\{ i_{\mathrm{as}}\cos\theta_{\mathrm{r}}(a_1 + 3a_2\sin^2\theta_{\mathrm{r}} + 5a_3\sin^4\theta_{\mathrm{r}})$$

$$+ i_{\mathrm{bs}}\cos\Big(\theta_{\mathrm{r}} + \frac{2}{3}\pi\Big)\Big[a_1 + 3a_2\sin^2\Big(\theta_{\mathrm{r}} + \frac{2}{3}\pi\Big) + 5a_3\sin^4\Big(\theta_{\mathrm{r}} + \frac{2}{3}\pi\Big) \Big]$$

$$+ i_{\mathrm{cs}}\cos\Big(\theta_{\mathrm{r}} - \frac{2}{3}\pi\Big)\Big[a_1 + 3a_2\sin^2\Big(\theta_{\mathrm{r}} - \frac{2}{3}\pi\Big) + 5a_3\sin^4\Big(\theta_{\mathrm{r}} - \frac{2}{3}\pi\Big) \Big] \Big\}.$$

旋转运动方程 (6-38) 为

$$\frac{\mathrm{d}\omega_{\mathrm{r}}}{\mathrm{d}t} = \frac{P^2\psi_{\mathrm{m}}}{4J}\Big\{ i_{\mathrm{as}}\cos\theta_{\mathrm{r}}(a_1 + 3a_2\sin^2\theta_{\mathrm{r}} + 5a_3\sin^4\theta_{\mathrm{r}})$$

$$+ i_{\mathrm{bs}}\cos\Big(\theta_{\mathrm{r}} + \frac{2}{3}\pi\Big)\Big[a_1 + 3a_2\sin^2\Big(\theta_{\mathrm{r}} + \frac{2}{3}\pi\Big) + 5a_3\sin^4\Big(\theta_{\mathrm{r}} + \frac{2}{3}\pi\Big) \Big]$$

$$+ i_{\mathrm{cs}}\cos\Big(\theta_{\mathrm{r}} - \frac{2}{3}\pi\Big)\Big[a_1 + 3a_2\sin^2\Big(\theta_{\mathrm{r}} - \frac{2}{3}\pi\Big) + 5a_3\sin^4\Big(\theta_{\mathrm{r}} - \frac{2}{3}\pi\Big) \Big] \Big\}$$

$$- \frac{B_{\mathrm{m}}}{J}\omega_{\mathrm{r}} - \frac{P}{2J}T_{\mathrm{L}},$$

$$\frac{\mathrm{d}\theta_{\mathrm{r}}}{\mathrm{d}t} = \omega_{\mathrm{r}}. \tag{6-43}$$

利用式 (6-42) 和式 (6-43)，仿真永磁同步电动机 ($a_1 \neq 0$，$a_2 \neq 0$，$a_3 \neq 0$ 且 $\forall a_{\mathrm{n}} = 0$，$n > 3$) 的 Simulink 方框图如图 6-22 所示。电机输入以 θ_{r} 为函数的相电压

$$u_{as} = \sqrt{2}u_M\cos\theta_r, \quad u_{bs} = \sqrt{2}u_M\cos\left(\theta_r + \frac{2}{3}\pi\right) \text{ 和}$$

$$u_{cs} = \sqrt{2}u_M\cos\left(\theta_r - \frac{2}{3}\pi\right).$$

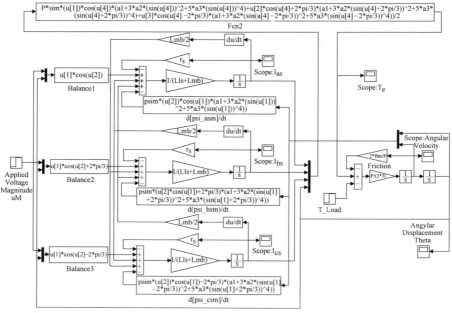

图 6-22 仿真永磁同步电动机 ($a_1 \neq 0$, $a_2 \neq 0$, $a_3 \neq 0$ 且
$\forall a_n = 0$, $n > 3$) 的 Simulink 方框图 (ch6_03. mdl)

可以使用这组电压是因为 $a_1 \gg (2n-1)a_n$, $\forall n > 1$。

研究电机从静止开始加速的动态过程,此时电机空载,加载额定电压 (u_M = 50V)。在 $t = 0.025s$ 时,加入负载转矩 $T_L = 0.1$N · m。如图 6-23 所示给出了相电流和电角速度的变化过程。电动机在 0.02s 内达到稳态 ω_r (空载时 500rad/s,若 $T_L = 0.1$N · m 则 490rad/s)。当 T_L 加入时,角速度减小且相电流幅值增大。通过如图 6-23 所示的电流动态,可以评估电动机在 $a_1 = 1$,且 $\forall a_n = 0$,$n > 1$ 时的性能。

相电流和角速度图像通过以下指令绘出

Matlab 程序段:

```
% Plots of the transient dynamice for a permanent – magnet synchronous motor
plot(Ias(:,1),Ias(:,2));xlabel('Time [seconds]', 'FontSize',14);
title('Current Dynamics, i_a_s [A]','FontSize',14);pause;
plot(Ibs(:1),Ibs(:,2)); xlabel('Time [seconds]', 'FontSize',14);
title('Current Dynamics, i_b_s [A]','Fontsize',14);pause;
plot(Ics(:,1),Ics(:,2));xlabel('Time [seconds]', 'FontSize',14);
```

title('Current Dynamics, i_c_s [A]','FontSize',14);
plot(wrm(:,1),wrm(:,2));axis[0,0.05,0.700]);xlabel('Time [seconds]',
'FontSize',14);
title('Electrical Angular Velocity Dynamics,\omega_r [rad/gecl',
'Fontsize',14);

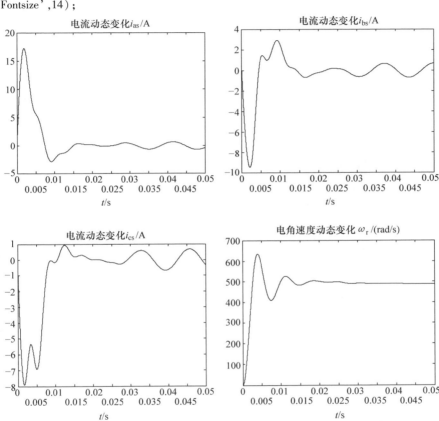

图 6-23　轻载时（$t = 0.025\mathrm{s}$ 时，$T_\mathrm{L} = 0.1\mathrm{N} \cdot \mathrm{m}$）永磁同步电动机各变量的暂态过程

　　对于带负载电动机，a_n 系数（通过监测电机运行在发电机状态时的反电势得到）为 $a_1 = 1$，$a_2 = 0.05$，$a_3 = 0.02$ 且 $\forall a_\mathrm{n} = 0$，$n > 3$。电动机额定电压（$u_\mathrm{M} = 50\mathrm{V}$）施加到电机后电机开始加速。当 $t = 0\mathrm{s}$ 时，负载转矩为 $T_\mathrm{L0} = 0.2\mathrm{N} \cdot \mathrm{m}$。当 $t = 0.025\mathrm{s}$ 时，负载转矩增为 $T_\mathrm{L} = 0.5\mathrm{N} \cdot \mathrm{m}$。相电流和电角速度的变化过程如图 6-24 所示。电动机在 0.02s 内达到稳态。可以观察到相电流振动和电磁转矩脉动。这导致效率降低、损耗、振动、噪声、发热等。还有其他许多降低电动机性能的次级影响，例如，对于过热的电动机，ψ_m 降低导致 T_e 降低，转矩密度随之也降低。利用限定条件和查表，可以找到在完整的运行范围内的近似平衡的电压。闭环机电系统的设计必须实现合理的最优性能。

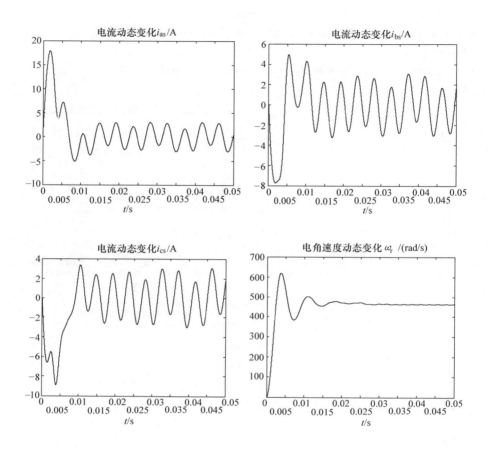

图 6-24 额定负载时（$T_{L0} = 0.2\text{N} \cdot \text{m}$ 且 $t = 0.025\text{s}$ 时，$T_L = 0.5\text{N} \cdot \text{m}$）
永磁同步电动机各变量的暂态过程

例 6-9 永磁同步发电机的建模，分析和仿真

假设由实验结果得到整个运行范围内 $a_1 \neq 0$，$a_2 \neq 0$，$a_3 \neq 0$ 且 $\forall\, a_n = 0$，$n > 3$。
永磁同步发电机的运动方程式通过电路 – 电磁方程（6-20）和式（6-36），电磁转
矩方程（6-37），和旋转运动方程得到

$$\frac{d\omega_r}{dt} = -T_e - \frac{B_m}{J}\omega_r + \frac{p}{2J}T_{pm} = -\frac{p^2\psi_m}{4J}\Big[\, i_{as}\sum_{n=1}^{\infty}(2n-1)a_n\cos\theta_r\,\sin^{2n-2}\theta_r$$

$$+ i_{bs}\sum_{n=1}^{\infty}(2n-1)a_n\cos\Big(\theta_r - \frac{2}{3}\pi\Big)\sin^{2n-2}\Big(\theta_r - \frac{2}{3}\pi\Big)$$

$$+ i_{cs}\sum_{n=1}^{\infty}(2n-1)a_n\cos\Big(\theta_r + \frac{2}{3}\pi\Big)\sin^{2n-2}\Big(\theta_r + \frac{2}{3}\pi\Big)\Big] - \frac{B_m}{J}\omega_r + \frac{p}{2J}T_{pm},$$

$$\frac{\mathrm{d}\theta_{\mathrm{r}}}{\mathrm{d}t} = \omega_{\mathrm{r}}.$$

原动机产生力矩 T_{pm} 使发电机旋转，发电机端部相电压为反电势。我们仿真和分析一台径向结构三相永磁同步发电机，它由一个原动机驱动，这个原动机产生恒定的转矩 $T_{\mathrm{pm}} = 0.05 \mathrm{N} \cdot \mathrm{m}$。发电机参数与例 6-8 一样。利用磁链表达式（6-41），得到电路 – 电磁动态过程如下：

$$\frac{\mathrm{d}i_{\mathrm{as}}}{\mathrm{d}t} = \frac{1}{L_{\mathrm{ss}}}\Big[-(r_{\mathrm{s}} + R_{\mathrm{L}})i_{\mathrm{as}} + \frac{1}{2}\bar{L}_{\mathrm{m}}\frac{\mathrm{d}i_{\mathrm{bs}}}{\mathrm{d}t} + \frac{1}{2}\bar{L}_{\mathrm{m}}\frac{\mathrm{d}i_{\mathrm{cs}}}{\mathrm{d}t}$$

$$-\psi_{\mathrm{m}}\cos\theta_{\mathrm{r}}(a_1 + 3a_2 \sin^2\theta_{\mathrm{r}} + 5a_3 \sin^4\theta_{\mathrm{r}})\omega_{\mathrm{r}} \Big],$$

$$\frac{\mathrm{d}i_{\mathrm{bs}}}{\mathrm{d}t} = \frac{1}{L_{\mathrm{ss}}}\Big\{ -(r_{\mathrm{s}} + R_{\mathrm{L}})i_{\mathrm{bs}} + \frac{1}{2}\bar{L}_{\mathrm{m}}\frac{\mathrm{d}i_{\mathrm{as}}}{\mathrm{d}t} + \frac{1}{2}\bar{L}_{\mathrm{m}}\frac{\mathrm{d}i_{\mathrm{cs}}}{\mathrm{d}t}$$

$$-\psi_{\mathrm{m}}\cos\Big(\theta_{\mathrm{r}} + \frac{2}{3}\pi\Big)\Big[a_1 + 3a_2 \sin^2\Big(\theta_{\mathrm{r}} + \frac{2}{3}\pi\Big) + 5a_3 \sin^4\Big(\theta_{\mathrm{r}} + \frac{2}{3}\pi\Big) \Big]\omega_{\mathrm{r}} \Big\},$$

$$\frac{\mathrm{d}i_{\mathrm{cs}}}{\mathrm{d}t} = \frac{1}{L_{\mathrm{ss}}}\Big\{ -(r_{\mathrm{s}} + R_{\mathrm{L}})i_{\mathrm{cs}} + \frac{1}{2}\bar{L}_{\mathrm{m}}\frac{\mathrm{d}i_{\mathrm{as}}}{\mathrm{d}t} + \frac{1}{2}\bar{L}_{\mathrm{m}}\frac{\mathrm{d}i_{\mathrm{bs}}}{\mathrm{d}t}$$

$$-\psi_{\mathrm{m}}\cos\Big(\theta_{\mathrm{r}} - \frac{2}{3}\pi\Big)\Big[a_1 + 3a_2 \sin^2\Big(\theta_{\mathrm{r}} - \frac{2}{3}\pi\Big) + 5a_3 \sin^4\Big(\theta_{\mathrm{r}} - \frac{2}{3}\pi\Big) \Big]\omega_{\mathrm{r}} \Big\}.$$

旋转运动方程为

$$\frac{\mathrm{d}\omega_{\mathrm{r}}}{\mathrm{d}t} = -\frac{p^2\psi_{\mathrm{m}}}{4J}\Big\{ i_{\mathrm{as}}\cos\theta_{\mathrm{r}}(a_1 + 3a_2 \sin^2\theta_{\mathrm{r}} + 5a_3 \sin^4\theta_{\mathrm{r}})$$

$$+ i_{\mathrm{bs}}\cos\Big(\theta_{\mathrm{r}} + \frac{2}{3}\pi\Big)\Big[a_1 + 3a_2 \sin^2\Big(\theta_{\mathrm{r}} + \frac{2}{3}\pi\Big) + 5a_3 \sin^4\Big(\theta_{\mathrm{r}} + \frac{2}{3}\pi\Big) \Big]$$

$$+ i_{\mathrm{cs}}\cos\Big(\theta_{\mathrm{r}} - \frac{2}{3}\pi\Big)\Big[a_1 + 3a_2 \sin^2\Big(\theta_{\mathrm{r}} - \frac{2}{3}\pi\Big) + 5a_3 \sin^4\Big(\theta_{\mathrm{r}} - \frac{2}{3}\pi\Big) \Big] \Big\}$$

$$- \frac{B_{\mathrm{m}}}{J}\omega_{\mathrm{r}} + \frac{p}{2J}T_{\mathrm{pm}},$$

$$\frac{\mathrm{d}\theta_{\mathrm{r}}}{\mathrm{d}t} = \omega_{\mathrm{r}}.$$

设对于空载和轻载条件，当 $R_{\mathrm{L}} \in [100 \ \infty]\Omega$ 时，$a_1 = 1$，且 $\forall a_n = 0$，$n > 1$。对于带负载发电机，即 $R_{\mathrm{L}} \in [10 \ 75)\Omega$ 时，$a_1 = 1$，$a_2 = 0.05$，$a_3 = 0.02$，且 $\forall a_n = 0$，$n > 3$。为了仿真由 5 个非线性微分方程描述的永磁同步发电机（$a_1 \neq 0$，$a_2 \neq 0$，$a_3 \neq 0$ 且 $\forall a_n = 0$，$n > 3$），相应的 Simulink 方框图如图 6-25 所示。

当发电机施加 $T_{\mathrm{pm}} = 0.05 \mathrm{N} \cdot \mathrm{m}$，由静止状态开始加速时，我们研究发电机暂态和产生的电压。三相对称负载 $R_{\mathrm{L}} = 150\Omega$ 和 $R_{\mathrm{L}} = 100\Omega$ 分别在 $t = 0\mathrm{s}$ 和 $t = 0.5\mathrm{s}$ 时加入。如图 6-26 所示表明了反电动势（端部相电压）和电角速度的变化过程。当 $T_{\mathrm{pm}} = T_{\mathrm{e}} + T_{\mathrm{friction}}$ 时，发电机达到稳态 ω_{r}。发电机的负载是星型联结的三相对称电

阻 R_L，它们分别与 abc 三相电阻 r_s 串联。当负载增大时（R_L 减小），角速度和反电动势减小。通过如图 6-26 所示的发电机暂态过程，可以评估当发电机轻载时（$a_1 = 1$，且 $\forall\, a_\mathrm{n} = 0$，$n > 1$）的性能。

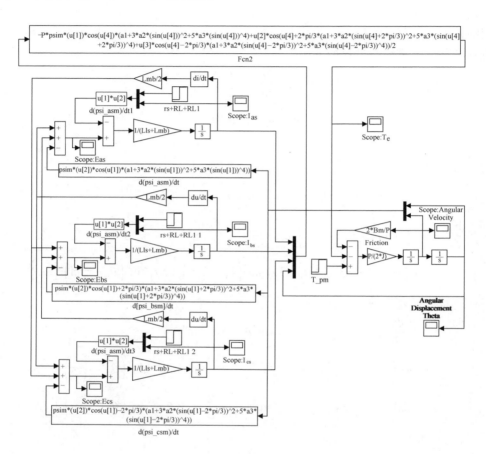

图 6-25　仿真永磁同步发电机的 Simulink 方框图
（$a_1 \neq 0$，$a_2 \neq 0$，$a_3 \neq 0$ 且 $\forall\, a_\mathrm{n} = 0$，$n > 3$）（ch6_04.mdl）

使用以下指令绘制反电势和角速度

Matlab 程序段：

```
% Plots of the transient dynamics for a permanent – magnet synchronous motor
plot(Eas(:,1),Eas(:,2));xlabel('Time [seconds]','FontSize',14);
title('Induced Voltage,emf_a_s [V]','FontSize',14);pause;
plot(Ebs(:,1),Ebs(:,2));xlabel('Time [seconds]','FontSize',14);
title('Induced Voltage,emf_b_s [V]','FontSize',14);pause;
plot(Ecs(:,1),Ecs(:,2));xlabel('Time [seconde]','FontSize',14);
```

title('Induced Voltage,emf_c_s[V]','Fontsize',14);pause;
plot(wrm(:,1),wrm(:,2));xlabel('Time [seconds]','FontSize',14);
title('Electrical Angular Velocity,\omega_r [rad/gecl','Fontsize',14);

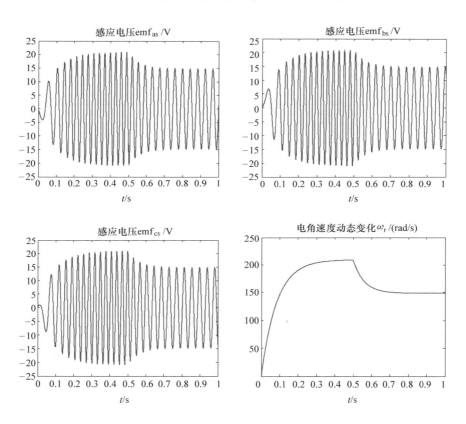

图 6-26　永磁同步发电机的暂态过程（$t=0$s 时 $T_{pm}=$
0.05N · m，$R_L=150\Omega$；$t=0.5$s 时 $R_L=100\Omega$）

对于带载发电机，即当 $R_L \in [10\ 75]\Omega$ 时（分别为最大和额定负载），我们有 $a_1=1$，$a_2=0.05$，$a_3=0.02$，且 $\forall a_n=0$，$n>3$。这里我们研究 $t=0$s 时，$R_L=25\Omega$ 和 $t=0.5$s 时 $R_L=75\Omega$ 发电机的性能。如图 6-27 所示给出了反电势和电角速度的变化图。当 R_L 在 $t=0.5$s 时增大，即负载减小，则角速度增大。结果是端部相电压增大。如果系数 a_n，$n>1$ 与 a_1 相比要大很多，则反电势会产生畸变。这导致效率降低、损耗，以及其他不希望看到的现象。因此，永磁同步电机的设计必须努力在整个运行范围内保证 $a_1 \gg (2n-1)a_n$，$\forall n>1$ 的近似最优条件。这个目标一般可以通过一个整体的机械结构设计，先进的制造技术，改进的工艺，以及合适的材料达到。

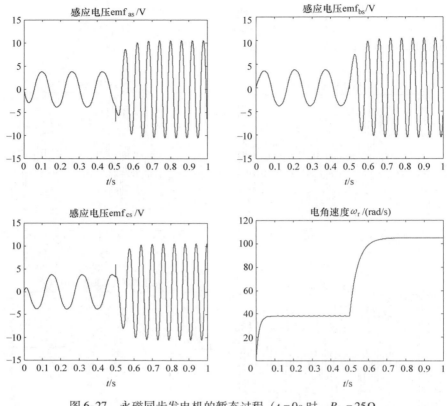

图 6-27 永磁同步发电机的暂态过程（$t = 0s$ 时，$R_L = 25\Omega$，
$T_{pm} = 0.05N \cdot m$ 和 $t = 0.5s$ 时 $R_L = 75\Omega$）

6.4 轴向结构永磁同步电机

在汽车工业、航空电子、生物技术、能量系统、船舶、医药和机器人以及其他
应用中，轴向拓扑结构的永磁同步电机可作为较好的解决方案。轴向拓扑结构的永
磁直流电机运动设备在 4.2 节中已经讨论过了。在同步电机中，静磁场由转子上的
永磁体产生，且交流电压作为 θ_r 的函数加载到定子绕组中。一个三相轴向永磁同
步电机如图 6-28 所示。

据信大肠杆菌呼吸器拥有轴向结构。大肠杆菌的丝状体由嵌入细胞壁的生物电
机的 45nm 转子驱动。细胞质膜作为一个"定子"。这种生物电机结构集成了超过
20 个蛋白质分子，而且这个电化学机械运动设备能够工作是因为有质子流产生的
轴向质子驱动激励，如图 6-29 所示。即使对经过最广泛研究的大肠杆菌生物电机，
我们仍然限于有限的知识而不能得出确凿的结论。我们有一定的信心猜测这种生物
电机应具有轴向结构（电动机将质子或者钠梯度作为维持穿越细胞内膜的能源，

图 6-28　三相轴向永磁同步电机的定子（绕组采用平面缠绕）和转子（磁体分段排列）

且细胞质轴向流动产生力矩）。包含受控的生物电动机的大肠杆菌细胞推进系统具有卓越的效率和性能。了解和模仿其力矩的产生，能量转换，轴承，传感反馈控制，以及其他机理是很有意义的。研究复杂的电化学机械能量的产生、收集、转换，以及其他由生物系统展示出的暂态和内在现象具有长远意义。如图 6-28 和图 6-29 所示，轴向永磁同步电机的拓扑结构在一定程度上可以表征轴向生物电机。

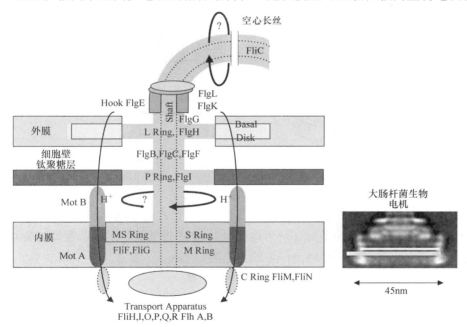

图 6-29　大肠杆菌生物电机（由不同蛋白质组成的复杂电动机轴承耦合鞭毛结构）和转子图像

　　轴向结构永磁同步电机可以制成多种尺寸。与图 6-28 所示设备的传统技术相对照，微型和小型轴向结构永磁同步电机已经利用表面加工技术、微加工技术和 CMOS 技术制造。轴向结构的机电运动设备的优点包括优异的性能，且成本较低，因为其制造、组装和封装都比较简单。上述最后一个特点原因如下：1）扁平（或平面）磁体按照平面分段排列方式制作；2）磁体不要求精确的三维形状和严格的磁化要求；3）不需要转子反铁磁导磁材料；4）在扁平（或平面）定子上容易制作平面绕制的绕组。轴向结构永磁同步电机如图 6-30 所示。两相和三相轴向结构永磁同步电机如图 6-28 和图 6-30 所示。对于三相同步电机，相电压 u_{as}、u_{bs} 和 u_{cs} 作为 θ_r 的函数。对于两相电机，提供相电压 u_{as} 和 u_{bs}。

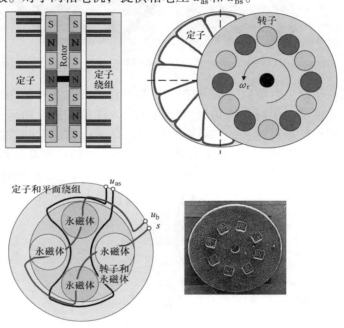

图 6-30　轴向结构永磁同步电机和平面分段磁体的制造结构（定子或转子）

下面我们研究轴向结构永磁同步电机的基本理论、建模和分析。基本电磁场与轴向结构直流电机的电磁场一致（见 4.2 节）。回忆在由永磁体产生的电磁场中的环形电流。假设通过磁场平面（环形电流处）的磁通量恒定不变，在均匀磁场中，任意形状和大小的平面环形电流产生的力矩为

$$T = is \times B = m \times B.$$

在永磁直流运动设备中，需要用电刷将电压提供给电枢，还需要一个整流器。相反，在永磁同步电动机中，相绕组却在定子上（静止的部分）。相应地，也就不需要电刷了。然而，为了产生电磁转矩，相电压作为角位移 θ_r 的函数提供。因此，需要角位移传感器和高级功率放大器。

考虑轴向永磁同步电机。磁通密度作为 θ_r 的函数不断变化，因为包含磁体的转子相对于包含绕组的定子有角位移。对于三相轴向结构永磁同步电机，依赖于磁体磁化方式，几何形状，对于均为 θ_{rm} 的周期性函数的磁通密度 $B_{as}(\theta_r)$，$B_{bs}(\theta_r)$

和 $B_{cs}(\theta_r)$，有不同的表达式。对于交流电机，我们使用与机械角位移 θ_{rm} 相关的电位移角度 θ_r。$\theta_{rm} = 2\theta_r/N_m$，其中 N_m 是永磁体数目（段数）。若最优结构设计得以实现，且磁体被恰当磁化，可得

$$B_{as}(\theta_r) = B_{max}\sin(\theta_r), B_{bs}(\theta_r) = B_{max}\sin\left(\theta_r - \frac{2}{3}\pi\right) 和$$

$$B_{cs}(\theta_r) = B_{max}\sin\left(\theta_r + \frac{2}{3}\pi\right).$$

式中，B_{max} 是对于绕组而言由磁体产生的最大磁密（B_{max} 依赖于所使用的磁体，磁体与绕组间的距离，温度等）。

对于特殊的磁体拓扑结构（磁体排列），有特定的磁通密度分布。例如，可能会得到

$$B_{as}(\theta_r) = B_{max}\left|\sin\theta_r\right|, B_{bs}(\theta_r) = B_{max}\left|\sin\left(\theta_r - \frac{2}{3}\pi\right)\right| 和$$

$$B_{cs}(\theta_r) = B_{max}\left|\sin\left(\theta_r + \frac{2}{3}\pi\right)\right|.$$

利用实验和分析推导出的 a_n（$\boldsymbol{E}$、$\boldsymbol{D}$、$\boldsymbol{B}$、$\boldsymbol{H}$、i_{abcs}、ω_r、T_L、ε、μ、$\sum$），有

$$B_{as} = B_{max}\sum_{n=1}^{\infty} a_n \sin^{2n-1}\theta_r, B_{bs} = B_{max}\sum_{n=1}^{\infty} a_n \sin^{2n-1}\left(\theta_r - \frac{2}{3}\pi\right) 和$$

$$B_{cs} = B_{max}\sum_{n=1}^{\infty} a_n \sin^{2n-1}\left(\theta_r + \frac{2}{3}\pi\right). \tag{6-44}$$

从式（6-44），利用匝数和有效面积，可以得到如 6.3.4 节所讨论的磁链的表达式

$$\begin{bmatrix} \psi_{as} \\ \psi_{bs} \\ \psi_{cs} \end{bmatrix} = \begin{bmatrix} L_{ss} & 0 & 0 \\ 0 & L_{ss} & 0 \\ 0 & 0 & L_{ss} \end{bmatrix} \begin{bmatrix} i_{as} \\ i_{bs} \\ i_{cs} \end{bmatrix} + \psi_m \begin{bmatrix} \sum_{n=1}^{\infty} a_n \sin^{2n-1}\theta_r \\ \sum_{n=1}^{\infty} a_n \sin^{2n-1}\left(\theta_r - \frac{2}{3}\pi\right) \\ \sum_{n=1}^{\infty} a_n \sin^{2n-1}\left(\theta_r + \frac{2}{3}\pi\right) \end{bmatrix}, \tag{6-45}$$

在式（6-45）中平面绕组间的互感为零（或极小），然而在式（6-36）中，由于径向拓扑结构电机的铁心而存在互感 $-\overline{L}_m/2$。将式（6-45）代入基尔霍夫第二定律（6-20）中，得到机械变量形式的电路–电磁运动方程。

表达式

$$T_e = \frac{N_m}{2}\frac{\partial W_c}{\partial \theta_r}$$

推出

$$T_e = \frac{N_m \psi_m}{2} \Big[i_{as} \sum_{n=1}^{\infty} (2n-1) a_n \cos\theta_r \sin^{2n-2}\theta_r$$

$$+ i_{bs} \sum_{n=1}^{\infty} (2n-1) a_n \cos\Big(\theta_r - \frac{2}{3}\pi\Big) \sin^{2n-2}\Big(\theta_r - \frac{2}{3}\pi\Big)$$

$$+ i_{cs} \sum_{n=1}^{\infty} (2n-1) a_n \cos\Big(\theta_r + \frac{2}{3}\pi\Big) \sin^{2n-2}\Big(\theta_r + \frac{2}{3}\pi\Big) \Big]. \tag{6-46}$$

因此，力矩 – 机械动态为

$$\frac{d\omega_r}{dt} = \frac{N_m^2 \psi_m}{4J} \Big[i_{as} \sum_{n=1}^{\infty} (2n-1) a_n \cos\theta_r \sin^{2n-2}\theta_r$$

$$+ i_{bs} \sum_{n=1}^{\infty} (2n-1) a_n \cos\Big(\theta_r - \frac{2}{3}\pi\Big) \sin^{2n-2}\Big(\theta_r - \frac{2}{3}\pi\Big)$$

$$+ i_{cs} \sum_{n=1}^{\infty} (2n-1) a_n \cos\Big(\theta_r + \frac{2}{3}\pi\Big) \sin^{2n-2}\Big(\theta_r + \frac{2}{3}\pi\Big) \Big]$$

$$- \frac{B_m}{J}\omega_r - \frac{N_m}{2J}T_L,$$

$$\frac{d\theta_r}{dt} = \omega_r. \tag{6-47}$$

近似平衡的电流和电压组由式（6-39）和式（6-40）给出。

例6-10 轴向结构单相永磁同步电机

考虑如图6-31所示的永磁体分段排列的单相永磁同步电动机。

假设单相电机的磁通密度为

$$B_{as}(\theta_{rm}) = B_{max}\sin\Big(\frac{1}{2}N_m\theta_{rm}\Big) \text{ 或 } B_{as}(\theta_r) = B_{max}\sin\theta_r.$$

由单相轴向结构永磁同步发电机产生的电磁转矩通过利用下式得到

$$\boldsymbol{T} = i\boldsymbol{s} \times \boldsymbol{B} = \boldsymbol{m} \times \boldsymbol{B} \text{ 或 } \boldsymbol{T} = \boldsymbol{R} \times \boldsymbol{F}.$$

作为一种选择，磁共能的表达式

$$W_c(i_{as}, \theta_r) = N A_{eq} B_{as}(\theta_r) i_{as}$$

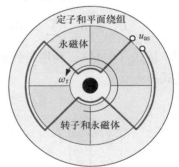

图6-31 轴向结构单相
永磁同步电机

也可用于推导 T_e。式中，N 是匝数，A_{eq} 是有效面积，计及了磁场畸变和磁体畸变等因素。有

$$T_e = \frac{\partial W_c(i_{as}, \theta_r)}{\partial \theta_r} = \frac{N_m \psi_m}{2} i_{as}\cos\theta_r.$$

如果为绕组加载直流电流和电压，则同步电动机不会产生电磁转矩。若电流是转子角位移 θ_r 的函数，则 T_e 的平均值不会为零。为了证明，我们将相电流 $i_{as} = i_M \cos\theta_r$ 通入电动机绕组中。电磁转矩为

$$T_e = \frac{N_m \psi_m}{2} i_M \cos^2 \theta_r$$

且 $T_{eav} \neq 0$。然而，将会出现转矩脉动。

利用以下基尔霍夫定律和牛顿第二定律可得到运动方程

$$u_{as} = r_s i_{as} + \frac{d\psi_{as}}{dt} \text{ 和 } J\frac{d^2\theta_{rm}}{dt^2} = T_e - B_m \omega_{rm} - T_L.$$

从磁链方程 $\psi_{as} = L_{ss}i_{as} + \psi_m \sin\theta_r$，有

$$\frac{di_{as}}{dt} = \frac{1}{L_{ss}}(-r_s i_{as} - \psi_m \cos\theta_r \omega_r + u_{as})$$

$$\frac{d\omega_r}{dt} = \frac{N_m^2 \psi_m}{4J}i_{as}\cos\theta_r - \frac{B_m}{J}\omega_r - \frac{N_m}{2J}T_L,$$

$$\frac{d\theta_r}{dt} = \omega_r.$$

例 6-11　轴向结构两相永磁同步电动机

考虑如图 6-30 所示的两相永磁同步电动机。磁通密度为

$$B_{as} = B_{max}\sin\theta_r \text{ 和 } B_{bs} = B_{max}\cos\theta_r.$$

电磁转矩为

$$T_e = \frac{N_m \psi_m}{2}(i_{as}\cos\theta_r - i_{bs}\sin\theta_r).$$

平衡电流组为

$$i_{as} = i_M \cos\theta_r, \quad i_{bs} = -i_M \sin\theta_r.$$

因此，T_e 达到最大，且从式

$$T_e = \frac{N_m \psi_m}{2}i_M$$

可以得出无转矩脉动的结论。

因此，对于两相永磁同步电机，应当保证导致 $B_{as} = B_{max}\sin\theta_r$ 和 $B_{bs} = B_{max}\cos\theta_r$ 的结构设计。相电流或相电压为电位移角度 θ_r 的函数，θ_r 由霍尔传感器测量或者由无传感器控制的监视器计算得到。

作为一个证明例题，考虑当 $a_3 = 1$ 和所有其他 $\forall a_n = 0$ 的情况。磁通的分布与具有平面分段磁体的转子相关，如图 6-30 所示。可得

$$\psi_{asm} = \psi_m \sin^5\theta_r \text{ 和 } \psi_{bsm} = \psi_m \cos^5\theta_r.$$

电磁转矩为

$$T_e = \frac{5N_m \psi_m}{2}(i_{as}\cos\theta_r \sin^4\theta_r - i_{bs}\sin\theta_r \cos^4\theta_r).$$

假设电动机参数为

$$N = 20, \quad A_{eq} = 0.001, \quad B_{max} = 1, \quad \text{和} \quad N_m = 8.$$

令相电流为

$$i_{as} = i_M \cos\theta_r \text{ 和 } i_{bs} = -i_M \sin\theta_r, \quad i_M = 2A.$$

电磁转矩、偏差的计算和绘制通过利用 Symbolic Math Toolbox 完成。我们应用磁共能方程，进行一次微分后得到电磁转矩

$$T_e = \frac{\partial W_c(i_M, \theta_r)}{\partial \theta_r}.$$

用到以下 MATLAB 文件

Matlab 程序段：

```
% To use a symbolic variable, create an object of type SYM
x = sym('x');
N = 20; Aeg = 0.001; Bmax = 1; psim = N * Aeg * Bmax; Nm = 8; iM = 2;
y1 = N * Aeq * Bmax * sin(x)^5; y2 = N * Aeq * Bmax * cos(x)^5;
% Differentiate y1 and y2 using the DIFF command
d1 = diff(y1); d2 = diff(y2);
% Phase currents
ias = iM * cos(x); ibs = -iM * sin(x);
% Derive and plot the electromagnetic torque
Te = Nm * (d1 * ias + d2 * ibs)/2, Te = simplify(Te), ezplot(Te)
```

计算结果在命令窗口给出，Matlab 程序段如下所示：

```
Te = 4/5 * sin(x)^4 * cos(x)^2 + 4/5 * cos(x)^4 * sin(x)^2
Te = -4/5 * (-1 + cos(x)^2) * Cos(x)^2
```

可得出结论，电磁转矩为

$$T_e = -\frac{4}{5}(-1 + \cos^2\theta_r)\cos^2\theta_r \text{N} \cdot \text{m}$$

绘出的电磁转矩曲线如图 6-32a 所示。电磁转矩作为转子角位移的一个近似正弦函数不断变化。转矩脉动是由损耗、噪声、振动等导致的。为了使转矩脉动最小化，可以重新设计结构，努力保证磁通正弦分布。或者可以推导和提供（如果可实现）合适的相电流。

已知

$$T_e = \frac{5N_m\psi_m}{2}(i_{as}\cos\theta_r \sin^4\theta_r - i_{bs}\sin\theta_r \cos^4\theta_r).$$

电流组

$$i_{as} = \frac{i_M\cos\theta_r}{\sin^4\theta_r} \text{和} i_{bs} = \frac{-i_M\sin\theta_r}{\cos^4\theta_r},$$

使电磁转矩最大化，并消除转矩脉动。使用 Matlab 程序段：

% Phase currents

ias = iM * cos(x)/sin(x)^4;ibs = − iM * sin(x)/cos(x)^4;

% Derive and plot the electromagnetic torque

Te = Nm * (d1 * ias + d2 * ibs)/2 , Te = simplify(Te) , ezplot(Te)

我们得到以下结果：

Matlab 程序段：

Te = 4/5 * cos(x) * 2 + 4/5 * sin(x)^2

Te = 4/5

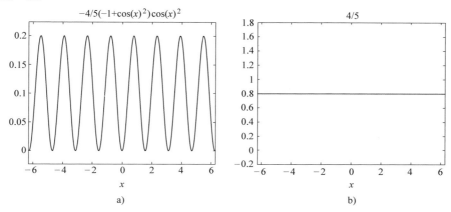

图 6-32　电磁转矩

a) $T_e = -\dfrac{4}{5}\ (-1 + \cos^2\theta_r)\ \cos^2\theta_r \text{N} \cdot \text{m}$　　b) $T_e = 0.8\text{N} \cdot \text{m}$

即 $T_e = 0.8\text{N} \cdot \text{m}$，如图 6-32b 所示。然而，由于奇异性和饱和，不可能实现这组电流 $i_{as} = i_M\cos\theta_r/\sin^4\theta_r$ 和 $i_{bs} = -i_M\sin\theta_r/\cos^4\theta_r$。可以应用以下近似平衡电流组

$$i_{as} = \frac{i_M\cos\theta_r}{(\sin^4\theta_r + \varepsilon)}\ \text{若}\ \left|\frac{i_M\cos\theta_r}{(\sin^4\theta_r + \varepsilon)}\right| \le i_{max}，\text{则}\ i_{as} = i_{max}，\text{否则}\ i_{as} = -i_{max}，$$

$$i_{bs} = \frac{-i_M\sin\theta_r}{(\cos^4\theta_r + \varepsilon)}\ \text{若}\ \left|\frac{i_M\sin\theta_r}{(\cos^4\theta_r + \varepsilon)}\right| \le i_{max}，\text{则}\ i_{bs} = -i_{max}，\text{否则}\ i_{bs} = i_{max}，$$

例 6-12　轴向结构三相永磁同步电动机

我们的目标是建模、仿真和分析三相同步电动机。在整个运行范围内，假设 $a_1 \ne 0$，$a_2 \ne 0$，$a_3 \ne 0$ 且 $\forall a_n = 0$，$n > 3$。因此，从式（6-44）和式（6-45）可得

$$\psi_{as} = L_{ss}i_{as} + L_{asbs}i_{bs} + L_{ascs}i_{cs} + \psi_m(a_1\sin\theta_r + a_2\sin^3\theta_r + a_3\sin^5\theta_r)，$$

$$\psi_{bs} = L_{bsas}i_{as} + L_{ss}i_{bs} + L_{bscs}i_{cs} + \psi_m\left[a_1\sin\left(\theta_r + \frac{2}{3}\pi\right) + a_2\sin^3\left(\theta_r + \frac{2}{3}\pi\right)\right.$$

$$\left. + a_3\sin^5\left(\theta_r + \frac{2}{3}\pi\right)\right]，$$

$$\psi_{cs} = L_{csas}i_{as} + L_{csbs}i_{bs} + L_{ss}i_{cs} + \psi_m\left[a_1\sin\left(\theta_r - \frac{2}{3}\pi\right) + a_2\sin^3\left(\theta_r - \frac{2}{3}\pi\right)\right.$$

$$+ a_3 \sin^5\left(\theta_r - \frac{2}{3}\pi\right)\Big].$$

相绕组之间的互感为零。利用基尔霍夫第二定律表示的磁链导数式(6-20),有

$$\frac{\mathrm{d}i_{as}}{\mathrm{d}t} = \frac{1}{L_{ss}}\Big[-r_s i_{as} - \psi_m \cos\theta_r (a_1 + 3a_2 \sin^2\theta_r + 5a_3 \sin^4\theta_r)\omega_r + u_{as}\Big],$$

$$\frac{\mathrm{d}i_{bs}}{\mathrm{d}t} = \frac{1}{L_{ss}}\Big\{ -r_s i_{bs} - \psi_m \cos\left(\theta_r + \frac{2}{3}\pi\right)\Big[a_1 + 3a_2 \sin^2\left(\theta_r + \frac{2}{3}\pi\right) $$

$$+ 5a_3 \sin^4\left(\theta_r + \frac{2}{3}\pi\right)\Big]\omega_r + u_{bs}\Big\},$$

$$\frac{\mathrm{d}i_{cs}}{\mathrm{d}t} = \frac{1}{L_{ss}}\Big\{ -r_s i_{cs} - \psi_m \cos\left(\theta_r - \frac{2}{3}\pi\right)\Big[a_1 + 3a_2 \sin^2\left(\theta_r - \frac{2}{3}\pi\right) $$

$$+ 5a_3 \sin^4\left(\theta_r - \frac{2}{3}\pi\right)\Big]\omega_r + u_{cs}\Big\}. \tag{6-48}$$

从对于电磁转矩的表达式(6-46),可得

$$T_e = \frac{N_m \psi_m}{2}\Big\{ i_{as}\cos\theta_r (a_1 + 3a_2 \sin^2\theta_r + 5a_3 \sin^4\theta_r)$$

$$+ i_{bs}\cos\left(\theta_r + \frac{2}{3}\pi\right)\Big[a_1 + 3a_2 \sin^2\left(\theta_r + \frac{2}{3}\pi\right) + 5a_3 \sin^4\left(\theta_r + \frac{2}{3}\pi\right)\Big]$$

$$+ i_{cs}\cos\left(\theta_r - \frac{2}{3}\pi\right)\Big[a_1 + 3a_2 \sin^2\left(\theta_r - \frac{2}{3}\pi\right) + 5a_3 \sin^4\left(\theta_r - \frac{2}{3}\pi\right)\Big]\Big\}.$$

扭矩 - 机械运动方程(6-47)为

$$\frac{\mathrm{d}\omega_r}{\mathrm{d}t} = \frac{N_m^2 \psi_m}{4J}\Big\{ i_{as}\cos\theta_r (a_1 + 3a_2 \sin^2\theta_r + 5a_3 \sin^4\theta_r)$$

$$+ i_{bs}\cos\left(\theta_r + \frac{2}{3}\pi\right)\Big[a_1 + 3a_2 \sin^2\left(\theta_r + \frac{2}{3}\pi\right) + 5a_3 \sin^4\left(\theta_r + \frac{2}{3}\pi\right)\Big]$$

$$+ i_{cs}\cos\left(\theta_r - \frac{2}{3}\pi\right)\Big[a_1 + 3a_2 \sin^2\left(\theta_r - \frac{2}{3}\pi\right) + 5a_3 \sin^4\left(\theta_r - \frac{2}{3}\pi\right)\Big]\Big\}$$

$$- \frac{B_m}{J}\omega_r - \frac{p}{2J}T_L,$$

$$\frac{\mathrm{d}\theta_r}{\mathrm{d}t} = \omega_r. \tag{6-49}$$

利用式(6-48)和式(6-49),仿真轴向永磁同步电动机($a_1 \neq 0$,$a_2 \neq 0$,$a_3 \neq 0$ 且 $\forall a_n = 0$,$n > 3$)的 Simulink 方框图如图 6-33 所示。所提供的相电压为

$$u_{as} = \sqrt{2}u_M \cos\theta_r, \quad u_{bs} = \sqrt{2}u_M \cos\left(\theta_r + \frac{2}{3}\pi\right) \text{ 和}$$

$$u_{cs} = \sqrt{2}u_M \cos\left(\theta_r - \frac{2}{3}\pi\right).$$

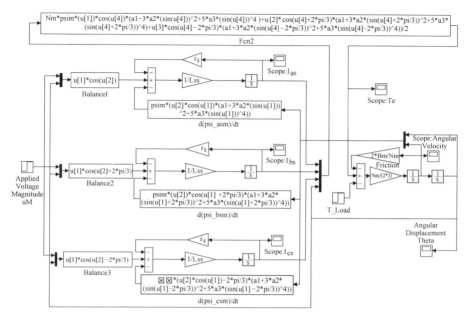

图 6-33　仿真轴向永磁同步电动机（$a_1 \neq 0, a_2 \neq 0, a_3 \neq 0$ 且
$\forall a_n = 0, n > 3$）的 Simulink 方框图（ch6_05. mdl）

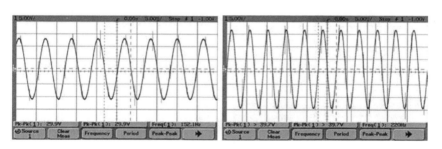

图 6-34　电机转速为 956 和 1382rad/s 时的感应电势 $emf_{\text{asw}} = \psi_m \cos\theta_r \omega_r$

额定电压为 50V 的电机的参数通过实验得到。有 $N_m = 8$，$r_s = 13.5\Omega$，$L_{ss} = 0.035\text{H}$，$\psi_m = 0.03\text{V} \cdot \text{s/rad}(\text{N} \cdot \text{m/A})$，$B_m = 0.0000005\text{N} \cdot \text{m} \cdot \text{s/rad}$，和 $J = 0.00001\text{kg} \cdot \text{m}^2$。$\psi_m$ 的值通过测量当同步电机由原动机带动旋转时的反电势。实验结果如图 6-34 所示。空载时，对应于不同的稳态角速度 ω_r（956 和 1382rad/s），端部相电压分别为 29.9 和 39.7V。即使对于相同的负载，ψ_m 也随着不同的运行范围而变化，且假设 $a_1 \neq 0$，$\forall a_n = 0$，$n > 1$，则 $\psi_m \in [0.029 \ 0.031]\text{V} \cdot \text{s/rad}$。

对于空载和轻载条件（T_L 最大为 $0.01\text{N} \cdot \text{m}$），常量为 $a_1 = 1$ 且其他所有 a_n 都为零（$\forall a_n = 0$，$n > 1$）。对于带载电动机，有 $a_1 = 0.85$，$a_2 = 0.06$，$a_3 = 0.04$ 且 $\forall a_n = 0$，$n > 3$。上传的参数为 Matlab 程序段：

% Optimal distribution：Light loads

psim = 0. 03；a1 = 1；a2 = 0；a3 = 0；

% Near – optimal distribution：Heavy loads

psim = 0. 03；a1 = 0. 85；a2 = 0. 06；a3 = 0. 04；

% Motor parameters

Nm = 8；uM = 50；rs = 13. 5；Lss = 0. 035；Bm = 0. 0000005；J = 0. 00001；

研究电动机加载额定电压（u_M = 50V）从静止时加速的暂态过程，T_{L0} = 0. 005N · m。当 t = 0. 5s 时加入负载转矩 T_L = 0. 01N · m。如图 6-35 所示给出了 $i_{as}(t)$、$i_{bs}(t)$、$i_{cs}(t)$ 和 $\omega_r(t)$ 的变化过程。

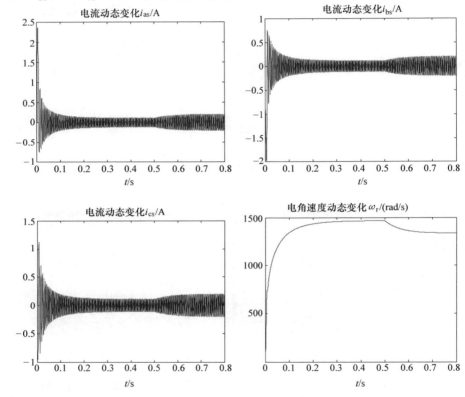

图 6-35 轴向永磁同步电动机的暂态过程（a_1 = 1，$\forall a_n$ = 0，$n > 1$）

当 T_{L0} = 0. 005N · m 时，稳态角速度 ω_r 为 1470rad/s，且当负载在 t = 0. 5s 加入时，角速度降低。

使用以下指令绘出相电流和角速度 MATLAB 程序段：

% Plots of the transient dynamics for a permanent – magnet synchronous motor

plot(Ias(:,1)，Ias(:,2))；xlabel('Time [seconds]','FontSize',14)；

title('Current Dynamics, i_a_s [A]','FontSize',14)；pause；

plot(Ibe(:,1),Ibs(:,2))；xlabel('Time [seconds]','FontSize',14)；

title('Current Dynamics, i_b_s [A] ','Fontsize',14)；pause；

plot(Ics(:,1),Ics(:,2)); xlabel('Time [seconds] ','FontSize',14);

title('current Dynamics, i_c_s [A] ', 'FontSize',14); pause;

plot(wrm(:,1),wrm(:,2)); axis([0,0.8,0,1500]); xlabel('Time [seconds] ', 'FontSize', 14);

title('Electrical Angular Velocity Dynamics, \omega_r[rad/sec]', 'FontSize',14);

对于带载的电动机，我们有 $a_1 = 0.85$, $a_2 = 0.06$, $a_3 = 0.04$ 且 $\forall a_n = 0$, $n > 3$。电动机加载额定电压加速。当 $t = 0$s 时，负载转矩为 $T_{L0} = 0.015$N·m，当 $t = 0.5$s 时，负载转矩为 $T_L = 0.03$N·m。如图 6-36 所示给出了电动机变量的变化过程。可以观察到相电流振动和电磁转矩脉动。对提供的相电压进行改善可以使这些不希望看到的现象最小化。

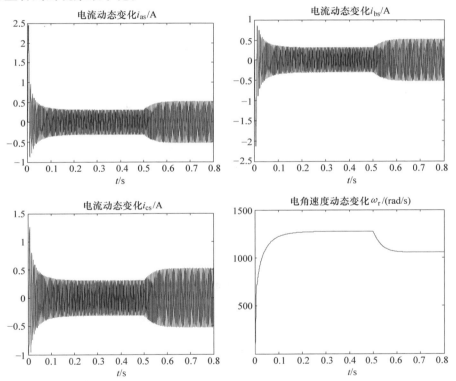

图 6-36　轴向结构永磁同步电动机（$a_1 = 0.85$, $a_2 = 0.06$, $a_3 = 0.04$ 且 $\forall a_n = 0$, $n > 3$）的暂态过程，$T_{L0} = 0.015$N·m 且当 $t = 0.5$s 时，负载转矩为 $T_L = 0.03$N·m

6.5　传统三相同步电机

下面我们考虑广泛用于高功率驱动和发电系统的三相同步电机。设计和制造 ~100kW 或更高功率的永磁同步电机是极具挑战性的，然而对兆瓦级和更高的功率级的需求是常见的。在这些应用中，特别是发电系统中，使用传统的三相电机。绕组正弦分布的对称同步电动机和发电机如图 6-37 和图 6-38 所示。定子和转子绕组被表示为 as、bs、cs 和 fr。提供直流电压给转子绕组，因此需要电刷。传统同步电机的角速度常常相对较低，向转子绕组提供直流电压不会增加挑战性。也存在减小转子绕组所需电压的解决方案，如利用附加电机或永磁体等。除此之外，高功率电机有多个补偿绕组和多个励磁，所有这些可能的解决方案在示例中有所体现，因为替代的设计不会从根本上改变电磁场和运行特性。

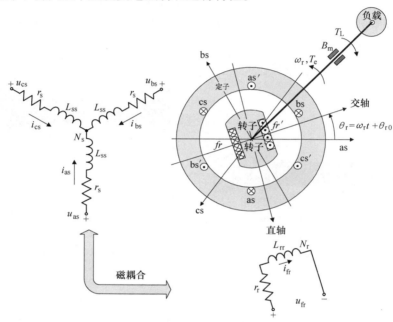

图 6-37   三相星型联结同步电动机

对定子和转子电路应用基尔霍夫电压定律，结果得到定子绕组（记为 as、bs 和 cs）和转子绕组（记为 fr）的 4 个微分方程。有

$$u_{as} = r_s i_{as} + \frac{\mathrm{d}\psi_{as}}{\mathrm{d}t},$$

$$u_{bs} = r_s i_{bs} + \frac{\mathrm{d}\psi_{bs}}{\mathrm{d}t},$$

$$u_{cs} = r_s i_{cs} + \frac{\mathrm{d}\psi_{cs}}{\mathrm{d}t},$$

$$u_{fr} = r_r i_{fr} + \frac{\mathrm{d}\psi_{fr}}{\mathrm{d}t}, \tag{6-50}$$

其中，磁链为

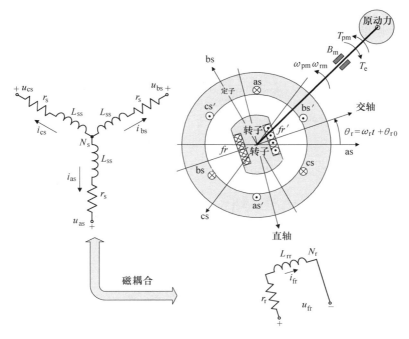

图 6-38　三相星型联结同步发电机

$$\psi_{as} = L_{asas}i_{as} + L_{asbs}i_{bs} + L_{ascs}i_{cs} + L_{asfr}i_{fr}, \quad \psi_{bs} = L_{bsas}i_{as} + L_{bsbs}i_{bs} + L_{bscs}i_{cs} + L_{bsfr}i_{fr},$$

$$\psi_{cs} = L_{csas}i_{as} + L_{csbs}i_{bs} + L_{cscs}i_{cs} + L_{csfr}i_{fr}, \quad \psi_{fr} = L_{fras}i_{as} + L_{frbs}i_{bs} + L_{frcs}i_{cs} + L_{frfr}i_{fr}.$$

利用式（6-50）得如下矩阵形式

$$\boldsymbol{u}_{abcs} = \boldsymbol{r}_s \boldsymbol{i}_{abcs} + \frac{d\boldsymbol{\psi}_{abcs}}{dt}, \quad u_{fr} = r_r i_{fr} + \frac{d\psi_{fr}}{dt}.$$

对于同步磁阻电机，定子绕组间的自感和互感在 6.22 节已经推导过了。在前文强调过的假设下，研究定子和转子磁耦合，得到以下定子和转子的磁链的表达式

$$\psi_{as} = \left[L_{ls} + \overline{L}_m - L_{\Delta m}\cos 2\theta_r \right] i_{as} + \left(-\frac{1}{2}\overline{L}_m - L_{\Delta m}\cos 2\left(\theta_r - \frac{1}{3}\pi \right) \right) i_{bs}$$

$$+ \left[-\frac{1}{2}\overline{L}_m - L_{\Delta m}\cos 2\left(\theta_r + \frac{1}{3}\pi \right) \right] i_{cs} + L_{md}\sin\theta_r i_{fr},$$

$$\psi_{bs} = \left[-\frac{1}{2}\overline{L}_m - L_{\Delta m}\cos 2\left(\theta_r - \frac{1}{3}\pi \right) \right] i_{as} + \left[L_{ls} + \overline{L}_m - L_{\Delta m}\cos 2\left(\theta_r - \frac{2}{3}\pi \right) \right] i_{bs}$$

$$+ \left(-\frac{1}{2}\overline{L}_m - L_{\Delta m}\cos 2\theta_r \right) i_{cs} + L_{md}\sin\left(\theta_r - \frac{2}{3}\pi \right) i_{fr},$$

$$\psi_{cs} = \left[-\frac{1}{2}\overline{L}_m - L_{\Delta m}\cos 2\left(\theta_r + \frac{1}{3}\pi \right) \right] i_{as} + \left(-\frac{1}{2}\overline{L}_m - L_{\Delta m}\cos 2\theta_r \right) i_{bs}$$

$$+ \left[L_{ls} + \overline{L}_m - L_{\Delta m}\cos 2\left(\theta_r + \frac{2}{3}\pi \right) \right] i_{cs} + L_{md}\sin\left(\theta_r + \frac{2}{3}\pi \right) i_{fr},$$

$$\psi_{\mathrm{fr}} = L_{\mathrm{md}}\sin\theta_{\mathrm{r}}i_{\mathrm{as}} + L_{\mathrm{md}}\sin\left(\theta_{\mathrm{r}} - \frac{2}{3}\pi\right)i_{\mathrm{bs}} + L_{\mathrm{md}}\sin\left(\theta_{\mathrm{r}} + \frac{2}{3}\pi\right)i_{\mathrm{cs}} + (L_{\mathrm{lf}} + L_{\mathrm{mf}})i_{\mathrm{fr}},$$

$$(6\text{-}51)$$

其中
$$L_{\mathrm{md}} = \frac{N_{\mathrm{r}}N_{\mathrm{s}}}{\Re_{\mathrm{md}}} \text{ 和 } L_{\mathrm{mf}} = \frac{N_{\mathrm{r}}^2}{\Re_{\mathrm{md}}}.$$

自感和互感矩阵 $\boldsymbol{L}_{\frac{\mathrm{abcs}}{\mathrm{fr}}}(\theta_{\mathrm{r}})$ 为

$$\boldsymbol{L}_{\frac{\mathrm{abcs}}{\mathrm{fr}}}(\theta_{\mathrm{r}}) =$$

$$\begin{bmatrix} L_{\mathrm{ls}} + \bar{L}_{\mathrm{m}} - L_{\Delta m}\cos2\theta_{\mathrm{r}} & -\frac{1}{2}\bar{L}_{\mathrm{m}} - L_{\Delta m}\cos2\left(\theta_{\mathrm{r}} - \frac{1}{3}\pi\right) & -\frac{1}{2}\bar{L}_{\mathrm{m}} - L_{\Delta m}\cos2\left(\theta_{\mathrm{r}} + \frac{1}{3}\pi\right) & L_{\mathrm{md}}\sin\theta_{\mathrm{r}} \\ -\frac{1}{2}\bar{L}_{\mathrm{m}} - L_{\Delta m}\cos2\left(\theta_{\mathrm{r}} - \frac{1}{3}\pi\right) & L_{\mathrm{ls}} + \bar{L}_{\mathrm{m}} - L_{\Delta m}\cos2\left(\theta_{\mathrm{r}} - \frac{2}{3}\pi\right) & -\frac{1}{2}\bar{L}_{\mathrm{m}} - L_{\Delta m}\cos2\theta_{\mathrm{r}} & L_{\mathrm{md}}\sin\left(\theta_{\mathrm{r}} - \frac{2}{3}\pi\right) \\ -\frac{1}{2}\bar{L}_{\mathrm{m}} - L_{\Delta m}\cos2\left(\theta_{\mathrm{r}} + \frac{1}{3}\pi\right) & -\frac{1}{2}\bar{L}_{\mathrm{m}} - L_{\Delta m}\cos2\theta_{\mathrm{r}} & L_{\mathrm{ls}} + \bar{L}_{\mathrm{m}} - L_{\Delta m}\cos2\left(\theta_{\mathrm{r}} + \frac{2}{3}\pi\right) & L_{\mathrm{md}}\sin\left(\theta_{\mathrm{r}} + \frac{2}{3}\pi\right) \\ L_{\mathrm{md}}\sin\theta_{\mathrm{r}} & L_{\mathrm{md}}\sin\left(\theta_{\mathrm{r}} - \frac{2}{3}\pi\right) & L_{\mathrm{md}}\sin\left(\theta_{\mathrm{r}} + \frac{2}{3}\pi\right) & L_{\mathrm{lf}} + L_{\mathrm{mf}} \end{bmatrix}$$

可得

$$\boldsymbol{\psi}_{\frac{\mathrm{abcs}}{\mathrm{fr}}} = \boldsymbol{L}_{\frac{\mathrm{abcs}}{\mathrm{fr}}}\boldsymbol{i}_{\frac{\mathrm{abcs}}{\mathrm{fr}}} =$$

$$\begin{bmatrix} L_{\mathrm{ls}} + \bar{L}_{\mathrm{m}} - L_{\Delta m}\cos2\theta_{\mathrm{r}} & -\frac{1}{2}\bar{L}_{\mathrm{m}} - L_{\Delta m}\cos2\left(\theta_{\mathrm{r}} - \frac{1}{3}\pi\right) & -\frac{1}{2}\bar{L}_{\mathrm{m}} - L_{\Delta m}\cos2\left(\theta_{\mathrm{r}} + \frac{1}{3}\pi\right) & L_{\mathrm{md}}\sin\theta_{\mathrm{r}} \\ -\frac{1}{2}\bar{L}_{\mathrm{m}} - L_{\Delta m}\cos2\left(\theta_{\mathrm{r}} - \frac{1}{3}\pi\right) & L_{\mathrm{ls}} + \bar{L}_{\mathrm{m}} - L_{\Delta m}\cos2\left(\theta_{\mathrm{r}} - \frac{2}{3}\pi\right) & -\frac{1}{2}\bar{L}_{\mathrm{m}} - L_{\Delta m}\cos2\theta_{\mathrm{r}} & L_{\mathrm{md}}\sin\left(\theta_{\mathrm{r}} - \frac{2}{3}\pi\right) \\ -\frac{1}{2}\bar{L}_{\mathrm{m}} - L_{\Delta m}\cos2\left(\theta_{\mathrm{r}} + \frac{1}{3}\pi\right) & -\frac{1}{2}\bar{L}_{\mathrm{m}} - L_{\Delta m}\cos2\theta_{\mathrm{r}} & L_{\mathrm{ls}} + \bar{L}_{\mathrm{m}} - L_{\Delta m}\cos2\left(\theta_{\mathrm{r}} + \frac{2}{3}\pi\right) & L_{\mathrm{md}}\sin\left(\theta_{\mathrm{r}} + \frac{2}{3}\pi\right) \\ L_{\mathrm{md}}\sin\theta_{\mathrm{r}} & L_{\mathrm{md}}\sin\left(\theta_{\mathrm{r}} - \frac{2}{3}\pi\right) & L_{\mathrm{md}}\sin\left(\theta_{\mathrm{r}} + \frac{2}{3}\pi\right) & L_{\mathrm{lf}} + L_{\mathrm{mf}} \end{bmatrix}\begin{bmatrix} i_{\mathrm{as}} \\ i_{\mathrm{bs}} \\ i_{\mathrm{cs}} \\ i_{\mathrm{fr}} \end{bmatrix}.$$

从式 (6-50) 和式 (6-51)，可得一组微分方程

$$u_{\mathrm{as}} = r_{\mathrm{s}}i_{\mathrm{as}} + \frac{\mathrm{d}\left\{ (L_{\mathrm{ls}} + \bar{L}_{\mathrm{m}} - L_{\Delta m}\cos2\theta_{\mathrm{r}})\,i_{\mathrm{as}} + \left[-\frac{1}{2}\bar{L}_{\mathrm{m}} - L_{\Delta m}\cos2\left(\theta_{\mathrm{r}} - \frac{1}{3}\pi\right)\right]i_{\mathrm{bs}}\right\}}{\mathrm{d}t}$$

$$+ \frac{\left\{ \left[-\frac{1}{2}\bar{L}_{\mathrm{m}} - L_{\Delta m}\cos2\left(\theta_{\mathrm{r}} + \frac{1}{3}\pi\right)\right]i_{\mathrm{cs}} + L_{\mathrm{md}}\sin\theta_{\mathrm{r}}i_{\mathrm{fr}}\right\}}{\mathrm{d}t},$$

$$u_{\mathrm{bs}} = r_{\mathrm{s}}i_{\mathrm{bs}} + \frac{\mathrm{d}\left\{ \left[-\frac{1}{2}\bar{L}_{\mathrm{m}} - L_{\Delta m}\cos2\left(\theta_{\mathrm{r}} - \frac{1}{3}\pi\right)\right]i_{\mathrm{as}} + \left[L_{\mathrm{ls}} + \bar{L}_{\mathrm{m}} - L_{\Delta m}\cos2\left(\theta_{\mathrm{r}} - \frac{2}{3}\pi\right)\right]i_{\mathrm{bs}}\right\}}{\mathrm{d}t}$$

$$+ \frac{\mathrm{d}\left\{ \left(-\frac{1}{2}\bar{L}_{\mathrm{m}} - L_{\Delta m}\cos2\theta_{\mathrm{r}}\right)i_{\mathrm{cs}} + L_{\mathrm{md}}\sin\left(\theta_{\mathrm{r}} - \frac{2}{3}\pi\right)i_{\mathrm{fr}}\right]}{\mathrm{d}t},$$

$$u_{cs} = r_s i_{cs} + \frac{d\left\{ \left[-\frac{1}{2}\overline{L}_m - L_{\Delta m}\cos 2\left(\theta_r + \frac{1}{3}\pi\right) \right] i_{as} + \left(-\frac{1}{2}\overline{L}_m - L_{\Delta m}\cos 2\theta_r \right) i_{bs} \right\}}{dt}$$

$$+ \frac{d\left\{ \left[L_{ls} + \overline{L}_m - L_{\Delta m}\cos 2\left(\theta_r + \frac{2}{3}\pi\right) \right] i_{cs} + L_{md}\sin\left(\theta_r + \frac{2}{3}\pi\right) i_{fr} \right\}}{dt},$$

$$u_{fr} = r_r i_{fr} + \frac{d\left[L_{md}\sin\theta_r i_{as} + L_{md}\sin\left(\theta_r - \frac{2}{3}\pi\right) i_{bs} + L_{md}\sin\left(\theta_r + \frac{2}{3}\pi\right) i_{cs} + (L_{lf} + L_{mf}) i_{fr} \right]}{dt}.$$

对于圆形转子电动机 $L_{\Delta m} = 0$，推出

$$\boldsymbol{\psi}_{fr}^{abcs} = \boldsymbol{L}_{fr}^{abcs} \boldsymbol{i}_{fr}^{abcs} = \begin{bmatrix} L_{ls} + \overline{L}_m & -\frac{1}{2}\overline{L}_m & -\frac{1}{2}\overline{L}_m & L_{md}\sin\theta_r \\ -\frac{1}{2}\overline{L}_m & L_{ls} + \overline{L}_m & -\frac{1}{2}\overline{L}_m & L_{md}\sin\left(\theta_r - \frac{2}{3}\pi\right) \\ -\frac{1}{2}\overline{L}_m & -\frac{1}{2}\overline{L}_m & L_{ls} + \overline{L}_m & L_{md}\sin\left(\theta_r + \frac{2}{3}\pi\right) \\ L_{md}\sin\theta_r & L_{md}\sin\left(\theta_r - \frac{2}{3}\pi\right) & L_{md}\sin\left(\theta_r + \frac{2}{3}\pi\right) & L_{lf} + L_{mf} \end{bmatrix} \begin{bmatrix} i_{as} \\ i_{bs} \\ i_{cs} \\ i_{fr} \end{bmatrix}.$$

$$(6-52)$$

利用式（6-50）和式（6-52），推导出描述传统三相同步电动机的电路－电磁动态的微分方程，且这些微分方程写成柯西形式。我们应用 Symbolic Math Toolbox[7,8]。以下指令文件用于完成目标。

MATLAB 程序段：

L = sym（‘［L1s + Lmb， − Lmb/2， − Lmb/2，Lmd ∗ S1； − Lmb/2，L1s + Lmb， − Lmb/2，Lmd ∗ S2；

− Lmb/2， − Lmb/2，

L1s + Lmb， Lmd ∗ S3；Lmd ∗ S1，Lmd ∗ S2，Lmd ∗ S3，L1f + Lmf］’）；

R = sym（‘［ − rs,0,0,0； 0， − rs,0,0； 0,0， − rs,0； 0,0,0， − rr］’）；

I = sym（‘［ias；ibs；ics； afr］’）；

K = sym（‘［Lmd ∗ c1 ∗ wr ∗ ifr；Lmd − c2 ∗ wr ∗ ifr；Lmd ∗ c3 ∗ wr ∗ ifr；Lmd ∗ wr ∗（ias ∗ C1 + ibs ∗ C2 + ics ∗ c3）］’）；

Ll = inv（L）；L2 = simplify（L1）；

FS1 = L2 ∗ R ∗ I； FS2 = simplify（FS1）；

FS3 = L2 ∗ V； FS4 = simplify（FS3）；

FS5 = 12 ∗ K； FS6 = simplify（FS5）；

FS7 = FS2 + FS4 − FS6； FS = simplify（FS7）

pretty（FS）

使用的符号为

$$S1 = \sin\theta_r, \quad S2 = \sin\left(\theta_r - \frac{2}{3}\pi\right), \quad S3 = \sin\left(\theta_r + \frac{2}{3}\pi\right),$$

$$C1 = \cos\theta_r, \quad C2 = \cos\left(\theta_r - \frac{2}{3}\pi\right), \quad C1 = \cos\left(\theta_r + \frac{2}{3}\pi\right),$$

$$Lls = L_{ls}, \quad Lmb = \overline{L}_m, \quad Lmd = L_{md}, \quad Lmf = L_{mf}, \quad Llf = L_{lf}.$$

结果以符号形式显示在命令窗口。利用三角恒等式和合并同类项，可得出以下微分方程

$$
\begin{aligned}
\frac{di_{as}}{dt} = &\frac{1}{(2L_{ls} + 3\overline{L}_m)(3L_{md}^2 L_{ls} - (2L_{ls}^2 + 3L_{ls}\overline{L}_m)L_{ff})} \Big\{ (3L_{md}^2\overline{L}_m + 4L_{ls}L_{md}^2 \\
&- (3\overline{L}_m^2 + 4L_{ls}^2 + 8L_{ls}\overline{L}_m)L_{ff} + 2L_{md}^2 L_{ls}\cos 2\theta_r)(-r_s i_{as} + u_{as}) + \Big[3L_{md}^2\overline{L}_m \\
&+ L_{ls}L_{md}^2 - (3\overline{L}_m^2 + 2L_{ls}\overline{L}_m)L_{ff} + 2L_{md}^2 L_{ls}\cos 2\left(\theta_r - \frac{1}{3}\pi\right) \Big](-r_s i_{bs} + u_{bs}) \\
&+ \Big[3L_{md}^2\overline{L}_m + L_{ls}L_{md}^2 - (3\overline{L}_m^2 + 2L_{ls}\overline{L}_m)L_{ff} \\
&+ 2L_{md}^2 L_{ls}\cos 2\left(\theta_r + \frac{1}{3}\pi\right) \Big](-r_s i_{cs} + u_{cs}) \\
&+ (6L_{ls}L_{md}\overline{L}_m + 4L_{ls}^2 L_{md})\sin\theta_r(-r_r i_{fr} + u_{fr}) \\
&- (6L_{ls}L_{md}^2\overline{L}_m + 4L_{ls}^2 L_{md}^2) \Big[i_{as}\cos\theta_r + i_{bs}\cos\left(\theta_r - \frac{2}{3}\pi\right) \\
&+ i_{cs}\cos\left(\theta_r + \frac{2}{3}\pi\right) \Big]\omega_r\sin\theta_r \\
&+ \Big[(6L_{md}L_{ls}\overline{L}_m + 4L_{md}^2 L_{ls}^2)L_{ff} - 6L_{md}^3 L_{ls} \Big]i_{fr}\omega_r\cos\theta_r \Big\},
\end{aligned}
$$

$$
\begin{aligned}
\frac{di_{bs}}{dt} = &\frac{1}{(2L_{ls} + 3\overline{L}_m)(3L_{md}^2 L_{ls} - (2L_{ls}^2 + 3L_{ls}\overline{L}_m)L_{ff})} \Big\{ \Big[3L_{md}^2\overline{L}_m + L_{ls}L_{md}^2 \\
&- (3\overline{L}_m^2 + 2L_{ls}\overline{L}_m)L_{ff} + 2L_{md}^2 L_{ls}\cos 2\left(\theta_r - \frac{1}{3}\pi\right) \Big](-r_s i_{as} + u_{as}) \\
&+ \Big[3L_{md}^2\overline{L}_m + 4L_{ls}L_{md}^2 - (3\overline{L}_m^2 + 4L_{ls}^2 + 8L_{ls}\overline{L}_m)L_{ff} \\
&+ 2L_{md}^2 L_{ls}\cos 2\left(\theta_r - \frac{2}{3}\pi\right) \Big](-r_s i_{bs} + u_{bs}) \\
&+ (3L_{md}^2\overline{L}_m + L_{ls}L_{md}^2 - (3\overline{L}_m^2 + 2L_{ls}\overline{L}_m)L_{ff} + 2L_{md}^2 L_{ls}\cos 2\theta_r)(-r_s i_{cs} + u_{cs}) \\
&+ (6L_{ls}L_{md}\overline{L}_m + 4L_{ls}^2 L_{md})\sin\left(\theta_r - \frac{2}{3}\pi\right)(-r_r i_{fr} + u_{fr}) \\
&- (6L_{ls}L_{md}^2\overline{L}_m + 4L_{ls}^2 L_{md}^2) \Big[i_{as}\cos\theta_r + i_{bs}\cos\left(\theta_r - \frac{2}{3}\pi\right) \\
&+ i_{cs}\cos\left(\theta_r + \frac{2}{3}\pi\right) \Big]\omega_r\sin\left(\theta_r - \frac{2}{3}\pi\right)
\end{aligned}
$$

$$+ \left[\left(6L_{md}L_{ls}\overline{L}_m + 4L_{md}L_{ls}^2 \right) L_{ff} - 6L_{md}^3 L_{ls} \right] i_{fr}\omega_r \cos\left(\theta_r - \frac{2}{3}\pi \right) \Bigg\},$$

$$\frac{di_{cs}}{dt} = \frac{1}{\left(2L_{ls} + 3\overline{L}_m \right)\left(3L_{md}^2 L_{ls} - \left(2L_{ls}^2 + 3L_{ls}\overline{L}_m \right)L_{ff} \right)} \Bigg\{ \left[3L_{md}^2\overline{L}_m + L_{ls}L_{md}^2 \right. $$

$$- \left(3\overline{L}_m^2 + 2L_{ls}\overline{L}_m \right)L_{ff} + 2L_{md}^2 L_{ls}\cos2\left(\theta_r + \frac{1}{3}\pi \right) \Big]\left(-r_s i_{as} + u_{as} \right) + \left(3L_{md}^2\overline{L}_m \right.$$

$$+ L_{ls}L_{md}^2 - \left(3\overline{L}_m^2 + 2L_{ls}\overline{L}_m \right)L_{ff} + 2L_{md}^2 L_{ls}\cos2\theta_r \Big)\left(-r_s i_{bs} + u_{bs} \right) + \left[3L_{md}^2\overline{L}_m \right.$$

$$+ 4L_{ls}L_{md}^2 - \left(3\overline{L}_m^2 + 4L_{ls}^2 + 8L_{ls}\overline{L}_m \right)L_{ff} + 2L_{md}^2 L_{ls}\cos2\left(\theta_r + \frac{2}{3}\pi \right) \Big]\left(-r_s i_{cs} + u_{cs} \right)$$

$$+ \left(6L_{ls}L_{md}\overline{L}_m + 4L_{ls}^2 L_{md} \right)\sin\left(\theta_r + \frac{2}{3}\pi \right)\left(-r_r i_{fr} + u_{fr} \right)$$

$$- \left(6L_{ls}L_{md}^2\overline{L}_m + 4L_{ls}^2 L_{md}^2 \right)\left[i_{as}\cos\theta_r + i_{bs}\cos\left(\theta_r - \frac{2}{3}\pi \right) \right. $$

$$+ i_{cs}\cos\left(\theta_r + \frac{2}{3}\pi \right) \Big]\omega_r\sin\left(\theta_r + \frac{2}{3}\pi \right)$$

$$+ \left[\left(6L_{md}L_{ls}\overline{L}_m + 4L_{md}L_{ls}^2 \right) L_{ff} - 6L_{md}^3 L_{ls} \right] i_{fr}\omega_r \cos\left(\theta_r + \frac{2}{3}\pi \right) \Bigg\},$$

$$\frac{di_{fr}}{dt} = \frac{1}{3L_{md}^2 L_{ls} - \left(2L_{ls}^2 + 3L_{ls}\overline{L}_m \right)L_{ff} + 3L_{mf}^2 L_{ls}} \Bigg\{ 2L_{md}L_{ls}\Big[\sin\theta_r\left(-r_s i_{as} + u_{as} \right) $$

$$+ \sin\left(\theta_r - \frac{2}{3}\pi \right)\left(-r_s i_{bs} + u_{bs} \right) + \sin\left(\theta_r + \frac{2}{3}\pi \right)\left(-r_s i_{cs} + u_{cs} \right) \Big]$$

$$- \left(2L_{ls}^2 + 3L_{ls}\overline{L}_m \right)\left(-r_r i_{fr} + u_{fr} \right) + \left(3L_{ls}L_{md}\overline{L}_m + 2L_{ls}^2 L_{md} \right)\Big[i_{as}\omega_r\cos\theta_r $$

$$+ i_{bs}\omega_r\cos\left(\theta_r - \frac{2}{3}\pi \right) + i_{cs}\omega_r\left(\theta_r + \frac{2}{3}\pi \right) \Big] \Bigg\}. \tag{6-53}$$

这里，$L_{ff} = L_{lf} + L_{mf}$。

式 (6-53) 的矩阵形式如下

$$\begin{bmatrix} \dfrac{di_{as}}{dt} \\[2mm] \dfrac{di_{bs}}{dt} \\[2mm] \dfrac{di_{cs}}{dt} \\[2mm] \dfrac{di_{fr}}{dt} \end{bmatrix} = \begin{bmatrix} -\dfrac{r_s L_{Ds}}{L_{\Sigma s}} & -\dfrac{r_s L_{Ms}}{L_{\Sigma s}} & -\dfrac{r_s L_{Ms}}{L_{\Sigma s}} & 0 \\[3mm] -\dfrac{r_s L_{Ms}}{L_{\Sigma s}} & -\dfrac{r_s L_{Ds}}{L_{\Sigma s}} & -\dfrac{r_s L_{Ms}}{L_{\Sigma s}} & 0 \\[3mm] -\dfrac{r_s L_{Ms}}{L_{\Sigma s}} & -\dfrac{r_s L_{Ms}}{L_{\Sigma s}} & -\dfrac{r_s L_{Ds}}{L_{\Sigma s}} & 0 \\[3mm] 0 & 0 & 0 & \dfrac{r_s\left(2L_{ls}^2 + 3\overline{L}_m L_{ls} \right)}{L_{\Sigma f}} \end{bmatrix} \begin{bmatrix} i_{as} \\[2mm] i_{bs} \\[2mm] i_{cs} \\[2mm] i_{fr} \end{bmatrix}$$

$$+\begin{bmatrix} -\dfrac{2r_sL_{md}^2L_{ls}}{L_{\sum s}}\cos2\theta_r & -\dfrac{2r_sL_{md}^2L_{ls}}{L_{\sum s}}\cos2\left(\theta_r-\dfrac{1}{3}\pi\right) & -\dfrac{2r_sL_{md}^2L_{ls}}{L_{\sum s}}\cos2\left(\theta_r+\dfrac{1}{3}\pi\right) & -\dfrac{r_rL_{mf}}{L_{\sum s}}\sin\theta_r \\[3mm] -\dfrac{2r_sL_{md}^2L_{ls}}{L_{\sum s}}\cos2\left(\theta_r-\dfrac{1}{3}\pi\right) & -\dfrac{2r_sL_{md}^2L_{ls}}{L_{\sum s}}\cos2\left(\theta_r-\dfrac{2}{3}\pi\right) & -\dfrac{2r_sL_{md}^2L_{ls}}{L_{\sum s}}\cos2\theta_r & -\dfrac{r_rL_{mf}}{L_{\sum s}}\sin\left(\theta_r-\dfrac{2}{3}\pi\right) \\[3mm] -\dfrac{2r_sL_{md}^2L_{ls}}{L_{\sum s}}\cos2\left(\theta_r+\dfrac{1}{3}\pi\right) & -\dfrac{2r_sL_{md}^2L_{ls}}{L_{\sum s}}\cos2\theta_r & -\dfrac{2r_sL_{md}^2L_{ls}}{L_{\sum s}}\cos2\left(\theta_r+\dfrac{2}{3}\pi\right) & -\dfrac{r_rL_{mf}}{L_{\sum s}}\sin\left(\theta_r+\dfrac{2}{3}\pi\right) \\[3mm] -\dfrac{2r_rL_{md}L_{ls}}{L_{\sum s}}\sin\theta_r & -\dfrac{2r_rL_{md}L_{ls}}{L_{\sum s}}\sin\left(\theta_r-\dfrac{2}{3}\pi\right) & -\dfrac{2r_rL_{md}L_{ls}}{L_{\sum s}}\sin\left(\theta_r+\dfrac{2}{3}\pi\right) & 0 \end{bmatrix}\begin{bmatrix} i_{as} \\ i_{bs} \\ i_{cs} \\ i_{fr} \end{bmatrix}$$

$$+\begin{bmatrix} -\dfrac{6L_{ls}L_{md}^2\bar{L}_m+4L_{ls}^2L_{md}^2}{L_{\sum s}}\sin\theta_r & -\dfrac{6L_{ls}L_{md}^2\bar{L}_m+4L_{ls}^2L_{md}^2}{L_{\sum s}}\sin\theta_r & -\dfrac{6L_{ls}L_{md}^2\bar{L}_m+4L_{ls}^2L_{md}^2}{L_{\sum s}}\sin\theta_r \\[3mm] -\dfrac{6L_{ls}L_{md}^2\bar{L}_m+4L_{ls}^2L_{md}^2}{L_{\sum s}}\sin\left(\theta_r-\dfrac{2}{3}\pi\right) & -\dfrac{6L_{ls}L_{md}^2\bar{L}_m+4L_{ls}^2L_{md}^2}{L_{\sum s}}\sin\left(\theta_r-\dfrac{2}{3}\pi\right) & -\dfrac{6L_{ls}L_{md}^2\bar{L}_m+4L_{ls}^2L_{md}^2}{L_{\sum s}}\sin\left(\theta_r-\dfrac{2}{3}\pi\right) \\[3mm] -\dfrac{6L_{ls}L_{md}^2\bar{L}_m+4L_{ls}^2L_{md}^2}{L_{\sum s}}\sin\left(\theta_r+\dfrac{2}{3}\pi\right) & -\dfrac{6L_{ls}L_{md}^2\bar{L}_m+4L_{ls}^2L_{md}^2}{L_{\sum s}}\sin\left(\theta_r+\dfrac{2}{3}\pi\right) & -\dfrac{6L_{ls}L_{md}^2\bar{L}_m+4L_{ls}^2L_{md}^2}{L_{\sum s}}\sin\left(\theta_r+\dfrac{2}{3}\pi\right) \\[3mm] \dfrac{3L_{ls}L_{md}\bar{L}_m+2L_{ls}^2L_{md}}{L_{\sum f}} & \dfrac{3L_{ls}L_{md}\bar{L}_m+2L_{ls}^2L_{md}}{L_{\sum f}} & \dfrac{3L_{ls}L_{md}\bar{L}_m+2L_{ls}^2L_{md}}{L_{\sum f}} \end{bmatrix}$$

$$\times\begin{bmatrix} i_{as}\omega_r\cos\theta_r \\[3mm] i_{bs}\omega_r\cos\left(\theta_r-\dfrac{2}{3}\pi\right) \\[3mm] i_{as}\omega_r\cos\left(\theta_r+\dfrac{2}{3}\pi\right) \end{bmatrix}+\begin{bmatrix} \dfrac{(6L_{md}L_{ls}^2\bar{L}_m+4L_{md}^2L_{ls}^2)L_{ff}-6L_{md}^3L_{ls}}{L_{\sum s}}i_{fr}\omega_r\cos\theta_r \\[3mm] \dfrac{(6L_{md}L_{ls}\bar{L}_m+4L_{md}^2L_{ls}^2)L_{ff}-6L_{md}^3L_{ls}}{L_{\sum s}}i_{fr}\omega_r\cos\left(\theta_r-\dfrac{2}{3}\pi\right) \\[3mm] \dfrac{(6L_{md}L_{ls}\bar{L}_m+4L_{md}^2L_{ls}^2)L_{ff}-6L_{md}^3L_{ls}}{L_{\sum s}}i_{fr}\omega_r\cos\left(\theta_r+\dfrac{2}{3}\pi\right) \\[3mm] 0 \end{bmatrix}$$

$$+\begin{bmatrix} \dfrac{L_{Ds}+2L_{md}^2L_{ls}\cos2\theta_r}{L_{\sum s}} & \dfrac{L_{ms}+2L_{md}^2L_{ls}\cos2\left(\theta_r-\dfrac{1}{3}\pi\right)}{L_{\sum s}} & \dfrac{L_{ms}+2L_{md}^2L_{ls}\cos2\left(\theta_r+\dfrac{1}{3}\pi\right)}{L_{\sum s}} & \dfrac{L_{Mf}}{L_{\sum s}}\sin\theta_r \\[3mm] \dfrac{L_{ms}+2L_{md}^2L_{ls}\cos2\left(\theta_r-\dfrac{1}{3}\pi\right)}{L_{\sum s}} & \dfrac{L_{Ds}+2L_{md}^2L_{ls}\cos2\left(\theta_r-\dfrac{2}{3}\pi\right)}{L_{\sum s}} & \dfrac{L_{ms}+2L_{md}^2L_{ls}\cos2\theta_r}{L_{\sum s}} & \dfrac{L_{Mf}}{L_{\sum s}}\sin\left(\theta_r-\dfrac{2}{3}\pi\right) \\[3mm] \dfrac{L_{ms}+2L_{md}^2L_{ls}\cos2\left(\theta_r+\dfrac{1}{3}\pi\right)}{L_{\sum s}} & \dfrac{L_{ms}+2L_{md}^2L_{ls}\cos2\theta_r}{L_{\sum s}} & \dfrac{L_{Ds}+2L_{md}^2L_{ls}\cos2\left(\theta_r+\dfrac{2}{3}\pi\right)}{L_{\sum s}} & \dfrac{L_{Mf}}{L_{\sum s}}\sin\left(\theta_r+\dfrac{2}{3}\pi\right) \\[3mm] \dfrac{2L_{md}L_{ls}\sin\theta_r}{L_{\sum f}} & \dfrac{2L_{md}L_{ls}\sin\left(\theta_r-\dfrac{2}{3}\pi\right)}{L_{\sum f}} & \dfrac{2L_{md}L_{ls}\sin\left(\theta_r+\dfrac{2}{3}\pi\right)}{L_{\sum f}} & \dfrac{2L_{ls}^2+3\bar{L}_mL_{ls}}{L_{\sum f}} \end{bmatrix}\begin{bmatrix} u_{as} \\ u_{bs} \\ u_{cs} \\ u_{fr} \end{bmatrix}$$

其中使用以下符号

$$L_{Ds} = 3L_{md}^2\overline{L}_m + 4L_{ls}L_{md}^2 - (3\overline{L}_m^2 + 4L_{ls}^2 + 8L_{ls}\overline{L}_m)(L_{lf} + L_{mf}),$$

$$L_{Ms} = 3L_{md}^2\overline{L}_m + L_{ls}L_{md}^2 - (3\overline{L}_m^2 + 2L_{ls}\overline{L}_m)(L_{lf} + L_{mf}),$$

$$L_{\Sigma s} = (2L_{ls} + 3\overline{L}_m)[3L_{md}^2L_{ls} - (2L_{ls}^2 + 3L_{ls}\overline{L}_m)(L_{lf} + L_{mf})],$$

$$L_{\Sigma f} = 3L_{md}^2L_{ls} - (2L_{ls}^2 + 3L_{ls}\overline{L}_m)(L_{lf} + L_{mf}),$$

$$L_{Mf} = 6L_{ls}L_{md}\overline{L}_m + 4L_{ls}^2L_{md}.$$

力矩 – 机械运动方程为

$$\frac{d\omega_r}{dt} = \frac{p}{2J}T_e - \frac{B_m}{J}\omega_r - \frac{p}{2J}T_L,$$

$$\frac{d\theta_r}{dt} = \omega_r. \tag{6-54}$$

利用下式得到由 p 极三相同步电动机产生的电磁转矩

$$T_e = \frac{p}{2}\frac{\partial W_c(i_{as}、i_{bs}、i_{cs}、i_{fr},\theta_r)}{\partial\theta_r} = \frac{p}{2}\frac{\partial W_c\left(\frac{1}{2}[i_{as} \quad i_{bs} \quad i_{cs} \quad i_{fr}]\boldsymbol{L}_{abcs/fr}\begin{bmatrix}i_{as}\\i_{bs}\\i_{cs}\\i_{fr}\end{bmatrix}\right)}{\partial\theta_r}.$$

为

$$T_e = \frac{p}{2}\left\{L_{\Delta m}\left[i_{as}^2\sin2\theta_r + 2i_{as}i_{bs}\sin\left(\theta_r - \frac{1}{3}\pi\right) + 2i_{as}i_{cs}\sin\left(\theta_r + \frac{1}{3}\pi\right)\right.\right.$$
$$+ i_{bs}^2\sin2\left(\theta_r - \frac{2}{3}\pi\right) + 2i_{bs}i_{cs}\sin2\theta_r + i_{cs}^2\sin2\left(\theta_r + \frac{2}{3}\pi\right)\right]$$
$$\left.+ L_{md}i_{fr}\left[i_{as}\cos\theta_r + i_{bs}\cos\left(\theta_r - \frac{2}{3}\pi\right) + i_{cs}\cos\left(\theta_r + \frac{2}{3}\pi\right)\right]\right\}.$$

利用三角恒等式,T_e 的另一种方程为

$$T_e = \frac{p}{2}\left\{\frac{L_{md} - L_{mq}}{3}\left[\left(i_{as}^2 - \frac{1}{2}i_{bs}^2 - \frac{1}{2}i_{cs}^2 - i_{as}i_{bs} - i_{as}i_{cs} + 2i_{bs}i_{cs}\right)\sin2\theta_r\right.\right.$$
$$\left.+ \frac{\sqrt{3}}{2}(i_{bs}^2 - i_{cs}^2 - 2i_{as}i_{bs} + 2i_{as}i_{cs})\cos2\theta_r\right] + L_{md}i_{fr}\left[\left(i_{as} - \frac{1}{2}i_{bs} - \frac{1}{2}i_{cs}\right)\cos\theta_r\right.$$
$$\left.\left.+ \frac{\sqrt{3}}{2}(i_{bs} - i_{cs})\sin\theta_r\right]\right\}.$$

对于圆形转子同步电机 $L_{\Delta m} = 0$,则

$$T_e = \frac{pL_{md}}{2}i_{fr}\left[i_{as}\cos\theta_r + i_{bs}\cos\left(\theta_r - \frac{2}{3}\pi\right) + i_{cs}\cos\left(\theta_r + \frac{2}{3}\pi\right)\right]. \tag{6-55}$$

应用平衡三相正弦电流组

$$i_{as} = \sqrt{2}i_M\cos\theta_r,\quad i_{bs} = \sqrt{2}i_M\cos\left(\theta_r - \frac{2}{3}\pi\right) \text{ 和 } i_{cs} = \sqrt{2}i_M\cos\left(\theta_r + \frac{2}{3}\pi\right),$$

我们有

$$T_e = \frac{pL_{md}}{2} i_{fr} \sqrt{2} i_M \left[\cos^2\theta_r + \cos^2\left(\theta_r - \frac{2}{3}\pi\right) + \cos^2\left(\theta_r + \frac{2}{3}\pi\right) \right] = \frac{3pL_{md}}{2\sqrt{2}} i_{fr} i_M.$$

从式 (6-54) 和 (6-55)，可得

$$\frac{d\omega_r}{dt} = \frac{p^2 L_{md}}{4J} i_{fr} \left[i_{as}\cos\theta_r + i_{bs}\cos\left(\theta_r - \frac{2}{3}\pi\right) + i_{cs}\cos\left(\theta_r + \frac{2}{3}\pi\right) \right] - \frac{B_m}{J}\omega_r - \frac{p}{2J} T_L,$$

$$\frac{d\theta_r}{dt} = \omega_r \qquad\qquad (6-56)$$

联合式 (6-53) 和式 (6-56)，得到模拟三相同步电动机瞬态过程的非线性微分方程。

例 6-13

研究两极同步电动机的瞬态过程。参数如下：$r_s = 0.25\Omega$，$r_r = 0.5\Omega$，$L_{mqs} = 0.00095H$，$L_{mds} = 0.00095H$，$L_{ls} = 0.0001H$，$L_{mf} = 0.002H$，$L_{lf} = 0.0002H$，$L_{md} = 0.004H$，$J = 0.003kg \cdot m^2$，和 $B_m = 0.0007N \cdot m \cdot s/rad$。提供给定子绕组的相电压为

$$u_{as}(t) = \sqrt{2}150\cos(377t)，\quad u_{bs}(t) = \sqrt{2}150\cos\left(377t - \frac{2}{3}\pi\right)，和$$

$$u_{cs}(t) = \sqrt{2}150\cos\left(377t + \frac{2}{3}\pi\right).$$

直流电压为 $u_{fr} = 5V$。负载为

$$T_L = \begin{cases} 1 \text{ N-m}, & \forall t \in [0 \quad 0.55) \text{ s} \\ 2 \text{ N-m}, & \forall t \in [0.55 \quad 0.7) \text{ s} \end{cases}.$$

我们利用推导出的柯西形式的微分方程，如式 (6-53) 和式 (6-56)，被用于仿真和分析传统同步电动机。得到两个 MATLAB 程序；ch6_ 06. m 为

MATLAB 程序段：

```
tspan = [0 0.7]; y0 = [0 0 0 0 0 0];
options = odeset('RelTol',5e-3, 'AbsTol',[1e-4 1e-4 1e-4 1e-4 1e-4 1e-4]);
[t,y] = ode45('ch6 07',tspan,y0,options);
plot(t,y(:,1)); axis([0,0.7, -500,500]);
xlabel('Time [seconds]','FontSize',14);
title('Current Dynamics, i_a_s [A], 'Fontsize',14); pause;
plot(t,y(:,2)); axis([0,0.7, -500,500]);
xlabel('Time [seconds]','FontSize',14);title('Current Dynamics, i_b_s [A]'; pause;
plot(t,y(:,3)); axis([0,0.7, -500,500]);
xlabel('Time [seconds] ','FontSize',14);
title('Current Dynamics, i_c_s [A];Fontsize',14); pause;
plot(t,y(:,4)); axis([0,0.7, -150,150]);
```

xlabel(Time [seconds];'FontSize',14);

title('Current pynamics, i_f_r [A];'Fontsize',14); pause;

plot(ty(:,5));axis([0,0.7,0,400]);

xlabel(' Time [seconds]', 'FontSize',14);

title('Electrical Angular velocity Dynamics, \omega_r [rad/sec]', 'Pontsize',14);

而 ch6_07. m 为

Matlab 程序段:

```
function yprime = difer(t,y);
% Stator leakage and magnetizing inductances
L1s = 0.0001; Lmqs = 0.00095; Lmds = 0.00095;
% Rotor leakage and magnetizing inductances
L1f = 0.0002; Lmf = 0.002;
% Mutual inductance
Lmd = 0.0004;
% Average value of the magnetizing inductance
Lmb = (Lmgs + Lmds)/3;
% Resistances of the stator and rotor windings
rs = 0.25; rr = 0.5;
% Equivalent moment of inertia and viscous friction coefficient
J = 0.003; Bm = 0.0007;
% Number of poles
P = 2;
% Magnitude of the supplied phase voltages and angular frequency
um = sqrt(2) * 150; w = 377;
% Voltage applied to the rotor field winding
ufr = 5;
% Load torque, applied at time tTl sec
Iftt < = 0.55
Tl = 1;
else
Tl = 2;
end
% Applied phase voltages to the abc windings
uas = um * cos(w * t);
ubs = um * cos(w * t - 2 * pi/3);
ucs = umt * cos (w * t + 2 * pi/3);
% Numerical expressions used
Ld = 2 * L1s * Lmd^2; Ldr = 2 * L1s * Lmd;
Lss = ( -3 * Lmb^2 - 4 * L1s^2 - 8 * L1s * Lmb) * (Lmf + L1f) + 3 * Lmd^2 * Lmb + 4 * L1s *
```

Lmd^2;

Ldens = $(2 * L1s + 3 * Lmb) * ((-2 * L1s^2 - 3 * Lmb * L1s) * (L1f + Lmf) + 3 * Lmd^2 * L1s);$

Ldenr = $(-2 * L1s^2 - 3 * Lmb * L1s) * (L1f + Lmf) + 3 * Lmd^2 * L1s;$

Lms = $(-3 * Lmb^2 - 2 * L1s * Lmb) * (Lmf + L1f) + 3 * Lmd^2 * Lmb + L1s * Lmd^2;$

Lrr = $6 * L1s * Lmd * Lmb + 4 * L1s^2 * Lmd;$

L1r = $-(2 * L1s^2 + 3 * Lmb * L1s);$

% Variables used

S1 = $\sin(y(6,:));$ S2 = $\sin(y(6,:) - 2 * pi/3);$ S3 = $\sin(y(6,:) + 2 * pi/3);$

IUas = $-rs * y(1,:) + uas;$ IUbs = $-rs * y(2,:) + ubs;$ IUcs = $-rs * y(3,:) + ucs;$

IUfr = $-rr * y(4,:) + ufr;$

C1 = $\cos(y(6,:));$ C2 = $\cos(y(6,:) - 2 * pi/3);$ C3 = $\cos(y(6,:) + 2 * pi/3);$

C12 = $\cos(2 * y(6,:));$ C22 = $\cos(2 * y(6,:) - 2 * pi/3);$ C32 = $\cos(2 * y(6,:) + 2 * pi/3);$

Nsts = $(-6 * Lmd^2 * L1s * Lmb - 4 * Lmd^2 * L1s^2) * y(5,:) .* (C1 .* y(1,:) + C2 .* y(2,:) + C3 .* y(3,:));$

Nstr = $(3 * Lmd * Lmb * L1s + 2 * Lmd * ,1s^2) * y(5,:) .* (C1 .* y(1,:) + C2 .* y(2,:) + C3 .* y(3,:));$

Nct = $((6 * Lmd * L1s * Lmb + 4 * Lmd * L1s^2) * (L1f + Lmf) - 6 * Lmd^3 * L1s) * y(5,:) .* y(4,:);$

Te = $P * (Lmd * y(4,:) .* (y(1,:) .* C1 + y(2,:) .* C2 + y(3,:) .* C3))/2;$

% Differential equations

yprime = $[((Lss + Ld * C12) * IUas + (Lms + Ld * C22) * IUbs + ...$

$(Lms + Ld * C32) * IUcs + Lrr * S1 * IUfr + Nsts * S1 + Nct * C1)/Ldens; \cdots$

$((Lms + Ld * C22) * IUas + (Lss + Ld * C32) * IUbs + (Lms + Ld * C12) * IUcs + ...$

$Lrr * S2 * IUfr + Nsts * S2 + Nct * C2)/Ldens; \cdots$

$((Lms + Ld * C32) * IUas + (Lms + Ld * C12) * IUbs + (Lss + Ld * C22) * IUcs + \cdots$

$Lrr * S3 * IUfr + Nsts * S3 + Nct * C3)/Ldens; \cdots$

$(Ldr * S1 * IUas + Ldr * S2 * IUbs + Ldr * S3 * IUcs + Llr * IUfr + Nstr)/Ldenr; \cdots$

$(P * Te - 2 * Bm * y(5,:) - P * T1)/(2 * J); \cdots$

$y(5,:)];$

暂态过程通过微分方程式（6-53）和式（6-56）的数值解得到，如图 6-39 所示。一个两极电动机从静止起动，并达到同步角速度（$\omega_e = 377\text{rad/s}$），即 $\omega_r = \omega_e$。负载转矩是可变的，为

$$T_L = \begin{cases} 1 \text{ N} \cdot \text{m}, & \forall t \in [0 \quad 0.55) \text{ s} \\ 2 \text{ N} \cdot \text{m}, & \forall t \in [0.55 \quad 0.7) \text{ s} \end{cases}$$

结果表明电动机角速度与同步角速度相等。

我们考虑三相同步发电机，它由原动机驱动产生端部电压。如图 6-38 所示给出了发电系统。利用基尔霍夫第二定律，对于定子和转子电路有 4 个方程

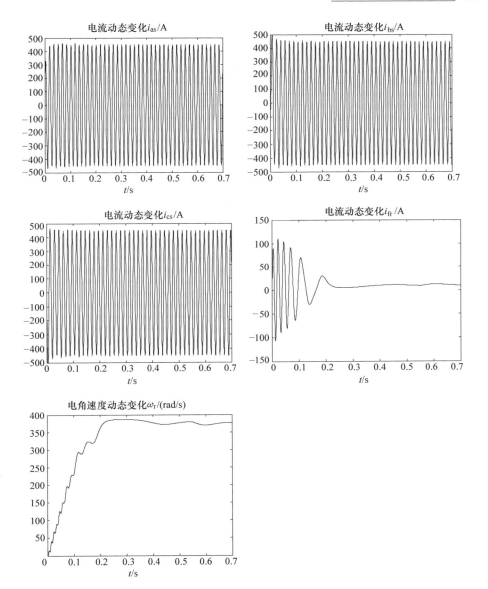

图 6-39 传统同步电动机的暂态过程，$T_{L0} = 1\mathrm{N} \cdot \mathrm{m}$ 和 $t = 0.55\mathrm{s}$ 时，$T_L = 2\mathrm{N} \cdot \mathrm{m}$

$$0 = -r_s i_{as} + \frac{\mathrm{d}\psi_{as}}{\mathrm{d}t}, \quad 0 = -r_s i_{bs} + \frac{\mathrm{d}\psi_{bs}}{\mathrm{d}t}, \quad 0 = -r_s i_{cs} + \frac{\mathrm{d}\psi_{cs}}{\mathrm{d}t},$$

$$u_{fr} = -r_r i_{fr} + \frac{\mathrm{d}\psi_{fr}}{\mathrm{d}t}. \tag{6-57}$$

假设磁链为

$$\psi_{as} = -\left(L_{ls} + \overline{L}_m - L_{\Delta m}\cos 2\theta_r\right) i_{as} - \left[-\frac{1}{2}\overline{L}_m - L_{\Delta m}\cos 2\left(\theta_r - \frac{1}{3}\pi\right) \right] i_{bs}$$

$$- \left[-\frac{1}{2}\overline{L}_{\mathrm{m}} - L_{\Delta m}\cos2\left(\theta_{\mathrm{r}} + \frac{1}{3}\pi\right) \right] i_{\mathrm{cs}} + L_{\mathrm{md}}\sin\theta_{\mathrm{r}}i_{\mathrm{fr}},$$

$$\psi_{\mathrm{bs}} = -\left[-\frac{1}{2}\overline{L}_{\mathrm{m}} - L_{\Delta m}\cos2\left(\theta_{\mathrm{r}} - \frac{1}{3}\pi\right) \right] i_{\mathrm{as}} - \left[L_{\mathrm{ls}} + \overline{L}_{\mathrm{m}} - L_{\Delta m}\cos2\left(\theta_{\mathrm{r}} - \frac{2}{3}\pi\right) \right] i_{\mathrm{bs}}$$

$$- \left(-\frac{1}{2}\overline{L}_{\mathrm{m}} - L_{\Delta m}\cos2\theta_{\mathrm{r}} \right) i_{\mathrm{cs}} + L_{\mathrm{md}}\sin\left(\theta_{\mathrm{r}} - \frac{2}{3}\pi\right) i_{\mathrm{fr}},$$

$$\psi_{\mathrm{cs}} = \left[-\frac{1}{2}\overline{L}_{\mathrm{m}} - L_{\Delta m}\cos2\left(\theta_{\mathrm{r}} + \frac{1}{3}\pi\right) \right] i_{\mathrm{as}} + \left(-\frac{1}{2}\overline{L}_{\mathrm{m}} - L_{\Delta m}\cos2\theta_{\mathrm{r}} \right) i_{\mathrm{bs}}$$

$$+ \left[L_{\mathrm{ls}} + \overline{L}_{\mathrm{m}} - L_{\Delta m}\cos2\left(\theta_{\mathrm{r}} + \frac{2}{3}\pi\right) \right] i_{\mathrm{cs}} + L_{\mathrm{md}}\sin\left(\theta_{\mathrm{r}} + \frac{2}{3}\pi\right) i_{\mathrm{fr}},$$

$$\psi_{\mathrm{fr}} = -L_{\mathrm{md}}\sin\theta_{\mathrm{r}}i_{\mathrm{as}} - L_{\mathrm{md}}\sin\left(\theta_{\mathrm{r}} - \frac{2}{3}\pi\right)i_{\mathrm{bs}} - L_{\mathrm{md}}\sin\left(\theta_{\mathrm{r}} + \frac{2}{3}\pi\right)i_{\mathrm{cs}} + (L_{\mathrm{lf}} + L_{\mathrm{mf}})i_{\mathrm{fr}}.$$

$$(6\text{-}58)$$

对于圆形转子同步电机 $L_{\Delta m} = 0$。从式（6-57）和（6-58），可得

$$\frac{\mathrm{d}i_{\mathrm{as}}}{\mathrm{d}t} = \frac{1}{L_{\mathrm{ls}} + \overline{L}_{\mathrm{m}}}\left[-r_{\mathrm{s}}i_{\mathrm{as}} + \frac{\mathrm{d}\left(\frac{1}{2}\overline{L}_{\mathrm{m}}i_{\mathrm{bs}} + \frac{1}{2}\overline{L}_{\mathrm{m}}i_{\mathrm{cs}} + L_{\mathrm{md}}\sin\theta_{\mathrm{r}}i_{\mathrm{fr}}\right)}{\mathrm{d}t} \right],$$

$$\frac{\mathrm{d}i_{\mathrm{bs}}}{\mathrm{d}t} = \frac{1}{L_{\mathrm{ls}} + \overline{L}_{\mathrm{m}}}\left\{ -r_{\mathrm{s}}i_{\mathrm{bs}} + \frac{\mathrm{d}\left[\frac{1}{2}\overline{L}_{\mathrm{m}}i_{\mathrm{as}} + \frac{1}{2}\overline{L}_{\mathrm{m}}i_{\mathrm{cs}} + L_{\mathrm{md}}\sin\left(\theta_{\mathrm{r}} - \frac{2}{3}\pi\right)i_{\mathrm{fr}}\right]}{\mathrm{d}t} \right\},$$

$$\frac{\mathrm{d}i_{\mathrm{cs}}}{\mathrm{d}t} = \frac{1}{L_{\mathrm{ls}} + \overline{L}_{\mathrm{m}}}\left\{ -r_{\mathrm{s}}i_{\mathrm{cs}} + \frac{\mathrm{d}\left[\frac{1}{2}\overline{L}_{\mathrm{m}}i_{\mathrm{as}} + \frac{1}{2}\overline{L}_{\mathrm{m}}i_{\mathrm{bs}} + L_{\mathrm{md}}\sin\left(\theta_{\mathrm{r}} + \frac{2}{3}\pi\right)i_{\mathrm{fr}}\right]}{\mathrm{d}t} \right\},$$

$$\frac{\mathrm{d}i_{\mathrm{fr}}}{\mathrm{d}t} = \frac{1}{L_{\mathrm{lf}} + L_{\mathrm{mf}}}\left\{ -r_{\mathrm{s}}i_{\mathrm{fr}} + \frac{\mathrm{d}\left[L_{\mathrm{md}}\sin\theta_{\mathrm{r}}i_{\mathrm{as}} + L_{\mathrm{md}}\sin\left(\theta_{\mathrm{r}} - \frac{2}{3}\pi\right)i_{\mathrm{bs}} + L_{\mathrm{md}}\sin\left(\theta_{\mathrm{r}} + \frac{2}{3}\pi\right)i_{\mathrm{cs}}\right]}{\mathrm{d}t} + u_{\mathrm{fr}} \right\}.$$

对于传统同步电动机，电路 - 电磁运动方程的柯西形式是

$$\frac{\mathrm{d}i_{\mathrm{as}}}{\mathrm{d}t} = \frac{1}{(2L_{\mathrm{ls}} + 3\overline{L}_{\mathrm{m}})\left[3L_{\mathrm{md}}^2 L_{\mathrm{ls}} - (2L_{\mathrm{ls}}^2 + 3L_{\mathrm{ls}}\overline{L}_{\mathrm{m}})L_{\mathrm{ff}}\right]} \left\{ -r_{\mathrm{s}}i_{\mathrm{as}}\left[3L_{\mathrm{md}}^2\overline{L}_{\mathrm{m}} + 4L_{\mathrm{ls}}L_{\mathrm{md}}^2 \right. \right.$$

$$- (3\overline{L}_{\mathrm{m}}^2 + 4L_{\mathrm{ls}}^2 + 8L_{\mathrm{ls}}\overline{L}_{\mathrm{m}})L_{\mathrm{ff}} + 2L_{\mathrm{md}}^2 L_{\mathrm{ls}}\cos2\theta_{\mathrm{r}} \Big]$$

$$- r_{\mathrm{s}}i_{\mathrm{bs}}\left[3L_{\mathrm{md}}^2\overline{L}_{\mathrm{m}} + L_{\mathrm{ls}}L_{\mathrm{md}}^2 - (3\overline{L}_{\mathrm{m}}^2 + 2L_{\mathrm{ls}}\overline{L}_{\mathrm{m}})L_{\mathrm{ff}} + 2L_{\mathrm{md}}^2 L_{\mathrm{ls}}\cos2\left(\theta_{\mathrm{r}} - \frac{1}{3}\pi\right) \right]$$

$$- r_{\mathrm{s}}i_{\mathrm{cs}}\left[3L_{\mathrm{md}}^2\overline{L}_{\mathrm{m}} + L_{\mathrm{ls}}L_{\mathrm{md}}^2 - (3\overline{L}_{\mathrm{m}}^2 + 2L_{\mathrm{ls}}\overline{L}_{\mathrm{m}})L_{\mathrm{ff}} + 2L_{\mathrm{md}}^2 L_{\mathrm{ls}}\cos2\left(\theta_{\mathrm{r}} + \frac{1}{3}\pi\right) \right]$$

$$- (6L_{\mathrm{ls}}L_{\mathrm{md}}\overline{L}_{\mathrm{m}} + 4L_{\mathrm{ls}}^2 L_{\mathrm{md}})\sin\theta_{\mathrm{r}}(-r_{\mathrm{i}}i_{\mathrm{fr}} + u_{\mathrm{fr}})$$

$$- (6L_{\mathrm{ls}}L_{\mathrm{md}}^2\overline{L}_{\mathrm{m}} + 4L_{\mathrm{ls}}^2 L_{\mathrm{md}}^2)\left[i_{\mathrm{as}}\cos\theta_{\mathrm{r}} + i_{\mathrm{bs}}\cos\left(\theta_{\mathrm{r}} - \frac{2}{3}\pi\right) \right.$$

$$+ i_{\mathrm{cs}}\cos\left(\theta_{\mathrm{r}} + \frac{2}{3}\pi\right) \Big] \omega_{\mathrm{r}}\sin\theta_{\mathrm{r}}$$

$$-\left[\left(6L_{ls}L_{md}\overline{L}_m+4L_{ls}^2L_{md}\right)L_{ff}-6L_{md}^3L_{ls}\right]i_{fr}\omega_r\cos\theta_r\Big\},$$

$$\frac{di_{bs}}{dt}=\frac{1}{\left(2L_{ls}+3\overline{L}_m\right)\left(3L_{md}^2L_{ls}-\left(2L_{ls}^2+3L_{ls}\overline{L}_m\right)L_{ff}\right)}\Big\{-r_si_{as}\Big[3L_{md}^2\overline{L}_m+L_{ls}L_{md}^2$$

$$-\left(3\overline{L}_m^2+2L_{ls}\overline{L}_m\right)L_{ff}+2L_{md}^2L_{ls}\cos2\left(\theta_r-\frac{1}{3}\pi\right)\Big]-r_si_{bs}\Big[3L_{md}^2\overline{L}_m+4L_{ls}L_{md}^2$$

$$-\left(3\overline{L}_m^2+4L_{ls}^2+8L_{ls}\overline{L}_m\right)L_{ff}+2L_{md}^2L_{ls}\cos2\left(\theta_r-\frac{2}{3}\pi\right)\Big]$$

$$-r_si_{cs}\Big[3L_{md}^2\overline{L}_m+L_{ls}L_{md}^2-\left(3\overline{L}_m^2+2L_{ls}\overline{L}_m\right)L_{ff}+2L_{md}^2L_{ls}\cos2\theta_r\Big]$$

$$-\left(6L_{ls}L_{md}\overline{L}_m+4L_{ls}^2L_{md}\right)\sin\left(\theta_r-\frac{2}{3}\pi\right)\left(-r_ri_{fr}+u_{fr}\right)$$

$$-\left(6L_{ls}L_{md}^2\overline{L}_m+4L_{ls}^2L_{md}^2\right)\Big[i_{as}\cos\theta_r+i_{bs}\cos\left(\theta_r-\frac{2}{3}\pi\right)$$

$$+i_{cs}\cos\left(\theta_r+\frac{2}{3}\pi\right)\Big]\omega_r\sin\left(\theta_r-\frac{2}{3}\pi\right)$$

$$-\left[\left(6L_{md}L_{ls}\overline{L}_m+4L_{md}L_{ls}^2\right)L_{ff}-6L_{md}^3L_{ls}\right]i_{fr}\omega_r\cos\left(\theta_r-\frac{2}{3}\pi\right)\Big\},$$

$$\frac{di_{cs}}{dt}=\frac{1}{\left(2L_{ls}+3\overline{L}_m\right)\left(3L_{md}^2L_{ls}-\left(2L_{ls}^2+3L_{ls}\overline{L}_m\right)L_{ff}\right)}\Big\{-r_si_{as}\Big[3L_{md}^2\overline{L}_m+L_{ls}L_{md}^2$$

$$-\left(3\overline{L}_m^2+2L_{ls}\overline{L}_m\right)L_{ff}+2L_{md}^2L_{ls}\cos2\left(\theta_r+\frac{1}{3}\pi\right)\Big]-r_si_{bs}\Big[3L_{md}^2\overline{L}_m+L_{ls}L_{md}^2$$

$$-\left(3\overline{L}_m^2+2L_{ls}\overline{L}_m\right)L_{ff}+2L_{md}^2L_{ls}\cos2\theta_r\Big]-r_si_{cs}\Big[3L_{md}^2\overline{L}_m+4L_{ls}L_{md}^2$$

$$-\left(3\overline{L}_m^2+4L_{ls}^2+8L_{ls}\overline{L}_m\right)L_{ff}+2L_{md}^2L_{ls}\cos2\left(\theta_r+\frac{2}{3}\pi\right)\Big]$$

$$-\left(6L_{ls}L_{md}\overline{L}_m+4L_{ls}^2L_{md}\right)\sin\left(\theta_r+\frac{2}{3}\pi\right)\left(-r_ri_{fr}+u_{fr}\right)-\left(6L_{ls}L_{md}^2\overline{L}_m+4L_{ls}^2L_{md}^2\right)$$

$$\times\Big[i_{as}\cos\theta_r+i_{bs}\cos\left(\theta_r-\frac{2}{3}\pi\right)+i_{cs}\cos\left(\theta_r+\frac{2}{3}\pi\right)\Big]\omega_r\sin\left(\theta_r+\frac{2}{3}\pi\right)$$

$$-\left[\left(6L_{md}L_{ls}\overline{L}_m+4L_{md}L_{ls}^2\right)L_{ff}-6L_{md}^3L_{ls}\right]i_{fr}\omega_r\cos\left(\theta_r+\frac{2}{3}\pi\right)\Big\}. \tag{6-59}$$

利用方程（6-59），得

$$\begin{bmatrix}\dfrac{di_{as}}{dt}\\[2mm]\dfrac{di_{bs}}{dt}\\[2mm]\dfrac{di_{cs}}{dt}\\[2mm]\dfrac{di_{fr}}{dt}\end{bmatrix}=\begin{bmatrix}-\dfrac{r_sL_{Ds}}{L_{\Sigma s}}&-\dfrac{r_sL_{Ms}}{L_{\Sigma s}}&-\dfrac{r_sL_{Ms}}{L_{\Sigma s}}&0\\[3mm]-\dfrac{r_sL_{Ms}}{L_{\Sigma s}}&-\dfrac{r_sL_{Ds}}{L_{\Sigma s}}&-\dfrac{r_sL_{Ms}}{L_{\Sigma s}}&0\\[3mm]-\dfrac{r_sL_{Ms}}{L_{\Sigma s}}&-\dfrac{r_sL_{Ms}}{L_{\Sigma s}}&-\dfrac{r_sL_{Ds}}{L_{\Sigma s}}&0\\[3mm]0&0&0&\dfrac{r_s\left(2L_{ls}^2+3\overline{L}_mL_{ls}\right)}{L_{\Sigma f}}\end{bmatrix}\begin{bmatrix}i_{as}\\[2mm]i_{bs}\\[2mm]i_{cs}\\[2mm]i_{fr}\end{bmatrix}$$

$$+\begin{bmatrix} -\dfrac{2r_sl_{md}^2L_{ls}}{L_{\Sigma s}}\cos2\theta_r & -\dfrac{2r_sl_{md}^2L_{ls}}{L_{\Sigma s}}\cos2\left(\theta_r-\dfrac{1}{3}\pi\right) & -\dfrac{2r_sl_{md}^2L_{ls}}{L_{\Sigma s}}\cos2\left(\theta_r+\dfrac{1}{3}\pi\right) & \dfrac{r_sL_{mf}}{L_{\Sigma s}}\sin\theta_r \\[3mm] -\dfrac{2r_sl_{md}^2L_{ls}}{L_{\Sigma s}}\cos2\left(\theta_r-\dfrac{1}{3}\pi\right) & -\dfrac{2r_sl_{md}^2L_{ls}}{L_{\Sigma s}}\cos2\left(\theta_r-\dfrac{2}{3}\pi\right) & -\dfrac{2r_sl_{md}^2L_{ls}}{L_{\Sigma s}}\cos2\theta_r & \dfrac{r_sL_{mf}}{L_{\Sigma s}}\sin\left(\theta_r-\dfrac{2}{3}\pi\right) \\[3mm] -\dfrac{2r_sl_{md}^2L_{ls}}{L_{\Sigma s}}\cos2\left(\theta_r+\dfrac{1}{3}\pi\right) & -\dfrac{2r_sl_{md}^2L_{ls}}{L_{\Sigma s}}\cos2\theta_r & -\dfrac{2r_sl_{md}^2L_{ls}}{L_{\Sigma s}}\cos2\left(\theta_r+\dfrac{2}{3}\pi\right) & \dfrac{r_sL_{mf}}{L_{\Sigma s}}\sin\left(\theta_r+\dfrac{2}{3}\pi\right) \\[3mm] \dfrac{2r_sl_{md}^2L_{ls}}{L_{\Sigma s}}\sin\theta_r & \dfrac{2r_sl_{md}^2L_{ls}}{L_{\Sigma s}}\sin\left(\theta_r-\dfrac{2}{3}\pi\right) & \dfrac{2r_sl_{md}^2L_{ls}}{L_{\Sigma s}}\sin\left(\theta_r+\dfrac{2}{3}\pi\right) & 0 \end{bmatrix}\begin{bmatrix} i_{as} \\ i_{bs} \\ i_{cs} \\ i_{fr} \end{bmatrix}$$

$$+\begin{bmatrix} -\dfrac{6L_{ls}l_{md}^2\bar{L}_m+4L_{ls}^2l_{md}^2}{L_{\Sigma s}}\sin\theta_r & -\dfrac{6L_{ls}l_{md}^2\bar{L}_m+4L_{ls}^2l_{md}^2}{L_{\Sigma s}}\sin\theta_r & -\dfrac{6L_{ls}l_{md}^2\bar{L}_m+4L_{ls}^2l_{md}^2}{L_{\Sigma s}}\sin\theta_r \\[3mm] -\dfrac{6L_{ls}l_{md}^2\bar{L}_m+4L_{ls}^2l_{md}^2}{L_{\Sigma s}}\sin\left(\theta_r-\dfrac{2}{3}\pi\right) & -\dfrac{6L_{ls}l_{md}^2\bar{L}_m+4L_{ls}^2l_{md}^2}{L_{\Sigma s}}\sin\left(\theta_r-\dfrac{2}{3}\pi\right) & -\dfrac{6L_{ls}l_{md}^2\bar{L}_m+4L_{ls}^2l_{md}^2}{L_{\Sigma s}}\sin\left(\theta_r-\dfrac{2}{3}\pi\right) \\[3mm] -\dfrac{6L_{ls}l_{md}^2\bar{L}_m+4L_{ls}^2l_{md}^2}{L_{\Sigma s}}\sin\left(\theta_r+\dfrac{2}{3}\pi\right) & -\dfrac{6L_{ls}l_{md}^2\bar{L}_m+4L_{ls}^2l_{md}^2}{L_{\Sigma s}}\sin\left(\theta_r+\dfrac{2}{3}\pi\right) & -\dfrac{6L_{ls}l_{md}^2\bar{L}_m+4L_{ls}^2l_{md}^2}{L_{\Sigma s}}\sin\left(\theta_r+\dfrac{2}{3}\pi\right) \\[3mm] -\dfrac{3L_{ls}L_{md}L_m+2L_{ls}^2L_{md}}{L_{\Sigma f}} & -\dfrac{3L_{ls}L_{md}L_m+2L_{ls}^2L_{md}}{L_{\Sigma f}} & -\dfrac{3L_{ls}L_{md}L_m+2L_{ls}^2L_{md}}{L_{\Sigma f}} \end{bmatrix}$$

$$\times\begin{bmatrix} i_{as}\omega_r\cos\theta_r \\ i_{bs}\omega_r\cos\left(\theta_r-\dfrac{2}{3}\pi\right) \\ i_{as}\omega_r\cos\left(\theta_r+\dfrac{2}{3}\pi\right) \end{bmatrix} - \begin{bmatrix} \dfrac{(6L_{md}L_{ls}\bar{L}_m+4L_{md}L_{ls}^2)L_{ff}-6L_{md}^3L_{ls}}{L_{\Sigma s}}i_{fr}\omega_r\cos\theta_r \\[3mm] \dfrac{(6L_{md}L_{ls}\bar{L}_m+4L_{md}L_{ls}^2)L_{ff}-6L_{md}^3L_{ls}}{L_{\Sigma s}}i_{fr}\omega_r\cos\left(\theta_r-\dfrac{2}{3}\pi\right) \\[3mm] \dfrac{(6L_{md}L_{ls}\bar{L}_m+4L_{md}L_{ls}^2)L_{ff}-6L_{md}^3L_{ls}}{L_{\Sigma s}}i_{fr}\omega_r\cos\left(\theta_r+\dfrac{2}{3}\pi\right) \\[3mm] 0 \end{bmatrix}$$

力矩 – 机械动态方程为

$$\frac{\mathrm{d}\omega_r}{\mathrm{d}t}=-\frac{P^2L_{md}}{4J}i_{fr}\left[i_{as}\cos\theta_r+i_{bs}\cos\left(\theta_r-\frac{2}{3}\pi\right)+i_{cs}\cos\left(\theta_r+\frac{2}{3}\pi\right)\right]-\frac{B_m}{J}\omega_r+\frac{p}{2J}T_{pm},$$

$$\frac{\mathrm{d}\theta_r}{\mathrm{d}t}=\omega_r \tag{6-60}$$

对于三相同步发电机，数学模型由式（6-59）和式（6-60）给出。对于一个特殊的原动机，应当把原动机和同步发电系统的动态过程合在一起完成建模、仿真，以及其他分析任务。

例 6-14

检验一个在例 6-13 中研究过的两极同步发电机，例 6-13 给出其机械参数。发电系统由一个永磁直流电动机驱动，其参数为 $r_{apm}=0.4\Omega$，$L_{apm}=0.015\mathrm{H}$，$k_{apm}=0.15\mathrm{V}\cdot\mathrm{s/rad}$（$\mathrm{N}\cdot\mathrm{m/A}$）。提供给原动机的电枢电压是 $u_{apm}=100\mathrm{V}$。提供给发

机的励磁绕组的电压为 $u_{fr}=200\text{V}$。

永磁直流电动机的微分方程是

$$\frac{\mathrm{d}i_{apm}}{\mathrm{d}t}=-\frac{r_{apm}}{L_{apm}}i_{apm}-\frac{k_{apm}}{L_{apm}}\omega_{rm}+\frac{1}{L_{apm}}u_{apm},$$

$$\frac{\mathrm{d}\omega_{rm}}{\mathrm{d}t}=\frac{k_a}{J}i_{apm}-\frac{B_m}{J}\omega_{rm}-T_L.$$

用于仿真和分析的运动方程包括

$$\frac{\mathrm{d}_{apm}}{\mathrm{d}t}=-\frac{r_{apm}}{L_{apm}}i_{apm}-\frac{k_{apm}}{L_{apm}}\omega_{rm}+\frac{1}{L_{apm}}u_{apm},$$

电路-电磁发电机动态式（6-59），以及力矩-机械动态

$$\frac{\mathrm{d}\omega_{rm}}{\mathrm{d}t}=\frac{K_{apm}}{J}i_{apm}-\frac{B_m}{J}\omega_{rm}-\frac{pL_{md}}{2J}i_{fr}\Big[i_{as}\cos\Big(\frac{p}{2}\theta_{rm}\Big)+$$

$$i_{bs}\cos\Big(\frac{p}{2}\theta_{rm}-\frac{2}{3}\pi\Big)+i_{cs}\cos\Big(\frac{p}{2}\theta_{rm}+\frac{2}{3}\pi\Big)\Big]$$

$$\frac{\mathrm{d}\theta_{rm}}{\mathrm{d}t}=\omega_{rm}.$$

以下给出两个 MATLAB 程序。（ch6_08. m 和 ch6_09. m）

MATLAB 程序段：

```
tspan = [0 0.8]; y0 = [0 0 0 0 0 500 0]';
options = odeset('RelTol',5e-2,'AbsTol',[1e-4 1e-4 1e-4 1e-4 1e-4 1e-4 1e-4]);
[t,y] = ode45('ch6_09',tspan,y0,options);
plot(t,y(:,1));
xlabel('Time [seconds]', 'FontSize',14);
title('Prime Mover Current Dynamics,i_a [A] ', 'FontSize',14);pause;
plot(t,y(:,2));
xlabel('Time [seconds]','FontSize',14);
title('Current Dynamics,i_a_s [A] ', 'Fontsize',14);pause;
plot(t,y(:,3));
xlabel( Time [seconds]','FontSize',14);
title( Current Dynamics,i_b_s[A]','FontSize',14);pause;
plot(t,y(:,4));
xlabel('Time [seconds]','FontSize',14);
title('Current Dynamics,i_f_s [A]', 'FontSize',14);pause;
plot(t,y(:,5));
xlabel('Time [seconds]','FontSize',14);
title('Current Dynamics,i_f_r [A]', 'FontSize',14);pause;
plot(t,y(:,6));
xlabel('Time [seconds]', 'FontSize',14);
```

title('Angular velocity Dynamics,\omega_r_m [rad/sec]', 'Fontsize',14);

和下面这段程序：

```
function yprime = difer(t,y);
% Voltage applied to the prime mover
uapm = 100;
% Parameters of the permanent - magnet DC motor
rapm = 0. 4;Lapm = 0. 015;kapm = 0. 15;
% Stator leakage and magnetizing inductances
L1s = 0. 0001; Lmgs = 0. 00095; Lmds = 0. 00095;
% Rotor leakage and magnetizing inductances
L1f = 0. 0002; Lmf = 0. 002;
% Mutual inductance
Lmd = 0. 0004;
% Average value of the magnetizing inductance
Lmb = ( Lmgs + Lmds)/3;
% Resistances of the stator and rotor windings
rs = 0. 25; rr = 0. 5;
% Equivalent moment of inertia and viscous friction coefficient
J = 0. 003; Bm = 0. 0007;
% Number of poles
P = 2;
% Voltage applied to the rotor field winding
ufr = 200;
% Load resistance
if t < = 0. 5
R1 = 5;
else
R1 = 10;
end
wr = 2 * y(6,:)p;
% Numerical expressions used
Ld = 2 * L1s * Lmd^2;
Ldr = 2 * L1s * Lmd;
Lss = ( - 3 * Lmb^2 - 4 * L1s^2 - 8 * L16 * Lmb) * ( Lmf + L1f) + 3 * Lmd^2 * Lmb + 4 * L1s *
Lmd^2;
Ldens = (2 * L1s + 3 * Lmb) * (( - 2 * L1s^2 - 3 * Lmb * L1s) * ( L1f + Lmf) + 3 * Lmd^2 *
L1s);
Ldenr = ( - 2 * L1s^2 - 3 * Lmb * L1s) * ( L1f + Lmf) + 3 * Lmd^2 * L1s;
Lms = ( - 3 * Lmb^2 - 2 * L1s * Lmb) * ( Lmf + L1f) + 3 * Lmd^2 * Lmb + L1s * Lmd^2;
```

Lrr = 6 * L1s * Lmd * Lmb + 4 * L1s^2 * Lmd;

Llr = - (2 * L1s^2 + 3 * Lmb * L1s);

% Variables used

S1 = sin(y(7,:)); s2 = sin(y(7,:) - 2 * pi/3); S3 = sin(y(7,:) + 2 * pi/3);

Ias = - (rs + R1) * y(2,:); Ibs = - (re + R1) * y(3,:); Ics = - (rs + R1) * y(4,:);

Ifr = - rr * y(5,:) + ufr;

C1 = cos(y(7,:)); C2 = cos(y(7,:) - 2 * pi/3); C3 = cos(y(7,:) + 2 * pi/3);

C12 = cos(2 * y(7,:)); C22 = cos(2 * y(7,:) - 2 * pi/3); C32 = cos(2 * y(7,:) + 2 * pi/3);

Nsts = (- 6 * Lmd^2 * L1s * Lmb - 4 * Lmd^2 * L1s^2) * wr. * (C1. * y(2,:) + C2. * y(3,:) + C3. * y(4,:));

Nstr = (3 * Lmd * Lmb * L1s + 2 * Lmd * L1s^2) * wr. * (C1. * y(2,:) + C2. * y(3,:) + C3. * y(4,:));

Nct = ((6 * Lmd * L1s * Lmb + 4 * Lmd * L1s^2) * (L1f + Lmf) - 6 * Lmd * 3 * L1s) * wr. * y(5,:);

Te = P * (Lmd * y(5,:). * (y(2,:). * C1 + y(3,:). * C2 + y(4,:). * C3))/2;

% Differential equations

yprime = [(- rapm * y(1,:) - kapm * y(6,:) + uapm)/Lapm;...

((Lss + Ld * C12) * Ias + (Lms + Ld * C22) * Ibs + (Lms + Ld * C32) * Ics - Lrr * S1 * Ifr + Nsts * S1 - Nct * C1)/Lden

s;...

((Lms + Ld * C22) * Ias + (Lss + Ld * C32) * Ibs + (Lms + Ld * C12) * Ics - Lrr * S2 * Ifr + Nsts * S2 - Nct * C2)/Lden

s;...

((Lms + Ld * C32) * Ias + (Lms + Ld * C12) * Ibs + (Lss + Ld * C22) * Ics - Lrr * S3 * Ifr + Nsts * S3 - Nct * C3)/Lden

s;...

(- Ldr * S1 * Ias - Ldr * S2 * Ibs - Ldr * S3 * Ics + L1r * Ifr - Nstr)/Ldenr;...

(- Te - P * Bm * y(6,:) + kapm * y(1,:))/J;...

Wr];

如图 6-40 所示给出了相电流的波形，端部电压是由反电势产生的。星型联结的电阻性负载，在此情况下与定子相绕组串联，其值为

$$R_{\mathrm{L}} = \begin{cases} 5\Omega & \forall t \in [0 \quad 0.5) \ \mathrm{s} \\ 10\Omega, & \forall t \in [0.5 \quad 0.8) \ \mathrm{s} \end{cases}$$

在稳态时，反电势的频率和幅值依赖于角速度，而角速度是负载的函数。可以观察到，如果负载降低（ R_{L} 增大），相电流的幅值减少， ω_{r} 增大。

例 6-15 对转子系下的传统同步电动机建模

我们已经得出了传统同步电机在转子参考坐标系下的运动方程。转子的角速度与同步角速度相等，即 $\omega_{\mathrm{r}} = \omega_{\mathrm{e}}$ 。因此，同步电机在转子和同步参考坐标系下的模型是一样的。在转子参考坐标系下，见表 5-1 所述的派克变换为

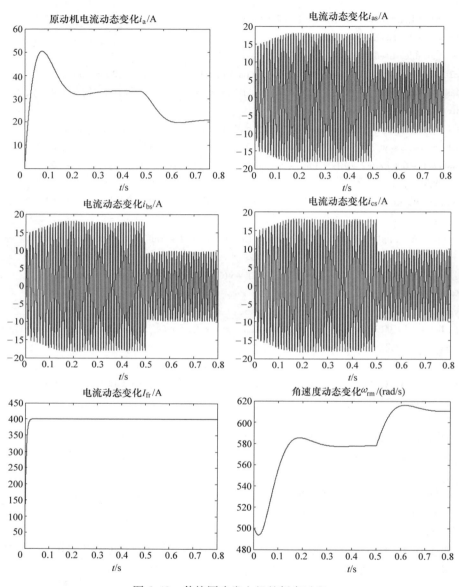

图 6-40 传统同步发电机的暂态过程

$$\boldsymbol{u}^r_{\mathrm{qd0s}} = \boldsymbol{K}^r_{\mathrm{s}}\boldsymbol{u}_{\mathrm{abcs}}, \quad \boldsymbol{i}^r_{\mathrm{qd0s}} = \boldsymbol{K}^r_{\mathrm{s}}\boldsymbol{i}_{\mathrm{abcs}}, \quad \boldsymbol{\psi}^r_{\mathrm{qd0s}} = \boldsymbol{K}^r_{\mathrm{s}}\boldsymbol{\psi}_{\mathrm{abcs}},$$

$$\boldsymbol{K}^r_{\mathrm{s}} = \frac{2}{3}\begin{bmatrix} \cos\theta_{\mathrm{r}} & \cos\left(\theta_{\mathrm{r}} - \frac{2}{3}\pi\right) & \cos\left(\theta_{\mathrm{r}} + \frac{2}{3}\pi\right) \\ \sin\theta_{\mathrm{r}} & \sin\left(\theta_{\mathrm{r}} - \frac{2}{3}\pi\right) & \sin\left(\theta_{\mathrm{r}} + \frac{2}{3}\pi\right) \\ \frac{1}{2} & \frac{1}{2} & \frac{1}{2} \end{bmatrix}$$

将用于描述电路－电磁动态的 abc 坐标系转换成 qd0 坐标系。对于同步电动机

$$u_{abcs} = r_s i_{abcs} + \frac{d\psi_{abcs}}{dt},$$

而对于发电机

$$0 = -r_s i_{abcs} + \frac{d\psi_{abcs}}{dt}.$$

对于电动机，应用派克变换可得 4 个微分方程

$$u_{qs}^r = r_s i_{qs}^r + \omega_r \psi_{ds}^r + \frac{d\psi_{qs}^r}{dt}, \quad u_{ds}^r = r_s i_{ds}^r + \omega_r \psi_{qs}^r + \frac{d\psi_{ds}^r}{dt}, \quad u_{0s}^r = r_s i_{0s}^r + \frac{d\psi_{0s}^r}{dt},$$

$$u_{fr} = r_r i_{fr} + \frac{d\psi_{fr}}{dt}.$$

磁链的方程为

$$\psi_{qs}^r = (L_{ls} + L_{mq}) i_{qs}^r, \quad \psi_{ds}^r = (L_{ls} + L_{mq}) i_{ds}^r + L_{md} i_{fr}, \quad \psi_{0s}^r = L_{ls} i_{0s}^r,$$

$$\psi_{fr} = (L_{ls} + L_{mq}) i_{fr} + L_{md} i_{ds}^r.$$

可得一组微分方程

$$u_{qs}^r = r_s i_{qs}^r + (L_{ls} + L_{mq}) \frac{d i_{qs}^r}{dt} + (L_{ls} + L_{md}) i_{ds}^r \omega_r + L_{md} i_{fr} \omega_r,$$

$$u_{ds}^r = r_s i_{ds}^r + (L_{ls} + L_{mq}) \frac{d i_{ds}^r}{dt} - (L_{ls} + L_{mq}) i_{qs}^r \omega_r + L_{md} \frac{d i_{fr}}{dt},$$

$$u_{0s}^r = r_s i_{0s}^r + L_{cs} \frac{d i_{0s}^r}{dt},$$

$$u_{fr} = r_r i_{fr} + L_{md} \frac{d i_{ds}^r}{dt} + (L_{lf} + L_{mq}) \frac{d i_{fr}}{dt}. \tag{6-61}$$

电磁转矩为

$$T_e = \frac{3p}{4} \left[L_{mq} i_{qs}^r i_{ds}^r - L_{md} i_{qs}^r (i_{ds}^r - i_{fr}) \right].$$

因此，转子参考坐标系下的传统同步电动机的力矩－机械动态如下：

$$\frac{d\omega_r}{dt} = \frac{3p^2}{8J} \left[L_{mq} i_{qs}^r i_{ds}^r - L_{md} i_{qs}^r (i_{ds}^r - i_{fr}) \right] - \frac{B_m}{J} \omega_r - \frac{p}{2J} T_L,$$

$$\frac{d\theta_r}{dt} = \omega_r. \tag{6-62}$$

由式（6-61）和式（6-62），可得到最终的运动方程。

习　　题

1.

考虑一个两相永磁同步电动机。令 $\psi_{asm} = \psi_m \cos^7 \theta_r$ 和 $\psi_{bsm} = \psi_m \sin^7 \theta_r$。

1）利用基尔霍夫电压定律，推导相电流 i_{as} 和 i_{bs} 的微分方程。例如，推导并叙述电路 – 电磁微分方程。

2）求 a 相反电动势（如6.1.1节所述）。将推导出的反电动势作为 θ_r 的函数绘制出来，此时电动机运行于 $\omega_r = 100rad/s$ 和 $\psi_m = 0.1$ 的稳态。给出计算和绘图的 MATLAB 程序。

3）推导出准确的电磁转矩 T_e 的表达式。

4）对已得到的 T_e。推导出为了限制转矩脉动和电流振动的平衡电压和电流组。叙述遇到的问题。

2.

考虑一个两相轴向结构永磁同步电动机。a 相和 b 相的有效磁通密度分别为 $B_{as} = B_{max}\sin^7\theta_r$ 和 $B_{bs} = B_{max}\cos^7\theta_r$。电动机参数为 $N = 100$，$A_{ag} = 0.0001$，$B_{max} = 0.75$，$N_m = 10$。假设相电流为 $i_{as} = i_M\cos\theta_r$ 的 $i_{bs} = -i_M\sin\theta_r$。

1）推导电磁转矩表达式。

2）检验并说明电磁转矩是如何作为转子位移的函数变化的。绘出转矩 – 位移图。

3）讨论如何改善和加强这个电动机性能，并给出结论。例如，如何在保证 T_e 无脉动的情况下使其最大化。

4）如何利用 MATLAB 在3）的前提下求解1）？

3.

仿真和分析一个由永磁步进电动机驱动的机电系统，步进电动机为 NEMA 23 尺寸，两相1.8°每整步，5.4V（rms），1.4N·m。其参数为 $RT = 50$，$r_s = 1.68\Omega$，$L_{ss} = 0.0057H$，$\psi_m = 0.0064V\cdot s/rad$（N·m/A），$B_m = 0.000074N\cdot m\cdot s/rad$ 和 $J = 0.000024kg\cdot m^2$。研究以下几种情况时的电动机性能：

1）$u_{as} = -u_M\text{sgn}[\sin(RT\theta_{rm})]$ 和 $u_{bs} = u_M\text{sgn}[\cos(RT\theta_{rm})]$；

2）$u_{as} = -\sqrt{2}u_M\sin(RT\theta_{rm})$ 和 $u_{bs} = \sqrt{2}u_M\cos(RT\theta_{rm})$；

3）幅值为 u_M 的相电压 u_{as} 和 u_{bs} 按照脉冲的顺序提供，这些脉冲有不同的频率，保证电动机一步一步地运行。

解释为什么在一些直驱和伺服应用中使用步进电动机是较好的解决方案。讨论在没有霍尔传感器测量 θ_r 的情况下，将步进电动机用于开环系统的可能性。叙述在不使用转子位移传感器的情况下，将步进电动机用在开环结构中所面临的挑战。

参 考 文 献

1. S.J. Chapman, *Electric Machinery Fundamentals*, McGraw-Hill, New York, 1999.
2. A.E. Fitzgerald, C. Kingsley, and S.D. Umans, *Electric Machinery*, McGraw-Hill, New York, 1990.
3. P.C. Krause and O. Wasynczuk, *Electromechanical Motion Devices*, McGraw-Hill, New York, 1989.
4. P.C. Krause, O. Wasynczuk, and S.D. Sudhoff, *Analysis of Electric Machinery*, IEEE Press, New York, 1995.

5. S.E. Lyshevski, *Electromechanical Systems, Electric Machines, and Applied Mechatronics*, CRC Press, Boca Raton, FL, 1999.
6. G.R. Slemon, *Electric Machines and Drives*, Addison-Wesley Publishing Company, Reading, MA, 1992.
7. S.E. Lyshevski, *Engineering and Scientific Computations Using MATLAB®*, Wiley-Interscience, Hoboken, NJ, 2003.
8. *MATLAB R2006b*, CD-ROM, MathWorks, Inc., 2007.

第 7 章 机电系统和比例–积分–微分控制

7.1 机电系统动力学

机电控制系统整合了一系列组件（包括执行器、功率变换器、传感器、集成电路等）。由于集成电路和传感器的快速性，机电系统的整体行为由系统中运动部件的动态决定。在传统和小型机电系统中，输出行为依赖于等效质量 m（平移运动）、或惯量 J（旋转运动）以及其他参数。

各种电机（执行器、发电机、传感器等），它们的性能衡量标准已经在前几章论述过。其中涉及了基础电磁学、能量变换、效率、扭矩产生等内容。为了进行分析，我们需要对机电运动部件建模、仿真和分析。通过推导出的微分方程组形式存在的数学模型，可以得到合理的定性和定量分析。我们还可以由解析的方式来分析各种各样的机电系统和它们的部件，从而求解这些方程。其中涉及牛顿和拉格朗日力学、麦克斯韦方程组、基尔霍夫定律、能量转换定律和其他的概念。建模主要是为了获得准确数学模型，从而更好地进行分析。利用获得的准确数学模型和性能分析，我们就能够通过相应的设计来增强系统的性能。第 7 和第 8 章主要讲述了机电系统的控制问题。

设计闭环系统是为了在给定的范围内达到最好的控制效果。模拟和数字控制器均已经有设计，并且用于一大类的动态系统[1-7]。一般我们根据系统结构和硬件条件，进行特定用途的构架设计。接着，我们可以完成其相关行为的分析和设计。硬件的方案预先确定系统性能极限，而控制算法则影响系统可达到的性能。例如，对于一个高性能的 30kW 的电力传动装置（用于汽车），永磁同步电机和 PWM 集成功率放大器能够使其达到优越的性能。这个装置是开环稳定的。而跟踪控制主要通过设计一个跟踪控制器实现。不合理的设计可能破坏稳定系统的稳定性（成为不稳定的闭环控制系统），或者性能不能达到预期的目标。效率、稳定性、鲁棒性和扰动抑制能力显然都是所要遵循的准则。跟踪误差的最小化和过渡过程时间的减少需要高反馈增益和运用离散的控制规律。然而，在继电式记录器和高增益的控制算法中，颤振和振荡能够导致损耗增加而且效率降低。因此，从数学角度来说，合理的控制算法并不能够用于所有机电控制系统。闭环系统的指标以性能要求的方式给定，例如：

- 基于电磁进行的控制合理性和效率
- 在整个运行范围内具有一定预期稳定裕度的稳定性

- 参数变化的鲁棒性
- 结构、运动和环境变化的鲁棒性
- 跟踪的准确性、快速性和稳态误差
- 干扰和噪声的抑制能力
- 瞬态响应的性能指标

系统的性能主要通过多种指标来评价（稳定性、鲁棒性、瞬态响应、扰动抑制和稳态响应等）。这些要求通过在整个运行区域内的性能指标来确定。一些性能以性能函数（对于连续时间系统）或性能指标（对于离散时间系统）形式的矩阵来评估。例如，根据系统的行为，我们可以分析和优化系统的输入－输出动态特性。用 $r(t)$ 和 $y(t)$ 分别表示给定的参考量和输出量，通过不同的控制律 $u(t)$ 可以减小跟踪误差 $e(t) = r(t) - y(t)$。这些控制算法可以通过不同的性能和稳定准则找到。如图 7-1a 所示描述了有参考值 $r(t)$ 和输出 $y(t)$ 的机电控制系统的输入－输出。本章主要研究了在整个运行范围内的稳态响应和动态响应。假设在结构中用最优的设计方案，系统可以用先进的组件（运动装置、电力电子装置、DSP 等），通过分类设计，系统行为可以达到最优，如图 7-1b 所示。

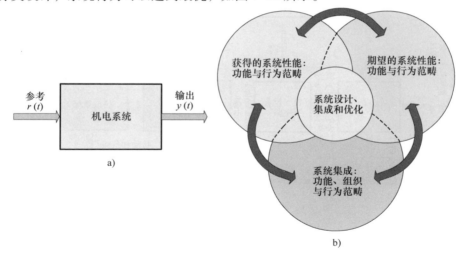

a)

b)

图 7-1　机电系统输入 $r(t)$ 和输出 $y(t)$

第 1 章介绍了各种各样的机电系统组件。图 7-2 所示描述了参考值 $r(t)$ 为常数的高级系统框图。

设计控制器的目的就是优化系统性能。图 7-3 描述了这类的闭环系统框图和一般闭环系统结构。在系统中，必须设计、验证和施行最优控制。我们将应用和展示不同的设计方法。在设计数字和模拟的控制器过程中，需用到不同的集成电路、微处理器和 DSP 等。这些信号处理和调理的集成电路也是机电系统的组件。

为了使系统最优化并且达到其他的性能指标，我们要使跟踪误差和稳定时间达

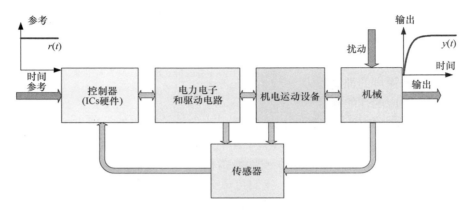

图 7-2 机电系统闭环控制框图

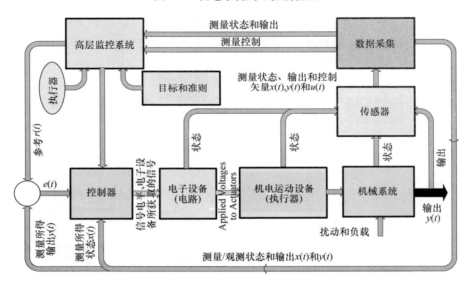

图 7-3 闭环机电系统高阶功能方块图

到最小。可以用不同的状态空间和频域分析使得系统稳态和动态的响应最优化。状态空间法主要用在时域中来描述状态变量、输出、控制、参考、扰动和其他的变量的非线性的运动方程。而频域和 S 域的方法（拉普拉斯变换和傅立叶变换、传递函数、特征方程、极点配置法）主要用在线性和近似线性的系统。机电系统的大部分是非线性并且还不能够线性化，因此非线性的方法更显重要。

例 7-1 系统性能及其基于性能泛函法的评估

用来代表和评估系统技术参数和要求的性能泛函和各种指标，可以用来设计和评价控制算法。第 8 章涵盖各种控制设计方法。在本章中，我们将讲述 PID 控制算法。一些基于性能泛函最小化的方法用来确定控制律，而另一些方法主要用性能泛函来评估系统的性能。

例如，利用稳定时间和跟踪误差 $e(t) = r(t) - y(t)$，性能评价标准可以表示为

$$J = \min_{t,e} \int_0^\infty t \, |e| \, dt$$

下列泛函数只用到了 e 和 t，例如

$$J = \min_e \int_0^\infty |e| \, dt, \; J = \min_e \int_0^\infty e^2 \, dt, \; J = \min_e \int_0^\infty (e^2 + e^4 + e^6) \, dt$$

由于其他的性能要求，上面这些函数的实用性有限。还应该考虑到各种各样的其他性能指标，比如说效率、损耗、控制输入和瞬态过程等。例如，控制输入可以用正定被积函数 u^{2n}（$n = 1$、2、$3\cdots$）或 $|u|$，控制速度可以 $(du/dt)^{2n}$（$n = 1$、2、3）或 $|du/dt|$ 来评价，转矩波动主要用 T_e^{2n}（$n = 1$、2、$3\cdots$），或 $|T_e|$ 来评估。从转矩波动我们可以对效率、热、振动、噪声进行定性和定量的评估。状态变量 x 在性能泛函中用来描述消耗的能量。此外，T_e 是作为一个状态变量的非线性函数给出的电流。例如可能会用以下公式来进行评估。

$$J = \min_{e, T_e, u} \int_0^\infty (e^2 + T_e^4 + u^2) \, dt$$

第 8 章主要讲述性能泛函和被积函数的分析。同时，本书先前介绍了基础物理学（电磁学、机械力学、热力学和振动噪声等），论证了统一数学和物理模型的必要性和可能性。

许多重要的技术指标需要考虑。其中稳定性、效率、鲁棒性和输出动态响应是要优先考虑的。我们以瞬态响应和响应过程为例。如图 7-4 所示，在参考值 $r(t)$ 为常量时，输出的瞬态响应。因为系统的输出是有界的且收敛于稳定值 $y_{\text{steady-state}}$，所以说系统是稳定的。即

$$\lim_{t \to \infty} y(t) = y_{\text{steady-state}} \text{ 和 } e(t) \to 0$$

在系统的瞬态过程中，我们主要研究输出 $y(t)$ 的变化。如图 7-4 所示描述了两种动态过程（Ⅰ 和 Ⅱ），分别描述了不同的精度、过渡时间、超调量等。系统实际的动态响应在 Ⅱ 内达到了可获得最佳，但是无法达到 Ⅰ 中的最佳性能。为了达到最优控制，必须用控制律。这些控制律会改变瞬态响应，从而使系统能满足所要求的性能指标。由于各种限制（峰值、额定或者最大转矩、力、功率、电压、电流和其他的变量），设计者很难在达到最优性能的同时满足其他各种技术参数。可能系统的结构需要重新设

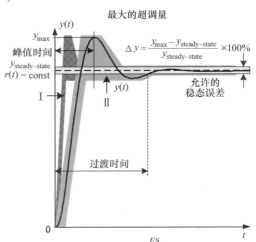

图 7-4　输出暂态响应曲线和动态过程
包络线，$r(t) =$ 常数

计（架构和硬件等等）。而且任何软件和控制算法都要受到物理限制。设计者重新设计结构或者是用先进的硬件能够提高系统的性能。

系统的性能在整个运行范围内可以用一些指标定义，比如说过渡时间、超调量、精度、加速性能和其他的在图 7-4 中所提到的指标。过渡时间对于系统来说是系统的输出 $y(t)$ 达到并留在稳态值 $y_{\text{steady-state}}$ 一定误差范围内所用的时间。允许的稳态误差是 5% ~0.001% 之间或更小。最大的超调量是指输出 $y(t)$ 的峰值和稳态值 $y_{\text{steady-state}}$ 的差与 $y_{\text{steady-state}}$ 的比值：

$$\Delta y = \frac{y_{\max} - y_{\text{steady-state}}}{y_{\text{steady-state}}} \times 100\%$$

上升时间是指如果 $r(t)$ 为常量，系统的输出 $y(t)$ 从 $y_{\text{steady-state}}$ 的 10% 到 90% 所用的时间。延迟时间是如果系统的参考是阶跃信号，系统的输出 $y(t)$ 到 $y_{\text{steady-state}}$ 的 50% 所用的时间。峰值时间是指系统的输出 $y(t)$ 达到超调的第一个峰值所用的时间。

在高性能的机电系统中，有一些指标是非常严格的。其中最基本的要求是系统的稳定，在整个运行区域内参数变化的鲁棒性、轨迹跟踪和抑制扰动等。在整个运行范围内需对系统暂态特性进行校核。在系统的结构设计（系统的组件匹配，组件的最优选择，测量的准确性，传感器的延迟，组件效率）都已经达到要求之后，我们所关注的就是系统的动态响应过程。然而效率、振动噪声和其他的特性可以通过选择合适的控制算法使其更优化。

本章主要通过设计 PID 控制器来解决运动控制问题。这种控制算法被广泛用来保持系统的稳定性，轨迹跟踪，扰动抑制，鲁棒性以及满足系统的控制精度等。用状态变量描述的高级控制算法将在第 8 章描述。PID 控制器主要用跟踪误差 $e(t)$ 进行控制，而状态空间控制器同时用误差 $e(t)$ 和状态变量 $x(t)$ 进行控制。

7.2 运动方程：用状态空间和传递函数描述的机电系统

这部分介绍人们所广为熟知的用状态空间方程和传递函数描述动态系统。各种各样的机电运动装置和功率变换器的数学模型都可以用微分方程来表示。使用这些微分方程主要是用来分析系统以及设计控制算法的。

线性系统在 s 域和 z 域中可以用传递函数 $G_{\text{sys}}(s)$ 和 $G_{\text{sys}}(z)$ 来表示描述。拉普拉斯算子 $s = \mathrm{d}/\mathrm{d}t$ 主要用在连续时变系统。传递函数能够用来设计线性 PID 控制算法。然而，线性微分方程只能够描述非常有限的一类系统。对于非线性系统，并不能够用传递函数或者其他线性的方法来研究。然而，很多非线性的机电系统可以用 PID 控制器来保证系统达到预期的性能。

对于以状态空间法描述的线性系统，我们使用 n 个状态变量 $x \in \mathbb{R}^n$ 和 m 个控制量 $u \in \mathbb{R}^m$。线性系统的动态过程可以用一组一阶微分方程组来描述。

$$\frac{\mathrm{d}x_1}{\mathrm{d}x} = a_{11}x_1 + a_{12}x_2 + \cdots + a_{1n-1}x_{n-1} + a_{1n}x_n + b_{11}u_1$$

$$+ b_{12}u_2 + \cdots + b_{1m-1}u_{m-1} + b_{1m}u_{m'}, x_1(t_0) = x_{10'}$$

$$\frac{\mathrm{d}x_2}{\mathrm{d}x} = a_{21}x_1 + a_{22}x_2 + \cdots + a_{2n-1}x_{n-1} + a_{2n}x_n + b_{21}u_1$$

$$+ b_{22}u_2 + \cdots + b_{2m-1}u_{m-1} + b_{2m}u_{m'}, x_2(t_0) = x_{20'}$$

$$\vdots$$

$$\frac{\mathrm{d}x_{n-1}}{\mathrm{d}x} = a_{n-11}x_1 + a_{n-12}x_2 + \cdots + a_{n-1n-1}x_{n-1} + a_{n-1n}x_n + b_{n-11}u_1$$

$$+ b_{n-12}u_2 + \cdots + b_{n-1m-1}u_{m-1} + b_{n-1m}u_{m'}x_{n-1}(t_0) = x_{n-10'}$$

$$\frac{\mathrm{d}x_n}{\mathrm{d}x} = a_{n1}x_1 + a_{n2}x_2 + \cdots + a_{nn-1}x_{n-1} + a_{nn}x_n$$

$$+ b_{n1}u_1 + b_{n2}u_2 + \cdots + b_{nm-1}u_{m-1} + b_{nm}u_{m'}x_n(t_0) = x_{n0'}$$

写成矩阵的形式，我们可以得到：

$$\frac{\mathrm{d}x}{\mathrm{d}t} = \begin{bmatrix} \dfrac{\mathrm{d}x_1}{\mathrm{d}t} \\ \dfrac{\mathrm{d}x_2}{\mathrm{d}t} \\ \vdots \\ \dfrac{\mathrm{d}x_{n-1}}{\mathrm{d}t} \\ \dfrac{\mathrm{d}x_n}{\mathrm{d}t} \end{bmatrix} = \begin{bmatrix} a_{11} & a_{12} & \cdots & a_{1n-1} & a_{1n} \\ a_{21} & a_{22} & \cdots & a_{2n-1} & a_{2n} \\ \vdots & \vdots & \ddots & \vdots & \vdots \\ a_{n-11} & a_{n-12} & \cdots & a_{n-1n-1} & a_{n-1n} \\ a_{n1} & a_{n2} & \cdots & a_{nn-1} & a_{nn} \end{bmatrix} \begin{bmatrix} x_1 \\ x_2 \\ \vdots \\ x_{n-1} \\ x_n \end{bmatrix}$$

$$+ \begin{bmatrix} b_{11} & b_{12} & \cdots & b_{1m-1} & b_{1m} \\ b_{21} & b_{22} & \cdots & b_{2m-1} & b_{2m} \\ \vdots & \vdots & \ddots & \vdots & \vdots \\ b_{n-11} & b_{n-12} & \cdots & b_{n-1m-1} & b_{n-1m} \\ b_{n1} & b_{n2} & \cdots & b_{nm-1} & b_{nm} \end{bmatrix} \begin{bmatrix} u_1 \\ u_2 \\ \vdots \\ u_{m-1} \\ u_m \end{bmatrix} = Ax + Bu, x(t_0) = x_0$$

假设矩阵 $A \in \mathbb{R}^{n \times n}$ 和 $B \in \mathbb{R}^{n \times m}$ 都是常系数矩阵，我们可以得到系统的特征方程

$$|sI - A| = 0 \text{ 或 } |a_n s^n + a_{n-1}s^{n-1} + \cdots + a_1 s + a_0| = 0$$

其中，$I \in \mathbb{R}^{n \times n}$ 是单位矩阵。

解这个方程可以得到特征值，也就是特征根或极点。如果所有的特征跟都具有负实部，系统就是稳定的。然而，这种系统的稳定性分析只对线性系统是有效的。

传递函数

$$G(s) = \frac{Y(s)}{U(s)}$$

能够用状态方程表示。线性时不变系统可以写成

$$\frac{\mathrm{d}x}{\mathrm{d}t} = Ax + Bu, \quad y = Hx.$$

对于输出向量 $y \in \mathbb{R}^b$，输出方程 $y = Hx$，其中 $H \in \mathbb{R}^{b \times n}$ 是常系数矩阵。
将状态方程

$$\frac{\mathrm{d}x}{\mathrm{d}t} = Ax + Bu$$

和输出方程

$$y = Hx.$$

进行拉普拉斯变换，可得

$$sX(s) - x(t_0) = AX(s) + BU(s), Y(s) = HX(s)$$

假定初始状态为零状态，于是

$$X(s) = (sI - A)^{-1} BU(s).$$

可得

$$Y(s) = HX(s) = H(sI - A)^{-1} BU(s).$$

于是可以得到传递函数

$$G(s) = \frac{Y(s)}{U(s)} = H(sI - A)^{-1} B.$$

假设系统是起始状态是零状态，我们对 n 阶微分方程两边用拉普拉斯变换

$$\sum_{i=0}^{n} a_i \frac{\mathrm{d}^i y(t)}{\mathrm{d}t^i} = \sum_{i=0}^{m} b_i \frac{\mathrm{d}^i u(t)}{\mathrm{d}t^i}$$

可得

$$\left(\sum_{i=0}^{n} a_i s^i \right) Y(s) = \left(\sum_{i=0}^{m} b_i s^i \right) U(s)$$

可以导出传递函数为

$$G(s) = \frac{Y(s)}{U(s)} = \frac{b_m s^m + b_{m-1} s^{m-1} + \cdots + b_1 s + b_0}{a_n s^n + a_{n-1} s^{n-1} + \cdots + a_1 s + a_0}$$

令分母多项式等于 0，便可得系统的特征方程。线性时不变系统的稳定性主要依赖
于求解特征方程

$$| a_n s^n + a_{n-1} s^{n-1} + \cdots + a_1 s + a_0 | = 0$$

所得到的特征值，如果特征值都具有负实部，则系统是稳定的。

总的来说，机电系统主要用非线性微分方程组来描述。我们可以用状态空间法
来描述：

$$\dot{x}(t) = F(x, r, d) + B(x) u, y = H(x), u_{\min} \leqslant u \leqslant u_{\max}, x(t_0) = x_0$$

其中 $x \in X \subset \mathbb{R}^n$ 是状态变量（包括位移、位置、速度、电流和电压等），$u \in U \subset$

$\mathbb{R}^m$ 是控制向量（包括电压、占空比、比较器的电压信号等）；$r \in R \subset \mathbb{R}^b$ 和 $y \in Y \subset \mathbb{R}^b$ 是参考向量和输出向量；$d \in D \subset \mathbb{R}^v$ 是扰动向量（负载、噪声等）；$F(\cdot)$：$\mathbb{R}^n \times \mathbb{R}^b \times \mathbb{R}^v \to \mathbb{R}^n \to \mathbb{R}^n$ 和 $B(\cdot)$：$\boldsymbol{R}^n \to \boldsymbol{R}^{n \times m}$ 是非线性的映射；$H(\cdot)$：$\boldsymbol{R}^n \to \boldsymbol{R}^b$ 定义为在 $H(0) = 0$ 域附近的非线性映射。

输出方程的 $y = H(x)$ 说明系统的输出 $y(t)$ 是状态变量的非线性函数，控制的边界可以用 $u_{\min} \leq u \leq u_{\max}$ 来表示。

大多数机电运动系统的装置是连续并且可以用微分方程来描述。对于离散的运动系统，如果能够设计数字控制器，那么就可以用差分方程来描述离散系统。对于 n 维的状态向量，m 维的控制向量，和 b 维的输出向量的机电系统的，状态、输出和控制分别为

$$x_k = \begin{bmatrix} x_{k1} \\ x_{k2} \\ \vdots \\ x_{kn-1} \\ x_{kn} \end{bmatrix}, u_k = \begin{bmatrix} u_{k1} \\ u_{k2} \\ \vdots \\ u_{km-1} \\ u_{km} \end{bmatrix} \text{和} y_k = \begin{bmatrix} y_{k1} \\ y_{k2} \\ \vdots \\ y_{kb-1} \\ y_{kb} \end{bmatrix}$$

状态方程写成矩阵的形式为

$$x_{k+1} = \begin{bmatrix} x_{k+1,1} \\ x_{k+2,2} \\ \vdots \\ x_{k+1,n-1} \\ x_{k+1,n} \end{bmatrix} = \begin{bmatrix} a_{k11} & a_{k12} & \cdots & a_{k1n-1} & a_{k1n} \\ a_{k21} & a_{k22} & \cdots & a_{k2n-1} & a_{k2n} \\ \vdots & \vdots & \ddots & \vdots & \vdots \\ a_{kn-11} & a_{kn-12} & \cdots & a_{kn-1n-1} & a_{kn-1n} \\ a_{kn1} & a_{kn2} & \cdots & a_{knn-1} & a_{knn} \end{bmatrix} \begin{bmatrix} x_{k1} \\ x_{k2} \\ \vdots \\ x_{kn-1} \\ x_{kn} \end{bmatrix}$$

$$+ \begin{bmatrix} b_{k11} & b_{k12} & \cdots & b_{k1m-1} & b_{k1m} \\ b_{k21} & b_{k22} & \cdots & b_{k2m-1} & b_{k2m} \\ \vdots & \vdots & \ddots & \vdots & \vdots \\ b_{kn-11} & b_{kn-12} & \cdots & b_{kn-1m-1} & b_{kn-1m} \\ b_{kn1} & b_{kn2} & \cdots & b_{knm-1} & b_{knm} \end{bmatrix} \begin{bmatrix} u_{k1} \\ u_{k2} \\ \vdots \\ u_{km-1} \\ u_{km} \end{bmatrix} = A_k x_k + B_k u_k, \ x_{k=k_0} = x_0.$$

其中，$\boldsymbol{A}_k \in \mathbb{R}^{n \times n}$ 和 $\boldsymbol{B}_k \in \mathbb{R}^{n \times m}$ 是常系数矩阵。

输出方程包含了系统的输出变量和状态变量

$$y_k = H_k x_k$$

其中的 $\boldsymbol{H}_k \in \mathbb{R}^{b \times n}$ 是常系数矩阵。

n 阶线性差分方程为

$$\sum_{i=0}^{n} a_i y_{n-i} = \sum_{i=0}^{m} b_i u_{n-i}, n \geq m$$

假定系数是时不变的（即常量），令初始状态为零状态，应用 Z 变换，可以

得到

$$\left(\sum_{i=0}^{n} a_i z^i \right) Y(z) = \left(\sum_{i=0}^{m} b_i z^i \right) U(z)$$

因此，传递函数为

$$G(z) = \frac{Y(z)}{U(z)} = \frac{b_m z^m + b_{m-1} z^{m-1} + \cdots + b_1 z + b_0}{a_n z^n + a_{n-1} z^{n-1} + \cdots + a_1 z + a_0}.$$

非线性的机电离散系统可以用非线性的差分方程来描述

$$x_{k+1} = F(x_k, r_k, d_k) + B(x_k) u_k, y_k = H(x_k), u_{kmin} \leq u \leq u_{kmax}.$$

本章中主要讲解了机电系统的模拟和数字控制部分的设计。其中重点在于 PID 控制的使用。线性二次型控制器，哈密尔顿 – 雅克比方程和状态空间法等适用于线性和非线性系统的其他的一些概念将在第 8 章中讲述。

7.3　机电系统的模拟控制

7.3.1　模拟 PID 控制

机电系统可以使用 PID 控制。大多数的机电系统是模拟的，而且在时间上是连续的。根据已有的分析，PWM 型的功率放大器是时间连续的系统并且可以用微分方程描述。

PID 控制器作为简单有效的控制算法，在机电系统已经应用了数十年。线性的 PID 控制律是指

$$u(t) = \underbrace{k_p e(t)}_{\text{proportional term}} + \underbrace{k_i \int e(t) \, dt}_{\text{integral term}} + \underbrace{k_d \frac{de(t)}{dt}}_{\text{derivative term}} \tag{7-1}$$

其中 $e(t)$ 是系统的输出和参考值之间的误差，$e(t) = r(t) - y(t)$；k_p、k_i 和 k_d 分别是比例、积分和微分环节的增益。

如图 7-5 所示描述了基本的 PID 控制器的框图。应用拉普拉斯算子 $s = d/dt$ 可以得到频域下相应的方程。为了在论证说明的时候符号更简单明了，我们有时候也用 s 代表微分，用 $1/s$ 代表积分。例如，式（7-1）在 S 域可以写成

$$U(s) = (k_p + \frac{k_i}{s} + k_d s) E(s)$$

传递函数为

$$G_{PID}(s) = \frac{U(s)}{E(s)} = \frac{k_d s^2 + k_p s + k_i}{s}$$

然而，为了符号的简明化

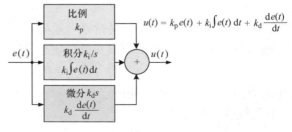

图 7-5　模拟 PID 控制器

$$u(t) = k_{\mathrm{p}}e(t) + k_{\mathrm{i}}\int e(t)\mathrm{d}t + k_{\mathrm{d}}\frac{\mathrm{d}e(t)}{\mathrm{d}t}$$

应用式（7-1），可以很容易地获得多种控制律。令 $k_{\mathrm{d}} = 0$，可以得到比例积分（PI）控制律的形式

$$u(t) = k_{\mathrm{p}}e(t) + k_{\mathrm{i}}\int e(t)\mathrm{d}t$$

如果 $k_{\mathrm{i}} = 0$，可以得到比例微分（PD）控制律

$$u(t) = k_{\mathrm{p}}e(t) + k_{\mathrm{d}}\frac{\mathrm{d}e(t)}{\mathrm{d}t}$$

如果 $k_{\mathrm{i}} = 0$ 且 $k_{\mathrm{d}} = 0$，则比例控制律部分可以写为部分可以写成

$$u(t) = k_{\mathrm{p}}e(t)$$

由图 7-1，应用拉普拉斯变换，我们可以得到

$$U(s) = \left(k_{\mathrm{p}} + \frac{k_{\mathrm{i}}}{s} + k_{\mathrm{d}}s\right)E(s)$$

由此可以得到 PID 控制律的传递函数为

$$G_{\mathrm{PID}}(s) = \frac{U(s)}{E(s)} = \frac{k_{\mathrm{d}}s^2 + k_{\mathrm{p}}s + k_{\mathrm{i}}}{s}$$

由此可以设计出不同的线性和非线性的 PID 控制律，例如比例，比例积分等。如图 7-6a 和图 7-6b 所示分别表示了在时域和频域的带有 PID 的闭环机电系统。在时域中，我们用的是有界的非线性系统可以假设系统能够线性化，用传递函数描述系统和控制器，如图 7-6b 所示。

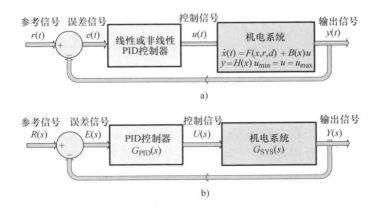

图　7-6

a）带有 PID 控制器的非线性闭环系统时域框图　b）带有 PID 控制器的非线性闭环系统的 S 域框图

如果系统的输出 $y(t)$ 在时间趋于无穷的时候能够收敛于有界参考信号 $r(t)$，那么就实现了对参考信号的跟踪。

理想情况下，系统误差信号 $e(t)$ 达到零。如果

$$当 t \to \infty 时，e(t) = [r(t) - y(t)] \to 0$$

则认为，系统对参考信号实现了跟踪。

理性情况

$$\lim_{t \to \infty} e(t) = 0$$

然而，实际情况是

$$\lim_{t \to \infty} |e(t)| \leq \varepsilon$$

在时域中，跟踪误差 $e(t) = r(t) - y(t)$。通过拉普拉斯变换后，$E(s) = R(s) - Y(s)$。对于如图 7-6b) 所示描绘的闭环系统，系统的输出 $y(t)$

$$Y(s) = G_{sys}(s)U(s) = G_{sys}(s)G_{PID}(s)E(s) = = G_{sys}(s)G_{PID}(s)[R(s) - Y(s)].$$

带 PID 控制律的闭环机电系统的传递函数如下：

$$G(s) = \frac{Y(s)}{R(s)} = \frac{G_{sys}(s)G_{PID}(s)}{1 + G_{sys}(s)G_{PID}(s)}$$

在频域中，令 $s = j\omega$，可以得到

$$G(j\omega) = \frac{Y(j\omega)}{R(j\omega)} = \frac{G_{sys}(j\omega)G_{PID}(j\omega)}{1 + G_{sys}(j\omega)G_{PID}(j\omega)}$$

由此可以得到线性闭环系统的特征方程。同时通过调节控制器 $G_{PID}(s)$ 的比例，积分，微分环节的增益来保证系统的稳定性。k_p、k_i、k_d 这些系数影响着闭环系统的性能。

利用常系数 k，在原点的极点和复共轭的极点和零点，可以写成

$$G(s) = \frac{k(T_{n1}s + 1)(T_{n2}s + 1)\cdots(T_{n,l-1}^2 s^2 + 2\xi_{n,l-1}T_{n,l-1}s + 1)(T_{n,l}^2 s^2 + 2\xi_{n,l}T_{n,l}s + 1)}{s^M(T_{d1}s + 1)(T_{d2}s + 1)\cdots(T_{d,p-1}^2 s^2 + 2\xi_{d,p-1}T_{d,p-1}s + 1)(T_{d,p}^2 s^2 + 2\xi_{d,p}T_{d,p}s + 1)}$$

其中 T_i 和 ξ_i 是时间系数和阻尼系数。M 是原点处的极点的阶数。

控制器的传递函数 $G_{PID}(s)$ 可以由预期的 $G(s)$ 得到。由 $G(s)$ 确定的零极点的位置分布，影响着动态响应的过渡过程时间、稳定裕度、精度和超调等。例如，通过获取反馈增益 k_p、k_i、k_d 可以得到主要的系统特征方程的主要特征值，因为其他的极点都在复平面很靠左的地方，所以对系统动态响应的影响不大。许多教材在讲述反馈控制时，设计控制器均采用的是极点配置的方法，例如参考文献[1 − 7]。然而，这些方法仅适用无控制的线性系统。比较而言，我们发现机电系统均为非线性的，而且均有控制存在边界。

线性 PID 的控制律可以写为

$$u(t) = k_p e(t) + \sum_{j=1}^{N_i} k_{ij} \frac{e(t)}{s^j} + \sum_{j=1}^{N_d} k_{dj} \frac{d^j e(t)}{dt^j} \tag{7-2}$$

式中，N_i 和 N_d 是正整数，k_{ij} 和 k_{dj} 是导出的反馈系数。

由式（7-2）我们可以得到

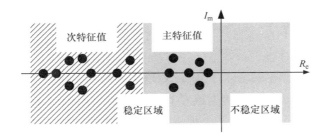

图 7-7　复平面的特征值

$$U(s) = \underbrace{k_p E(s)}_{\text{proportidnal}} + \sum_{j=1}^{N_i} k_{ij} \underbrace{\frac{E(s)}{s^j}}_{\text{Integral}} + \sum_{j=1}^{N_d} k_{dj} \underbrace{s^j E(s)}_{\text{deriratire}}$$

从而推导出传递函数 $G_{PID}(s)$。

由 $G_{sys}(s)$ 和 $G_{PID}(s)$，就可以导出 $G(s)$。

我们也可以设计出非线性的 PID 控制器。例如，可以定义非线性的映射，如

$$u(t) = \underbrace{\sum_{k=1}^{K_p} k_{p(2k-1)} e^{2k-1}(t)}_{\text{proportional}} + \underbrace{\sum_{j=1}^{N_i} \sum_{k=1}^{K_i} k_{ij(2k-1)} \frac{e^{2k-1}(t)}{s^j}}_{\text{integral}} + \underbrace{\sum_{j=1}^{N_d} \sum_{k=1}^{K_d} k_{dj(2k-1)} \frac{d^j e^{2k-1}(t)}{dt^j}}_{\text{derivative}}$$

$$(7\text{-}3)$$

式中 K_p、K_i 和 K_d 是正整数；$k_{p(2k-1)}$、$k_{ij(2k-1)}$ 和 $k_{dj(2k-1)}$ 是比例，积分和微分的反馈系数。

在式（7-3）中，整数 K_p、K_i 和 K_d 是由设计者定义跟踪误差映射时的指数。令 $N_i = 1$，$N_d = 1$，$K_i = 1$ 和 $K_d = 1$，我们可以得到如（7-1）所示的 PID 控制算法。令 $N_i = 2$、$N_d = 1$、$K_p = 3$、$K_i = 2$ 和 $K_d = 1$，由式（7-3），可以得到如下的非线性 PID 控制算法。

$$u(t) = k_{p1} e(t) + k_{p3} e^3(t) + k_{p5} e^5(t) + k_{i1,1} \frac{e}{s} + k_{i2,1} \frac{e}{s^2} + k_{i1,2} \frac{e^3}{s} + k_{i2,2} \frac{e^3}{s^2} + k_{d1,1} \frac{de(t)}{dt}$$

或者更准确的

$$u(t) = k_{p1} e(t) + k_{p3} e^3(t) + k_{p5} e^5(t) + k_{i1,1} \int e(t) dt + k_{i2,1} \iint e(t) dt$$

$$+ k_{i1,2} \int e^3(t) dt + k_{i2,2} \iint e^3(t) dt + k_{d1,1} \frac{de(t)}{dt}$$

控制函数 $u(t)$ 是 $e(t)$ 的非线性函数。应用非线性函数可以提高系统的动态特性，增强系统的稳定性和系统的抗扰动能力等。幂级数形式的 PID 控制算法如下

$$u(t) = \underbrace{\sum_{k=1}^{K_p} k_{p(2k-1)} e^{\frac{2k-1}{2a_p+1}}(t)}_{\text{proportional}} + \underbrace{\sum_{j=1}^{N_i} \sum_{k=1}^{K_i} k_{ij(2k-1)} \frac{e^{\frac{2k-1}{2a_i+1}}}{s^j}}_{\text{integral}} + \underbrace{\sum_{j=1}^{N_d} \sum_{k=1}^{K_d} k_{dj(2k-1)} \frac{d^j e^{\frac{2k-1}{2a_d+1}}(t)}{dt^j}}_{\text{derivative}}$$

$$(7\text{-}4)$$

其中 a_p、a_i 和 a_d 是非负数。

若 $N_i = 1$、$N_d = 1$、$K_p = 1$、$K_i = 1$、$K_d = 1$、$a_p = 0$、$a_i = 0$ 且 $a_d = 0$，则可以得到如式（7-1）的线性 PID 控制器。令 $a_p = 2$、$a_i = 1$，就能够得到含有 $e^{1/5}(t)$ 和 $e^{1/3}(t)$ 分量的非线性反馈，这样能够保证较大的控制信号 $u(t)$，从而使跟踪误差取得较小的值，而如果减小 $u(t)$ 则使 $e(t)$ 增大。当 $e(t) < 0$ 时，可用条件语句和查表（主要由集成电路，微处理器或者 DSP 实施）来避免出现复数值。总的来说，PID 型的控制算法（7-4）可以使系统达到优越的性能和很高的精度，减少控制约束的影响。式(7-1)到式（7-4）中的 $u(t)$ 可能超过硬件的性能。有事实上控制的边界 $u_{min} \leq u \leq u_{max}$ 主要是由物理硬件决定的，如功率放大器的占空比和电机绕组的外加电压（额定电压）受到如下的限制：

$$d_{Dmin} \leq d_D \leq d_{Dmax}, d_D \in [0 \quad 1] \text{或者} d_D \in [-1 \quad 1]$$

$$u_{min} \leq u_n \leq u_{max} \text{或者} u_{Mmin} \leq u_M \leq u_{Mmax}$$

如果使用式（7-3）或式（7-4）所示的非线性 PID 控制器，由于闭环系统非线性，因此线性系统的方法（传递函数、特征值和极点配置等）就不再适用。即使是式（7-1）中的线性 PID 控制器运用于额定工作区间时，由于控制量有界 $u_{min} \leq u_n \leq u_{max}$，通常会导致饱和现象。所以，在使用线性系统方法时，必须非常谨慎。

在机电系统中，输入、变量和输出都是有界的。对于任何电机、执行器和机电运动装置，绕组上的电压都是有界的。PWM 的功率放大器的占空比也是受到约束的。电流、电荷、力、力矩、加速度和其他的物理量也是有界的。角速度和线速度的最大值也是受到机械限制的。额定和最大电压、电流、速度和以及位移是有明确规定的。

由于这些限制，控制也是有界的，而且系统变量必须在可允许的范围之内。考虑饱和的闭环机电控制系统如图 7-8 所示。

有界的输入可以表示为

$$u(t) = \text{sat}_{u_{min}}^{u_{max}}(k_p e(t) + k_i \int e(t) dt + k_d \frac{de(t)}{dt}), u_{min} \leq u \leq u_{max} \quad (7-5)$$

由此，输入信号 $u(t)$ 是在最大值和最小值之间，例如 $u_{min} \leq u \leq u_{max}$，其中 $u_{min} \leq 0$ 且 $u_{max} > 0$。在线性部分，控制信号在最大值 u_{max} 和 u_{min} 之间变化，并且

$$u(t) = k_p e(t) + k_i \int e(t) dt + k_d \frac{de(t)}{dt}$$

如果 $k_p e(t) + k_i \int e(t) dt + k_d \frac{de(t)}{dt} > u_{max}$，则控制是有界的，且 $u(t) = u_{max}$，对于 $k_p e(t) + k_i \int e(t) dt + k_d \frac{de(t)}{dt} < u_{min}$，则 $u(t) = u_{min}$。

尽管此机电系统本身可以用线性微分方程或者是传递函数来描述，但是由于控制边界的存在，还是应当应用控制理论。

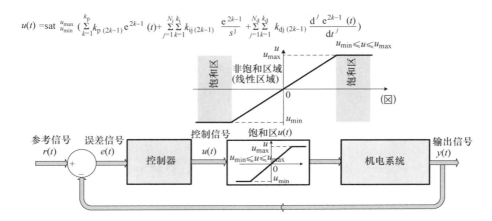

$$u(t) = \mathrm{sat}_{u_{\min}}^{u_{\max}} \left(\sum_{k=1}^{k_{\mathrm p}} k_{\mathrm p(2k-1)}\, \mathrm e^{2k-1}(t) + \sum_{j=1}^{N_{\mathrm i}}\sum_{k=1}^{k_{\mathrm i}} k_{\mathrm{ij}(2k-1)}\, \frac{\mathrm e^{2k-1}}{s^{j}} + \sum_{j=1}^{N_{\mathrm d}}\sum_{k=1}^{k_{\mathrm d}} k_{\mathrm{dj}(2k-1)}\, \frac{\mathrm d^{j}\, \mathrm e^{2k-1}(t)}{\mathrm dt^{j}} \right)$$

图 7-8　闭环机电系统的有界控制

应用式（7-3）和式（7-4），我们可以得到计及边界约束的非线性 PID 控制器：

$$u(t) = \mathrm{sat}_{u_{\min}}^{u_{\max}} \left(\sum_{k=1}^{K_{\mathrm p}} k_{\mathrm p(2k-1)}\, \mathrm e^{2k-1}(t) + \sum_{j=1}^{N_{\mathrm i}}\sum_{k=1}^{N_{\mathrm i}} k_{\mathrm{ij}(2k-1)}\, \frac{\mathrm e^{2k-1}}{s^{j}} + \right.$$
$$\left. \sum_{j=1}^{N_{\mathrm d}}\sum_{k=1}^{N_{\mathrm d}} k_{\mathrm{dj}(2k-1)}\, \frac{\mathrm d^{j} \mathrm e^{2k-1}}{\mathrm dt^{j}} \right), u_{\min} \leqslant u \leqslant u_{\max}$$

$$u(t) = \mathrm{sat}_{u_{\min}}^{u_{\max}} \left(\sum_{k=1}^{K_{\mathrm p}} k_{\mathrm p(2k-1)}\, \mathrm e^{\frac{2k-1}{2a_{\mathrm p}+1}}(t) + \sum_{j=1}^{N_{\mathrm i}}\sum_{k=1}^{N_{\mathrm i}} k_{\mathrm{ij}(2k-1)}\, \frac{\mathrm e^{\frac{2k-1}{2a_{\mathrm p}+1}}}{s^{j}} + \right.$$
$$\left. \sum_{j=1}^{N_{\mathrm d}}\sum_{k=1}^{N_{\mathrm d}} k_{\mathrm{dj}(2k-1)}\, \frac{\mathrm d^{j} \mathrm e^{\frac{2k-1}{2a_{\mathrm p}+1}}(t)}{\mathrm dt^{j}} \right), u_{\min} \leqslant u \leqslant u_{\max}$$

例 7-2

考虑一个有两个微分方程描述的刚性机械系统的一维运动

$$\frac{\mathrm dx_1}{\mathrm dt} = x_2 , \quad \frac{\mathrm dx_2}{\mathrm dt} = u$$

其中 $x_1(t)$ 和 $x_2(t)$ 是状态变量。位移是 $x_1(t)$、速度是 $x_2(t)$。u 用来控制系统的力或者力矩。

现在使用比例微分控制律。特别的，

$$u(t) = k_{\mathrm d}e(t) + k_{\mathrm d}\frac{\mathrm de(t)}{\mathrm dt}$$

因此

$$G_{\mathrm{PD}}(s) = \frac{U(s)}{E(s)} = k_{\mathrm p} + k_{\mathrm d}s$$

开环传递函数为

$$G_{sys}(s) = \frac{1}{s^2}$$

闭环传递函数为

$$G(s) = \frac{Y(s)}{R(s)} = \frac{G_{sys}(s) G_{PD}(s)}{1 + G_{sys}(s) G_{PD}(s)} = \frac{\frac{1}{s^2}(k_p + k_d s)}{1 + \frac{1}{s^2}(k_p + k_d s)} = \frac{k_p + k_d s}{s^2 + k_d s + k_p}$$

特征方程为 $\left| s^2 + k_d s + k_p = 0 \right|$。可以通过设定过渡过程时间，来获得预期的特征值。例如，设定预期的极点为 -1 和 -1。可以得到相应的反馈增益系数 $k_p = 1$ 和 $k_d = 2$。系统是稳定的，而且如果 $r(t)$ 给定的话，$x_1(t)$ 和 $x_2(t)$ 的表达式可以通过拉普拉斯变换得到。然而，微分部分使得系统对噪声和对 $r(t)$ 的波动非常敏感。

例 7-3

考虑一个永磁电动机的电力驱动装置。用基尔霍夫电压定律和牛顿第二定律，得微分方程为

$$\frac{di_a}{dt} = -\frac{r_a}{L_a}i_a - \frac{k_a}{L_a}\omega_r + \frac{1}{L_a}u_a \text{ 和 } \frac{d\omega_r}{dt} = -\frac{k_a}{J}i_a - \frac{B_m}{J}\omega_r - \frac{1}{J}T_L$$

电力传动系统的开环传递函数（输出为 ω_r）为

$$G_{sys}(s) = \frac{Y(s)}{U(s)} = \frac{k_a}{L_a J s^2 + (r_a J + L_a B_m) s + r_a B_m + k_a^2}$$

特征方程为 $\left| L_a J s^2 + (r_a J + L_a B_m) s + r_a B_m + k_a^2 \right| = 0$。

可以得到一个二次方程 $as^2 + bs + c = 0$，其解为

$$s_{1,2} = \frac{-b \pm \sqrt{b^2 - 4ac}}{2a}$$

开环系统只有在特征方程的所有的根均具为负实部的情况下才是稳定的。所有电动机的参数均为正数。所以，$a > 0$，$b > 0$，$c > 0$。可以推断出，对于 a、b、c 任何的值，特征根均具有负实部。因此，永磁同步电动机驱动系统是稳定的。

我们来看微分跟踪控制律：

$$u_a(t) = k_d \frac{de(t)}{dt}$$

和

$$G_D(s) = k_d s$$

我们可以得到闭环传递函数

$$G(s) = \frac{Y(s)}{R(s)} = \frac{G_{sys}(s) G_{PID}(s)}{1 + G_{sys}(s) G_{PID}(s)} = \frac{k_a k_d s}{L_a J s^2 + (r_a J + L_a B_m + k_a k_d) s + r_a B_m + k_a^2}$$

特征方程为

$$\left| L_a J s^2 + (r_a J + L_a B_m + k_a k_d) s + r_a B_m + k_a^2 \right| = 0$$

解这个二次方程 $as^2 + bs + c = 0$，其根为

$$s_{1,2} = \frac{-b \pm \sqrt{b^2 - 4ac}}{2a}$$

只有在所有的特征根均具有负实部的情况下，系统才是稳定的。因此，b 必须为正值。如果 b 小于或者等于零，系统则是不稳定的。如果 $r_a J + L_a B_m + k_a k_d \leq 0$ 这种情况就会发生。所有的电动机参数为正。因此，k_d 为负值将导致系统不稳定

$$k_d \leq -\frac{r_a J + L_a B_m}{k_a}$$

可以通过使用 MATLAB 中 roots 命令来得到特征方程的根，如 Eigenvalues = roots(den_s)。

7.3.2　永磁直流电动机机电系统的 PID 控制

基于很多假设，永磁直流电机能够用线性微分方程描述。考虑一个用来驱动一个旋转平台直流电动机伺服系统（见图 7-9）。电动机通过齿轮和这个平台连在一起。我们的目的是设计一种控制律来达到预期的性能（稳定性、平台移动和定位的快速性，扰动抑制能力以及最小的稳态误差等）。

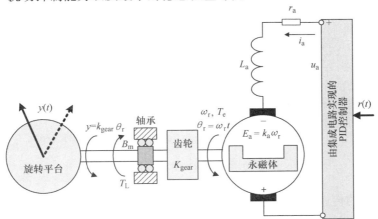

图 7-9　永磁直流电动机伺服系统原理图

这个平台的角位移是一个转子位移的函数。考虑到齿轮的传动系数 k_{gear}，输出方程为 $y = Hx$，而 $y(t) = k_{gear}\theta_r(t)$。为了改变角速度和位移，需要控制绕组上的电压 u_n。因此，应设计 PID 控制律，并且必须找到相应的反馈系数。电机的额定电枢电压为 $\pm u_{max}$V，额定电流为 i_{amax}，最大的角速度为 ω_{rmax}。我们需要知道系统边界条件和参数。对于一台直流电机，由实验和分析的数据我们可以得到：$u_{max} = 30$V（$-30 \leq u_a \leq 30$V），$i_{amax} = 0.15$A，$\omega_{rmax} = 150$rad/s，$r_a = 200\Omega$，$L_a = 0.002$H，$k_a = 0.2$V·s/rad，$(N \cdot m/A) J = 0.00000002$kg·m^2 且 $B_m = 0.00000005$N·m·s/rad。齿轮的传动比为 100:1。

对于第 4 章中提到的永磁直流电机，我们可以得到以下的微分方程：

$$\frac{\mathrm{d}i_a}{\mathrm{d}t} = \frac{1}{L_a}(-r_a i_a - k_a \omega_r + u_a)$$

$$\frac{\mathrm{d}\omega_r}{\mathrm{d}t} = \frac{1}{J}(T_e - T_{\mathrm{viscons}} - T_L) = \frac{1}{J}(k_a i_a - B_m \omega_r - T_L)$$

$$\frac{\mathrm{d}\theta_r}{\mathrm{d}t} = \omega_r$$

用拉普拉斯变换：$s = \mathrm{d}/\mathrm{d}t$，我们可以得到以下的 S 域方程

$$\left(s + \frac{r_a}{L_a}\right)I_a(s) = -\frac{k_a}{L_a}\Omega_r(s) + \frac{1}{L_a}U_a(s)$$

$$\left(s + \frac{B_m}{J}\right)\Omega_r(s) = \frac{1}{J}k_a I_a - \frac{1}{J}T_L(s)$$

$$s\Theta_r(s) = \Omega_r(s)$$

这些等式可以让我们得到一个 s - 域的框图。特别地，可以利用输出方程

$$y(t) = k_{\mathrm{gear}}\theta_r(t), Y(s) = k_{\mathrm{gear}}\Theta_r(s)$$

开环伺服系统的框图如图 7-10 所示。

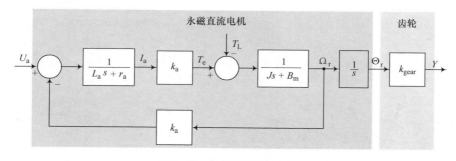

图 7-10 s 域开环系统框图

开环系统的传递函数为

$$G_{\mathrm{sys}}(s) = \frac{Y(s)}{U_a(s)} = \frac{k_{\mathrm{gear}}k_a}{s(L_a J s^2 + (r_a J + L_a B_m)s + r_a B_m + k_a^2)}$$

使用线性的 PID 控制律

$$u_a(t) = k_p e(t) + k_i \int e(t)\mathrm{d}t + k_d \frac{\mathrm{d}e(t)}{\mathrm{d}t}$$

故

$$G_{\mathrm{PID}}(s) = \frac{U_a(s)}{E(s)} = \frac{k_d s^2 + k_p s + k_i}{s}$$

闭环的 S 域的框图如图 7-11 所示。

闭环的传递函数为

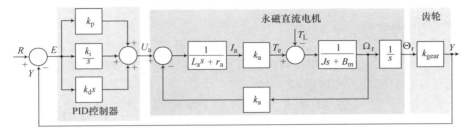

图 7-11 含模拟 PID 控制器的闭环系统 S 域框图

$$G(s) = \frac{Y(s)}{R(s)} = \frac{G_{sys}(s)G_{PID}(s)}{1 + G_{sys}(s)G_{PID}(s)}$$

$$= \frac{k_{gear}k_a(k_d s^2 + k_p s + k_i)}{s^2(L_a J s^2 + (r_a J + L_a B_m)s + r_a B_m + k_a^2) + k_{gear}k_a(k_d s^2 + k_p s + k_i)}$$

$$= \frac{\dfrac{k_d}{k_i}s^2 + \dfrac{k_p}{k_i}s + 1}{\dfrac{L_a J}{k_{gear}k_a k_i}s^4 + \dfrac{(r_a J + L_a B_m)}{k_{gear}k_a k_i}s^3 + \dfrac{(r_a B_m + k_a^2 + k_{gear}k_a k_d)}{k_{gear}k_a k_i}s^2 + \dfrac{k_p}{k_i}s + 1}$$

传递函数中的分子和分母的系数数值可以通过运行下面的 MATLAB 的语言得到。

$$G_{sys}(s) = \frac{Y(s)}{U_a(s)} = \frac{k_{gear}k_a}{s(L_a J s^2 + (r_a J + L_a B_m)s + r_a B_m + k_a^2)}$$

```
% System parameters
ra = 200;La = 0. 002;ka = 0. 2;J = 0. 00000002;Bm = 0. 00000005;kgear = 0. 01;
% Numerator and denominator of the open – loop transfer function
format short e
num_s = [ka * kgear];den_s = [La * J ra * J + La * Bm ra * Bm + ka^2 0];
num_s,den_s
```

使用命令行窗口的结果

```
num_s =
2. 0000e – 003
den_s =
4. 0000e – 011  4. 0001e – 006  4. 0010e – 002  0
```

我们可以推出开环的传递函数为

$$G_{sys}(s) = \frac{Y(s)}{U(s)} = \frac{2 \times 10^{-3}}{s(4 \times 10^{-11}s^2 + 4 \times 10^{-6}s + 4 \times 10^{-2})}$$

开环系统不稳定是因为有一个特征值在原点。用 roots 命令，我们可以得到：

```
> >Eigenvalues = roots(den_s)
Eigenvalues =
```

0

$-8.8729e+004$

$-1.1273e+004$

为了使系统稳定并且获得良好的预期性能，必须设计良好的控制律。根据 PID 控制式（7-1），闭环传递函数 $G(s)$ 是

$$\frac{L_a J}{k_{gear} k_a k_i} s^4 + \frac{(r_a J + L_a B_m)}{k_{gear} k_a k_i} s^3 + \frac{(r_\varepsilon B_m + k_a^2 + k_{gear} k_a k_d)}{k_{gear} k_a k_i} s^2 + \frac{k_p}{k_i} s + 1 = 0$$

k_p、k_i 和 k_d 分别为控制器的比例系数、积分系数和微分系数，其值影响着特征值的位置分布。

$$u_a(t) = k_p e(t) + k_i \int e(t) \mathrm{d}t + k_d \frac{\mathrm{d}e(t)}{\mathrm{d}t}$$

令 k_p、k_i 和 k_d 分别取值为 25000、250 和 25。则 PID 控制律为

$$u_a(t) = 25000 e(t) + 250 \int e(t) \mathrm{d}t + 25 \frac{\mathrm{d}e(t)}{\mathrm{d}t}$$

闭环系统的特征值是十分重要的。为了获得特征值，要用到以下的 MATLAB 文件。

```
% System parameters
ra = 200; La = 0.002; ka = 0.2; J = 0.00000002; Bm = 0.00000005; kgear = 0.01;
% Feedback coefficients
kp = 25000; ki = 250; kd = 25;
% Denominator of the closed-loop transfer function
den_c = [(La*J)/(kgear*ka*ki) (ra*J+La*Bm)/(kgear*ka*ki)···
(ra*Bm+ka^2+kgear*ka*kd)/(kgear*ka*ki) kp/ki 1];
% Eigenvalues of the closed-loop system
Eigenvalues_Closed_Loop = roots(den_c)
```

4 个特征值分别为

```
Eigenvalues_Closed_Loop =
-6.6393e+004
-3.3039e+004
-5.6983e+002
-1.0000e-002
```

4 个特征值均为实数，4 个特征值均为负，所以此闭环系统是稳定的。因为所有的特征值都为实数，故不会有超调出现（在高性能的定位系统里，通常不希望组成超调）。通过分析系统的动态响应来达到闭环系统预期的性能。以下的 MAT-LAB 程序可以仿真这个闭环的机电系统。

```
% System parameters
ra = 200; La = 0.002; ka = 0.2; J = 0.00000002; Bm = 0.00000005; kgear = 0.01;
% Feedback coefficients
```

kp = 25000;ki = 250;kd = 25;

ref = 1;% reference（command）displacement is 1 rad

% Numerator and denominator of the closed – loop transfer function

num_c = [kd/ki kp/ki 1];

den_c = [（La * J）/（kgear * ka * ki）（ra * J + La * Bm）/（kgear * ka * ki）···

（ra * Bm + ka^2 + kgear * ka * kd）/（kgear * ka * ki）kp/ki 1];

t = 0:0.0001:0.02;

u = ref * ones（size（t））;

y = 1sim（num_c,den_c,u,t）;

plot（t,y,' – ',y,u,':'）;

title（'Angular Displacement,y（t）= 0.01\theta_r,r（t）= 1 [rad]','Fontsize',14）;

xlabel（'Time（seconds）','FontSize',14）;

ylabel（'Output y（t）and Reference r（t）','FontSize',14）;

axis（[0 0.02,0 1.2]）% axis

当参考值 $r(t) = 1$ rad/s 时，这个闭环系统的输出（角位移）和参考值 $r(t)$ 在图 7-12 所示中给出。

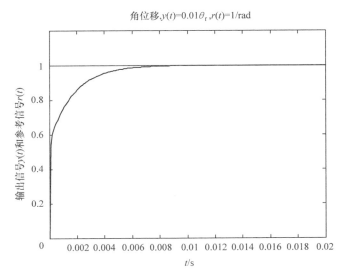

图 7-12　当 $k_p = 25000$，$k_i = 250$，$k_d = 25$ 时闭环系统动态过程

反馈增益极大地影响着系统的稳定性和动态响应。我们降低这个比例的增益 k_p，同时增加积分环节的增益 k_i。令 $k_p = 2500$，$k_i = 250000$ 和 $k_d = 25$。我们用以下的 MATLAB 程序计算特征值和仿真结果。

% System parameters

ra = 200;La = 0.002;ka = 0.2;J = 0.00000002;Bm = 0.00000005;kgear = 0.01;

% Feedback coefficients

kp = 2500；ki = 250000；kd = 25；

ref = 1；% reference（command）displacement is 1 rad

% Numerator and denominator of the closed－loop transfer function

num_c = ［kd/ki kp/ki 1］；

den_c = ［（La * J）/（kgear * ka * ki） （ra * J + La * Bm）/（kgear * ka * ki）…

（ra * Bm + ka^2 + kgear * ka * kd）/（kgear * ka * ki）kp/ki 1］；

t = 0：0. 0001：0. 2；

u = ref * ones（size（t））；

y = 1sim（num_c,den_c,u,t）；

plot（t,y,'－',t,u,':'）；

title（'Angular Displacement,y（t）= 0. 01 \theta － r,r（t）= 1 ［rad］','Fontsize',14）；

xlabel'Time（second）','Fontsize',14）；

ylabel（output y（t）and Reference r（t）','FontSize',14）；

axis（［0 0. 2,0 1. 2］）% axis limits

% Denominator of the closed－loop transfer function

den_c = ［（La * J）/（kgear * ka * ki） （ra * J + La * Bm）/（kgear * ka * ki）…

（ra * Bm + ka^2 + kgear * ka * kd）/（kgear * ka * ki）kp/ki 1］；

% Eigenvalues of the closed－loop system

Eigenvalues_Closed_Loop = roots（den_c）

特征值的为

Eigenvalues _Closed_Loop =

－6. 5869e + 004

－3. 4079e + 004

－2. 7719e + 001 + 6. 9284e + 001i

－2. 7719e + 001 － 6. 9284e + 001i

主特征值为复数会导致超调或者稳定时间变长。当 $r(t)$ = 1rad/s 时，系统的动态响应在图 7-13 中给出。

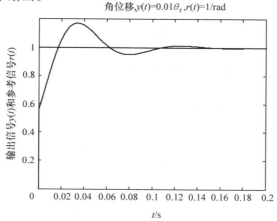

图 7-13　当 k_p = 2500、k_i = 250000 和 k_d = 25 时闭环系统的输出动态过程

应当设计良好的 PID 控制器并且得到反馈增益。微分增益通常不使用。我们令 $k_p = 25000$、$k_i = 250$ 和 $k_d = 0$。如图 7-14 所示给出了系统的动态响应，且特征值为实数且为

Eigenvalues_Closed_Loop =

$-8.8911e + 004$

$-9.6324e + 003$

$-1.4596e + 003$

$-1.0000e - 002$

在 MATLAB 的环境下，可以用不同的方法仿真机电系统。Simulink 的应用在前几章已经提到过。

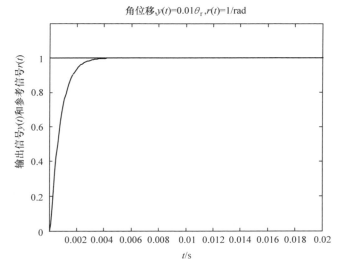

图 7-14　含模拟 PID 控制器，且当 $k_p = 25000$、$k_i = 250$ 和 $k_d = 0$ 时，

闭环系统输出 $y(t)$ 的动态过程

仿真结构在图 7-15 中给出。我们用 PID 控制器模块。系统的参数和反馈增益系数通过命令窗口下得到。

```
% System parameters
ra = 200; La = 0.002; ka = 0.2; J = 0.00000002; Bm = 0.00000005; kgear = 0.01;
% Feedback coefficients
kp = 25000; ki = 250; kd = 0;
```

运行 mdl 文件，就可以得到仿真结果。为了描绘变量 $x_1(t)$ 和 $x_2(t)$，输出角位移为 $y(t) = k_{gear}\theta_r(t)$，施加控制电压为 $u_a(t)$，图 7-16 给出了相应的绘图语句及结果。

这里，$x_1(t)$ 是电枢电流 $i_a(t)$，而 $x_2(t)$ 对应的是角速度 $\omega_r(t)$。如图 7-16 所

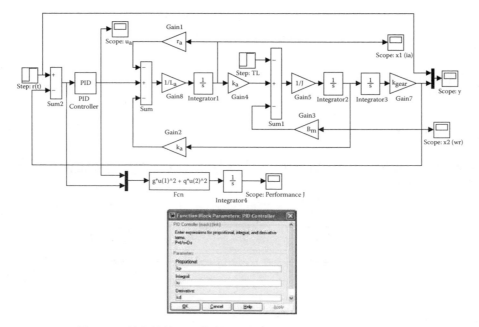

图 7-15 具有线性 PID 控制器的闭环机电系统的 Simulink 框图

示描述了系统变量、输出和电压的动态响应过程。瞬态的分析过程显示稳定时间是 0.0042s，而且没有超调。闭环系统是稳定的。然而，有一点要注意，电枢电流和电枢电压分别达到了 102A 和 24750V，然而电机的峰值电流为 0.2A，额定电压为 30V，电枢电流 $i_a(t)$ 和角速度 $\omega_r(t)$，施加电压 $u_a(t)$ 严重超过了额定值。因此 $u_{min} \leqslant u \leqslant u_{max}$ 和 $-30 \leqslant u_a \leqslant 30V$ 的条件必须考虑。

可用二次泛函估算系统的动态特性，方程如下：

$$J = \int_0^\infty (qe^2 + gu_a^2)\,\mathrm{d}t$$

令 $q = 1$ 和 $g = 0$，则 J 可以计算得到 $J = 0.00045$，且性能函数 $J(t)$ 变化如图 7-17 所示。Simulink 框图如图 7-15 所示，执行积分和计算。

有界 PI 控制方程为

$$u_a(t) = sat_{-30}^{+30}\left(25000e(t) + 250\int e(t)\,\mathrm{d}t\right),\ -30 \leqslant u_a \leqslant 30V$$

采用上述控制界限执行仿真，Simulink 模型用到如图 7-18 所示的饱和模块。

对于角位移 $r(t) = 1\mathrm{rad}$，结果和输出（见图 7-19），分别为 $T_L = 0\mathrm{N \cdot m}$，$t \in [0,0.8)\mathrm{s}$，和 $T_L = 0.02\mathrm{N \cdot m}$，$t \in [0.8,1)\mathrm{s}$。状态变量、输出和界限电压的变化如图 7-19 所示。

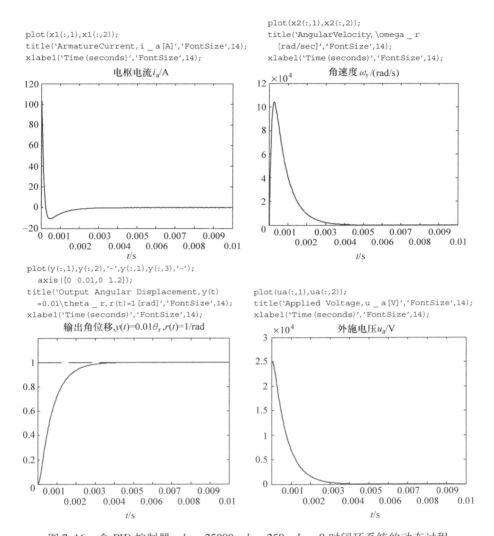

```
plot(x1(:,1),x1(:,2));
title('ArmatureCurrent,i _ a[A]','FontSize',14);
xlabel('Time(seconds)','FontSize',14);
```

```
plot(x2(:,1),x2(:,2));
title('AngularVelocity, \omega _ r
    [rad/sec]','FontSize',14);
xlabel('Time(seconds)','FontSize',14);
```

```
plot(y(:,1),y(:,2),'-',y(:,1),y(:,3),'-');
    axis([0 0.01,0 1.2]);
title('Output Angular Displacement,y(t)
    =0.01\theta _ r,r(t)=1[rad]','FontSize',14);
xlabel('Time(seconds)','FontSize',14);
```

```
plot(ua(:,1),ua(:,2));
title('Applied Voltage,u _ a[V]','FontSize',14);
xlabel('Time(seconds)','FontSize',14);
```

图 7-16　含 PID 控制器，$k_p = 25000$，$k_i = 250$，$k_d = 0$ 时闭环系统的动态过程

对比如图 7-16 和图 7-19 所示的仿真结果，可以看出物理限制或局限会明显增加稳定时间。可观察到负载 T_L 是在 0.8s 时施加的，参考输入显著影响系统稳定时间及行为。控制界限和其他非线性因素一样需要被考虑。例如，摩擦、间隙、死区和其他非线性现象都会影响闭环系统的性能。其他一些非线性因素，例如"随时可用"模块，可以从 Simulink 库得到。但是所开发的 Simulink 工具和组件的功能和有效性必须认真研究。

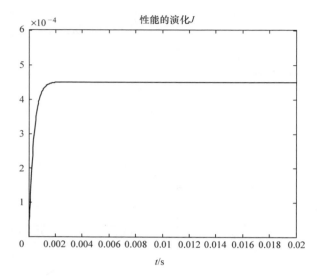

图 7-17 性能函数 $J = \int_0^\infty (qe^2 + gu_a^2)\,\mathrm{d}t$ 的演化 ($q=1$ 且 $g=0$)

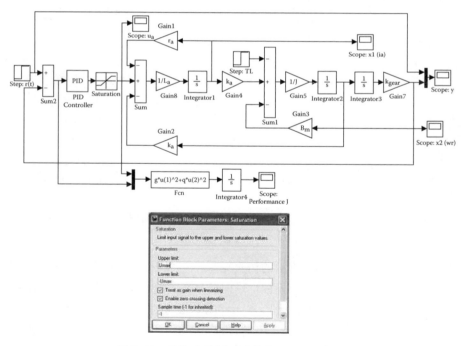

图 7-18 带饱和的闭环系统的 Simulink 框图

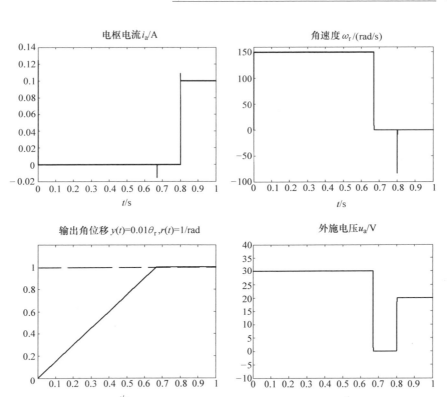

图 7-19　含限幅 PID 控制器（$k_p = 25000$，$k_i = 250$，$k_d = 0$）

当 $r(t) = 1$rad 时闭环系统的动态过程

7.4　机电系统的数字控制

7.4.1　数字 PID 控制算法和传递函数

微控制器和 DSP 能够用模拟、数字变量或者由传感器测量/或观测器的物理量来实现控制算法。诊断、滤波、数据采集等任务能用 DSP 使用离散数学和数字处理的方法来完成。本节主要研究离散系统和数字控制算法的设计。

对时间连续信号

$$x(t) \text{、} u(t) \text{、} y(t) \text{、} e(t)$$

可以以 T_s 为采样周期采样，并且连续系统和离散系统的关系为 $t = kT_s$，其中 k 是整数。机电系统的大部分组件是模拟的执行器、传感器等，并且可以用微分方程来描述，而我们则观察随时间连续变量的状态变化过程。相反，离散系统都是由差分方程描述的，数字集成电路 IC 的数字量和系统的响应都是在离散时域内分析的，许多系统是混合系统，例如系统中集成有模拟和数字的组件，装置或者是子系统。为了设计数字控制器，微分方程必须被离散化，须用差分方程或者混合模型。

例 7-4

对于线性常系数微分方程

$$\frac{\mathrm{d}x}{\mathrm{d}t} = -ax(t) + bu(t)$$

我们推导了差分方程形式的离散时间模型。

微分方程

$$\frac{\mathrm{d}x}{\mathrm{d}t} = -ax(t) + bu(t)$$

可以用 $t = kT_s$ 离散化

$$\left.\frac{\mathrm{d}x}{\mathrm{d}t}\right|_{t=kT_s} = -ax(kT_s) + bu(kT_s)$$

对于充分小的采样时间 T_s，由向前的矩形法则（欧拉逼近）可以得到

$$\frac{\mathrm{d}x}{\mathrm{d}t} \approx \frac{x(t+T_s) - x(t)}{T_s}$$

由此

$$\left.\frac{\mathrm{d}x}{\mathrm{d}t}\right|_{t=kT_s} = \frac{x(kT_s + T_s) - x(kT_s)}{T_s}$$

用向前的差分法，可以得到

$$\frac{x(kT_s + T_s) - x(kT_s)}{T_s} = -ax(kT_s) + bu(kT_s)$$

离散时刻 t_k 和 t_{k+1} 的 $x(t)$ 和 $u(t)$ 可以表示为

$$x_k = x(t)\big|_{t=kT_s}, x_{k+1} = x(t)\big|_{t=(k+1)T_s} \text{且} u_k = u(t)\big|_{t=kT_s}$$

由上，可以得到

$$\frac{x_{k+1} - x_k}{T_s} = -ax_k + bu_k$$

其中 $x_{k+1} = x[(k+1)T_s], x_k = x(kT_s)$ 且 $u_k = u(kT_s)$

故差分方程为

$$x_{k+1} = (1 - aT_s)x_k + bT_s u_k$$

或者

$$x_{k+1} = a_k x_k + b_k u_k$$

其中 $a_k = (1 - aT_s)$ 且 $b_k = bT_s$。

差分方程也可以写为

$$x_k = (1 - aT_s)x_{k-1} + bT_s u_{k-1}$$

由得到的差分方程，可以得到传递函数。

$$G(z) = \frac{X(z)}{U(z)} = \frac{bT_s z^{-1}}{1 - (1 - aT_s)z^{-1}} = \frac{bT_s}{z - (1 - aT_s)}$$

至此，我们对一个连续系统在离散时间域用差分方程进行了描述。并得到了 z 域的传递函数。

图 7-20 中的混合系统同时包含了模拟部分和数字部分。非线性和线性的带有数字控制器，混合电路（包括模 – 数转换和数 – 模转换，数据保持器等），电力电子器件和模拟的机电运动装置等的系统在图 7-20a 和图 7-20b 中描述。

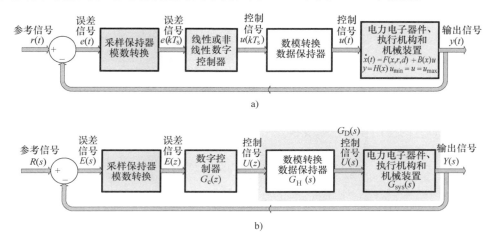

图 7-20 带数字控制的非线性和线性混合系统框图

假设机电运动装置可以由线性的常系数微分方程描述。图 7-20b 中的闭环系统可以用电子 – 执行 – 机械系统 $G_{sys}(s)$，数据保持电路 $G_H(s)$ 和数字控制器 $G_c(z)$ 各部分的传递函数来描述。为了把从微处理器或者 DSP 得到的离散时间信号转换为分段连续信号来驱动 PWM 放大器，需要用数据保持器。零阶或者一阶的数据保持器通常使用与避免复杂性和应用高阶保持器而引起的时间延迟。图 7-21 中描述了具有零阶数据保持功能的数据保持器。

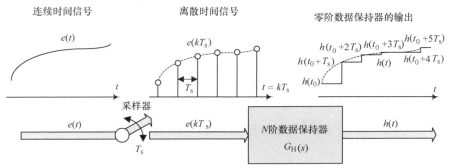

图 7-21 采样器和具有零保持功能的 N 阶数据保持电路

对于零阶保持器，分段连续的数据保持器的输出为

$$h(t) = \sum_{k=0}^{\infty} e(kT_s)[1(t - kT_s) - 1(t - (k+1)T_s)]$$

零阶保持器的输出是分段的连续信号，直到下一次的采样，其值为最后一次的采样值（在 $t = kT_s$ 时刻的连续时间的值）。这个特点在图 7-21 中 $e(kT_s)$ 的图中进行了说明。有

$$h(kT_s + t) = h(kT_s) = e(t)\big|_{t=kT_s}, \ 0 \leqslant t < T_s$$

拉普拉斯变换式

$$L[1(t)] = \frac{1}{s}, L[1(t - kT_s)] = \frac{e^{-kT_s s}}{s}$$

故

$$L[h(t)] = \sum_{k=1}^{\infty} e(kT_s) \frac{e^{-kT_s s} - e^{-(k+1)T_s s}}{s} = \frac{1 - e^{-T_s s}}{s} \sum_{k=0}^{\infty} e(kT_s) e^{-kT_s s}$$

对信号 $e(kT_s)$ 的应用拉普拉斯变换

$$E_{sampled}(s) = \sum_{k=0}^{\infty} e(kT_s) e^{-kT_s s}$$

因此，应用以下的关系

$$L[h(t)] = \frac{1 - e^{-T_s s}}{s} \sum_{k=0}^{\infty} e(kT_s) e^{-kT_s s}$$

可得零阶保持器的传递函数为

$$G_H(s) = \frac{1 - e^{-T_s s}}{s}$$

借助一阶保持器我们可以进行线性插值，其在时域内的形式为

$$h(t) = 1(t) + \frac{t}{T_s} 1(t) - \frac{t - T_s}{T_s} 1(t - T_s) - (t - T_s)$$

则传递函数为

$$G_H(s) = \frac{1}{s} + \frac{1}{T_s s^2} - \frac{1}{T_s s^2} e^{-T_s s} - \frac{1}{s} e^{-T_s s} = (1 - e^{-T_s s}) \frac{T_s s + 1}{T_s s^2}$$

带有零阶保持器 $G_H(s)$ 的运动系统 $G_{sys}(s)$ 可由以下的传递函数来表示

$$G_D(s) = G_H(s) G_{sys}(s)$$

得到 $G_{sys}(s)$ 和 $G_H(s)$，就可以得到 $G_D(s)$ 和相应的 $G_D(z)$。s 域和 z 域下连续和离散信号之间的转换见表 7-1。

例 7-5

在这个例子中推导数字 PID 控制算法中的比例、积分和微分项在 z 域下表达式。

$$u(t) = k_p e(t) + k_i \int e(t) dt + k_d \frac{de(t)}{dt}$$

可以回顾模拟的 PID 控制算法的传递函数

$$G_{\mathrm{PID}}(s)=\frac{U(s)}{E(s)}=\frac{k_{\mathrm{d}}s^2+k_{\mathrm{p}}s+k_{\mathrm{i}}}{s}$$

对于比例控制，可以得到

$$u_{\mathrm{p}}(t)=k_{\mathrm{p}}e(t),\ G_{\mathrm{p}}(s)=\frac{U_{\mathrm{p}}(s)}{E(s)}=k_{\mathrm{p}}$$

由此，数字的比例控制律为

$$u_{\mathrm{p}}(kT_{\mathrm{s}})=k_{\mathrm{p}}e(kT_{\mathrm{s}})\ \text{和}\ G_{\mathrm{p}}(s)=\frac{U_{\mathrm{p}}(z)}{E(z)}=k_{\mathrm{p}}$$

表 7-1　各种信号与它们的 s 和 z 变换

拉普拉斯变换 $X(s)$	连续时间信号 $x(t)$	离散时间信号 $x(kT_{\mathrm{s}})$	z 变换 $X(z)$
$\dfrac{1}{s}$	单位阶跃 $1(t)$	$1(kT_{\mathrm{s}})$	$\dfrac{1}{1-z^{-1}}=\dfrac{z}{z-1}$
$\dfrac{1}{s^2}$	$t1(t)$	$kT_{\mathrm{s}}1(kT_{\mathrm{s}})$	$\dfrac{T_{\mathrm{s}}z^{-1}}{(1-z^{-1})^2}=\dfrac{T_{\mathrm{s}}z}{(z-1)^2}$
$\dfrac{2}{s^3}$	$t^2 1(t)$	$(kT_{\mathrm{s}})^2 1(kT_{\mathrm{s}})$	$\dfrac{T_{\mathrm{s}}^2 z^{-1}(1+z^{-1})}{(1-z^{-1})^3}$
$\dfrac{6}{s^4}$	$t^3 1(t)$	$(kT_{\mathrm{s}})^3 1(kT_{\mathrm{s}})$	$\dfrac{T_{\mathrm{s}}^3 z^{-1}(1+4z^{-1}+z^{-2})}{(1-z^{-1})^4}$
$\dfrac{24}{s^5}$	$t^4 1(t)$	$(kT_{\mathrm{s}})^4 1(kT_{\mathrm{s}})$	$\dfrac{T_{\mathrm{s}}^4 z^{-1}(1+11z^{-1}+11z^{-2}+z^{-3})}{(1-z^{-1})^5}$
$\dfrac{1}{s+a}$	$\mathrm{e}^{-at}1(t)$	$\mathrm{e}^{-akT_{\mathrm{s}}}1(kT_{\mathrm{s}})$	$\dfrac{1}{1-\mathrm{e}^{-aT_{\mathrm{s}}}z^{-1}}$
$\dfrac{a}{s(s+a)}$	$(1-\mathrm{e}^{-at})1(t)$	$(1-\mathrm{e}^{-akT_{\mathrm{s}}})1(kT_{\mathrm{s}})$	$\dfrac{(1-\mathrm{e}^{-aT_{\mathrm{s}}})z^{-1}}{(1-z^{-1})(1-\mathrm{e}^{aT_{\mathrm{s}}}z^{-1})}$
$\dfrac{b-a}{(s+a)(s+b)}$	$(\mathrm{e}^{-at}-\mathrm{e}^{-bt})1(t)$	$(\mathrm{e}^{-akT_{\mathrm{s}}}-\mathrm{e}^{-bkT_{\mathrm{s}}})1(kT_{\mathrm{s}})$	$\dfrac{(\mathrm{e}^{-aT_{\mathrm{s}}}-\mathrm{e}^{-bT_{\mathrm{s}}})z^{-1}}{(1-\mathrm{e}^{-aT_{\mathrm{s}}}z^{-1})(1-\mathrm{e}^{-bT}\!,z^{-1})}$
$\dfrac{1}{(s+a)^2}$	$t\mathrm{e}^{-at}1(t)$	$kT_{\mathrm{s}}\mathrm{e}^{-akT_{\mathrm{s}}}1(kT_{\mathrm{s}})$	$\dfrac{T_{\mathrm{s}}\mathrm{e}^{-aT_{\mathrm{s}}}z^{-1}}{(1-\mathrm{e}^{-aT_{\mathrm{s}}}z^{-1})^2}$
$\dfrac{s}{(s+a)^2}$	$(1-at)\mathrm{e}^{-at}1(t)$	$(1-akT_{\mathrm{s}})\mathrm{e}^{-akT_{\mathrm{s}}}1(kT_{\mathrm{s}})$	$\dfrac{1-(1+aT_{\mathrm{s}})\mathrm{e}^{-aT_{\mathrm{s}}}z^{-1}}{(1-\mathrm{e}^{-aT_{\mathrm{s}}}z^{-1})^2}$
$\dfrac{\omega_0}{s^2+\omega_0^2}$	$\sin(\omega_0 t)1(t)$	$\sin(\omega_0 kT_{\mathrm{s}})1(kT_{\mathrm{s}})$	$\dfrac{z^{-1}\sin(\omega_0 T_{\mathrm{s}})}{1-2z^{-1}\cos(\omega_0 T_{\mathrm{s}})+z^{-2}}$
$\dfrac{s}{s^2+\omega_0^2}$	$\cos(\omega_0 t)1(t)$	$\cos(\omega_0 kT_{\mathrm{s}})1(kT_{\mathrm{s}})$	$\dfrac{1-z^{-1}\cos(\omega_0 T_{\mathrm{s}})}{1-2z^{-1}\cos(\omega_0 T_{\mathrm{s}})+z^{-2}}$
$\dfrac{\omega_0}{(s+a)^2+\omega_0^2}$	$\mathrm{e}^{-at}\sin(\omega_0 t)1(t)$	$\mathrm{e}^{-akT_{\mathrm{s}}}\sin(\omega_0 kT_{\mathrm{s}})1(kT_{\mathrm{s}})$	$\dfrac{\mathrm{e}^{-akT_{\mathrm{s}}}z^{-1}\sin(\omega_0 T_{\mathrm{s}})}{1-2\mathrm{e}^{-aT_{\mathrm{s}}}z^{-1}\cos(\omega_0 T_{\mathrm{s}})+\mathrm{e}^{-2aT_{\mathrm{s}}}z^{-2}}$
$\dfrac{s+a}{(s+a)^2+\omega_0^2}$	$\mathrm{e}^{-at}\cos(\omega_0 t)1(t)$	$\mathrm{e}^{-akT_{\mathrm{s}}}\cos(\omega_0 kT_{\mathrm{s}})1(kT_{\mathrm{s}})$	$\dfrac{1-\mathrm{e}^{-aT_{\mathrm{s}}}z^{-1}\cos(\omega_0 T_{\mathrm{s}})}{1-2\mathrm{e}^{-aT_{\mathrm{s}}}z^{-1}\cos(\omega_0 T_{\mathrm{s}})+\mathrm{e}^{-2aT_{\mathrm{s}}}z^{-2}}$

积分项

$$u_{\mathrm{i}}(t)=k_{\mathrm{i}}\int e(t)\,\mathrm{d}t$$

微分

$$u_\mathrm{d}(t) = k_\mathrm{d} \frac{\mathrm{d}e(t)}{\mathrm{d}t}$$

以及它们的传递函数

$$G_\mathrm{i}(s) = \frac{U_\mathrm{i}(s)}{E(s)} = \frac{k_\mathrm{i}}{s} \text{和} \ G_\mathrm{d}(s) = \frac{U_\mathrm{d}(s)}{E(s)} = k_\mathrm{d}(s)$$

可以被离散化并且在 z 域内表示。用表 7-1 中的 z 变换，对于积分形式，可以用欧拉近似，得到传递函数为

$$G_\mathrm{i}(z) = \frac{U_\mathrm{i}(z)}{E(z)} = \frac{T_\mathrm{s}}{1 - z^{-1}} = \frac{T_\mathrm{s}z}{z - 1}$$

为了得到微分项，用梯形近似一阶差分的结果，且

$$G_\mathrm{d}(z) = \frac{U_\mathrm{d}(z)}{E(z)} = \frac{1 - z^{-1}}{T_\mathrm{s}} = \frac{z - 1}{T_\mathrm{s}z}$$

对以上各项求和，就能推得 PI、PD 或 PID 控制器。

PID 控制器及相应的传递函数 $G_\mathrm{PID}(s)$ 的形式有很多。

对于一个 PID 控制算法

$$u(t) = k_\mathrm{p}e(t) + k_\mathrm{i} \int e(t)\,\mathrm{d}t + k_\mathrm{d} \frac{\mathrm{d}e(t)}{\mathrm{d}t}$$

相应有

$$G_\mathrm{PID}(s) = \frac{U(s)}{E(s)} = \frac{k_\mathrm{d}s^2 + k_\mathrm{p}s + k_\mathrm{i}}{s}$$

可以得到控制信号 $U(z)$ 和传递函数 $G_\mathrm{PID}(z)$ 的。用误差形式（误差信号通常用来计算控制信号），可得表达式为

$$U(z) = \left(k_\mathrm{dp} + \frac{k_\mathrm{di}}{1 - z^{-1}} + k_\mathrm{dd}(1 - z^{-1})\right)E(z)$$

并且

$$G_\mathrm{PID}(z) = \frac{U(z)}{E(z)} = k_\mathrm{dp} + \frac{k_\mathrm{di}}{1 - z^{-1}} + k_\mathrm{dd}(1 - z^{-1})$$

可以得到

$$G_\mathrm{PID}(z) = \frac{(k_\mathrm{dp} + k_\mathrm{di} + k_\mathrm{dd})z^2 - (k_\mathrm{dp} + 2k_\mathrm{dd})z + k_\mathrm{dd}}{z^2 - z}$$

数字 PID 的"参考输入 – 输出"形式

$$U(z) = -k_\mathrm{dp}Y(z) - k_\mathrm{di}\frac{Y(z) - R(z)}{1 - z^{-1}} - k_\mathrm{dd}(1 - z^{-1})Y(z)$$

图 7-22 分别为了用"误差"和"参考输入 – 输出"形式表示的 PID 控制在 z 域下的框图。

数字控制算法中的反馈增益 k_dp、k_di、k_dd 和模拟 PID 的比例、积分、微分系

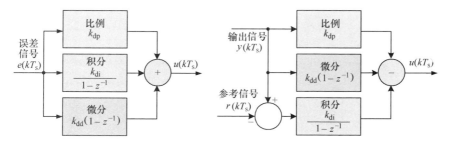

图 7-22　"误差"和"参考输入－输出"形式的数字 PID 控制器

$(k_p、k_i$ 和 $k_d)$，以及采样周期 T_s 有关。$k_{dp}、k_{di}、k_{dd}$ 与 $k_p、k_i、k_d$ 的关系能够由多种分析或者数值方法获得，例如，应用 s 和 z 的相关公式。如果积分项用梯度形式求取近似而微分用两点差分近似，则得

$$k_{dp} = k_p - \frac{1}{2}k_{di}, \quad k_{di} = k_i T_s \text{ 和 } k_{dd} = k_d/T_s$$

而如果用其他方法近似的积分（矩形、梯形和双线性等）和近似微分（欧拉、泰勒和反向差分等），可以获得其他形式的 $G_{PID}(z)$ 和反馈系数。

用微处理器或者 DSP、PID 控制算法可以下列的方式实现

$$u(kT_s) = \underbrace{k_{dp}e(kT_s)}_{\text{Proportional}} + \underbrace{\frac{1}{2}k_i T_s \sum_{i=1}^{k} \left[e((i-1)T_s) + e(iT_s) \right]}_{\text{Integral}} + \underbrace{\frac{k_d}{T_s}\left[e(kT_s) - e((k-1)T_s) \right]}_{\text{Derivative}}$$

为了得到 z 域下的系统和控制器的传递函数，经常会将 s 域中变换传递函数用 Tustin 近似进行变换。特别地，由 $z = e^{sT_s}$，

$$s = \frac{1}{T_s}\ln(z)$$

对 $\ln(z)$ 展开

$$\ln(z) = 2\left[\frac{z-1}{z+1} + \frac{1}{3}\left(\frac{z-1}{z+1}\right)^3 + \frac{1}{5}\left(\frac{z-1}{z+1}\right)^5 + \cdots \right], z > 0$$

通过截断近似，可以得到 Tustin 近似

$$\ln(z) \approx 2\frac{z-1}{z+1} = 2\frac{1-z^{-1}}{1+z^{-1}}$$

因此，可以得到

$$s = \frac{1}{T_s}\ln(z) \approx \frac{2}{T_s}\frac{z-1}{z+1} = \frac{2}{T_s}\frac{1-z^{-1}}{1+z^{-1}}$$

例 7-6

我们用 Tustin 近似得到线性 PID 控制算法 $G_{PID}(z)$ 的表达式

$$G_{PID}(s) = \frac{U(s)}{E(s)} = \frac{k_d s^2 + k_p s + k_i}{s}$$

用

$$s \approx \frac{2}{T_{\mathrm{s}}} \frac{1-z^{-1}}{1+z^{-1}}$$

有

$$G_{\mathrm{PID}}(s) = \frac{U(z)}{E(z)}$$

$$= \frac{k_{\mathrm{d}}\left(\dfrac{2}{T_{\mathrm{s}}} \dfrac{1-z^{-1}}{1+z^{-1}}\right)^2 + k_{\mathrm{p}} \dfrac{2}{T_{\mathrm{s}}} \dfrac{1-z^{-1}}{1+z^{-1}} + k_{\mathrm{i}}}{\dfrac{2}{T_{\mathrm{s}}} \dfrac{1-z^{-1}}{1+z^{-1}}}$$

$$= \frac{(2k_{\mathrm{p}}T_{\mathrm{s}} + k_{\mathrm{i}}T_{\mathrm{s}}^2 + 4k_{\mathrm{d}}) + (2k_{\mathrm{i}}T_{\mathrm{s}}^2 - 8k_{\mathrm{d}})z^{-1} + (-2k_{\mathrm{p}}T_{\mathrm{s}} + k_{\mathrm{i}}T_{\mathrm{s}}^2 + 4k_{\mathrm{d}})z^{-2}}{2T_{\mathrm{s}}(1-z^{-2})}$$

故

$$U(z) - U(z)z^{-2} = k_{\mathrm{e}0}E(z) + k_{\mathrm{e}1}E(z)z^{-1} + k_{\mathrm{e}2}E(z)z^{-2}$$

其中

$$k_{\mathrm{e}0} = k_{\mathrm{p}} + \frac{1}{2}k_{\mathrm{i}}T_{\mathrm{s}} + 2\frac{k_{\mathrm{d}}}{T_{\mathrm{s}}}, \quad k_{\mathrm{e}1} = k_{\mathrm{i}}T_{\mathrm{s}} - 4\frac{k_{\mathrm{d}}}{T_{\mathrm{s}}} \text{和} k_{\mathrm{e}2} = -k_{\mathrm{p}} + \frac{1}{2}k_{\mathrm{i}}T_{\mathrm{s}} + 2\frac{k_{\mathrm{d}}}{T_{\mathrm{s}}}$$

数字控制算法的表达式

$$u(k) = u(k-2) + k_{\mathrm{e}0}e(k) + k_{\mathrm{e}1}e(k-1) + k_{\mathrm{e}2}e(k-2)$$

这样，为了实施数字控制算法，需使用

$$e(k) \text{、} e(k-1) \text{、} e(k-2) \text{和} u(k-2)$$

图 7-20 中描述了带有数字控制算法 $G_{\mathrm{c}}(z)$ 的闭环系统。闭环系统的传递函数为

$$G(z) = \frac{Y(z)}{R(z)} = \frac{G_{\mathrm{C}}(z)G_{\mathrm{D}}(z)}{1 + G_{\mathrm{C}}(z)G_{\mathrm{D}}(z)}$$

对数字控制算法

$$G(z) = \frac{Y(z)}{R(z)} = \frac{G_{\mathrm{PID}}(z)G_{\mathrm{D}}(z)}{1 + G_{\mathrm{PID}}(z)G_{\mathrm{D}}(z)}$$

线性离散系统的分析直接应用线性控制理论。线性理论和 MATLAB 的应用在下一部分讲解。

7.4.2 永磁直流电动机数字机电伺服系统

我们来看一个永磁直流电动机的定位系统。对于这个系统，7.3.2 节中已讲述了其模拟控制。我们的目的是研究数字控制算法以及研究这个系统的运行。研究目标是保持系统的稳定，达到最快的移动（快速定位），最小的跟踪误差等。

我们可以用 3 个微分方程来描述这个开环系统。3 个微分方程分别为

$$\frac{\mathrm{d}i_{\mathrm{a}}}{\mathrm{d}t} = \frac{1}{L_{\mathrm{a}}}(-r_{\mathrm{a}}i_{\mathrm{a}} - k_{\mathrm{a}}\omega_{\mathrm{r}} + u_{\mathrm{a}}), \frac{\mathrm{d}\omega_{\mathrm{r}}}{\mathrm{d}t} = \frac{1}{J}(k_{\mathrm{a}}i_{\mathrm{a}} - B_{\mathrm{m}}\omega r - T_{\mathrm{L}}), \frac{\mathrm{d}\theta_{\mathrm{r}}}{\mathrm{d}t} = \omega_{\mathrm{r}}$$

输出方程为 $y(t) = k_{\text{gear}}\theta_{\text{r}}$。图 7-23 中描述了带有 PID 控制器、模数、数模转换和数据保持器的闭环系统的框图。

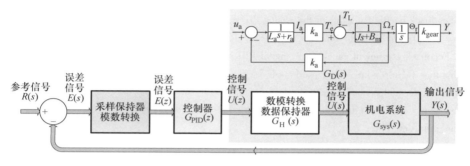

图 7-23　含数字 PID 控制器的闭环系统框图

开环系统的传递函数为

$$G_{\text{sys}}(s) = \frac{Y(s)}{U(s)} = \frac{k_{\text{gear}}k_{\text{a}}}{s(L_{\text{a}}Js^2 + (r_{\text{a}}J + L_{\text{a}}B_{\text{m}})s + r_{\text{a}}B_{\text{m}} + k_{\text{a}}^2)}$$

零阶保持器的传递函数为

$$G_{\text{H}}(s) = \frac{1 - \text{e}^{-T_s s}}{s}$$

可以得到

$$G_{\text{D}}(s) = G_{\text{H}}(s)G_{\text{sys}}(s) = \frac{1 - \text{e}^{-T_s s}}{s}\frac{k_{\text{gear}}k_{\text{a}}}{s(L_{\text{a}}Js^2 + (r_{\text{a}}J + L_{\text{a}}B_{\text{m}})s + r_{\text{a}}B_{\text{m}} + k_{\text{a}}^2)}$$

直流电机的参数为

$r_{\text{a}} = 200\Omega$，$L_{\text{a}} = 0.002\text{H}$，$k_{\text{a}} = 0.2\ \text{V} - \text{sec/rad}$（$\text{N} \cdot \text{m/A}$），$J = 0.00000002\text{kg} \cdot \text{m}^2$，$B_{\text{m}} = 0.00000005\text{N} \cdot \text{m} \cdot \text{s/rad}$。

z 域中的传递函数 $G_{\text{D}}(z)$ 可以由 c2dm 命令从 $G_{\text{D}}(s)$ 中得到。滤波器命令可以用来仿真动态响应过程。下面的 MATLAB 文件可以用来离散化系统、仿真以及绘制动态过程曲线。

【MATLAB】

```
% System parameters
ra = 200;La = 0.002;ka = 0.2;J = 0.00000002;Bm = 0.00000005;kgear = 0.01;
% Numerator and denominator of the open - loop transfer function
format short e
num_s = [ ka * kgear];den_s = [ La * J  ra * J + La * Bm  ra * Bm + ka^2  0];
num_s,den_s
pause;
% Numerator and denominator of GD(z) with zero - order data hold
TS = 0.0002;% Sampling time ( ampling perio) Ts
```

[num_dz,den_dz] = c2dm(num_s,den_s,Ts,'zoh');

num_dz,den_dz

pause;

* Feedback coefficient gains of the analog PID controller

kp = 25000;ki = 250;kd = 0.25;

% Feedback coefficient gains of the digital PID controller

kdi = ki * Ts;kdp = kp – kdi/2;kdd = kd/Ts;

% Numerator and denominator of the transfer function of the pIp controller

num_pidz = [(kdp + kdi + kdd) – (kdp + 2 * kdd) kdd];den_pidz = [1 – 1 0];

num_pidz,den_pidz

pause;

% Numerator and denominator of the closed – loop transfer function G(z)

num_z = conv(num_pidz,num_dz);

den_z = conv(den_pidz,den_dz) + conv(num_pidz,num_dz);

num_2,den_2

pause;

% Sampleg,t = k * Ts

k_final = 20;k = 0:1:k_final;

% Reference input r(t) = 1 rad

ref = 1;% Reference (command)input is 1 rad

r = ref * ones(1,k_final + 1);

% Modeling of the servo – system output y(k)

y = filter(num_z,den_z,r);

% Plotting statement

plot(k,y,'o',k,y,'—',k,r,':');

title('Angular Displacement,y(t) = 0.0l\theta_r,r(t) = 1 [rad]','Fontsize',14);

xlabel('Discrete Time k,Continuous Time t = kr_s[seconds]','FontSize',14);

ylabel('Output y(k)and Reference r(k)','Fontsize',14);

axis([0 20,01.2]) % Axis limits

$G_{sys}(s)$ 的分子和分母为

num_s =

2.0000e – 003

den_s =

4.0000e – 011   4.0001e – 006   4.0010e – 002   0

基于以上参数，可得此开环系统的传递函数

$$G_{sys}(s) = \frac{Y(s)}{U(s)} = \frac{2 \times 10^{-3}}{s(4 \times 10^{-11}s^2 + 4 \times 10^{-6}s + 4 \times 10^{-2})}$$

设置采样时间为 0.0002s，有 $T_s = 0.0002s$，则 z 域内的传递函数 $G_z(z)$ 为

$$G_D(z) = \frac{5.53 \times 10^6 z^2 + 3.41 \times 10^{-6}z + 8.6 \times 10^{-9}}{z^{-3} - 1.1z^2 + 0.105z - 2.06 \times 10^{-9}}$$

以上传递函数中各个系数由如下计算获取

num_dz =

0　　5.5328e – 006　　3.4072e – 006　　8.6022e – 009

den_dz =

1.0000e + 000　　– 1.1049e + 000　　1.0491e – 001　　– 2.0601e – 009

数字 PID 控制器的传递函数为

$$G_{\mathrm{PID}}(z) = \frac{(k_{\mathrm{dp}} + k_{\mathrm{di}} + k_{\mathrm{dd}})z^2 - (k_{\mathrm{dp}} + 2k_{\mathrm{dd}})z + k_{\mathrm{dp}}}{z^2 - z}, k_{\mathrm{dp}} = k_{\mathrm{p}} - \frac{1}{2}k_{\mathrm{di}}$$

$$k_{\mathrm{di}} = k_{\mathrm{i}}T_{\mathrm{s}}, k_{\mathrm{dd}} = k_{\mathrm{d}}/T_{\mathrm{s}}$$

PID 控制器的增益的系数为 $k_{\mathrm{p}} = 25000$ ，$k_{\mathrm{i}} = 250$ ，$k_{\mathrm{d}} = 0.25$。数字控制器的系数为

$$k_{\mathrm{dp}} = k_{\mathrm{p}} - \frac{1}{2}k_{\mathrm{di}}, \quad k_{\mathrm{di}} = k_{\mathrm{i}}T_{\mathrm{s}} \text{ 和 } k_{\mathrm{dd}} = k_{\mathrm{d}}/T_{\mathrm{s}}$$

传递函数的分子和分母可以由以下得到

传递函数 $G_{\mathrm{PID}}(z)$ 的分子、分母由如下计算获得

num_pidz =

2.6250e + 004　　– 2.7500e + 004　　1.2500e + 003

den_pidz =

1　　– 1　　0

因此

$$G_{\mathrm{PID}}(z) = \frac{2.63 \times 10^4 z^2 - 2.75 \times 10^4 z + 1.25 \times 10^3}{z^2 - z}$$

闭环系统的传递函数为

$$G(z) = \frac{Y(z)}{R(z)} = \frac{G_{\mathrm{PID}}(z) G_{\mathrm{D}}(z)}{1 + G_{\mathrm{PID}}(z) G_{\mathrm{D}}(z)}$$

可以得到如下的结果：

num_z =

0　　1.4524e – 001　　– 6.2713e – 002　　– 8.6556e – 002　　4.0225e – 003　　1.0753e – 005

den_z =

1.0000e + 000　　– 1.9597e + 000　　1.1471e + 000　　– 1.9147e – 001　　4.0225e – 003

1.0753e – 005

因此，有

$$G(z) = \frac{0.145z^4 - 0.063z^3 - 0.087z^2 + 0.004z + 1.07 \times 10^{-5}}{z^5 - 1.96z^4 + 1.15z^3 - 0.19z^2 + 0.004z + 1.07 \times 10^{-5}}$$

参考输入为 $r(kT_{\mathrm{s}}) = 1\mathrm{rad}$，$k > 0$ 时，系统的输出在如图 7-24 所示中已经给出。稳定时间为 $k_{\mathrm{setting}}T_{\mathrm{s}} = 15 \times 0.0002 = 0.003\mathrm{s}$，并且没有超调。

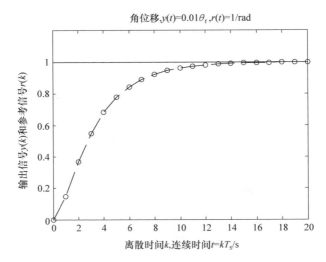

图 7-24 带数字 PID 控制器的系统输出动态过程，$T_s = 0.0002\mathrm{s}$

采样时间的选择受微处理器或者 DSP 性能的影响，并很大程度上影响着系统的运行。如我们延长采样周期 $T_s = 0.001\mathrm{s}$，在此采样周期的情况下，用 MATLAB 仿真，可以得到

【MATLAB】

num_z =

0   1.1360e + 000   − 1.0211e + 000   − 1.1617e − 001   1.2492e − 003   2.6056e − 010

den_z =

1.0000e + 000   − 8.6401e − 001   − 2.1039e − 002   − 1.1619e − 001   1.2492e − 003

2.6056e − 010

因此，可以得到闭环系统的传递函数为

$$G(z) = \frac{1.14z^4 - 1.02z^3 - 0.12z^2 + 0.012z + 2.61 \times 10^{-10}}{z^5 - 0.86z^4 - 0.021z^3 - 0.12z^2 + 0.0012z + 2.61 \times 10^{-10}}$$

如图 7-25 所示中描述的是在 $T_s = 0.001\mathrm{s}$ 和 $T_s = 0.0015\mathrm{s}$ 时的伺服系统的输出 $y(kT_s)$。

如果 $T_s = 0.001\mathrm{s}$，稳定时间为 $k_{\mathrm{setting}} T_s = 5 \times 0.001 = 0.005\mathrm{s}$，且超调量是 14%。如果 $T_s = 0.0015\mathrm{s}$，如图 7-25 所示，超调量是 77%，且稳定时间为 $k_{\mathrm{setting}} T_s = 10 \times 0.0015 = 0.015\mathrm{s}$。如果 $T_s = 0.0018\mathrm{s}$，那么闭环系统将不再稳定。因此，采样周期极大地影响着这个闭环系统的性能和稳定性。采样时间由微控制器或者 DSP 决定。对于大的 T_s，我们应该重新定义系数 k_{dp}、k_{di} 和 k_{dd} 以保证系统的性能和稳定性。控制的约束 $u_{\min} \leqslant u \leqslant u_{\max}$ 也应该在考虑中。对闭环系统的稳定性分析若不考虑其系统非线性，则无法获得可信和准确的结果。

预先假定稳定的系统，如果考虑非线性就可能变得不稳定；而不稳定的系统，

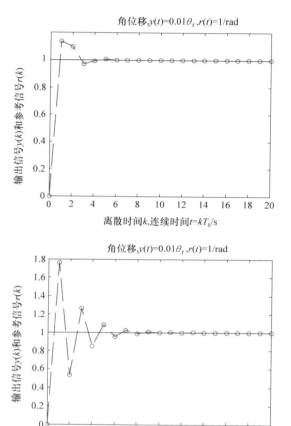

图 7-25　含数字 PID 的伺服系统，$T_s = 0.001\text{s}$ 和 $T_s = 0.0015\text{s}$ 时的输出

如果考虑非线性和约束，也有可能变得稳定。非线性作为固有的硬件特征，必须加以考虑非线性以保证系统的合理性、准确性和一致性。用滤波器的命令进行仿真时，假设系统是线性的，而且没有约束，就可以实施仿真。实际上我们须进行有 $-30 \leqslant u_a \leqslant 30\text{V}$。约束非线性仿真，因为这可以利用各种 MATLAB 命令或者 Simulink 的模块来实施。

除了用 MATLAB 数值计算的结果，分析的结果也很重要。假设系统是线性的，而且是未达到限值，我们就可以用传递函数

$$G_{\text{sys(s)}} \text{ 和 } G_H(s)$$

来得到

$$G_D(s) = G_H(s) G_{\text{sys}}(s)$$

而零阶保持器为

$$G_H(s) = \frac{1 - \text{e}^{-T_s s}}{s}$$

因此

$$G_D(s) = G_H(s)G_{sys}(s) = \frac{1 - e^{-T_s s}}{s} \frac{k_{gear}k_a}{s(L_a J s^2 + (r_a J + L_a B_m)s + r_a B_m + k_a^2)}$$

假设特征值都是实数且各异，可得

$$G_D(s) = G_H(s)G_{sys}(s) = \frac{1 - e^{-T_s s}}{s} \frac{k_D}{s(T_1 s + 1)(T_2 s + 1)}$$

其中 $k_D = k_{gear}k_a$，T_1 和 T_2 是时间常量且跟下列二阶多项式是有关的

$$L_a J s^2 + (r_a J + L_a B_m)s + r_a B_m + k_a^2$$

令 $T_1 \ne T_2$，进行部分分式展开。这种情形在实践中非常普遍。假设系统的特征值

$$-\frac{1}{T_1} \text{和} -\frac{1}{T_2}$$

是不同的。由 Heaviside 展开式，可以得到

$$\frac{k_D}{s^2(T_1 s + 1)(T_2 s + 1)} = \frac{c_1}{s} + \frac{c_2}{s^2} + \frac{c_3}{T_1 s + 1} + \frac{c_4}{T_s s + 1}$$

其中 c_1、c_2、c_3、c_4 是未知系数，可以由以下得到

$$c_1 = \frac{d}{ds}\left(\frac{k_D s^2}{s^2(T_1 s + 1)(T_2 s + 1)}\right)\bigg|_{s=0} = \frac{-k_D(2T_1 T_2 s + T_1 + T_s)}{(T_1 T_2 s^2 + (T_1 + T_2)s + 1)}\bigg|_{s=0} = -k_D(T_1 + T_2)$$

$$c_2 = \frac{k_D}{(T_1 s + 1)(T_2 s + 1)}\bigg|_{s=0} = k_D$$

$$c_3 = \frac{k_D}{s^2(T_2 s + 1)}\bigg|_{s=\frac{1}{T_1}} = \frac{k_D T_1^3}{T_1 - T_2}$$

$$c_4 = \frac{k_D}{s^2(T_1 s + 1)}\bigg|_{s=\frac{1}{T_2}} = \frac{k_D T_2^3}{T_2 - T_1}$$

可以得到

$$G_D(z) = Z[G_D(s)] = Z[G_H(s)G_{sys}(s)] = \frac{z-1}{z}Z\left[\frac{G_{sys}(s)}{s}\right]$$

用 z 变换表，可以得到 $G_D(z)$ 的表达式

$$G_D(z) = \frac{z-1}{z}Z\left[\frac{k_D}{s^2(T_1 s + 1)(T_2 s + 1)}\right]$$

$$= k_D \frac{z-1}{z}Z\left[-\frac{T_1 + T_2}{s} + \frac{1}{s^2} + \frac{T_1^3}{T_1 - T_2}\left(\frac{1}{T_1 s + 1}\right) + \frac{T_1^3}{T_2 - T_1}\frac{1}{(T_1 s + 1)}\right]$$

$$= k_D \frac{z-1}{z}\left(-(T_1 + T_2)\frac{z}{z-1} + \frac{T_s z}{(z-1)^2} + \frac{T_1^2}{T_1 - T_2}\frac{z}{z - e^{\frac{T_s}{sT_1}}} + \frac{T_2^2}{T_2 - T_1}\frac{z}{z - e^{\frac{T_s}{sT_2}}}\right)$$

由

$$G_{\mathrm{D}}(z) = = k_{\mathrm{D}}\left(-T_1 - T_2 + T_{\mathrm{s}}\frac{1}{z-1} + \frac{T_1^2}{T_1 - T_2}\frac{z-1}{z - \mathrm{e}^{\frac{T_{\mathrm{s}}}{xT_1}}} + \frac{T_2^2}{T_2 - T_1}\frac{z-1}{z - \mathrm{e}^{\frac{T_{\mathrm{s}}}{xT_2}}} \right)$$

和

$$G_{\mathrm{PID}}(z) = \frac{(k_{\mathrm{dp}} + k_{\mathrm{di}} + k_{\mathrm{dd}})z^2 - (k_{\mathrm{dp}} + 2k_{\mathrm{dd}})z + k_{\mathrm{dd}}}{z^2 - z}$$

得闭环系统的传递函数为

$$G(z) = \frac{Y(z)}{R(z)} = \frac{G_{\mathrm{PID}}(z)G_{\mathrm{D}}(z)}{1 + G_{\mathrm{PID}}(z)G_{\mathrm{D}}(z)}$$

不同的系统参数、反馈增益、采样周期 T_{s}，参考输入 $r(t)$，就会有不同的 $y(k)$。理论分析和仿真计算都可用于控制设计。不幸的是，由于事实上系统是非线性的而且变量都是受到条件约束的，由线性系统差分方程或者微分方程所得到结果并非在整个运行区间都有效。因此，设计时应考虑非线性因素。

习　题

1. 为什么我们要控制机电系统?

2. 列出在整个运行范围内描述系统行为的指标。

3. 说明有约束的控制算法和不受约束的控制算法的区别。解释为什么控制边界能够影响系统的性能。

4. 在设计受约束的控制算法时的难点是什么? 设计者应该怎么解决这些问题?

5. 令控制算法表示为

$$u = k_{\mathrm{p1}}\mathrm{e} + k_{\mathrm{p2}} + k_{\mathrm{p3}}\mathrm{e}^3 + k_{\mathrm{i}}\int \mathrm{e}\mathrm{d}t$$

指出用到的反馈形式。考虑是否可以用这种控制算法。解释为什么应该研究带约束的控制算法来改善系统的性能。提出通过增加反馈项改善性能。提出增加反馈项使系统性能降低并导致系统不稳定的因素。

$$u = sat(k_{\mathrm{p1}}\mathrm{e} + k_{\mathrm{p2}}|\mathrm{e}^2| + k_{\mathrm{p3}}\mathrm{e}^3 + k_{\mathrm{i}}\int \mathrm{e}\mathrm{d}t)$$

6. 系统的性能函数可以表示为

$$J = \min_{t,x,e}\int_0^\infty (x^2 + \mathrm{e}^4 + t|\mathrm{e}|)\mathrm{d}t$$

解释此函数确定了哪些性能指标并如何实现。证明结果: 如果对于稳定时间和跟踪误差的指标的求解都非常严格，请在性能函数中增加额外的被积项。

7. 系统的模型为

$$\frac{\mathrm{d}\omega}{\mathrm{d}t} = -\omega + 100u$$

控制的约束为 $-10 \leqslant u \leqslant 10\mathrm{V}$。设计 PID 控制算法并且在 Simulink 中仿真。参考速度为 200rad/s。通过改变反馈增益找到合适的反馈系数。画出闭环系统的仿真结果。

8. 设计一个永磁直流电机的精确定位系统。旋转台的角位移是 $y(t) = k_{gear}\theta_r$，电机的数据为

$u_{max} = 24V$ （ $-24 \leqslant u_n \leqslant 24V$ ）， $i_{nmax} = 10A$ ， $\omega_{rmax} = 240\mathrm{rad/s}$ ， $r_a = 1\Omega$ ， $L_a = 0.005H$

$k_a = 0.1V \cdot s/\mathrm{rad}$ （ $N \cdot m/A$ ）， $J = 0.0005\mathrm{kg} \cdot m^2$ ， $B_m = 0.0005N \cdot m \cdot s/\mathrm{rad}$ 。

齿轮的传动比为 10∶1。设计和分析

1) 无约束的线性和非线性的 PID 控制算法。

2) 有约束的 PID 控制算法。

对于不同的控制算法和反馈系数，当 $r(t) = 0.1$ 和 $r(t) = 1$ 时研究瞬态响应。用 Simulink 仿真结果。

参 考 文 献

1. R.C. Dorf and R.H. Bishop, *Modern Control Systems*, Addison-Wesley Publishing Company, Reading, MA, 1995.
2. J.F. Franklin, J.D. Powell, and A. Emami-Naeini, *Feedback Control of Dynamic Systems*, Addison-Wesley Publishing Company, Reading, MA, 1994.
3. B.C. Kuo, *Automatic Control Systems*, Prentice Hall, Englewood Cliffs, NJ, 1995.
4. S.E. Lyshevski, *Control Systems Theory with Engineering Applications*, Birkhauser, Boston, MA, 2000.
5. K. Ogata, *Discrete-Time Control Systems*, Prentice-Hall, Upper Saddle River, NJ, 1995.
6. K. Ogata, *Modern Control Engineering*, Prentice-Hall, Upper Saddle River, NJ, 1997.
7. C.L. Phillips and R.D. Harbor, *Feedback Control Systems*, Prentice Hall, Englewood Cliffs, NJ, 1996.

第8章 机电系统的先进控制

第1章和第7章建立和强调了机电系统控制的需求。第7章研究了线性、非线性和有界 PID 控制律，以优化系统性能，达到期望的功能。预期的性能、指定的性能和可达到的性能之间显然存在差别。通过结构和输出优化设计、硬件软件优化设计，就能得到闭环系统效果的性能。特定的解决方案，也许达不到预期要求和规格，因此如有需要重新设计。正如将要讨论的一样，通过一体的设计和优化可以保证可达到预计的性能和指标。先进的解决方案会使硬件和软件极其复杂，增加整个系统的复杂性，这是其明显的缺陷。参考文献 [1] - [11] 讲解了连续时间和离散时间系统的线性和非线性设计的基本原理。

先进控制方法的设计是以提高系统性能为目标的 [7, 8]。要想实施 PID 控制律，须测量或估计跟踪误差 $e(t)$。$e(t)$ 通常由 $y(t)$ 和 $r(t)$ 直接获得或估计。对研究高性能系统多目标优化的高级控制系统而言，先进控制的设计是一项重要的任务。很大程度上硬件决定了可达成的性能，而通过运用合理的控制，可加以提高。不用 PID 控制器，而是用高级控制方法大大增加对传感器、IC_S、DSP_s 等先进硬件的需求。例如，如果使用 $x(t)$ 状态变量就必须对它们实时地测量，以推导出控制 $u(t)$。对于一些系统而言，如果运用先进控制方法就可以获得较大的性能改善。而对于其他系统而言，一个线性 PI 控制器可以在确保最小的硬件和软件复杂性的同时保证近似最优性能的同时，我们必须不断检测物理限制、约束和运用区间。对于很多稳定和不稳定的开环系统来说，PID 控制器对系统性能的提升作用不应高估。对于传统机电系统而言，基于 PID 的控制器已足够有效。如果需要更高的技术指标，则可考虑利用高级的控制器，这些指标应得到硬件方案的支撑。对于多目标控制和优化而言，则需运用高级的算法。多目标的要求可能是精准、效率最大，干扰抑制和振动与噪声最小化等。先进控制算法应该是可实施的，多运用于高精度定向系统、尖端多自由度机器人、精准定位系统、音响系统等领域。这章阐述了高级的控制算法的设计，这在人们实际的工作中有可能遇到。

8.1 哈密顿 – 雅可比理论与机电系统的最优控制

我们通过最小化性能泛函来设计控制算法，性能泛函从定量上和定性上描述系统性能。运用以下变量：状态变量 x、输出 y、跟踪误差 e 和控制 u，考虑多端输入/多端输出系统，可以得到

$$x \in \mathbb{R}^n, \ y \in \mathbb{R}^b, \ e \in \mathbb{R}^b \ \text{和} \ u \in \mathbb{R}^m$$

变量组（x、e、u）或（x、y、e、u）定性和定量了系统的性能。性能泛函既可取最大值，也可取最小值。

我们使用哈密顿－雅可比理论进行控制算法设计时，可以对问题进行一般化：找到合适的（有约束或者无约束的）时变或者时不变的控制方法来作为误差$e(t)$和状态矢量$x(t)$的非线性函数。

$$u = \phi(t, e, x) \tag{8-1}$$

使得性能泛函最小

$$J(x(\cdot), e(\cdot), u(\cdot)) = \int_{t_0}^{t_f} W_{xeu}(x, e, u)\,\mathrm{d}t \tag{8-2}$$

最小化需受限于系统的动态和各种限制。

在（8-2）中

$$W_{xeu}(\cdot): \mathbb{R}^n \times \mathbb{R}^b \times \mathbb{R}^m \to \mathbb{R}_{\geqslant 0}$$

是正定的，连续的和可微的被积函数。t_0和t_f是起始时间和终止时间。

性能泛函（8-2）是十分重要的。可以用$e(t)$的平方和$u(t)$的平方获得二次函数

$$J = \int_{t_0}^{t_f} (e^2 + u^2)\,\mathrm{d}t$$

其中，$W_{eu}(e, u) = e^2 + u^2$。性能泛函是正定的，而且被积性能函数是可微的，以确保有解析解。尽管不连续的被积函数 $W_{xeu}(\cdot)$ 可以运用在研究、参数和数字最优化方法中，但却不能简便地用在运用哈密顿－雅可比和其他概念来解析法设计控制算法的过程中。

我们可以设计并最小化各种性能泛函，以取得更好的系统性能。例如，非二次函数

$$J = \int_{t_0}^{t_f} (e^8 + u^6)\,\mathrm{d}t, J = \int_{t_0}^{t_f} (|e|e^2 + |u|u^2)\,\mathrm{d}t \ \text{或}, \ J = \int_{t_0}^{t_f} (|e|e^4 + |u|u^6)\,\mathrm{d}t$$

可以与可微的 $W_{eu}(\cdot)$ 一起使用。二次泛函

$$J = \int_{t_0}^{t_f} (x^2 + e^2 + u^2)\,\mathrm{d}t$$

也很常用。这些二次泛函使分析设计变得容易，确保问题是可以解决的。一般情况下，非二次性能被积函数的应用会导致数学上的复杂性。然而，如果使用合理的非线性泛函，系统性能就可以提高。下面将会提到，对有界的控制算法的分析设计是基于非二次泛函的，一旦性能泛函（8-2）确定，设计的核心便转到使用哈密顿－雅可比概念、动态编程、最大化方法、变分学、非线性设计或其他概念上，使性能泛函最小或最大。最终目标是设计控制律（8-1）来获得最优系统性能，例如，稳定性、鲁棒性、精度等。

假设用非线性微分方程式来描述机电系统的动态性能

$$x(t) = F(x) + B(x)u, x(t_0) = x_0 \tag{8-3}$$

要获得最优控制，必须研究达到最佳的必要条件。

对于

$$J = \int_{t_0}^{t_f} W_{xu}(x,u)\,dt$$

汉密尔顿函数为

$$H\left(x,u,\frac{\partial V}{\partial x}\right) = W_{xu}(x,u) + \left(\frac{\partial V}{\partial x}\right)^T (F(x) + B(x)u) \qquad (8\text{-}4)$$

其中 $V(\cdot):\mathbb{R}^n \to \mathbb{R}_{\geqslant 0}$ 是连续的而且是可微的回归函数，$V(0)=0$。使用下面的一阶最优性的必要条件，可以得到控制律（8-1）

$$\frac{\partial H\left(x,u,\dfrac{\partial V}{\partial u}\right)}{\partial u} = 0 \qquad (8\text{-}5)$$

因此，定义性能泛函（8-2）后，控制函数 $u(\cdot):[t_0,t_f] \to \mathbb{R}^m$ 由式（8-5）获得的。用二次性能泛函

$$J = \frac{1}{2}\int_{t_0}^{t_f}(x^T Q x + u^T G u)\,dt, Q \in \mathbb{R}^{n\times n}, Q \geqslant 0, G \in \mathbb{R}^{m\times m},\ G > 0 \qquad (8\text{-}6)$$

从式（8-4）和式（8-5）中，可以得到

$$\frac{\partial H}{\partial u} = u^T G + \left(\frac{\partial V}{\partial x}\right)^T B(x)$$

因此，控制算法为

$$u = -G^{-1}B^T(x)\frac{\partial V}{\partial x} \qquad (8\text{-}7)$$

二阶最优性的必要条件

$$\frac{\partial^2 H\left(x,u,\dfrac{\partial V}{\partial x}\right)}{\partial u \times \partial u^T} > 0 \qquad (8\text{-}8)$$

是满足的，因为

$$\frac{\partial^2 H}{\partial u \times \partial u^T} = G > 0$$

例 8-1

考虑一个运动对象，假设对它施加的力为 F_a 一个控制变量 u。假设速度 v 是状态变量 x，由

$$\dot{x}(t) = \frac{1}{m}\sum F$$

注意到黏性摩擦，动态过程为

$$\dot{x}(t) = \frac{1}{m}\sum F = \frac{1}{m}(F_a - B_m x)$$

利用状态变量和控制变量，可以得到一阶微分方程来描述输入输出动态过程。

$$x(t) = ax + bu$$

其中

$$a = -\frac{B_m}{m} \text{和} b = \frac{1}{m}$$

对于一阶系统，我们最小化具有权重因子，q 和 g 的二次泛函，泛函如下：

$$J = \frac{1}{2}\int_{t_0}^{t_f}(qx^2 + gu^2)\,\mathrm{d}t,\ q \geq 0,\ g \geq 0$$

故式（8-4）汉密尔顿函数变为

$$H\left(x,u,\frac{\partial V}{\partial x}\right) = \underbrace{\frac{1}{2}(qx^2 + gu^2)}_{\substack{\text{Performance Functional}\\J(x,u)=\frac{1}{2}\int_{t_0}^{t_f}(qx^2+gu^2)\mathrm{d}t}} + \underbrace{\frac{\partial V}{\partial x}\frac{\mathrm{d}x}{\mathrm{d}t}}_{\substack{\text{System Dynamics}\\ \dot{x}(t)=ax+bu}} = \frac{1}{2}(qx^2 + gu^2) + \frac{\partial V}{\partial x}(ax + bu)$$

实现最优化的一阶必要条件式（8-5）可使汉密尔顿函数 $H(\cdot)$ 最小化，从式（8-5）中，我们可以得到

$$gu + \frac{\partial V}{\partial x}b = 0$$

由这个表达式，可以得到控制律

$$u = -\frac{b}{g}\frac{\partial V}{\partial x} = -g^{-1}b\frac{\partial V}{\partial x}$$

以二阶的形式给出连续和可微的回归函数 $V(x)$

$$V(x) = \frac{1}{2}kx^2$$

其中 k 是正定的未知系数。
因此，由

$$u = -g^{-1}b\frac{\partial V}{\partial x}$$

控制律可以为

$$u = -g^{-1}bkx,\ k > 0$$

未知系数 k 可以通过求解 Riccati 微分方程

$$-\mathrm{d}k/\mathrm{d}t = q + 2ak - g^{-1}b^2k^2$$

或者二次代数方程

$$-q - 2ak + g^{-1}b^2k^2 = 0$$

得到，这将在后面详细说明。
对于运动系统

$$\dot{x}(t) = ax + bu$$

使用控制律 $u = -g^{-1}bkx$，则闭环系统的表达式

$$x(t) = (a - g^{-1}b^2k)x$$

如果$(a - g^{-1}b^2 k) < 0$，则闭环系统是稳定的。因为 $a < 0$，$g > 0$ 并且 $k > 0$，所以能保持稳定性。

二阶最优化的必要条件式（8-8）是满足的，因为

$$\frac{\partial^2 H}{\partial u^2} = g > 0$$

机电系统是非线性的。例如，如果控制对象和一个带有恢复力 $k_s x^3$ 的非线性弹簧连在一起，我们可以得到

$$x(t) = \frac{1}{m} \sum F = \frac{1}{m}(F_a - B_m x - k_s x^3)$$

可最小化二次泛函的控制输入为

$$u = -g^{-1}b^2 kx, \quad k > 0$$

闭环系统的状态方程为

$$x(\dot{t}) = ax - \frac{1}{m}k_s x^3 - g^{-1}b^2 kx$$

这个系统是稳定的，通过运用 8.9 部分的李雅普诺夫稳定性理论就能得以验证。然而一般情况下，不使用二次回归函数 $V(x)$。非二次 $V(x)$ 会导致非线性控制律。

8.2　线性机电系统的稳定性问题

在例 8-1 中，我们为由一个一阶线性和非线性的系统设计了一个线性控制器。考虑下列微分方程描述的线性不变时机电系统。

$$x(t) = Ax + Bu, \quad x(t_0) = x_0 \tag{8-9}$$

其中 $A \in \mathbb{R}^{n \times n}$ 且 $B \in \mathbb{R}^{n \times m}$ 都是常系数矩阵。

使用二次被积函数，则二次性能泛函为

$$J = \frac{1}{2}\int_{t_0}^{t_f}(x^T Q x + u^T G u)\,\mathrm{d}t, \quad Q \geqslant 0, G > 0 \tag{8-10}$$

其中 $Q \in \mathbb{R}^{n \times n}$ 是半正定的常系数重量矩阵。$G \in \mathbb{R}^{m \times m}$ 是正定的常系数重量矩阵。

从式（8-9）和式（8-10），可以得到汉密尔顿函数为

$$H\left(x, u, \frac{\partial V}{\partial x}\right) = \left[\frac{1}{2}(x^T Q x + u^T Q u) + \left(\frac{\partial V}{\partial x}\right)^T (Ax + Bu)\right] \tag{8-11}$$

汉密尔顿 - 雅克比方程为

$$-\frac{\partial V}{\partial t} = \min_u\left[\frac{1}{2}(x^T Q x + u^T Q u) + \left(\frac{\partial V}{\partial x}\right)^T (Ax + Bu)\right] \tag{8-12}$$

汉密尔顿函数 H 的微分是存在的，从式（8-5）用极值的一阶必要条件可以得到控制输入 $u(\cdot) : [t_0, t_f] \to \mathbb{R}^m$，从

$$\frac{\partial H}{\partial u} = u^T G + \left(\frac{\partial V}{\partial x}\right)^T B$$

可以得到

$$u = -G^{-1} B^T \frac{\partial V}{\partial x} \tag{8-13}$$

这种控制可以通过最小化二次性能泛函（8-10）来得到。极值二阶必要条件（8-8）可以得到保证。事实上，权重矩阵 G 是正定的，故

$$\frac{\partial^2 H}{\partial u \times \partial u^T} = G > 0$$

用式（8-13）替换在式（8-12）中的控制算法，我们可以得到偏微分方程

$$-\frac{\partial V}{\partial t} = \frac{1}{2}\left(x^T Q x + \left(\frac{\partial V}{\partial x}\right)^T BG^{-1} B^T \frac{\partial V}{\partial x}\right) + \left(\frac{\partial V}{\partial x}\right)^T Ax - \left(\frac{\partial V}{\partial x}\right)^T BG^{-1} B^T \frac{\partial V}{\partial x}$$

$$= \frac{1}{2}x^T Q x + \left(\frac{\partial V}{\partial x}\right)^T Ax - \frac{1}{2}\left(\frac{\partial V}{\partial x}\right)^T BG^{-1} B^T \frac{\partial V}{\partial x} \tag{8-14}$$

二次线性回归函数

$$V(x) = \frac{1}{2}x^T K(t) x \tag{8-15}$$

可以满足式（8-14）的解。

其中 $K \in \mathbb{R}^{n \times n}$，是对称矩阵，$\boldsymbol{K} = \boldsymbol{K}^T$。

矩阵

$$\boldsymbol{K} = \begin{bmatrix} k_{11} & k_{12} & \cdots & k_{1n-1} & k_{1n} \\ k_{21} & k_{22} & \cdots & k_{2n-1} & k_{2n} \\ \vdots & \vdots & \ddots & \vdots & \vdots \\ k_{n-11} & k_{n-12} & \cdots & k_{n-1n-1} & k_{n-1n} \\ k_{n1} & k_{n2} & \cdots & k_{nn-1} & k_{nn} \end{bmatrix}, \quad k_{ij} = k_{ji}$$

必须是正定矩阵，因为半正定和正定的常系数权重矩阵 $\boldsymbol{Q}$ 和 $\boldsymbol{G}$ 都用在二次性能泛函式（8-10）中，从而使 $J > 0$。二次回归函数的正定性可以保证可以使用西尔维斯特判据。

由式（8-15），并且应用矩阵恒等式

$$x^T \boldsymbol{K} A x = \frac{1}{2}x^T (A^T \boldsymbol{K} + \boldsymbol{K} A) x$$

在式（8-14）中，我们可以得到

$$-\frac{\partial\left(\frac{1}{2}x^T K x\right)}{\partial t} = \frac{1}{2}x^T Q x + \frac{1}{2}x^T A^T K x A K x + \frac{1}{2}x^T K A x - \frac{1}{2}x^T K B G^{-1} B^T K x \tag{8-16}$$

用边界条件

$$V(t_{\mathrm{f}},x) = \frac{1}{2}x^{\mathrm{T}}K(t_{\mathrm{f}})x = \frac{1}{2}x^{\mathrm{T}}K_{\mathrm{f}}x \tag{8-17}$$

下面的非线性微分方程，被称为 Riccati 方程。解这个方程可以得到未知矩阵 $\boldsymbol{K}$。

$$-\dot{K} = Q + A^{\mathrm{T}}K + K^{\mathrm{T}}A - K^{\mathrm{T}}BG^{-1}B^{\mathrm{T}}K, \ K(t_{\mathrm{f}}) = K_{\mathrm{f}} \tag{8-18}$$

由式（8-13）和式（8-15），得控制律为

$$u = -G^{-1}B^{\mathrm{T}}Kx \tag{8-19}$$

反馈增益矩阵 $\boldsymbol{K}_{\mathrm{F}} = G^{-1}B^{\mathrm{T}}K$。由式（8-9）和式（8-19），得我们的闭环系统为

$$x(t) = Ax + Bu = Ax - BG^{-1}B^{\mathrm{T}}Kx = (A - BG^{-1}B^{\mathrm{T}}K)x = (A - BK_{\mathrm{F}})x \tag{8-20}$$

矩阵的特征值值为

$$(A - BG^{-1}B^{\mathrm{T}}K) = (A - BK_{\mathrm{F}}) \in \mathbb{R}^{n \times n}$$

特征值实部为负，确保了系统的稳定性。

如果函数（8-10）$t_{\mathrm{f}} = \infty$，矩阵 $\boldsymbol{K}$ 可以由解非线性代数方程得到

$$0 = -Q - A^{\mathrm{T}}K - K^{\mathrm{T}}A + K^{\mathrm{T}}BG^{-1}B^{\mathrm{T}}K \tag{8-21}$$

可用 MATLAB 的 lgr 求解器，求解式（8-21）

\> \> help lqr

LQR Linear – quadratic regulator design for state space systems.

　　[K,S,E] = LQR(SYS,Q,R,N) calculates the optimal gain matrix K such that：

　　For a continuous – time state – space model SYS, the state – feedback law u = – Kx

　　minimizes the cost function

　　　　J = Integral{x'Qx + u'Ru + 2 * x'Nu}dt

subject to the system dynamics dx/dt = Ax + Bu

For a discrete – time state – space model SYS, u[n] = – Kx[n]minimizes

　　　　J = Sum{x'Qx + u'Ru + 2 * x'Nu}

subject to x[n + 1] = Ax[n] + Bu[n].

The matrix N is set to zero when omitted. Also returned are the solution s of

　　the associated algebraic Riccati equation and the closed – loop

　　eigenvalues E = EIG(A – B * K).

[K,S,E] = LQR(A,B,Q,R,N)is an equivalent syntax for continuous – time

models with dynamics dx/dt = Ax + Bu

see also lqry,lqgreg,lqg,dlqr,care,dare.

　　使用 lqr 命令，我们还可以得到反馈增益矩阵 $\boldsymbol{K}_{\mathrm{F}}$ 和系数矩阵 $\boldsymbol{K}$，以及闭环系统的特征值。

例 8-2

　　考虑在例 8-1 中分析的系统，假设 $m = 1$，且 $B_{\mathrm{m}} = 0$（粘性摩擦不考虑）。那么，微分方程为

$$\frac{\mathrm{d}x}{\mathrm{d}t} = u$$

在模型中

$$x(t) = Ax + Bu$$

矩阵 **A** 和矩阵 **B** 分别是 $A = [0]$ $B = [1]$。
令

$$J = \frac{1}{2}\int_{t_0}^{t}(qx^2 + gu^2)\,\mathrm{d}t, q = 1, g = 1$$

因此 $Q = [1]$ 且 $G = [1]$
二次回归函数（8-15）

$$V(x) = \frac{1}{2}kx^2$$

的未知数 k 可以通过求解式（8-18），可以表示为

$$-\dot{k}(t) = 1 - k^2(t), k(t_f) = 0$$

非线性微分方程的解为

$$k(t) = \frac{1 - \mathrm{e}^{-2(t_f - t)}}{1 + \mathrm{e}^{-2(t_f - t)}}$$

因此，保证下面二次泛函取得最小值

$$J = \frac{1}{2}\int_0^{t_f}(x^2 + u^2)\,\mathrm{d}t$$

且受满足系统的动态

$$\frac{\mathrm{d}x}{\mathrm{d}t} = u$$

的控制输入为

$$u = -k(t)x = -\frac{1 - \mathrm{e}^{-2(t_f - t)}}{1 + \mathrm{e}^{-2(t_f - t)}}x$$

通过使用 MATLAB 的命令 lqr，令 $t_f = \infty$，我们可以得到反馈增益，返回函数的系数 k 和系统特征值。求解泛函 $J = \frac{1}{2}\int_0^{\infty}(x^2 + u^2)\,\mathrm{d}t$ 的最小值，可用下面的命令。

【MATLAB】
$[K\_feedback, K, Eigenvalues] = 1qr(0,1,1,1,0)$
我们得到如下结果：
K_feedback =   1
K =   1
Eigenvalues =   -1

我们可得控制律为 $u = -x$，且特征值为 -1。极点有负实部，且闭环系统是稳定的。数值结果可以由分析结果得到。

例 8-3
考虑刚体机械系统的一维运动，其由一组二个微分方程描述。其中状态变量是位移 $x_1(t)$ 和速度 $x_2(t)$。忽略粘性摩擦，可以得到

$$\frac{\mathrm{d}x_1}{\mathrm{d}t} = x_2, \quad \frac{\mathrm{d}x_2}{\mathrm{d}t} = x_1$$

其中 u 代表施加在系统上的力或者力矩。

用式（8-9）的状态空间，我们得到矩阵形式的微分方程。

$$\dot{x} = Ax + Bu, \quad \begin{bmatrix} \dot{x}_1 \\ \dot{x}_2 \end{bmatrix} = \begin{bmatrix} 0 & 1 \\ 0 & 0 \end{bmatrix} \begin{bmatrix} x_1 \\ x_2 \end{bmatrix} + \begin{bmatrix} 0 \\ 1 \end{bmatrix} u, \quad A = \begin{bmatrix} 0 & 1 \\ 0 & 0 \end{bmatrix}, \quad B = \begin{bmatrix} 0 \\ 1 \end{bmatrix}$$

二次泛函由式（8-10）为

$$J = \frac{1}{2} \int_0^\infty (q_{11} x_1^2 + q_{22} x_2^2 + g u^2) \mathrm{d}t, q_{11} \geqslant 0, q_{22} \geqslant 0, g > 0$$

或者

$$J = \frac{1}{2} \int_0^\infty \left((x_1 \quad x_2) \begin{bmatrix} q_{11} & 0 \\ 0 & q_{22} \end{bmatrix} \begin{bmatrix} x_1 \\ x_2 \end{bmatrix} + uGu \right) \mathrm{d}t, Q = \begin{bmatrix} q_{11} & 0 \\ 0 & q_{22} \end{bmatrix}, G = g$$

用二次返回函数式（8-15）

$$V(x) = \frac{1}{2} k_{11} x_1^2 + k_{12} x_1 x_2 + \frac{1}{2} k_{22} x_2^2 = \frac{1}{2} [x_1 \quad x_2] \begin{bmatrix} k_{11} & k_{12} \\ k_{21} & k_{22} \end{bmatrix} \begin{bmatrix} x_1 \\ x_2 \end{bmatrix}, k_{12} = k_{21}$$

控制律式（8-19）为

$$u = -G^{-1} B^\mathrm{T} Kx = -g^{-1} [0 \quad 1] \begin{bmatrix} k_{11} & k_{12} \\ k_{21} & k_{22} \end{bmatrix} \begin{bmatrix} x_1 \\ x_2 \end{bmatrix} = -\frac{1}{g} (k_{21} x_1 + k_{22} x_2)$$

其中，未知矩阵为

$$\boldsymbol{K} = \begin{bmatrix} k_{11} & k_{12} \\ k_{21} & k_{22} \end{bmatrix}, \quad k_{12} = k_{21}$$

这可以通过求解矩阵形式的 Riccati 方程得到

$$-Q - A^T K - K^T A + K^T B G^{-1} B^T K =$$

$$-\begin{bmatrix} q_{11} & 0 \\ 0 & q_{22} \end{bmatrix} - \begin{bmatrix} 0 & 0 \\ 1 & 0 \end{bmatrix} \begin{bmatrix} k_{11} & k_{12} \\ k_{21} & k_{22} \end{bmatrix} - \begin{bmatrix} k_{11} & k_{21} \\ k_{12} & k_{22} \end{bmatrix} \begin{bmatrix} 0 & 1 \\ 0 & 0 \end{bmatrix}$$

$$+ \begin{bmatrix} k_{11} & k_{21} \\ k_{12} & k_{22} \end{bmatrix} \begin{bmatrix} 0 \\ 1 \end{bmatrix} g^{-1} [0 \quad 1] \begin{bmatrix} k_{11} & k_{12} \\ k_{21} & k_{22} \end{bmatrix} = \begin{bmatrix} 0 & 0 \\ 0 & 0 \end{bmatrix}$$

3 个要求解的代数方程为

$$\frac{k_{12}^2}{g} - q_{11} = 0, \quad -k_{11} + \frac{k_{12} k_{22}}{g} = 0, \quad -2k_{12} + \frac{k_{22}^2}{g} - q_{22} = 0.$$

解为

$$k_{12} = k_{21} = \pm \sqrt{q_{11} g}, k_{22} = \pm \sqrt{g(q_{22} + 2k_{12})} \text{且} k_{11} = \frac{k_{12} k_{22}}{g}$$

性能泛函

$$J = \frac{1}{2} \int_0^\infty (q_{11} x_1^2 + q_{22} x_2^2 + g u^2) \mathrm{d}t$$

是正定的，因为用的是二次型，且 $q_{11} \geq 0$，$q_{22} \geq 0$ 且 $g > 0$。因此

$$k_{11} = \sqrt{q_{11}(q_{22} + 2\sqrt{q_{11} g})}, k_{12} = k_{21} = \sqrt{q_{11} g} \text{和} k_{22} = \sqrt{g(q_{22} + 2\sqrt{q_{11} g})}$$

控制律为

$$u = -\frac{1}{g}\left(\sqrt{q_{11} g} x_1 + \sqrt{g(q_{22} + 2\sqrt{q_{11} g})} x_2 \right) = -\sqrt{\frac{q_{11}}{g}} x_1 - \sqrt{\frac{q_{22} + 2\sqrt{q_{11} g}}{g}} x_2$$

根据已经得到的解析结果，我们可以用 lqr 命令来计算反馈增益和特征值。令 $q_{11} = 100$，$q_{22} = 10$，且 $g = 1$。有

【MATLAB】

A = [0 1;00], B = [0;1], Q = [100 0;0 10], G = [1],

[K_feedback, K, Eigenvalues] = 1qr(A, B, Q, G)

得到的结果为

A =

    0   1

    0   0

B =

    0

    1

Q =

    100   0

    0   10

G =

    1

K_feedback =

    10.0000   5.4772

K =

    54.7723   10.0000

    10.0000   5.4772

Eigenvalues =

    -2.7386 + 1.5811i

    -2.7386 - 1.5811i

因此，有

$$K = \begin{bmatrix} k_{11} & k_{12} \\ k_{21} & k_{22} \end{bmatrix} = \begin{bmatrix} 54.77 & 10 \\ 10 & 5.48 \end{bmatrix}, \quad k_{11} = 54.77, \quad k_{12} = k_{21} = 10, \quad k_{22} = 5.48$$

得到控制律为

$$u = -10x_1 - 5.48x_2$$

闭环系统的稳定性，由

$$\frac{\mathrm{d}x_1}{\mathrm{d}t} = x_2, \ \frac{\mathrm{d}x_2}{\mathrm{d}t} = -10x_1 - 5.48x_2$$

得到保证。特征值都具有负实部，且复特征值为 $-2.74 \pm 1.58i$。

例 8-4

考虑由状态空间方程（8-9）来描述的系统。

$$x = Ax + Bu = \begin{bmatrix} -10 & 0 & -20 & 0 \\ 0 & -10 & -10 & 0 \\ 10 & 5 & -1 & 0 \\ 0 & 0 & 1 & 0 \end{bmatrix} \begin{bmatrix} x_1 \\ x_2 \\ x_3 \\ x_4 \end{bmatrix} + \begin{bmatrix} 10 & 0 \\ 0 & 10 \\ 0 & 0 \\ 0 & 0 \end{bmatrix} \begin{bmatrix} u_1 \\ u_2 \end{bmatrix}$$

输出是 $y = x_4$。即输出方程为

$$y = \begin{bmatrix} 0 & 0 & 0 & 1 \end{bmatrix} \begin{bmatrix} x_1 \\ x_2 \\ x_3 \\ x_4 \end{bmatrix} + \begin{bmatrix} 0 & 0 \end{bmatrix} \begin{bmatrix} u_1 \\ u_2 \end{bmatrix}$$

性能泛函式（8-10）为

$$J = \frac{1}{2} \int_0^\infty (x^\mathrm{T} Q x + u^\mathrm{T} G u) \, \mathrm{d}t$$

$$= \frac{1}{2} \int_0^\infty \left(\begin{bmatrix} x_1 & x_2 & x_3 & x_4 \end{bmatrix} \begin{bmatrix} 0.05 & 0 & 0 & 0 \\ 0 & 0.1 & 0 & 0 \\ 0 & 0 & 0.01 & 0 \\ 0 & 0 & 0 & 1 \end{bmatrix} \begin{bmatrix} x_1 \\ x_2 \\ x_3 \\ x_4 \end{bmatrix} \right.$$

$$\left. = \begin{bmatrix} u_1 & u_2 \end{bmatrix} \begin{bmatrix} 0.001 & 0 \\ 0 & 0.001 \end{bmatrix} \right) \mathrm{d}t$$

$$= \frac{1}{2} \int_0^\infty (0.05x_1^2 + 0.1x_2^2 + 0.01x_3^2 + x_4^2 + 0.001u_1^2 + 0.001u_1^2) \, \mathrm{d}t$$

【MATLAB】

```
echo off;clear all;format short e;
% Constant – coefficient matrices A, B, C and D of system
A = [ -10 0 -20 0;0 -10 -10 0;10 5 -1 0;0 0 1 0];
disp('eigenvalues_A');disp(eig(A));% Eigenvalues of matrix A
B = [10 0;0 10;0 0;0 0];
C = [0 0 0 1];D = [0 0 0 0];
% Weighting matrices Q and G
```

Q = [0. 05　0　0　0;0　0. 1　0　0;0　0　0. 01　0;0　0　0　1];

G = [0. 001　0;0　0. 001];

% Feedback and return function coefficients, eigenvalues

[K_feedback, K, Eigenvalues] = lqr(A,B,Q,G);

disp('K_feedback');disp(K _feedback);

disp('K');disp(K);

disp('eigenvalues A − BK_feedback');disp(Eigenvalues);

% Closed − loop system

A_closed_loop = A − B * K_feedback;

% Dynamics

t = 0: 0. 002: 1;

uu = [0 * ones(max(size(t)),4)];% Applied inputs

x0 = [20　10　−10　−20];% Initial conditions

[y,x] = lsim(A_closed_loop,B * K_feedback, C, D, uu, t, x0);

plot(t,x);title('System Dynamics,x_1,x_2,x_3,x_4','FontSize',14);

xlabel('Time [seconds]', 'FontSize',14);pause;

plot(t,y);pause;

plot(t,x(:,1), '−',t,x(:,2), '−',t,x(:,3), '−',t,x(:,4), '−');pause;

plot(t,x(:,1), '−');pause;plot(t,x(:,2),'−');pause;

plot(t,x(:,3), '−');pause;plot(t,x(:,4), '−');pause;

disp('End')

反馈增益矩阵 K_F 和回调含数据矩阵 K，和闭环系统的特征值

$$(A − BG^{-1}B^T K) = (A − BK_F)$$

给出如下:

【MATLAB】

eigenvalues_A

0

−1. 0000e +001

−5. 5000e +000　　　+1. 5158e +001i

−5. 5000e +000　　　−1. 5158e +001i

K_feedback

6. 7782e +000	2. 1467e −001	4. 7732e +000	2. 9687e +001
2. 1467e −001	9. 1198e +000	1. 4555e +000	1. 0895e +001

K

6. 7782e −004	2. 1467e −005	4. 7732e −004	2. 9687e −003
2. 1467e −005	9. 1198e −004	1. 4555e −004	1. 0895e −003
4. 7732e −004	1. 4555e −004	4. 8719e −003	2. 3325e −002
2. 9687e −003	1. 0895e −003	2. 3325e −002	2. 5115e −001

eigenvalues A − BK_feedback

$$-1.0002e+002$$
$$-6.8253e+001$$
$$-5.8523e+000 \qquad +3.8928e+000i$$
$$-5.8523e+000 \qquad -3.8928e+000i$$

若能找到矩阵 K_F 和回调含数据矩阵 K，我们得到控制律为

$$u = \begin{bmatrix} u_1 \\ u_2 \end{bmatrix} = -K_F x$$

$$= -\begin{bmatrix} 6.78 & 0.21 & 4.77 & 29.7 \\ 0.21 & 9.12 & 1.46 & 10.9 \end{bmatrix} \begin{bmatrix} x_1 \\ x_2 \\ x_3 \\ x_4 \end{bmatrix}$$

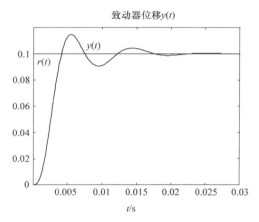

致动器位移 $y(t)$

图 8-1　状态变量的动态过程

闭环系统的状态方程，如果起始状态设置为 $x_{10}=20$，$x_{20}=10$，$x_{30}=-10$，$x_{40}=-20$，已经在图 8-1 中表示出来。状态变量和输出变量都汇聚为状态变量的值。闭环系统是稳定的。在这部分的例子中，分析了稳定性的问题。参考值 $r(t)$ 和跟踪误差 $e(t)$ 都没有使用。

8.3　线性机电系统的跟踪控制

在 8.2 节中讨论了用雅克比理论设计研究稳定性问题和设计稳定的控制算法。跟踪控制必须要使用跟踪误差 $e(t)=r(t)-y(t)$。

跟踪控制问题可以概括为对于如下机电系统，例如

$$\dot{x}(t) = Ax + Bu$$

其输出方程为 $y(t)=Hx(t)$，综合求取性能泛函的最小值得到跟踪最优控制律 $u=\phi(e,x)$。

用输出方程 $y(t)=Hx(t)$，由于对于多变量的系统，有

$$e(t) = Nr(t) - y(t) = Nr(t) - Hx(t),$$

$$e(t) = \begin{bmatrix} n_{11} & 0 & \cdots & 0 & 0 \\ 0 & n_{22} & \cdots & 0 & 0 \\ \vdots & \vdots & \ddots & \vdots & \vdots \\ 0 & 0 & \cdots & n_{b-1b-1} & 0 \\ 0 & 0 & \cdots & 0 & n_{bb} \end{bmatrix} \begin{bmatrix} r_1 \\ r_2 \\ \vdots \\ r_{b-1} \\ r_b \end{bmatrix}$$

$$-\begin{bmatrix} h_{11} & h_{12} & \cdots & h_{1n-1} & h_{1n} \\ h_{21} & h_{22} & \cdots & h_{2n-1} & h_{2n} \\ \vdots & \vdots & \ddots & \vdots & \vdots \\ h_{b-11} & h_{b-12} & \cdots & h_{b-1n-1} & h_{b-1n} \\ h_{b1} & h_{b2} & \cdots & h_{bn-1} & h_{bn} \end{bmatrix} \begin{bmatrix} x_1 \\ x_2 \\ \vdots \\ x_{n-1} \\ x_n \end{bmatrix}$$

其中 $N \in \mathbb{R}^{b \times b}, H \in \mathbb{R}^{b \times n}$，且都是常系数矩阵。

表示

$$e(t) = x^{\dot{ref}}(t)$$

考虑外生系统的状态方程

$$x^{ref}(t) = Nr - y = Nr - Hx \tag{8-22}$$

系统的方程（8-9）、（8-2）是

$$\dot{x}(t) = Ax + Bu, y = Hx, x_0(t_0) = x_0, x^{\dot{ref}}(t) = Nr - y = Nr - Hx$$

因此，有

$$\dot{x}_\Sigma(t) = A_\Sigma x_\Sigma + B_\Sigma u + N_\Sigma r, y = Hx, x_{\Sigma 0}(t_0) = x_{\Sigma 0'} \tag{8-23}$$

这里

$$\chi_\Sigma = \begin{bmatrix} \chi \\ \chi^{ref} \end{bmatrix} \in \mathbb{R}^c (c = n + b); A_\Sigma = \begin{bmatrix} A & 0 \\ -H & 0 \end{bmatrix} \in \mathbb{R}^{c \times c},$$

$$B_\Sigma = \begin{bmatrix} B \\ 0 \end{bmatrix} \in \mathbb{R}^{c \times m} \text{ 和 } N_\Sigma = \begin{bmatrix} 0 \\ N \end{bmatrix} \in \mathbb{R}^{c \times b}$$

二次性能泛函的表达式为

$$J = \frac{1}{2} \int_{t_0}^{t_f} \left(\begin{bmatrix} \chi \\ \chi^{ref} \end{bmatrix}^T Q \begin{bmatrix} \chi \\ \chi^{ref} \end{bmatrix} + u^T G u \right) dt \tag{8-24}$$

从式（8-23）和式（8-24）可看出，Hamiltonian 函数是

$$H\left(\chi_\Sigma, u, r, \frac{\partial V}{\partial \chi_\Sigma} \right) = \frac{1}{2} (\chi_\Sigma^T Q \chi_\Sigma + u^T G u) + \left(\frac{\partial V}{\partial \chi_\Sigma} \right)^T (A_\Sigma \chi_\Sigma + B_\Sigma u + N_\Sigma r). \tag{8-25}$$

将最优化的必要条件式（8-5）代入式（8-25），得到

$$\frac{\partial H}{\partial u} = u^T G + \left(\frac{\partial V}{\partial \chi_\Sigma} \right)^T B_\Sigma.$$

这样，控制律是

$$u = -G^{-1} B_\Sigma^T \frac{\partial V(\chi_\Sigma)}{\partial \chi_\Sigma} = -G^{-1} \begin{bmatrix} B \\ 0 \end{bmatrix}^T \frac{\partial V\left(\begin{bmatrix} \chi \\ \chi^{ref} \end{bmatrix} \right)}{\partial \left(\begin{bmatrix} \chi \\ \chi^{ref} \end{bmatrix} \right)}. \tag{8-26}$$

Hamilton – Jacobi – Bellman 偏微分方程的解为

$$-\frac{\partial V}{\partial t} = \frac{1}{2}\chi_\Sigma^T Q\chi_\Sigma + \left(\frac{\partial V}{\partial \chi_\Sigma}\right)^T A\chi_\Sigma - \frac{1}{2}\left(\frac{\partial V}{\partial \chi_\Sigma}\right)B_\Sigma G^{-1}B_\Sigma^T\frac{\partial V}{\partial \chi_\Sigma} \quad (8\text{-}27)$$

二次还原函数为

$$V(\chi_\Sigma) = \frac{1}{2}\chi_\Sigma^T K(t)\chi_\Sigma \quad (8\text{-}28)$$

从式（8-27）和式（8-28）可知，从 Riccati 方程可得未知系统矩阵 K 为

$$-\dot{K} = Q + A_\Sigma^T K + K^T A_\Sigma - K^T B_\Sigma G^{-1}B_\Sigma^T K, \; K(t_f) = K_f \quad (8\text{-}29)$$

从式（8-26）和式（8-28）可知控制式为

$$u = -G^{-1}B_\Sigma^T K x_\Sigma = -G^{-1}\begin{bmatrix} B \\ 0 \end{bmatrix}^T K\begin{bmatrix} x \\ x^{ref} \end{bmatrix}. \quad (8\text{-}30)$$

由于

$$x^{ref}(t) = e(t)\,,$$

其中

$$x^{ref}(t) = \int e(t)\,\mathrm{d}t$$

因此对于 $e(t)$ 有一个反馈和积分的控制律，带入为

$$u(t) = -G^{-1}B_\Sigma^T K x_\Sigma(t) = -G^{-1}\begin{bmatrix} B \\ 0 \end{bmatrix}^T K\begin{bmatrix} x(t) \\ \int e(t)\,\mathrm{d}t \end{bmatrix} \quad (8\text{-}31)$$

这种控制方法通常不能保证系统合适的性能，因为对于跟踪误差 $e(t)$ 没有比例环节。其他的设计理念也是特别有趣的。

8.4　状态变换方法和跟踪控制

跟踪控制的问题，主要靠用状态变换方法设计比例积分控制算法。我们定义跟踪误差的向量为

$$e(t) = Nr(t) - y(t) = Nr(t) - Hx^{sys}(t)$$

对于线性系统

$$x^{sys} = A^{sys}x^{sys} + B^{sys}u \quad (8\text{-}32)$$

其输出方程为 $y(t) = Hx^{sys}(t)$，有

$$e(t) = Nr(t) - y(t) = Nr(t) - Hx^{sys}(t) = Nr(t) - HA^{sys}x^{sys} - HB^{sys}u \quad (8\text{-}33)$$

对于式（8-32）和式（8-33），应用扩展状态向量

$$x(t) = \begin{bmatrix} x^{sys}(t) \\ e(t) \end{bmatrix}$$

可以得到

$$\dot{x}(t) = \begin{bmatrix} \dot{x}^{sys}(t) \\ \dot{e}(t) \end{bmatrix} = \begin{bmatrix} A^{sys} & 0 \\ -HA^{sys} & 0 \end{bmatrix} \begin{bmatrix} x^{sys} \\ e \end{bmatrix} + \begin{bmatrix} B^{sys} \\ -HB^{sys} \end{bmatrix} u + \begin{bmatrix} 0 \\ N \end{bmatrix} \dot{r} = Ax + Bu + \begin{bmatrix} 0 \\ N \end{bmatrix} \dot{r}$$

$$(8\text{-}34)$$

利用 z 和 v 向量的空间变换方法

z 定义为

$$z = \begin{bmatrix} x \\ u \end{bmatrix} \text{和} v = u \tag{8-35}$$

其中，$z \in \mathbb{R}^{c+m}$ 且 $v \in \mathbb{R}^m$ 是状态变换向量。

用 z 和 v，可以得到状态模型如下：

$$\dot{z}(t) = \begin{bmatrix} A & B \\ 0 & 0 \end{bmatrix} z + \begin{bmatrix} 0 \\ I \end{bmatrix} \dot{v} = A_z z + B_z v, y = Hx^{sys}, z(t_0) = z_0 \tag{8-36}$$

其中，$A_z \in \mathbb{R}^{(c+m)\times(c+m)}, B_z \in \mathbb{R}^{(c+m)\times m}$ 是常系数矩阵。

二次泛函

$$J = \frac{1}{2}\int_{t_0}^{t_f}(z^T Q_z z + v^T G_z v)\mathrm{d}t, Q_z \in \mathbb{R}^{(c+m)\times(c+m)}, Q_z \geqslant 0, G \in \mathbb{R}^{m\times m}, G > 0$$

$$(8\text{-}37)$$

最优化的一阶必要条件

$$v = -G_z^{-1} B_z^T \frac{\partial V}{\partial z} \tag{8-38}$$

汉密尔顿 – 雅克比 – 贝尔曼 偏微分方程的解

$$-\frac{\partial V}{\partial t} = \frac{1}{2}z^T Q_z z + \left(\frac{\partial V}{\partial z}\right)^T A_z z - \frac{1}{2}\left(\frac{\partial V}{\partial z}\right)^T B_z G_z^{-1} B_z^T \frac{\partial V}{\partial z} \tag{8-39}$$

是满足的，以连续微分二次返回函数

$$V(z) = \frac{1}{2}z^T K(t)z \tag{8-40}$$

用式（8-38）和式（8-40），可得到控制函数为

$$v = -G_z^{-1} B_z^T Kz \tag{8-41}$$

从式（8-39）中，Riccati 方程用来得到未知矩阵 $K \in \mathbb{R}^{(c+m)\times(c+m)}$

$$-\dot{K} = KA_z + A_z^T K - KB_z G_z^{-1} B_z^T K + Q_z, K(t_f) = K_f$$

从式（8-41）和式（8-35）中，可以得到

$$u(t) = -G_z^{-1} B_z^T Kz = -G_z^{-1} \begin{bmatrix} 0 \\ 1 \end{bmatrix}^T \begin{bmatrix} K_{11} & K_{21}^T \\ K_{21} & K_{22} \end{bmatrix} \begin{bmatrix} x \\ u \end{bmatrix} = -G_z^{-1} K_{21} x - G_z^{-1} K_{22} u = K_{f1} x + K_{f2} u$$

$$(8\text{-}42)$$

用式（8-34）$x(t) = Ax + Bu$，可以得到 $u = B^{-1}(x(t) - Ax)$。因此

$$u = B^{-1}(x(t) - Ax) = (B^T B)^{-1} B^T(x(t) - Ax) \tag{8-43}$$

将式（8-43）应用在式（8-42）中，可以得到

$$u(t) = K_{f1}x + K_{f2}u = K_{f1}x + K_{f2}(B^TB)^{-1}B^T(x(t) - Ax)$$
$$= [K_{f1} - K_{f2}(B^TB)^{-1}B^TA]x(t) + K_{f2}(B^TB)^{-1}B^Tx(t)$$
$$= (K_{f1} - K_{F1}A)x(t) + K_{F1}x(t) = K_{F2}x(t) + K_{F1}x(t) \qquad (8\text{-}44)$$

因此，可以得到控制律为

$$u(t) = K_{F1}x(t) - K_{F1}x_0 + \int K_{F2}x(\tau)\mathrm{d}\tau + u_0 \qquad (8\text{-}45)$$

设计的控制器式（8-45）是带有状态反馈的比例积分跟踪控制，因为

$$x(t) = \begin{bmatrix} x^{sys}(t) \\ e(t) \end{bmatrix}$$

我们利用状态 $x^{sys}(t)$ 和跟踪误差 $e(t)$。为了实现控制律式（8-45），$x^{sys}(t)$ 和 $e(t)$ 必须是可得到的。

对于非线性的机电系统，这种方法可以直接用来推导得到控制算法。特别的，可以使用

$$v = -G_z^{-1}B_z^T(z)\frac{\partial V}{\partial z} \qquad (8\text{-}46)$$

可以得到比例积分控制算法 $u(t)$

例 8-5

对于一个附有施加电压 u 的压电陶瓷（PZT）驱动器设计跟踪控制算法。针对一个压电陶瓷驱动器的二阶方程是

$$m\frac{\mathrm{d}^2y}{\mathrm{d}t^2} + b\frac{\mathrm{d}y}{\mathrm{d}t} + k_ey = k_ed_eu$$

其中 y 是执行器的位移（输出）。

因此，我们可以得到

$$\frac{\mathrm{d}y}{\mathrm{d}t} = v,$$

$$\frac{\mathrm{d}v}{\mathrm{d}t} = -\frac{k_e}{m}y - \frac{b}{m}v + \frac{k_ed_e}{m}u$$

参考输入是 $r(t)$，而跟踪误差为 $e(t) = Nr(t) - y(t), N = 1$，有系统式（8-32）和系统式（8-33）

$$x^{sys} = A^{sys}x^{sys} + B^{sys}u, \quad e = Nr - HA^{sys}x^{sys} - HB^{sys}u$$

其中

$$x^{sys} = \begin{bmatrix} y \\ v \end{bmatrix}, \quad A^{sys} = \begin{bmatrix} 0 & 1 \\ -\dfrac{k_e}{m} & -\dfrac{b}{m} \end{bmatrix}, \quad B^{sys} = \begin{bmatrix} 0 \\ \dfrac{k_ed_e}{m} \end{bmatrix} 且 H = \begin{bmatrix} 1 & 0 \end{bmatrix}$$

可以由式（8-34）得到

$$\dot{x} = \begin{bmatrix} \dot{x}^{sys} \\ \dot{e} \end{bmatrix} = \begin{bmatrix} A^{sys} & 0 \\ -HA^{sys} & 0 \end{bmatrix}\begin{bmatrix} x^{sys} \\ e \end{bmatrix} + \begin{bmatrix} B^{sys} \\ -HB^{sys} \end{bmatrix}u + \begin{bmatrix} 0 \\ N \end{bmatrix}\dot{r}, \quad y = \begin{bmatrix} H & 0 \end{bmatrix}\begin{bmatrix} x^{sys} \\ e \end{bmatrix}$$

应用状态转换的方法。由式（8-35），有

$$z = \begin{bmatrix} x^{sys} \\ e \\ u \end{bmatrix}$$

因此，控制函数（8-41）为

$$\dot{u}(t) = -K_f z(t) = -K_f \begin{bmatrix} y(t) \\ v(t) \\ e(t) \\ u(t) \end{bmatrix}$$

比例积分的跟踪控制律式（8-45）变为

$$u(t) = K_{F1} \begin{bmatrix} y(t) \\ v(t) \\ e(t) \end{bmatrix} + \int K_{F2} \begin{bmatrix} y(\tau) \\ v(\tau) \\ e(\tau) \end{bmatrix} d\tau$$

执行器的参数为 $k_e = 3000$，$b = 1$，$d_e = 0.000001$，$m = 0.02$。反馈增益可以使用 MATLAB 中的 lqr 命令得到。二次泛函式（8-37）的权重矩阵是

$$Q = \begin{bmatrix} 1 & 0 & 0 & 0 \\ 0 & 1 & 0 & 0 \\ 0 & 0 & 1 \times 10^{10} & 0 \\ 0 & 0 & 0 & 1 \end{bmatrix}$$

且 $G_z = 10$。闭环执行器的动态响应如图 8-2 所示。过渡时间为 0.022s，跟踪误差最终为 0。

用来描述 PZT 执行器的微分方程可以写作

$$m \frac{d^2 y}{dt^2} + b \frac{dy}{dt} + k_e y = k_e (d_e u - z_h)$$

考滤滞环模型

$$\dot{z}_h = a d_e u - \beta |\dot{u}| z_h - \gamma \dot{u} |z_h|$$

其中 α 和 β 是常量。

由此，可以得到 PZT 执行器的状态空间的非线性模型。

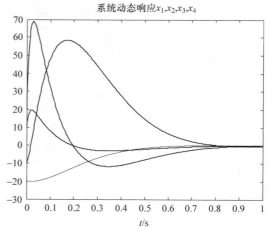

系统动态响应 x_1, x_2, x_3, x_4

图 8-2　当 $r(t) = 0.1$ 时闭环系统的动态响应

$$\frac{dy}{dt} = v,$$

$$\frac{dv}{dt} = -\frac{k_e}{m} y - \frac{b}{m} v + \frac{k d_e}{m} u$$

$$\frac{dz_h}{dt} = -\beta |\dot{u}| z_h + a d_e \dot{u} - \gamma |z_h| \dot{u}$$

可以为非线性的控制器设计控制算法。

8.5　机电系统的时间最优控制

对于运动系统，时间最优控制可以使用泛函

$$J = \frac{1}{2}\int_{t_0}^{t_f} W(x)\,\mathrm{d}t \text{ 或者 } J = \int_{t_0}^{t_f} 1\,\mathrm{d}t$$

对非线性系统式（8-3），注意到汉密尔顿 – 雅克比方程

$$-\frac{\partial V}{\partial t} = \min_{-1 \leqslant u \leqslant 1}\left[1 + \left(\frac{\partial V}{\partial x}\right)^T (F(x) + B(x)u)\right] \tag{8-47}$$

并且，使用最优化的一阶条件式（8-5），继电式控制律是

$$u = -\operatorname{sgn}\left(B^T(x)\frac{\partial V}{\partial x}\right), -1 \leqslant u \leqslant 1 \tag{8-48}$$

由于有振颤、开关、损耗和其他的干扰因素，控制律式（8-48）不能应用于系统。因此，有死区的继电式控制律

$$u = -\operatorname{sgn}\left(B(x)^T\frac{\partial V}{\partial x}\right)\bigg|_{\text{dead zone}}, -1 \leqslant u \leqslant 1 \tag{8-49}$$

可以作为一种可能的选择。

例 8-6

对于由以下的微分方程描述的系统，综合考虑时间最优控制算法

$$x_1(t) = x_1^5 u_1 + x_2^7, -1 \leqslant u_1 \leqslant 1,$$
$$x_2(t) = x_1^3 x_2^5 u_2, -1 \leqslant u_2 \leqslant 1,$$

性能泛函为

$$J = \int_{t_0}^{t_f} 1\,\mathrm{d}t$$

汉密尔顿 – 雅克比方程为

$$-\frac{\partial V}{\partial t} = \min_{u \in U}\left[1 + \left(\frac{\partial V}{\partial x}\right)^T (F(x) + B(x)u)\right]$$
$$= \min_{\substack{-1 \leqslant u_1 \leqslant 1 \\ -1 \leqslant u_2 \leqslant 1}}\left[1 + \frac{\partial V}{\partial x}(x_1^5 u_1 + x_2^7) + \frac{\partial V}{\partial x_2}x_1^3 x_2^5 u_2\right]$$

从最优化的二阶必要条件（8-5）中，一个最优化的控制律为

$$u_1 = -\operatorname{sgn}\left(x_1^5\frac{\partial V}{\partial x_1}\right), u_2 = -\operatorname{sgn}\left(x_1^3 x_2^5\frac{\partial V}{\partial x_2}\right),$$

例 8-7

对于例 8-3 中提到的系统，可以设计继电式控制律。尤其，对于动态方程为

$$\dot{x}_1(t) = x_2, \dot{x}_2(t) = u, -1 \leqslant u \leqslant 1$$

控制函数取值为 $u = 1$ 或者 $u = -1$。

如果 $u=1$，由 $x_1(t)=x_2,x_2(t)=1$，有

$$\frac{\mathrm{d}x_2}{\mathrm{d}x_1}=\frac{1}{x_2}$$

综合得出 $x_2^2=2x_1+c_1$，

如果 $u=-1$，由 $x_1(t)=x_2,x_2(t)=1$，有

$$\frac{\mathrm{d}x_2}{\mathrm{d}x_1}=-\frac{1}{x_2}$$

综合得出 $x_2^2=-2x_1+c_1$。

开关（$u=1$ 或者 $u=-1$）的结果，得到状态变量的开关曲线。对比 $x_2^2=2x_1+c_1$ 和 $x_2^2=-2x_1+c_2$，得出开关曲线是

$$-x_2^2-2x_1\mathrm{sgn}(x_2)=0 \text{ 或者 } -x_1-\frac{1}{2}x_2^2|x_2|=0$$

控制取值为 $u=1$ 或者 $u=-1$，利用得到的开关曲线，可以得到时间最优化控制算法是

$$u=-\mathrm{sgn}\left(x_1+\frac{1}{2}x_2^2|x_2|\right),\quad -1\leqslant u\leqslant 1$$

可以对于继电式的控制律，用对变量的积分的方法分析微分方程。

应用汉密尔顿 - 雅克比理论，最小化泛函

$$J=\int_{t_0}^{t_f}1\mathrm{d}t$$

从汉密尔顿 - 雅克比方程中，

$$-\frac{\partial V}{\partial t}=\min_{-1\leqslant u\leqslant 1}\left[1+\frac{\partial V}{\partial x_1}x_2+\frac{\partial V}{\partial x_2}u\right]$$

可以用式（8-5）得到最优化控制是

$$u=-\mathrm{sgn}\left(\frac{\partial V}{\partial x_2}\right)$$

汉密尔顿 - 雅克比偏微分方程的求解可以通过返回函数

$$V(x_1,x_2)=k_{11}x_1^2+k_{12}x_1x_2+k_{22}x_2^3|x_2|$$

给出。

其中，用到了非二次、连续的、微分返回函数。控制律为

$$u=-\mathrm{sgn}\left(x_1+\frac{1}{2}x_2^2|x_2|\right).$$

时间最优控制的设计需用到汉密尔顿 - 雅克比理论，结合变量积分得出。需要分析瞬态响应。开关曲线、变量的相位变化，以及不同的初始条件，都在图8-3中描绘了出来。

应用返回函数

$$V(x_1,x_2)=\frac{1}{2}k_{11}x_1^2+k_{12}x_1x_2+\frac{1}{2}k_{22}x_2^2$$

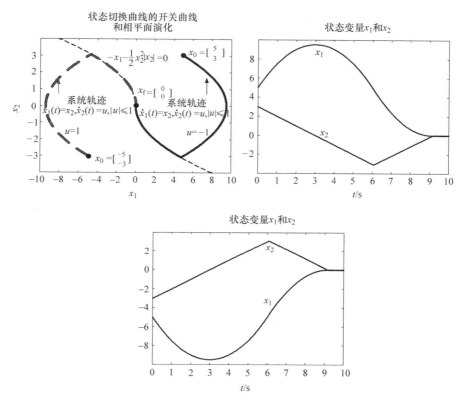

图 8-3　应用时间最优（开关）控制系统的状态变化图

可以得到使闭环系统稳定的控制律

$$u = -\operatorname{sgn}(x_1 + x_2).$$

介绍切换面，其在 8-6 节中使用到。如

$$v(x_1, x_2) = x_1 + x_2$$

有

$$u = \begin{cases} 1 & v(x_1, x_2) < 0 \\ -1 & v(x_1, x_2) > 0 \end{cases}.$$

8.6　滑模控制

　　时间最优控制产生了带有切换面的继电式控制器。不良现象（如开关、颤振、脉动等）通常导致不可接受的性能。滑模控制与时间最优控制可直接的类比。可以综合软、硬开关滑模控制规则。滑模软开关控制能提供较好性能，消除颤振现象

（以继电式和硬开关换滑模控制规律为典型）。要设计控制律，我们将结构和误差的理论模型建立成

$$\dot{x}(t) = F(x)x + B(x)u, u_{\min} \leqslant u(t,x,e) \leqslant u_{\max}, u_{\min} < 0, u_{\max} > 0 \quad (8\text{-}50)$$

$$\dot{e}(t) = N\dot{r}(t) - H\dot{x}$$

平滑的滑模面为

$$M = \{(t,x,e) \in R_{\geqslant 0} \times X \times E \mid v(t,x,e) = 0\}$$

$$= \bigcap_{j=1}^{m} \{(t,x,e) \in R_{\geqslant 0} \times X \times E \mid v_j(t,x,e) = 0\} \quad (8\text{-}51)$$

其中的非线性时变切换面为

$v(t,x,e) = K_{vxe}(t,x,e) = 0$ 或者

$$v(t,x,e) = \begin{bmatrix} K_{vx}(t) & K_{ve}(t) \end{bmatrix} \begin{bmatrix} x(t) \\ e(t) \end{bmatrix} = K_{vx}(t)x(t) + K_{ve}e(t) = 0$$

$$\begin{bmatrix} v_1(t,x,e) \\ \vdots \\ v_m(t,x,e) \end{bmatrix} = \begin{bmatrix} k_{vx11}(t) & \cdots & k_{vx1n}(t) & k_{ve11}(t) & \cdots & k_{ve1b}(t) \\ \vdots & \vdots & \vdots & \vdots & \vdots & \vdots \\ k_{vxm1}(t) & \cdots & k_{vxmn}(t) & k_{vem1}(t) & \cdots & k_{vemb}(t) \end{bmatrix} \begin{bmatrix} x_1(t) \\ \vdots \\ x_n(t) \\ e_1(t) \\ \vdots \\ e_b(t) \end{bmatrix} = 0$$

软开关的控制律为

$$u(t,x,e) = -G\phi(v), u_{\min} \leqslant u(t,x,e) \leqslant u_{\max}, G \in \mathbb{R}^{m \times m}, G > 0 \quad (8\text{-}52)$$

其中 ϕ 是连续实函数类 $C^{\in}$（$\in \geqslant 1$），例如，tanh 和 erf。

相反，带有常量和变化增益离散（硬开关）跟踪控制定律是

$$u(t,x,e) = -G\text{sgn}(v), G \in \mathbb{R}^{m \times m}, G > 0$$

或者

$$u(t,x,e) = -G(t,x,e)\text{sgn}(v), G(\cdot): \mathbb{R}_{\geqslant 0} \times \mathbb{R}^n \times \mathbb{R}^b \to \mathbb{R}^{m \times m} \quad (8\text{-}53)$$

最简单的硬开关跟踪控制定律为（8-53）是

$$u(t,x,e) = \begin{cases} u_{\max}, & \forall v(t,x,e) > 0 \\ 0, & \forall v(t,x,e) = 0, u_{\min} \leqslant u(t,x,e) \leqslant u_{\max} \\ u_{\min}, & \forall v(t,x,e) < 0 \end{cases} \quad (8\text{-}54)$$

在控制空间里是一个有 2^m 个顶点的多面体。

例 8-8 转子参考系情况下的永磁同步电动机的控制

对于一个永磁同步电动机系统，我们设计滑膜控制算法。40V 的电机参数为

$r_s(\cdot) \in [0.5_{T=20℃} \quad 0.75_{T=130℃}]\Omega$，

$L_{ss}(\cdot) \in [0.009 \quad 0.01]H$

$L_{ls} = 0.001H$

$$\psi_{\mathrm{m}}(\,\cdot\,)\in\big[\,0.069_{\,T=20\text{℃}} \quad 0.055_{\,T=130\text{℃}}\,\big]\,\mathrm{V\cdot s/rad, N\cdot m/A}$$

$$B_{\mathrm{m}}=0.000013\,\mathrm{N\cdot m\cdot s/rad}$$

$$J(\,\cdot\,)\in[\,0.0001 \quad 0.0003\,]\,\mathrm{kg\cdot m^2}$$

6.3.3 节中，转子坐标系中，永磁同步电机用式（6-33）的方程描述，特别的

$$\frac{\mathrm{d}i^r_{\mathrm{qs}}}{\mathrm{d}t}=-\frac{r_{\mathrm{s}}}{L_{\mathrm{ss}}}i^r_{\mathrm{qs}}-\frac{\psi_{\mathrm{m}}}{L_{\mathrm{ss}}}\omega_{\mathrm{r}}+i^r_{\mathrm{ds}}\omega_{\mathrm{r}}+\frac{1}{L_{\mathrm{ss}}}u^r_{\mathrm{qs}},\ \frac{\mathrm{d}i^r_{\mathrm{ds}}}{\mathrm{d}t}=-\frac{r_{\mathrm{s}}}{L_{\mathrm{ss}}}i^r_{\mathrm{qs}}+i^r_{\mathrm{qs}}\omega_{\mathrm{r}}+\frac{1}{L_{\mathrm{ss}}}u^r_{\mathrm{qs}}$$

$$\frac{\mathrm{d}i^r_{\mathrm{0s}}}{\mathrm{d}t}=-\frac{r_{\mathrm{s}}}{L_{\mathrm{ls}}}i^r_{\mathrm{0s}}+\frac{1}{L_{\mathrm{ls}}}u^r_{\mathrm{0s}},\ \frac{\mathrm{d}\omega_{\mathrm{r}}}{\mathrm{d}t}=-\frac{3P^2\psi_{\mathrm{m}}}{8J}i^r_{\mathrm{r}}-\frac{B_{\mathrm{m}}}{J}\omega_{\mathrm{r}}-\frac{P}{2J}T_{\mathrm{L}}$$

状态和控制变量与角速度一样，是电流和电压的正交轴、直轴和零轴分量。故有

$$x=\begin{bmatrix}i^r_{\mathrm{qs}}\\ i^r_{\mathrm{ds}}\\ i^r_{\mathrm{0s}}\\ \omega_{\mathrm{r}}\end{bmatrix},\quad u=\begin{bmatrix}u^r_{\mathrm{qs}}\\ u^r_{\mathrm{ds}}\end{bmatrix}$$

qd0 电压和电流分量有直流成分。

我们可以用 8.9 节（见例 8-17）中李雅普多夫稳定性理论分析稳定性。对于不控制的电机，$u^r_{\mathrm{qs}}=u^r_{\mathrm{ds}}=u^r_{\mathrm{0s}}=0$，由正定二次函数导出

$$V(i^r_{\mathrm{qs}},i^r_{\mathrm{ds}},i^r_{\mathrm{0s}},\omega_{\mathrm{r}})=\frac{1}{2}i^{r\,2}_{\mathrm{qs}}+\frac{1}{2}i^{r\,2}_{\mathrm{ds}}+\frac{1}{2}i^{r\,2}_{\mathrm{0s}}+\frac{1}{2}\omega^2_{\mathrm{r}}$$

是

$$\frac{\mathrm{d}V(i^r_{\mathrm{qs}},i^r_{\mathrm{ds}},i^r_{\mathrm{0s}},\omega_{\mathrm{r}})}{\mathrm{d}t}=-\frac{r_{\mathrm{s}}}{L_{\mathrm{ss}}}i^{r\,2}_{\mathrm{qs}}-\frac{r_{\mathrm{s}}}{L_{\mathrm{ss}}}i^{r\,2}_{\mathrm{ds}}-\frac{r_{\mathrm{s}}}{L_{\mathrm{ls}}}i^{r\,2}_{\mathrm{0s}}-\frac{\psi_{\mathrm{m}}(8J-3P^2L_{\mathrm{ss}})}{8JL_{\mathrm{ss}}}i^r_{\mathrm{qs}}\omega_{\mathrm{r}}-\frac{B_{\mathrm{m}}}{J}\omega^2_{\mathrm{r}}$$

电机参数是时变的，并且

$$r_{\mathrm{s}}(\,\cdot\,)\in\big[\,r_{\mathrm{smin}} \quad r_{\mathrm{smax}}\,\big],L_{\mathrm{ss}}(\,\cdot\,)\in\big[\,L_{\mathrm{ssmin}} \quad L_{\mathrm{ssmax}}\,\big],$$

$$\psi_{\mathrm{m}}(\,\cdot\,)\in\big[\,\psi_{\mathrm{mmin}} \quad \psi_{\mathrm{mmax}}\,\big],J(\,\cdot\,)\in\big[\,J_{\mathrm{min}} \quad J_{\mathrm{max}}\,\big]$$

然而，$r_{\mathrm{s}}>0$，$L_{\mathrm{ss}}>0$，$\psi_{\mathrm{m}}>0$，$J>0$。因此，开环系统是大范围内的渐进稳定，这是因由正定泛函导出的

$$V(i^r_{\mathrm{qs}},i^r_{\mathrm{ds}},i^r_{\mathrm{0s}},\omega_{\mathrm{r}})$$

是负定的。因此，不必应用线性反馈通过取消内部固有非线性成分 $-i^r_{\mathrm{qs}}\omega_{\mathrm{r}}$ 和 $i^r_{\mathrm{qs}}\omega_{\mathrm{r}}$ 将非线性的模型转化为线性的。此外，由于施加电压和 L_{ss} 变化的约束，我们不能够确保反馈的线性化。

从电机的角度看，要获得平稳电压，可以仅仅改变 u^r_{qs} 而 $u^r_{\mathrm{ds}}=0$。因此，即便有必要，也没有办法线性化电机。

我们目的是设计一个软开关控制律。施加电压的边界为 ±40V。时不变的线性和非线性的稳定控制律的开关曲面可以由状态变量 i^r_{qs}，i^r_{ds}，ω_{r} 的函数获得。可以得到

$$v(i_{\mathrm{qs}}^r, i_{\mathrm{ds}}^r, \omega_r) = -0.00049i_{\mathrm{qs}}^r - 0.00049i_{\mathrm{ds}}^r - 0.0014\omega_r = 0 \quad （线性开关表面）$$

$$v(i_{\mathrm{qs}}^r, i_{\mathrm{ds}}^r, \omega_r) = -0.00049i_{\mathrm{qs}}^r - 0.00049i_{\mathrm{ds}}^r - 0.0017\omega_r - 0.000025\omega_r|\omega_r| = 0. \quad （非线性开关表面）$$

强调了只有正交电压分量是可用的。我们定义 $u = u_{\mathrm{qs}}^r$。一种离散的硬开关控制方法是

$$u = \mathrm{sgn}_{-40}^{+40} v(i_{\mathrm{qs}}^r, i_{\mathrm{ds}}^r, \omega_r) = \begin{cases} +40, v(i_{\mathrm{qs}}^r, i_{\mathrm{ds}}^r, \omega_r) > 0 \\ 0, v(i_{\mathrm{qs}}^r, i_{\mathrm{ds}}^r, \omega_r) = 0 \\ -40, v(i_{\mathrm{qs}}^r, i_{\mathrm{ds}}^r, \omega_r) < 0 \end{cases}$$

为了避免奇点的出现，离散的算法应该规范为

$$u = 40 \frac{v(i_{\mathrm{qs}}^r, i_{\mathrm{ds}}^r, \omega_r)}{|v(i_{\mathrm{qs}}^r, i_{\mathrm{ds}}^r, \omega_r)| + \varepsilon}, \varepsilon = 0.0005$$

利用线性和非线性的开关曲面设计的一种软开关稳定控制律为

$$u = 40\tanh v(i_{\mathrm{qs}}^r, i_{\mathrm{ds}}^r, \omega_r)$$

其中 $v(i_{\mathrm{qs}}^r, i_{\mathrm{ds}}^r, \omega_r)$ 是线性或者非线性的开关曲面。

数字仿真可以用来分析和研究变量的切换，主要由初始条件，参考值（指定的角速度）和干扰（T_L 的变化等）决定。如图 8-4 所示主要绘制了变量的三维图，i_{qs}^r，i_{ds}^r，ω_r。显然，系统演进到了原点。

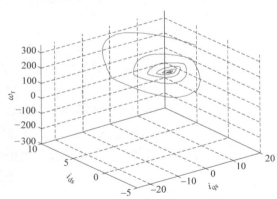

图 8-4　基于初始条件 $\begin{bmatrix} i_{\mathrm{qs}}^r(0) \\ i_{\mathrm{ds}}^r(0) \\ \omega_r(0) \end{bmatrix} = \begin{bmatrix} 20 \\ 5 \\ 200 \end{bmatrix}$ 的三维状态评估

在非线性时不变切换面

$$v(i_{\mathrm{qs}}^r, i_{\mathrm{ds}}^r, \omega_r, e) = -0.0005i_{\mathrm{qs}}^r - 0.0005i_{\mathrm{ds}}^r - 0.00003\omega_r + 0.0015e + 0.0001e^3 = 0$$

中，整合了跟踪控制方法。

一种软开关控制律是

$$u = 40\tanh v(i_{qs}^r, i_{ds}^r, \omega_r, e)$$

图 8-5 展示论述了带有跟踪空置律的闭环系统的动态特性，参考的角速度是 200rad/s。

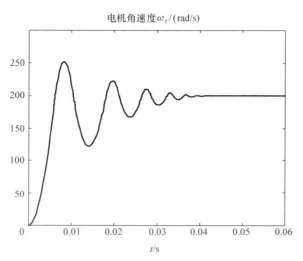

图 8-5　电机角速度的瞬态过程 $r = 200$rad/s

仿真结果论证了过渡时间是 0.039s。所以，显而易见，系统具有不错的性能，稳态误差接近于 0。软开关避免了奇点和灵敏性问题，提升了系统的鲁棒性，消除了振颤。然而，如果使用任意参考系，此方法则是有缺陷的。

反馈线性化和永磁同步电动机的控制。线性条件在数学上是满足的。事实上，对一个模型

$$\frac{di_{qs}^r}{dt} = -\frac{r_s}{L_{ss}}i_{qs}^r - \frac{\psi_m}{L_{ss}}\omega_r - i_{ds}^r\omega_r + \frac{1}{L_{ss}}u_{qs}^r, \quad \frac{di_{ds}^r}{dt} = -\frac{r_s}{L_{ss}}i_{qs}^r + i_{qs}^r\omega_r + \frac{1}{L_{ss}}u_{ds}^r$$

$$\frac{d\omega_r}{dt} = -\frac{3P^2\psi_m}{8J}i_{qs}^r - \frac{B_m}{J}\omega_r$$

控制器可以表示为

$$u_{qs}^r = u_{qs}^{r\,lin} + u_{qs}^{r\,cont}, \quad u_{ds}^r = u_{ds}^{r\,lin} + u_{ds}^{r\,cont}$$

通过线性化反馈

$$u_{qs}^{r\,lin} = \left(L_{ls} + \frac{3}{2}L_m\right)i_{ds}^r\omega_r, \quad u_{ds}^{r\,lin} = -\left(L_{ls} + \frac{3}{2}L_m\right)i_{qs}^r\omega_r$$

线性化的数学模型为

$$\frac{di_{qs}^r}{dt} = -\frac{r_s}{L_{ls} + \dfrac{3}{2}L_m}i_{qs}^r - \frac{\psi_m}{L_{ls} + \dfrac{3}{2}L_m}\omega_r + \frac{1}{L_{ls} + \dfrac{3}{2}L_m}u_{qs}^r,$$

$$\frac{\mathrm{d}i_{\mathrm{ds}}^{r}}{\mathrm{d}t} = -\frac{r_{\mathrm{s}}}{L_{\mathrm{ls}} + \frac{3}{2}L_{\mathrm{m}}}i_{\mathrm{ds}}^{r} + \frac{1}{L_{\mathrm{ls}} + \frac{3}{2}L_{\mathrm{m}}}u_{\mathrm{ds}}^{r}$$

$$\frac{\mathrm{d}\omega_{r}}{\mathrm{d}t} = -\frac{3P^{2}\psi_{\mathrm{m}}}{8J}i_{\mathrm{qs}}^{r} - \frac{B_{\mathrm{m}}}{J}\omega_{\mathrm{r}} - \frac{P}{2J}T_{\mathrm{L}}$$

对于线性化的模型，特征方程的特征值可以得到为

$$\lambda_{1} = -\frac{\left(2B_{\mathrm{m}}L_{\mathrm{ss}} + 2r_{\mathrm{s}}J - \sqrt{4B_{\mathrm{m}}^{2}L_{\mathrm{ss}}^{2} - 8B_{\mathrm{m}}L_{\mathrm{ss}}r_{\mathrm{s}}J + 4r_{\mathrm{s}}^{2}J^{2} - 6L_{\mathrm{ss}}J^{3}\psi_{\mathrm{m}}^{2}P^{2}}\right)}{4L_{\mathrm{ss}}J},$$

$$\lambda_{2} = -\frac{\left(2B_{\mathrm{m}}L_{\mathrm{ss}} + 2r_{\mathrm{s}}J + \sqrt{4B_{\mathrm{m}}^{2}L_{\mathrm{ss}}^{2} - 8B_{\mathrm{m}}L_{\mathrm{ss}}r_{\mathrm{s}}J + 4r_{\mathrm{s}}^{2}J^{2} - 6L_{\mathrm{ss}}J^{3}\psi_{\mathrm{m}}^{2}P^{2}}\right)}{4L_{\mathrm{ss}}J},$$

$$\lambda_{3} = -\frac{r_{\mathrm{s}}}{L_{\mathrm{ss}}}$$

这些特征值的实部都是非负的。因此，稳定性得以保证。

对于线性化的结果，我们可以设计控制方法。例如，应用比例稳定控制器

$$u_{\mathrm{qs}}^{r\ cont} = -\begin{bmatrix} k_{\mathrm{iq}} & k_{\mathrm{id}} & k_{\omega} \end{bmatrix}\begin{bmatrix} i_{\mathrm{qs}}^{r} \\ i_{\mathrm{ds}}^{r} \\ \omega_{\mathrm{r}} \end{bmatrix}, \quad u_{\mathrm{ds}}^{r\ cont} = 0$$

闭环系统的特征值为

$$\lambda_{1} = -\frac{\left(2k_{\mathrm{iq}}J + 2B_{\mathrm{m}}L_{\mathrm{ss}} + 2r_{\mathrm{s}}J - \sqrt{4k_{\mathrm{iq}}^{2}J^{2} - 8k_{\mathrm{iq}}JB_{\mathrm{m}}L_{\mathrm{ss}} + 8k_{\mathrm{iq}}J^{2}r_{\mathrm{s}} + 4B_{\mathrm{m}}^{2}L_{\mathrm{ss}}^{2} - 8B_{\mathrm{m}}L_{\mathrm{ss}}r_{\mathrm{s}}J + 4r_{\mathrm{s}}^{2}J^{2} - 6L_{\mathrm{ss}}J^{3}\psi_{\mathrm{m}}P^{2}(\psi_{\mathrm{m}} + k_{\omega})}\right)}{4L_{\mathrm{ss}}J},$$

$$\lambda_{2} = -\frac{\left(2k_{\mathrm{iq}}J + 2B_{\mathrm{m}}L_{\mathrm{ss}} + 2r_{\mathrm{s}}J + \sqrt{4k_{\mathrm{iq}}^{2}J^{2} - 8k_{\mathrm{iq}}JB_{\mathrm{m}}L_{\mathrm{ss}} + 8k_{\mathrm{iq}}J^{2}r_{\mathrm{s}} + 4B_{\mathrm{m}}^{2}L_{\mathrm{ss}}^{2} - 8B_{\mathrm{m}}L_{\mathrm{ss}}r_{\mathrm{s}}J + 4r_{\mathrm{s}}^{2}J^{2} - 6L_{\mathrm{ss}}J^{3}\psi_{\mathrm{m}}P^{2}(\psi_{\mathrm{m}} + k_{\omega})}\right)}{4L_{\mathrm{ss}}J},$$

$$\lambda_{3} = -\frac{r_{\mathrm{s}}}{L_{\mathrm{ss}}}$$

我们得到了为特征值的表达式，可以暂时推断：能够获得稳定性、特定瞬态量、动态性能和预期性能。在极点配置过程中，依据系统模型和反馈系数的最佳瞬间响应的参数与施加在闭环系统的预期的传递函数上的参数相等。设计者可以设定预期特征值（假设无状态和控制约束、模型准确、线性系统、参数为常量等），并且可以运用这些特征值得到相应反馈增益。但是却无法保证能够获得这些特征值。大多数机电系统不能线性化（由于饱和、二次现象、简化、参数变化等等原因）或是可以基于一些不合理的假设，在数学上进行线性化。而且不应该进行线性化，因为非线性情况下系统才稳定。尽管从理论上保障了特征值的预期位置，由于参数变化，极点配置理念会引起正反馈系数和闭环系统过于敏感。因此，必须检查稳定性，参数鲁棒性和系统性能。

反馈线性化没有减少相应分析和设计的复杂性。即使从数学角度来看，由于线性化反馈，参数和最优性能的达到需要较大控制力度。这会导致饱和。一般来说，没

有必要使大部分电机系统线性化，因为开环系统（驱动）与运用李雅普诺夫稳定理论阐述的一样，具有渐近稳定性。当一个极点在原点，不难设计伺服系统控制律。如

$$\frac{\mathrm{d}\theta_{\mathrm{r}}}{\mathrm{d}t} = \omega_{\mathrm{r}}$$

最关键的问题是线性反馈不能用于平衡工作条件。事实上，要保证平衡工作条件，需：

$$u_{\mathrm{ds}}^{r} = 0, \quad v_{\mathrm{os}}^{r} = 0$$

这样，非线性的线性化反馈：

$$u_{\mathrm{ds}}^{r\,lin} = -\left(L_{\mathrm{ls}} + \frac{3}{2}L_{\mathrm{m}}\right)i_{\mathrm{qs}}^{r}\omega_{\mathrm{r}}$$

不能被使用。

不能用于平衡工作条件。因此，反馈线性控制器不能用来控制同步电动机，也不能用于其他的大部分电器，驱动器和系统。我们用合理的方法解决运动控制问题，这些方法不需要外加电压达到饱和限度来消除有益非线性，这些方法也不会引起失衡电机操作，导致性能完全不达标。

8.7　非线性机电系统的约束控制

总的来说，机电系统主要靠非线性方程来建模，饱和特性必须检查。对于非线性方程描述的微分方程式

$$x(t) = F(x) + B(x)u, u_{\min} \leqslant u \leqslant u_{\max}, u_{\max} > 0, x(t_0) = x_0 \tag{8-55}$$

目的是需找性能泛函的最小值。

$$J = \int_{t_0}^{t_{\mathrm{f}}} W_{\mathrm{xu}}(x,u)\,\mathrm{d}t \tag{8-56}$$

正定的、连续的、可微的被积函数

$$W_{\mathrm{xu}}(\cdot): \mathbb{R}^n \times \mathbb{R}^m \to \mathbb{R}_{\geqslant 0}$$

$$F(\cdot): \mathbb{R}_{\geqslant 0} \times \mathbb{R}^n \to \mathbb{R}^n \text{ 和 } B(\cdot): \mathbb{R}_{\geqslant 0} \times \mathbb{R}^n \to \mathbb{R}^{n \times m}$$

是李普希茨连续。

汉密尔顿函数的

$$H\left(x, u, \frac{\partial V}{\partial x}\right) = W_{\mathrm{xu}}(x,u) + \left(\frac{\partial V}{\partial x}\right)^T (F(x) + B(x)u) \tag{8-57}$$

最优化的一阶和二阶条件在式（8-5）和式（8-8）给出，使用最优化的一阶必要条件，将函数（8-56）取得最小极值，可得到控制函数

$$u(\cdot): [t_0, t_{\mathrm{f}}] \to \mathbb{R}^m$$

考虑机电系统的最优化是一个非常具有实际意义的话题。我们通过非线性的微分方程考虑系统的模型。

$$\dot{x}^{sys}(t) = F_{\mathrm{s}}(x^{sys}) + B_{\mathrm{s}}(x^{sys})u^{2\omega+1}, \quad y = H(x^{sys}), u_{\min} \leqslant u \leqslant u_{\max}$$

$$x^{sys}(t_0) = x_0^{sys} \tag{8-58}$$

其中 $x^{sys} \in X_s$ 是状态向量，$u \in U$ 是控制向量，$y \in Y$ 是输出，ω 是非负整数。

用汉密尔顿－雅克比理论，带有边界约束的控制定律可以用作连续时间系统 (8-58)。为了设计跟踪控制律，我们整合系统和外生的动态响应。例如，可以有

$$\dot{x}^{sys}(t) = F_s(x^{sys}) + B_s(x^{sys})u^{2\omega+1}, y = H(x^{sys}), u_{\min} \leqslant u \leqslant u_{\max}$$

$$x^{sys}(t_0) = x_0^{sys}, \dot{x}^{ref}(t) = Nr - y = Nr - H(x^{sys}) \tag{8-59}$$

用状态向量

$$x = \begin{bmatrix} x^{sys} \\ x^{ref} \end{bmatrix} \in X$$

由式（8-59），可以得到

$$\dot{x}(t) = F(x,r) + B(x)u^{2\omega+1}, u_{\min} \leqslant u \leqslant u_{\max}$$

$$F(x,r) = \begin{bmatrix} F_s(x^{sys}) \\ -H(x^{sys}) \end{bmatrix} + \begin{bmatrix} 0 \\ N \end{bmatrix} r, B(x) = \begin{bmatrix} B_s(x^{sys}) \\ 0 \end{bmatrix} \tag{8-60}$$

我们用边界积分，一对一的，李普希茨，向量值函数 ϕ 来描述控制边界。我们的目的是分析设计出如 $u = \phi(x)$ 一样的边界约束范围内的状态反馈控制律。而 φ 有可能用到指数、双曲、对数、三角函数等，连续的、可微的，一对一的函数。要取得极小值的性能泛函为

$$J = \int_{t_0}^{\infty} [W_x(x) + W_u(u)] \mathrm{d}t = \int_{t_0}^{\infty} \left[W_x(x) + (2\omega+1) \int (\phi^{-1}(u))^{\mathrm{T}} G^{-1} \mathrm{diag}(u^{2\omega}) \mathrm{d}u \right] \mathrm{d}t \tag{8-61}$$

其中 $G^{-1} \in \mathbb{R}^{m \times m}$ 是正定的对角阵，$G^{-1} > 0$。

性能被积函数 W_x 和 W_u 是实值，正定的和连续的可微的被积函数。用 ϕ 的性质可以推断出反函数 ϕ^{-1} 是可积的。因此，积分

$$\int (\phi^{-1}(u))^{\mathrm{T}} G^{-1} \mathrm{diag}(u^{2\omega}) \mathrm{d}u$$

存在。

例 8-9

综合考虑性能泛函来针对以下的系统设计一个带有约束的控制律

$$\frac{\mathrm{d}x}{\mathrm{d}t} = ax + bu^3, \quad u_{\min} \leqslant u \leqslant u_{\max}$$

利用性能被积函数

$$W_u(u) = (2\omega+1) \int (\phi^{-1}(u))^{\mathrm{T}} G^{-1} \mathrm{diag}(u^{2\omega}) \mathrm{d}u$$

并且用可积分的双曲正切函数，可以得到正定的被积函数

$$W_u(u) = 3 \int \tanh^{-1} u G^{-1} u^2 \mathrm{d}u$$

因为 $G^{-1} = 1/3$，有

$$W_u(u) = 3\int \tanh^{-1} u G^{-1} u^2 \mathrm{d}u = \frac{1}{3}u^3 \tanh^{-1} u + \frac{1}{6}u^2 + \frac{1}{6}\ln(1-u^2)$$

双曲正切能够用来描述饱和效应。总的来说，是

$$W_u(u) = (2\omega + 1)\int u^{2\omega} \tanh^{-1}\frac{u}{k}\mathrm{d}u = u^{2\omega+1} \tanh^{-1}\frac{u}{k} - k\int \frac{u^{2\omega+1}}{k^2-u^2}\mathrm{d}u$$

式（8-5）和（8-8）中的最优化的一阶和二阶必要条件，保证了汉密尔顿函数

$$H = W_x(x) + (2\omega + 1)\int \left(\phi^{-1}(u)\right)^T G^{-1} \mathrm{diag}(u^{2\omega})\mathrm{d}u + \frac{\partial V(x)^T}{\partial x}\left[F(x,r) + B(x)u^{2\omega+1}\right]$$

$$(8-62)$$

取得最小值。必要条件是，

是 $\dfrac{\partial H}{\partial u} = 0$ 和 $\dfrac{\partial^2 H}{\partial u \times \partial u^T} > 0$

正定的返回函数为

$$V(x_0) = \inf_{u \in U} J(x_0, u) = \inf J(x_0, \phi(\ \cdot\ )) \geqslant 0$$

函数

$$V(x), V(\ \cdot\ ) : \mathbb{R}^C \to \mathbb{R}_{\geqslant 0}$$

可以由汉密尔顿 – 雅克比 – 贝尔曼函数得到

$$-\frac{\partial V}{\partial t} = \min_{u \in U}\left\{W_x(x) + (2\omega + 1)\int \left(\phi^{-1}(u)\right)^T G^{-1} \mathrm{diag}(u^{2\omega})\mathrm{d}u + \frac{\partial V(x)^T}{\partial x}\left[F(x,r) + B(x)u^{2\omega+1}\right]\right\}$$

$$(8-63)$$

　　通过对非二次的函数（8-61）求极值得到控制律。一阶必要条件（8-5）使我们得到有边界的控制律

$$u = -\phi\left(GB^T(x)\frac{\partial V(x)}{\partial x}\right), u \in U \qquad (8-64)$$

最优化的二阶必要条件也可以满足，因为矩阵 G^{-1} 是正定的。因此，一种独特的、有边界的，实值并且连续的控制律得以设计出来。函数方程的解法应该用非二次的返回函数来求解。为了获得 $V(x)$，应该在状态和控制可允许的取值情况下，估测性能泛函。线性和非线性的泛函允许终值。非二次的函数（8-1）的最小值可以用幂级数的形式来表示。

$$J_{\min} = \sum_{i=1}^{\eta} v(x_0)^{2i}$$

其中 η 是整数，$\eta = 1$，2，3…，连续的、可微的、正定的返回函数

$$V(x) = \sum_{i=1}^{\eta} \frac{1}{2i}(x^i)^T K_i x^i, K_i \in \mathbb{R}^{C \times C} \qquad (8-65)$$

是偏微分方程（8-63）以及式（8-64）的解，其中矩阵 $\boldsymbol{K}_i$ 可以求解汉密尔顿 – 雅克比方程来获得。

式（8-64）和式（8-65）给出了非线性有边界的控制律，如下

$$u = -\phi\left(GB^T(x)\sum_{i=1}^{\eta}\mathrm{diag}[x^{i-1}]K_i x^i\right), \mathrm{diag}[x^{i-1}] = \begin{bmatrix} x_1^{i-1} & 0 & \cdots & 0 & 0 \\ 0 & x_2^{i-1} & \cdots & 0 & 0 \\ \vdots & \vdots & \ddots & \vdots & \vdots \\ 0 & 0 & \cdots & x_{c-1}^{i-1} & 0 \\ 0 & 0 & \cdots & 0 & x_c^{i-1} \end{bmatrix}.$$

$$(8\text{-}66)$$

u 上的限制，是由于硬件条件的限制造成的。在设计控制方法的时候，需要考虑这些限制，来确保系统达到其能达到的最优性能。并不需要凭借额外的软件或者硬件来打破这些边界的约束和限制。模拟和数字控制器用来实现控制律。

$$GB^T(x)\frac{\partial V(x)}{\partial x} \text{或者} GB^T(x)\sum_{i=1}^{\eta}\mathrm{diag}[x^{i-1}]K_i x^i$$

也就是说，分线性的 ϕ 是内在的约束。然而，控制律的设计需要遵从系统本身的非线性，并且，u 也是 x 和 e 的非线性函数。

例 8-10

考虑一个有控制约束的运动系统。

$$x(t) = ax + bu, -1 \leqslant u \leqslant 1, u \in U$$

利用双曲正切函数来描述 u 的饱和。性能泛函（8-61）是

$$J = \int_0^{\infty}\left(qx^2 + g\int\tanh^{-1}u\mathrm{d}u\right)\mathrm{d}t, q \geqslant 0, g > 0$$

汉密尔顿函数（8-62）是

$$H = qx^2 + g\int\tanh^{-1}u\mathrm{d}u + \frac{\partial V}{\partial x}(ax + bu)$$

由式（8-5）的最优化一阶必要条件而得

$$g\tanh^{-1}u + \frac{\partial V}{\partial x}b = 0$$

因此，受约束的控制律为

$$u = -\tanh\left(g^{-1}bkx\frac{\partial V}{\partial x}\right), u \in U$$

汉密尔顿 – 雅克比 – 贝尔曼方程（8-63）的求解可以用使用式（8-65）。可以由二次返回函数得到近似解

$$V(x) = \frac{1}{2}kx^2$$

约束控制律为

$$u = -\tanh(g^{-1}bkx), k > 0$$

然而，哈密尔顿 – 雅克比 – 贝尔曼偏微分方程（8-63）应在 $x \in X$，$u \in U$ 的范围内近似。由式（8-65），利用

$$V(x) = \frac{1}{2}k_1 x^2 + \frac{1}{4}k_2 x^4 + \frac{1}{6}k_3 x^6$$

可以得到

$$u = -\tanh\left[g^{-1}bkx(k_1 x + k_2 x^3 + k_3 x^5)\right]$$

8.8　利用非二次性能泛函实现最优化

　　哈密顿－雅可比理论、最大值原理、动态规划和李雅普诺夫概念为设计者提供一个总方案来解决机电系统线性和非线性的最优控制问题。运用不同的性能泛函可以得出这普遍性的结果，尤其是运用了二次和非二次被积函数。这些泛函解决了最优化问题。性能泛函合成的重要性在于使用的泛函预先设定了控制律。此外，性能被积函数决定了闭环系统的性能（稳定性、鲁棒性、过渡时间、超调量、输出和状态变量）。

　　闭环系统的性能最优（相对于最小化泛函），正如性能泛函隐含被赋予了稳定裕度一样。8.7 节阐述了性能被积函数，它可以衡量系统的性能，也能设计有界控制律。系统最优性很大程度上取决于施加的参数（预期稳定状态和动态性能，如过渡和上升时间、准确性、稳态误差、超调量、带宽等）和内在系统性能，包括状态约束、控制约束等。

　　如 8.7 节中描述，要设定容许（限制）控制律，需用有边界的、可积分的、一对一的、实值的李普希茨连续函数

$$\phi(\cdot):\mathbb{R}^n \rightarrow \mathbb{R}^m, \phi \in U \subset \mathbb{R}^m$$

来最小化泛函

$$J = \int_{t_0}^{t_f}\left[\frac{1}{2}x^T Q x + \int(\phi^{-1}(u))^T G^{-1}\mathrm{d}u\right]\mathrm{d}t$$

或者类似的泛函。

对带有 $u_{\min} \leqslant u \leqslant u_{\max}$，$u \in U$ 线性（8-9）和非线性的（8-3）系统，最小化非二次的泛函

$$J = \int_{t_0}^{t_f}\left[\frac{1}{2}x^T Q x + \int(\phi^{-1}(u))^T G^{-1}\mathrm{d}u\right]\mathrm{d}t \tag{8-67}$$

得到，当

$$\dot{x}(t) = Ax + Bu$$

时

$$-\frac{\partial V}{\partial t} = \min_{u \in U}\left\{\frac{1}{2}x^T Q x + \int(\phi^{-1}(u))^T G\mathrm{d}u + \frac{\partial V^T}{\partial x}(Ax + Bu)\right\}$$

当

$$\dot{x}(t) = F(x) + B(x)u$$

时

$$-\frac{\partial V}{\partial t} = \min_{u \in U} \left\{ \frac{1}{2} x^T Q x + \int \left(\phi^{-1}(u) \right)^T G du + \frac{\partial V^T}{\partial x} \left[F(x) + B(x) u \right] \right\}$$

利用最优化的式（8-5）的一阶必要条件，容许控制算法是

$$u = -\phi \left(G^{-1} B^T \frac{\partial V(x)}{\partial x} \right), u \in U \qquad (8\text{-}68)$$

和

$$u = -\phi \left(G^{-1} B^T(x) \frac{\partial V(x)}{\partial x} \right), u \in U \qquad (8\text{-}69)$$

如论述的，对于线性和非线性系统而言，能直接设计有界控制律式（8-68）和式（8-69）。我们可以进一步集中在性能泛函的综合和设计控制律上。考虑由线性和非线性微分方程建模的机电系统，我们应用以下的性能泛函

$$J = \int_{t_0}^{t_f} \frac{1}{2} \left[\omega(x)^T Q \omega(x) + \dot{\omega}(x)^T P \dot{\omega}(x) \right] dt, Q \geq 0, P > 0 \qquad (8\text{-}70)$$

其中

$$\omega(\cdot) : \mathbb{R}^n \to \mathbb{R}_{\geq 0}$$

是可微的实值连续函数。$Q \in \mathbb{R}^{n \times n}$ 和 $P \in \mathbb{R}^{n \times n}$ 是正定的对角权重矩阵。

用式（8-70），系统的瞬态性能和稳定性主要由两个被积函数决定

$$\omega(x)^T Q \omega(x) \text{和} \dot{\omega}(x)^T P \dot{\omega}(x)$$

这些被积函数作为状态变量的非线性函数而给出。性能泛函式（8-70）依赖于系统的动态过程（状态和控制变量），控制效果，能量等。对于式（8-9）描述的线性系统，有

$$\dot{\omega}(x) = \frac{\partial \omega}{\partial x} \dot{x} = \frac{\partial \omega}{\partial x} (Ax + Bu)$$

用式（8-70）可以得到以下的泛函

$$\begin{aligned} J &= \int_{t_0}^{t_f} \frac{1}{2} \left[\omega(x)^T Q \omega(x) + \dot{x}^T \frac{\partial \omega}{\partial x}^T P \frac{\partial \omega}{\partial x} \dot{x} \right] dt \\ &= \int_{t_0}^{t_f} \frac{1}{2} \left[\omega(x)^T Q \omega(x) + (Ax + Bu)^T \frac{\partial \omega}{\partial x}^T P \frac{\partial \omega}{\partial x} (Ax + Bu) \right] dt \end{aligned}$$

$$(8\text{-}71)$$

在式（8-71）中，$\omega(x)$ 是可微的、可积的实值连续函数。例如，可以用 $\omega(x) = x$，此将产生二次被积函数。

$\omega(x) = x^3$，$\omega(x) = \tanh(x)$，或者 $\omega(x) = e^{-x}$ 此将产生非二次被积函数。

对线性系统式（8-9）和性能泛函式（8-70），汉密尔顿函数是

$$H \left(x, u, \frac{\partial V}{\partial x} \right) = \frac{1}{2} \omega(x)^T Q \omega(x) + \frac{1}{2} \dot{\omega}(x)^T P \dot{\omega}(x) + \frac{\partial V^T}{\partial x} (Ax + Bu) \qquad (8\text{-}72)$$

最优化一阶必要条件的应用，得到以下的控制律

$$u = -\left(B^T \frac{\partial \omega}{\partial x}^T P \frac{\partial \omega}{\partial x} B \right)^{-1} B^T \left(\frac{\partial \omega}{\partial x}^T P \frac{\partial \omega}{\partial x} Ax + \frac{\partial V}{\partial x} \right) \qquad (8\text{-}73)$$

最优化式（8-8）的二阶必要条件得以保证。特别的，由式（8-72）可得，

$$\frac{\partial^2 H}{\partial u \times \partial u^T} = B^T \frac{\partial \omega}{\partial x}^T P \frac{\partial \omega}{\partial x} B > 0$$

因为 $\omega(x)$

$$\frac{\partial \omega}{\partial x} B$$

是满秩的，并且 $P > 0$。

性能被积函数的合成

$$\omega(x)^T Q \omega(x) \text{ 和 } \dot{\omega}(x)^T P \dot{\omega}(x)$$

利用了可积和可微的函数 $\omega(x)$。

例如 $\omega(x) = x$，由式（8-70）

$$J = \int_{t_0}^{t_f} \frac{1}{2} \left[x^T Q x + (Ax + Bu)^T P (Ax + Bu) \right] dt \tag{8-74}$$

用（8-74），可以得到函数方程

$$-\frac{\partial V}{\partial t} = \min_u \left\{ \frac{1}{2} \left[x^T Q x + (Ax + Bu)^T P (Ax + Bu) \right] + \frac{\partial V^T}{\partial x} (Ax + Bu) \right\} \tag{8-75}$$

用式（8-5）最优化的一阶必要条件设计的控制算法，由

$$H\left(x, u, \frac{\partial V}{\partial x}\right) = \frac{1}{2} \left[\omega^T Q x + (Ax + Bu)^T P (Ax + Bu) \right] + \frac{\partial V^T}{\partial x} (Ax + Bu) \tag{8-76}$$

用

$$\frac{\partial H}{\partial u} = 0$$

应该用

$$u = -(B^T P B)^{-1} B^T \left(PAx + \frac{\partial V}{\partial x} \right) \tag{8-77}$$

函数方程式（8-75）求解，在二次返回函数式（8-15）中给出

$$V = \frac{1}{2} x^T K x$$

从式（8-77）中，有以下的线性控制律

$$u = -(B^T P B)^{-1} B^T (PA + K) x \tag{8-78}$$

用式（8-75）和式（8-78）中，未知的对称矩阵 **K** 的表达式可以得到。特别的，通过下面的非线性方程可以得到对称矩阵 **K**

$$-\dot{K} = Q - K B (B^T P B)^{-1} B^T K, K(t_f) = K_f \tag{8-79}$$

对比传统的控制算法，这种设计是不同的。此外，计算矩阵 **K** 也是不同的；可以看式（8-18）和式（8-79）。表 8-1 是传统的和论述方法的比较。

表 8-1　线性系统性能泛函和控制律对比

性能泛函	二次型（8-10）：$J = \int_{t_0}^{t_f} \frac{1}{2}(x^T Q x + u^T G u)\,\mathrm{d}t$
	广义二次型（8-70）：$J = \int_{t_0}^{t_f} \frac{1}{2}[\omega(x)^T Q\omega(x) + \dot{\omega}(x)^T P\dot{\omega}(x)]\,\mathrm{d}t$
控制律	线性（8-19）：$u = -G^{-1}B^T K x$
	非线性（8-73）：$u = -\left(B^T \dfrac{\partial\omega^T}{\partial x} P \dfrac{\partial\omega}{\partial x} B\right)^{-1} B^T\left(\dfrac{\partial\omega^T}{\partial x} P \dfrac{\partial\omega}{\partial x} A x + \dfrac{\partial V}{\partial x}\right)$
	或线性（8-78）：$u = -(B^T PB)^{-1}\; B^T(PA + K)x$、$\omega(x) = x$
Riccati 方程	Quadratic（8-18）：$-K = Q + A^T K + K^T A - K^T BG^{-1}B^T K$
	Quadratic generalized（8-79）：$-\dot{K} = Q - KB(B^T PB)^{-1}B^T K$、$\omega(x) = x$

我们研究式（8-3）中非线性的系统动态特性。性能泛函为

$$J = \int_{t_0}^{t_f} \frac{1}{2}\Big[\omega(x)^T Q\omega(x) + (F(x) + B(x))^T \frac{\partial\omega^T}{\partial x} p \frac{\partial\omega}{\partial x}(F(x) + B(x)u)\Big]\mathrm{d}t \tag{8-80}$$

对于系统（8-3）和性能泛函（8-80），有下面的汉密尔顿函数

$$H\left(x, u, \frac{\partial V}{\partial x}\right) = \frac{1}{2}\omega(x)^T Q\omega(x) + \frac{1}{2}[F(x) + B(x)u]^T \frac{\partial\omega^T}{\partial x}$$

$$P\frac{\partial\omega}{\partial x}[F(x) + B(x)u] + \frac{\partial V^T}{\partial x}[F(x) + B(x)u] \tag{8-81}$$

正定的返回函数 $V(\cdot)$：$\mathbb{R}^n \to \mathbb{R}_{\geq 0}$ 满足下面的微分方程

$$-\frac{\partial V}{\partial t} = \min_u \Big\{ \frac{1}{2}\omega(x)^T Q\omega(x) + \frac{1}{2}[F(x) + B(x)u]^T \frac{\partial\omega^T}{\partial x}$$

$$P\frac{\partial\omega}{\partial x}(F(x) + B(x)u) + \frac{\partial V^T}{\partial x}[(F(x) + B(x))u] \Big\} \tag{8-82}$$

从式（8-82）中，利用式（8-5），可以得到控制律

$$u = -\left(B^T(x)\frac{\partial\omega^T}{\partial x} P \frac{\partial\omega}{\partial x} B(x)\right)^{-1} B^T(x)\left(\frac{\partial\omega^T}{\partial x} P \frac{\partial\omega}{\partial x} F(x) + \frac{\partial V}{\partial x}\right) \tag{8-83}$$

控制律（8-83）是一个最优控制，最优化的二阶必要条件是满足的，因为

$$\frac{\partial^2 H}{\partial u \times \partial u^T} = B^T(x)\frac{\partial\omega^T}{\partial x} P \frac{\partial\omega}{\partial x} B(x) > 0$$

偏微分方程式（8-82）的求解可以用返回函数

$$V(x) = \sum_{i=1}^{\eta} \frac{1}{2i}(x^i)^T K_i x^i, \quad K_i \in \mathbb{R}^{n \times n} \tag{8-84}$$

例 8-11

对于 8.1 中研究的一阶系统

$$\frac{\mathrm{d}x}{\mathrm{d}t} = ax + bu$$

通用的二次性能泛函可以用 $\omega(x) = x$ 合成。通过（8-71），有

$$J = \int_{t_0}^{t_f} \frac{1}{2}\Big[Q\omega(x) + P\Big(\frac{\partial\omega}{\partial x}\Big)^2 (a^2x^2 + 2abxu + b^2u^2) \Big]\mathrm{d}t$$

$$= \int_{t_0}^{t_f} \frac{1}{2}(x^2 + a^2x^2 + 2abxu + b^2u^2)\mathrm{d}t,$$

其中令 $Q = 1$、$P = 1$。

用二次返回函数

$$V = \frac{1}{2}kx^2$$

线性的控制律（8-78）是

$$u = -\frac{1}{b}(a + k)x.$$

求解偏微分方程式（8-79）

$$-k = 1 - k^2$$

可以得到 $K = 1$。因此，控制律为

$$u = -\frac{1}{b}(a + 1)x.$$

闭环系统是稳定的，并且状态方程为

$$\frac{\mathrm{d}x}{\mathrm{d}t} = -x$$

例 8-12　对于系统

$$\frac{\mathrm{d}x}{\mathrm{d}t} = ax + bu$$

最小性能泛函（8-71），可以得到

$$J = \int_{t_0}^{t_f} \frac{1}{2}\Big[Q\omega(x)^2 + P\Big(\frac{\partial\omega}{\partial x}\Big)^2 (a^2x^2 + 2abxu + b^2u^2) \Big]\mathrm{d}t$$

非二次的被积函数的设计，可以用

$$\omega(x) = \tanh(x)$$

令 $Q = 1$，$P = 1$. 可以得到非二次的函数

$$J = \int_{t_0}^{\infty} \frac{1}{2}\big[\tanh^2 x + \mathrm{sech}^4 x(a^2x^2 + 2abxu + b^2u^2) \big]\mathrm{d}t$$

这个带有被积函数的性能泛函可以直接使用。因为

$$x \ll 1,\ \tanh^2 x \approx x^2,\ \mathrm{sech}^4 \approx 1$$

因此，如果

$$x \ll 1$$

性能泛函可以表示为

$$J \approx \int_{t_0}^{\infty} \frac{1}{2}\big[x^2 + a^2x^2 + 2abxu + b^2u^2 \big]\mathrm{d}t$$

当令 $\omega(x) = x$，$x \ll 1$ 时例 8-11 用到通用类二次泛函是准确的。如果

$$x \gg 1$$

有

$$\tanh^2 x \approx 1, \quad \mathrm{sech}^4 \approx 0$$

因为 $x \gg 1$，性能泛函为

$$J \approx \frac{1}{2} \int_{t_0}^{\infty} \mathrm{d}t$$

此性能泛函通常用来解决式（8-5）中时间最优化问题。

应用了最优化的一阶必要条件（8-5），可以得到控制律为

$$u = -\frac{a}{b}x - \frac{1}{b\mathrm{sech}^4 x} \frac{\partial V}{\partial x}$$

待求解的方程为

$$-\frac{\partial V}{\partial t} = \frac{1}{2}\tanh^2 x - \frac{1}{2\mathrm{sech}^4 x} \frac{\partial^2 V}{\partial x^2}$$

在 $x \in X$，可以取函数 $\tanh^2 x$ 和 $\mathrm{sech}^4 x$。二次和非二次的返回函数用来解汉密尔顿方程。令

$$V = \frac{1}{2}kx^2$$

有

$$u = -\frac{a}{b}x - \frac{1}{b\mathrm{sech}^4 x}kx$$

闭环系统的状态方程为

$$\frac{\mathrm{d}x}{\mathrm{d}t} = -\frac{k}{\mathrm{sech}^4 x}x$$

如果 $x \ll 1$，$\mathrm{sech}^4 = 1$，则

$$u = -\frac{a+k}{b}x$$

系统的状态方程为

$$\frac{\mathrm{d}x}{\mathrm{d}t} = -kx.$$

当 $x \gg 1$ 时，得到了可以用作典型的高反馈增益控制的非线性控制律。求解

$$-\frac{\partial V}{\partial t} = \frac{1}{2}\tanh^2 x - \frac{1}{2\mathrm{sech}^4 x} \frac{\partial^2 V}{\partial x^2}, V = \frac{1}{2}kx^2$$

可以得到 $k = 1$。

尽管二次返回函数

$$V = \frac{1}{2}kx^2$$

在 $x \in X$ 情况下，可以近似为非线性偏微分方程的解，总的来说，非二次的返回函数必须要用到。令

$$V = \frac{1}{2}k_1 x^2 + \frac{1}{4}k_2 x^4$$

有

$$u = -\frac{a}{b}x - \frac{1}{b\mathrm{sech}^4 x}(k_1 x + k_2 x^3)$$

求解

$$-\frac{\partial V}{\partial t} = \frac{1}{2}\tanh^2 x - \frac{1}{2\mathrm{sech}^4 x}\frac{\partial^2 V}{\partial x^2}$$

得出 $k_1 = 1$、$k_2 = 0.5$。当 $x_0 = 0.1$、$x_0 = 1$、$x_0 = 5$、$x_4 = 10$ 等 4 种情况下，闭环系统的瞬态响应如图 8-6 所示。分析表明，任何一种情况的过渡时间基本都相同的。这是因为非线性最优化的独特的特征，就像之前设计的那样。但是控制边界则会延长过渡时间。

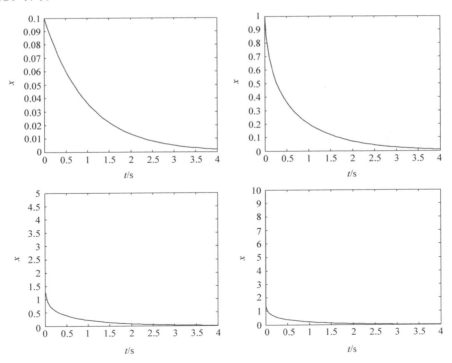

图 8-6　闭环系统暂态过程

例 8-13

描述一个刚体机械系统的微分方程为

$$\frac{\mathrm{d}x_1}{\mathrm{d}t} = ax_1 + bu, \quad \frac{\mathrm{d}x_2}{\mathrm{d}t} = x_1$$

其中，x_1、x_2 为速度和位移。

利用 $\omega(x) = \tanh(x)$ 设计性能被积函数。用单位矩阵 $Q = I$，$P = I$，函数式 (8-70) 可以表示为

$$J = \int_{t_0}^{t_f} \frac{1}{2}\left\{ \begin{bmatrix} \tanh x_1 & \tanh x_2 \end{bmatrix} \begin{bmatrix} 1 & 0 \\ 0 & 1 \end{bmatrix} \begin{bmatrix} \tanh x_1 \\ \tanh x_2 \end{bmatrix} + \begin{bmatrix} \dot{x}_1 \operatorname{sech}^2 x_1 & \dot{x}_2 \operatorname{sech}^2 x_2 \end{bmatrix} \begin{bmatrix} 1 & 0 \\ 0 & 1 \end{bmatrix} \begin{bmatrix} \dot{x}_1 \operatorname{sech}^2 x_1 \\ \dot{x}_2 \operatorname{sech}^2 x_2 \end{bmatrix} \right\} \mathrm{d}t$$

$$= \int_{t_0}^{t_f} \frac{1}{2}\left[\tanh^2 x_1 + \tanh^2 x_2 + \operatorname{sech}^4 x_1 (a^2 x_1^2 + 2abx_1 u + b^2 u^2) + x_1^2 \operatorname{sech}^4 x_2 \right] \mathrm{d}t$$

最优化式（8-5）的一阶必要条件可得下面的控制律

$$u = -\frac{a}{b}x_1 - \frac{1}{b\operatorname{sech}^4 x_1} \frac{\partial V}{\partial x_1}$$

闭环系统可描述为

$$\frac{\mathrm{d}x_1}{\mathrm{d}t} = -\frac{1}{\operatorname{sech}^4 x_1} \frac{\partial V}{\partial x_1}$$

$$\frac{\mathrm{d}x_2}{\mathrm{d}t} = x_1.$$

用如下正定的李雅普诺夫函数，可以检查系统的稳定性

$$V_L = \frac{1}{2}x_1^2 + \frac{1}{2}x_2^2$$

为了得到 u 的明确表达式，要用到二次返回函数

$$V = \frac{1}{2}k_{11}x_1^2 + k_{12}x_1 x_2 + \frac{1}{2}k_{22}x_2^2$$

对于闭环系统全导数为

$$\frac{\mathrm{d}V_L}{\mathrm{d}t} = -\frac{1}{\operatorname{sech}^4 x_1}\left(\frac{\partial V}{\partial x_1}\right)^2 + \frac{\partial V}{\partial x_2}x_1 = -\frac{1}{\operatorname{sech}^4 x_1}(k_{11}x_1 + k_{12}x_2)^2 + x_1 x_2$$

因此

$$\frac{\mathrm{d}V_L}{\mathrm{d}t}$$

是负定的。这使汉密尔顿 – 雅克比方程的解为 $k_{11}=1$，$k_{12}=0.25$。如图8-7所示为李雅普诺夫函数导数。下面的 MATLAB 程序用来计算和绘制图形。

$x-=\text{linspace}(-1,1,25);\ y-x;\ [X,Y]=\text{meshgrid}(x,y);\ k11=1;\ k12=0.25;$

$dV=X.*Y-((k11*X+k12*Y).\hat{\ }2)./\text{sech}(X).\hat{\ }4;\ \text{surf}(x,y,dV);$

$\text{xlabel}('x\_1','FontSize',14);\ \text{ylabel}('x\_2','FontSize',14);$

$\text{zlabel}('dV\_L/dt','FontSize',14);$

$\text{title}('Lyapunov\ Function\ Total\ Derivative,\ dV\_L/dt','FontSize',14);$

李雅普诺夫函数系数,dV_L/dt

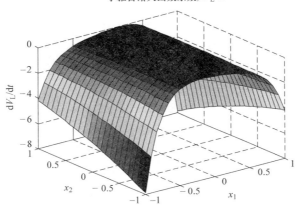

图8-7 李雅普诺夫函数的微分

求解微分方程

$$-\frac{\partial V}{\partial t}=\frac{1}{2}\tanh^2 x_1+\frac{1}{2}\tanh^2 x_2-\frac{1}{2\text{sech}^4 x_1}\left(\frac{\partial V}{\partial x_1}\right)^2+\frac{1}{2}x_1^2\text{sech}^4 x_2+\frac{\partial V}{\partial x_2}x_1$$

通过用非二次的返回函数近似它的解

$$V=\frac{1}{2}k_{11}x_1^2+k_{12}x_1x_2+\frac{1}{2}k_{22}x_2^2+\frac{1}{4}k_{41}x_1^4+\frac{1}{4}k_{42}x_2^4$$

已经得到 $V(x)$ 的系数，有

$$u=-\frac{a}{b}x_1-\frac{1}{b\text{sech}^4 x_1}(x_1+0.25x_2+0.5x_1^3)$$

如图8-8所示为 Simulink 模型，尽管在闭环系统的控制律里没有 a 和 b 的值，令 $a=1$，$b=1$。当初始状态为

$$\begin{bmatrix}x_{10}\\x_{20}\end{bmatrix}=\begin{bmatrix}0.1\\-0.1\end{bmatrix},\ \begin{bmatrix}x_{10}\\x_{20}\end{bmatrix}=\begin{bmatrix}1\\-1\end{bmatrix}$$

时，闭环系统的瞬态响应如图 8-9 所示。

plot(x(: ,1), x(: ,2), x(: ,1) , x(: ,3)) ;

xlabel (' Time (seconds) ' , 'FontSize' ,14) ;

title(' Transient Dynamics, x_1 and x_2 ' , 'Fontsize' ,14) ;

设计的控制律保证了系统的性能泛函取得最小值。

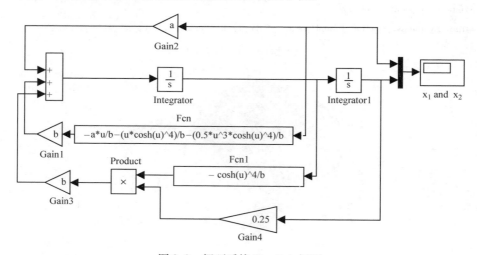

图 8-8　闭环系统 Simulink 框图

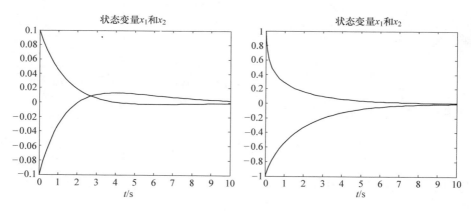

图 8-9　闭环系统暂态过程

8.9　李雅普诺夫理论在机电系统分析和控制中的应用

机电系统是由非线性的状态空间微分方程描述的，其中输出方程为 $y = H(x)$，控制边界为 $u_{min} \leqslant u \leqslant u_{max}$。

我们检查由下式描述的时变非线性系统的稳定性

$$\dot{x}(t) = F(t,x), x(t_0) = x_0, t \geqslant 0 \tag{8-85}$$

下面是应用李雅普诺夫稳定性理论得到的定理

定理 8.1

考虑由非线性微分方程（8-85）描述的系统，如果存在正定的标量函数

$$V(t,x), V(\cdot): \mathbb{R}_{\geqslant 0} \times \mathbb{R}^n \to \mathbb{R}_{\geqslant 0}$$

称之为李雅普诺夫函数，对于 t 和 x 具有连续一阶导数

$$\frac{\mathrm{d}V}{\mathrm{d}t} = \frac{\partial V}{\partial t} + \left(\frac{\partial V}{\partial x}\right)^{\mathrm{T}} \frac{\mathrm{d}x}{\mathrm{d}t} = \frac{\partial V}{\partial t} + \left(\frac{\partial V}{\partial x}\right)^{\mathrm{T}} F(t,x)$$

那么

1）如果正定函数 $V(t,x) > 0$，其导数

$$\frac{\mathrm{d}V(t,x)}{\mathrm{d}t} \leqslant 0$$

则，式（8-85）的平衡状态是稳定的。

2）如果正定递减函数 $V(t,x) > 0$，其导数

$$\frac{\mathrm{d}V(t,x)}{\mathrm{d}t} \leqslant 0$$

则，式（8-85）的平衡状态是一致稳定的。

3）如果正定递减函数 $V(t,x) > 0$，其导数

$$\frac{\mathrm{d}V(t,x)}{\mathrm{d}t} < 0$$

则，式（8-85）的平衡状态是大范围内渐近稳定的。

4）如果存在 $K_\infty - functions \rho_1(\cdot)$，$\rho_2(\cdot)$ 而且 $K_\infty - function \rho_3(\cdot)$

$$\rho_1(\|x\|) \leqslant V(t,x) \leqslant (\|x\|) \text{ 和} \frac{\mathrm{d}V(x)}{\mathrm{d}t} \leqslant -\rho_3(\|x\|)$$

则，式（8-85）的平衡状态是大范围内指数稳定的。

例 8-14

考虑一个系统，用两个非线性时变微分方程描述

$$\dot{x}_1(t) = x_1 - x_1^5 - x_1^3 x_2^4,$$

$$\dot{x}_2(t) = x_2 - x_2^9, t \geqslant 0$$

这些微分方程描述了能控或者不能控的状态。例如，考虑

$$\dot{x}_1(t) = x_1 + u, \dot{x}_2(t) = x_2 + u_2$$

其中

$$u_1 = -x_1^5 - x_1^3 x_2^4, \quad u_2 = -x_2^9$$

一个标量的正定函数可以用二次型来表示

$$V(x_1, x_2) = \frac{1}{2}(x_1^2 + x_2^2).$$

其导数为

$$\frac{\mathrm{d}V(x_1, x_2)}{\mathrm{d}t} = \left(\frac{\partial V}{\partial x}\right)^{\mathrm{T}} \frac{\mathrm{d}x}{\mathrm{d}t} = \left(\frac{\partial V}{\partial x}\right)^{\mathrm{T}} F(t, x) = \frac{\partial V}{\partial x_1}(x_1 - x_1^5 - x_1^3 x_2^4) +$$

$$\frac{\partial V}{\partial x_2}(x_2 - x_2^9) = x_1^2 - x_1^6 - x_1^4 x_2^4 + x_2^2 - x_2^{10}$$

正定 $V(x_1, x_2) > 0$ 的导数为

$$\frac{\mathrm{d}V(x_1, x_2)}{\mathrm{d}t} < 0.$$

因此，$\mathrm{d}V/\mathrm{d}t$ 是负定的。因此，系统的平衡态是一致渐近稳定的。

例 8-15

考虑时变非线性微分方程

$$\dot{x}_1(t) = -x_1 + x_2^3$$

$$\dot{x}_2(t) = -e^{-10t} x_1 x_2^2 - 5x_2 - x_2^3, t \geq 0$$

选择一个标量的正定函数 $V(t, x_1, x_2) > 0$ 的二次型

$$V(t, x_1, x_2) = \frac{1}{2}(x_1^2 + e^{10t} x_2^2)$$

其导数为

$$\frac{\mathrm{d}V(t, x_1, x_2)}{\mathrm{d}t} = \frac{\partial V}{\partial t} + \frac{\partial V}{\partial x_1}(-x_1 + x_2^3) + \frac{\partial V}{\partial x_2}(-e^{-10t} x_1 x_2^2 - 5x_2 - x_2^3) = -x_1^2 - e^{10t} x_2^4$$

导数为负定的

$$\frac{\mathrm{d}V(x_1, x_2)}{\mathrm{d}t} < 0$$

利用定理 8.1，可以得出结论，系统的平衡态是一致渐近稳定的。

例 8-16

系统的由以下的微分方程来描述

$$\dot{x}_1(t) = -x_1 + x_2,$$

$$\dot{x}_2(t) = -x_1 - x_2 - x_2 |x_2|, t \geq 0$$

选择下面形式的正定标量李雅普诺夫函数

$$V(x_1, x_2) = \frac{1}{2}(x_1^2 + x_2^2).$$

因此，$V(x_1, x_2) > 0$。其导数为

$$\frac{\mathrm{d}V(x_1,x_2)}{\mathrm{d}t} = x_1\dot{x}_1 + x_2\dot{x}_2 = -x_1^2 - x_2^2(1+|x_2|)$$

因此，

$$\frac{\mathrm{d}V(x_1,x_2)}{\mathrm{d}t} < 0$$

因此，系统的平衡态是一致渐近稳定的。二次型函数

$$V(x_1,x_2) = \frac{1}{2}(x_1^2 + x_2^2)$$

是李雅普诺夫函数。

例 8-17　永磁同步电动机的稳定性

例 8-8 中提到过的在转子坐标系下的永磁同步电动机数学模型是假设 $T_L = 0$，

$$\frac{\mathrm{d}i_{qs}^r}{\mathrm{d}t} = -\frac{r_s}{L_{ls}+\frac{3}{2}\overline{L}_m}i_{qs}^r - \frac{\psi_m}{L_{ls}+\frac{3}{2}\overline{L}_m}\omega_r - i_{ds}^r\omega_r + \frac{1}{L_{ls}+\frac{3}{2}\overline{L}_m}u_{qs}^r,$$

$$\frac{\mathrm{d}i_{ds}^r}{\mathrm{d}t} = -\frac{r_s}{L_{ls}+\frac{3}{2}\overline{L}_m}i_{ds}^r + i_{qs}^r\omega_r \frac{1}{L_{ls}+\frac{3}{2}\overline{L}_m}u_{ds}^r$$

$$\frac{\mathrm{d}\omega_r}{\mathrm{d}t} = -\frac{3p^2\psi_m}{8J}i_{qs}^r - \frac{B_m}{J}\omega_r$$

对于一个开环系统

$$u_{qs}^r = 0, \quad u_{ds}^r = 0$$

而对一个闭环系统，则是

$$u_{qs}^r \neq 0, \quad u_{ds}^r = 0$$

例如，

$$u_{qs}^r = -k_\omega\omega_r$$

对于一个开环驱动

$$u_{qs}^r = 0, \quad u_{ds}^r = 0$$

因此，我们研究

$$\frac{\mathrm{d}i_{qs}^r}{\mathrm{d}t} = -\frac{r_s}{L_{ls}+\frac{3}{2}\overline{L}_m}i_{qs}^r - \frac{\psi_m}{L_{ls}+\frac{3}{2}\overline{L}_m}\omega_r - i_{ds}^r\omega_r,$$

$$\frac{\mathrm{d}i_{ds}^r}{\mathrm{d}t} = -\frac{r_s}{L_{ls}+\frac{3}{2}\overline{L}_m}i_{ds}^r + i_{qs}^r\omega_r,$$

$$\frac{\mathrm{d}\omega_r}{\mathrm{d}t} = -\frac{3p^2\psi_m}{8J}i_{qs}^r - \frac{B_m}{J}\omega_r$$

利用正定的二次型式的李雅普诺夫函数

$$V(i_{qs}^r, i_{ds}^r, \omega_r) = \frac{1}{2}(i_{qs}^{r\,2} + i_{ds}^{r\,2} + \omega_r^{\,2})$$

导数的表达式

$$\frac{dV(i_{qs}^r, i_{ds}^r, \omega_r)}{dt} = -\frac{r_s}{L_{ss}}(i_{qs}^{r\,2} + i_{ds}^{r\,2}) - \frac{B_m}{J}\omega_r^{\,2} - \frac{8J\psi_m - 3p^2 L_{ss}\psi_m}{8JL_{ss}}i_{qs}^r \omega_r$$

因此

$$\frac{d(i_{qs}^r, i_{ds}^r, \omega_r)}{dt} < 0$$

我们得出结论，开环驱动的平衡态是一致渐近稳定的。

考虑闭环系统。为了保证平稳运行，我们定义交直轴的电压分量分别为

$$u_{qs}^r = -k_\omega \omega_r, \quad u_{ds}^r = 0$$

下面的微分方程为

$$\frac{di_{qs}^r}{dt} = -\frac{r_s}{L_{ls} + \frac{3}{2}\overline{L}_m}i_{qs}^r - \frac{\psi_m}{L_{ls} + \frac{3}{2}\overline{L}_m}\omega_r - i_{ds}^r \omega_r - \frac{1}{L_{ls} + \frac{3}{2}\overline{L}_m}k_\omega \omega_r,$$

$$\frac{di_{ds}^r}{dt} = -\frac{r_s}{L_{ls} + \frac{3}{2}\overline{L}_m}i_{ds}^r + i_{qs}^r \omega_r,$$

$$\frac{d\omega_r}{dt} = -\frac{3p^2 \psi_m}{8J}i_{qs}^r - \frac{B_m}{J}\omega_r$$

用二次型的正定李雅普诺夫函数

$$V(i_{qs}^r, i_{ds}^r, \omega_r) = \frac{1}{2}(i_{qs}^{r\,2} + i_{ds}^{r\,2} + \omega_r^2)$$

得到

$$\frac{d(i_{qs}^r, i_{ds}^r, \omega_r)}{dt} = -\frac{r_s}{L_{ss}}(i_{qs}^{r\,2} + i_{ds}^{r\,2}) - \frac{B_m}{J}\omega_r^{\,2} - \frac{8J(\psi_m + k_\omega) - 3p^2 L_{ss}\psi_m}{8JL_{ss}}i_{qs}^r \omega_r$$

因此，

$$V(i_{qs}^r, i_{ds}^r, \omega_r) > 0, \frac{d(i_{qs}^r, i_{ds}^r, \omega_r)}{dt} < 0$$

所以，渐近稳定得以保证。递减的速度

$$\frac{d(i_{qs}^r, i_{ds}^r, \omega_r)}{dt}$$

影响着驱动的动态特性。得到的表达式

$$\frac{d(i_{qs}^r, i_{ds}^r, \omega_r)}{dt}$$

反映了比例反馈增益 K_w 的作用。

可以通过控制使系统的动态特性达到预期的瞬态响应、稳定裕度等。我们研究怎么运用李雅普诺夫理论解决带有最终目标的运动控制问题。使用参考向量 $r(t)$ 和系统输出 $y(t)$，则跟踪误差为 $e(t) = Nr(t) - y(t)$.

李雅普诺夫理论用来得到可用的控制定律。也就是说，在控制受约束的情况下，应该设计可用的边界控制定律。

$$U = \{u \in \mathbb{R}^m : u_{min} \le u \le u_{max}, u_{min} < 0, u_{max} > 0\} \subset \mathbb{R}^m$$

无边界和有边界的控制律应该用李雅普诺夫理论来设计。控制律影响着系统的动态过程，改变了李雅普诺夫函数的导数 $V(t,x,e)$。例如，如果 $V(t,x,e) > 0$，可以用 $\mathrm{d}V(t,x,e)/\mathrm{d}t < 0$ 来得到 u。设定不同的负值，求解非线性矩阵可以得到反馈增益。

$$\mathrm{d}V(t,x,e)/\mathrm{d}t$$

定理 8.2

考虑在参考值 $r \in R$ 且扰动 $d \in D$ 带有控制律（8-1）的闭环机电系统（8-3）。对于闭环系统(8-3) – (8-1)

1）解是有界的。

2）平衡态是在 $X(X_0, U, R, D) \subset \mathbb{R}^n$ 时是指数稳定的。

3）在 $XE(X_0, U, R, D) \subset \mathbb{R}^n \times \mathbb{R}^b$ 时，可以保证能够跟踪且能够有效地抑制扰动。

如果在 XE 中，对于所有在 $[t_0, \infty)$ 中的 $x \in X, e \in E, u \in U, r \in R$ 且 $d \in D$. 存在连续可微函数 $V(t,x,e)$，

$$V(\cdot): \mathbb{R}_{\ge 0} \times \mathbb{R}^n \times \mathbb{R}^b \to \mathbb{R}_{\ge 0}$$

① $\rho_1 \|x\| + \rho_2 \|e\| \le V(t,x,e) \le \rho_3 \|x\| + \rho_4 \|e\|$

② $\dfrac{\mathrm{d}V(t,x,e)}{\mathrm{d}t} \le -\rho_5 \|x\| - \rho_6 \|e\|$

这里

$\rho_1(\cdot): \mathbb{R}_{\ge 0} \to \mathbb{R}_{\ge 0}, \rho_2(\cdot): \mathbb{R}_{\ge 0} \to \mathbb{R}_{\ge 0}, \rho_3(\cdot): \mathbb{R}_{\ge 0} \to \mathbb{R}_{\ge 0}, \rho_4(\cdot): \mathbb{R}_{\ge 0} \to \mathbb{R}_{\ge 0}$，是 K_∞ – functions；

$\rho_5(\cdot): \mathbb{R}_{\ge 0} \to \mathbb{R}_{\ge 0}, \rho_6(\cdot): \mathbb{R}_{\ge 0} \to \mathbb{R}_{\ge 0}$
是 K – functions。

需要应用到二次型和非二次型的李雅普诺夫函数。用系统的状态方程，得到李雅普诺夫 $V(t,x,e)$ 的导数：

$$\frac{\mathrm{d}V(t,x,e)}{\mathrm{d}t} \le -\rho_5 \|x\| - \rho_6 \|e\|$$

可以求解用来得到反馈系数。应该构造李雅普诺夫函数。例如，非二次性的标量李雅普诺夫函数 $V(x,e)$，$V(\cdot): \mathbb{R}^n \times \mathbb{R}^b \to \mathbb{R}_{\ge 0}$ 是

$$V(x,e) = \sum_{i=1}^{\eta} \frac{1}{2i}(x^i)^T K_{xi} x^i + \sum_{i=1}^{\varsigma} \frac{1}{2i}(e^i)^T K_{ei} e^i$$

$$K_{xi} \in \mathbb{R}^{n \times n}, K_{ei} \in \mathbb{R}^{b \times b}, \eta = 1, 2, 3 \cdots, \varsigma = 1, 2, 3 \cdots$$

用矩阵函数

$$K_{xi}(\cdot) : \mathbb{R}_{\geqslant 0} \to \mathbb{R}^{n \times n}, K_{ei}(\cdot) : \mathbb{R}_{\geqslant 0} \to \mathbb{R}^{b \times b}$$

时变的李雅普诺夫函数

$$V(t, x, e), V(\cdot) : \mathbb{R}_{\geqslant 0} \times \mathbb{R}^n \times \mathbb{R}^b \to \mathbb{R}_{\geqslant 0}$$

可以下面的形式给出

$$V(t, x, e) = \sum_{i=1}^{\eta} \frac{1}{2i} (x^i)^T K_{xi}(t) x^i + \sum_{i=1}^{\varsigma} \frac{1}{2i} (e^i)^T K_{ei}(t) e^i, K_{xi}(\cdot) : \mathbb{R}_{\geqslant 0} \to \mathbb{R}^{n \times n},$$

$$K_{ei}(\cdot) : \mathbb{R}_{\geqslant 0} \to \mathbb{R}^{b \times b}$$

标量李雅普诺夫函数 $V(t, x, e), V(\cdot) : \mathbb{R}_{\geqslant 0} \times \mathbb{R}^n \times \mathbb{R}^b \to \mathbb{R}_{\geqslant 0}$ 可以表示为

$$V(t, x, e) = \sum_{i=1}^{\eta} \frac{1}{2i} (x^i)^T K_{xi}(t) x^i + \sum_{i=1}^{\lambda} \frac{1}{2i} (x^i)^T K_{xei}(t) e^i + \sum_{i=1}^{\varsigma} \frac{1}{2i} (e^i)^T K_{ei}(t) e^i,$$

$$\lambda = 1, 2, 3 \cdots, K_{xei}(\cdot) : \mathbb{R}_{\geqslant 0} \to \mathbb{R}^{n \times b}$$

可以应用前几章节提到的设计控制律。从式（8-46）或者式（8-64），用直接测量（或者观察）x_m 或者 e。能够获得不受约束的控制律 $u = f(t, x_m)$，或者受约束的控制律 $u = \phi(t, e, x_m)$。例如，用式（8-46），有

$$v_m = -G_z^{-1} B_z^T(z) \frac{\partial V_m(x, e)}{\partial z}$$

其中设计 $V_m(x, e)$ 来保证 $u = f(e, x_m)$。这样由式（8-45）

$$u(t) = K_{F1} \begin{bmatrix} x(t) \\ e(t) \end{bmatrix} + \int K_{F2} \begin{bmatrix} x(\tau) \\ e(\tau) \end{bmatrix} d\tau$$

得到一个线性比例积分跟踪控制定律

$$u(t) = K_{mF1} \begin{bmatrix} x_m(t) \\ e(t) \end{bmatrix} + \int K_{mF2} \begin{bmatrix} x_m(\tau) \\ e(\tau) \end{bmatrix} d\tau$$

这种控制律利用了可测的 $x_m(t)$ 以及 $e(t)$。为了研究闭环系统的稳定性，需要用李雅普诺夫函数来检测系统的状态方程，而对于李雅普诺夫函数，$V_m(\cdot) : \mathbb{R}^n \times \mathbb{R}^b \to \mathbb{R}_{\geqslant 0}$ 则并不是必须的。可以用 $x_m(t)$ 和 $e(t)$ 设计带有非线性反馈的映射的可用的控制律。

例 8-18

考虑一个带有永磁直流电动机的电力驱动和降压转换器，这在 3.2.2 中提到过。用基尔霍夫定律和平均的概念，我们得到以下的非线性状态空间模型

$$\begin{bmatrix} \dfrac{du_a}{dt} \\[2mm] \dfrac{di_L}{dt} \\[2mm] \dfrac{di_a}{dt} \\[2mm] \dfrac{d\omega_r}{dt} \end{bmatrix} = \begin{bmatrix} 0 & \dfrac{1}{C} & -\dfrac{1}{C} & 0 \\[2mm] -\dfrac{1}{L} & -\dfrac{r_L + r_s}{L} & \dfrac{r_c}{L} & 0 \\[2mm] \dfrac{1}{L_a} & \dfrac{r_c}{L_a} & -\dfrac{r_a + r_c}{L_a} & -\dfrac{k_a}{L_a} \\[2mm] 0 & 0 & \dfrac{k_a}{J} & -\dfrac{B_m}{J} \end{bmatrix} \begin{bmatrix} u_a \\ i_L \\ i_a \\ \omega_r \end{bmatrix} + \begin{bmatrix} 0 \\[2mm] \dfrac{V_d}{Lu_{tmax}} - \dfrac{r_s}{Lu_{tmax}} i_L \\[2mm] 0 \\[2mm] 0 \end{bmatrix} u_c - \begin{bmatrix} 0 \\ 0 \\ 0 \\[2mm] \dfrac{1}{J} \end{bmatrix} T_L, u_c \in [0 \quad 10] V$$

正定的李雅普诺夫函数为

$$V(x,e) = \frac{1}{2}\begin{bmatrix} u_a & i_L & i_a & \omega_r \end{bmatrix} K_{x1} \begin{bmatrix} u_a \\ i_L \\ i_a \\ \omega_r \end{bmatrix} + \frac{1}{2}k_{e1}e^2 + \frac{1}{4}k_{e2}e^4,$$

其中 $K_{x1} = I \in \mathbb{R}^{4 \times 4}$

测量的状态变量只有角速度 $\omega_r(t)$，由此可得跟踪误差 $e(t) = r(t) - \omega_r(t)$。一个有边界控制律为

$$u = \mathrm{sat}_0^{+10}(k_{p1}e + k_{p2}e^3 + k_{i1}\int e\,dt + k_{i2}\int e^3\,dt - k_{14}\omega_r).$$

定理 8.2 的准则①和准则②，用在李雅普诺夫上能够满足稳定性条件。正定的非二次李雅普诺夫函数会被用到。解如下的不等式可以得到反馈增益

$$\frac{dV(e,x)}{dt} \leq -\frac{1}{2}\|x\|^2 - \frac{1}{2}\|e\|^2 - \frac{1}{4}\|e\|^4$$

解得

$$k_{p1} = 5.4, \quad k_{p2} = 1.8, \quad k_{i1} = 4.9, \quad k_{i2} = 2, \quad k_{14} = 0.085.$$

例 8-19

我们研究八层的铌酸镁执行器（3mm 的直径，0.25mm 的厚度）。建模这个执行器一系列的方程如下

$$\frac{dF}{dt} = -8500F + 14Fu + 450u, \frac{dv}{dt} = 1000F - 100000v - 2500v^3 - 2750x, \frac{dx}{dt} = v$$

控制有界的，为 $-100 \leq u \leq 100[v]$。误差是参考和执行器之间的线性位移。也就是

$$e(t) = r(t) - y(t), y(t) = x(t)$$

一种利用非线性的误差反馈得到有界的控制律是

$$u = \mathrm{sat}_{-100}^{+100}(950e + 26e^3 + 45\int e\,dt + 8.4\int e^3\,dt).$$

反馈增益可以通过求解不等式来得到

$$\frac{dV(e,x)}{dt} \leq -\|e\|^2 - \|e\|^4 - \|x\|^2$$

其中

$$V(x,e) = \frac{1}{2}\begin{bmatrix} F & v & x \end{bmatrix} K_{x1} \begin{bmatrix} F \\ v \\ x \end{bmatrix} + \frac{1}{2}k_{e1}e^2 + \frac{1}{4}k_{e2}e^4$$

李雅普诺夫判定准则①和②是能够满足的，因为

$$V(x,e) > 0 \text{ 且} \frac{dV(x,e)}{dt} \leq 0.$$

因此，有边界的控制律保证了稳定性，保证了对参考值的跟踪。控制器也进行了实测。图 8-10 描述了瞬态响应 $x(t)$，参考值分别为

$$r(t) = 4 \times 10^{-6} \sin 1000t, r(t) = \text{const} = 4 \times 10^{-6} \text{m}$$

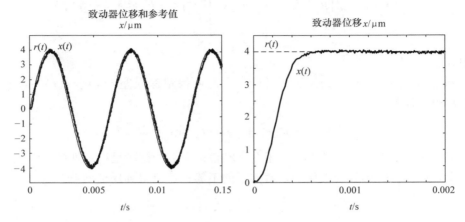

图 8-10 当 $r(t) = 4 \times 10^{-6} \sin 1000t, r(t) = \text{const} = 4 \times 10^{-6}$m 时输出的暂态波形

我们得出结论，稳定性得到了保证，达到了预期的性能，输出也准确的跟随输入。

8.10 用汉密尔顿雅克比理论控制线性离散时间的机电系统

8.10.1 线性离散时间系统

考虑一个由状态空间差分方程描述的离散时间系统

$$x_{n+1} = A_n x_n + B_n u_n, \quad n \geq 0 \tag{8-86}$$

离散时间的情况和之前的连续时间的是类似的。不同的性能指标来使得系统达到最优。

例如，二次性能泛函

$$J = \sum_{n=0}^{N-1} [x_n^T Q_n x_n + u_n^T G_n u_n], Q_n \geq 0, G_n > 0. \tag{8-87}$$

利用汉密尔顿 - 雅克比理论的目的是寻找保证性能泛函取得最小或者是最大的控制律。

对于线性系统（8-86）和二次性能泛函（8-87），汉密尔顿 - 雅克比 - 贝尔曼方程的求解

$$V(x_n) = \min_{u_n} [x_n^T Q_n x_n + u_n^T G_n u_n + V(x_{n+1})] \tag{8-88}$$

用二次返回函数

$$V(x_n) = x_n^T K_n x_n \tag{8-89}$$

可以得到实现。

从式（8-88）和式（8-89）中，可以得到

$$V(x_n) = \min_{u_n} \left[x_n^T Q_n x_n + u_n^T G_n u_n + (A_n x_n + B_n u_n)^T K_{n+1}(A_n x_n + B_n u_n) \right]$$

$$= \min_{u_n} \left[x_n^T Q_n x_n + u_n^T G_n u_n + x_n^T A_n^T K_{n+1} A_n x_n + x_n^T A_n^T K_{n+1} B_n u_n \right.$$

$$\left. + u_n^T B_n^T K_{n+1} A_n x_n + u_n^T B_n^T K_{n+1} B_n u_n \right] \tag{8-90}$$

由最优化式（8-5）的一阶必要条件可得

$$u_n^T G_n + x_n^T A_n^T K_{n+1} B_n + u_n^T B_n^T K_{n+1} B_n = 0 \tag{8-91}$$

从式（8-91），可得控制律为

$$u_n = -(G_n + B_n^T K_{n+1} B_n)^{-1} B_n^T K_{n+1} A_n x_n \tag{8-92}$$

最优化的二阶必要条件式（8-8）也得到保证，因为

$$\frac{\partial^2 H(x_n, u_n, V(x_{n+1}))}{\partial u_n \times \partial u_n^T} = \frac{\partial^2 (u_n^T G_n u_n + u_n^T B_n^T K_{n+1} B_n u_n)}{\partial u_n \times \partial u_n^T}$$

$$= 2G_n + 2B_n^T K_{n+1} B_n > 0, K_{n+1} > 0$$

用由式（8-90）得到的如式（8-92）的控制律，可以得到

$$x_n^T K_n x_n = x_n^T Q_n x_n + x_n^T A_n^T K_{n+1} A_n x_n - x_n^T A_n^T K_{n+1} B_n (G_n + B_n^T K_{n+1} B_n)^{-1} B_n K_{n+1} A_n x.$$
$$\tag{8-93}$$

由式（8-93），差分方程得到的二次返回函数的未知对称矩阵 K_n 是

$$\boldsymbol{K}_n = Q_n + A_n^T K_{n+1} A_n - A_n^T K_{n+1} B_n (G_n + B_n^T K_{n+1} B_n)^{-1} B_n K_{n+1} A_n. \tag{8-94}$$

如果性能泛函式（8-87）中 $N = \infty$，有

$$J = \sum_{n=0}^{\infty} \left[x_n^T Q_n x_n + u_n^T G_n u_n \right], Q_n \geq 0, G_n > 0. \tag{8-95}$$

控制律为

$$u_n = -(G_n + B_n^T K_n B_n)^{-1} B_n^T K_n A_n x_n \tag{8-96}$$

其中，未知的对称矩阵 $\boldsymbol{K}_n$ 可以通过解线性方程

$$-K_n + Q_n + A_n^T K_n A_n - A_n^T K_n B_n (G_n + B_n^T K_n B_n)^{-1} B_n K_n A_n = 0, K_n = K_n^T \tag{8-97}$$

矩阵 $\boldsymbol{K}_n$ 是正定的，而且 MATLABdlqr 命令可以用来得到矩阵 $\boldsymbol{K}_n$，反馈矩阵 $(G_n + B_n^T K_n B_n)^{-1} B_n^T K_n A_n$ 和特征值。命令描述如下

【MATLAB】

> >help dlqr

DLQR Linear – quadratic regulator design for discrete – time systems.

$[K, S, E] = DLQR(A, B, Q, R, N)$ calculates the optimal gain matrix K

such that the state – feedback law $u[n] = -Kx[n]$ minimizes the

cost function

$$J = \text{Sum} \{x'Qx + u'Ru + 2*x'Nu\}$$

subject to the state dynamics $x[n+1] = Ax[n] + Bu[n]$.

The matrix N is set to zero when omitted. Also returned are the

Riccati equation solution s and the closed $-$ loop eigenvalues E:

$$A'SA - S - (A'SB + N)(R + B'SB)^{-1}(B'SA + N'') + Q = 0, E = EIG(A - B*K).$$

see also dlqry, lgrd, lqgreg, and dare.

闭环系统式（8-86）和式（8-96）可以表示为

$$x_{n+1} = [A_n - B_n(G_n + B_n^T K_{n+1} B_n)^{-1} B_n^T K_{n+1} A_n] x_n. \tag{8-98}$$

例8-20

对于二阶的时间离散系统

$$x_{n+1} = \begin{bmatrix} x_{1n+1} \\ x_{2n+1} \end{bmatrix} = A_n x_n + B_n u_n = \begin{bmatrix} 1 & 2 \\ 0 & 3 \end{bmatrix} \begin{bmatrix} x_{1n} \\ x_{2n} \end{bmatrix} + \begin{bmatrix} 4 & 5 \\ 6 & 7 \end{bmatrix} \begin{bmatrix} u_{1n} \\ u_{2n} \end{bmatrix},$$

通过最小化性能泛函

$$\begin{aligned}
J &= \sum_{n=0}^{\infty} [x_n^T Q_n x_n + u_n^T G_n u_n] \\
&= \sum_{n=0}^{\infty} \left[\begin{bmatrix} x_{1n} & x_{2n} \end{bmatrix} \begin{bmatrix} 10 & 0 \\ 0 & 10 \end{bmatrix} \begin{bmatrix} x_{1n} \\ x_{2n} \end{bmatrix} + \begin{bmatrix} u_{1n} & u_{2n} \end{bmatrix} \begin{bmatrix} 5 & 0 \\ 0 & 5 \end{bmatrix} \begin{bmatrix} u_{1n} \\ u_{2n} \end{bmatrix} \right] \\
&= \sum_{n=0}^{\infty} (10x_{1n}^2 + 10x_{2n}^2 + 5u_{1n}^2 + 5u_{2n}^2).
\end{aligned}$$

填写矩阵数据，使用 dlqr 命令

【MATLAB】

A = [12; 03]; B = [45; 67];

Q = 10 * eye(size(A)); G = 5 * eye(size(B));

[Kfeedback, Kn, Eigenvalues] = dlqr(A,B,Q,G)

计算出

Kfeedback =

     $-2.8456e-001$ $2.3091e-001$

     $3.3224e-001$ $2.2197e-001$

Kn =

     $1.9963e+001$ $-7.1140e-001$

     $-7.1140e-001$ $1.0577e+001$

Eigenvalues =

     $5.2192e-001$

     $1.5903e-002$

$$K_n = \begin{bmatrix} 20 & -0.71 \\ -0.71 & 10.6 \end{bmatrix}$$

控制律是

$$u_n = -(G_n + B_n^T K_{n+1} B_n)^{-1} B_n^T K_n A_n x_n = -\begin{bmatrix} -0.285 & 0.231 \\ 0.332 & 0.222 \end{bmatrix} \begin{bmatrix} x_{1n} \\ x_{2n} \end{bmatrix}$$

$$u_n = 0.285x_{1n} - 0.231x_{2n}, \quad u_{2n} = 0.332x_{1n} - 0.222x_{2n}.$$

因为特征值都在单位圆内，所以系统是稳定的。计算的特征值分别为 0.522 和 0.0159。

例 8-21

对于三阶系统

$$x_{n+1} = \begin{bmatrix} x_{1n+1} \\ x_{2n+1} \\ x_{3n+1} \end{bmatrix} = A_n x_n + B_n u_n = \begin{bmatrix} 1 & 1 & 2 \\ 3 & 3 & 4 \\ 5 & 5 & 6 \end{bmatrix} \begin{bmatrix} x_{1n} \\ x_{2n} \\ x_{3n} \end{bmatrix} + \begin{bmatrix} 10 \\ 20 \\ 30 \end{bmatrix} u_n,$$

可以通过最小化二次性能泛函来得到控制律

$$J = \sum_{n=0}^{\infty} \left[x_n^T Q_n x_n + u_n^T G_n u_n \right]$$

$$= \sum_{n=0}^{\infty} \left[x_{1n} \quad x_{2n} \quad x_{3n} \right] \begin{bmatrix} 1 & 0 & 0 \\ 0 & 10 & 0 \\ 0 & 0 & 100 \end{bmatrix} \begin{bmatrix} x_{1n} \\ x_{2n} \\ x_{3n} \end{bmatrix} + 1000 u_n^2$$

$$= \sum_{n=0}^{\infty} (x_{1n}^2 + 10x_{2n}^2 + 100x_{3n}^2 + 1000 u_n^2).$$

我们的目标也是仿真闭环系统。输出方程

$$y_n = C_n x_n + H_n u_n$$

的矩阵 $C_n = \begin{bmatrix} 1 & 1 & 1 \end{bmatrix}, H_n = \begin{bmatrix} 0 \end{bmatrix}$

【MATLAB】

输入:

$$A = \begin{bmatrix} 112;334;556 \end{bmatrix}; B = \begin{bmatrix} 10;20;30 \end{bmatrix};$$

权重矩阵 Q_n, G_n 如下:

$$Q = eye(size(A)); Q(2,2) = 10; Q(3,3) = 100; G = 1000;$$

输入如下命令式:

$$\begin{bmatrix} Kfeedback, Kn, Eigenvalues \end{bmatrix} = d1qr(A, B, Q, G)$$

得到如下结果:

Kfeedback =

| 1.5536e−001 | 1.5536e−001 | 1.9913e−001 |

Kn =

4.8425e+001	4.7425e+001	3.1073e+001
4.7425e+001	5.7425e+001	3.1073e+001
3.1073e+001	3.1073e+001	1.3983e+002

Eigenvalues =

$-6.7355e - 001$

$3.8806e - 002$

$1.0119e - 015$

因此，

$$K_n = \begin{bmatrix} 48.4 & 47.4 & 31.1 \\ 47.4 & 57.4 & 31.1 \\ 31.1 & 31.1 & 140 \end{bmatrix}$$

并且，控制律为

$$u_n = -0.155x_{1n} - 0.155x_{2n} - 0.2_{3n}.$$

仿真的闭环系统的动态响应是稳定的，因为特征值都在单位圆内。

已经的得到的闭环系统的动态响应为

$$x_{n+1} = [A_n - B_n(G_n + B_n^T K_{n+1} B_n)^{-1} B_n^T K_n A_n] x_n$$

得到 z 域中的传递函数的分子和分母。MATLAB 命令为

【MATLAB】

A_closed = A - B * Kfeedback；C = [1 1 1]；H = [0]；

[num,den] = ss2tf(A_closed,B,C,H)；

X0 = [100 - 10]；

k = 0:1:20; u = 1 * [ones(1,21)]；

x = filter(num,den,u,x0)；

plot(k,x,' - ',k,x,'o')；

title ('System Dynamics,x(k)','FontSize',14)；

xlabel('Discrete Time,k','FontSize',14)；

如图 8-11 所示为仿真的结果。

闭环系统是稳定的，稳定性的问题得以解决。跟踪控制的问题也应当解决，以保证系统的输出能够跟踪参考值。

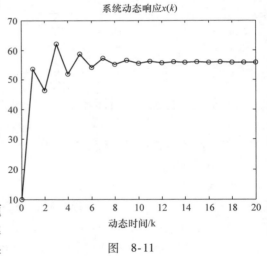

系统动态响应x(k)

动态时间/k

图　8-11

8.10.2　受约束的离散时间的机电系统的约束最优化

因为加在控制上的约束 $u_{n\min} \leqslant u_n \leqslant u_{n\max}$，设计者必须设计有约束的控制律。在这部分中，将涉及到离散时间系统的有约束的最优化问题。我们的目标是利用汉密尔顿 – 雅克比理论设计有约束的数字控制律。我们研究控制有边界的离散时间系统。系统是由差分方程描述的

$$x_{n+1} = A_n x_n + B_n u_n, \quad x_{n0} \in X_0, \quad u_n \in U, \quad n \geqslant 0 \quad (8\text{-}99)$$

含有控制约束，通过连续的、可积的、一对一的、有边界的函数 ϕ，$\phi \in U$，其反

函数 ϕ^{-1} 也存在的。

需要最小化的非二次的性能指标为

$$J = \sum_{n=0}^{N-1} \left[x_n^T Q_n x_n + 2 \int (\phi^{-1}(u_n))^T G_n \mathrm{d}u_n - u_n^T B_n^T K_{n+1} B_n u_n \right] \qquad (8\text{-}100)$$

性能指标必须是正定的。因此，为了获得正定性

$$\left[x_n^T Q_n x_n + 2 \int (\phi^{-1}(u_n))^T G_n \mathrm{d}u_n \right] > u_n^T B_n^T K_{n+1} B_n u_n \qquad (8\text{-}101)$$

对于所有的 $x_n \in X,\ u_n \in U$。

汉密尔顿 – 雅克比 – 贝尔曼回归方程为

$$V(x) = \min_{u_n \in U} \left[x_n^T Q_n x_n + 2 \int (\phi^{-1}(u_n))^T G_n \mathrm{d}u_n - u_n^T B_n^T K_{n+1} B_n u_n + V(x_{n+1}) \right]$$

$$(8\text{-}102)$$

用二次返回函数 $V(x_n) = x_n^T K_n x_n$，由式（8-102）得到

$$x_n^T K_n x_n = \min_{u_n \in U} \left[x_n^T Q_n x_n + 2 \int (\phi^{-1}(u_n))^T G_n \mathrm{d}u_n - u_n^T B_n^T K_{n+1} B_n u_n \right.$$

$$\left. + (A_n x_n + B_n u_n)^T K_{n+1} (A_n x_n + B_n u_n) \right] \qquad (8\text{-}103)$$

应用最优化的一阶必要条件，有边界的约束控制为

$$u_n = -\phi(G_n^{-1} B_n^T K_{n+1} A_n x_n),\ u_n \in U \qquad (8\text{-}104)$$

显然，

$$\frac{\partial^2 \left(2 \int (\phi^{-1}(u_n))^T G_n \mathrm{d}u_n \right)}{\partial u_n \times \partial u_n^T}$$

是正定的，因为一对一的可积函数 ϕ 和 ϕ^{-1}，在第一和第三象限，并且权重矩阵 G_n 也是正定的。

我们得出结论，最优化的二阶必要条件也是满足的。

$$x_n^T K_n x_n = x_n^T Q_n x_n + 2 \int x_n^T A_n^T K_{n+1} B_n \mathrm{d}(\phi(G_n^{-1} B_n^T K_{n+1} A_n x_n))$$

$$+ x_n^T A_n^T K_{n+1} A_n x_n - 2 x_n^T A_n^T K_{n+1} B_n \phi(G_n^{-1} B_n^T K_{n+1} A_n x_n),$$

$$(8\text{-}105)$$

其中

$$2 \int x_n^T A_n^T K_{n+1} B_n \mathrm{d}(\phi(G_n^{-1} B_n^T K_{n+1} A_n x_n)) = 2 x_n^T A_n^T K_{n+1} B_n \phi(G_n^{-1} B_n^T K_{n+1} A_n x_n)$$

$$- 2 \int (\phi(G_n^{-1} B_n^T K_{n+1} A_n x_n)^T \mathrm{d}(B_n^T K_{n+1} A_n x_n). \qquad (8\text{-}106)$$

利用式（8-105），我们可以推出未知的矩阵 K_{n+1}，可以求解下面的方程得到。

$$x_n^T K_n x_n = x_n^T Q_n x_n + x_n^T A_n^T K_{n+1} A_n x_n - 2 \int (\phi(G_n^{-1} B_n^T K_{n+1} A_n x_n))^T \mathrm{d}(B_n^T K_{n+1} A_n x_n).$$

$$(8\text{-}107)$$

用连续可积的一对一的函数 $\phi \in U$ 描述控制边界，可得

$$2 \int (\phi (G_n^{-1} B_n^T K_{n+1} A_n x_n))^T d(B_n^T K_{n+1} A_n x_n)$$

例如，利用双曲正切函数来描述饱和效应，可以得到

$$\int \tanh z dz = \log \cosh z$$

和

$$\int \tanh^g z dz = -\frac{\tanh^{g-1} z}{g-1} + \int \tanh^{g-2} z dz, g \neq 1.$$

矩阵 K_{n+1} 可以求解递归方程（8-107）得到，同时可以得到反馈增益。

在 $N = \infty$ 时，最小非二次的性能指标（8-100）获得有边界的控制律是

$$u_n = -\phi (G_n^{-1} B_n^T K_n A_n x_n), u_n \in U \qquad (8-108)$$

可用的概念是基于李雅普诺夫的稳定性理论，用来验证在整个运行区域内，对于 $x_n \in X$，$u_n \in U$，闭环系统的稳定性问题。这些问题对开环不稳定系统是特别重要的。由此产生的闭环系统如式（8-99）~式（8-108）所示。稳定域的子集 $S \subset \mathbb{R}^n$，可以通过李雅普诺夫稳定理论得到，

$$S = \{x_n \in R^n : x_{n0} \in X_0, u_n \in U \,|\, V(0) = 0, V(x_n) > 0, \Delta V(x_n) < 0, \forall x_n \in X(X_0, U)\}$$

研究值得注意的区域，而 S 是一个不变的域。二次李雅普诺夫函数，如果 $K_n > 0$，

$$V(x_n) = x_n^T K_n x_n,$$

是正定的。因此，一阶差分为

$$\begin{aligned} \Delta V(x_n) = V(x_{n+1}) - V(x_n) &= x_n^T A_n^T K_{n+1} A_n x_n - 2 x_n^T A_n^T K_{n+1} A B_n \phi (G_n^{-1} B_n^T K_{n+1} A_n x_n) \\ &+ \phi (G_n^{-1} B_n^T K_{n+1} A_n x_n)^T B_n^T K_{n+1} B_n \phi (G_n^{-1} B_n^T K_{n+1} A_n x_n) - x_n^T K_n x_n, \end{aligned}$$

$$(8-109)$$

对于所有的 $x_n \in X$ 应当是负定的，以确保系统的稳定性。闭环系统的演进依赖于初始状态、约束、参考值、（修改标点）扰动等。对于在运行区域内的初始条件，可以有（$X(X_0, U)$，稳定的基本要素有 $S \subset \mathbb{R}^n$，$X(X_0, U) \subset \mathbb{R}^n$，稳定的条件为 $X \subseteq S$）。

这种有约束的最优化问题，应当用非线性的分析方式解决，应当用非线性的方程建模。非线性的离散时间机电系统可以描述为

$$x_{n+1} = F(x_n) + B(x_n) u_n, x_{n0} \in X_0, u_n \in U, u_{nmin} \leq u_n \leq u_{nmax}, n \geq 0 \quad (8-110)$$

汉密尔顿雅克比理论，可以由非二次的性能指标用来设计有边界的控制律。为了设计一个非线性的可用控制律 $u_n \in U$，我们通过连续的、可积的、一对一的边界函数 $\phi \in U$，描述控制的边界。非二次的性能指标为

$$J = \sum_{n=0}^{N-1} [x_n^T Q_n x_n - u_n^T B^T(x_n) K_{n+1} B(x_n) u_n + 2 \int (\phi^{-1}(u_n))^T G_n du_n].$$

$$(8-111)$$

被积函数

$$2\int (\phi^{-1}(u_n))^T G_n \mathrm{d}u_n$$

是正定的，因为可积的、一对一的函数 ϕ，在第一和第三象限，可积函数 φ^{-1} 存在，且 $G_n > 0$。如果

$$(x_n^T Q_n x_n + 2\int (\phi^{-1}(u_n))^T G_n \mathrm{d}u_n) > u_n^T B^T(x_n) K_{n+1} B(x_n) u_n \qquad (8\text{-}112)$$

对于所有的 $x_n \in X$，$u_n \in U$ 都成立，性能指标的正定性就得以保证。

如果能得到正定对称矩阵 K_{n+1}，在 $x_n \in X$，$u_n \in U$ 时，就可以研究性能指标的稳定性。不等式（8-112）用 Q_n，G_n 来保证。

需要用到最优化的一阶和二阶必要条件。因为，对于二次返回函数式（8-89），有

$$V(x_{n+1}) = x_{n+1}^T K_{n+1} x_{n+1} = (F(x_n) + B(x_n) u_n)^T K_{n+1} (F(x_n) + B(x_n) u_n). \qquad (8\text{-}113)$$

因此，

$$x_n^T K_n x_n = \min_{u_n \in U} [x_n^T Q_n x_n - u_n^T B^T(x_n) K_{n+1} B(x_n) u_n + 2\int (\phi^{-1}(u_n))^T G_n \mathrm{d}u_n$$
$$(F(x_n) + B(x_n) u_n)^T K_{n+1} (F(x_n) + B(x_n) u_n)]. \qquad (8\text{-}114)$$

利用最优化的一阶必要条件，一个有边界的控制律为

$$u_n = -\phi(G_n^{-1} B^T(x_n) K_{n+1} F(x_n)), u_n \in U \qquad (8\text{-}115)$$

最优化的二阶必要条件也会满足，因为

$$\frac{\partial^2 (2\int (\phi^{-1}(u_n))^T G_n \mathrm{d}u_n)}{\partial u_n \times \partial u_n^T} > 0$$

由式（8-114），利用有边界的控制律（8-115），我们有以下的递归方程

$$x_n^T K_n x_n = x_n^T Q_n x_n + 2\int F^T(x_n) K_{n+1} B(x_n) \mathrm{d}(\phi(G_n^{-1} B^T(x_n) K_{n+1} F(x_n)))$$
$$+ F^T(x_n) K_{n+1} F(x_n) - 2F^T(x_n) K_{n+1} B(x_n) \phi(G_n^{-1} B^T(x_n) K_{n+1} F(x_n)). \qquad (8\text{-}116)$$

利用分部积分法，可得

$$2\int F^T(x_n) K_{n+1} B(x_n) \mathrm{d}(\phi(G_n^{-1} B^T(x_n) K_{n+1} F(x_n)))$$
$$= 2F^T(x_n) K_{n+1} B(x_n) \phi(G_n^{-1} B^T(x_n) K_{n+1} F(x_n))$$
$$- 2\int \phi(G_n^{-1} B^T(x_n) K_{n+1} F(x_n))^T \mathrm{d}(B^T(x_n) K_{n+1} F(x_n))$$

用来解得对称矩阵 K_{n+1} 的方程为

$$x_n^T K_n x_n = x_n^T Q_n x_n + F^T(x_n) K_{n+1} F(x_n) - 2\int (\phi(G_n^{-1} B^T(x_n) K_{n+1} F(x_n)))^T \mathrm{d}(B^T(x_n) K_{n+1} F(x_n))$$
$$(8\text{-}117)$$

描述连续的可积的、一对一的有界的函数 $\phi \in U$ 施加控制边界，近似为

$$2\int (\phi (G_n^{-1} B^T(x_n) K_{n+1} F(x_n)))^T d(B^T(x_n) K_{n+1} F(x_n))$$

因此，方程（8-117）可解。

可用的概念用来验证闭环系统的稳定性。闭环系统在 $X \in \mathbb{R}^n$ 中，且

$$\{x_{n+1} = F(x_n) - B(x_n) \phi (G_n^{-1} B^T(x_n) K_{n+1} F(x_n)), x_{n0} \in X\} \in X(X_0, U).$$

利用利亚普诺的稳定性理论，稳定域 $S \subset \mathbb{R}^n$，在离散的闭环时间系统式(8-110)~式(8-115)可以用足够的条件可以得到。需要用到正定的二次函数式(8-89)。为了保证稳定性，首要差分方程为

$$\Delta V(x_n) = V(x_{n+1}) - V(x_n) = F^T(x_n) K_{n+1} F(x_n)$$
$$- 2F^T(x_n) K_{n+1} B(x_n) \phi (G_n^{-1} B^T(x_n) K_{n+1} F(x_n))$$
$$+ \phi (G_n^{-1} B^T(x_n) K_{n+1} F(x_n))^T B^T(x_n) K_{n+1} B(x_n) \phi (G_n^{-1} B^T(x_n) K_{n+1} F(x_n))$$
$$- x_n^T K_n x_n \tag{8-118}$$

应当对所有的 $x_n \in X$，$u_n \in U$ 都是负定的。

定义域

$$S = \{x_n \in \mathbb{R}^n : x_{n0} \in X_0, u \in U \,|\, V(0) = 0, V(x_n) > 0, \Delta V(x_n) < 0, \forall\, x_n \in X(X_0, U)\}$$

通过研究 S 和 $X(X_0, U)$ 来分析系统的稳定性，受约束的最优化问题可以通过有边界的可用控制律式（8-115）来解决。如果 $X \subseteq S$，稳定性也是得以保证的。

8.10.3　离散时间系统的跟踪控制

主要通过状态空间中的下列差分方程建模来研究系统。

$$x_{n+1}^{system} = A_n x_n^{system} + B_n u_n, \quad x_{n0}^{system} \in X_0, \quad u_n \in U, \quad n \geqslant 0. \tag{8-119}$$

输出方程为

$$y_n = H_n x_n^{system}$$

给定的外生系统为

$$x_n^{ref} = x_{n-1}^{ref} + r_n - y_n \tag{8-120}$$

使用式（8-119）和式（8-120），可以得到

$$x_{n+1}^{ref} = x_n^{ref} + r_{n+1} - y_{n+1} = x_n^{ref} + r_{n+1} - H(A_n x_n^{system} + B_n u_n). \tag{8-121}$$

因此

$$x_{n+1} = \begin{bmatrix} x_{n+1}^{system} \\ x_{n+1}^{ref} \end{bmatrix} = \begin{bmatrix} A_n & 0 \\ -H_n A_n & I_n \end{bmatrix} x_n + \begin{bmatrix} B_n \\ -H_n B_n \end{bmatrix} u_n + \begin{bmatrix} 0 \\ I \end{bmatrix} r_{n+1}, \quad x_n = \begin{bmatrix} x_n^{system} \\ x_n^{ref} \end{bmatrix}. \tag{8-122}$$

为了设计控制律，最小化非二次性能指标

$$J = \sum_{n=0}^{N-1} \left[x_n^T Q_n x_n + 2\int (\phi^{-1}(u_n))^T G_n du_n - u_n^T \begin{bmatrix} B_n \\ -HB_n \end{bmatrix}^T K_{n+1} \begin{bmatrix} B_n \\ -H_n B_n \end{bmatrix} u_n \right]. \tag{8-123}$$

利用二次返回函数式（8-89），由汉密尔顿－雅克比方程

$$x_n^T K_n x_n = \min_{u_n \in U} \Bigg[x_n^T Q_n x_n + 2\int (\phi^{-1}(u_n))^T G_n \mathrm{d}u_n - u_n^T \begin{bmatrix} B_n \\ -H_n B_n \end{bmatrix}^T K_{n+1} \begin{bmatrix} B_n \\ -H_n B_n \end{bmatrix} u_n$$

$$+ \left(\begin{bmatrix} A_n & 0 \\ -H_n A_n & I_n \end{bmatrix} x_n + \begin{bmatrix} B_n \\ -H_n B_n \end{bmatrix} u_n \right)^T K_{n+1} \left(\begin{bmatrix} A_n & 0 \\ -H_n A_n & I_n \end{bmatrix} x_n + \begin{bmatrix} B_n \\ -H_n B_n \end{bmatrix} u_n \right)$$

$$(8\text{-}124)$$

利用最优化的一阶必要条件，可以得到下面有界的跟踪控制律

$$u_n = -\phi\left(G_n^{-1} \begin{bmatrix} B_n \\ -H_n B_n \end{bmatrix}^T K_{n+1} \begin{bmatrix} A_n & 0 \\ -H_n A_n & I_n \end{bmatrix} x_n \right), \quad u_n \in U \qquad (8\text{-}125)$$

求解下面方程可得未知矩阵 K_{n+1}。

$$x_n^T K_n x_n = x_n^T Q_n x_n + x_n^T \begin{bmatrix} A_n & 0 \\ -H_n A_n & I_n \end{bmatrix}^T K_{n+1} \begin{bmatrix} A_n & 0 \\ -H_n A_n & I_n \end{bmatrix} x_n$$

$$- 2\int \left(\phi\left(G_n^{-1} \begin{bmatrix} B_n \\ -H B_n \end{bmatrix}^T K_{n+1} \begin{bmatrix} A_n & 0 \\ -H_n A_n & I_n \end{bmatrix} x_n \right) \right)^T \mathrm{d}\left(\begin{bmatrix} B_n \\ -H_n B_n \end{bmatrix}^T K_{n+1} \begin{bmatrix} A_n & 0 \\ -H_n A_n & I_n \end{bmatrix} x_n \right)$$

$$(8\text{-}126)$$

对于线性系统和非线性系统的，可以应用 8.4 节中的状态变换的方法解决跟踪控制问题。可以是带有状态反馈的比例积分控制律。然而，问题是怎样在硬件上用模拟或数字控制器实施设计好的控制算法。并不是所有的状态变量都可以观测或者测量到的。因此，最小复杂度的控制算法才是可行的。在众多实际的解决方案中，基于 PID 的控制器是首选。对于非线性系统，这些控制器可以用李雅普诺夫理论实现。汉密尔顿 – 雅克比方法也可以用来设计控制律。设计者应尝试最小化采样周期，因为这影响到机电系统的性能。控制律的设计必须结合所用到的硬件。

习　　题

问题 8.1

对于第二阶系统

$$\frac{\mathrm{d}x_1}{\mathrm{d}t} = -x_1 + x_2, \frac{\mathrm{d}x_2}{\mathrm{d}t} = -x_1 + u$$

找到控制规律来最小化二次泛涵

$$J = \frac{1}{2}\int_0^\infty (x_1^2 + 2x_2^2 + 3u^2)\mathrm{d}t$$

使用 MATLAB 来研究这个闭环稳定系统。

问题 8.2

使用 Lyapunov 稳定原理，研究下两个微分方程所描述的系统的稳定性。

$$\dot{x}_1(t) = -x_1 + 10x_2$$

$$\dot{x}_2(t) = -10x_1 - x_2^7, t \geqslant 0.$$

问题 8.3

机电系统可以由两个微分方程来表示：

$$x_1(t) = -x_1 + 10x_2$$
$$x_2(t) = x_1 + u$$

推导（综合）控制律使系统稳定，使用 Lyapunov 稳定原理，证明闭环系统的稳定性。

参 考 文 献

1. M. Athans and P.L. Falb, *Optimal Control: An Introduction to the Theory and its Applications.* McGraw-Hill Book Company, New York, 1966.
2. R.C. Dorf and R.H. Bishop, *Modern Control Systems*, Addison-Wesley Publishing Company, Reading, MA, 1995.
3. J.F. Franklin, J.D. Powell, and A. Emami-Naeini, *Feedback Control of Dynamic Systems*, Addison-Wesley Publishing Company, Reading, MA, 1994.
4. H.K. Khalil, *Nonlinear Systems*, Prentice-Hall, Inc., NJ, 1996.
5. B.C. Kuo, *Automatic Control Systems*, Prentice Hall, Englewood Cliffs, NJ, 1995.
6. W.S. Levine (Editor), *Control Handbook*, CRC Press, FL, 1996.
7. S.E. Lyshevski, *Control Systems Theory with Engineering Applications*, Birkhauser, Boston, MA, 2000.
8. S.E. Lyshevski, *MEMS and NEMS: Systems, Devices, and Structures*, CRC Press, Boca Raton, FL, 2005.
9. K. Ogata, *Discrete-Time Control Systems*, Prentice-Hall, Upper Saddle River, NJ, 1995.
10. K. Ogata, *Modern Control Engineering*, Prentice-Hall, Upper Saddle River, NJ, 1997.
11. C. L. Phillips and R.D. Harbor, *Feedback Control Systems*, Prentice Hall, Englewood Cliffs, NJ, 1996.